T0292446

Wasser und Energie

Der Autor Professor Dr.-Ing. Vollrath Hopp studierte an der Technischen Universität Berlin-Charlottenburg Chemie und war danach jahrzehntelang in der chemischen Industrie tätig, in der ersten Phase als Betriebschemiker und später als Ausbildungsleiter 25 Jahre in einem Chemiekonzern.

Während dieser Zeit führten ihn viele Dienstreisen ins nahe und ferne Ausland, um dort Ausbildungszentren für Laboranten und Facharbeiter mit gründen zu helfen, z. B. in die rohstoffreichen nordafrikanischen Länder, Indien, Indonesien, Burma, Thailand, China, USA, Canada und andere.

Von der Tonji-Universität/Shanghai in der Volksrepublik China wurde er zum Beratenden Professor berufen. An der TU Darmstadt und der Fachhochschule Darmstadt nahm er Lehraufträge für Technische Chemie und Verbundwirtschaft wahr.

Von der DECHEMA wurde ihm die ACHEMA-Plakette in Titan verliehen.

Nach der Vereinigung Deutschlands 1989/1990 lehrte er von 1991 bis 2004 als Professor an der Universität Rostock Technische Chemie und wurde zum Abschluss zum Ehrenmitglied der Universität ernannt.

In mehreren chemischen Fachbüchern formulierte er die Grundlagen der chemischen Technologie aus der Sicht der chemischen Industrie. Seine Erfahrungen aus der Lehre und Ausbildung fasste er 2014 in einer 208 seitigen Broschüre „Es beginnt immer mit Worten“ zusammen. Sie ist im Hille-Verlag Dresden erschienen.

Zurzeit ist Prof. Hopp Obmann der Fachgruppe Umwelttechnik des Verein Deutscher Ingenieure VDI im Bezirk Frankfurt-Darmstadt.

Vollrath Hopp

Wasser und Energie

Ihre zukünftigen Krisen?

2., Auflage

Vollrath Hopp
Dreieich
Deutschland

ISBN 978-3-662-48088-5 ISBN 978-3-662-48089-2 (eBook)
DOI 10.1007/978-3-662-48089-2

Springer Spektrum
© Springer-Verlag Berlin Heidelberg 2004, 2016
Das Werk einschließlich aller seiner Teile ist urheberrechtlich geschützt. Jede Verwertung, die nicht ausdrücklich vom Urheberrechtsgesetz zugelassen ist, bedarf der vorherigen Zustimmung des Verlags. Das gilt insbesondere für Vervielfältigungen, Bearbeitungen, Übersetzungen, Mikroverfilmungen und die Einspeicherung und Verarbeitung in elektronischen Systemen.
Die Wiedergabe von Gebrauchsnamen, Handelsnamen, Warenbezeichnungen usw. in diesem Werk berechtigt auch ohne besondere Kennzeichnung nicht zu der Annahme, dass solche Namen im Sinne der Warenzeichen- und Markenschutz-Gesetzgebung als frei zu betrachten wären und daher von jedermann benutzt werden dürften.
Die Deutsche Nationalbibliothek verzeichnet diese Publikation in der Deutschen Nationalbibliografie; detaillierte bibliografische Daten sind im Internet über http://dnb.d-nb.de abrufbar.
Der Verlag, die Autoren und die Herausgeber gehen davon aus, dass die Angaben und Informationen in diesem Werk zum Zeitpunkt der Veröffentlichung vollständig und korrekt sind. Weder der Verlag noch die Autoren oder die Herausgeber übernehmen, ausdrücklich oder implizit, Gewähr für den Inhalt des Werkes, etwaige Fehler oder Äußerungen.

Planung: Dr. Rainer Münz
Umschlagabbildung: ©deblik Berlin

Gedruckt auf säurefreiem und chlorfrei gebleichtem Papier

Springer Berlin Heidelberg ist Teil der Fachverlagsgruppe Springer Science+Business Media
(www.springer.com)

Wasser ist Leben,
Wasser ist die Seele,
Wasser spendet Leben und
alles hängt vom Wasser ab.
Aman Iman, Tuareg (Die Tuareg sind eine
Volksgruppe im Hoggar-Massiv der südlichen
Sahara Algeriens)

Geleitwort

„Nichts in der Welt ist weicher und schwächer denn das Wasser, und nichts, was Hartes und Starkes angreift, vermag es zu übertreffen. Es hat nichts, wodurch es zu ersetzen wäre. Schwaches überwindet das Starke." Mit diesen Worten beschrieb Lao Tse die ambivalente Bedeutung des Wassers für den Menschen. Als Fluss trennt es die Ufer voneinander und verbindet sie gleichzeitig als energiegünstiger Verkehrsweg. Wasser wird zum Speichern und Umwandeln von potenzieller Energie z. B. in Wärme oder Bewegungsenergie eingesetzt. Es kann aber auch zerstörerische Kräfte entwickeln, wie die Bilder von Überschwemmungskatastrophen zeigen. Dagegen war die jährliche Nilüberschwemmung lebensnotwendig für die Landwirtschaft der Ägypter.

Neben den physikalischen und chemischen Eigenschaften des Wassers rücken heute immer mehr auch soziale und politische Aspekte ins Blickfeld aufgrund des regional sehr unterschiedlichen Zugangs zu Frischwasser in guter Qualität. Kofi Annan weist im Millennium Report darauf hin, dass keine einzige Maßnahme in den Entwicklungs- und Schwellenländern so viel dazu beitragen kann, Krankheiten zu verhindern und Leben zu retten, wie der Zugang zu sauberem Wasser und adäquate sanitäre Zustände.

Die Nahrungsmittelversorgung hängt unmittelbar von einem ausreichenden Wasserangebot ab. Obwohl die Erdoberfläche zu 70 % mit Wasser bedeckt ist, gibt es in vielen Regionen gravierenden Wassermangel. Menschen, Tiere und Pflanzen brauchen, von einigen Ausnahmen abgesehen, zum Überleben Süßwasser. Auch die Industrie benötigt es, z. B. zur Kühlung, für chemische Reaktionen oder als Lösemittel. Doch nur 2,65 % des gesamten Wasservorrats bestehen aus Süßwasser, das dazu noch sehr ungleichmäßig über die Regionen verteilt ist. Mit zunehmender Weltbevölkerung, ihrer Urbanisierung und Industrialisierung hat sich der Wassermangel in vielen Ländern noch verschärft. Schon jetzt muss bereits ein Fünftel der Weltbevölkerung mit weniger als 500 m^3 Wasser pro Kopf im Jahr auskommen; bis 2025 soll schon ein Viertel betroffen sein. Eine wesentliche Herausforderung in naher Zukunft ist deshalb die Bereitstellung von Technologien, mit denen sich die Menge des brauchbaren Wassers erhöhen lässt – entweder durch die vermehrte Gewinnung von sauberem Süßwasser aus Meerwasser oder durch die Aufbereitung von benutztem oder verunreinigtem Wasser.

Das vorliegende Buch beschreibt die vielfältigen Eigenschaften des Wassers, seine Bedeutung im Alltag und die damit verbundenen sozialen und politischen Auswirkungen. Es macht deutlich, dass Wasser ein hochaktuelles Thema ist, das uns alle betrifft.

Vorsitzender des Aufsichtsrates der Deutschen Bahn

Prof. Dr. rer. nat. Dr. h. c.
Utz-Hellmuth Felcht

Vorwort

Wasser (Feuchtigkeit) zählte neben Feuer (Hitze), Erde (Trockenheit) und Luft (Kälte) bei Empedokles von Agrigent[1] zu den vier unveränderlichen Elementen.

Aristoteles[2] sprach schon von der Umwandelbarkeit dieser Elemente ineinander.

Wasser ist der am häufigsten vorkommende Stoff auf unserer Erde. Jedem Menschen ist Wasser ein Begriff. Es gibt genug Wasser, ca. 70 % der Erdoberfläche sind von Wasser bedeckt. Trotzdem beginnt für den Menschen das notwendige Gebrauchswasser, nämlich *Süßwasser*, knapp zu werden. Das sorglose Umgehen mit diesem Schlüsselprodukt hat dazu geführt. Chemisch wird Wasser mit einer einfachen Formel H-OH bzw. H_2O bezeichnet. So lernt man es in der Schule und bekommt den Eindruck, als handelt es sich bei Wasser um einen einfachen und unkomplizierten Stoff.

Doch dieser Stoff ist voller Rätsel. Beim Gefrieren sprengt er Felsen und Gebirgszüge, deren Bestandteile er in sich löst oder suspendiert und zu Tal transportiert. Wasser leitet die Verwitterung von Gesteinen und Böden ein. Im wahrsten Sinne des Wortes versetzt Wasser Berge, indem die gelösten und suspendierten Teilchen sich wieder absetzen und Landschichten in entfernten Gegenden durch Ablagerungen (Sedimente)[3] aufbauen.

Wasser dehnt sich beim Erkalten und Gefrieren unterhalb 4 °C aus und oberhalb 4 °C ebenfalls wieder. Diese Eigenschaft bezeichnet man als *Anomalie*[4]. Sie ist die Ursache dafür, dass Eis auf Wasser schwimmt (vgl. Kap. 3) und lebende Organismen auch unter den gefrorenen Oberflächen der Flüsse, Seen und Ozeane überleben können.

Welche Strukturveränderungen sich im Molekülverbund im Einzelnen abspielen, ist bis heute wissenschaftlich noch nicht eindeutig geklärt. Wasser als eine vernetzte Substanz zu betrachten, die zu unterschiedlichen Strukturveränderungen fähig ist, ist nahe liegend.

[1] Empedokles, gr. Philosoph (490–430 v. Chr.).

[2] Aristoteles, gr. Philosoph (384–322 v. Chr.).

[3] sedimentum (lat.) – sich gesetzt.

[4] anomalos (gr.) – regelwidrig.

molekular vernetzt

$$n\,(H_2O) \rightleftharpoons (H_2O)_n$$

Wasserdampf schützt die unmittelbare Erdoberfläche vor der energiereichen Sonnenstrahlung. Er wandelt die kurzwelligen Strahlen in langwellige Wärmeenergie um, die in die Atmosphäre nicht mehr rückgestrahlt werden und so zu einem lebensfördernden Klima auf der Erde beitragen.

Es ist die rechte Zeit, Fachkreise und eine allgemein interessierte Leserschaft mit der Problematik Wasser vertraut zu machen.

Der Inhalt, Stil und die Gliederung sind als fachübergreifendes Lehrbuch gestaltet. Im Glossar sind viele Fachausdrücke erklärt und aus der griechischen oder lateinischen Sprache hergeleitet.

Dieses Buch richtet sich an Personen aus den verschiedenen, aber doch benachbarten Fachrichtungen und Arbeitsfeldern, wie z. B. Wasser- und Energieversorgung, Transport auf dem Wasser, Landwirtschaft im weitesten Sinne, Ernährung, Chemische Industrie, Umweltschutz u. a. Es sollen sich Ingenieure, Landwirte, Tierärzte, Gärtner, Ernährungswissenschaftler, Biologen, Chemiker und nicht zuletzt eine interessierte Leserschaft aus Privathaushalten angesprochen fühlen. Aber auch an Experten der entsprechenden Behörden und Forschungsinstitute sowie Parlamentarier wendet sich dieses Buch. Ein weiterer Adressatenkreis sind Studenten der Hochschulen der genannten Fachrichtungen sowie die naturwissenschaftlichen Lehrer der Gymnasien und Oberschulen.

Danksagung

Die komplexe Schlüsselsubstanz *Wasser* im Einzelnen zu beschreiben, ist ohne die Hilfe von wissenschaftlichen Experten, Freunden und Firmen nicht möglich.

Bedanken möchte ich mich bei den Damen und Herren

- Prof. Dr. Hans Brunnhöfer, Fachhochschule Gießen, 35390 Gießen
- Dr. Klaus Erle-Dörner, RWE, Aktiengesellschaft, Opernplatz 1, 45128 Essen
- Dr. med. Michael Friedrich, 19230 Hagenow in Mecklenburg, für die Beratung in medizinischen und ernährungsphysiologischen Gebieten
- Prof. Dr. rer. nat. Christian Gienapp, Landesforschungsanstalt für Landwirtschaft und Fischerei Mecklenburg-Vorpommern, 18276 Gülzow
- Professor Dr. med. Dr. med. habil. Dipl.-Ing. René Gottschalk, Weltgesundheitsorganisation (WHO), Mitglied der Expertengruppe der Weltgesundheitsorganisation für die International Healt Regulations (IHR Roster of Experts; Aviation and Maritime Issues)
- Dipl.-Ing. Hans Haas und Dr. Werner Braitsch, E.ON Wasserkraft GmbH, 84034 Landshut
- Dr. Wolfgang Hartmann, Merck KGaA, 64271 Darmstadt
- Dipl.-Ing. Erhard Heil, ehemals Hoechst AG, 61462 Königstein-Mammolshain
- Dipl.-Ing. Wolf-Ingo Hockarth, Kraftwerks- und Netzgesellschaft mbH, Am Kühlturm, 18147 Rostock
- Tanja Markloff, CREDIT AGRICOLE INDOSUEZ CHEUVREUX DEUTSCHLAND GmbH, Messe-Turm, Friedrich-Ebert-Anlage 49, 60308 Frankfurt am Main
- Bernhard Rinke, Wassermeister, Stadtwerke Dreieich, 63303 Dreieich
- Dr. Christian Schlimm, Director Senior Analyst – European Chemicals & Paper RCM, Allianz Global Investors KGmbH, 60329 Frankfurt am Main
- Dr. Joachim Wasel-Nielen, Wasserversorgung Infraserv GmbH & Co. Höchst KG, 65926 Frankfurt am Main
- Marlene Weber, 65795 Hattersheim-Okriftel, für die computertechnische Textverarbeitung und die Anfertigung von Zeichnungen

Universität Rostock Vollrath Hopp, Autor
März 2016

Einführung

Auf dem Planeten Erde entwickelte sich vor ca. 3,5 bis 4 Mrd. Jahren im Schutze des Wassers Leben. Ohne Wasser ist auch heute kein Leben möglich. *Wüste* oder besser ausgedrückt *Pflanzenleere* wäre das Kennzeichen der Erdoberfläche ohne Wasser. Im Weltall ist Wasser flüchtig wie ein Gas oder fest wie Eis, nur auf dem Planeten Erde nimmt es den Ausnahmezustand flüssig an und bietet die Voraussetzungen für das vielfältige Leben. Es ist das Lebenselement! [241] Der Wasserhaushalt des gesamten Weltalls wird auf 10.000 Mrd. Sonnenmassen geschätzt. 1 Sonnenmasse entspricht $1{,}98 \times 10^{27}$ t, das ist das 333.000-Fache der Erdmasse [130]. Im übertragenen Sinne befindet sich von diesem Vorrat nur ein Tropfen auf der Erde.

Die entwicklungsgeschichtlich ältesten Landwirbeltiere, wie Amphibien[5], Reptilien[6] und Vögel, sind immer noch darauf angewiesen, die erste Phase ihrer Lebenszyklen ganz im Wasser, wie z. B. die Amphibien oder wie bei den Reptilien und Vögeln im Ei als Kleinaquarium[7], zu verbringen. Auch die ausgewachsenen Individuen dieser Tierarten müssen wie alle anderen Landtiere einschließlich des Menschen ihr eigenes wässriges Medium mit sich herumtragen und aufrechterhalten. Das geschieht durch den Blut- und Lymphkreislauf (Abb. 2.17). Der durch Atmung, Schwitzen und andere Körperausscheidungen auftretende Wasserverlust muss durch Süßwasseraufnahme wieder ergänzt werden. Der überwiegende Teil der Landlebewesen befriedigt seinen Wasserbedarf aus Flüssen, Teichen, Süßwasserseen und dem Grundwasser (Tab. 8.21, Abb. 8.97 und 8.98).

Unter normalen Lebensbedingungen in den gemäßigten Zonen benötigt der Mensch täglich ca. 2,6 L Wasser, in heißen Wüstengegenden oder in Regionen der trockenen Arktis steigt diese Menge auf 8 bis 15 L täglich an [72].

Pflanzen sind ortsgebunden und haben die effektivste Form der Wasseraufnahme entwickelt. Sie sind mit ihrem weitverzweigten Wurzelnetz in der Lage, die winzigsten

[5] amphi (gr.) – doppel-, beid-, bie=bio (gr.) – Leben. Amphibie – im Wasser und auf dem Land lebendes Tier, z. B. Lurche.

[6] repere (lat.) – kriechen; Reptil – Kriechtier.

[7] aqua (lat.) – Wasser, Aquarium – Behälter für Wassertiere.

Wasserkonzentrationen aus dem Boden zu saugen, in ihrem Gefäßsystem zu sammeln und zu speichern.

Für das Gedeihen tierischen Lebens liefern die Pflanzen die Voraussetzung. Sie vermögen über die Fotosynthese aus dem Kohlenstoffdioxid der Luft und dem Wasser mithilfe der Sonnenenergie Biostoffe wie Kohlenhydrate, Fette, Eiweiß, Vitamine u. a. für Mensch und Tier notwendige Stoffe aufzubauen (Abb. 3.41). Wasser ist eine sehr stabile chemische Verbindung.

Viel Energie muss aufgebracht werden, um die Verbindung H-OH in ihre Elemente (atomar) Wasserstoff und Sauerstoff zu zerlegen (Abb. 3.22):

$$\text{Energie} + \text{Wasser} \longrightarrow \text{Wasserstoff} + \text{Sauerstoff}$$
$$721{,}8\ \text{kJ/mol} + \text{H–OH} \longrightarrow 2\,\text{H} + \text{O}$$

Im großen Maßstab bei Normaltemperaturen ist dazu nur die Sonnenenergie fähig (Kap. 3, Abschn. „Wasser und Sonnenenergie, Fotosynthese"). Der frei werdende Wasserstoff reduziert im Blattgrün der Pflanzen oder auch in den Algen Kohlenstoffdioxid zu Zuckern und deren Polymeren wie Stärke, Zellulose u. a. Der aus dem Wasser stammende Sauerstoff reichert sich in der Atmosphäre als Gas mit 21 % Volumenanteilen an und bestimmt die oxidative Biosphäre unseres Planeten.

Während Kohlenstoffdioxid und Sonnenenergie rund um die Erde überall anzutreffen sind, ist das Wasser auf dem Festland ungleich verteilt. Wasser ist somit der begrenzende Faktor für die Entwicklung von Pflanzen und im besonderen Fall auch für das Betreiben von Landwirtschaft.

Ebenfalls wird das Klima über die Umwandlung von *Eis – Wasser – Wasserdampf* und umgekehrt wesentlich beeinflusst und reguliert (Abb. 3.21).

Der natürliche Wasserkreislauf sorgt für eine ständige Erneuerung des Süßwassers. Wasser ist ein großer Wärmespeicher und Energieumwandler [157].

Mithilfe von Wasserströmungen wird Bewegungsenergie über Wasserräder und Turbinen in elektrische Energie umgesetzt (vgl. Kap. 7).

Obwohl es genügend Wasser gibt und es auch nicht verbraucht, sondern nur gebraucht wird, beginnt insbesondere Süßwasser für den menschlichen Bedarf knapp zu werden [215]. Ungleiche Verteilung über die Festlandregionen (Abb. 13.148), zunehmende Bevölkerungsverdichtung und der sorglose und unachtsame Umgang mit dem Süßwasser sind die Ursachen (Abb. 5.52 und 5.53). In Zukunft werden in zunehmendem Maße Wasserpipelines in der Welt gebaut werden, deren Länge und Ausdehnung die der Erdöl- und Erdgaspipelines übersteigen werden (Abb. 13.145, 13.146. 13.147 und 13.148).

Wasser und Energie sind unmittelbar aneinandergekoppelt und müssen auch unter diesem Gesichtspunkt zusammen betrachtet werden.

Die Kraftwerke auf der Basis von Kohle, Erdöl, Erdgas und auch Kernenergie unseres technischen Zeitalters sind ein Beleg dafür. Ohne Wasser lässt sich keine Wärmeenergie über Fernleitungen transportieren; wenn man von den Gasturbinen absieht, ist auch die

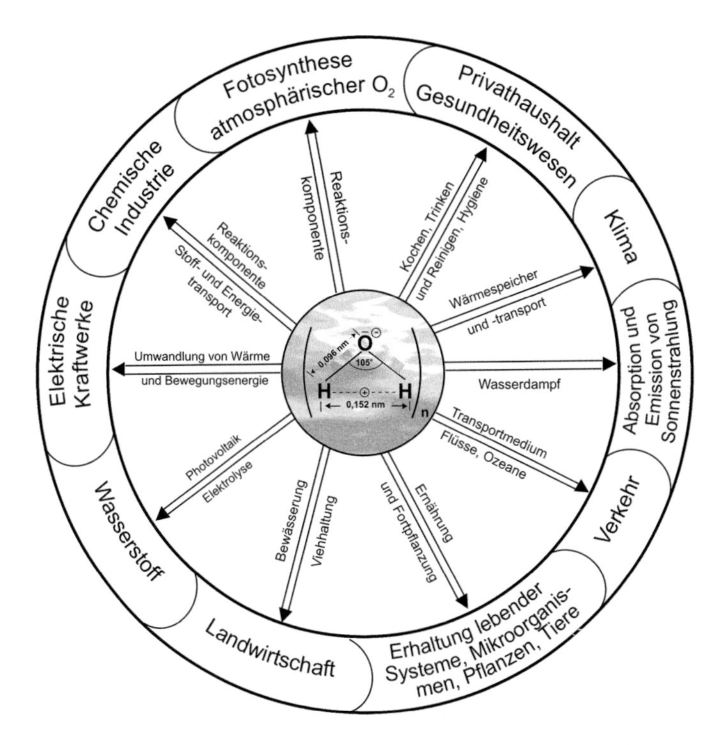

Abb. 1 Wasser, ein System von vernetzten Molekülen und Schlüsselprodukt in Natur und Technik. [E. water, a system of linking molecules and key-product in nature and technology]

Bereitstellung von elektrischer Energie an Wasser als energetisches Transport- und Umwandlungsmedium gekoppelt (Tab. 13.30).

Wasser ist ein ambivalenter[8] Stoff, er ermöglicht und fördert Leben von Mikroorganismen, Pflanzen, Tieren und Menschen. Wasser vernichtet auch Leben, zerstört Landschaften und baut sie wieder auf (Abb. 1).

Der Mensch kann Wasser für seinen persönlichen Bedarf nur in einer bestimmten Qualität gebrauchen. Es muss ausreichende Mineralsalze gelöst enthalten, nicht zu viel und nicht zu wenig (Kap. 2, Abschn. „Natürliche Wasserarten und ihre Inhaltsstoffe") und muss den hygienischen Anforderungen genügen. Außerdem muss es frei von krankheitsverursachenden Mikroorganismen sein.

Im März 2003 fand in Kyoto, Osaka und Shiga/Japan eine Welt-Wasserkonferenz statt. An diesem Forum nahmen 2400 Politiker und Wissenschaftler aus 182 Nationen teil. Trotz vieler wissenschaftlicher Vorträge und politischen Absichtserklärungen konnte man sich nicht auf verbindliche Maßnahmen einigen, wie die Weltbevölkerung mit hygienisch einwandfreiem Trinkwasser zu versorgen sei. Auch der Weltklimagipfel in Doha/Katar im Dezember 2012 hat keine überzeugenden Entscheidungen gebracht.

---

[8] ambo (lat.) – beide; valere (lat.) – stark sein; ambivalent – entgegengesetzte Eigenschaften besitzen.

Biologische Vielfalt und Wasser [E. biodiversity and water] [84]

Die biologische Vielfalt ist die Summe aller Artenvielfalt (engl. species diversity) der Mikroorganismen, Flora und Fauna in allen Ökosystemen der Erde, wie z. B. des Meeres (engl. marine), des Süßwassers (engl. fresh water), d. h. Inlandswassers und des Festlandes (engl. terrestrial).

Die mannigfaltig strukturierten Gene sind die *Quellen* und das *Potenzial* des Lebens mit seiner unerschöpflichen Anpassungsfähigkeit an ständige Veränderungen der Umwelt. Das schließt das Vermögen zur Bildung von unterschiedlichen Ökosystemen als konkurrierende Organisationseinheiten mit ein.

Die Artenvielfalt äußert sich in physikalischen, d. h. energetischen, chemischen, d. h. stofflichen, und biologischen, d. h. sich selbst steuernden, Prozessen, um sich immer wieder aus sich selbst heraus zu erneuern und überlebensfähig zu bleiben. Sie stärkt die allen Organismen innewohnende Kraft des Überlebensdranges.

Voraussetzung der biologischen Vielfalt mit ihrer fast unbegrenzten Artenvielfalt auf der Erde ist das Wasser (Abb. 1).

Organismen auf dem Festland sind gezwungen, ihr wässriges Medium ständig mit sich herumzutragen, um in der nur leicht feucht-gasförmigen Phase der Atmosphäre zu gedeihen [42]. Ihre Körper bestehen zu 60 bis 98 % aus Wasser.

Die Zahl der auf der Erde lebenden Arten wird zurzeit auf ca. 15 Mio. geschätzt, von denen bisher 1,8 Mio. identifiziert worden sind. Daraus folgt, dass es über die Vielfalt des Lebendigen in der Natur noch keinen genauen Überblick gibt.

Introduction

What we know to day of the Earth's development, we can say that approximately 3,5–4 billion years ago life began in water.

Without water Earth would be no more than a huge desert devoid of plants and other forms of vegetation. A great emptiness would have been the typical characteristic the of Earth's surface [130].

The phylogenetic oldest vertebrates of land e.g. amphibia[9], reptiles[10] and birds spend the first phase of life exclusively in water. The beginning of life of the vertebrates is in the egg. The egg can be compared to a complete little aquarium[11]. All full grown individuals of land animals including mammals, have their own aqueous medium in the form of blood and lymph circulatory system (Fig. 2.17). All land animals lose much water through respiration, perspiration and other excretions e.g. urine and faeces. It must be replaced through the intake of fresh water. The greater part of land organisms satisfy their water intake from water in rivers, fresh water lakes and subsoil water (Table 8.21, Fig. 8.97 and 8.98).

Man requires 2,6 L of water daily in temperate zones and under normal conditions. This amount increases from 8 to 15 L daily in torrid zones such as deserts or in dry arctic areas [72].

Plants are stationary. They have developed the most effective method of absorbing water. They are able to absorb the least amounts of water from the soil through their spreading roots. They gather and store the water in their vascular system. Plants and algae are the basis for the formation of animal life.

In the presence of chlorophyll the plants and algae photosynthesize from carbondioxide and water by solar energy the most important biopolymers e.g.carbohydrates, proteins, fatty oils, vitamins and other. These products are the physiological energy source for men and animals, which means for foodstuff and animal feeds (Fig. 3.41).

---

[9] amphi (gr.) – doppel-, beid-, bie=bio (gr.) – Leben. Amphibie – im Wasser und auf dem Land lebendes Tier, z. B. Lurche.

[10] repere (lat.) – kriechen; Reptil – Kriechtier.

[11] aqua (lat.) – Wasser, Aquarium – Behälter für Wassertiere.

Water is a very stable chemical compound. Much energy is necessary to split the compound into its elements of hydrogen and oxygen (Fig. 3.22).

energy +	water	⟶	hydrogen	+	oxygen
721,8 kJ/mol +	H–OH	⟶	2 H	+	O

Only solar energy is able to split water into its atomic elements into high degree at normal temperatures (see Chap. 3, section „Wasser und Sonnenenergie, Fotosynthese“). The hydrogen, which is set free, reduces the carbondioxide to sugars in the green leaf pigments of plants or in the light absorbing pigments of algae. The monomer *glucose* polymerizes to starch and cellulose and other carbohydrates. The oxygen of the water enriches itself in the atmosphere as gas. The oxygen quota in the air is 21 % vol. It is responsible for the oxidic biosphere of our planet.

Carbondioxide and solar energy are ubiquitous around the Earth, but water is unequally distributed on the continents. Water is the limiting factor for the growth of plants and in special case for the development of agriculture.

The Earth's climate is essentially influenced by the global circulation of water in connection with the partial circulation above the continents and oceans (Fig. 3.21).

The physical conversion of water into its different states of aggregation plays a significant role, that means the conversion from ice into the liquid phase and steam and back. The water circulation in nature provides a permanent renewal of fresh water.

Water is the most important heat store and energy converter. The movement energy of flowing water is converted into electrical energy by waterwheels and turbines (Chap. 7).

Although there is sufficient water in the world and it is not consumed but only used, nevertheless fresh water becomes scarcer for human requirement [215]. The reasons are the disproportionate distribution around the continents, together with increasing density of population and careless handling (Fig. 5.52 and 5.53). In future water pipelines must be increased world wide. The extent of this world wide network for water have to be greater than that for crude oil and natural gas (Fig. 13.145, 13.146. 13.147 and 13.148).

Water and energy are closely bound together. The discussion about energy can not exclude water, both together equally considered.

Power plants based on coal, petroleum, natural gas and nuclear energy demonstrate it. The requirement of electrical energy cannot be supplied without a sufficient provision of fresh water (Table 13.30).

Heat energy cannot be transported through long distance pipes without water. Water is an ambivalent[12] matter. On the one side, promoting biological systems e.g. microorganisms, plants, animals and man. On the other side it kills life, destroys landscapes and makes them fruitful again (Fig. 1).

[12] ambo (lat.) – beide; valere (lat.) – stark sein; ambivalent – entgegengesetzte Eigenschaften besitzen.

Drinking water requires a special quality. It must be free of toxic substances and pathogenic microorganisms, it should have a sufficient concentration of disolved minerals (Chap. 2, section „Natürliche Wasserarten und ihre Inhaltsstoffe").

In March 2003, in Kyoto, Osaka and Shiga/Japan 2400 politicians and scientists took part in the Water-World Forum. The participants came from 182 different nations.

However, the fact that the conference came to an end without any positive decisions on the question of water is an indication of the catastrophe which is bound to happen.

The result was 100 committments and declarations without obligatory content. The forum illustrates the disaster and the irresponsibilities of world-wide water management.

And the summit conferenz of global climate in Doha/Katar which took place from 5th to 12th December 2012 has bronght no new convincing decisions.

Biodiversity and water [84]

Biodiversity is the sum of all species diversity. These are the anaerobic and aerobic micro-organisms, fauna and flora in all ecosystems on Earth, for example in fresh water, terrestrial and marine fauna and flora.

The varied structured genes are the sources and the potential of life with its inexhaustible adaptability to continual changes of the environment. This includes the ability to develop different ecosystems as competing organization units.

The diversity of the species manifests itself in physical (principles of energetics), chemical (material) and in biological processes. Biology is the science of living organisms, which is the study of their self sustaining abilities like metabolism, reproduction, self-organization and self-regulation.

The urge of each biological species to survive is so obvious, that every opportunity for adaptation, mutation and selection is utilized in order to overcome all life's contradictions and inconsistencies. Life is more than the interaction of physical and chemical processes. Water on the Earth is the precondition for the biological diversity with its unlimited diversity of the species. Living things on the mainland have to carry around always with them a watery medium in order to flourish in the humid-gaseous phase of the atmosphere. The organisms of the mainland consist of about 60 to 98 % water.

The number of living species on Earth is estimated at 15 Mio. at present. Of these 1,8 Mio. has so far been identified. The result is that one has no exact overview about the diversity of the living system in nature.

Inhaltsverzeichnis

Abbildungsverzeichnis

Fotografien

Tabellenverzeichnis

Vorkommen [E. occurrence] 1

Wasser gehört zu den *Hauptbestandteilen* der uns umgebenden belebten und unbelebten Natur, d. h. der Bio- und Lithosphäre [215].

Es bedeckt vier Fünftel der *Erdoberfläche* in Form von Meeren, Seen und Flüssen. In geringen Erdtiefen findet man es als Grundwasser. Der *menschliche Körper* besteht zu einem Massenanteil von 0,6 bis 0,7 (60 bis 70 %) aus Wasser (Abb. 2.17). *Früchte* und *Gemüse* enthalten oftmals einen Massenanteil an Wasser, der größer als 0,9 (90 %) ist.

Die Atmosphäre kann Volumenanteile bis zu 0,04 (4 %) an Wasser als Dampf aufnehmen und es bei Druck- oder Temperaturänderungen in Form von *Niederschlag* abgeben (Regen, Wolken, Nebel, Reif, Schnee, Hagel).

Mineralien enthalten oft chemisch gebundenes Wasser als Kristallwasser.

Das Gesamtwasservolumen unserer Erde beträgt 1,384 Mrd. km^3. Davon sind 97,35 %, das sind 1,347 Mrd. km^3, in den Weltmeeren, die wegen ihres hohen Salzgehaltes nicht so ohne Weiteres als Trinkwasser oder industrielles Nutzwasser geeignet sind (Abb. 1.2a und b).

Süßwasser ist ein wertvoller und knapper Rohstoff. Nur 2,65 % des gesamten Weltwasservorkommens sind kein Salzwasser. Von diesen 2,65 % sind ca. drei Viertel als Polareis, Gletscher und Gebirgseiskappen blockiert. Ungefähr 70 % des in der Natur vorkommenden Süßwassers werden von der Landwirtschaft zur Bewässerung der Ackerflächen und für die Viehzucht genutzt. 2000 t Süßwasser sind nötig, um 1 t Reis zu ernten. Für 1 t Weizen sind in unseren Regionen 500 t Wasser und mehr erforderlich (Tab. 13.31). 22 % des Süßwasseraufkommens fließen in die industrielle Produktion und 8 % in die Privathaushalte.

2,65 % bzw. 0,03711 Mrd. km^3 liegen als Süßwasser vor (Abb. 1.3). Sie verteilen sich in unterschiedlichen Mengen auf das Polareis und die Gletscher, das sind 2,0 %, auf das Grundwasser und die Bodenfeuchte mit 0,58 % und auf die Seen und Flüsse mit 0,016 %. Von den gesamten Wassermengen, nämlich von 1,384 Mrd. km^3, befinden sich 0,074 %

© Springer-Verlag Berlin Heidelberg 2016

V. Hopp, *Wasser und Energie*, DOI 10.1007/978-3-662-48089-2_1

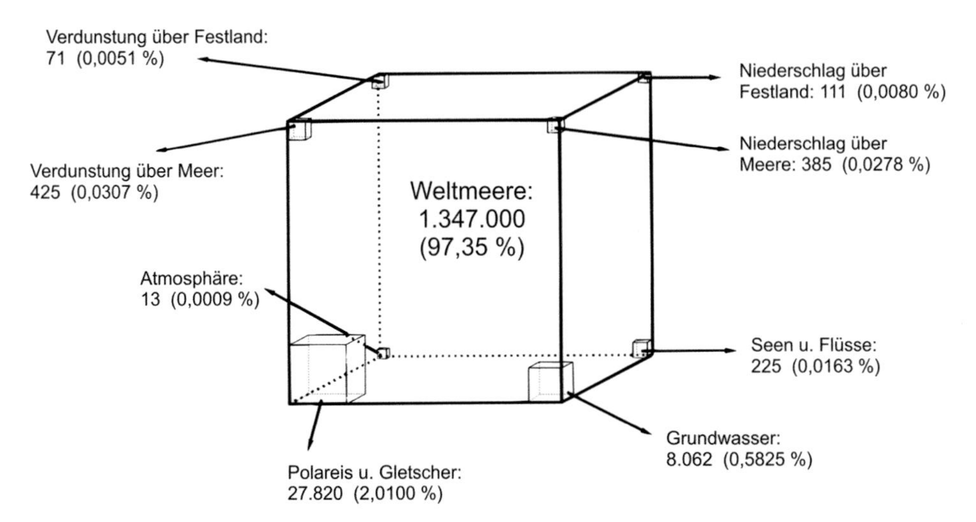

Abb. 1.2a Die Wasserbilanz der Erde – Einheiten in 10^3 km^3 (Daten nach Baumgartner, Reichel: Wasserkalender 1975) [E. water balance of the Earth – units in 10^3 cubic kilometre]

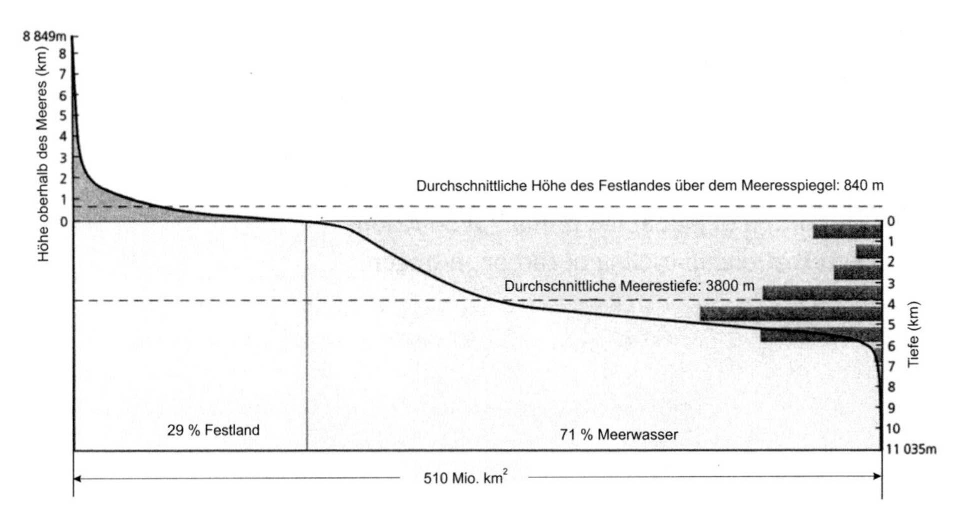

Abb. 1.2b Höhengrafische Kurve der Erde [E. hypso graphic curve of the Earth's surface]. (hypsos (grch.) – Höhe). Die horizontale Bezugsebene (Bezugslinie) repräsentiert die gesamte Erdoberfläche mit 510 Mio. km^2 (s. Abb. 11.136). 71 % dieser Erdoberfläche sind von Meerwasser bedeckt, 21 % sind Festland. Außerdem zeigt dieses Diagramm den Anteil der mittleren Festlandhöhen und der mittleren Festlandtiefen. [84]. [E. The horizontal baseline in this figure represents the EartH's total surface area of 510 mio. km^2 (s. Fig. 11.136). The figure shows that 71 % of this surface is covered by marine waters and 29 % is dry land. It also shows the mean land elevation and mean ocean depth, and the amount of Earth's surface, in percentage terms, standing at any given elevation or depth.]

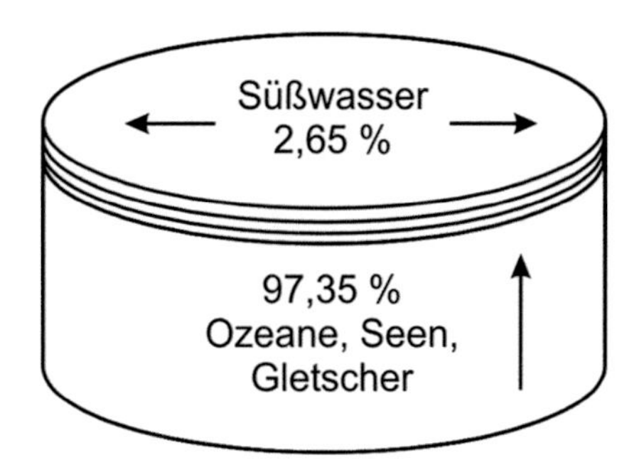

Abb. 1.3 Anteile des Süßwassers am Gesamtwasser der Erde [E. parts of fresh water of total-water of the Earth]

bzw. 1,03 Mio. km^3 im ständigen Umwandlungsprozess zwischen Verdunstung, Kondensation (Niederschläge), Gefrieren und Schmelzen (Abb. 2.9a, 2.9b, 2.10 und 2.11).

Als Wasserspeicher dienen auch riesige Hohlräume unter dem Eispanzer der Antarktis [159]. Eine solche glaziologische[1] Besonderheit wurde in der Nähe der russischen Polarstation Wostok entdeckt. Dort hat sich ein See gebildet unter einer Eisschicht von 4100 m Dicke an seinem Nordufer und von 400 m an seinem Südufer. Der See schmiegt sich auf einer Länge von ca. 250 km in ein halbmondförmiges bis zu 60 km breites Gebiet ein. Das Wasser des nach der Polarstation benannten Wostok-Sees ist bei –3 °C noch flüssig [159].

Diese Erscheinung ist darauf zurückzuführen, dass das Gewicht der auf dem Wasser lastenden Eismassen einem Druck von ca. 350 bar entspricht. Der See ist bis zu 1000 m tief.

Weitere große Wasserspeicher, aber anderen Ursprungs, sind unter den Wüstenoberflächen anzutreffen. Es sind Grundwasserseen, die sich in Tiefen um 1000 m während der Tertiär- (vor ca. 60 Mio. Jahren) und Quartärzeit (vor ca. 1 Mio. Jahren) angesammelt haben. Sie werden auch *fossile Grundwasser* genannt und geben sich häufig durch artesische[2] Brunnen zu erkennen. Diese Grundwasserseen werden heute bewusst angebohrt, um das dann heraussprudelnde Wasser zur Bewässerung von Trockengebieten oder als Trinkwasser zu nutzen (Tab. 13.35, Abb. 1.7a und b, vgl. auch folgenden Abschn. „Libyen").

Sahara [E. Sahara] [190]

Algerien [E. Algeria]

Nordafrika ist von Regenarmut und großer Trockenheit gekennzeichnet (Tab. 1.1).

Niederschlagsarmut, tief absinkender Grundwasserspiegel und Dauersonneneinstrahlung bei hochsommerlichen Temperaturen geben den Wüsten ihr Gepräge [72, 239].

---

[1] glacialis (lat.) – eisig, eiszeitlich

[2] Artesische Brunnen (benannt nach der fr. Landschaft *Artois*) sind Brunnen, in denen Wasser durch natürlichen Überdruck, verursacht durch Erdschichten, zutage tritt.

Tab. 1.1 Maghrebländer: Größe, Niederschläge und landwirtschaftlich nutzbare Ackerböden [E. countries of Maghreb: size, precipitates and agricultural useful arable land] [181, 182]. (*Quelle*: Berechnungen K. Schliephake nach FAO Aquastat. Daten für 1995)

Land	Fläche (Mio. km^2)	Ø Niederschlag (mm/Jahr)	Anteil potenziell landw. nutzbarer Fläche (in %)	Anteil tatsächlich genutzter landw. Fläche (in %)
Algerien	2,38	68	4	1
Libyen	1,76	26	2	1
Marokko	0,45	336	18	16
Mauretanien	1,03	99	19	0,2
Tunesien	0,16	207	53	26
Maghreb gesamt	6,1	85	9	3
Welt gesamt	149,0	820		11

In der Sahara sind stetig fließende Wasserläufe selten. Ausnahmen bilden wenige Flüsse in Südmarokko und in einigen Regionen der algerischen Sahara.

In *Südmarokko* führen die Flüsse *Ziz* und *Rheriz* das ganze Jahr über Wasser, die Flüsse Dra und Dades enthalten die meiste Zeit des Jahres Wasser. Sie werden von den reichen Niederschlägen im *Hohen Atlas*, dem mächtigen Hochgebirge Nordafrikas gespeist. Diese Wasser dringen bei Schneeschmelze oder starkem Regen bis in *Tafilalet* vor. Künstlich errichtete Gräben begleiten die Flüsse, in denen den Palmgärten und Getreidefeldern das Wasser zur Bewässerung zugeführt wird.

In der *algerischen Sahara* zählt der *Mzi* und *Abiod* zu den Dauerflüssen. Das Wasser des Mzi und auch ein Teil seines Grundwassers, das bei Tadjemout, 45 km westlich von Laghouat gelegen, in 10 m Tiefe dahinfließt, werden durch einen errichteten Damm aufgestaut. Auch dieses Wasser dient der Bewässerung von landwirtschaftlichen Anbaugebieten (Abb. 1.4).

Wasser des *Abiod* wird bei Forum el Gherza, wo er das Aurès-Gebirge verlässt, aufgestaut. In einer langen Leitung fließt sein Wasser den verschiedensten Oasen des Vorlandes zu.

Ein großer Staudamm von 955 m Länge und 28 m Höhe wurde im Tal des Guir bei Djorf Torba, 55 km westlich von Béchar errichtet. Der See hat ein Fassungsvermögen von 430 Mio. m^3 Wasser. Mit diesem wird eine Fläche von 15.000 ha in der Ebene von Abadla, 40 km unterhalb Djorf Torba, bewässert.

Zu den wichtigsten Wasserlieferanten in der algerischen Zentralsahara und auch anderen Wüstenregionen zählen die Wasserstollen, *Foggara* genannt (Abb. 1.5). Diese Stollen sind Luftschächte, die zu einem verzweigten unterirdischen Wassernetz führen. In diesem sammelt sich das Grundwasser und wird in Oasen abgeleitet. Die Luftschächte dienen der regelmäßigen Kontrolle und Reinigung der Untergrundfläche. Das Wasser der Foggara stammt aus der Alb. Das ist eine aus Sandsteinen, Tonen und Kiesen bestehende Schicht der Kreidezeit, die sich vor 140 bis 100 Mio. Jahren gebildet hat. Dieser Alb bildet ein riesiges Wasserreservoir, das sich über 600.000 km^2 erstreckt. Es wird vorwiegend vom

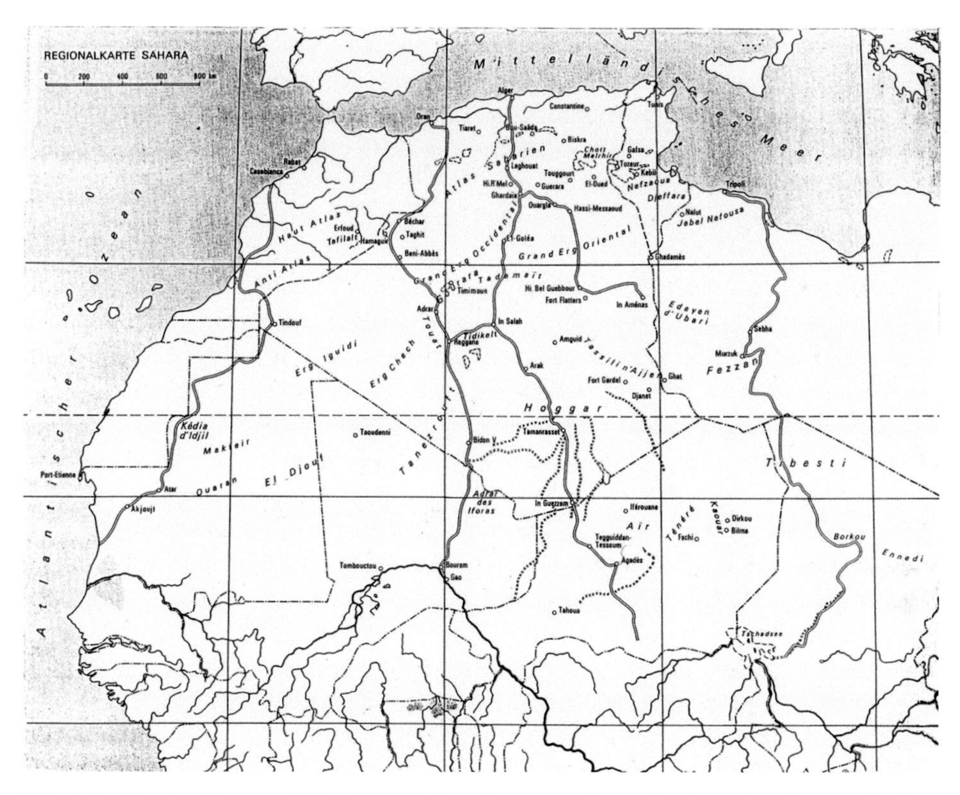

Abb. 1.4 Algerien [E. map of Algeria] [72]. Bevölkerungszahl: ca. 40 Mio.; Einwohner pro km^2: 15

Abb. 1.5 Mündung einer Foggara mit Messrechen für die Wasserverteilung [E. mouth of a Foggara with measuring rake for distribution of water] [72]

Wasser aus dem Sahara-Atlas gespeist, entweder durch die Wadis[3], in deren Bett es versickert, oder auf unterirdischem Wege von Grundwasserströmen. Durch Bohrungen gelingt es, dieses Wasser zu nutzen. Nach dem Prinzip des artesischen Brunnens gelangt das Wasser nach der Bohrung durch den Überdruck an die Oberfläche. Die Bohrungen führen in Tiefen von 100 bis über 2000 m.

60 km südöstlich von Ghardaia ist bis zu 1167 m tief gebohrt worden, um an das Wasser zu gelangen.

Bei Guerrara entspringt einer Tiefbohrung von 2100 m 21.000 L Wasser pro Minute.

Das emporschießende Wasser ist heiß und muss auf Normaltemperaturen abgekühlt werden. Das geschieht in Kühlanlagen. In *Hassi Messaoud* z. B. beträgt die Temperatur des artesischen Wassers 60 °C. In *Quargla* wird dieses heiße Wasser in den kühlen Wintermonaten den Häusern zum Kochen und auch für die Zentralheizung zugeleitet.

In der *algerischen Sahara* z. B. werden auf diese Weise mehrere Tausend Hektar landwirtschaftliche Versuchsflächen für den Getreideanbau bewässert. Aus 1200 m Tiefe strömt das Wasser an die Oberfläche und wird mittels Pumpen in Bewässerungsarme geleitet, die sich nach dem Rückstoßprinzip um die eigene Achse drehen. 50 L Wasser pro Sekunde werden von einem Bewässerungsarm versprüht, 18 h dauert eine Umkreisung, durch die eine Fläche von 50 ha bewässert wird. Das Wasser enthält 3,5 mg/L Mineralsalze. Vor der Aussaat wird der Saharaboden 80 cm tief gelockert und danach mit Kalium- und Phosphatdünger versetzt. Während der Bewässerung werden dem Boden Stickstoffdünger und Magnesium- sowie Zinksalze zugegeben.

So knapp in Algerien das Süßwasser ist, so reichhaltig verfügt es über Erdgasquellen, z. B. in Hassi-M'Rel. Sie sind ein voller Ersatz für die zur Neige gehenden Erdölvorkommen in Hassi-Messaoud. Große Mengen des Erdgases werden zu Flüssiggas komprimiert und in alle Welt exportiert. Nach Russland und Norwegen ist es zurzeit der größte Flüssiggaslieferant in der Welt. Der bedeutendste Abnehmer sind die USA, gefolgt von Europa. China bemüht sich ebenfalls, als Kunde und Anteilseigner in Algerien Fuß zu fassen. Algerien steht mit seinen geförderten Erdgasmengen von 81,5 Mrd. m^3 im Jahr 2012 an 9. Stelle der größten Erdgasförderer. Seine Reserven werden auf 4504 Mrd. m^3 geschätzt [28].

Libyen [E. Libya]

Mit 1,76 Mio. km^2 ist Libyen ein großflächiges Wüstenland, das von zahlreichen Oasen durchsetzt ist. Libyen wird zurzeit von ca. 6,5 Mio. Menschen bewohnt, ihre Zahl ist steigend [181, 182]. Es ist das einzige Land der Welt, das keinen ständig Wasser führenden Fluss besitzt. Regen fällt nur in den Mittelmeerküstengebieten. Die natürlichen Wasserquellen werden vom Grundwasser unterhalb der Wüstenoberfläche gespeist. Als Folge der abtauenden Gletscher, die sich während der Eiszeit im Pleistozän vor ca. 1.000.000

[3] Wadi (arab.) – Bach, Trockental, wasserloses Flussbett der Wüste

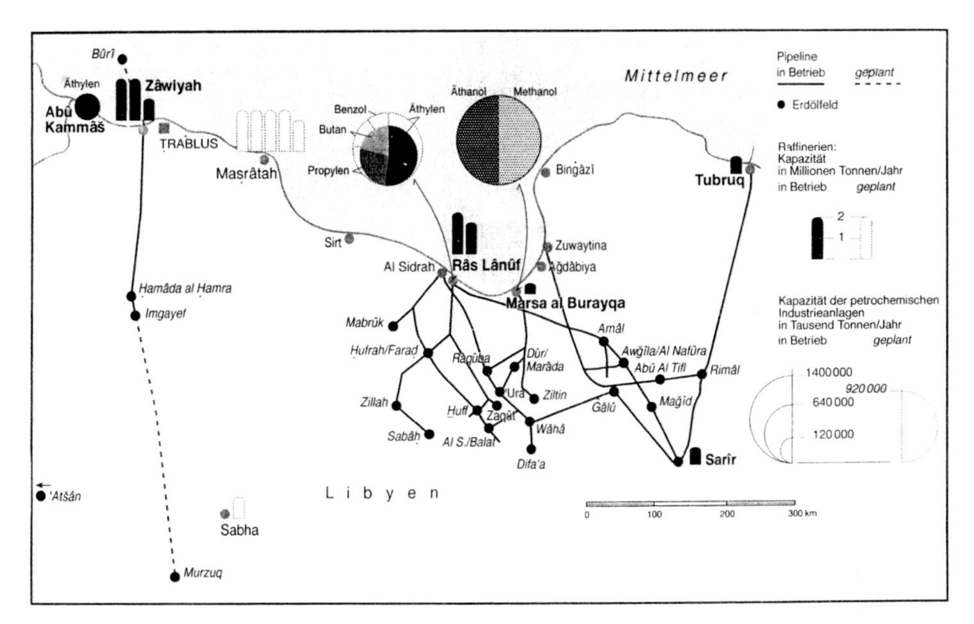

Abb. 1.6 Erdölleitungen und petrochemische Industrieanlagen in Libyen [E. crude oil pipelines and petrochemical plants in Libya] [181, 182]

Jahren gebildet hatten, sammelte sich vor 30.000 bis 10.000 Jahren in riesigen unterirdischen Seen Wasser an. Der nubische Sandstein bildet einen guten Aquifer mit der notwendigen Durchlässigkeit, um das Wasser zu fördern. Es hat sich herausgestellt, dass in saharischen Becken große Grundwasservorräte aus den letzten Regenzeiten (bis ca. 8000 v. Chr.) lagern. Sie sind mineralarm und können aus Tiefen von 40 bis 100 m an die Oberfläche gepumpt werden. Eine UN-Forschergruppe hat die Vorräte im *Kufree-Becken* auf 200 Mrd. m^3 und die im *Sarir-Becken* auf 15 Mrd. m^3 geschätzt. Über die weiteren Becken im Westen wie z. B. *Ghadames, NE Juble Hasouma* und *Waeal-Namus* liegen keine genauen Angaben vor. Insgesamt dürfte jedoch eine Schätzung auf 250 Mrd. m^3 nutzbaren oberflächennahen Grundwasservorräten nicht zu hoch sein.

Ohne künstliche Bewässerung der Ackerböden lässt sich kaum Landwirtschaft betreiben.

So reich dieses Land an Erdöl- und Erdgas ist, so arm ist es an unmittelbar zugänglichem Süßwasser. Die Erdölvorräte wurden für 2012 auf 6,6 Mrd. t geschätzt und die des Erdgases auf 1547 Mrd. km^3 (Abb. 1.6) [28].

Für die Privathaushalte, die Förderung von Erdöl und Erdgas, das Betreiben von Erdölraffinerien und für die Bewässerung von landwirtschaftlich genutzten Böden wird sehr viel Wasser benötigt.

Nach dem Wassermangel-Index [57] zählt Libyen zu den wasserärmsten Ländern in der Welt. Statistisch stehen jedem Einwohner jährlich nur 107 m^3 Süßwasser zur Verfügung, in Deutschland sind es 1400 m^3 (s. Tab. 5.12) [140].

Diese Menge entspricht einem täglichen Dargebot von 293 L pro Person für Privathaushalte, landwirtschaftliche Bewässerung und industrielle Nutzung. Das ist zu wenig. Um diesen Wassermangel zu beheben, wurde in Libyen das größte Wassergewinnungsprojekt der Welt aufgelegt, bekannt als Projekt des *„Großen Künstlichen Flusses"*, das in mehreren Phasen nacheinander verwirklicht wird. Der erste Bauabschnitt wurde 1990/91 mit einer Förder- und Aufbereitungskapazität von 12 Mio. m^3 Wasser in Betrieb genommen (Abb. 1.7a und b).

Ausgenutzt werden die oberflächennahen fossilen Grundwasser im Saharabecken. Während der Erdölexploration stieß man auf sie in Tiefen von 300 bis 2000 m, teilweise sind es auch offene Wasserbecken.

Wie schon erwähnt, werden die Wasservorräte im Becken von Kufra auf 200 km^3 geschätzt und die von Sarîr auf 15 km^3. Dieser Vorrat würde mehr als 100 Jahre reichen, wenn jährlich 2 Mrd. m^3 Wasser abgepumpt würden. Das entspräche bei 6,5 Mio. Einwohnern einem Wasserdargebot von 308 m^3 pro Jahr und Kopf bzw. von ca. 843 L täglich.

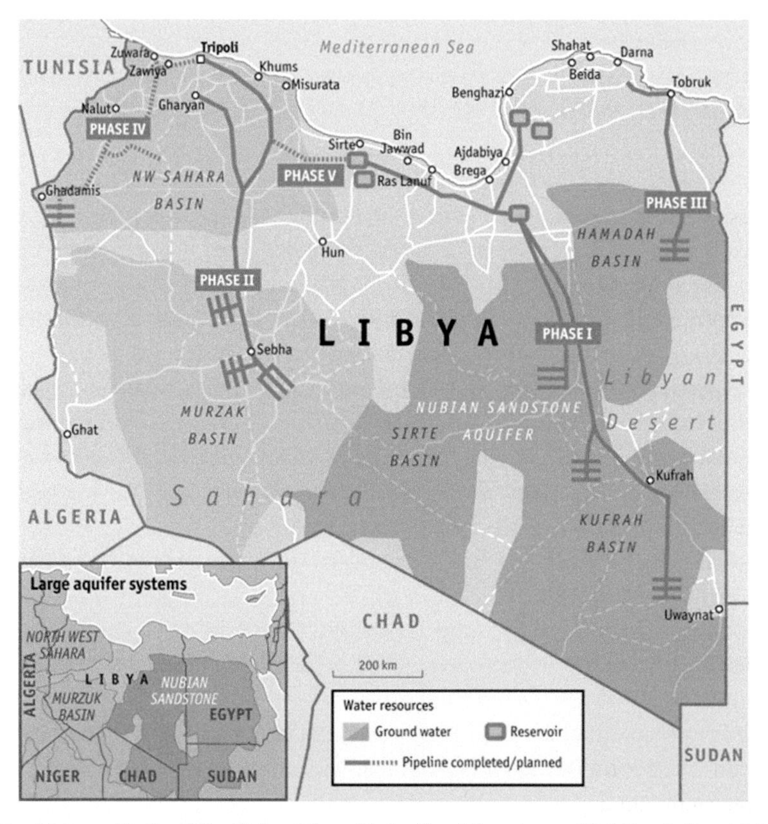

Abb. 1.7a Libyens *Großer Künstlicher Fluss,* Verlauf und Bauphasen [E. Libya's Great Man-Made river, course and phases of construction] [181, 182]. (*Quelle*: http://www.arbeiterfotografie.com/nordafrika/nordafrika/libya-water.gif)

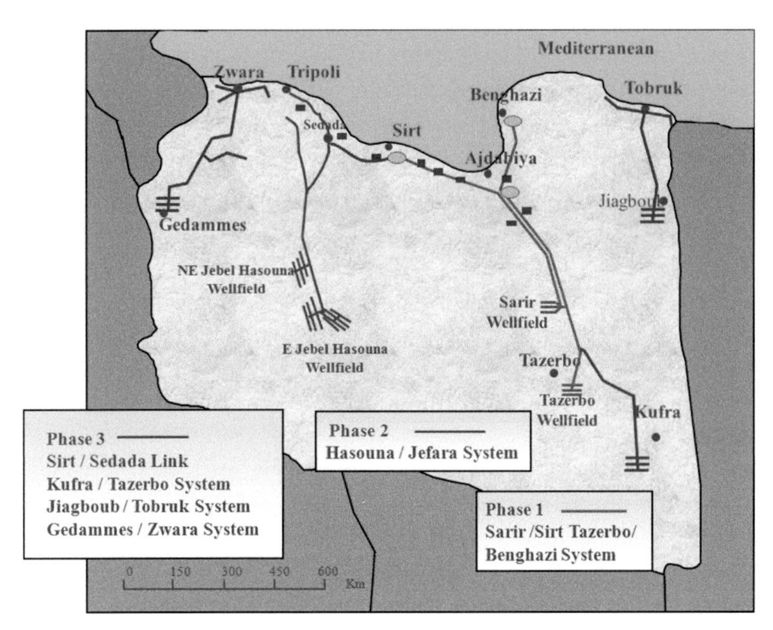

Abb. 1.7b Bauphasen des Großen Künstlichen Flusses [E. phases of construction of the Great Man-Made river] [181, 182]

Im Rahmen des *Großen Künstlichen Flusses*-Vorhabens wurde in den Jahren 2000/2002 das 2. Wasserverteilungsprojekt, „Great Man-Made River"(GMMR)-Projekt, begonnen. Das Ziel ist, die riesigen Wasserreserven unter der Wüstenoberfläche anzuzapfen, Wasser zu fördern, es aufzubereiten und über ein Rohrleitungsnetz über das Land als Trinkwasser oder als Brauchwasser für die Landwirtschaft zu verteilen [114, 181, 182].

Für den Wassertransport des aufbereiteten Wassers zur Küste wird teilweise das natürliche Landschaftsgefälle genutzt. Durch den Einbau von Pumpstationen kann die Durchflussgeschwindigkeit verdoppelt werden. Das bestehende Rohrleitungsnetz wurde erneuert, stufenweise auf 4600 km erweitert und mit Zwischenlager-Becken für aufbereitetes Wasser versehen, um bei einem erhöhten Wasserbedarf auf entsprechende Vorräte zurückgreifen zu können. 5,7 Mio. m^3 Süßwasser können auf diese Weise pro Tag bewegt werden. Diese Menge reicht aus, um den täglichen Wasserbedarf der libyschen Bevölkerung mit 877 L pro Person zu decken.

Das Rohrleitungsnetz verbindet mehr als 1000 Brunnen, die bis zu Tiefen zwischen 450 und 650 m reichen, und Wasseraufbereitungsanlagen, die an zahlreichen und unterschiedlichen Standorten im Land errichtet worden sind (Abb. 1.7a und b). Es erschließt eine Fläche von 8000 km^2. Aus einem Brunnen wird das Grundwasser mit einer Förderleistung von 432 m^3/h gepumpt. Jede Aufbereitungsanlage hat einen Entgaser und ein Filtrationssystem, um den hohen Gehalt an Kohlenstoffdioxid, CO_2, Eisen- und Manganionenkonzentrationen im Wasser zu verringern, bevor es in die Hauptpipeline eingespeist wird. Diese Begleitstoffe des Brunnenwassers korrodieren leicht die Pipelines, die aus

Betonsegmenten mit einem Durchmesser bis zu 4000 mm bestehen. Ein besonderes Problem ist die Installation von korrosionsfreien Rohren [114].

Das GMR-Projekt wird in drei Phasen verwirklicht. In der ersten Phase entsteht ein Netz von Rohrleitungen mit einem Durchmesser von 4 m. Sie leiten Wasser aus Brunnen der *Tazirbu-* und *Sarirregionen* unterirdisch zu den libyschen nordöstlichen Küstengebieten *Sirt* und *Benghazi.*

In der zweiten Phase wurden 2 Mio. m^3 Wasser täglich von den Brunnen der *Fezzan-Region* und weitere 500.000 m^3 aus den *Hasawna-Bergen* transportiert.

In der dritten Phase werden nochmals 168 Mio. m^3 Wasser aus der Kufra-, Gedammes- und Jiagboub-Region bereitgestellt. Nach ihrer endgültigen Fertigstellung transportieren und verteilen die „*Great Man-Made River*"-Projekte viermal so viel Wasser, wie täglich in der Themse zur Nordsee fließt.

Die *Siemens AG* ist bei der Planung des GMR und für die Lieferung von technischer Ausrüstung und ihrer Installation federführend beteiligt [114].

Für die zweite Phase lieferte *Siemens Industrial Solution and Services* das komplette Leit- und Automatisierungssystem und zusammen mit dem Siemens-Unternehmensbereich *Com* die Kommunikationstechnik. Das Mess-, Kalkulations- und Simulationssystem kann dynamische Nachfrageänderungen nach mehr oder weniger Wasser mit geringem Aufwand berücksichtigen. Es kann Wasserverluste während des Transportes in den Pipelines, die geringer als 3 % sind, schnell und sicher herausfinden und orten.

Jeder Brunnen ist mit einer eigenen Pumpe ausgestattet und wird mit einer *Simatec S 7–300* automatisiert. Die Pumpen fördern Wasser in die Hauptpipeline, deren Durchmesser 4 m misst. Sie ist 700 km lang. Das Wasser fließt in ihr mit einer Geschwindigkeit von 18 km/h.

Nach Fertigstellung des Projektes der 2. Ausbauphase werden täglich 2,5 Mio. km^3 Wasser transportiert [114].

Das Anschlussprojekt Garabulli [E. the following project of Garabulli]

Für das Anschlussprojekt Garabulli hat Siemens I & S einen entsprechenden Auftrag bekommen. Das Gebiet erstreckt sich über rund 30 km zwischen dem Fuß der Nafusa-Berge und der Mittelmeerküste östlich von Tripolis. Hier sollen pro Tag 117.000 km^3 Wasser zur Bewässerung von 1300 Farmen eingesetzt werden. Das lokale Bewässerungssystem umfasst ein rund 300 km langes unter Druck befindliches Rohrnetzwerk und besteht aus drei Teilnetzen, die jeweils aus einer Abgabestelle der Phase 2-Conveyance-Pipeline gespeist werden. Jedes Teilnetz verfügt über ein Reservoir mit einem Volumen von 20.000 m^3. Bei zwei der Reservoirs erfolgt die Befüllung über eine Haupt-Pumpstation. Von den über dem Niveau des Farmlandes gelegenen Tanks fließt das Wasser durch Gravitationswirkung zu 153 Speisepunkten zur Versorgung der landwirtschaftlichen Betriebe. Einige Abschnitte des Netzes sind zusätzlich mit Pumpen ausgestattet. Für das Rohrleitungsnetz lieferte Siemens die komplette Leit- und Kommunikationstechnik, die komplette Stromversorgung (bestehend aus Mittelspannungsschaltanlagen, Niederspannungsschaltanlagen und Transformatoren) und die Feldinstrumentierung. Herzstück des Scada-Systems ist das Kontrollzentrum, das in einer der Haupt-Pumpstationen untergebracht ist. Dort laufen die Messwerte für Durchfluss, Druck und Füllstand von rund 50 Sensoren zusammen, die entlang des Leitungsnetzes installiert sind. Mithilfe dieser Messdaten regelt das System automatisch den Zufluss aus den drei Abgabestellen, gewährleistet die erforderlichen Füllstände in den drei Speichertanks und steuert mithilfe von rund 20 Ventilen Durchfluss und Druck im gesamten Bewässerungsnetz. Darüber hinaus ist das System mit dem Leitsystem der Phase 2-Hauptpipeline gekoppelt, das ebenfalls von Siemens geliefert und in Betrieb gesetzt worden ist [114].

Für das Teilprojekt des „Great Man-Made River" im Brunnenfeld Tazerbu südlich von Benghazi wurde die Berkefeld Filter Anlagenbau GmbH der Fibagroup Europe aus 52457 Aldenhoven mit der Auslegung und dem Bau von 54 Wasseraufbereitungsanlagen beauftragt [155]. Anstelle der Betonsegmente verwendet dieses Unternehmen Rohrsegmente aus glasfaserverstärktem Vinylpolymer. Diese Rohrsysteme von Fibagroup, die unter dem Markennamen Fiberdur®bekannt sind, entsprechen den Anforderungen der chemischen Industrie wie Korrosionsfähigkeit gegenüber Chemikalien, Temperaturbeständigkeit und Druckfestigkeit. Sie sind sowohl für oberirdische Einsätze als auch für erdverlegte Leitungen und bei meerestechnischen Anlagen geeignet.

Gegenüber herkömmlichen Metall- oder Betonrohrsystemen sind faserverstärkte Rohre außerdem kostengünstiger. Sie haben ein geringeres Eigengewicht und ermöglichen eine schnellere Installation.

Außer dem 6650 km langen Nil (s. Tab. 8.21) gibt es in Nordafrika keine nennenswerten Flüsse, die vom Festland in das Mittelmeer fließen. Die nordafrikanischen Länder müssen sich nach zusätzlichen Süßwasserquellen umsehen. Eine Arbeitsgruppe um Prof. Dr. Fatahallah Bouchertall der Faculty of Medical Technology an der Libyischen University Derna hat nach dem Prinzip der Umkehrosmose (s. Kap. 10) zwei Pilotanlagen technisch reif entwickelt, die mit geringem Energieaufwand eine Entsalzung von Brackwasser (s. auch Kap. 2., Abschn. „Brackwasser") und Meerwasser (vgl. Kap. 2, Abschn. „Meerwasser") in Trinkwasser (s. Kap. 2, Abschn. Trinkwasser") ermöglichen. Ihr Wirkungsgrad ist 80 %. Der benötigte elektrische Gleichstrom wird durch Fotovoltaikmodule gewonnen, die Solarenergie in elektrische Energie umwandeln. Die Meerwasserpilotanlage liefert zurzeit 3200 L Trinkwasser täglich und die Brackwasseranlage 5000 L Trinkwasser (*Lit.:* Umwelt-Magazin (2013) Heft 1, 2 Solargetriebene Meerwasserentsalzung, drfatabo@yahoo.de).

Vereinigte Arabische Emirate [E. United Arab Emirates] [7, 27]

Die Vereinigten Arabischen Emirate sind ein Zusammenschluss von sieben Emiraten: *Abu Dhabi, Dubai, Sharjah, Fujairah, Ras al Kaimah, Ajman* und *Umm al-Quiwain.* Sie liegen auf einer Halbinsel, die in den Arabischen Golf hineinragt und eine Fläche von

86.600 km^2 umfasst. Auf ihr leben ca. 5,149 Mio. Menschen, von denen 80 % aus dem Ausland kommen. In der Hauptstadt Dubai leben zurzeit 1,3 Mio. Einwohner. In dieser von Oasen durchsetzten Halbwüsten- bzw. Wüstenregion ist Süßwasser sehr knapp. Die vorhandenen Grundwasserreserven werden stärker angezapft, als sie sich entsprechend wieder aufzufüllen vermögen. Eine der reichhaltigsten Grundwasserquellen liegt in und um *Al Ain*, der mit 430.000 Einwohnern zweitgrößten Stadt des Emirates *Abu Dhabi*.

Al Ain (aus dem Arabischen übersetzt: die Quelle) verfügt über mehr als 200 Süßwasserbrunnen. Die Region dieser Stadt ist das fruchtbarste Gebiet von Abu Dhabi. Das in geringer Tiefe vorkommende Grundwasser begünstigt eine Landwirtschaft mit hohen Ernteerträgen, wie z. B. Datteln, Obst, Zitrusfrüchte und Gemüse.

Die Grundwasserreserven der Emirate sind begrenzt. Deshalb sind rund um die Halbinsel leistungsfähige Meerwasserentsalzungsanlagen errichtet worden (s. Kap. 10). Meerwasserentsalzung ist sehr energieaufwendig. Doch für die Vereinigten Arabischen Emirate mit dem hohen Ölreichtum ist Energie das geringste Problem. Die Erdölreserven werden auf 13,3 Mrd. t geschätzt. 2012 wurden 155 Mio. t gefördert [28].

Über Pipelines wird das Süßwasser von den Grundwasserquellen und den Meerentsalzungsanlagen in die Städte gepumpt. Bedingt durch das heiße und trockene Klima beträgt die Kalttemperatur des Süßwassers im Sommer über 30 °C, wenn es aus den Wasserhähnen fließt. 70 % des Trinkwassers dienen zur Bewässerung der landwirtschaftlich genutzten Ackerflächen, der Bäume und Grünanlagen.

Dubai hat sich in den letzten Jahrzehnten zu einem weltweiten Knotenpunkt für die Schiff- und Luftfahrt und zu einem Luxusort für Touristen entwickelt. Es hat seinen Ölreichtum dazu genutzt, eine eigene Stahl- und Aluminiumindustrie aufzubauen. Mit 240.000 t zählt das Unternehmen *DUBAL* zum siebtgrößten Aluminiumproduzenten der Welt.

Wüstensand enthält als größten Anteil Siliziumdioxid (SiO_2), d. h. Quarz. Diese Rohstoffbasis nutzt die *Dubai Silicon Oasis* (DSO), um Reinstsilizium für die Fotovoltaik, Solarthermie und für Speicherchips herzustellen. Dubai soll zu einem Markt der Mikroelektronik ausgebaut werden (S. 335 ff.).

Um Stahl, Aluminium und Silizium zu gewinnen, bedarf es einerseits eines großen Energieeinsatzes, um die hohen Reaktionstemperaturen zu erreichen. Andererseits werden entsprechende Reduktionsmittel benötigt zur Entfernung des Sauerstoffs aus den Eisenoxiden (Fe_2O_3) für Stahl, aus dem Bauxit [$Al(OH)_3$] für Aluminium und aus dem Quarz (SiO_2) für Silizium.

Erdöl, d. h. die Kohlenwasserstoffe $\left(CH_2 \right)_X$, sind hervorragende Reduktionsmittel bei hohen Temperaturen. Dass diese Verfahren riesige Mengen an Prozesswasser bedürfen, sei der Vollständigkeit halber nochmals erwähnt. Aber als Prozesswasser kommt nur Süßwasser infrage, das mittels Entsalzung aus dem Meerwasser bereitgestellt werden muss.

Saudi-Arabien [E. Saudi Arabia]

Saudi-Arabien mit einer Landfläche von 2,149690 Mio. km^2, 28,4 Mio. Einwohnern und einer Bevölkerungsdichte von nur 13 Einwohnern pro 1 km^2 zählt zu den süßwasserärmsten Ländern der Welt. Dagegen verfügt es mit 36,17 Mrd. t Erdöl und 7320 Mrd. km^3 Erdgas über ungeheure Energiereserven (2012) [28].

Die Süßwasserreserven sind sehr begrenzt. Die Verfügbarkeit an Süßwasser pro Einwohner schwankt zwischen 111 bis 118 m^3 jährlich (Tab. 5.12). Die Flüsse und Seen Saudi-Arabiens führen nur in wenigen Monaten Wasser. Die einzige regenerierbare Wasserquelle ist das oberflächennahe Grundwasser, das jährlich bis zu 2,4 Mrd. m^3 Süßwasser liefert. Durch Regenfälle werden im Jahr bis zu 1,8 Mrd. m^3 wieder aufgefüllt. Doch dieses Land benötigt jährlich das Sechsfache und mehr. Es zapft seine Tiefengrundwasserreserven auf der Arabischen Halbinsel an, die sich aber nur im Laufe von Jahrzehnten zu erneuern vermögen. Eine Erschöpfung dieser Reserven wird um 2020 vorausgesagt [130]. Insgesamt sind 50.000 Brunnen gebohrt worden, aus denen Süßwasser gefördert wird.

Umgeben vom Salzwasser des Arabischen und Persischen Golfes kann Saudi-Arabien sich durch Entsalzung so viel Süßwasser beschaffen, wie für die Menschen, Technik, das Transportwesen, die Landwirtschaft, Parks und den Luxus benötigt werden. Dieses energiereiche Land leistet sich sogar Milchfarmen großen Stils. In klimatisierten und technisch modernen Anlagen werden bis zu 32.000 Kühe je Farm gehalten, um die Bevölkerung mit Milch, Butter und Käse zu versorgen. Die Produktionsmengen reichen aus, um die Milchprodukte auch in benachbarte Länder zu exportieren. Der Süßwasserbedarf einer Milchfarm ist sehr groß. Eine Kuh säuft täglich bis zu 100 L Süßwasser (Tab. 13.31, Abb. 13.143). Außerdem muss sie mit Kraftfutter gefüttert werden, das aus Getreide und Sojaschrot besteht. Dafür gibt sie als Spitzenleistung bis zu 38 L Milch pro Tag.

Um 1 kg Getreide zu ernten, sind je nach den klimatischen Voraussetzungen ca. 500 bis 1000 L Süßwasser erforderlich. Es wird geschätzt, dass für 1 L Milch insgesamt 3000 L Süßwasser aufzuwenden sind. 500 Brunnen sind alleine für die Süßwasserversorgung der Milchfarmen vorgesehen.

Saudi-Arabien zeigt, wie man in einem Wüstenland mit Energie und Wasser lebensfreundliche Bedingungen für die Menschen schaffen kann. Wasser und Energie sind unabänderliche Voraussetzungen für das Leben. Die Natur demonstriert das durch eine ihrer wichtigsten Reaktionen, nämlich durch die Fotosynthese (s. Kap. 3, Abschn. „Wasser und Sonnenenergie, Fotosynthese“).

Saudi-Arabien baut ein System von Meerwasserentsalzungsanlagen aus. Sie sind sehr energieaufwendig (s. Kap. 10). Solange die riesigen Erdölvorräte nicht zur Neige gehen, ist das eine Zwischenlösung. Inwieweit die Oberflächenerdkruste durch das Fördern von Tiefengrundwasser nachhaltig geschädigt wird, bleibt abzuwarten.

Jordan [E. Jordan]

So wie nach Erdöl und Erdgas gebohrt wird, werden in zunehmendem Maß Vorkommen von fossilem Grundwasser erschlossen, um die Trinkwasserversorgung in den halbtrockenen Gebieten zu verbessern. Auch die Wasserreserven unter der Negevwüste und dem Sinai sollen zugängig gemacht werden. Aus dem Süden des Jordanlandes soll fossiles Grundwasser nach Amman, der Hauptstadt Jordaniens, gepumpt werden. Die Jordanier nutzen täglich 70 L Wasser, in den Villengegenden sind es allerdings 400 L.

Während der langen Trockenheit im Sommer 2001 litten die großen Städte *Amman, Zarga* und *Irbid* unter einem Defizit von 26 Mio. m^3 Wasser. Hier lebt die Hälfte der 5 Mio. Einwohner Jordaniens [68].

Die Hauptwasserader Israels, der Palästinensergebiete und Jordaniens ist der *Jordan.* Die Länder Jordanien, Syrien, Libanon, Israel und Palästina müssen sich die relativ geringen Wasservorkommen dieses Flusses teilen.

Er ist 250 km lang mit einem Einzugsgebiet von 18.000 km^2. Neben diesem ist der Fluss *Jarmuk* für *Jordanien* die wichtigste Wasserquelle, die sich außerdem *Syrien* und *Israel* teilen. Palästina wird im Wesentlichen von Aquiferen versorgt, das sind Grundwasser leitende Gesteinsschichten.

In bestimmten Gegenden ist die *Türkei* sehr wasserreich. Sie ist bereit, mit großen Trinkwassertankern aus dem Fluss *Manavgat* Trinkwasser an Israel zu liefern (vgl. Kap. 5, Abschn. „Naher Osten").

Wasserspeicher im Erdmantel [E. water storage in Earth's Crust]

Nicht nur die Hydrosphäre mit ihren Ozeanen, Seen und Flüssen, das Gletscher- und Polareis sowie das Grundwasser des Festlandes und der Wasserdampf der Atmosphäre bilden den Wasserhaushalt bzw. -kreislauf unserer Erdoberfläche, sondern auch die Wasserspeicher im Erdmantel beeinflussen die Mengen des Oberflächenwassers über geologische Zeiten [17].

Klimatologen[4] [189], haben herausgefunden, dass gegenwärtig etwa fünfmal mehr Wasser in das Erdinnere gelangt, als in vulkanischen Bereichen wieder freigegeben wird. Wo Erdplatten aneinanderstoßen, werden bei Eruptionen 99,9 % des Tiefenwassers wieder *ausgespuckt.* Es wird damit gerechnet, dass über Jahrmillionen noch bis zu 27 % des Ozeanwassers in das Erdinnere verschwinden werden, um dann zu einer späteren geologischen Phase durch Umkehrkonvektion[5] wieder freigegeben zu werden. Das bedeutet wieder eine Anhebung des Wasserspiegels auf der Erdoberfläche [240].

[4] Prof. Siegfried Franck, Potsdam-Institut für Klimaforschung,Prof. Hans Keppler, Mineralogisches Institut der Universität Tübingen,

[5] convectio (lat.) – Zusammenbringen durch Strömung.

Wasser bedeckt die Erde nicht nur an ihrer Oberfläche, sondern es durchdringt die Erdschicht in Tiefen bis zu ca. 660 km. Diese Wasservorkommen beruhen auf der Plattentektonik[6], die ständig ozeanische Krusten unter die Festlandsockel abtauchen lässt.

Mithilfe seismografischer[7] Messungen haben Geophysiker der Eidgenössischen Technischen Hochschule Hönggerberg (HPP), Swiss Federal Institute of Technology, Zürich [118], festgestellt, dass in Tiefen zwischen 410 und 660 km unter dem Mittelmeer die Gesteinsschichten Wasser gespeichert enthalten. Die eingeschlossenen Wasseranteile hängen von der jeweiligen Gesteinsart ab, wie z. B. Olivin, wadsleyite, ringwoodite, perovskite und magnesiowüstite, sie stabilisieren die Gesteinsschicht im Erdmantel.

Die Mittelmeerregion wurde im Erdzeitalter des ausgehenden Perm vor 190 Mio. Jahren durch die Subduktion[8] der ozeanischen Lithosphäre stark verändert (Tab. 13.35). Starre Gesteinsplatten bewegten sich vom Zentrum der subozeanischen Schwellen weg gegen die Ränder des Festlandes zu und tauchten dort in Subduktionszonen infolge eigener Abtriebskräfte ab. Durch thermische Angleichung werden diese Lithosphärenplatten dann in der Asthenosphäre[9], dem fließfähigen Teil des oberen Erdmantels in 100 bis 300 km Tiefe, aufgenommen. Die Auflösung soll in etwa 700 km Tiefe vollzogen sein. Die Driftgeschwindigkeit der Platten bewegt sich in verschiedenen Gebieten der Erde zwischen 1 und 10 cm pro Jahr.

Diese Subduktion vor 190 bis 110 Mio. Jahren spielte sich vorwiegend im östlichen Mittelmeer ab. Reste dieser untergetauchten Platten sind in 1300 bis 1900 km Tiefe unter dem ägyptischen und libyschen Festland noch heute nachzuweisen.

Die Erdmantelschicht zwischen 410 und 660 km kann aufgrund seismografischer Daten in unterschiedliche Gesteinsschichtdicken von ca. 20 bis 60 km unterteilt werden [136].

Entsprechend ist auch der Wasseranteil in den einzelnen Schichten verschieden. Er variiert zwischen 500, 1500 und 20.000 ppm[10] bezogen auf Gewichtseinheiten. Das sind 0,05, 0,15 bzw. 2 %. In anderen Worten ausgedrückt: 2 % Gewichtsanteile Wasser bedeuten, dass 100 t Gesteinsmasse 2 t Wasser enthalten.

Gegenwärtige aktive Subduktionszonen werden im südlichen Teil Italiens und Griechenlands ausgemacht.

Die Höhe des Wasserspiegels der Ozeane ist im Laufe von Jahrtausenden stark schwankend. Z. B. lag der Wasserstand der Meere vor 20.000 Jahren, d. h. im auslaufenden Diluvium und/oder in der noch herrschenden Eiszeit, um 120 m tiefer als heute.

---

[6] tektonike, tectine (gr.) – Baukunst, Tektonik ist die Lehre von der Erdrinde. Die Plattentektonik beschreibt Vorgänge, die das Gefüge der Erdrinde umformen.

[7] seismos (gr.) – Erderschütterung. Seismograf ist ein Gerät zur Messung und Aufzeichnung von Erderschütterungen bzw. Erdbeben.

[8] sub (lat.) – als Vorsilbe unter; ductile (frz.) – streckbar, verformbar

[9] asthenos (gr.) – Kraft, sphaira (gr.) – Himmelskörpergewölbe, Wirkungskreis. Astenosphäre ist eine Schicht des oberen Erdmantels, die unter der Lithosphäre in etwa 100 bis 600 km Tiefe durch Kräfte deformierbar ist.

[10] ppm – parts per million. Das entspricht ein Teil auf 1 Mio. Teile bezogen, d. h. 1 ppm = 10^{-4} % oder 1 mg/kg oder 1 g/t.

Den größten Einfluss auf den Wasserstand der Ozeane üben Klimaveränderungen aus. Der Meeresspiegel sinkt deutlich, wenn während einer Eiszeit große Wassermengen als Eispanzer an Land gebunden werden.

Andere Einflüsse auf den Wasserstand sind plattentektonische Verschiebungen von Landmassen und vertikale Hebungen von Kontinenten durch das Abschmelzen von eiszeitlichen Gletschern.

Bei eingehenden Untersuchungen hat eine Forschergruppe des Meeresforschungszentrums der Universität Southampton, UK, festgestellt, dass der Meeresspiegel während der letzten Eiszeit um bis zu 35 m geschwankt hat. Erdgeschichtlich verlaufen die Wasserstandsänderungen sehr schnell, nämlich bis zu 2 m innerhalb von 100 Jahren.

Die Bestimmung des Isotopenverhältnisses von Sauerstoff $^{16}_{8}O$ zu Sauerstoff $^{18}_{8}O$ ist eine geeignete Methode, die Temperaturänderungen und damit auch den Verdunstungsgrad der Weltmeere in den vergangenen Zehntausenden von Jahren zu verfolgen.

Das Isotop[11] Sauerstoff $^{18}_{8}O$ ist schwerer als der Normalsauerstoff $^{16}_{8}O$. Während der Wasserverdunstung verflüchtigt sich der leichtere Sauerstoff $^{16}_{8}O$ schneller in die Atmosphäre als der schwerere Sauerstoff $^{18}_{8}O$, der sich im verbleibenden Wasser anreichert.

In abgelagerten Gesteinsschichten lässt sich der konzentrierte Anteil von Sauerstoff $^{18}_{8}O$ nachweisen. Mit Sauerstoff $^{18}_{8}O$ angereicherte Sedimente geben Auskunft über die Meeresspiegelhöhen der Erdgeschichte [192].

Die Forschungsgruppe aus Southampton, der auch Christoph Hemleben aus Tübingen und Dieter Meischner aus Göttingen angehörten, konnte das Verhältnis der Sauerstoffisotopen in den Sedimenten vom Boden des *Roten Meeres* analysieren [192].

Das *Rote Meer* ist ein Randmeer und nur durch eine flache 18 km breite und 137 m tiefe Wasserstraße mit dem Golf von Aden und den Weltmeeren verbunden. Es unterliegt somit den gleichen Regelschwankungen wie die Ozeane. Wegen der hohen Verdunstungsrate ist das *Rote Meer* mit Sauerstoff $^{18}_{8}O$ angereichert und entsprechend auch die erfolgten Ablagerungen.

Der Anteil der Wasservorräte, der mit ca. 1 Mio. km^3 am ständigen Zyklus des Verdampfens, Kondensierens, Erstarrens und Schmelzens teilnimmt, ist sehr klein. Aber gerade dieser Teil beeinflusst das Klima auf der Erde entscheidend. Ein weiterer Klimafaktor sind die Weltmeere selbst, die sich durch eine hohe Speicherkapazität für die Wärmeenergie auszeichnen. In der Abb. 2.10 sind die Energiemengen schematisch einander zugeordnet, die beim Wechsel des Wassers von Flüssigkeit, Dampf und Eis umgesetzt werden.

Die mittlere Niederschlagsmenge in Deutschland beträgt etwa 800 mm/m^2 im Jahr.

Kein technischer Trick macht es möglich, die Süßwassermenge zu erhöhen. Das Süßwasser muss durch technische Maßnahmen ständig regeneriert bzw. im Kreislauf geführt werden.

[11] Isotope sind chemische Elemente mit gleicher Protonenzahl, aber unterschiedlicher Anzahl von Neutronen im Atomkern. Sauerstoff enthält in seinem Kern acht Protonen, Sauerstoff $^{18}_{8}O$ zusätzlich noch acht Neutronen und Sauerstoff $^{18}_{8}O$ dagegen zehn Neutronen. Letzterer ist schwerer. Die prozentuale Häufigkeit des Sauerstoffisotops $^{18}_{8}O$ beträgt 99,762 % und die des Sauerstoffs $^{18}_{8}O$ 0,200 %.

2 Hydrosphäre [E. hydrosphere]

Die Erdoberfläche umfasst knapp 510 Mio. km^2. Davon sind 70,8 % von den Weltmeeren bedeckt. Die Landmassen nehmen eine Oberfläche von 149 Mio. km^2 ein (Abb. 2.8a). 20 % der Festlandflächen sind Wüsten, und 10 % sind von Eisschichten bedeckt [17].

Unter der Hydrosphäre versteht man die Wasserhülle an der Erdoberfläche. Zu ihr zählen die Ozeane, die Gewässer des Festlandes, die als Eis gebundenen Wassermengen der Arktis, Antarktis und Gebirgsgletscher und die Wasserdampfbestandteile der Luft. Das Gesamtwasservolumen auf der Erdoberfläche wird mit ca. 1384 Mrd. $km^3 = 13{,}84 \cdot 10^{20}$ L angegeben (Abb. 1.2a).

Eine Überschlagsrechnung bringt zum Ausdruck, dass statistisch auf jeden Quadratzentimeter Erdoberfläche ca.

264	L	Meerwasser, aber nur
7,3	L	Süßwasser und
0,1	L	Wasserdampf entfallen.

Von den 7,3 L Süßwasser sind ca. 5,5 L als Festlandeis gebunden (Abb. 2.8a).

Circa 89 % des auf unserer Erde befindlichen Eises lagern auf den Landmassen der Antarktis. 9 % bedecken die Arktis und Grönland. Nur 1 % des Festlandeises befindet sich auf den Gipfeln und in den Gletschern der Gebirge. Die restlichen 1 % schwimmen als riesige Schelfeistafeln im Nord- und Südpolarmeer. Ihr Schmelzen würde das Meeresspiegelniveau nicht verändern [185].

Der Übergang des Wassers aus seiner Flüssigphase durch Verdampfen bzw. des Eises durch Sublimieren in die Dampfphase bindet sehr viel Wärmeenergie, umgekehrt wird sie wieder freigesetzt, wenn Wasserdampf kondensiert bzw. flüssiges Wasser zu Eis erstarrt. Das hohe Energiespeichervermögen ist auf ein System vernetzter Wassermoleküle

© Springer-Verlag Berlin Heidelberg 2016

V. Hopp, *Wasser und Energie,* DOI 10.1007/978-3-662-48089-2_2

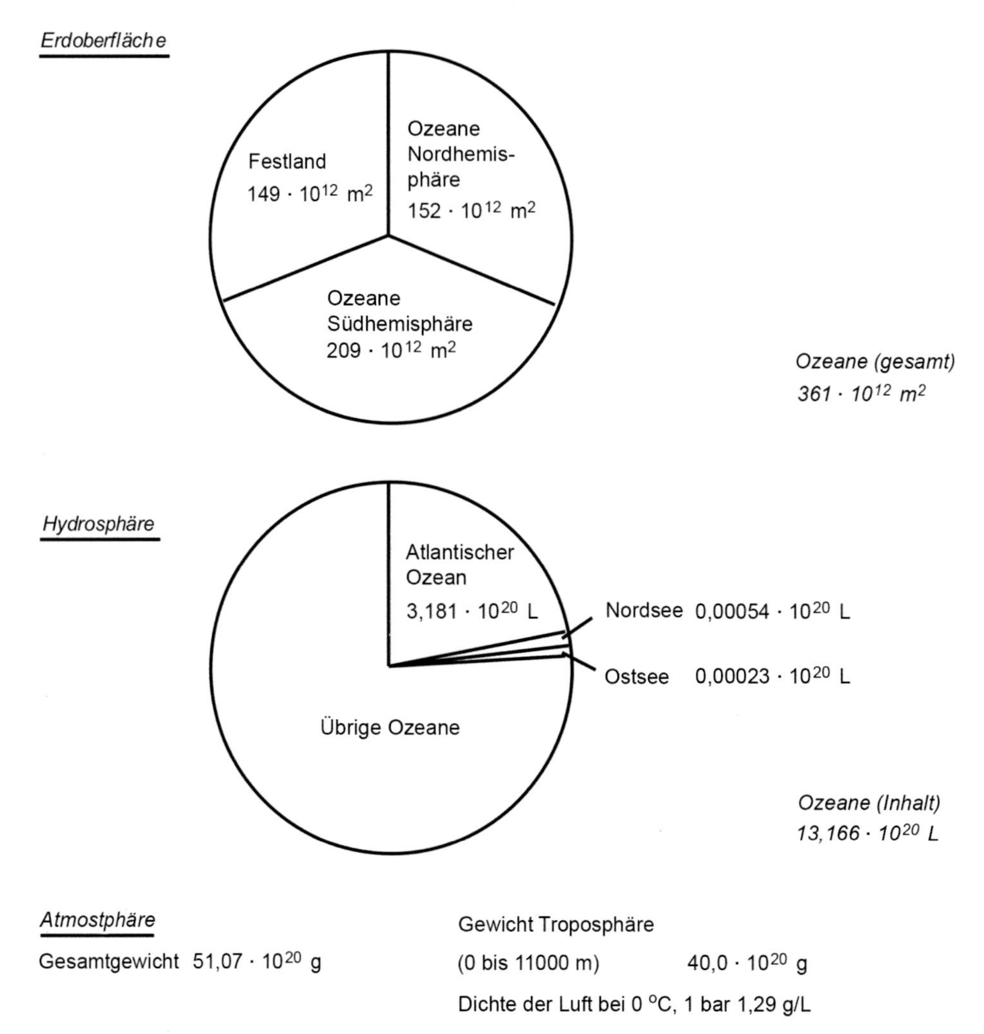

Abb. 2.8a Flächen, Volumina und Massen der Ökosphäre [E. areas, volumes and masses of the ecosphere]. (Öko ..., von oikos, aus dem Griechischen = Haus, Siedlung, Wirtschaft... Der Begriff Ökosphäre wird häufig im gleichen Sinne für Biosphäre verwendet. Darunter werden die Lebensbereiche aller pflanzlichen und tierischen Organismen auf der Erdoberfläche zusammengefasst)

zurückzuführen. Diese physikalischen Prozesse der Aggregatszustandsänderungen[1] gestalten das Klima auf der Erde entscheidend. Sie sorgen für einen Temperaturausgleich zwischen den Ozeanen und den Landmassen, obwohl der Anteil der Wasservorräte, der mit knapp 1 Mio. km^3 am ständigen Zyklus des Erstarrens, Schmelzens, Kondensierens und Verdampfens teilnimmt, relativ klein ist (Abb. 1.2a, 2.9a, 2.9b, 2.10 und 2.11).

[1] aggregare (lat.) – beigesellen. Aggregatszustand ist eine physikalische Erscheinungsform der Stoffe.

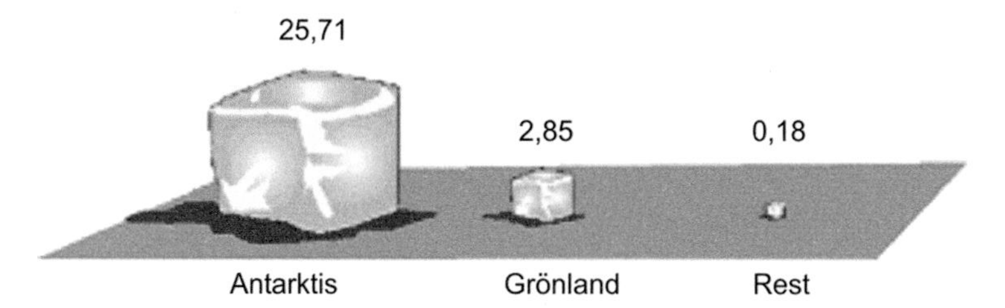

Abb. 2.8b Globales Eisvolumen (Mio. km^3) [E. world wide volumina of ice, million km^3]

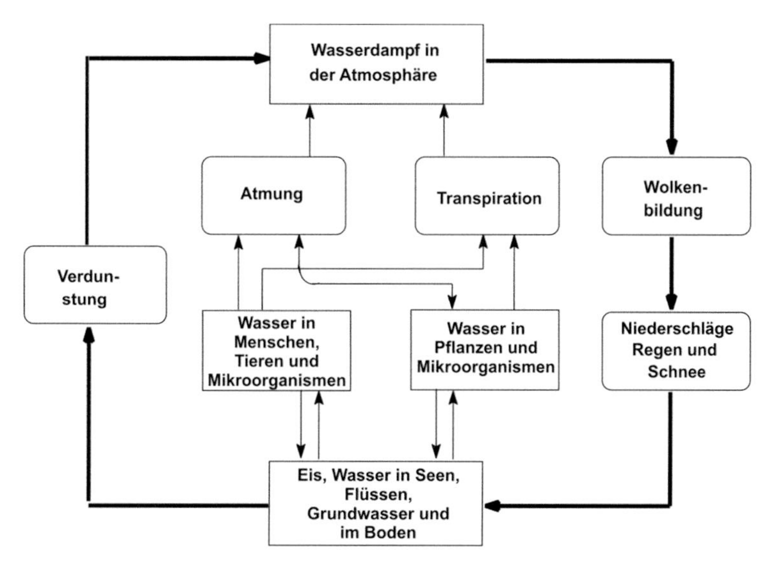

Abb. 2.9a Der Kreislauf des Wassers in der Natur [E. circulation of water in nature]

Der ständige Wasserdampfanteil in der Atmosphäre wird auf $14 \cdot 10^3$ km^3 geschätzt.

Die Verdunstung über den Ozeanen beträgt jährlich 425.000 km^3 und die Niederschläge 385.000 km^3. Das entspricht einem Wasserdampftransfer auf die Kontinente von 40.000 km^3 Wasserdampf.

Über den Kontinenten werden pro Jahr 71.000 km^3 verdunstet, aber es sind 111.000 km^3 Niederschläge zu verzeichnen. Daraus errechnet sich ein Abfluss von den Kontinenten in die Ozeane von 40.000 km^3. Diese Bilanzierung verdeutlicht den großen Beitrag der Meere zur Wasserversorgung der Kontinente, zugleich aber die Rolle des Abflusses in die Ozeane und die damit verbundene chemische Zusammensetzung des Meerwassers durch die von den Kontinenten stammenden Ionen und Feststoffpartikel.

Der Wasserkreislauf in der Hydrosphäre, nämlich zwischen den Ozeanen, den Festlandmassen und der Luft, wird durch Verdunstung, Transpiration der Pflanzen und Kondensation aufrechterhalten. Die treibende Energie liefert die Sonne durch die Temperaturunterschiede in den verschiedenen Erdzonen.

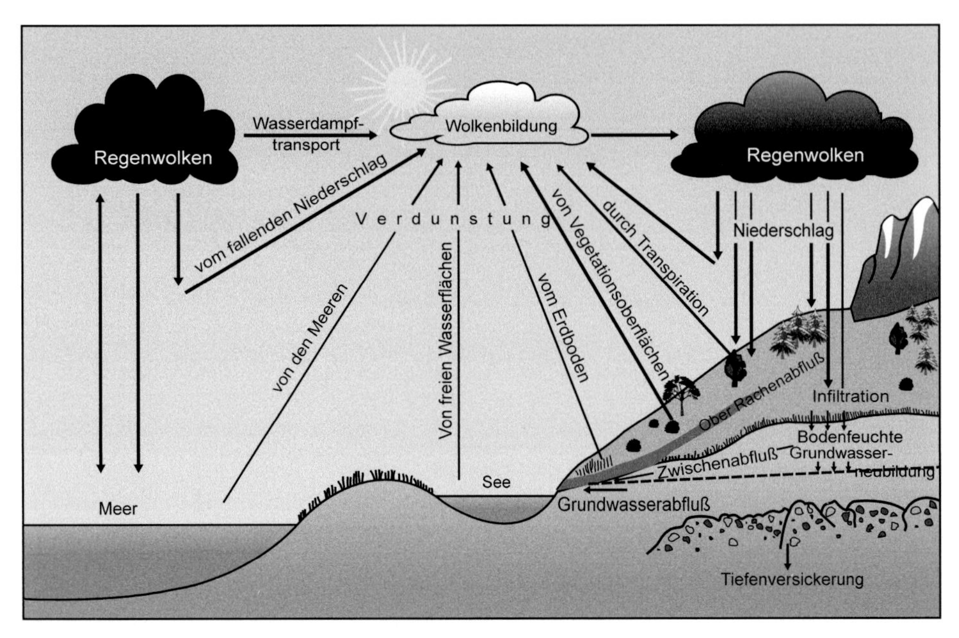

Abb. 2.9b Die Umwandlungsphasen des Wassers zwischen Wolken und Erdoberfläche [51] [E. conversion phases of water between clouds and Earth's surface]

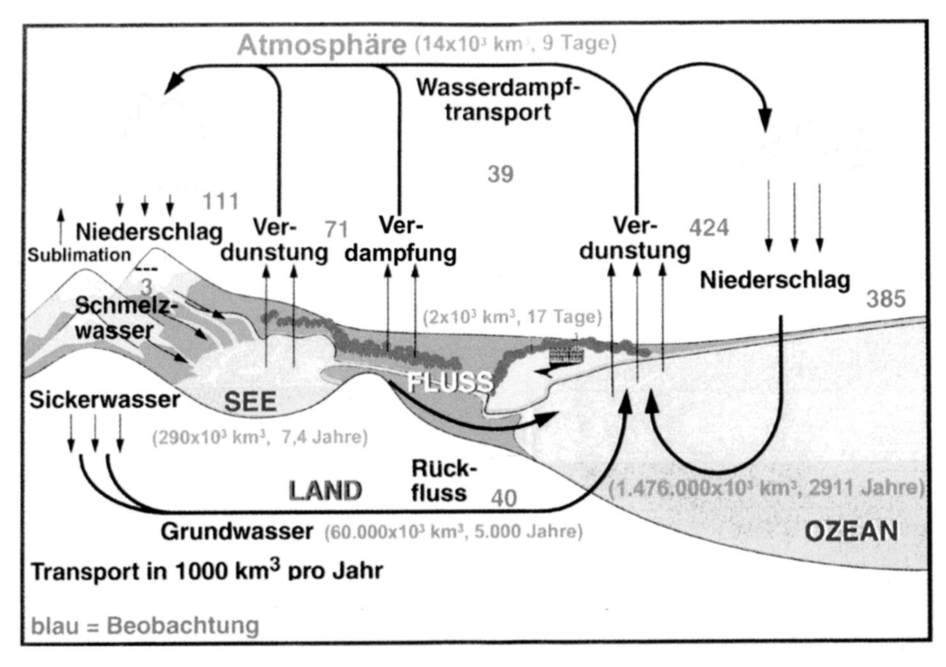

Abb. 2.10 Wasserkreislauf in der Natur zwischen Grundwasser, Ozeanen und Atmosphäre, [E. circulation of water in nature between subsoil water, oceans and atmosphere] *Lit.:* Warnsignal Wasser: Genug Wasser für alle? (2004), Institut für Hydrobiologie und Fischereiwissenschaft der Universität Hamburg [127]

Täglich werden ca. $150 \cdot 10^{12}$ (Billionen) L Wasser von den Ozeanen in das Land der Kontinente umgewälzt. Das entspricht einem jährlichen Durchsatz von ca. 55.000 km^3 bzw. dem hundertsten Teil des Mittelmeer-Volumens[2] [8].

Wasserdampf und Wolken – Transportmittel von Wärmeenergie [E. water vapour and clouds – means of transportation of thermal energy]

500.000 km^3 Regen und Schnee fallen jährlich auf die Erdoberfläche; 78 % davon auf die Ozeane und nur 22 % auf die Kontinente. Entsprechende Mengen Wasser müssen in der einen Region der Erdoberfläche verdampfen und in einer anderen kondensieren, damit ein Wasser-Wasserdampf-Kreislauf sich bildet und erhalten bleibt. Riesige Energieumwandlungen sind mit diesem Kreislauf verknüpft. Während der Kondensation des Wasserdampfes zu flüssigem Wasser wird Wärmeenergie freigesetzt, umgekehrt wird beim Verdampfungsvorgang Wärmeenergie gespeichert (s. Abb. 2.11). Die umgesetzten Mengen von Wasser ↔ Wasserdampf sind von Region zu Region verschieden.

Die geringsten Regenfälle der Welt sind in der *Atacama-Wüste in Chile* zu verzeichnen. Dort regnet es jährlich nur mit 20 mm Niederschlag pro Quadratmeter, dagegen fallen auf der Hawaii-Insel *Kauali* bis zu 20 000 mm/m^2 Niederschläge im Jahr.

Eine Forschergruppe (*Gimeno, Geographical Research Letters)* fand heraus, dass eine der bedeutendsten Quellen für die Niederschläge auf den Kontinenten der subtropische Nordatlantik ist. Dieser Teil erstreckt sich zwischen den *Kleine Antillen* im Westen und den *Kanarischen Inseln* sowie den *Kapverdischen Inseln* im Osten.

Abhängig von den jeweiligen Jahreszeiten gelangt das verdampfte Wasser, nachdem es in der Atmosphäre wieder kondensiert ist, als Regen, Schnee, Hagel oder Eispartikel bevorzugt in folgenden Regionen auf die Erdoberfläche:

im östlichen Teil Nordamerikas,
in Europa und Nordafrika und
in Südamerika östlich der Anden.

Aus den tropischen und subtropischen Ozeanregionen verdampft das Wasser in großen Mengen. Die zentraleuropäischen Breitengrade werden mit reichhaltigen Regenfällen versorgt durch die Niederdruckgebiete des Atlantiks. Die atlantische Ozeanregion südlich des Äquators ist nach dem subtropischen Nordatlantik die zweitwichtigste Niederschlagsregion für ständigen Regen. Der größte Anteil davon fällt in das riesige Amazonasbecken. Im Vergleich mit diesen tragen der Nordatlantik, Nordpazifik und die Südpolarsee um die Antarktis nur relativ wenig zur Luftfeuchitgkeit der Atmosphäre bei.

[2] $150 \cdot 10^{12}$ L $\triangleq 150 \cdot 10^9$ (Milliarden) $m^3 \triangleq 150$ km^3.
150 $km^3 \cdot 365$ Tage $\triangleq 54.750$ km^3/Jahr.

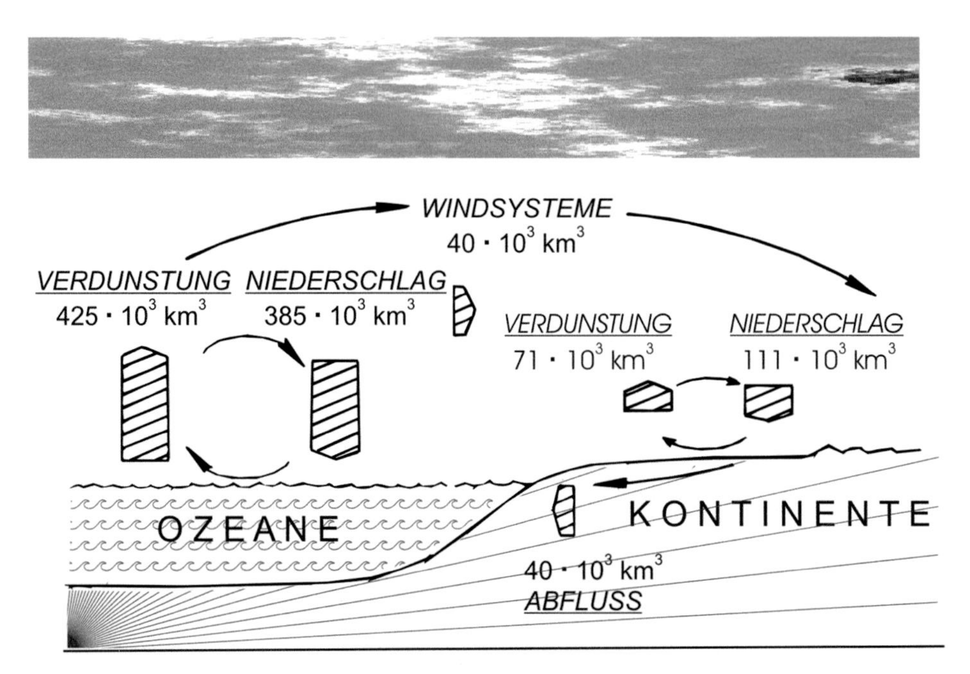

Abb. 2.11 Der globale Wasserkreislauf während eines Jahres in Verknüpfung mit den Teilkreisläufen oberhalb der Ozeane und Festlandkontinente [51] [E. global circulation of water during a year in connection with the partial circulation above the oceans and continents]

Die Wasseroberfläche des Pazifiks beträgt 181,34 Mio. km². Sie ist damit erheblich größer als die des Atlantiks mit 106,2 Mio. km². Deshalb erreichen nur verhältnismäßig geringe Mengen verdampften Wassers das Festland, um sich dort als Regen oder Schnee niederzuschlagen. Im Westen Nordamerikas kommen im Winter die Niederschläge vom Pazifik, ebenso für Zentralamerika.

Für den Indischen Ozean und die angrenzenden Festlandregionen gestaltet sich die Wasserdampfverteilung komplexer, dessen gesamte Wasseroberfläche beträgt 70 Mio. km².

Hier gilt es, zwischen vier wichtigen Quellen des Wasserdampfes zu unterscheiden:

1. Der zentrale Teil des Indischen Ozeans,
2. der Aralsee (s. auch Kap. 8, Abschn. „Der Aralsee")
3. und 4. die Regionen, die von den Regenfällen versorgt werden, deren Quellen die Agulhas- und Sansibarströme liefern, die entlang der ostafrikanischen Küsten fließen.

Der Wasserdampf für diese vier Regionen des Indischen Ozeans kommt von den Regenfällen während des Winters über *Ost- und Südafrika* und der *Arabischen Halbinsel.*

Der Südwest-Monsun bringt während des Sommers Wasserdampf in Richtung Indien, Pakistan und Bangladesch. Zusätzlich erhält Indien noch Regen während des Monsuns. Das Wasser dafür verdampft aus dem Roten Meer und der Sahelzone.

Schelfwasser (küstennahe Gewässer) [E. off-shore water]

Schelfwasser ist das Meerwasser, welches die flachauslaufenden Festlandsockel der Kontinente überspült.

In manchen Teilen der Küsten erstrecken sich die Schelfmeere nur über wenige Kilometer, in anderen über Hunderte von Kilometern. Dann fällt der Schelfmeeresboden plötzlich steil in die Tiefsee ab, oft auch terrassenförmig. Sie sind bis zu 500 m tief, selten tiefer. Diese Flachmeere bedecken nur 8 % der globalen Meeresoberfläche. Sie sind bevorzugte Aufenthaltsregionen der Ozean- bzw. Meeresfische (s. Tab. 4.9).

Längs eines 60 km breiten Landstreifens an den Kontinentalküsten leben etwa zwei Drittel der Erdbevölkerung, das sind ca. 4,8 Mrd. Menschen.

Natürliche Wasserarten und ihre Inhaltsstoffe [E. natural types of water and their ingredients]

Das Wasser in der Natur kommt mit der Luft, den Gesteinen und dem mit Pflanzen bewachsenen Boden in Berührung.

Regenwasser [E. rainwater]

Es ist unter den natürlichen Wässern das relativ reinste, da es einem natürlichen Destillationsprozess unterzogen wird. Es enthält Staubteilchen und gelöste Gase, die der natürlichen Luft, Vulkaneruptionen und Industriegasen entstammen können.

Quell- und Flusswasser [E. spring and river water]

Der gelöste Feststoffanteil von 0,01 bis 0,2 % besteht größtenteils aus Calcium- und Magnesiumverbindungen, welche für die Wasserhärte ausschlaggebend sind. Dazu kommen in geringen Mengen Natrium- und Kaliumionen, Eisen- und Manganionen sowie die entsprechenden Anionen, z. B. Karbonat-, Chlorid- und Sulfationen. Die Qualität des Flusswassers und auch das Wasser der Binnenseen werden maßgeblich beeinflusst vom Oberflächengewässer, Grundwasser und vom Übergangs- und Küstengewässer in den Mündungen.

Süßwasser [E. fresh water]

Süßwasser zeichnet sich durch einen Salzgehalt von weniger als 0,02 % aus. In der Natur kommt es als Gewässer der Seen oder als Flusswasser vor, aber auch als Grundwasser. Es kann unmittelbar oder mittelbar nach entsprechender Aufbereitung als Trinkwasser oder Brauchwasser verwendet werden.

Über Meerentsalzungsanlagen kann aus Ozeanwasser ebenfalls Süßwasser gewonnen werden (Kap. 10).

Mineralwasser [E. mineral water]

Unter Mineralwasser versteht man Quellwasser, das größere Mengen an Gasen, insbesondere Kohlenstoffdioxid, CO_2, und/oder gelösten Feststoffen enthält. Mineralwasserquellen weisen zuweilen Temperaturen bis zu 100 °C auf (s. auch Kap. 12, Abschn. „Der Mineralwassermarkt“).

Mineralwässer als Trinkwasser sind natürliche, aus natürlichen oder künstlich erschlossenen Quellen gewonnene Wässer, die je Kilogramm mindestens 1000 mg gelöste Salze oder 250 mg freies Kohlenstoffdioxid enthalten. Sie müssen am Quellort in die für den Verbraucher bestimmten Gefäße, z. B. Flaschen, abgefüllt werden (s. auch Mineral- und Tafelwasser-Verordnung, MTVO).

Trinkwasser [E. drinking water]

Ist ein zum menschlichen Genuss und Gebrauch bestimmtes Süßwasser. Es soll klar, farblos, geruchlos, kühl und geschmacklich einwandfrei sein. Weiterhin soll es frei von Krankheitserregern, arm an Keimen sein und einen bestimmten Anteil von Mineralsalzen enthalten.

Die Trinkwasserverordnung, T-VO, vom 22.05.1986, BGBl T, S. 71, definiert die Beschaffenheit des Trinkwassers in Deutschland. Internationale Empfehlungen sind von der Weltgesundheitsorganisation, WHO, formuliert worden. Die EU-Wasser*r*ahmenrichtlinie, WRRL, des Europäischen Parlamentes ist seit 23.10.2000 in Kraft. Als 7. Novelle zum Wasserhaushaltsgesetz, WHG, hat sie in Deutschland am 25.06.2002 Gesetzeskraft erlangt.

In der Verordnung zur Novellierung der Trinkwasserverordnung in Deutschland, die am 1. Januar 2003 in Kraft trat (TrinkwV 2001), heißt es:

Im Sinne dieser Verordnung

§ 3 1. ist „Wasser für den menschlichen Gebrauch“ „Trinkwasser“ und „Wasser für Lebensmittelbetriebe“. Dabei ist

a. „Trinkwasser" alles Wasser, im ursprünglichen Zustand oder nach Aufbereitung, das zum Trinken, zum Kochen, zur Zubereitung von Speisen und Getränken oder insbesondere zu den folgenden anderen häuslichen Zwecken bestimmt ist:
   - Körperpflege und -reinigung,
   - Reinigung von Gegenständen, die bestimmungsgemäß mit Lebensmitteln in Berührung kommen,
   - Reinigung von Gegenständen, die bestimmungsgemäß nicht nur vorübergehend mit dem menschlichen Körper in Kontakt kommen.

   Dies gilt ungeachtet der Herkunft des Wassers, seines Aggregatzustandes und ungeachtet dessen, ob es für die Bereitstellung auf Leitungswegen, in Tankfahrzeugen, in Flaschen oder anderen Behältnissen bestimmt ist;
b. „Wasser für Lebensmittelbetriebe" alles Wasser, ungeachtet seiner Herkunft und seines Aggregatzustandes, das in einem Lebensmittelbetrieb für die Herstellung, Behandlung, Konservierung oder zum Inverkehrbringen von Erzeugnissen oder Substanzen, die für den menschlichen Gebrauch bestimmt sind sowie zur Reinigung von Gegenständen und Anlagen, die bestimmungsgemäß mit Lebensmitteln in Berührung kommen können, verwendet wird, soweit die Qualität des verwendeten Wassers die Genusstauglichkeit des Enderzeugnisses beeinträchtigen kann;

Tafelwasser ist ein Trinkwasser, das als Erfrischungsgetränk ohne Geschmacksstoffe, meist mit Kohlenstoffdioxidzusatz, natürlich vorkommend oder künstlich aufbereitet, in Flaschen abgefüllt in den Handel kommt. Zum Tafelwasser zählen Mineralwasser, Säuerlinge, Solen.

Meerwasser [E. sea water]

Es enthält ca. 3,5 % gelöste Salze, von denen durchschnittlich 3,0 % Kochsalz sind. Die restlichen 0,5 % bestehen aus Verbindungen von etwa 50 verschiedenen Ionen.

Der Salzgehalt der Meere hängt von den Flüssen der Kontinente ab, die in die Ozeane münden. Die Flüsse werden vom Regenwasser, das auf die Festlandmassen fällt, gespeist. Das Regenwasser versickert in die tieferen Erdschichten und passiert dabei die unterschiedlichsten Gesteinslagen und löst die verschiedensten Mineralsalze heraus. Dieses Grundwasser sammelt sich in Rinnsalen und Bächen und gelangt über Flüsse wieder ins Meer. An den Meeresoberflächen verdunstet ständig Wasser, von dem ein Teil wieder als Regen auf die Kontinente zurückfällt. Da das Regenwasser salzfrei ist, nimmt während dieses alljährlichen Wasserkreislaufs der Salzgehalt der Ozeane langsam aber stetig zu [8].

Etwas niedriger ist der Salzgehalt mit 3,1 %, d. h. 31 g/L, in arktischen Regionen. Der Grund sind die riesigen Süßwasservorkommen in Form von Eis und Gletscher. Der Salzgehalt im Atlantischen Ozean ist mit 3,49 % etwas größer als der im Pazifik mit 3,462 %.

Durch die im Meerwasser gelösten Salze ist es leicht alkalisch. Im globalen Mittel liegt der pH-Wert bei 8,1 und ist abhängig von den Jahreszeiten und den verschiedenen

Ozeanen und Randmeeren. Das *Europäische Nordmeer* zwischen Grönland, dem Nordkap und Spitzbergen weist den höchsten pH-Wert auf und hat damit die höchste Alkalität. Den niedrigsten pH-Wert, aber immer noch im alkalischen Bereich, misst man im tropischen Ostpazifik vor der Küste Mittelamerikas sowie im Arabischen Meer. Internationale Forschergruppen wie die französische Forschungsgemeinschaft *CNRS* in *Gif-sur Yvette* und die Gruppe um Ernst Maier Reimer vom Max-Planck-Institut für Meeresbiologie in Hamburg und eine Arbeitsgruppe um Rainer Schlitzer vom Alfred-Wegener-Institut in Bremerhaven, haben Hinweise, dass der pH-Wert des Ozeanwassers seit Beginn der Industrialisierung vor ca. 220 Jahren an den Oberflächen um 0,1 abgenommen hat, d. h., es hat eine Oberflächenversäuerung der Weltmeere stattgefunden. Sie soll von der Aufnahme des Kohlenstoffdioxidgehaltes der Luft herrühren. Die Hydrolyse des CO_2 im Wasser führt zu einer Erhöhung der Wasserstoffionenkonzentration im Meerwasser und damit zu einer Versäuerung [146]. Andererseits können diese Hydrogenkarbonat- und Wasserstoffionen aufgefangen werden durch die anwesenden gelösten Calciumhydroxide (vgl. Kap. 2, Abschn. „Der Kreislauf von Mineralsalzen“).

$$\underset{\text{Kohlenstoffdioxid}}{CO_2} + \underset{\text{Wasser}}{H^+ + OH^-} \longrightarrow \underset{\text{Hydrogencarbonation}}{HCO_3^-} + \underset{\text{Wasserstoffion}}{H^+}$$

$$HCO_3^- + H^+ + \overbrace{Ca^{++} + 2\,OH^-}^{\text{Calciumhydroxyd}} \longrightarrow \underset{\text{Calciumcarbonat}}{CaCO_3} + \underset{\text{Wasser}}{2\,H\text{–}OH}$$

Salzseen [E. Salt Lakes]

Salzseen sind in der Mehrzahl abflusslose Seen in Trockengebieten. Durch Verdunstung des Wassers steigt ihre Salzkonzentration. Geringe Niederschläge gleichen die Verdunstung nicht aus. Daneben gibt es Salzseen, die von Wasserquellen mit einer hohen Salzkonzentration gespeist werden, wie z. B. in Deutschland der Mansfelder Salzsee. Auch gibt es Salzseen, die vulkanischen Ursprungs sind. Sie stehen mit salzführenden geologischen Schichten über dem Grundwasser in Verbindung [127]. Die Salzzusammensetzung ist sehr unterschiedlich, doch in der Regel ist der größere Anteil Natriumchlorid, NaCl, oder Soda, Na_2CO_3.

An der *Ostküste des Kaspischen Meeres* hat sich eine 120 m breite und ca. 9 km lange Seeenge abgetrennt. Diese Bucht, *Kara-Bogas-Gol* (trk. Seebucht), hat eine Fläche von ca. 10.000 km^2. Das Verdunstungsbecken misst im Sommer Temperaturen bis zu 34°C. Sein Salzgehalt beträgt zurzeit 30 % und setzt sich zusammen aus Natriumchlorid, NaCl, Natriumsulfat, Na_2SO_4, Kalium- und Magnesiumsalzen u. a.

Der *Great Salt Lake* in Utah/USA erstreckt sich über 4000 km^2 und liegt 1280 m über dem Meeresspiegel in flacher Umgebung. Seine mittlere Tiefe ist 3 m und sein Salzgehalt 27 %.

Der *Nam Co* (mong. Tengrinor – Himmelssee) liegt im autonomen Gebiet der Volksrepublik China. Er befindet sich am Fuße des Nyaingêntanglha Gebirges in 4718 m Höhe und bedeckt eine Fläche von 1920 km^2. Nach dem Quinghai-See ist er der zweitgrößte Salzsee Chinas und der höchste Salzsee der Welt. Seine maximale Tiefe beträgt 33 m. Er ist ca. 70 km lang und 30 km breit, in ihm liegen fünf unbewohnte Inseln.

Weitere Salzseen sind das *Tote Meer* (s. Kap. 2, Abschn. „Besonderheiten des Toten Meeres“ und Abb. 2.12), das *Schwarze Meer* (s. Kap. 8, Abschn. „Schwarzes Meer“), das *Kaspische Meer* (s. Kap. 8, Abschn. „Das Kaspische Meer in Asien“226), der *Aralsee* (s. Kap. 8, Abschn. „Der Aralsee“) u. a.

Versalzung von Binnengewässern [E. salination of inland water]

Die Versalzung von Binnengewässern, z. B. Flüssen und Seen, ist in der Regel natürlichen Ursprungs. Sie hängt ab von der Bodenzusammensetzung der Wassereinzugsgebiete, den atmosphärischen Abscheidungen (Staub und Niederschläge) und nicht zuletzt vom Klima. Aber auch durch menschliche Aktivitäten können Versalzungen ausgelöst werden. Diese sind Bewässerungen von Ackerflächen zur Unterstützung des Pflanzenwachstums und Auslaug- bzw. Auswaschprozesse im Bergbau. Die Folgen einer Versalzung sind eine

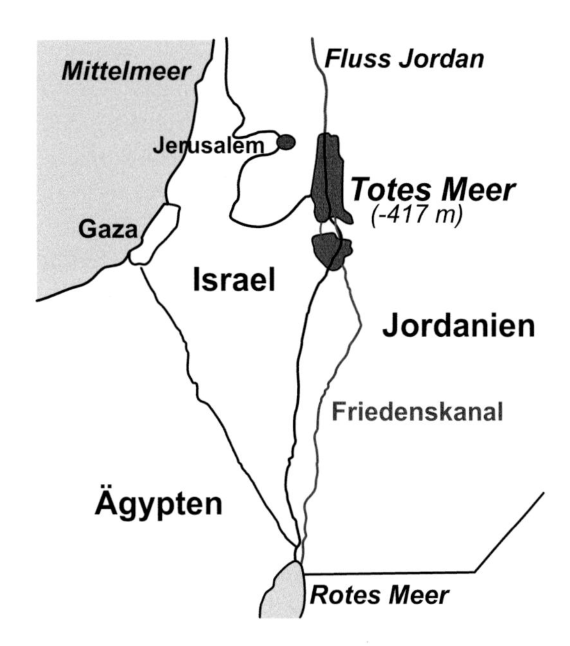

Abb. 2.12 Verlauf des geplanten Friedenskanales vom Roten Meer ins Tote Meer [205] [E. route of the planned peace-canal from the *Red* Sea to the Dead Sea]

Zunahme der Salzkonzentration in den Böden und Gewässern einschließlich einer Anreicherung von toxischen Ionen.

In Wasser lebende Organismen passen sich in der Regel sowohl der Umgebung des Süßwassers, Meerwassers als auch des Brackwassers an. Sie verfügen über stoff- und energieumwandelnde Mechanismen, um die schwankenden Ionenkonzentrationen zu regulieren.

Bei einer Zunahme der Versalzung nimmt die Organismendichte bestimmter Spezies zu, aber ihre Vielfalt (Biodiversität) nimmt ab. In einem stark versalzten Umfeld dominieren die Mikroorganismen. Ihre Nahrungsketten sind kurz, die Stoffumsatzraten sind niedrig. Die Stoffflüsse von Mikroorganismen sind sehr unterschiedlich. Die Folge ist eine nährstoffreiche Umgebung mit niedrigem Sauerstoffgehalt.

Systematische Untersuchungen und Forschungen von ersalzten Flüssen belegen, dass ihre Entsalzung möglich ist, wenn die Ursachen der Versalzung bekannt sind, soweit sie menschlichen Ursprungs sind.

Solwasser [E. brine]

Solwässer sind besonders stark mit Steinsalz, NaCl, angereichert, *Bitterwässer* mit Magnesiumsalzen (Bittersalz, $MgSO_4$), *Eisenwässer* mit Eisensalzen, *Schwefelwässer* mit Schwefelwassersoff (H_2S), Säuerlinge mit Kohlenstoffdioxid bzw. Bikarbonationen (CO_2, HCO_3).

Brackwasser [E. brackish water]

Brackwasser ist eine Mischung aus dem Süßwasser in Flussmündungen und dem Meerwasser. Der Salzgehalt schwankt zwischen 1 und 25 g/L, d. h. zwischen 0,1 und 2,5 %. Die Salzkonzentration wird vom Ebbe-Flut-Wechsel beeinflusst.

Besonderheiten des Toten Meeres [E. specialities of the Dead Sea] [21]

Das Tote Meer ist ein abflussloser Mündungssee des Jordangrabens in der Grenzregion zwischen Israel, Palästina und Jordanien. Es ist 80 km lang, seine Gesamtfläche beträgt 600 km^2 und ist bis zu 398 m tief. Der Wasserspiegel liegt 417 m unter dem Normalwasserspiegel aller übrigen Meere. Das Tote Meer ist die am tiefsten gelegene Landschaft auf der Erdoberfläche. Auch ist es eine der heißesten Gegenden der Erde. Die Jahresdurchschnittstemperatur beträgt mehr als 25 °C.

In das Tote Meer münden zwar einige Flüsse, die gelöste Salze und Feststoffteilchen mitbringen, aber es hat nicht einen einzigen Abfluss. Wegen der starken Sonneneinstrahlung während des ganzen Jahres verdunstet sehr viel Wasser als Wasserdampf aus diesem

Meer. Die Folge ist das stete Zunehmen der Salzkonzentration. Sie beträgt zurzeit 34 %, das sind 340 g Salz in 1 L Wasser. Unter diesen Bedingungen ist jegliches Leben im Toten Meer unmöglich. Zum Vergleich: Der durchschnittliche Salzgehalt der Weltmeere liegt bei 34 ‰, das sind 34 g Salz in 1 L Wasser.

In den vergangenen 30 Jahren ist der Wasserspiegel um 25 m gesunken. Zurzeit sinkt er um 1 m jährlich.

Die Zuflussrate in den 30er-Jahren des 20. Jahrhunderts entsprach in etwa der Verdunstungsrate des Toten Meeres. Danach sank sie im unteren Bereich zwischen dem See Genezareth und dem Toten Meer von früher 1,3 Mrd. m^3 pro Jahr auf derzeitig 50 Mio. m^3 pro Jahr bis 100 Mio. m^3 pro Jahr. In den letzten 35 Jahren schrumpfte die Oberfläche um ein Drittel.

Um ein weiteres Eintrocknen des Toten Meeres zu verhindern, ist eine 300 km lange Wasserpipeline, genannt *Friedenskanal*, mit einem Durchmesser von 6 m geplant. Sie soll Wasser vom *Roten Meer* in das *Tote Meer* leiten. Dafür soll das Gefälle zwischen dem Roten und Toten Meer ausgenutzt werden. Das Steilgefälle vor dem Toten Meer soll für den Bau eines Wasserkraftwerkes genutzt werden, um elektrische Energie für eine Wasserentsalzungsanlage nach der *Umkehrosmose* zu erzeugen (Abb. 2.12).

Mit dieser sollen 850 Mio. m^3 Süßwasser jährlich bereitgestellt werden. Von dem Süßwasser sollen zwei Drittel über eine 200 km Pipeline ins jordanische Amman geführt werden. Das restliche Drittel werden sich *Palästina* und *Israel* teilen.

Unter der Federführung der Weltbank haben sich Jordanien, Palästina und Israel 2007 auf eine entsprechende Machbarkeitsstudie geeinigt. Mit der Fertigstellung dieses *Friedenskanals* ist nicht vor 2015 zu rechnen.

Diskutiert wird auch eine Wasserzuleitung in das Tote Meer aus dem nur 70 km entfernten Mittelmeer [205].

Grundwasser [E. ground water]

ist das Wasser, das die Poren und Hohlräume in Gesteinsschichten zusammenhängend ausfüllt. Es stammt größtenteils von atmosphärischen Niederschlägen, aber auch aus Fluss- und Seewasser, und versickert in Poren, Haarrissen, Klüften und Spalten der Erdschichten [8]. In festem Gestein kann es auch Gerinne bilden, z. B. Höhlenflüsse im Karst[3]. Das Grundwasser folgt im Allgemeinen der Schwerkraft und dem hydrostatischen Druck und sammelt sich über einer wasserundurchlässigen Schicht, der *Grundwassersohle.* Die Grundwasser führende Sedimentschicht wird *Aquifer*[4] bzw. *Grundwasserleiter* genannt. Die Oberfläche dieser Wasser durchtränkten Schicht heißt *Grundwasserspiegel.*

---

[3] Karst, abgeleitet von dem Karstgebirge nördlich von Triest. Darunter versteht man geologische und geografische Formen, die auf Lösungsvorgänge an verkarstungsfähigen Gesteinen wie Kalk, Dolomit, Gips, Steinsalz zurückzuführen sind.

[4] aqua (lat.) – Wasser, ferre (lat.) – führen, tragen Aquifer – Wasser führend.

Seine Höhe, der *Grundwasserstand,* hängt vorwiegend von den Schwankungen der Niederschläge und den Klimaänderungen ab. *Grundwasserabsenkungen* können durch den Bergbau, die Flussregulierungen und durch starken Süßwasserentzug für die Trinkwasserversorgung der Bevölkerung in dichten Wohnsiedlungen verursacht werden.

Bei geneigtem Grundwasserspiegel entsteht ein *Grundwasserstrom,* dessen Richtung und Geschwindigkeit geologisch bedingt ist. Die Strömungsgeschwindigkeit ist abhängig von der Durchlässigkeit des Grundwasserleiters, der Schichtenlagerung und dem Grundwasserstand. Die Grundwasserströmung schwankt zwischen einigen Zentimetern bis zu mehreren Hundert Metern pro Tag. Bei *Kluft- und Spaltwasser* oder *Höhlenwasser* beträgt die Geschwindigkeit mehrere Kilometer täglich [51].

Stehendes Grundwasser wie z. B. fossiles Grundwasser, findet sich in abflusslosen Grundwasserbecken, die häufig unterhalb von Wüstenoberflächen anzutreffen sind. Wenn der Grundwasserspiegel nach oben hin nicht von einer undurchlässigen Schicht begrenzt ist, dann handelt es sich um einen *freien Grundwasserspiegel.* Die obere Erdschicht ist dann wassergetränkt. Dort können nur Pflanzen gedeihen, die ihre Wurzeln ständig im Wasser zu halten vermögen, z. B. Schilf und Seggen[5]. Diese Regionen sind die Feuchtgebiete der Erde und bilden die Feuchtwiesen, Torfmoore, Marschgebiete und Sümpfe. Sie werden als die *gesättigten Ökosysteme* bezeichnet.

Grundwasser ist bei ausreichender Filterwirkung der durchsickernden Sedimentschicht und bei genügend langer Aufenthaltsdauer von etwa 50 bis 60 Tagen keimfrei und von gleichbleibender Temperatur. Im Jahresmittel entspricht sie der Lufttemperatur, in Deutschland beträgt sie in der Regel ca. 10 °C. Dieses Grundwasser ist für eine Trinkwasserversorgung gut geeignet.

Die Zusammensetzung der gelösten Stoffe wird von den durchströmten Gesteinen beeinflusst. Kalk- und gipshaltige Gesteine verursachen *hartes Wasser.*

Mit zunehmender Tiefe der wasserführenden Schichten macht sich die geothermische Tiefenstufe bemerkbar[6]. Das Grundwasser wird wärmer.

Wasserdruck in Gesteinsporen [E. water pressure in the pores of rocks]

Gesteine erscheinen auf den ersten Blick trocken und fühlen sich auch so an, obwohl sie in ihren Poren große Mengen von Wasser enthalten. Sogar an den stark erwärmten Wüstenoberflächen können die Gesteinsporen bis zu 80 % mit Wasser gefüllt sein.

Innerhalb von grundwasserführenden Bodenschichten sind die Gesteinsporen mit Wasser übersättigt. Als Grundwasserspeicher kommt dem Porenwasser eine nicht zu unterschätzende Bedeutung zu.

[5] Seggen (nd.) – Riedgras, Sauergras, hergeleitet von Säge und Sichel.

[6] Die geothermische Tiefenstufe ist die Tiefe, um die man senkrecht in die Erde hinabsteigen muss, damit die Temperatur um 1 °C zunimmt. An der Erdoberfläche beträgt sie im Mittel 30 bis 40 m. In Südafrika in Extremfällen 100 bis 125 m. Sie hängt von der Wärmeleitfähigkeit der Gesteine ab.

Unterschieden wird weiterhin zwischen *Kluftgrundwasser*- und Porengrundwasserleiter. Kluftgrundwasserleiter sind Festgesteine wie Sandstein, Granit, Kalkstein u. a., deren Sedimentkörner durch eine feste, oft kalkhaltige oder silikatische Struktur miteinander verbunden sind. Sie besitzen nur einen relativ geringen Umfang an Porenhohlräumen. Die Wasserbewegung erfolgt nur an Bruchstellen oder an Störungszonen, weniger in den oder mittels der Poren.

Eindeutige Kluftgrundwasserleiter sind in Namibia (vgl. auch Kap. 5, Abschn. „Der Süden Afrikas; Namibia") und Südafrika (s. Kap. 5, Abschn. „Südafrika") anzutreffen.

Porengrundwasserleiter finden sich im Allgemeinen in geologisch relativ jungen Lockersedimenten. Die mineralischen Körner sind noch nicht in fester Struktur zementiert. Sie sind von einem zusammenhängenden Porensystem durchsetzt.

Aus Lockersedimenten besteht das gesamte Norddeutsche Becken. Hier wurden durch Gletscher aus Skandinavien in den letzten 2 Mio. Jahren (s. Tab. 13.35) riesige Mengen an Lockersedimenten in die Norddeutsche Tiefebene geschoben und abgesetzt, teilweise in einer Mächtigkeit von mehreren Hundert Metern.

Eine Forschergruppe um den Geologen *Serge Shapiro*[7] an der Freien Universität Berlin fand mithilfe von hochempfindlichen Seismografen heraus, dass dieses Porenwasser für das Entstehen von Mikroerdbeben wesentlich verantwortlich ist. Wasser ist nur sehr wenig kompressibel. Es reagiert auf Druck von außen nicht mit einer Veränderung seines Volumens wie z. B. Gase. Dagegen wandeln sich die Strukturen im Gestein um, wenn sich der Druck des in seinen Poren gespeicherten Wassers ändert. Auf diese Weise werden die Druck ausübenden Kräfte aufgefangen. So bilden sich Mikrorisse, die sich zu Klüften in den Gesteinen entwickeln können. Diese Deformationen bauen sich zu Mikroerdbeben auf. Veränderungen des Porendruckes können tektonische Verspannungen entlang einer Verwerfung von Gesteinsschollen hervorrufen.

Erkenntnisse über den Porendruck in Gesteinen geben u. a. auch Auskunft darüber wie z. B. fossile Energieträger in den Poren von Gesteinen – häufig sind es Sandsteine – gespeichert sind. Das Einpressen von Wasser in Ölfelder und die sich daraus ergebenden Mikroerdbeben lassen Rückschlüsse zu über die Porosität und Durchlässigkeit des Speichergesteins. Mit ihrer Hilfe kann eine Erdölförderung optimiert werden.

Grundwasserquellen – Aquifere [E. sources of ground water – aquifers]

Die Grundwasser führenden Schichten werden in eine *ungesättigte* und *gesättigte Zone* unterteilt. In der ungesättigten Zone sind die Gesteinsporen mit Wasser und mit Bodenluft gefüllt. Das Wasser ist direkt an den Kornoberflächen des Sedimentgesteins durch Adhäsionskräfte gebunden. Es ist deshalb nur eingeschränkt und in Abhängigkeit vom Wassergehalt beweglich. Je nach Bindungsform wird in dieser ungesättigten Zone nochmals unterschieden zwischen Kapillarwasser, Adsorptionswasser, chemisch gebundenem Wasser, Sickerwasser und Wasser in Einzelhohlräumen. Diese Zone ist für die Vegetation und damit für die Landwirtschaft von großer Bedeutung, da sich die Pflanzen dieser Reserven

[7] Frankfurter Allgemeine Zeitung vom 14.10.2003, Nr. 238.

bedienen. Man spricht auch von oberflächennahem Grundwasser. In ihm spielt sich eine Reihe von natürlichen, z. B. mikrobiologisch katalysierter Reinigungs- und Abbauprozesse ab. Sie verbessern die Qualität dieses Grundwassers. Oberflächennahes Grundwasser wird derzeit gezielt für die Gewinnung von Trinkwasser genutzt.

In den *gesättigten Zonen,* die bis zu 1000 m und tiefer liegen, befindet sich das *eigentliche Grundwasser* mit seinen ausgedehnten Speicherschichten. Die Poren und Hohlräume sind vollständig mit Wasser gefüllt. Ab einer bestimmten Porengröße wirken keine Adhäsionskräfte der umgebenden Sedimentgesteine mehr. Das Grundwasser kann unter der Schwerkraftwirkung gut fließen. Moderne Bohrtechniken und Pumpen ermöglichen es, dieses Grundwasser für die menschliche Versorgung zunehmend in großem Stil als Brauch- und Trinkwasser zu verwenden.

Grundwasser in Tiefen von mehr als 250 m wird als *Tiefenwasser* bezeichnet. Es zeichnet sich durch lange unterschiedliche Verweildauer aus, die sich über geologische Zeiten erstrecken. Die langen Berührungszeiten mit den sie umgebenden Gesteinen haben viele Mineralien gelöst. Als Trinkwasser sind diese Tiefenwasser nicht unmittelbar geeignet. Andererseits können sie als *Solwasser* eine Heilwirkung gegen bestimmte Krankheiten haben. Die Wüste Sahara ist für Tiefenwasser in Schichten bis zu 1000 bis 2000 m bekannt. Sie werden zur Bewässerung von Getreidefeldern genutzt werden.

Die untere Begrenzung der Grundwasserzonen bilden wasserundurchlässige Ton- oder Granitschichten.

Die natürliche *Grundwasserergänzung* beträgt in den gemäßigten feuchten (humiden) Klimazonen 30 bis 50 % der Niederschläge, in den mediterranen Klimabreitengraden 10 bis 20 % und im trockenen (ariden) Klima unterhalb von 2 %.

Schon seit uralten Zeiten haben die Menschen einwandfreies Trinkwasser aus unterirdischen Quellen bezogen. Neben Flüssen und Süßwasserseen waren die Brunnen, aus denen sie oberflächennahes Grundwasser schöpften, bevorzugte Plätze für die Gründung von Wohnsiedlungen (Abb. 13.148). Im Verhältnis zu den riesigen Vorräten war vor einigen Tausend Jahren die Grundwassernutzung noch sehr gering.

Die Bevölkerungszunahme in den letzten 200 Jahren, die sie begleitende Verstädterung mit ihren Megametropolen (s. Abb. 5.55), die Industrialisierung und die Bewässerung von landwirtschaftlich bearbeiteten Äckern sowie die geologischen Kenntnisse und der Einsatz von technischen Energien haben dazu geführt, dass gegenwärtig der Erde global jährlich 600 bis 700 km^3 an Grundwasser entzogen werden (s. Tab. 2.2). Das ist viel mehr, als diese Quellen durch Ergänzung wieder aufgefüllt werden [238].

Die größten Grundwasser führenden Schichten kommen in Afrika vor (s. z. B. Namibia, S. 135 ff; Sahara S. 3 ff). Sie sind die kostbarsten und wichtigsten Reserven schlechthin, da auf diesem Kontinent der Regen in großen Zeitabständen und oft nur sporadisch fällt. Eine hohe Verdunstungs- und Abflussrate verhindert eine gleichmäßige Nutzung durch Menschen während eines laufenden Jahres.

Im Gegensatz zum Oberflächenwasser erleiden die Grundwasserspeicher kaum Verluste durch Abfluss oder eine direkte Verdampfung. Die Austauschraten durch Zufluss und Abfluss vollziehen sich langsam und in der Regel über sehr lange Zeitabschnitte (s. Abb. 2.13) [238].

Tab. 2.2 Grundwasserverteilung in einigen Regionen der Welt [E. some large aquifers in the world]

Nr.	Name	Fläche (Mio. km²)	Volumen (Mrd. m³)	Kontinent
1	Nubisches Sandstein-System	2,0	75.000	Afrika
2	Nordsahara Aquifer-System	0,78	60.000	Afrika
3	Hochebene Aquifer-System	0,45	15.000	Nordamerika
4	Guarana Aquifer-System	1,2	30.000	Südamerika/ Brasilien
5	Nordchina-Ebene Aquifer-System	0,14	5000	Asien
6	Großes Becken artesischer Brunnen	1,7	20.000	Australien

Etwa 30 % der Kontinentalflächen sind von Grundwasser unterlagert. Die Abbildung 2.14 zeigt, dass die Bedingungen für die Entwicklung von Grundwasserschichten auf den einzelnen Kontinenten und deren Regionen sehr unterschiedlich sind. Es gibt Flächen mit weit ausgedehnten Aquiferen, andere weisen überhaupt kein Grundwasser auf, abgesehen von den angeschwemmten Ablagerungen der Hochwasserüberflutungen, die gewöhnlich mit den größten Flüssen einhergehen. In Gebirgsgegenden kommt Grundwasser im Allgemeinen in Verbindung mit schweren Felsen vor.

Vom gesamten Süßwasservorkommen der Welt liegen ca. 8 Mio. km³, das sind 21,6 %, als Grundwasser vor (s. Abb. 1.2a), der Anteil von Oberflächenwasser wird auf nur 2 % geschätzt. Grundwasser ist in den meisten Fällen von besserer Qualität als Oberflächenwasser. Es ist vor Verunreinigungen besser geschützt und wird beim Passieren der porösen Untergrund-Gesteinsschichten gereinigt.

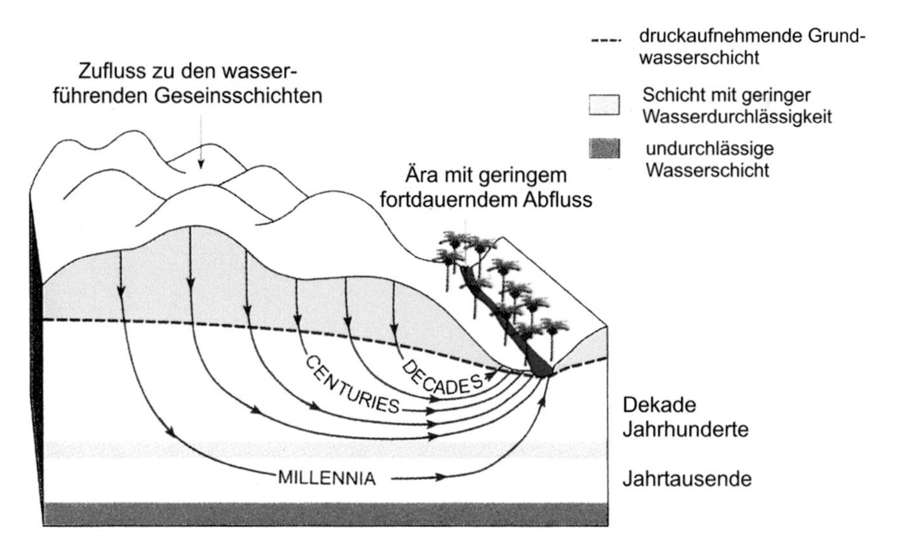

Abb. 2.13 Die vorherrschende Fließgeschwindigkeit und Verweildauer von Grundwasser unter halbtrocknen klimatischen Bedingungen [E. typical ground water flow regimes and residence times under semi-arid climatic conditions] [238]

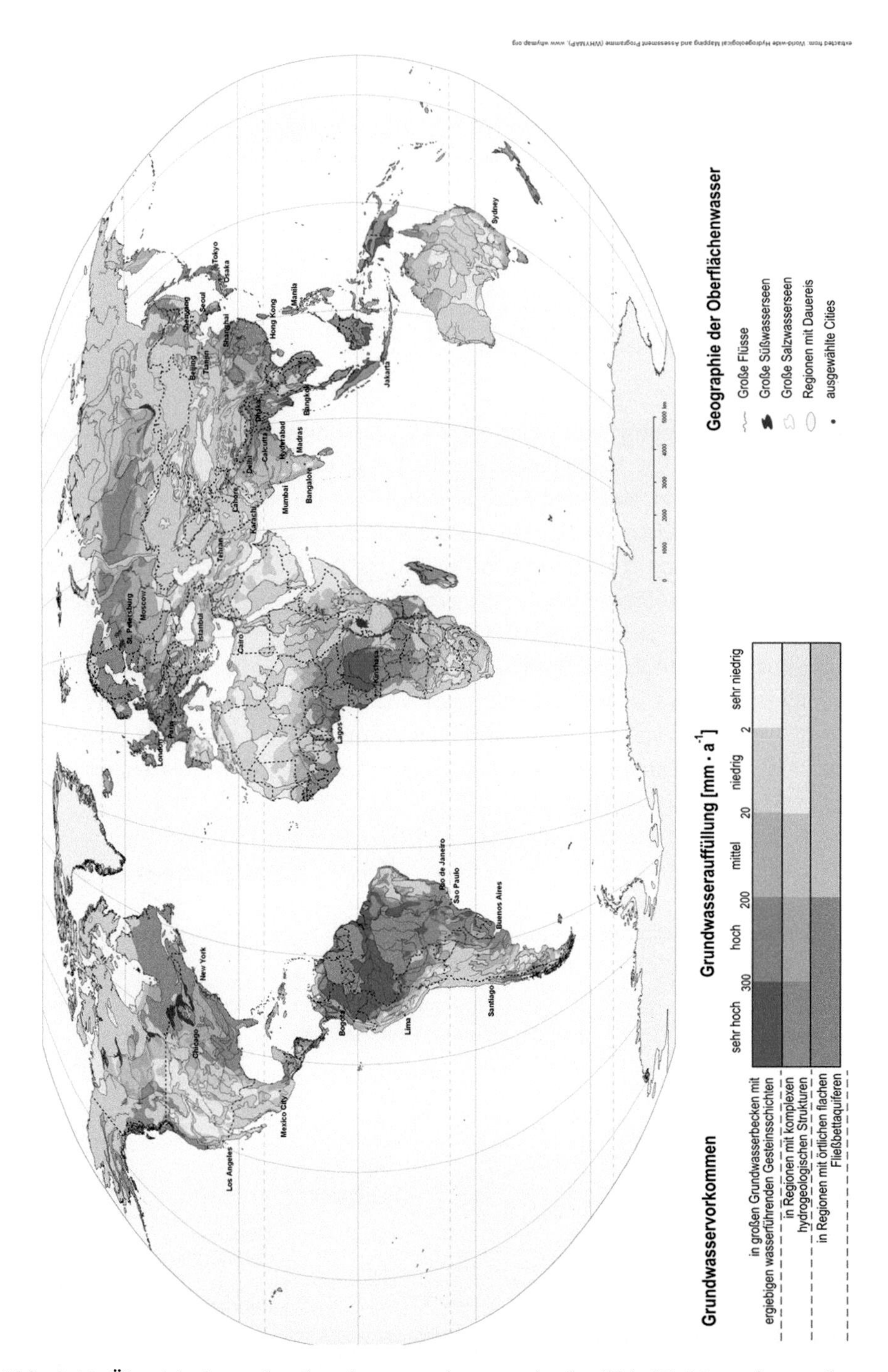

Abb. 2.14 Übersichtskarte der Grundwasservorkommen in der Welt [E. Map of ground water resources of the world] [238]

Weltweit hat die Landwirtschaft mit 75 % den größten Anteil an der globalen Süßwassernutzung, gefolgt von der Industrie mit 20 % und den privaten Haushalten mit 5 %.

Deutschland, ein Land mit großem Oberflächen-Süßwasserdargebot, deckt seinen Trinkwasserbedarf mit mehr als 70 % aus dem Grundwasser. Einige der Gründe sind seine hohe Bevölkerungsverdichtung. In Indien sind es schon über 80 % [127].

Wasser in der Asthenosphäre [E. water in the asthenosphere]

Nicht nur als *Grundwasser* einige Hundert Meter unter der Erdoberfläche ist Wasser anzutreffen. Bei einem Tiefbohrprojekt in der Oberpfalz/Bayern sind Techniker und Geologen vor einigen Jahren in Tiefen bis mehr als 9 km auf flüssiges Wasser gestoßen. Es hat sich herausgestellt, dass in noch tieferen Schichten erhebliche Mengen an Wasser gespeichert sind. Forschergruppen aus den Geowissenschaften der Universitäten Tübingen, Bayreuth, Jena und der University of Colorado/USA haben herausgefunden, dass einige Minerale, insbesondere Olivin, ein Magnesium-Eisensilikat, $(Mg, Fe)_2SiO_4$, die polarisierten Wasserstoffatome des Wassers anziehen. Dies geschieht durch die Sauerstoffatome der Silikate, dabei bilden sich Hydroxylatome, die chemisch wasserähnliche Eigenschaften besitzen. 60 % der Masse des Erdmantels besteht aus Olivin. Mit zunehmender Tiefe, verbunden mit steigender Temperatur und erhöhtem Druck, nimmt die Aufnahmefähigkeit des Olivins für Wasser als Kristallwasser ständig zu. Dieser Effekt konnte durch spezielle Laborexperimente belegt werden. Geowissenschaftler vermuten, dass im Erdmantel mehr Wasser gespeichert ist als in allen Weltmeeren der Erdoberfläche zusammen.

Bei ihren Untersuchungen und Experimenten stießen diese Forschergruppen auf ein weiteres interessantes Verhalten der unter Druck und erhöhter Temperatur stehenden Erdmantelmineralien. Ab einem erhöhten Druck in der Tiefe des Erdmantels nimmt die Aufnahmekapazität des *Orthopyroxens* für Wasser anders als beim Olivin schlagartig ab. Das in diesem Mineral eingeschlossene Wasser wird aus dem Kristall herausgedrückt. Damit einhergehend sinkt die Schmelztemperatur des vom Wasser befreiten Silikats. In Tiefen von 100 bis 150 km wird die Festigkeit des vom Kristallwasser befreiten *Orthopyroxen* so weit herabgesetzt, dass sich eine magmaähnliche Gesteinsschmelze bildet. Diese Tiefen sind in der Plattentektonik der Bereich der *Asthenosphäre* (s. Glossar), die als viskose Schicht die Kontinentalplatten als schwimmende Blöcke in Bewegung halten [138].[8]

Bodenfeuchte [E. ground dampness]

Von dem Grundwasser ist das *Bodenwasser* bzw. das *Haftwasser* zu unterscheiden. Es ist für die Bodenfeuchte verantwortlich.

---

[8] Mierdel[1)], K.; Keppler[1,2)], H.; Smyth[2,3)], J. R. and Langenhorst[2,4)], F. (2007), Science, Vol. 315, pages 364–368 (s. S. 46).*Adressen:* [1)]Institut für Geowissenschaften, Universität Tübingen, Wilhelmstr. 56, 72074 Tübingen, Germany, [2)]Bayerisches Geoinstitut Universität Bayreuth, 95440 Bayreuth, Germany, [3)]Department of Geological Science, University of Colorado, Boulder, CO 80309, USA, [4)]Institut für Geowissenschaften, Friedrich Wilhelm Universität Jena, Burgweg 11, 07749 Jena, Germany.

Das Haftwasser wird durch Adhäsionskräfte[9] an der Oberfläche von Feststoffteilchen fest gebunden. Auf diese Weise ist es nicht mehr frei beweglich und kann weder in künstliche noch in natürliche Speicherräume abfließen.

In Trockenperioden vermag Grundwasser als Kapillarwasser in die oberen Schichten aufzusteigen und für eine Bodenfeuchte sorgen. Der bodenfeuchte Kapillarraum ist für die Pflanzenernährung sehr wichtig. Dieser Kapillareffekt des Grundwassers wirkt sich bei Wiesen noch aus, wenn der Grundwasserspiegel 1 m unter der Oberfläche liegt, beim Ackerland 2 bis 3 m und beim Wald noch bei 3 bis 6 m.

Pflanzenwurzeln vermögen bis in eine Tiefe von 20 m in den Boden vorzudringen, um an das Grundwasser in Wüsten zu gelangen. In speziellen Fällen sogar bis zu 70 m. Sie folgen dem Weg des geringsten Widerstandes, d. h. dem Weg des lockeren Bodengefüges, denn dort ist wegen der höheren Porendichte Wasser gespeichert und auch ausreichend Luftsauerstoff vorhanden. Die Wurzeln benötigen für ihr Wachstum Energie, die durch Oxidation der Nährstoffe mittels Luftsauerstoff freigesetzt wird.

Auch die heimische Weizenpflanze schafft es in einem tiefgründigen Boden bis zu einer Tiefe von 2,80 m. Eine einzeln stehende Pflanze kann dabei ein Wurzelwerk von 7111 m entwickeln, um sich mit dem nötigen Wasser und den mineralischen Nährstoffen zu versorgen. Eine Roggenpflanze bringt es auf 13,8 Mio. Wurzeln und einer Wurzeloberfläche von 235 km^2. Dazu kommen noch 14 Mrd. winzige Ausstülpungen als Wurzelhaare, die nochmals eine Fläche von 400 km^2 ergeben (Abb. 2.15a und 2.15b). Der Hopfenstock entwickelt bis zu 4 m lange Wurzeln (s. Glossar).

Ein optimales Bodengefüge für das Wachstum von Pflanzen liegt vor, wenn 50 % des Gesamtvolumens aus Poren bestehen. Davon sollen 20 % luftgefüllte Grobporen sein und 30 % wassergefüllte Feinporen.

Die Lebensdauer eines Teils der Wurzel ist relativ kurz. Ständig sterben Feinwurzeln ab. Neue Wurzeln werden gebildet, die dann in nichtdurchwurzelte Bereiche des Bodens vordringen. Beim Winterweizen erneuert sich das gesamte Wurzelsystem bis zur Ernte viermal. Dieser Wurzelumsatz garantiert den „ununterbrochenen Wasser- und Nährstoffstrom in die Pflanze [156].

Die Wurzelmasse eines Laubbaumes von 15 bis 20 m Höhe beträgt 300 bis 500 kg. Sie vermag im Laufe eines Jahres bis zu 70.000 L Wasser am Abfließen zu hindern [82].

Unsachgemäße Bearbeitung der Äcker durch die Landwirtschaft führt zur Wasserverarmung und damit zur Degradation, d. h. Unfruchtbarkeit.

Seitdem die Pferde als Zugkräfte durch Traktoren verdrängt worden sind, werden die Böden mit immer leistungsfähigeren elektronisch zu bedienenden Maschinen bearbeitet bzw. abgeerntet. Die Folge ist, dass die landwirtschaftlichen Nutzflächen immer höheren Druckbelastungen ausgesetzt sind. Die Luft führenden, Wasser ableitenden und Wasser speichernden Poren der Ackerkrume werden bis in tiefere Schichten irreversibel zusammengepresst. Die Fähigkeit des Bodens, Niederschlagswasser aufzunehmen, sinkt rapide.

[9] adhaerere (lat.) – anhaften.

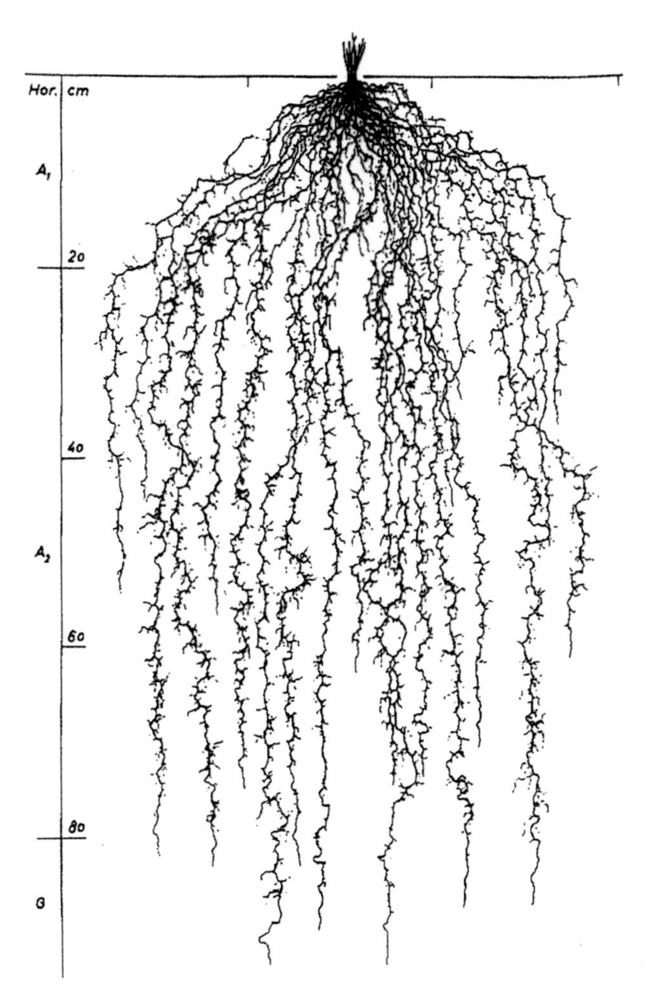

Abb. 2.15a Wurzelwerk einer zweizeiligen Gerste im Juni [E. roots of a two-lined barley in month of June] [82]

Das Wasser fließt auf den verdichteten Schichten ab, sobald nur eine geringe Geländehöhendifferenz vorliegt. Damit verbunden ist auch eine erhöhte Erosionsgefahr[10].

Die verheerenden Überschwemmungen im Herbst 2002 sind auch auf die Bodenverdichtung durch die Landwirtschaft zurückzuführen. Verdichtete Böden nehmen weniger Wasser auf. Auch ihr Ertrag nimmt ab und ist weniger planbar. Ist es im Frühjahr zu nass, bleiben die Wurzeln der Pflanzen in Wasserhöhe an der Oberfläche. Trocknet der Boden im Sommer schnell ab, kommt das Wurzelwachstum in die Tiefe nicht hinterher. Die Nährstoffquellen können nicht mehr erreicht werden (Abb. 2.15a und 2.15b).

[10] erosio (lat.) – Zernagung. Erosion ist die Abtragung von Oberflächen-Erdschichten durch Wasser und Wind.

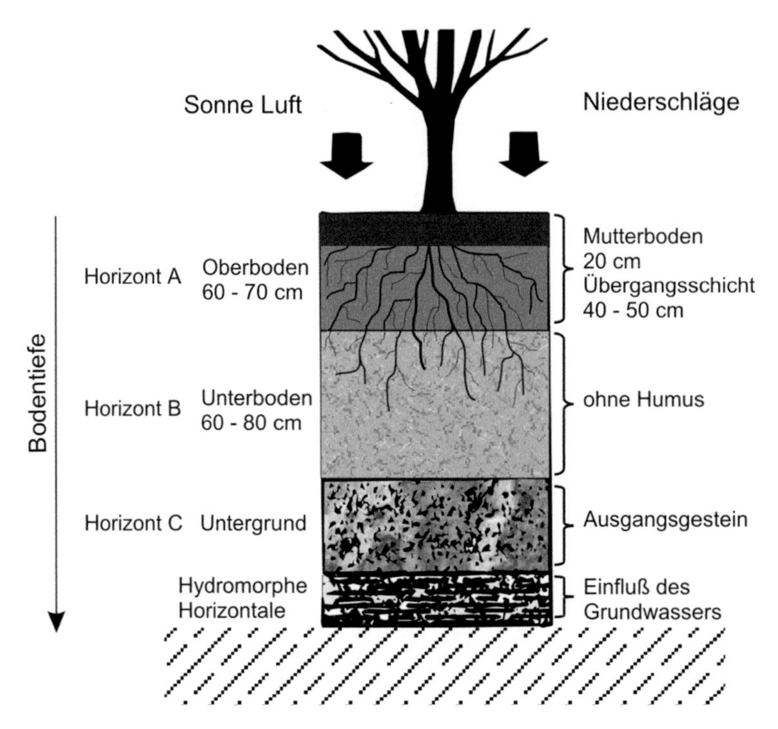

Abb. 2.15b Die Schichten des Ackerlandes [E. layers of arable land] [95]

Für die asphaltierten Autobahnen ist eine Belastung von 42 t durch LKWs vorgesehen. Ein Rübenernter kann beladen bis zu 62 t wiegen. Allerdings sind schon Traktoren von 8 bis 10 t für den Acker viel zu schwer.

Aufgrund internationaler Versuche sollten 5 t die Höchstbelastung sein.

Der Druck breitet sich im Boden dreidimensional aus, d. h. ballonähnlich bis zu einer Tiefe von 50 cm. Die Regenerationsdauer solcher geschädigter Böden beträgt bis zu zehn Jahre [102].

Die Fruchtbarkeit des Lößbodens – die Magdeburger Börde [E. fruitfullnes of löß-soil – the Magdeburger Börde]

Zwischen Harz und Elbe, im Dreieck der Städte Magdeburg, Helmstedt und Halberstadt, etwa 45 km lang und 30 km breit, insgesamt rd. 1350 km^2, dort, wo „Kraut und Rüben wachsen“, liegt eine der fruchtbarsten Landschaften Mitteleuropas.

Das Geheimnis der Fruchtbarkeit des Bördebodens ist der Löß. Das große Porenvolumen dieses „lehmigen Schluffs“ sichert eine entsprechende Luft- und Wasserspeicherfähigkeit. Der Löß besitzt die höchste pflanzliche Fruchtbarkeit, ist aber für den Baumwuchs ungünstig. Das erklärt, dass die Börde noch heute zu den baum- und wasserärmsten Gegenden Deutschlands zählt. Ursprünglich entfaltete sich eine üppige Waldsteppenvegetation, die den Humus lieferte. Diese Schwarzerde bedeckt den Löß mit einer Schicht von 50 bis 100 cm.

Auffallend ist in der Börde der Mangel an Wiesen und Weiden. Deshalb müssen für das Vieh erhebliche Mengen Futterpflanzen angebaut werden. Auch Kohl und Rüben werden zur Fütterung genutzt; bis zum späten Herbst wird „geblatet" und die Blätter zur Viehfütterung genutzt.

Kulturen wie Getreide, Gras und Zuckerrüben besitzen ein tief reichendes und weitverzweigtes Wurzelsystem, das dem Boden die wasserlöslichen Nitrat- und Ammoniumverbindungen weitgehend entziehen kann.

Die im Schweizer *Plant Science Center* zusammenarbeitenden Wissenschaftler Marcel Bücher, ETH Zürich bzw. Universität Köln, Thomas Boller, Universität Basel, und Peter Gehrig, *Functional Genomics Center Zurich* der Universität Zürich, haben herausgefunden, dass die auslösende Signalsubstanz an den Pflanzenwurzeln zur Aufnahme von Nährstoffen und Wasser *Lysophosphatidylcholin,* LPC, ist. Sie ist ein Abbauprodukt des universellen Membranstoffes *Phosphatidylcholin.* Dieser Signalstoff LPC wird von den Zellen des Bodenpilzes *Mykorrhiza* (gr. Pilzwurzel) produziert. Die Mykorrhizae leben mit den Pflanzenwurzeln in Symbiose. Der Pilz erhält von der Pflanzenwurzel die energiereichen Zucker, die von der Pflanze in den grünen Blättern fotosynthetisiert werden. Aus diesen bilden sie die für sie wichtigen ungesättigten Fettsäuren. Als Gegenleistung liefern die Pilze im Austausch Wasser und Mineralstoffe, die sie mit ihren feinen Pilzfäden noch aus den kleinsten Bodenporen aufnehmen können. Im Erdreich bilden sie kilometerlange Fäden, die miteinander vernetzt und kaum sichtbar sind. Eine Züchtung der Mykorrhizae und ihre gezielte Anwendung in der Landwirtschaft könnten den Bedarf an Düngemitteln verringern und die Ausnutzung des Porenwassers im Ackerboden erhöhen [47].

Bei den Bodenpilzen handelt es sich um Mikroorganismen mit vielfältigen Eigenschaften. Sie besitzen ca. 20.000 Gene, fast so viel wie ein Mensch mit bis zu 25.000. Die Bäckerhefe *Saccaromyces cerevisiae* ist mit nur 6200 Genen etwas schlichter ausgestattet. Diese neuen Forschungsergebnisse [180] zeigen, welche lebenswichtigen Stoffwechselprozesse im Bodenhumus der Äcker, Weiden und Wälder ablaufen. Sie zeigen weiterhin, wie empfindlich diese Böden auf Außenstörungen reagieren, wie z. B. das Bearbeiten und Überfahren mit schweren Maschinen und Transportern bis zu 40 t.

Die Rolle des Wassers in den Pflanzen [E. the role of water in plants]

Wasser ist in den Pflanzen das Transportmedium für die gelösten Mineralien und organischen Nährstoffe. Außerdem bildet es um die Proteine eine Schutzhülle, um deren Molekülanordnung vor einer Strukturumbildung zu schützen. Bei einem zu geringen Wasserangebot verändern sich die Proteinstrukturen, die ein Verwelken und Absterben der Pflanzen zur Folge haben.

Zu unterscheiden gilt zwischen den Gerüstproteinen (Werkstoffen) der Pflanzen und den Enzymproteinen (Wirkstoffen). Die treibenden Kräfte für den Transport des Mediums Wasser sind die kapillaraktiven Kräfte. Sie sind den Gravitationskräften (Erdanziehung) entgegengerichtet. Aufgrund dieser Gravitation können die Bäume in der Regel nicht über ca. 180 bis 190 m hinauswachsen.

Als *Reaktionspartner* innerhalb der Fotosynthese spielt Wasser eine urelementare Rolle (s. Kap. 3. Abschn. „Biochemische Reaktionen"). Die Fotosynthese ist die Basisreaktion für das Leben auf der luftsauerstoffhaltigen Erdoberfläche.

Bei starker *Sonneneinwirkung* wird die Pflanze durch eine verstärkte Verdunstung von Wasser vor einer Überhitzung geschützt, es entsteht Verdunstungskälte. Je mehr Wasser in halbtrockenen (semiariden) oder trockenen (ariden) Zeiten bei einer Pflanze verdunstet, umso mehr muss sie sich neben einer Übererwärmung auch vor einer Wasserverarmung schützen. Dafür bildet sie spezielle Blattformen mit entsprechenden Spaltöffnungen aus, mit deren Hilfe die Pflanzen Verdunstung, Übererwärmung, Verdunstungskälte und Wasserverarmung regulieren und miteinander auszugleichen vermag.

Zusammen mit der Sonnenenergie, dem Wasser und dem Kohlenstoffdioxid bildet *Ackerland* (Abb. 2.16) die Grundlage für die Bereitstellung von *physiologischer Nutzenergie* (Nahrung) auf dem Festland. Nutzenergie ist diejenige Energie, die in Arbeit umgewandelt werden kann. Es ist sinnvoll, die Energie nach ihrem Wirkungsbereich zu unterteilen: nämlich in den Bereich der Technik und den der biologischen Systeme. Denn die fundamentalen Erfahrungssätze, die Hauptsätze der Thermodynamik, gelten sowohl im technischen als auch im biologischen Sektor. In den fossilen Rohstoffen (Kohle, Erdöl, Erdgas) und in biologischen Stoffen (Nahrungs- und Futtermittel) liegt die mögliche technische bzw. physiologische Nutzenergie als chemische Energie gespeichert vor.

Die Bodentypen sind durch vertikale Abfolge von horizontalen Bodenschichten und deren Eigenschaften charakterisiert. Unterschiedliche klimatische Einflussfaktoren können bei gleicher Bodenart verschiedene Bodentypen schaffen. Entscheidende Faktoren sind Niederschläge, Oberflächenwasser, Sickerwasser, Bodenfeuchte und Grundwasser.

Die Partikelgröße der Ackerkrumen liegt zwischen 200 und 20 µm (Mikrometer). Bei den Porenstrukturen wird unterschieden zwischen fein-, mittel- und grobporig. Feinporig ist kleiner als 0,2 µm; mittelporig, 0,2 bis 50 µm, ist besonders geeignet für Bakterienwuchs und Wasseraufnahme; grobporig ist größer als 50 µm und geeignet für Bakterienwuchs, hat aber geringes Wasserspeichervermögen.

Das *Wasserrückhaltevermögen* und die *Wasserdurchlässigkeit* bestimmen den Schwammeffekt des Ackers.

Fruchtbares Ackerland ist ein biologisches System, das im Wesentlichen aus drei sich ergänzenden komplexen Bestandteilen aufgebaut ist:

- die von der Natur vorgegebene Zusammensetzung der Erdschicht mit ihrem speziellen Ackerkrumenprofil,
- Grundwasser, Sickerwasser, Oberflächenwasser und kapillaraktives Wasser,
- eine Humusschicht mit einem System aus Mikroorganismen, Kleinerdgetier wie Regenwürmern, Insekten, organischen Restsubstanzen und der typischen Porenstruktur.

Das Festland der Erdoberfläche umfasst 149 Mio. km^2. Davon werden 15 Mio. km^2, d. h. 1,5 Mrd. ha, ackerbaulich genutzt. 35 Mio. km^2, das sind 3,5 Mrd. ha, sind Weide- und Grünland. 33,6 % der Festlandfläche dienen also landwirtschaftlichen Zwecken. Die bewaldete Fläche in der Welt wird mit 3,45 Mrd. ha, das sind 34,5 Mio. km^2, angegeben.

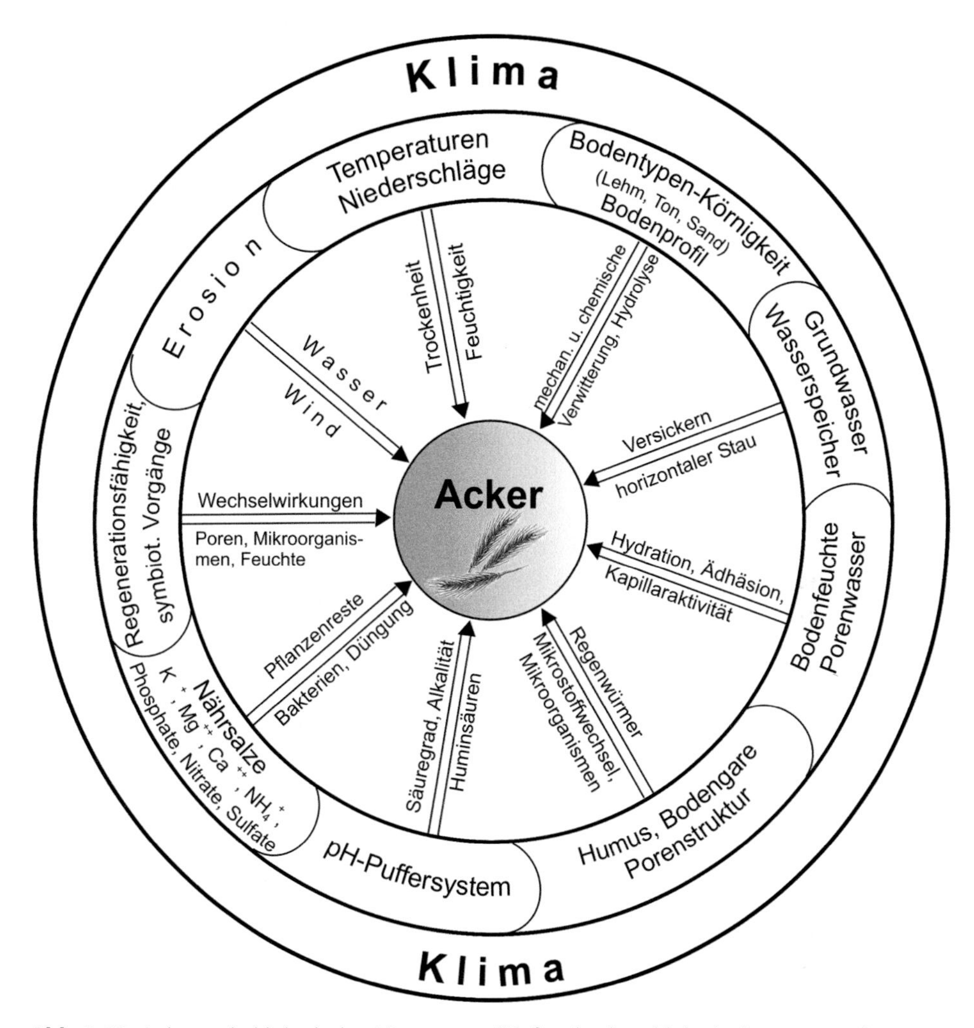

Abb. 2.16 Acker – ein biologisches Nanosystem [E. farmland – a biological nanosystem]

In Deutschland werden von 356.716 km^2 Landesfläche 17 Mio. ha, das sind 170.000 km^2 landwirtschaftlich bearbeitet, das sind 47,7 % der Landesfläche, davon 11,9 Mio. ha als Ackerfläche, der Rest dient als Weide- und Grünland. Ca. 30 % der Landesfläche sind mit Wald bedeckt, das sind 10,8 Mio. ha bzw. 108 Tsd. km^2. [37]

Wasserkreislauf im menschlichen Körper [E. water circulation in the human body]

Der Wasseranteil aller Lebewesen, der Mikroorganismen, Pflanzen, Tiere und des Menschen ist im Vergleich zu den übrigen biochemischen Stoffen sehr hoch.

Kein Lebewesen kann ohne Wasser leben. Die meisten von ihnen bestehen zu 50 bis 99 % ihrer Biomasse aus Wasser.

Tab. 2.3 Wassergehalt des Menschen im Körper [E. percentage of water in the human body] [231]

Alter	Wassergehalt (% des Körpergewichts)
Säugling 1. Tag	75–80
Säugling 3 Monate	ca. 70
Erwachsener 25 Jahre	ca. 60
Senioren 85 Jahre	ca. 50
zum Vergleich (in comparison with):	
Qualle	98
Schnecke	95
Insekten	>50
Wüstenpflanzen	2–40

Der Wasseranteil im menschlichen Körper ist unterschiedlich und hängt vom Geschlecht und Alter ab. Mit zunehmendem Alter verringert sich der Wassergehalt (Tab. 2.3).

Neben der Glykosylation[11] ist das Altern auch ein Austrocknungsvorgang.

Bei Frauen ist der Wassergehalt erheblich niedriger als bei Männern, weil bei Frauen das Fettgewebe wesentlich stärker ausgebildet ist. Fettgewebe enthält aufgrund seiner Hydrophobie (Wasser abstoßenden Wirkung) nur 10 bis 30 % Wasser.

Wird jedoch der Wassergehalt des menschlichen Organismus auf die fettfreie Körpersubstanz bezogen, so ergibt sich für beide Geschlechter ein fast konstanter Wasseranteil von 73 %. Das Wasser in lebenden Organismen im Allgemeinen und im menschlichen Körper im Besonderen erfüllt vielfältige Aufgaben.

Wasser dient als

- Lösemittel für die Elektrolyte und die Nährstoffe.
- Transportmittel für die stoffliche Versorgung und die Entsorgung von Abbauprodukten und nicht verwertbaren Reststoffen.
- Medium für den Wärmetausch zur Konstanthaltung der Körpertemperatur.
- Reaktionskomponente innerhalb des Stoffwechselprozesses, d. h. des Abbaus der Nährstoffe und des Aufbaus der körpereigenen Biomassen. Wasser ist der Wasserstofflieferant für Hydrierungsvorgänge und der Wasserstoffbrückenbildner innerhalb der Biopolymeren (s. Abb. 3.34, 3.35 und 3.36) [139].

[11] Glykosylation ist die Reaktion von reduzierenden Zuckern wie Glucose und Fructose, mit Proteinen und Nukleinsäuren zu quervernetzten hochpolymerisierten Verbindungen ohne Beteiligung von Enzymen [150].

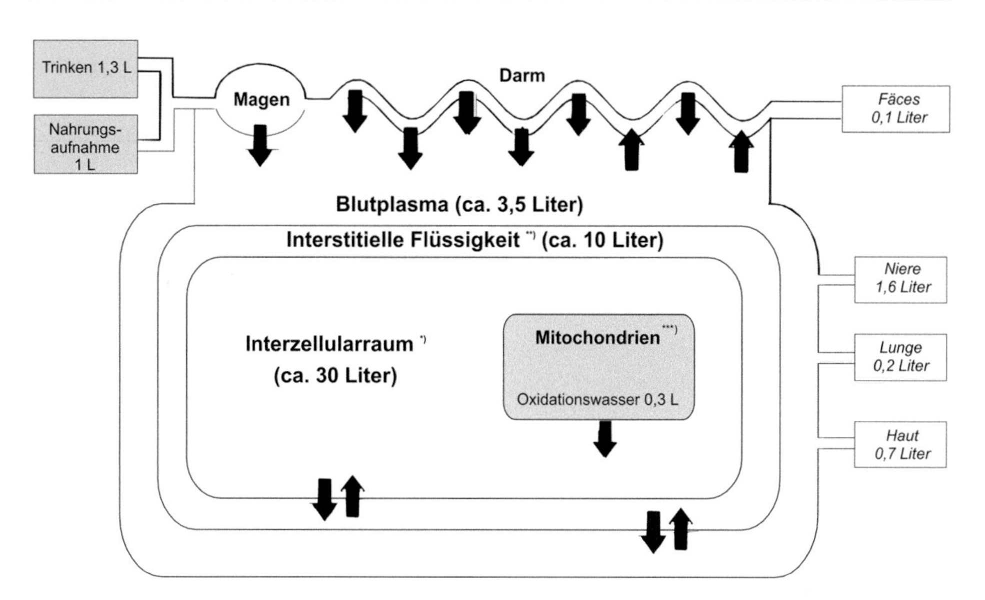

Abb. 2.17 Wasserhaushalt des menschlichen Körpers bezogen auf einen 70 kg schweren Mann [E. water balance of a human body based on a man of 70 kg body weight]. *) cella (lat.) – Zelle, kleinste Einheit von Lebewesen. **) interstitium (lat.) – Zwischenraum; Raum zwischen den Geweben. ***) mitos (gr.) – Faden, Schlinge. Mitochondrien sind faden- oder körnchenartige enzymhaltige Zellbestandteile, die chemische Energie speichern und umwandeln

Wasserbilanz im menschlichen Körper [E. water balance in the human body]

Ein 70 kg schwerer Körper des Menschen enthält ca. 43,5 kg Wasser, das sind 62 %.

Unter den mitteleuropäischen klimatischen Bedingungen beträgt der tägliche Wasserumsatz 2,6 L. Von diesen werden in der Regel 1,3 L durch Trinken und 1 L durch die Nahrung aufgenommen. Weitere 0,3 L entstehen als Oxidationswasser während des Stoffabbaus innerhalb der Zellen bzw. an den Mitochondrien. Da es sich um ein Fließgleichgewicht handelt, müssen auch wieder 2,6 L Wasser ausgeschieden werden, und zwar

0,1 L mit dem Faeces,
1,6 L über die Niere und Harn,
0,2 L über die Lunge mit der ausgeatmeten Luft und
0,7 L durch die Haut in Form von Schweiß und Verdampfung (Abb. 2.17).

Die notwendige Wasseraufnahme durch den Menschen ist vom Alter, Geschlecht und seinen Aktivitäten abhängig. Als Richtwert gilt, dass für 4 kJ Nahrungsaufnahme dem Körper 1 mL (1 cm^3) Wasser zugeführt werden sollte. Für einen Erwachsenen sind das täglich 2,6 L. Der mit den Nahrungsmitteln aufgenommene Wasseranteil und das bei den biologischen Oxidationen freigesetzte Wasser sind hier mit eingerechnet. Bei größeren körperlichen Aktivitäten steigt der Wasserbedarf kräftig an, in trockenen Klimazonen bis zu 8 L täglich.

Gesundheitliche Schäden bis zur Todesfolge treten ein, wenn der Wasserverlust 10 bis 20 % des gesamten Wasserbedarfs des Körpers übersteigt [231].

Eine Wasserminderung im Körper um

3 % reduziert den Speichel und die Harnproduktion,
5 % beschleunigt die Herz- und Pulsfrequenz und erhöht die Körpertemperatur,
10 % hat Verwirrtheit zur Folge und um
20 % führt zum Tod [224].

Wasser entsteht auch beim enzymatischen Abbau von Nahrungsmitteln während des Stoffwechsels. Diese Prozesse entsprechen den Oxidationen bzw. den Verbrennungen im technischen Bereich.

Beim Abbau von 1 kg Stärke, i. Tr., die aus Glucosebausteinen aufgebaut ist, bilden sich 555 g ≙ 555 mL Wasser, das ist ein wenig mehr als ein halber Liter Wasser.

Stärke		Luftsauerstoff		Kohlenstoffdioxid		Wasser
$[C_6H_5(OH)_5]_n$	+	$6n\,O_2$	$\xrightarrow{\text{Enzyme}}$	$6n\,CO_2$	+	$5n\,H_2O$
n x 162 g		6n 32 g		6n 44 g		5n 18 g
für n = 1						
162 g		192 g	$\longrightarrow$	264 g		90 g

Auf 1 kg Stärke bezogen gilt die Proportionsgleichung

$$1000\text{g} : x\text{g} = 162\,\text{g} : 90\,\text{g}$$
$$x = \frac{1000.90}{162} = 555\,\text{g}$$

Der Abbau von 1 kg Fett liefert 1088 g ≙ 1088 mL Wasser, wenn man Glyzerin-Stearin-Palmitin-Oleinsäureester zugrunde legt. Das sind 100 % des Gewichtes an verdautem Fett.

Strukturformel für ein Glyzerin-Fettsäureester $C_{55}H_{104}O_6$, Molmasse: 860;

$$
\begin{array}{l}
H_2C-O-\overset{\displaystyle O}{\overset{\|}{C}}-(CH_2)_{16}-CH_3 \\
\quad | \\
HC-O-\underset{\displaystyle O}{\underset{\|}{C}}-(CH_2)_{14}-CH_3 \\
\quad | \\
H_2C-O-\underset{\displaystyle O}{\underset{\|}{C}}-(CH_2)_7-CH=CH-(CH_2)_7-CH_3
\end{array}
$$

Fett		Luftsauerstoff		Wasser		Kohlenstoffdioxid
$C_{55}H_{104}O_6$	+	$78\ O_2$	$\xrightarrow{\text{Enzyme}}$	$52\ H_2O$	+	$55\ CO_2$
		78 x 32 g		52 x 18 g		55 x 44 g
860 g		2496 g	$\longrightarrow$	936 g		2420 g

860 g Fett liefern während ihres enzymatischen Abbaus 936 g Wasser, auf 1 kg bezogen sind das 1088 g bzw. 1088 mL Wasser

$$
\begin{aligned}
860\ g : 936\ g &= 1000\ g : x \\
x &= 1088\ g
\end{aligned}
$$

Daraus folgt, dass Fett ein verborgener Wasserspeicher ist, der sich während des Stoffwechsels entleert.

Die Werte des Proteinabbaus liegen zwischen den Werten von Stärke und Fett. Einen Mittelwert anzugeben, ist ein wenig schwierig, da es 20 Aminosäuren gibt, die miteinander verknüpft sind und sehr unterschiedlich strukturiert sein können (s. Kap. 5, Abschn. „Essenzielle Aminosäuren und ihre Verwertung in Nahrungs- und Futtermitteln").

Für eine entsprechende Berechnung wird in diesem Beispiel von Leucin, $H_3C-\underset{CH_3}{\underset{|}{C}H}-CH_2-\underset{NH_2}{\underset{|}{C}H}-\underset{O}{\underset{\|}{C}}-OH$; ausgegangen, $C_6H_{13}O_2N$, Molmasse: 131.

Leucin		Luftsauerstoff		Wasser		Ammoniak		Kohlenstoffdioxid
$2\ C_6H_{13}O_2N$	+	$15\ O_2$	$\xrightarrow{\text{Enzyme}}$	$10\ H_2O$	+	$2\ NH_3$	+	$12\ CO_2$
2 x 131 g		15 x 32 g		10 x 18 g		2 x 17 g		12 x 44 g
262 g		480 g	$\longrightarrow$	180 g		34 g		528 g

262 g Leucin ergeben während des Stoffwechselabbaus 180 g Wasser, auf 1 kg bezogen sind das

$$262\ \text{g} : 180\ \text{g} = 1000\ \text{g} : x$$
$$x = 687\ \text{g Wasser}$$

Wie schon erwähnt, setzen die Proteine während ihres Abbaus Wassermengen frei, die zwischen den Werten der Kohlenhydrate und denen der Fette liegen.

Berücksichtigt man im Proteinstoffwechsel noch die Ammoniakentgiftung durch Kohlenstoffdioxid zu Harnstoff, dann erhöht sich die freigesetzte Wassermenge noch ein wenig

Ammoniak		Kohlenstoff-dioxid		Harnstoff		Wasser
$2\ NH_3$	+	CO_2	$\xrightarrow{\text{Enzyme}}$	$H_2N{-}C({=}O){-}NH_2$	+	H_2O
2 x 17 g		44 g		78 g		18 g

Pro Aminogruppe entstehen weitere 9 g Wasser.

Der Kreislauf von Mineralsalzen [E. cycle of minerals]

Mit dem Wasserkreislauf in der Natur (Abb. 2.10 und 2.11) ist ein Transport von Mineralsalzen aus der oberen Erdkruste in die Ozeane verbunden. Dabei nimmt deren Salzgehalt langsam, aber stetig zu. Die Niederschläge über den Kontinenten werden über die Flüsse den Meeren wieder zugeleitet oder versickern in die oberen Erdschichten, bleiben teilweise als Grundwasser dort haften und fließen durch das porenreiche und kapillaraktive Erdreich bis zu mehreren 100 m Tiefe unterirdisch ebenfalls den Ozeanen zu.

Oberflächenwasser, Flusswasser, Grundwasser und Sickerwasser lösen aus der oberen Erdschicht Mineralsalze heraus oder suspendieren die schwerlöslicheren und transportieren sie in die Weltmeere. Dadurch erhöht sich deren Salzkonzentration.

Meeresströmungen und Winde sorgen für die Ausbreitung der Salze an der Oberfläche. Temperaturunterschiede zwischen der Wasseroberfläche und dem Meeresboden sorgen für eine horizontale Verteilung.

Bei den gelösten Mineralien handelt es sich um Silikate, Eisensalze, Phosphate und Calcium- und Magnesiumcarbonate bzw. -sulfate und die sehr leicht löslichen Natrium- und Kaliumchloride (NaCl; KCl).

Je nach Gestein, durch das sich das Wasser in der Erdschicht bewegt, wechseln Art und Menge der gelösten Stoffe. In Kalkstein, $CaCO_3$, oder Gips, $CaSO_4$, angereicherten Schichten belädt sich das Sicker- und Grundwasser mit Calcium- und Magnesiumsalzen, deren Menge die Wasserhärte bestimmen (vgl. auch Kap. 6, Abschn. „Enthärtung“).

Wasser als Kohlenstoffdioxidspeicher [E. water as storage for carbon dioxide]

Calciumcarbonate [E. calcium carbonates]

$CaCO_3$, gehören neben Feldspat und Quarz zu den verbreitesten Mineralien der Erde. 4,8 % aller Eruptivgesteine und 5,4 % der Sedimentgesteine bestehen aus Kalksteinen.

In allen Erdzeitaltern lagerten sich in den Flach- und Randmeeren dicke Kalkschichten von mehreren Hundert bis Tausend Metern ab.

In den Urgesteinsgebieten verwittern fortwährend Kalkfeldspäte (Anorthit, ein Calcium-Aluminiumsilikat), deren Calciumoxid, CaO, sich mit dem Kohlenstoffdioxid der Luft zu Kalk verbindet.

Calciumoxid		Kohlenstoff-dioxid		Kalkstein
CaO	+	CO_2	$\longrightarrow$	$CaCO_3$
				$\Delta H = -177{,}8$ kJ/mol

Die stabilste und häufigste Kristallform des Kalks ist der *Calcit*. In reinem Zustand ist er ein farbloser, klar durchsichtiger, gut spaltbarer Kristall mit der Härte 3. Wegen seiner leichten Spaltbarkeit wird er auch Kalkspat genannt. Die unterschiedlichen Färbungen des Calcits rühren von geringen Beimengungen der Fe-, Mn-, Mg-, Zn-, Ba-, Sr-, Pb- und Co-Ionen her.

Kalkstein [E. limestone] wird auch als Sammelbegriff für weitere Carbonatmineralien verwendet: Dolomit, Jura, Kreide, Marmor, Mergel u. a.

Kohlenstoffdioxid ist eine der energetisch stabilsten Kohlenstoffverbindungen. Sie ist eine Schlüsselverbindung im Kohlenstoffkreislauf der Natur. *Kohlenstoffdioxid* ist zusammen mit *Wasser* die Reaktionskomponente bei der Fotosynthese (s. Kap. 3, Abschn. „Wasser und Sonnenenergie, Fotosynthese" und Kap. 4, Abschn. „Fotosynthese im Ozean"). Es entsteht bei den Verbrennungsprozessen der Kohle, des Erdöls, des Erdgases, des Holzes, des Strohs und aller organischer Verbindungen.

Kohlenstoffdioxid ist in Wasser relativ gut löslich und steht deshalb an der Grenzfläche zwischen der Atmosphäre und den Oberflächen der Meere, Seen und Flüsse in einem temperaturabhängigen Gleichgewicht.

Bei 0 °C sind in 100 Volumenanteilen Wasser 171 Volumenanteile CO_2 gelöst, bei 10 °C 119 Volumenanteile, bei 20 °C 88 Volumenanteile und bei 60 °C nur noch 27 Volumenanteile Kohlenstoffdioxidgas. Die Löslichkeit nimmt mit steigender Temperatur ab.

Die Meere sind sowohl eine bedeutende Kohlenstoffdioxidsenke(Speicher) als auch -quelle.

In den Weltmeeren und den Gewässern des Festlandes kommt es als gelöstes Gas oder als gelöste Salze von Carbonaten, CO_3^{2-}, oder Hydrogencarbonaten, HCO_3^-, vor.

Nur etwa 1 % des im Wasser gelösten Kohlenstoffdioxids dissoziiert nach den Gleichungen:

Kohlenstoffdioxid	Wasser		Kohlensäure	
CO_2	+ H—OH	⟶	H_2CO_3	
Kohlensäure	Wasser		Oxonium-Ion	Hydrogen-carbonation
H_2CO_3	+ H—OH	⟶	H_3O^+	+ HCO_3^-

Kohlenstoffdioxid	Carbonation	Wasser		Hydrogencarbonation
CO_2	+ CO_3^{2-}	+ H—OH	⟶	2 HCO_3^-

Die Carbonationen CO_3^{2-} bilden mit Erdalkaliionen wasserunlösliche bzw. schwer wasserlösliche Carbonate, die sich als Bodenkörper absetzen.

Das Dissoziationsgleichgewicht für Erdalkalicarbonate (Me steht für Erdalkali, z. B. Ca oder Mg) ist sehr weit nach links verschoben:

$$MeCO_3 \rightleftharpoons Me^{2+} + CO_3^{2-}$$

Polare Stoffe, d. h. deren elektrische Ladungen im Molekül ungleich verteilt und nach außen hin nicht neutral sind, lösen sich in Wasser leicht. Denn Wasser ist ebenfalls eine polare Substanz (Abb. 3.29). Die fluss-, seen- und meeresbiologischen Systeme wie Mikroorganismen, Kleintiere, Fische und Pflanzen benötigen organische Ionen für ihre Stoffwechselprozesse, zur Erhaltung des Protoplasmas und zum Aufbau oder zur Ergänzung ihrer inneren Skelette oder äußeren Schalen.

Calcium- und Magnesiumcarbonate werden von den Hydrozoen und Korallen, Mollusken, Kalkschwämmen, Rot- und Grünalgen, Foraminiferen, Seeigeln u. v. a. verstoffwechselt.

Eine Versäuerung der Weltmeere bleibt nicht ohne Folgen auf die marine Pflanzen- und Tierwelt. Der CO_2-Gehalt des Meerwassers steuert den Vorgang, in dem z. B. Korallen und Plankton ihre Skelette aus Calciumcarbonat herstellen. Je geringer die Alkalität des Wassers, desto weniger Carbonatsalze werden gebildet (s. Kap. 2, Abschn. „Meerwasser“).

Andere Mineralien: Silikate, Phosphate, Eisenoxide [E. other minerals: silicates, phosphates, ferric oxides]

Silikatschalen sind u. a. bei Radiolarien, Kieselschwämmen und Diatomeen anzutreffen.

Hydroxylapatit, $Ca_5[(PO_4)_3OH]$, ist unter Beteiligung von Calciumcarbonat, $CaCO_3$, Bestandteil in den Hartteilen von Trilobiten, Crustaceen, hornschaligen Brachiopoden und Wirbel-tieren.

Eisenionen sind im Meer mit 10 µg/L, das sind $10 \cdot 10^{-6}$ g/L, enthalten. Davon sind 10 % echt gelöst, und 90 % liegen in kolloidaler Form als Eisen-III-oxidhydrat, $Fe(OH)_3 \cdot H_2O$, vor. Je nach Beschaffenheit des Meerwassers bzw. des Porenwassers im frischen Sediment scheidet sich Eisen in verschiedenen Verbindungsformen aus. Sie geben dem Gestein die jeweilige Färbung, z. B.

Hämatit, α-Fe_2O_3, rot;
Fe^{II}/Fe^{III}-Oxidhydrate und *Fe^{II}/Fe^{III}-Silikate,* grün;
Magnetit, Fe_3O_4, schwarz;
Siderit, $FeCO_3$, braun;
Pyrit, FeS_2; und *Magnetkies,* FeS, schwarz.

Bei der Ausfällung wirken Mikroorganismen mit, wie z. B. Eisenbakterien und sulfatreduzierende Bakterien, die Schwefelwasserstoff, H_2S, freisetzen.

Der *Phosphatgehalt* des Meerwassers liegt mit 60 µg/L, das entspricht $60 \cdot 10^{-6}$ g/L, an der Sättigungsgrenze. Wird sie überschritten, so scheidet sich Phosphorit ab, ein Gemenge aus *Calcit (Kalkspat),* $CaCO_3$, und *Hydroxylapatit,* $Ca_5[(PO_4)_3OH]$.

Die Fauna und Flora spielt sich in Meerestiefen bis zu ca. 40 m ab. Soweit dringt in der Regel das Sonnenlicht durch. Es gibt aber auch Lebewesen wie z. B. die Korallen, die bis zu 2500 m und tiefer sich ansiedeln.

Nach dem Absterben der tierischen und pflanzlichen Lebewesen setzen sich die anorganischen Stoffe auf dem Meeresboden ab und bilden im Laufe von Millionen Jahren die entsprechenden Sedimentschichten.

Bildung von Wasser auf der Erdoberfläche [E. Formation of water on the Earth's surface]

Im Weltall gibt es mehr als reichlich Wasser. Kosmophysiker geben die Wassermenge im Universum mit 10.000 Mio. Sonnenmassen an [80]. Sie kommen in gas(dampf)-förmigem, flüssigem und festem Zustand vor. 1 Sonnenmasse entspricht ca. $1993 \cdot 10^{27}$ t Wasser in unterschiedlichsten Aggregatzuständen. Um sich diese ungeheuren Mengen Wasser vorzustellen, wird in folgender Vergleichsrechnung die Menge des auf der Erde vorhandenen Wassers im Verhältnis zu 1 mm^3 gesetzt. Daraus errechnet sich für die Menge Wasser des Universums folgende Vergleichszahl:

$$1384 \cdot 10^{18}\ t : 1\left[mm^3\right] = 1993 \cdot 10^{37}\ t : x\left[mm^3\right]$$

$$x\left[mm^3\right] = \frac{1993 \cdot 10^{37}\ t \cdot 1\left[mm^3\right]}{1384 \cdot 10^{18}\ t} = 14{,}4 \cdot 10^{18}\left[mm^3\right]$$

$10^{18}\left[mm^3\right] = 1\ km^3$, d. h., von 14,4 km^3 Wasser des Universums befindet sich 1 Tropfen Wasser (1 mm^3) auf dem Planeten Erde.

Australische, englische und amerikanische Forscher fanden heraus, dass sich schon 100 Mio. Jahre nach der Verfestigung einer Erdkruste vor 4,57 Mrd. Jahren flüssiges Wasser gebildet hatte. Zu dieser Zeit hatten sich die umgebende Erdatmosphäre und die Erdoberfläche auf unter 100 °C abgekühlt. Unter diesen Bedingungen kondensierte der atmosphärische Wasserdampf zu flüssigem Wasser und sammelte sich auf der Erdkruste. Die ersten Seen und Flüsse bildeten sich. Damit waren auch die Voraussetzungen für lebende Systeme entstanden.

Der australische Geologe *Professor Simon A. Wilde* von der *Curtin University of Technology in Perth/Australien* entdeckte zusammen mit *Professor John Valley* von der *Colgate University New York* und dem Studenten *William Peck* im Jack Hills Abschnitt/Westaustralien uralte Gesteinsschichten. Diesen entnahmen sie Zirkoniumsilikatproben, die als Begleitsubstanz Uranverbindungen enthielten. Aus der Zerfallsrate von Uran zu Blei wurde von den *Professoren Wilde* und *T. Mark Harrison* von der *University of California in Los Angeles* mit dem *High Resolution Ion Microprober* das Alter des Zirkoniumsilikat-Gesteins ermittelt. Sie berechneten ein Alter von 4,4 Mrd. Jahre. Zusätzlich ließen *Valley* und *Peck* bei *Professor Colin Graham* an der University of Edinburgh die Sauerstoffisotopen im Zirkoniumsilikat bestimmen. Das Ergebnis aller Untersuchung ist, dass die Struktur des Zirkoniumsilikats nur in Gegenwart von flüssigem Wasser zustande gekommen sein konnte (*Literatur:* Nature 110101).

Die Wechselbeziehungen Wasser und Kohlenstoffdioxid im Rhythmus der Stoffkreisläufe in der Natur [E. reciprocal action between water and carbon dioxide in rhythm of the material circulation in nature]

An der Erdoberfläche verdunstet Wasser aus Ozeanen, Seen und Flüssen. Aus diesem Wasserdampf bilden sich in der Atmosphäre Wolken, die Sonnenstrahlen eines bestimmten Wellenlängenbereiches (s. Abb. 4.43a und 4.43b) reflektieren oder absorbieren und sie somit von der Erdoberfläche fernhalten und vor einer Austrocknung mit allen Folgen schützt. Ein anderer Teil wird durchgelassen und erwärmt die Erde.

Im Gegensatz zu den Wolken, die 40 % der Erdoberfläche ständig bedecken, hat Wasserdampf diese schützenden Eigenschaften nicht.

Durch *Reflektion* und *Absorption* erniedrigt sich die Temperatur an der Erdoberfläche. Sie kühlt sich ab. Es regnet häufiger. Dieser Regen wäscht aus der Atmosphäre einen Teil des Kohlenstoffdioxids, CO_2, aus, das sich mit Wasser zu Kohlensäure umsetzt:

Kohlenstoffdioxid + Wasser ⟶ Kohlensäure

$$O{=}C{=}O + H{-}OH \longrightarrow HO{-}C({=}O){-}OH$$

Die Kohlensäure löst aus den Mineralien der Erdoberfläche *Calciumionen* heraus, die als *Calciumhydrogencarbonat* durch die Flüsse in die Meere gespült werden.

Calciumionen		Kohlensäure		Calciumhydrogencarbonat		Wasserstoffionen
Ca^{++}	+	$HO-C(=O)-OH$	⟶	$Ca(O-C(=O)-OH)_2$	+	$2\,H^+$

Mikroorganismen in den Meeren bauen das *Calciumhydrogencarbonat* in ihre Gehäuse ein:

Calciumhydrogencarbonat		Calciumcarbonat		Wasser
$Ca(HCO_3)_2$	$\xrightarrow{\text{Mikroorganismen}}$	$CaCO_3$	+	H_2O

Nach dem Absterben der Mikroorganismen sinken die Schalen auf den Meeresboden und bilden mächtige Kalkschichten. Die Meeresböden, die nirgends älter als 200 Mio. Jahre sind, sind der beweglichste Teil unserer Erdoberflächenschicht. Aus ca. 70.000 km langen untermeerischen Bruch- und Nahtstellen quillt entlang von acht großen und zwei Dutzend kleinen Erdkrustenplatten Magma aus der Tiefe des Erdinnern (Abb. 2.18a, 2.18b und 2.19).

Das *Magma* schiebt gegenwärtig jährlich die ozeanischen Böden 3 bis 6 cm auseinander. Dabei werden sie gegen die Ränder der alten Festlandsockel gepresst und tauchen in den zähfließenden Untergrund des Erdmantels. Das in den feuchten Ozeanbodensedimenten gespeicherte Kohlenstoffdioxid wird dabei unter Druck und Hitze aus den versteinerten Sedimenten freigesetzt und von den Vulkanen entlang der Subduktionszonen wieder in die Atmosphäre ausgeatmet. Zusätzlich stoßen die Vulkane andere Gase, wie z. B. Methan, CH_4, Schwefelwasserstoff, H_2S, und Ammoniak, NH_3, aus (s. Abb. 2.18b) [130].

Mit zunehmender Wolkenbildung durch die Erd- und Wassererwärmung tritt eine Umkehrung ein. Weniger wärmende Strahlen gelangen bis zur Erdoberfläche. Sie beginnt sich wieder abzukühlen, es setzt eine Vergletscherung und Vereisung der Gewässer ein. Zusätzlich erhöht sich die Löslichkeit des Kohlenstoffdioxids in den Gewässern. Die Atmosphäre wird dabei CO_2-ärmer. Andererseits wird die Wolkenbildung geringer, und es gelangen wieder mehr wärmende Sonnenstrahlen auf die Erde. Der Prozess beginnt von Neuem. Es bilden sich mehr Wolken, und es fallen wieder zunehmende Niederschläge.

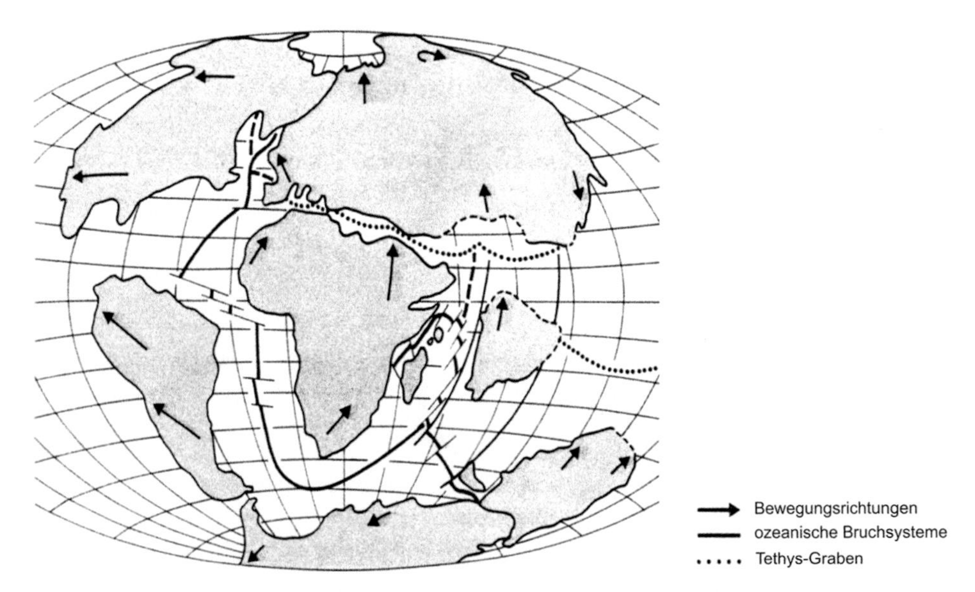

Abb. 2.18a Verteilung der Kontinente in der jüngsten Erdgeschichte gegen Ende der Kreideformation (vor etwa 65 Mio. Jahren) (nach Dietz und Holden, 1970) [E. the continental distribution in the recent history of the Earth about the end of the chalk formation]. Tethys ist ein von *Hinterindien* über *Vorderasien* bis zum heutigen *Mittelmeer* in ost-westlicher Richtung sich erstreckendes *Gürtelmeer*, das in seinen ersten Anlagen bis ins *Paläozoikum,* d. h. bis vor 520 Mio. Jahren zurückreicht. Der Atlantik war zu jener Zeit durch den breiten Tethys-Ozean mit dem Pazifik verbunden. Die alpidische Faltung engte das Verbindungsmeer im Laufe des *Mesozoikums,* vor 155 Mio. Jahren beginnend, stark ein. Es zerfiel nach und nach in einzelne Becken. Das heutige *Mittelmeer* ist als Restmeer der Tethys einzustufen (Tab. 13.34). *Lit.:* Spektrum der Wissenschaft (2005), Heft 2, S. 19

Dieser Rhythmus zwischen Wasser, Kohlenstoffdioxid und Plattentektonik zeigt den unmittelbaren klimabeeinflussenden Zusammenhang dieser drei Komponenten (Abb. 2.20).

Die Fotozonen in Ozeanen und Seen [E. photic zone in oceans and lakes]

Die *euphotische*[12] *Zone* ist die obere von Sonnenstrahlen durchleuchtete Schicht des Wassers, in der noch eine effektive Fotosynthese möglich ist. Die Pflanzen wachsen in dieser Schicht und produzieren Sauerstoff. Mit zunehmender Tiefe ab 10 m wird das Licht immer schwächer durch Brechung, Streuung und Absorption. Die Atmung der Pflanzen benötigt mehr Energie, als durch die Fotosynthese geliefert werden kann. Das Pflanzenwachstum ist deshalb in diesen relativ geringen Tiefen nicht mehr möglich, obwohl in diese noch Restlicht eindringt. Diese Schicht wird als *disphotische Zone*[12] bezeichnet. Schichten, die von keinem Sonnenlicht mehr erreicht werden, heißen *aphotische Zone*[12].

[12] euphotische; disphotisch, aphotisch (s. Glossar) eu (gr.) – gut; dis (lat) – miss-, gegensätzlich; a (gr.) – nicht; phos (gr.) – Licht.

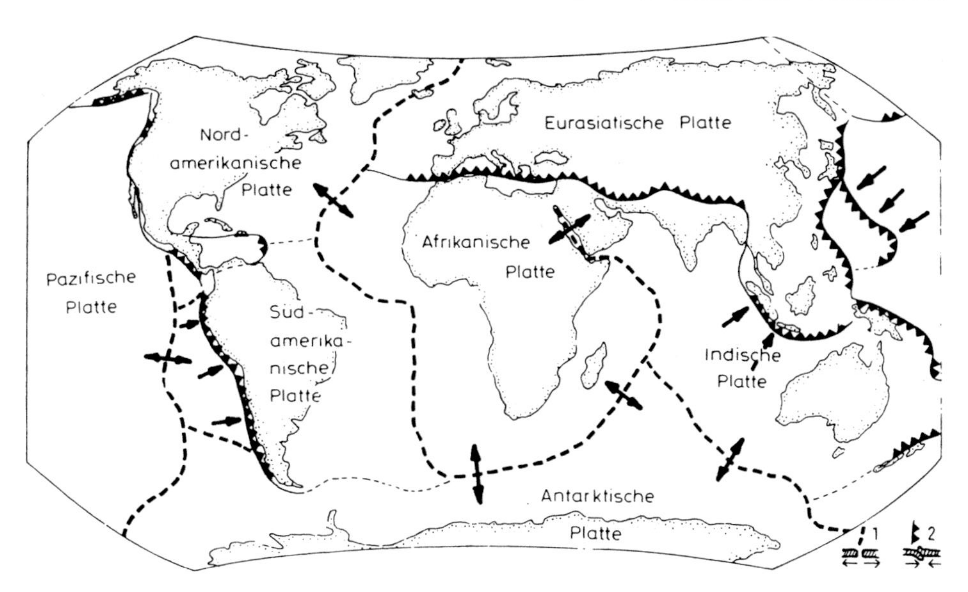

Abb. 2.18b Verteilung der Kontinental- und Ozeanplatten mit den Subduktionszonen auf der Erdkrustenoberfläche [E. the continental distribution oft he Earth's surface and their subduction zones] Die Pfeile ↕ quer zum Verlauf der Subduktionszonen deuten die Bewegungsrichtung der Erd- bzw. Ozeanplatten an. *Lit.:* Ditfurth von M. (2007), Am Anfang war der Wasserstoff, 18. Aufl., Deutscher Taschenbuch-Verlag, München

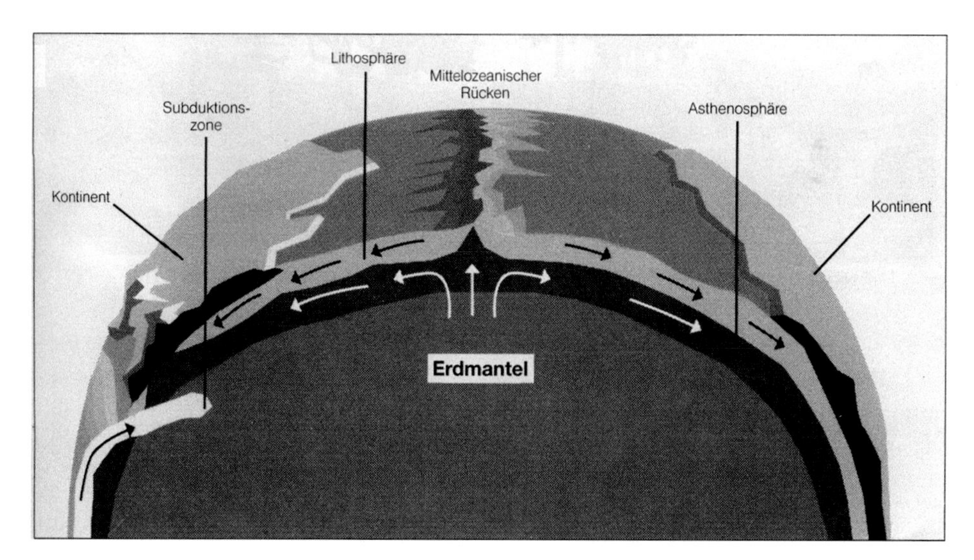

Abb. 2.19 Schematische Darstellung der plattentektonischen Prozesse [E. description of the processes of the tectonic plates] [119] Die Begriffe Asthenosphäre und Lithosphäre werden benutzt, um zwischen dem Hauptteil des Erdmantels, der sich durch Konvektionsfluss umformt, und der obersten Deckschicht einschließlich der darüber liegenden Erdkruste, die sich unter normalen Bedingungen starr verhält, zu unterscheiden

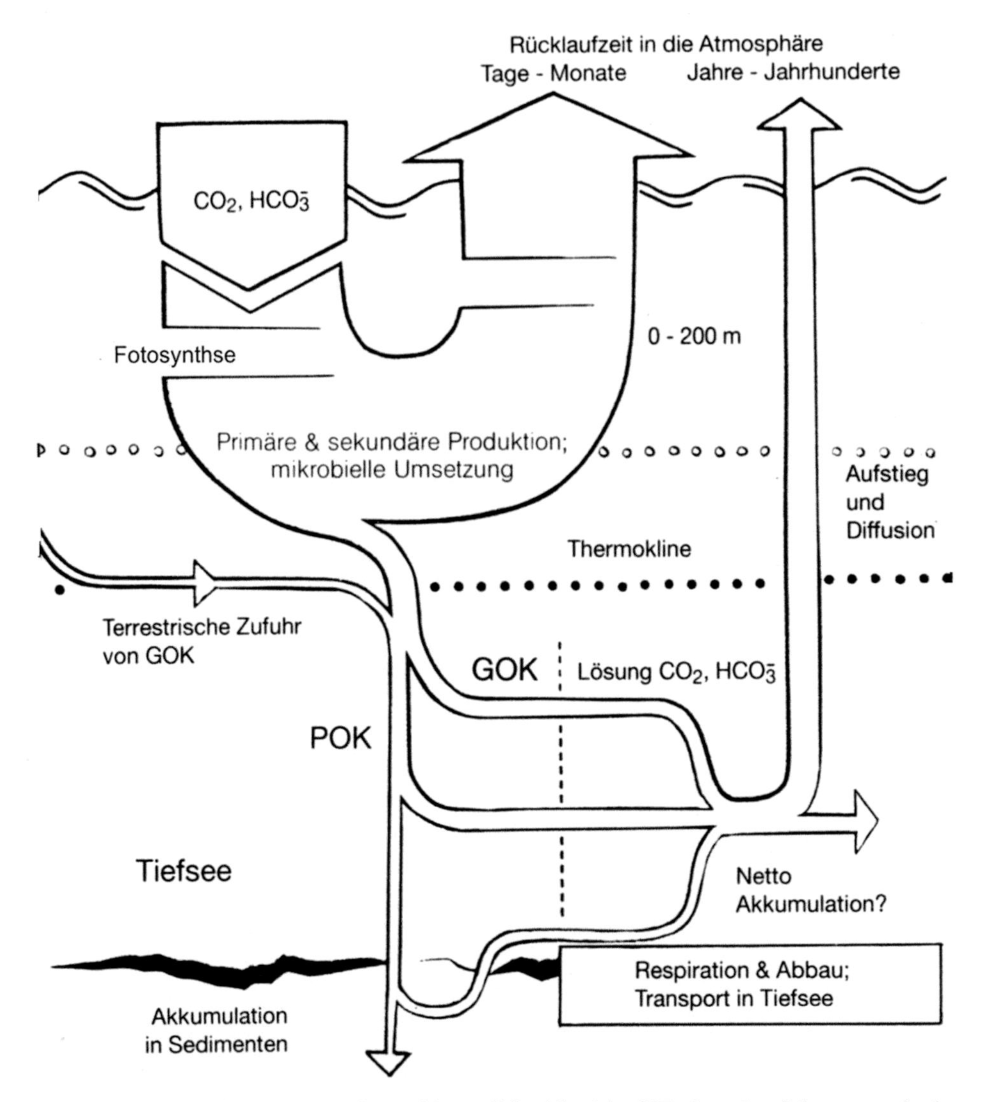

Abb. 2.20 Die Rolle des Ozeans im Kohlenstoffdioxidkreislauf [E. the role of the oceans in the CO_2-cycle] [119]. Biologische Prozesse in der oberen Mischungsschicht des Ozeans beeinflussen den Austausch von Kohlenstoffdioxid mit der Atmosphäre und seinen Zustrom in den tieferen Ozean stark (GOK, gelöster organischer Kohlenstoff, POK, partikulärer organischer Kohlenstoff)

Die Eindringtiefe von Sonnenstrahlen in Wasserschichten hängt von den Wellenlängen ab. Rotes Licht mit einer Wellenlänge von $\lambda=650$ nm ist in einer Tiefe von 10 m zu 99 % absorbiert. Blaues Licht mit $\lambda=450$ nm dringt in klarem Wasser bis zu einer Tiefe von 150 m ein (s. Abb. 2.43a).

Bei dem Transport von wasserlöslichen und suspendierten Festlandmineralien wird durch den Wasserkreislauf ein Teil der Festlandgesteine in die Ozeangründe verlagert. Der größte Anteil dieser Umlagerungen entfällt auf die Calcium- und Magnesiumcarbonate. Das ist nicht überraschend. Denn nach Sauerstoff, Silizium, Aluminium und Eisen stehen sie an 5. bzw. 8. Stelle der am Aufbau der Erdrinde beteiligten Elemente. An 6. und 7. Stelle stehen Natrium und Kalium. Natrium, Kalium und Magnesium sind für den hohen Salzgehalt der Meere verantwortlich (Tab. 13.33 und 13.34).

Reaktionen zwischen dem Meerwasser und der Meeresgrundkruste der Ozeane sind für die Zusammensetzung der gelösten und suspendierten Stoffe im Meerwasser in ihrer Bedeutung vergleichbar mit den Verwitterungs- und Ablagerungsprozessen auf dem Festland. Die Freisetzung des Calciums aus der Ozeankruste beeinflusst maßgeblich den Silikat-Kohlensäure-Kreislauf. Er bestimmt über lange Zeitphasen die Bilanz des Kohlenstoffdioxids sowohl in den Ozeanen als auch in der Atmosphäre.

Trockenes Wasser [E. dried water]

Trockenes Wasser ist eine pulverförmige Substanz mit einem Wassergehalt von bis zu 95 %. Wasser wird in Gegenwart von hydrophober pyrogener Kieselsäure (AEROSIL®) in einem geeigneten Mischer in feine Wassertröpfchen zerteilt. Da hydrophobe Kieselsäure von Wasser nicht benetzt wird, umhüllen die Kieselsäurepartikel die Wassertröpfchen und hindern sie auf diese Weise am erneuten Zusammenfließen. So können Lösungen, die Vitamine, Pflanzenextrakte oder andere Wirkstoffe enthalten, in pulverförmige Produkte überführt werden. *Trockenes Wasser* ist eine hervorragende Grundlage für Kosmetik-, Körperpflegeprodukte und Arzneimittel.

Superabsorber [E. superabsorber]

ist eine vernetzte Polyacrylsäure $\left[-CH(CH_3)-CH(COOH)-\right]_n$ mit der Fähigkeit, bis zum 300-Fachen ihres Eigengewichts an Wasser aufzunehmen und dieses nicht wieder abzugeben, d. h., 1 g Superabsorber bindet bis zu 300 mL Wasser und gibt es auch unter Druckeinwirkung nicht wieder frei. Im Hygienesektor werden sie als Pampers genutzt.

Eine ähnlich chemisch aufgebaute Wasser speichernde Substanz ist ein dreidimensional vernetztes Copolymer aus Acrylsäure und Acrylamid.

Unter Zusatz von geringen Mengen Kalium- und Aminosalzen speichert es das 150-Fache seines Eigengewichtes an natürlichem Süßwasser und vermag dieses unter bestimmten Bedingungen auch wieder abzugeben. Es ist besonders geeignet, die Wasserspeicherkapazität des Ackerbodens und dessen Ernteerträge zu steigern. Unter dem Produktnamen *Stockosorb®* brachte die *Degussa GmbH* (seit 2006 *Evonik Industries*) dieses wasserspeichernde Copolymer auf den Markt.

3 Physikalische und chemische Eigenschaften des Wassers [E. physical and chemical properties of water]

Wasserstoff tritt in drei Isotopen auf, Hydrogenium ${}^{1}_{1}H$, Deuterium ${}^{2}_{1}\mathrm{H} = \mathrm{D}$ und Tritium ${}^{3}_{1}\mathrm{H} = \mathrm{Tr}$. Alle Formen bilden mit Sauerstoff entsprechende Oxide, H_2O, D_2O und Tr_2O bzw. TrHO. Natürliches Wasser besteht zu 99,985 % aus ${}^{1}_{1}H$ und 0,015 % aus D. Die Oxide des Tritiums liegen nur in Spuren vor.

Wasser, ein Oxid des Wasserstoffs, ist mit seiner freien Bildungsenthalpie $\Delta_B G = -237{,}2$ kJ/mol eine stabile und damit an innerer Energie relativ arme Verbindung. Für biochemische Reaktionen ist Wasser sowohl der Wasserstoff- als auch Sauerstoffabgeber (Donator). Neben dem Kohlenstoffdioxid ist Wasser als niedrigste Energiestufe die zweite Abbaukomponente kohlenwasserstoffhaltiger Stoffe.

© Springer-Verlag Berlin Heidelberg 2016

V. Hopp, *Wasser und Energie,* DOI 10.1007/978-3-662-48089-2_3

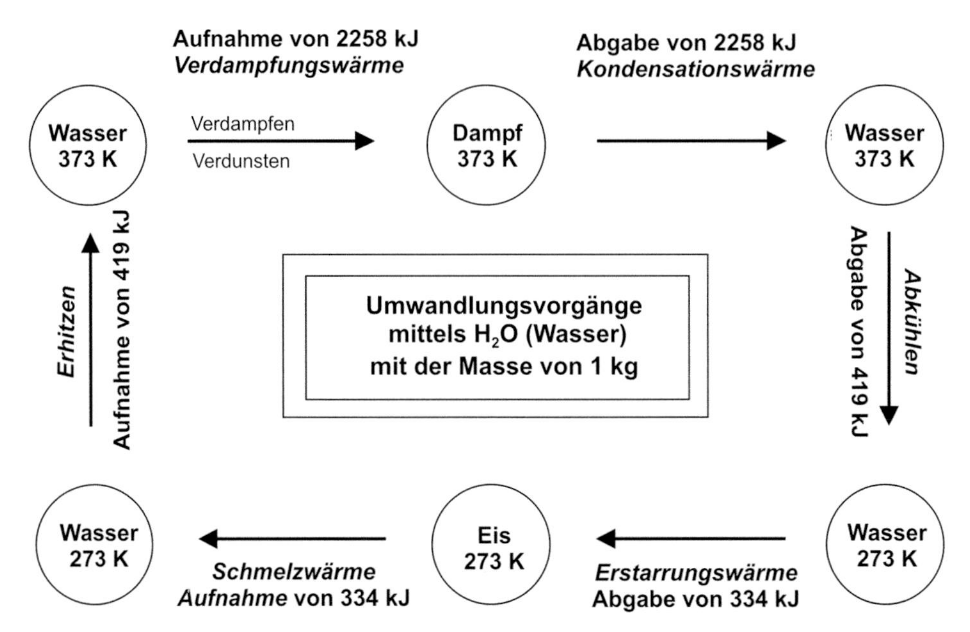

Abb. 3.21 Schematische Darstellung der Energieumsetzung am Beispiel Wasser [E. diagrammatic figure of energy conversion e.g. water (occuring losses of energies are not considered)]. (Dabei auftretende Energieverluste sind nicht berücksichtigt) (273 K = 0 °C; 1 kcal = 4,184 kJ)

Physikalische Daten bei Normdruck, 1,01325 bar (Abb. 3.21 und 3.22, Tab. 3.4) [216]

Molare Masse	18,02	
Erstarrungspunkt	0 °C	Unter Druck von 2000 bar bei −22 °C
Siedepunkt	100 °C	
Schmelzwärme	333,9 kJ/kg	Bei 0 °C
Normal-Bildungsenthalpie	$\Delta_B H^0_{298} = -285{,}83$ kJ/mol	
Freie Normal-Bildungsenthalpie	$\Delta_B G^0_{298} = -237{,}18$ kJ/mol	
Normal-Entropie für flüssigen Zustand	$S^0_{298} = 69{,}9$ J/mol · K	
Normal-Entropie für Dampfzustand	$S_{298} = 188{,}72$ J/mol · K	
Verdampfungswärme	2258,4 kJ/kg	Bei 100 °C
Spezifische Wärmekapazität bei 15 °C	4,1855 kJ/kg · K	
Bei 37,5 °C hat sie ein Minimum mit	4,1743 kJ/kg · K	
Wärmeleitfähigkeit bei 25 °C	0,610 W/m · K	
Elektrische Leitfähigkeit bei 25 °C	$6{,}35 \cdot 10 \cdot 10^{-8}\ \Omega^{-1}\ cm^{-1}$	
Größte Dichte (bei 4 °C)	1 kg/dm³	
Volumenausdehung am Gefrierpunkt bei Umwandlung von Wasser in Eis, auch Anomalie genannt	um 9 % Massenanteil, d. h., Eis ist leichter als flüssiges Wasser	
Brechungsindex Wasser/Luft n_D^{20} Daten des kritischen Punktes	1,333 bei 20 °C der D-Linie, 589 nm des Natriums $T_K = 547{,}2$ K; $P_K = 220{,}45$ bar; Dichte $\rho = 0{,}310$ g/cm³	
Infrarotspektrum des Wasserdampfes s. Abb. 4.43b		

Normal-Bildungsenthalpie von atomarem Wasserstoff $\Delta_B H^o_{298} = +217{,}97$ kJ/mol
Freie Normal-Bildungsenthapie von atomarem Wasserstoff $\Delta_B G_{298} = +203{,}25$ kJ/mol

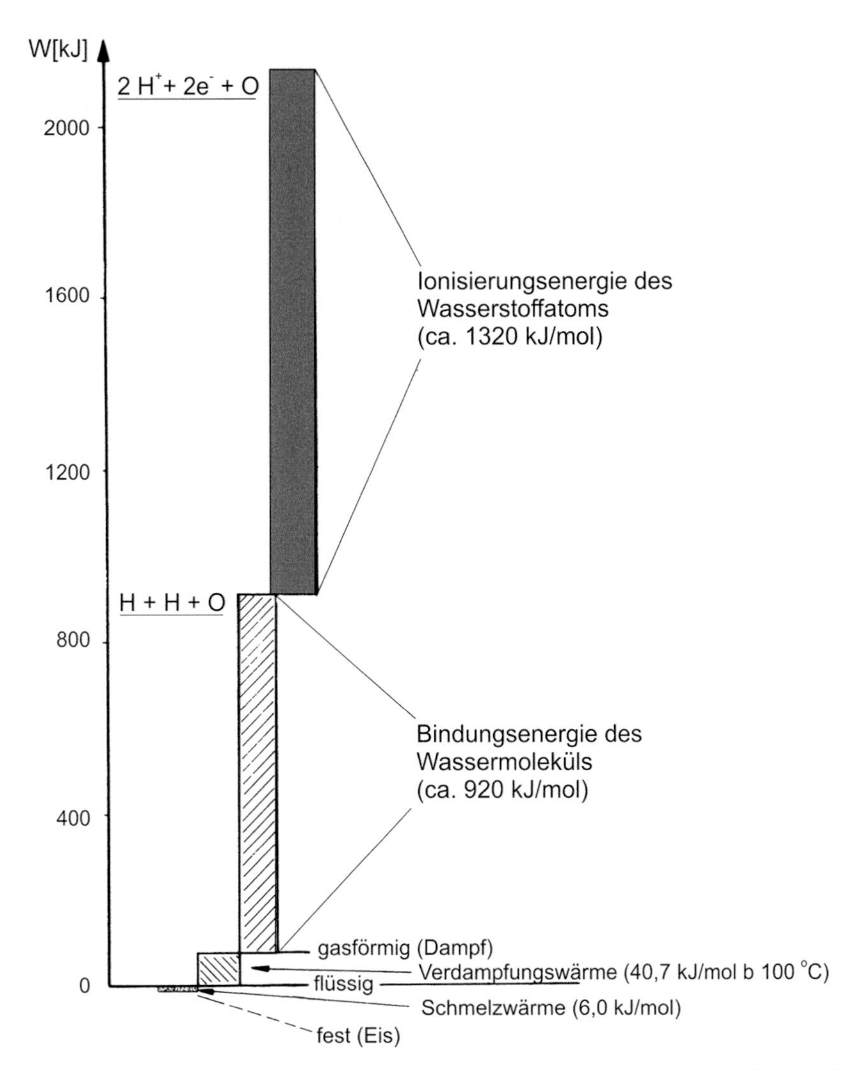

Abb. 3.22 Energieaufwand zur stufenweisen Spaltung von 1 mol Wasser in seine Elemente [E. the necessary required energy to split 1 mol water] [97]

Eine weitere Anomalie ist die Druckabhängigkeit des Erstarrungspunktes. Während bei anderen Flüssigkeiten bei Druckzunahme die Erstarrungspunkte (Schmelzpunkte) ansteigen, sinken sie beim Wasser. Reinstes Wasser lässt sich durch Unterkühlung noch bei −20 °C flüssig halten.

Aufgrund ihrer bipolaren Eigenschaften (s. Abb. 1) stehen Wassermoleküle mit sich selbst, aber auch mit anderen Molekülen in Wechselwirkung, wie z. B. Harnstoff (s. Kap. 3, Abschn. „Wasserstoffbrückenbindungen zwischen Wasserstoff und Harnstoff"), Proteinen (s. Kap. 3, Abschn. „Wasserstoffbrückenbindungen in Proteinen"), den DNS (s. Kap. 3, Abschn. „Wasserstoffbrückenbindungen in Nukleinsäuren") oder mit Zellulose (s. Kap. 3, Abschn. „Wasserstoffbrückenbindungen in Zellulose"). Interessant ist ihre

Tab. 3.4 Eigenschaften von Wasser unter verschiedenen Bedingungen [E. properties of water on different conditions] [87, 203]

	Normales Wasser	Unterkritisches Wasser	Überkritisches Wasser		Überhitzter Dampf
			250 bar	500 bar	
Temperatur T (°C)	25	250	400	400	400
Druck p [bar]	1	50	250	500	1
Dichte [$g \cdot cm^{-3}$]	1	0,80	0,17	0,58	0,0003
Dielektrizitätskonstante n	78,5	27,1	5,9	10,5	≈ 1
pK_W-Wert	14,0	11,2	19,4	11,9	–
Wärmekapazität $c_P \left[\frac{J}{K \cdot g}\right]$	4,22	4,86	13,0	6,8	21,1
Dynamische Viskosität η [$mPa \cdot s$]	0,89	0,11	0,03	0,07	0,02
Wärmeleitfähigkeit λ [$mW \cdot m^{-1} \cdot k^{-1}$]	608	620	160	438	65

Wechselbeziehung mit den hydrophilen niedermolekularen Zuckermolekülen. Die Zuckermoleküle setzen die Beweglichkeit der sie umgebenden Wassermoleküle bremsend herab.

Die Arbeitsgruppe um Prof. Dr. Martina Havenith am Lehrstuhl für Physikalische Chemie II der Ruhruniversität Bochum fand heraus, dass z. B. Lactose (ein Disaccharid aus Galaktose und Glucose) 123 Wassermoleküle des Umgebungswassers in ihrer Beweglichkeit verlangsamen. Es ist anzunehmen, dass dieser Effekt die Stoffwechselabläufe im Organismus beeinflusst. Bei einem an *Diabetes mellitus* erkrankten Menschen verlangsamen sich die Transportvorgänge wegen des erhöhten Glucosegehaltes im Blut, in der Lymphe und der Muskulatur. Die Zellen werden dadurch bei Bedarf mit den entsprechenden Nährstoffen wie Mineralien, Aminosäuren, Fetten, Vitaminen u. a. nicht ausreichend versorgt. Entsprechendes gilt auch für die Entsorgung der Stoffwechselabbauprodukte. Sie verläuft ebenfalls langsamer. Mit geeigneten abgestimmten Insulininjektionen sind diese Defekte zu beheben.

Wasser hat mit 80,31 bei 20 °C unter den Flüssigkeiten fast die höchste relative Dielektrizitätskonstante[1], sodass z. B. die Ionen des Steinsalzes, NaCl, trotz entgegengesetzter Ladungen im Wasser nebeneinander bestehen können. Dieser Wert gilt für ein statisches Feld.

Reinstes Wasser ist Bezugssubstanz für die Definition des pH-Wertes.

$$\text{Dissoziationsgrad}\,K_W = [H^+] \cdot [OH^-] = 10^{-14} \left(\frac{\text{mol}}{\text{L}}\right)^2 = \text{konstant.}$$

[1] Dielektrika sind Stoffe, die keine oder nur sehr geringe elektrische Leitfähigkeit haben. d. h., sie besitzen einen hohen elektrischen Widerstand, z. B. Isolatoren. Die Dielektrizitätskonstante ist für das Vakuum als „*1*" definiert. Sie ist temperaturabhängig und bei zeitlich veränderten Feldern auch von der Frequenz abhängig.

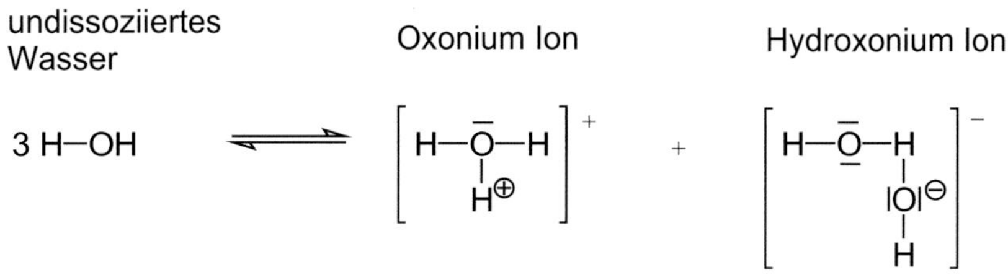

undissoziiertes Wasser		Oxonium Ion		Hydroxonium Ion
3 H–OH	$\rightleftharpoons$	$[H_2O{-}H]^+$ (H–Ō–H mit H⊕)	+	$[H{-}O{-}H{-}O{-}H]^-$ (H–Ō–H, IOI⊖, H)

Oberflächenspannung gegen feuchte Luft: $75{,}64 \cdot 10^{-3}$ N/m

Wie in der Reaktionsgleichung angedeutet, bewegen sich die Protonen, H^+, im Wasser nicht frei, sondern sie bilden mit undissoziierten Wassermolekülen Wasserstoffbrücken (s. Kap. 3, Abschn. „Wasser und Wasserstoffbrückenbindungen"). Es entstehen *Hydroniumionen*, die sich mit anderen Wassermolekülen zu größeren Komplexen vereinigen, z. B.

$$H_3O^+ + H{-}OH \longrightarrow (H_5O_2^+) \quad \text{Zundel-Kation}$$

$$H_3O^+ + 3\,H{-}OH \longrightarrow (H_9O_4^+) \quad \text{Eigen-Kation}$$

Wissenschaftlern im Arbeitskreis *Erik T. J. Nibbering* ist es gelungen, mit ultrakurzen Laserblitzen die Bewegung eines Protons innerhalb eines Hydroniumkomplexes in einem wässrigen Säuren-Basen-Gemisch zu verfolgen. Sie entdeckten, dass die Protonen sehr schnell durch einen Hydroniumkomplex durchgeleitet werden, und zwar nach dem *Menschenketten-Transportprinzip,* s. nachstehende Skizze:

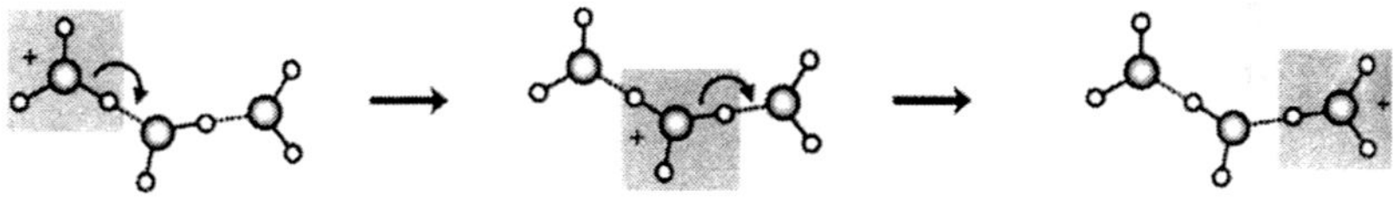

Einheitliche Massenstückgüter, z. B. Sandsäcke oder Mauersteine, werden in einer Menschenreihe von Hand zu Hand weitergereicht. Diese Methode ermöglicht eine sorgsame Weitergabe mit höherer Transportgeschwindigkeit, als wenn jedes einzelne Stückgut vom Lagerstapel zum Verwendungsort von den einzelnen Menschen getragen wird.

Theoretische Überlegungen zu dem Protonen-Transportmechanismus stellte vor 200 Jahren schon der deutsch-baltische Wissenschaftler *Theodor von Grothus* (1785–1822)[2] an, um das sprunghafte Weiterreichen von Protonen an benachbarte Wassermoleküle zu deuten. Dieser Transportmechanismus heißt deshalb auch Grothus-Mechanismus [145].

[2] von Grothus, Theodor (1785–1822), Privatgelehrter in Litauen, formulierte die erste Theorie über elektrolytische Dissoziation.

Hydrolyse und Elektrolyse [E. hydrolysis and electrolysis]

Aufgrund seines Dipolcharakters (vgl. Kap. 3, Abschn. „Wasserstoffbrückenbindungen“) vermag Wasser Stoffe mit ionischen Molekülstrukturen in ihre Ionen zu hydrolysieren, d. h. in kationische und anionische Bestandteile zu spalten. Die in den Flüssen, Seen und Ozeanen gelösten Salze liegen als Kationen, den positiv geladenen Teilchen, und Anionen, den negativ geladenen Teilchen, vor, z. B.

Steinsalz (Natriumchlorid)		Natrium-kation		Chlorid-anion
$NaCl$	$\xrightarrow{H-OH}$	Na^{+}	+	Cl^{-}

Bittersalz (Magnesiumsulfat)		Magnesium-kation		Sulfat-anion
$MgSO_4$	$\xrightarrow{H-OH}$	Mg^{++}	+	SO_4^{--}

Calciumhydro-gencarbonat		Calcium-kation		Hydrogencar-bonatanion
$Ca(HCO_3)_2$	$\xrightarrow{H-OH}$	Ca^{++}	+	$2\ HCO_3^{-}$

Wasser ist somit auch ein Speicher- und Transportmedium für elektrisch geladene Teilchen.

Dieser als *Hydrolyse* bezeichnete Vorgang ist eine Voraussetzung für die Elektrolyse. Die Elektrolyse ist eine chemische Umwandlung von Stoffen durch Einwirkung von elektrischem Gleichstrom mithilfe von Elektroden, den Kathoden (negativer Pol) und den Anoden (positiver Pol). Der Stoff- und Energieumsatz sind unmittelbar miteinander gekoppelt. Elektrische Energie wird in chemische Energie umgewandelt und als solche in den elektrischen Reaktionsprodukten gespeichert oder als Reaktionswärme freigesetzt.

Bei den Bleiakkumulatoren, die von jedem Kraftfahrzeug mitgeführt werden, verläuft der Prozess in umgekehrter Richtung. Chemische Energie, *als geladener Akku,* wird in elektrischen Gleichstrom umgesetzt, um die Stromversorgung des Autos sicherzustellen.

Aufgeladen wird der Akkumulator immer wieder durch einen vom laufenden Motor angetriebenen Drehstromgenerator.

An allen diesen elektrolytischen Vorgängen ist Wasser als *Medium* vonnöten.

Wasser ist die Voraussetzung für alle großtechnischen Elektrolyseprozesse (s. auch Kap. 6, Abschn. „Ähnlichkeiten zwischen der Fotosynthese und den Synthesegasreaktionen“) sowie für die Stofftransporte in der Natur und ihre biologischen Systeme (vgl. Kap. 7 „Wasser als Wärmespeicher und Energieumwandler“).

Kritische Daten des Wassers (s. Tab. 3.4 und Kap. 3, Abschn. „Hydrolyse und Elektrolyse“):

kritische Temperatur $T_K = 547{,}2$ K; kritischer Druck $P_K = 220{,}45$ bar;
kritische Dichte $\rho_K = 0{,}310$ g/cm^3; kritisches Volumen $V_K = 0{,}057$ L.

Bei einem kritischen Zustand sind die kritische Dichte der Flüssigkeit und die des Dampfes gleich groß, d. h., die beiden Phasen können nicht mehr unterschieden werden. Oberhalb der kritischen Temperatur kann ein Gas auch unter Aufwendung starker Drücke nicht mehr verflüssigt werden (Abb. 3.25 und 3.26).

Wasser im kritischen Zustand [E. super critical water, SCW]

Im kritischen Zustand, d. h. ab einer Temperatur von $374\,^\circ\mathrm{C} \mathrel{\hat{=}} 647{,}15\,\mathrm{K}$ und einem Druck von 22,1 MPa (Megapascal) verliert Wasser allmählich seine typischen flüssigen und gasförmigen Eigenschaften. Die Phasengrenze zwischen Flüssigkeit und Gas bzw. Dampf hebt sich auf. Nachstehende Tab. 3.4 zeigt die Veränderungen einiger physikalischer Eigenschaften im kritischen Zustand im Vergleich zum normalen Wasser, unterkritischem Wasser und überhitztem Dampf (s. Kap. 3, Abschn. „Hydrolyse und Elektrolyse“).

Die physikalischen Daten in den Abb. 3.21 und 3.22 und in der Tab. 3.4 sind unter den Bedingungen des Normaldrucks bezogen auf $\hat{=}\,1{,}01325\,\mathrm{bar}$.

In der Natur verlaufen alle chemischen Vorgänge im wässrigen Medium. Wasser dient als Transportmittel für Stoffe und Wärmeenergie, als Lösemittel und als Reaktionskomponente [216].

Das Gleiche gilt für Prozesse in der chemischen Technik. Wasser ist eines der billigsten und umweltfreundlichsten Lösemittel neben anderen organischen Flüssigkeiten. Doch es löst keine Kohlenwasserstoffe. Dieses ändert sich, wenn Wasser in einen überkritischen (supercritical) Zustand übergeht. Überkritisches Wasser vermischt sich sehr leicht mit Benzin. Diese Eigenschaften eröffnen noch manche neue und interessante technische Verfahren. Überkritisches Wasser ist sehr reaktiv. Insbesondere unter Zusatz von Sauerstoff werden organische Stoffe total oxidiert, die üblicherweise reaktionsträge sind, wie z. B. Furane und Dioxine, die zu unbedenklichen Stoffen abgebaut werden. Dieser Effekt wird bei der Abwasserreinigung zur Entgiftung ausgenutzt. Biologisch schwer abbaubare Substanzen können auf diesem Wege zu Stoffen umgewandelt werden, die die Umwelt nicht belasten, wie z. B. Stickstoff, N_2, Salze u. a.

Thermodynamische und kinetische Untersuchungen von chemischen Reaktionen im überkritischen Wasser weisen auf ein hohes Synthesepotenzial hin, z. B. bei Hydrolysen, Hydratisierungen, Dehydratisierungen und Oxidationen. Die Verseifung von Ölen und Fetten gelingt im überkritischen wässrigen Medium reibungslos. Unter normalen Bedingungen verseifen sie nur in Gegenwart von starken Säuren oder Basen.

Auch die Oxidation von Benzin zu Oxigenaten verläuft in überkritischem Wasser elegant. Im überkritischen Zustand wirkt Wasser auch dehydratisierend. Glycerin wird im SCW in Acrolein übergeführt.

$$\text{Glycerin} \xrightarrow{\text{SCW}} \text{Acrolein}$$

$$\underset{\text{OH}}{H_2C}-\underset{\text{OH}}{CH}-\underset{\text{OH}}{CH_2} \xrightarrow[\text{-2H-OH}]{} H_2C{=}CH-\underset{\text{O}}{\overset{\|}{C}}-H$$

Auf diese Weise lassen sich nachwachsende Rohstoffe, wie z. B. Kohlenhydrate, dehydratisieren, aus denen dann wertvolle organische Zwischenprodukte erhalten werden können, z. B. führt von der Fructose im überkritischen Wasser ein Weg direkt zu den Heterocyclen:

$$\text{ß-D-Fructofuranose (Fructose)} \xrightarrow[\text{– 3 HOH}]{\text{SCW}} \text{Hydroxymethylfurfural, HMF}$$

Das Hydroxymethylfurfural kann an seinen funktionellen Gruppen zu weiteren Zwischenprodukten abgewandelt werden.

Nachteilig des überkritischen Wassers ist seine korrosive Eigenschaft. Es greift die Werkstoffe leichter an, aus denen die Reaktoren und Hochdruckbehälter gebaut sind, besonders wenn Säuren, Sauerstoff, Halogen- und Schwefelverbindungen anwesend sind. Es müssen Titan- und Nickelbasislegierungen für den Geräte- und Apparatebau verwendet werden. Gut bewährt haben sich Iridiumauskleidungen von Reaktorinnenwänden.

Weiterführende Literatur:

Krammer P, Mittelstädt S, Vogel H (1998) Untersuchungen zum Synthesepotential in überkritischem Wasser. Chem Ing Techn 70(12)

Bröll D, Kaul Cl, Krämer A, Krammer P, Richter Th, Jung M, Vogel H, Zehner P (1999) Chemie in überkritischem Wasser. Angew Chem 111:3180–3191

Krämer A, Mittelstädt S, Vogel H (1999) Hydrolyse von Nitriten in überkritischem Wasser. Chem Ing Techn 71(3)

Krammer P, Mittelstädt S, Vogel H (1999) Investigating the synthesis potential in supercritical water. Chem Ing Technol 22(2)

Bröll D, Krämer A,Vogel H, Lappas I, Fueß H (2000) Heterogenkatalysierte Partialoxidationen in überkritischem Wasser. Chem Ing Techn 72(4)

Krammer P, Vogel H (2000) Hydrolysis of esters in subcritical and supercritical water. J Supercrit Fluids 16:189–206

Jähnke S, Hirth Th, Vogel H (2001) Hydrolyse von Brombenzol in überkritischem Wasser. Chem Ing Techn 73(3)

Bröll D, Krämer A, Vogel H (2002) Partialoxidation von Propen in unter- und überkritischem Wasser. Chem Ing Techn 74(1/2)

Kruse A, Vogel H (2008) Heterogene Katalyse in überkritischen Medien: 2. Nah- und überkritisches Wasser. Chem Ing Techn 80(5)

Eine analytische Methode zur Wasserbestimmung in Stoffen – Karl-Fischer-Reagenz [E. an analytical method for water determination in substances – Karl Fischer reagent]

1935 entwickelte der deutsche Chemiker Karl Fischer (1901–1958) eine Reagenz-Lösung zur quantivativen Wasserbestimmung in verschiedenen Stoffen. Es ist eine oxidemetrische Titration.

Die Komponenten der Reagenzlösung sind Jod, J_2, als Oxidationsmittel, Schwefeldioxid, SO_2, als Reduktionsmittel, Diethanolamin und wasserfreies Methanol als Lösemittel. Mit dieser Methode können Feuchtigkeit und Wasser in organischen und anorganischen Substanzen, wie z. B. Nahrungsmittel, Holz, Mineralien u. a. bis zu einem Wassergehalt von wenigen ppm ermittelt werden.

Das Unternehmen Mettler Toledo, Schweiz, hat hochmoderne, automatisch und empfindlich reagierende Messgeräte auf der Basis von *Karl-Fischer-Reagenz* entwickelt. Die chemischen Reagenzien werden von der Merck KGaA, Darmstadt, Deutschland, hergestellt, dem ältesten pharmazeutisch-chemischen Unternehmen der Welt, gegründet 1827.

Dichteunterschiede von Gewässern [E. density differences in water]

Die meisten Stoffe nehmen in fester Form an ihrem Gefrierpunkt ein kleineres Volumen ein als in flüssiger Form. Beim Wasser ist das umgekehrt, man spricht daher von der *Anomalie des Wassers.* Wasser hat beim Normdruck und bei +4 °C seine größte Dichte. Deshalb schwimmt Eis auf der Wasseroberfläche. Würde seine Dichte höher sein als die des flüssigen Wassers bei 4 °C, würde es nach unten sinken und alle Vegetation in tieferen Schichten der Seen ersticken. Diese Anomalie ist die Ursache dafür, dass in den tiefen Schichten der Ozeane die Wassertemperatur nicht unter 4 °C sinkt.

Die Dichteunterschiede des Meerwassers beruhen auf ihrem schwankenden Salzgehalt und den jeweils herrschenden Wassertemperaturen. Wasser mit einer hohen Salzkonzentration hat eine größere Dichte als Süß- oder Brackwasser (vgl. Kap. 2, Abschn. „Süßwasser" und „Brackwasser"), wärmeres Wasser hat oberhalb 4 °C eine geringere Dichte als kaltes Wasser (s. Anomalie, Kap. 3, Abschn. „Dichteunterschiede von Gewässern").

Die größten durch den Salzgehalt bedingten Dichteunterschiede gibt es in polaren Gewässern. Insbesondere in kalten Jahreszeiten kühlt sich das Meerwasser stark ab, und ein Teil gefriert zu Eis. Das im Meerwasser gelöste Salz wird dabei nicht in die Eiskristalle eingebunden. Es bleibt gelöst, und dadurch erhöht sich der Salzgehalt des ungefrorenen Wassers unter der Eisdecke leicht. Schon 0,1 % mehr Salz führt zu einer Dichtesteigerung, wie sie sonst nur bei einer Abkühlung von 5 °C erreicht wird. Dieses kalte salzreichere Wasser ist deshalb wesentlich schwerer als die typischen Wassermassen der Polarmeere. Sie sinken in die Tiefe und verteilen sich von dort in alle Weltmeere. Ein Zusammenhang zwischen den Schwankungen des Salzgehaltes im Meerwasser und den damit einhergehenden Dichteunterschieden mit den Großwetterlagen scheint sich zu bestätigen, wie z. B. das Azorenhoch, Islandtief oder die El Niño Großwetterlage [9, 89].

Wasser zählt zu den Hauptbestandteilen der uns umgebenden belebten und unbelebten Natur und bedeckt vier Fünftel der Erdoberfläche als Ozeane, Binnenseen und Flüsse (Abb. 2.8a).

Die Eigenschaften des Wassers (Abb. 1) als

- Lösemittel
- Transportmittel
- Reaktionskomponente
- Wasserstoff- und Sauerstoffquelle
- Dipolmolekül
- Wärmespeicher und
- das anomale Verhalten

erklären, warum Wasser das Lebensmedium schlechthin ist.

Schweres Wasser – Deuteriumoxid[3] [E. heavy water – deuterium oxide]

Im schweren Wasser ist im Molekül H–OH anstelle des Wasserstoffes das Deuterium, *D*, getreten. Das Atom Deuterium enthält im Kern neben dem Proton ein zusätzliches *Neutron*, es ist also doppelt so schwer wie das Wasserstoffatom, es gilt ${}_{1}^{2}H$ entspricht *D*.

Schweres Wasser hat die chemische Formel $D-OD=D_2O$ und wird *Deuteriumoxid* genannt. Seine molare Masse beträgt 20,03.

Es ist eine farblose und geruchlose wasserähnliche Flüssigkeit. Es schmilzt bei 3,82 °C unter Normdruck und siedet bei 101,42 °C. Die Dichte bei 20 °C beträgt 1,1073 kg/dm^3. Seine höchste Dichte liegt bei 11,2 °C und nicht bei 4 °C.

Bei 25 °C lösen sich in 100 mL Wasser 35,9 g Steinsalz, NaCl, im schweren Wasser nur 30,5 g. Mit 50 % D_2O angereichertes Wasser wirkt auf viele Lebewesen stark wachstumshemmend. Natürliches Quell- und Leitungswasser enthält ca. 0,015 % Molanteile D_2O. Diese geringen Mengen sind völlig unschädlich.

Schweres Wasser, D_2O, wird gewonnen durch elektrolytische Zersetzung von destilliertem Wasser, welches in Wasserstoff und Sauerstoff zerlegt wird. Das D_2O wird schwerer angegriffen und konzentriert sich in den Elektrolysezellen.

Als Kühl- und Neutronenbremsmittel wird es in schwerwassermoderierten Kernreaktoren eingesetzt.

[3] deuteros (gr.) – der Zweite.

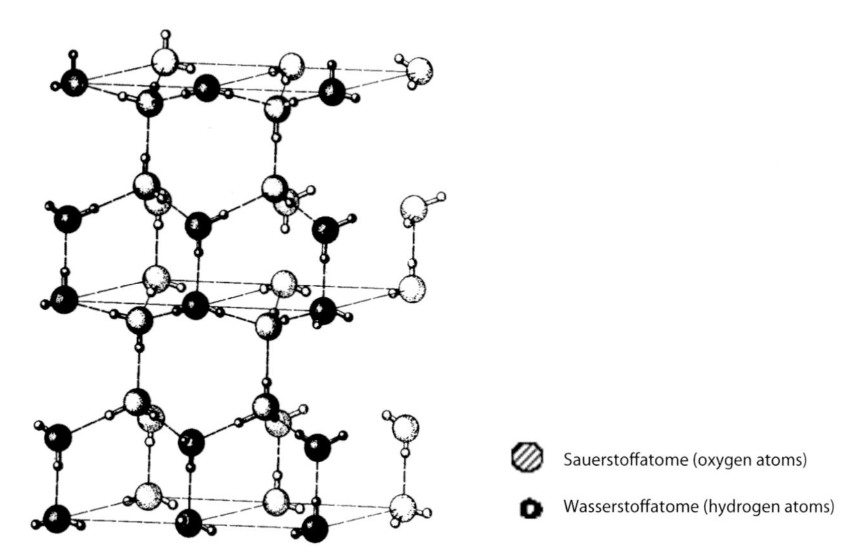

Abb. 3.23 Kristallstruktur des Eises als Raumnetz tetraedrisch verknüpfter Sauerstoffatome [E. structure of ice crystal as tetrahedral linked oxygen atoms in spatial lattice]

Eis [E. ice]

Bei einer Temperatur von $273{,}15K \triangleq 0^{\circ}C$ und einem Druck von $1atm \triangleq 1{,}01325bar$ verwandelt sich flüssiges Wasser in seine feste Phase *Eis*. Die Dichte des Eises ist ca. $0{,}92$ g · cm^{-3}, also geringer als die des Wassers. Die Dichtewerte des Eises hängen von der Kristallisationsart ab und sind im engeren Toleranzbereich unterschiedlich. Jedes Wassermolekül verknüpft sich mit fünf anderen zu einem Sechseck. So ist die hexagonale Struktur der Eiskristalle vorgegeben. Eis kristallisiert in sieben verschiedenen Modifikationen[4], von denen die hexagonale[5] Form die häufigste ist. Sie leitet sich aus dem Gittertyp des Tridymits, eines Quarzkristalls, SiO_2, her. Das sind sechsseitige Täfelchen, in denen die Wassermoleküle weitmaschig und von zahlreichen Hohlräumen unterbrochen angeordnet sind (Abb. 3.23 und 3.24). Die Hohlräume sind die Ursache, dass Eis leichter ist als Wasser mit seiner höheren Packungsdichte der Moleküle.

Vier Wasserstoffatome sind jeweils um ein Sauerstoffatom tetraedrisch[6] gruppiert. Je zwei dieser Wasserstoffatome sind an ein Sauerstoffatom über eine Wasserstoffbrückenbindung gebunden. Dadurch bildet sich ein großes hochpolymeres Molekül.

Eis, aber auch Wasser, zählt zu den wichtigsten vernetzten Molkülverbänden in der Natur $(H-OH)_n$ (Abb. 3.23 und 3.24).

---

[4] modificare (lat.) – gehörig abmessen, abändern.

[5] hex (gr.) – sechs; gonia (gr.) – Winkel.

[6] tettares (gr.) – vier, hedra (gr.) – Fläche.

Abb. 3.24 Verschiedene Formen von Eis- und Schneekristallen [E. different modifications of ice- and snow-crystals] [8]

Der Tripelpunkt[7] charakterisiert einen besonderen Zustand eines Einstoffsystems, in dem drei Phasen (z. B. Dampf, Flüssigkeit und Festkörper) miteinander im nonvarianten[8] Gleichgewicht stehen (Abb. 3.25).

Im Tripelpunkt des Wassers ($T_{tr} = 273{,}16\,K \mathrel{\hat{=}} 0{,}01\,^{\circ}C$) ist der Dampfdruck über allen drei Phasen mit 611 Pa gleich groß. Weiteres zu kritischen Daten s. Kap. 3, Abschn. „Physikalische Daten bei Normdruck".

[7] triplex (lat.) – dreifach, Zusammenfassung dreier Ringe.

[8] varia (lat.) – verschieden; nonvariant – nicht verschieden.

Abb. 3.25 Zustandsdiagramm des Wassers [E. phase diagram of water]

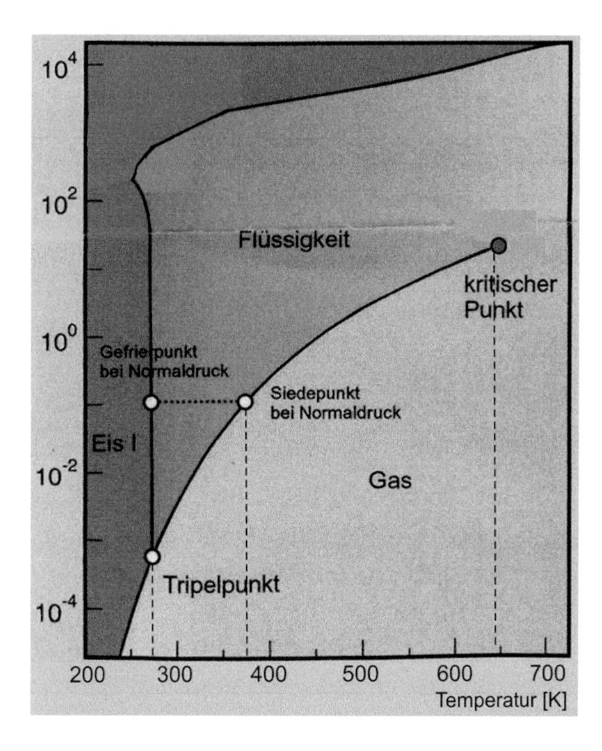

Frostspaltung [E. Segregation through freezing]

Frostspaltung ist ein Vorgang, bei dem gefrierendes Wasser Gesteine auseinanderbricht. Gefriert das Wasser unter atmosphärischen Bedingungen, ordnen sich seine Moleküle zu einem festen hexagonalen Kristallgitter. Sein spezifisches Volumen erhöht sich um 9 % (s. ebenfalls Kap. 3, Abschn. „Hydrolyse und Elektrolyse").

Gefriert in einem Gestein eingeschlossenes Wasser, so entstehen durch seine Volumenzunahme sehr hohe Drücke.

Wasser, das sich in Bodennähe der Erdoberfläche oder direkt über dem Boden befindet, gefriert bei 0 °C und kann sich ungehindert ausdehnen, da es nicht eingeschlossen ist. Geröll, Grasboden, Ackerboden werden dabei leicht angehoben, aber es werden keine großen Drücke erzeugt.

Beginnt Wasser in einer Gesteinsspalte zu gefrieren, gestalten sich die Vorgänge komplizierter. Zuerst gefriert die Oberflächenschicht, dabei wird das darunter befindliche Wasser eingeschlossen und unter Druck gesetzt. Je mehr Eis sich bildet, umso größer wird der Druck in der noch nicht gefrorenen Wasserschicht. Die Temperatur muss weiter abfallen, damit der Gefriervorgang sich fortsetzen kann (Abb. 3.26). Der Druck nimmt bis zur Temperatur von −22 °C bis zu einem Maximalwert von 2000 bar ständig zu. Bei Temperaturen unterhalb von −22 °C bleibt der Druck konstant, es bildet sich eine andere Eiskristallstruktur mit höherer Dichte.

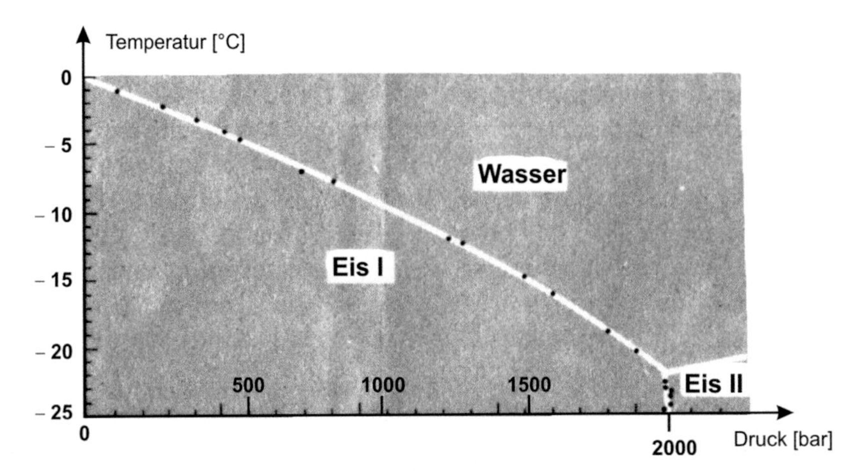

Abb. 3.26 Druckzunahme von eingeschlossenem reinen Wasser in Abhängigkeit sinkender Temperaturen [E. increase of pressure on enclosed pure water dependence on decreasing temperatures] [57]

In humiden[9] Klimazonen ist die *Frostspaltung* am wirksamsten, wenn die Temperatur nachts unter den Gefrierpunkt absinkt und tagsüber darüber ansteigt. Während des Tages kann das Schmelzwasser wieder in die Gesteins- und Felsspalten eindringen, welches nachts von Neuem gefriert.

Schneekristalle [E. snow crystals]

Schneekristalle sind keine gefrorenen Wassertropfen. Sie entstehen unmittelbar aus der Luftfeuchtigkeit. Dazu müssen drei Voraussetzungen erfüllt sein:

Die *Lufttemperatur* muss im Bereich der Minusgrade liegen.

Die Luft muss bei der jeweils herrschenden Temperatur mit *Wasserdampf* übersättigt sein.

Es müssen *Kristallisationskeime* wie z. B. Staubkörner vorliegen, um Wassermoleküle um sich herum anzureichern (Abb. 3.27).

Um ein Staubteilchen bildet sich ein Schneekristall als winziges *sechseckiges Prisma* (ein Dendrit)[10]. Wassermoleküle bilden im festen Zustand ein *hexagonales Kristallgitter*. Es ist das Grundmuster der unüberschaubaren Formenvielfalt der Schneekristalle, wie z. B. *hexagonale Plättchen, Prismen, Nadeln* und die vielfältigen Kombinationen davon. Die endgültige Form eines Schneekristalls hängt von der Umgebung ab, in der ein Kristall sein *Entwicklungsstadium* durchlaufen hat (Abb. 3.28), z. B. von welcher *Windstärke,* welcher *Temperatur* und *Luftfeuchtigkeit* ein Kristallkeim durch die *Atmosphäre* gewirbelt

[9] humidus (lat.) – feucht.

[10] dendron (grch.) – Baum. Dendrite sind verästelte Gesteins- und Kristallflächen.

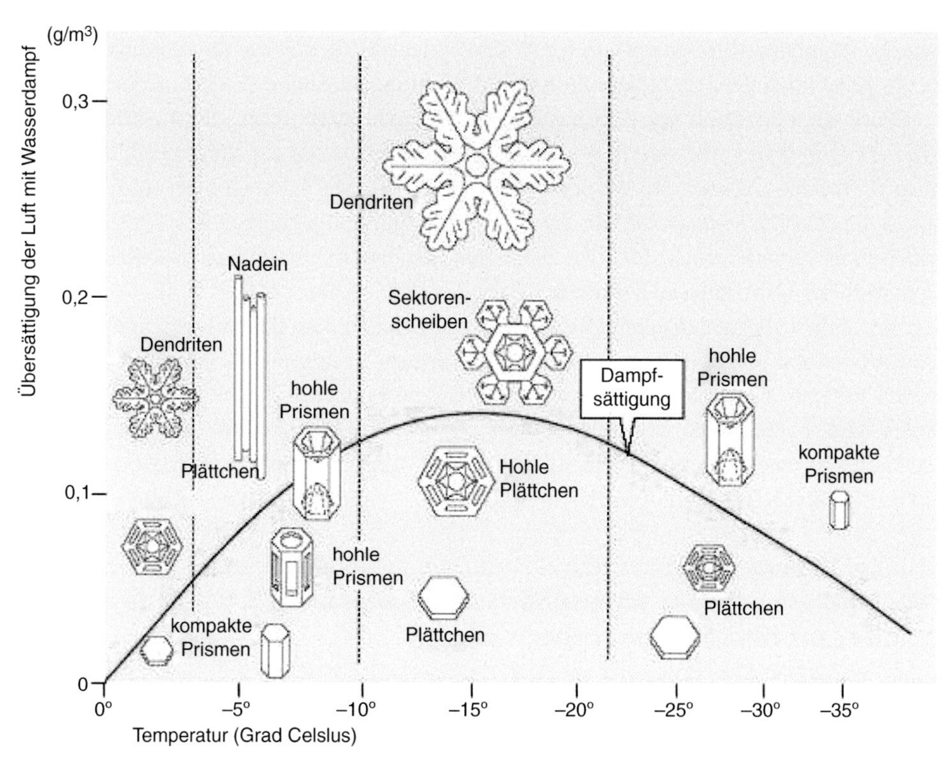

Abb. 3.27 Kristallformen der Schneeflocken in Abhängigkeit von Temperatur und Dampfsättigung der Luft [E. forms of snow crystals in dependence of temperature and the degree of saturation of the vapour in the air] [122, 161]

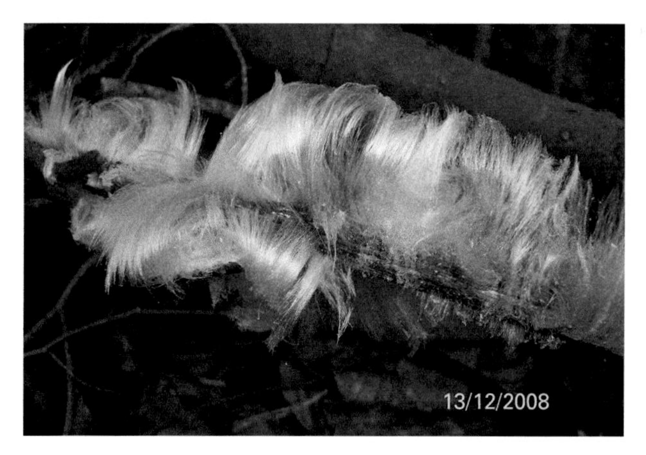

Abb. 3.28 Haar-Eis-Kristalle an den Zweigen von Bäumen im Winter 2008 nach dem Regen und darauffolgenden Frost [20] [E. hair-ice crystal on the branches of trees in winter 2008 after rain and following frost] [161]

wurde. Temperaturdifferenzen von 0,5 °C und Unterschiede der Wasserdampfdichten von 0,5 % geben dem Schneekristall schon jeweils eine abgewandelte Wachstumsform.

Diese Kristallvielfalt mit dem hexagonalen Grundmuster ist auf die Ausbildung von *Wasserstoffbrücken* und deren Wechselwirkungen untereinander zurückzuführen (vgl. Kap. 3, Abschn. „Wasser und Wasserstoffbrückenbindungen"). Es wird vermutet, dass vor allem die *Oberflächenmoleküle* für die starke Temperaturabhängigkeit des Schneekristallwachstums verantwortlich sind. Die interessantesten und mannigfaltigsten Kristallformen entstehen bei Temperaturen zwischen −10 und −25 °C (Abb. 3.24).

Von allen bisher untersuchten Schneekristallen gleicht kein Kristall dem anderen. Die Anzahl der makroskopisch unterscheidbaren Formen, in denen sich Wassermoleküle zu einem mittelgroßen Schneekristall zusammenlagern können, schätzte *Halley* auf eine 1 mit 5 Mio. Nullen, das entspricht $10^{(5 \cdot 10^6)}$ Variationsmöglichkeiten. So viele Kristalle müssten erst entstehen, bevor sich die Form eines ganz bestimmten Schneekristalls mit einiger Wahrscheinlichkeit wiederholt [122].

Wasser als Quelle des atmosphärischen Sauerstoff [E. water as primary product for atmospheric oxgen]

Die Uratmosphäre der abkühlenden und damit erstarrenden Erdkruste vor ca. 4 Mrd. Jahren bestand im wesentlichen aus Methan, CH_4; Kohlenstoffdioxid, CO_2; Stickstoff, N_2; Ammoniak, NH_3; Wasserdampf, H_2O; Schwefeldioxid, SO_2, und Wasserstoff, H_2. Diese Gase wurden neben den mineralischen Lavamassen durch Vulkane in die Uratmosphäre ausgespien. Die Vulkane sind in diesem Sinne als Poren der Erdoberfläche aufzufassen. Mit fortschreitender Abkühlung der Erdkruste unter 100°C kondensierten die riesigen Wasserdampfmengen zu flüssigem Wasser. Es bildeten sich die Urozeane. Die energiereichen kurzwelligen kosmischen UV-Strahlen ($\lambda = 2,50\,\text{nm}$) (s. Abb. 4.43a) hatten nun die Möglichkeit, die Uratmosphäre zu durchdringen und dabei die Wassermoleküle in ihre Elemente Sauerstoff und Wasserstoff zu spalten.

Energie d. UV-Strahlung		Wasser		Sauerstoff		Wasserstoff
571 kJ	+	2 H–OH	⟶	O_2	+	2 H_2
		2 x 18 g		32 g		4 g

Der freigesetzte Wasserstoff stieg als das leichteste aller Elemente in die Atmosphäre und weiter in das Weltall.

Der Sauerstoff verblieb als relativ schweres Element in der erdnahen Atmosphäre und reicherte sich dort an. Ab einer bestimmten Sauerstoffkonzentration kam dieser Prozess der Fotodissoziation zum Erliegen, da der Sauerstoff zugleich als abschirmendes Filter gegenüber der UV-Strahlung wirkt (s. S. 92). Doch dieser freigesetzte elementare Sauerstoff oxidierte seine Umwelt, z. B. wurden die Eisen-II-oxide in Eisen-III-oxide umgewandelt und auch viele andere metallischen Elemente wurden oxidiert.

Eisen-II-hydroxid	Wasser		Eisen-III-hydroxid	Eisen-III-oxid	Wasser
$8\,Fe(OH)_2$	$+\ 4\,H{-}OH + 2\,O_2$	$\longrightarrow$	$4\,Fe(OH)_3$	$+\ 2\,Fe_2O_3$	$+\ 6\,H_2O$

Durch die Umweltoxidation verringerte sich der Sauerstoffgehalt der Atmosphäre wieder, so dass die Fotodissoziation des Wassers wieder einsetzte.

Durch diese Rückkopplungseffekte, auch Urey-Effekte genannt, konzentrierte sich der atmosphärische Sauerstoffgehalt über die verschiedenen geologischen Zeitphasen [Harald Clayton Urey (1893–1981), Professor der Chemie in USA, Nobelpreisträger].

Der durch die geologisch später einsetzende Fotosynthese freigesetzte Sauerstoff spielt als Bestandteil des atmosphärischen Sauerstoffanteils nur eine geringe Rolle. Denn er dient wieder als Oxidationsmittel aller fotosynthetisierten organischen Substanzen, die mit Hilfe von Sauerstoff über die verschiedenen Nahrungsketten (Mikroorganismen, Pflanzen, Tiere, Mensch) wieder zu Kohlenstoffdioxid abgebaut werden, z. B.

Energie	Wasser	Kohlenstoff-dioxid		Glucose	Wasser	Kohlenstoff-dioxid
2879 kJ	$+\ 12\,H{-}OH$	$+\ 6\,CO_2$	$\underset{\text{aerober Abbau}}{\overset{\text{Fotosynthese}}{\rightleftharpoons}}$	$C_6H_6(OH)_6$	$+\ 6\,H{-}OH$	$+\ 6\,O_2$

Lit.: Ditfurth von, H. (1981), Im Anfang war der Wasserstoff, Deutscher Taschenbuch Verlag GmbH u. Co KG, München.

Wasser und Wasserstoffbrückenbindungen – ein Beispiel für Wechselwirkungen zwischen Stoffen und Energien [E. water and hydrogen bonds – an example for interactions between matters and energies]

Eine Reihe von Eigenschaften des Wassers weicht von denen der übrigen Nichtmetallwasserstoffverbindungen ab, z. B. sind Methan, CH_4, Schwefelwasserstoff, H_2S, Ammoniak, NH_3, Phosphin, PH_3, sowie die Halogenwasserstoffe, HF, HCl, HBr, HJ, bei Normbedingungen Gase. Nur Wasser ist flüssig. Während sich alle Flüssigkeiten während des Gefrierens zusammenziehen und sich dadurch ihre Dichte erhöht, dehnt sich Wasser beim Erstarren aus (s. weiter oben). Aufgrund der geringen Wärmeleitfähigkeit des Eises gefrieren die Gewässer von der Oberfläche her und selten vollständig bis zum Grund. Daraus leiten sich die Überlebenschancen für Wasserorganismen in gefrorenem Oberflächengewässer ab.

Die außergewöhnlichen Eigenschaften des flüssigen Wassers sind auf die räumliche Struktur seines Moleküls zurückzuführen. Sie besteht aus einem leicht verzerrten Tetraeder mit dem Sauerstoffatom im Mittelpunkt, zwei Wasserstoffkernen an zwei Ecken (1) und (2) sowie Wolken negativer Ladungen an den beiden anderen Ecken (3) und (4) (Abb. 3.29). Die ungleichen Ladungsverteilungen befähigen die Wassermoleküle, ein System von vernetzten Molekülen auszubilden.

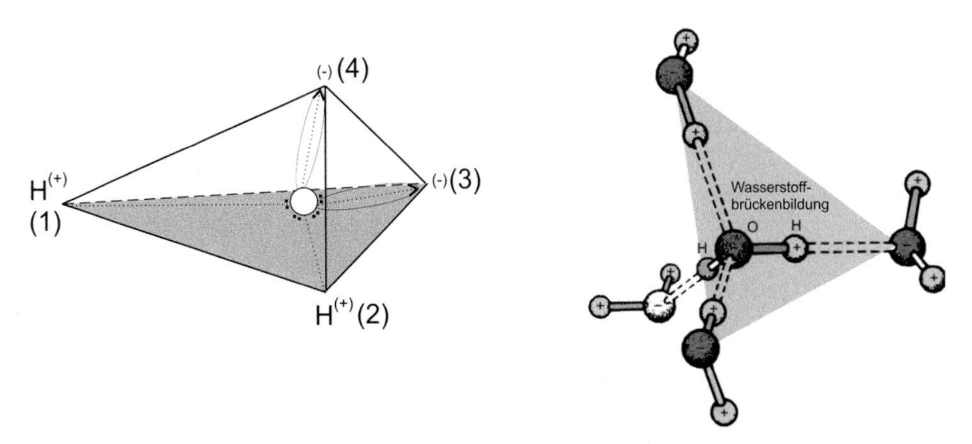

Abb. 3.29 Das Wassermolekül als Dipolmolekül, ein verzerrtes Tetraeder mit einem angeregten Sauerstoffatom in der Mitte [E. water molecule as a dipole molecule, it is a distorted tetrahedron with an excited oxygen atom in the centre]

Die ungleichen Ladungsverteilungen haben ihre Ursache in dem stärkeren Bestreben des Sauerstoffs gegenüber dem Wasserstoff, die Elektronen an sich heranzuziehen. Sauerstoffatome sind Elektronenaufnehmer, also Acceptoren. Das hängt natürlich mit seiner höheren Protonenanhäufung im Kern – *acht an der Zahl* – zusammen. Sie verleihen dem Sauerstoffkern ein stärkeres positives Ladungspotenzial gegenüber dem Wasserstoffkern mit nur einem Proton. Den positiven Sauerstoffkern umgeben acht negativ geladene Elektronen, zwei befinden sich auf dem K-Orbital[11], das damit abgesättigt ist. Die übrigen sechs bewegen sich auf dem L-Orbital, und zwar vier als zwei Elektronenpaare und zwei als Einzelelektronen. Das äußere L-Orbital hat aber noch Platz für zwei weitere Einzelelektronen, denn es ist erst mit vier Elektronenpaaren gesättigt.

Da ein Wasserstoffatom nur über ein Elektron verfügt, vermag ein Sauerstoffatom sich zwei Einzelelektronen von zwei Wasserstoffatomen einzuverleiben und sich zum Wassermolekül zu verbinden, z. B.

$$\mathrm{H\cdot} + \mathrm{\cdot\ddot{\underset{\cdot\cdot}{O}}\cdot} + \mathrm{\cdot H} \longrightarrow \mathrm{H} \rightarrow \mathrm{:\ddot{O}:} \leftarrow \mathrm{H} \longrightarrow \mathrm{H{-}\overline{\underline{O}}{-}H}$$

$$\Delta_{\mathrm{B}}H = -683{,}7\,\mathrm{kJ/mol}$$

Diese hohe Reaktionsenthalpie wird freigesetzt, da hier von den atomaren Reaktionspartnern ausgegangen wird und nicht von den molekularen, wie sonst üblich. Im molekularen Fall ist $\Delta_{\mathrm{B}}H = -285{,}8$ kJ/mol.

---

[11] orbis (lat.) – Kreis. Orbital ist die gedachte kugelförmige oder elliptische Schale, in deren Bereich sich die dem Atomkern umkreisenden Elektronen am wahrscheinlichsten aufhalten.

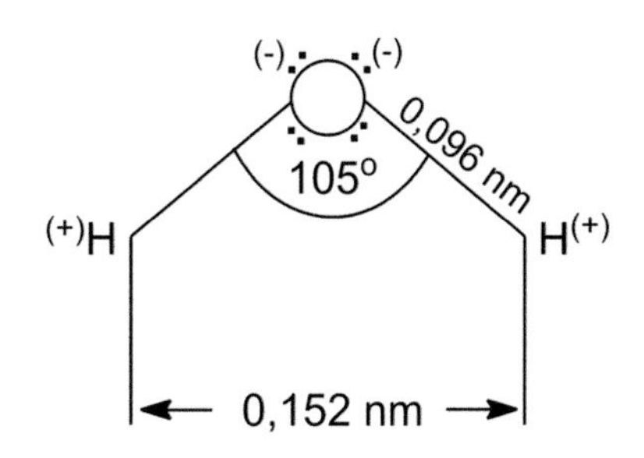

Abb. 3.30 Verteilung der Elektronennegativitäten im gewinkelten Wassermolekül [E. distribution of negative electron charge in an angular molecule of water]

Die beiden Wasserstoffelektronen halten sich bevorzugt in der Nähe des Sauerstoffatoms auf und erzeugen dort im zeitlichen Mittel einen leichten Überschuss an negativer Ladung, während die Wasserstoffatome durch die Elektronenentblößung ein leichtes positives Ladungsumfeld auszeichnet.

Dieser Umstand verleiht dem Wassermolekül polare Eigenschaften (Abb. 3.29 und 3.30).

Im einzelnen Wassermolekül sind die beiden Wasserstoffatome im Winkel von 105 ° angeordnet. Wegen der unterschiedlichen Elektronennegativitäten ist die Sauerstoff-Wasserstoff-Bindung, $\cdot\underline{\overline{O}}H$, polarisiert, d. h. das vom Wasserstoffatom,·H, eingebrachte Elektron ist stärker zum Sauerstoffatom hingezogen. Auf diese Weise bildet sich im Wassermolekül ein Dipol, und die negativen und positiven Ladungszentren sind im Mittel voneinander getrennt (Abb. 3.29).

Die Polarität der Wassermoleküle löst eine elektrostatische Wechselwirkung aus zwischen dem positiv geladenen Umfeld des Wasserstoffatoms eines Wassermoleküls und dem negativen Umfeld des Sauerstoffatoms eines anderen Wassermoleküls. Es bilden sich Wasserstoffbrückenbindungen. Wegen der tetraedrischen Struktur der Wassermoleküle ist jedes Molekül befähigt, vier Wasserstoffbrücken mit benachbarten Wassermolekülen herzustellen (Abb. 3.32).

Sowohl die Struktur eines einzigen Wassermoleküls als auch der Wasserstoffbrückenverbund im flüssigen Wasser sind nicht statisch, sondern dynamisch. Die Wasserstoff- und Sauerstoffatome in einem Wassermolekül befinden sich in ständiger Schwingung mit unterschiedlichen Frequenzen[12] und Wellenzahlen[13], deren Überlagerungen sich aber immer wieder auf drei Schwingungsformen zurückführen lassen (Abb. 3.31).

[12] frequentare (lat.) – häufig besuchen. Frequenz bedeutet im physikalischen Sinne die Anzahl der Schwingungen in der Zeiteinheit, z. B. in der Sekunde. Je höher die Frequenz, desto energiereicher die Strahlung. Einheit für die Frequenz 1 Hz [1 Hz] = $1 s^{-1}$.

[13] Wellenzahl ν gibt die Anzahl der Schwingungen an, die ein Licht einer bestimmten Wellenlänge entlang einer Strecke von 1 cm vollführt. $\tilde{\nu} = \nu \times c$; c = Lichtgeschwindigkeit [$m \times s^{-1}$].

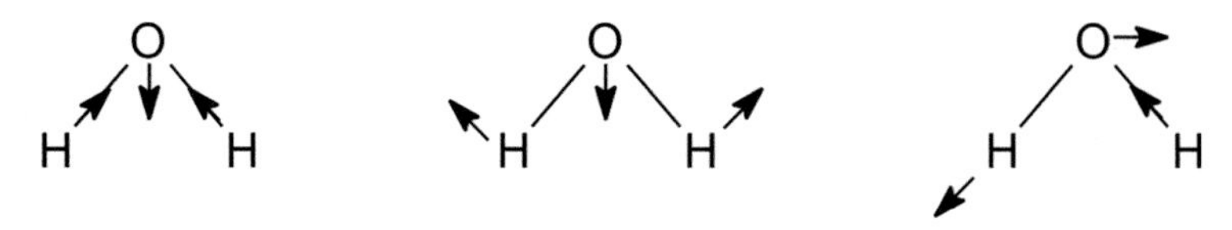

Abb. 3.31 Normalschwingungen des nichtlinearen dreiatomigen Wassermoleküls [E. normal oscillations of a non-linear tri-atomic molecule of water]

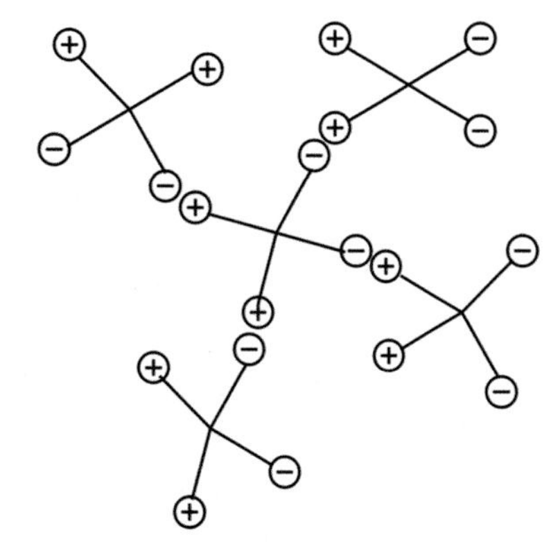

Abb. 3.32 Wasserstoffbrückenvernetzung von tetraedrisch strukturierten Wassermolekülen (in die Fläche projiziert) [E. network of hydrogen bondings of tetrahedral structured molecules of water (projected into the plane)]

Die Pfeile in der Abb. 3.31 sollen die einzelnen möglichen Translationsschwingungen[14] andeuten. Unabhängig von diesen vollziehen die Atome selbst noch Schwingungen um ihre eigene Achse, die Rotationsschwingungen.

Bei diesem Schwingungssystem können sich auch die positiven und negativen Ladungsschwerpunkte zueinander verschieben.

Während die Wassermoleküle im Eis in der Regel in einem Gitter mit perfekter tetraedrischer Struktur angeordnet sind, unterliegen sie im flüssigen Wasser einer ständigen dynamischen Veränderung. Die Wasserstoffbrücken wechseln fortlaufend ihre Partner. Sie werden immer wieder gelöst und mit anderen Wassermolekülen neu verknüpft. Der Wechsel pro Molekül kann zwischen zwei und sechs benachbarten Wassermolekülen liegen, im Mittel beträgt er 4,5. Bei dieser Dynamik bleibt der Dipolcharakter jedes Wassermoleküls erhalten. Die verwinkelte stereometrische Struktur des Traeders lässt andererseits keinen häufigeren Molekülwechsel zu, da sie sich durch die Verwinkelung zugleich behindern. Durch die tetraedrisch ausgerichteten Wasserstoffbrücken hat Wasser eine offene lockere Struktur. Da es sich bei Wasserstoffbrückenbindungen um Anziehungskräfte entgegengesetzter Ladungen handelt, ist ihre Reichweite innerhalb des molekularen Bereiches recht groß.

[14] translatio (lat.) – fortschreitende geradlinige Bewegung von Körpern.

Wasserstoffbrückenbindungen in Biomolekülen [E. hydrogen bonds in biomolecules] [95]

Die Entwicklung von Leben auf dem Planeten Erde beruht nicht zuletzt auf der Ausbildung von Wasserstoffbrückenbindungen zwischen Wassermolekülen einerseits und anderen polaren Molekülen, wie z. B. Säuren, Salzen, Biomonomeren[15] und -polymeren, das sind z. B. Zuckerbausteine, die kurzkettigen Fettsäuren und Aminosäuren, Aminobasen sowie Kohlenhydrate, Proteine und Nukleinsäuren [163].

Auf der Polarität des Wassers beruht auch seine Grenzflächenaktivität. Wasser tritt mit wasserfreundlichen (hydrophilen) Stoffen, z. B. Tensiden, Zuckern, Alkoholen, in Wechselwirkung, dagegen mit Fetten kaum wegen ihres wasserabweisenden (hydrophoben) Verhaltens. Biopolymere enthalten sowohl hydrophile als auch hydrophobe Bereiche.

Die Grenzflächenaktivität bzw. -spannung bestimmt auch die Haftfähigkeit von Flüssigkeiten in engen Röhren (Haarröhrchen), den Kapillaren. Diese *Kapillaraktivität* genannten Kräfte ermöglichen es, dass Pflanzensäfte entgegen der Erdanziehung in den Pflanzen nach oben steigen können. Die Kapillaraktivität des Wassers ist ein entscheidender Faktor für das Verteilungssystem in der Pflanzenwelt. Nachteilig wirkt sich der Kapillareffekt bei der Korrosion von Werkstoffen über die Haarrisse aus (vgl. auch Kap. 2, Abschn. „Bodenfeuchte").

Die Stärke der Wasserstoffbrückenbindungen schwankt zwischen 4 bis 40 kJ/mol. Ihre mittlere kinetische[16] Translationsenergie beträgt bei der Körpertemperatur des Menschen ca. 4 kJ/mol. Viele Wasserstoffbrückenbindungen sind deshalb stabil genug, um den fortwährenden Stößen der benachbarten Moleküle zu widerstehen.

Wird ihre Energie geringfügig verändert, dann werden sie gespalten, aber auch wieder neu gebildet. Dieses ständige Spalten und Wiederverknüpfen der Wasserstoffbrückenbindungen ist ein bedeutendes Wechselspiel in den Stoffwechsel- und sonstigen physiologischen[17] Prozessen.

Bindungsenergien werden bei höheren Temperaturen leichter gespalten als bei niedrigen.

Wären die Wasserstoffbrückenbindungen schwächer als oben angegeben, dann müssten viele Organismen bei tieferen Temperaturen leben oder sie würden sich sonst wegen der höheren Temperaturen bzw. Wärmeenergien zersetzen. Wären die Wasserstoffbrückenbindungen wesentlich stärker, dann würden die Stoffwechselprozesse und sonstigen

[15] bios (gr).) – Leben; monos (gr.) – allein; ein; meros (gr.) – Teil. Biomonomere sind Bausteine des Lebens, wie z. B. Aminosäuren für die Eiweiße, Zucker für die Kohlehydrate, Fettsäuren für die Fette, Aminobasen für die Nukleinsäuren.

[16] kinein (gr.) – bewegen, kinetische Energie ist die Energie der Bewegung.

[17] physis (gr.) – Natur. Physiologie ist die Lehre von den Funktionen und Reaktionen der Zellen, Gewebe und Organen der Lebewesen.

biologischen Funktionen so langsam ablaufen, dass die Organismen unbeweglich und reaktionsunfähig bleiben.

Von allen molekularen stofflich-energetischen Wechselwirkungen besitzen nur die Wasserstoffbrückenbindungen die entsprechende Bindungsstärke und den zielorientierten Charakter, um die komplexen Molekülstrukturen aufrechtzuerhalten und zugleich den schnellen Strukturwechsel bei der jeweiligen Körpertemperatur zu erlauben.

Wasserstoffbrückenbindungen zwischen Wasser und Harnstoff – ein Beispiel [E. hydrogen bonds between water and urea – an example]

Harnstoff ist ein Abbauprodukt des Proteinstoffwechsels, als solcher wird er mit Urin ausgeschieden. Seine chemische Struktur gleicht einem Ypsilon, Y.

Wassermoleküle treten mit Harnstoff in direkte Wechselwirkung, indem sie sowohl mit dem Sauerstoff der Carbonylgruppe als auch mit den Aminogruppen Wasserstoffbrückenbindungen bilden (Abb. 3.33).

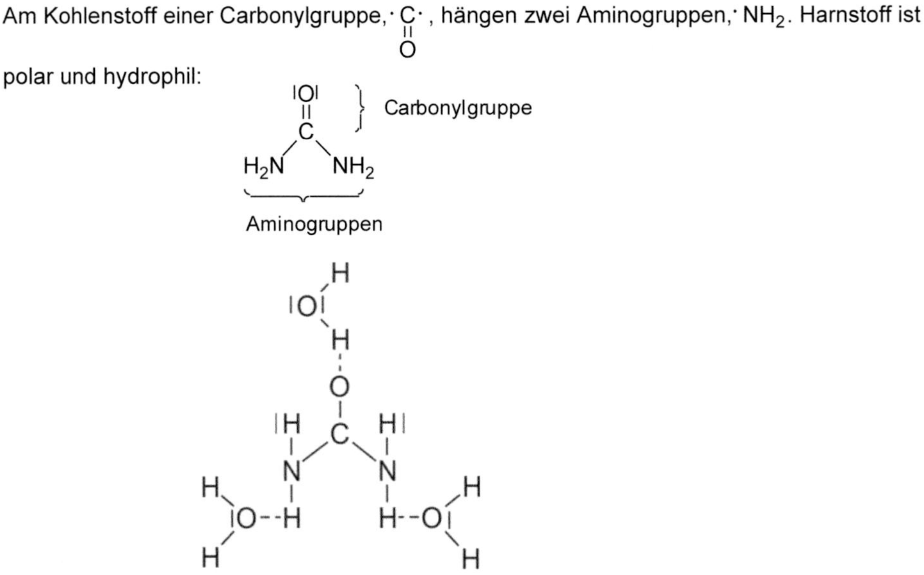

Am Kohlenstoff einer Carbonylgruppe, ·C· (=O), hängen zwei Aminogruppen, ·NH_2. Harnstoff ist polar und hydrophil:

|O| = C (Carbonylgruppe)

H_2N – C – NH_2 (Aminogruppen)

Abb. 3.33 Wasserstoffbrückenbindungen zwischen Harnstoff- und Wassermolekülen [E. hydrogen bondings between urea and water molecules]

Wasserstoffbrückenbindungen in Proteinen [E. hydrogen bondings in proteins]

Die charakteristischen Peptidbindungen, $\cdot\underset{\underset{O}{\|}}{C}-\underset{\underset{H}{|}}{N}\cdot$, entstehen durch die Verknüpfung zweier Aminosäuren unter Wasserabspaltung. Sie bilden das Rückgrat einer Proteinkette.

Biopolymere wie Proteine und Nukleinsäuren enthalten innerhalb ihrer Makromolekülketten hydrophile und hydrophobe Bereiche [8, S. 303 ff.].

Die dreidimensionale Gestalt der Proteine hängt davon ab, wie sich die Ketten zu kompakteren Einheiten falten (Abb. 3.36 und 3.37).

Ein Grundprinzip ist, dass sich bei einer Faltung und der Bildung einer Helixstruktur die hydrophilen Gruppen an der Oberfläche anordnen. Dort können sie mit Wasser wechselwirken. Die hydrophoben Gruppen sind dem Inneren der Kette zugekehrt und somit vom Wasser abgewandt. Nach Computermodellen von Biomolekülen in wässriger Lösung muss zwischen drei Arten von Wassermolekülen unterschieden werden [77, 163]:

1. die sich unmittelbar an der Oberfläche des Biopolymers befinden und durch die starke Wechselwirkung mit dem hydrophilen Bereich einen hohen Ordnungsgrad aufweisen.
2. die sich in der eigentlichen wässrigen Flüssigkeit aufhalten und nicht in Wechselwirkung mit dem Biopolymer stehen.
3. die möglicherweise im Inneren des Biomoleküls eingeschlossen sind.

Dies hat zur Folge, dass jede biologische Zelle viele Milliarden Wassermoleküle enthält. Sie nehmen fast den gesamten Zellraum ein. Überall dort, wo sich keine organischen Biomoleküle befinden, sind Wassermoleküle. Wie schon erwähnt, bestehen die lebenden Organismen von 50 bis zu 99 % aus Wasser. Der Wasseranteil des menschlichen Körpers beträgt je nach Alter und Geschlecht 50 bis 80 % (Tab. 2.3).

$$\text{DNS} \xrightarrow{\text{Transkription}} \text{RNS} \xrightarrow[\text{verknüpfung}]{\text{Amminosäure-}} \text{Polypeptid}$$

Die unterschiedlichen Seitenreste, R, geben jeder Proteinkette ihren eigenen Charakter.

Die räumliche Struktur eines Proteins wird von zwei Faktoren entscheidend beeinflusst:

1. von der Helixdrehung, Verbiegung der Polypeptidkette und der Faltung des Polypeptids (Abb. 3.34 und 3.35).
2. von den Wasserstoffbrückenbindungen zwischen den Polypeptidabschnitten.

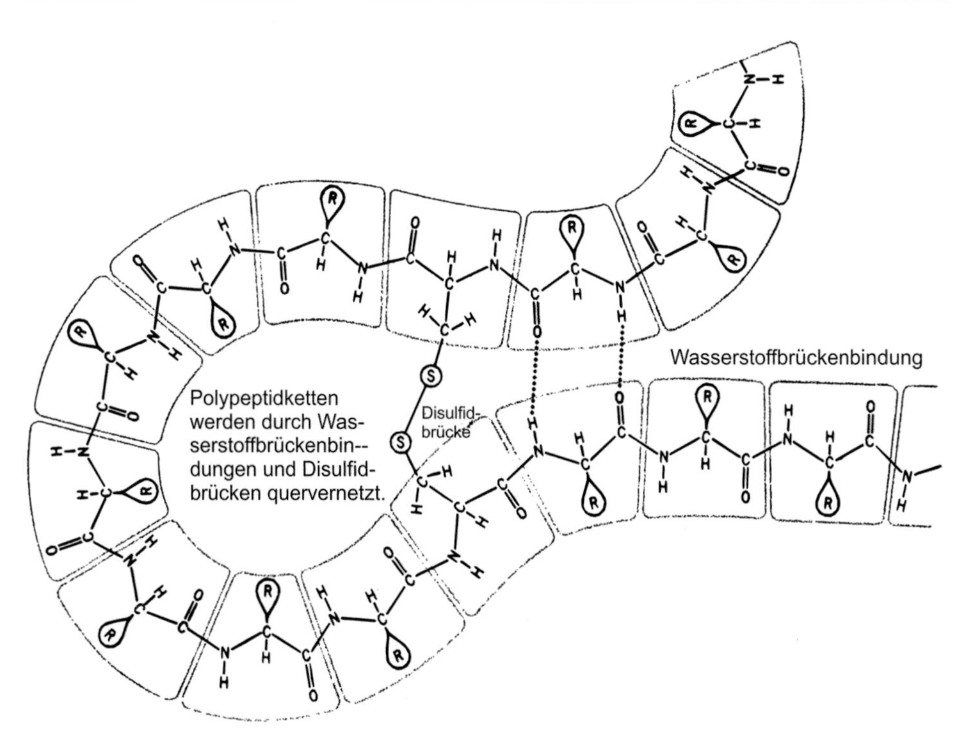

Abb. 3.34 Modell einer Peptidkette mit Wasserstoffbrückenbindungen und Disulfidbrücken [163] [E. model of a polypeptide chain with hydrogen bridge-linkage and disulfide bridges]

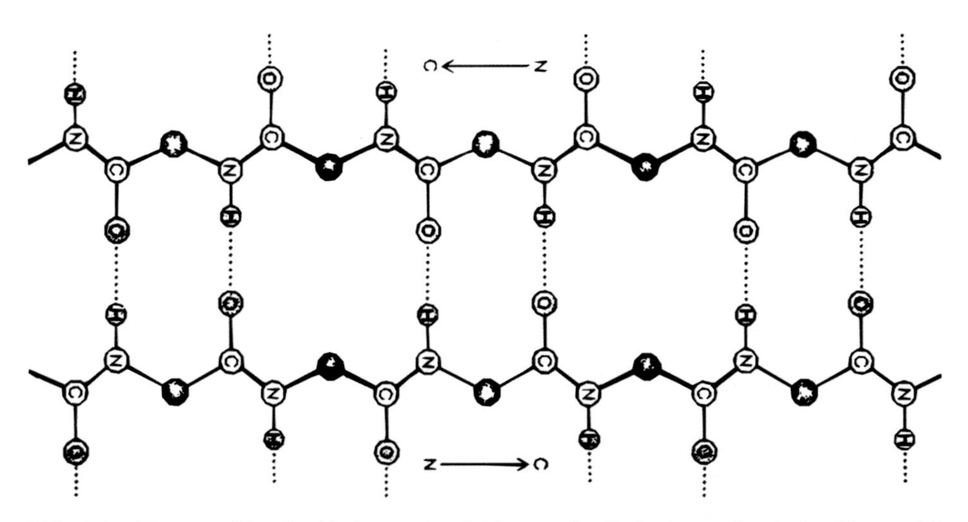

Abb. 3.35 Wasserstoffbrückenbindungen im Seidenprotein [E. hydrogen bonds in silk protein] Insektenspinnfäden wie Seide sind antiparallele längsgestreckte Proteinketten, die durch Wasserstoffbrückenbindungen zu Schichten verbunden werden und eine räumliche Struktur aufbauen. [E. spider silk (gossamer) are protein chains that extend anti-parallel longitudinal, they are interconnected by hydrogen bonds and develop a volumetric structure]

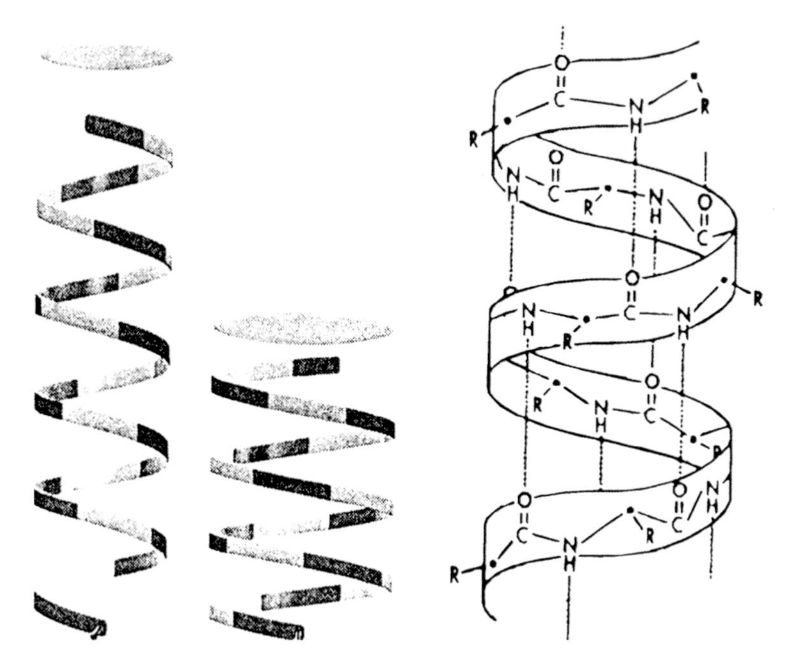

Abb. 3.36 α-Helix-Struktur eines Proteinmoleküls mit Wasserstoffbrückenbindungen [E. α-helix-structure of a protein molecule and its hydrogen bonds] [95]

Wasserstoffbrückenbindungen in Nukleinsäuren [E. hydrogen bonds in nucleic acids]

Die Nukleinsäuren sind Biopolymere, deren Ketten *Phosphorsäureriboseester* sind (Abb. 3.38). Jeder Riboserest ist mit einer *heterocyclischen Base* verknüpft. Diese sind *Adenin, Cytosin, Guanin, Thymin* und *Uracil*. Je drei von ihnen stellen den Code für eine Aminosäure dar. Die lineare Abfolge von je drei kombinierten Basen in den Desoxiribonnukleinsäuren, DNS, bestimmt auch die lineare Sequenz der Aminosäuren. Doch diese Sequenzanordnung erfolgt indirekt über die Ribonukleinsäure, die anstelle der Pyrimidinbase Thymin *Uracil* enthält und im Gegensatz zur Helix-Doppelstrangstruktur nur einsträngig vorliegt. Die DNS wirkt also nicht unmittelbar bei der Proteinsynthese mit, sondern sie überschreibt ihre Information (transskribiert)[18] auf die RNS, und diese steuert die genetische Information über die Reihenfolge der Aminosäuren in ein Polypeptid.

Es gilt also folgender Informationsablauf:

Die Konformation[19] der aktiven RNS ist von großer Bedeutung für die ständig unveränderliche Wiederholbarkeit der Polypeptidsynthese.

[18] transcribere (lat.) – lautgetreue Übertragung in eine andere Schrift.

[19] conformis (lat.) – übereinstimmende gleichförmige Struktur. Chemisch bedeutet die Konformation eines Moleküls diejenige räumliche Anordnung von Atomen, die sich nicht zur Deckung bringen lassen.

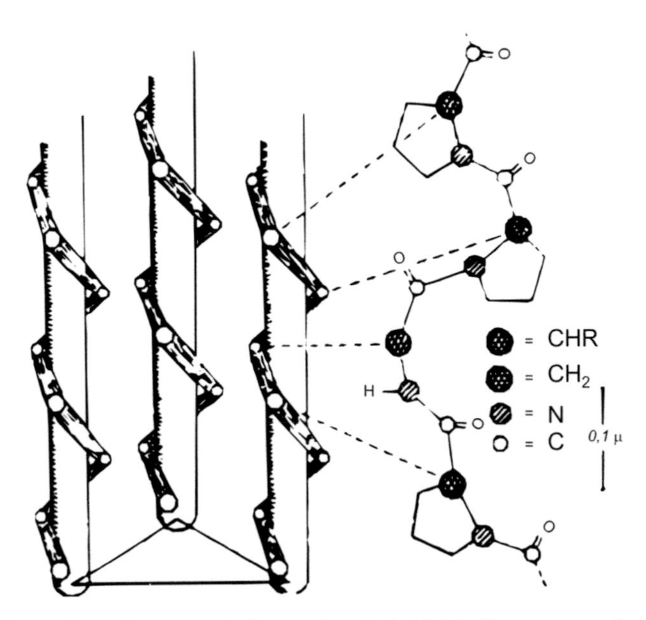

Abb. 3.37 Helix-Struktur eines Tropokollagens im Muskel [E. helix-structure of tropocollagen in muscle] [95] Bei der α-Helix verteilen sich auf zehn Umdrehungen 37 Aminosäurereste. Auf einen Umgang bezogen sind das 3,7 Aminosäurereste. [E. 37 amino acid residuals are distributed among 10 turns of a α-helix; that means one turn consists of 3.7 Amino acid residuals.]

Ihre Struktur wird stabilisiert, indem bestimmte Abschnitte der Polynukleotidkette durch Wasserstoffbrückenbindungen stabilisiert werden. Sie bilden sich zwischen den Purin- und Pyrimidin-Basen, die sich in ihrer Flächenstruktur ergänzen und gegenüberliegen.

Wasserstoffbrückenbindungen in Zellulose [E. hydrogen bonds in cellulose]

Zellulose ist ein Biopolymer, das die Gerüstsubstanz der pflanzlichen Zelle bildet. Ihr monomerer Baustein ist *Glucose*. Sie verleiht u. a. dem Holz die mechanische Stabilität. Baumwolle besteht fast aus reiner Zellulose und zeichnet sich durch hohe Flexibilität aus. Den Wiederkäuern ist sie als Gras ein wertvolles Futtermittel.

Die Festigkeit der Zellulosekette beruht auf der Verknüpfung der Glucosebausteine untereinander über die Etherverbindungen, d. h. Kohlenstoff-Sauerstoff-Kohlenstoff-Bindungen (Abb. 3.39).

$$>\dot{C}-\overline{\underline{O}}-\dot{C}<$$

Die Verknüpfung und damit eine zusätzliche Stabilisierung zwischen den Polymerketten erfolgt wieder über die Wasserstoffbrückenbindungen.

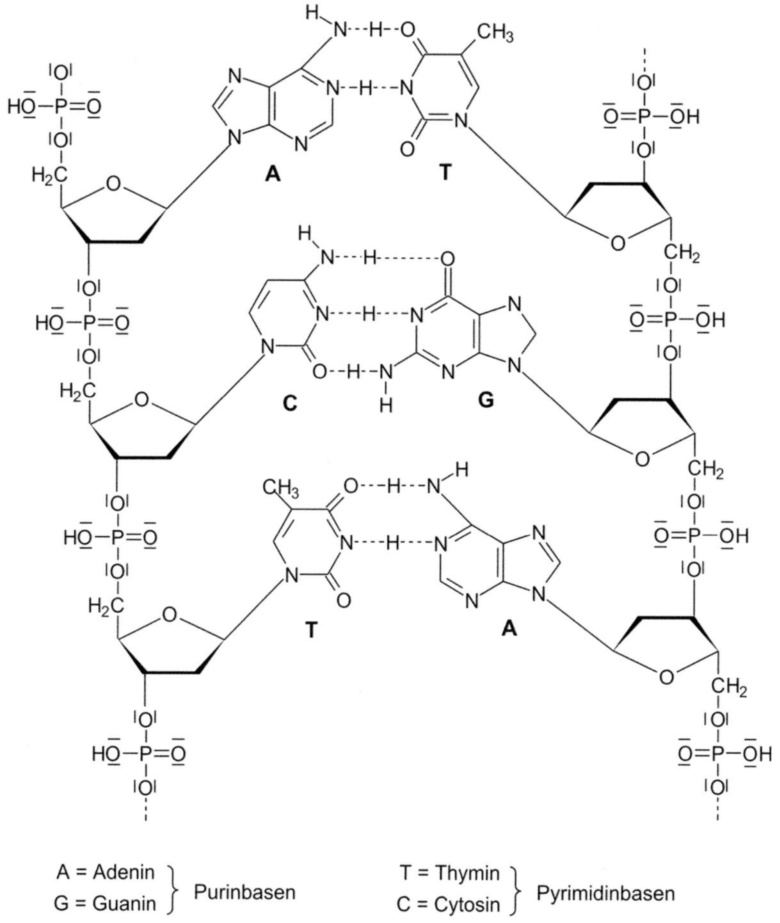

A = Adenin, G = Guanin: Purinbasen
T = Thymin, C = Cytosin: Pyrimidinbasen

Abb. 3.38 Wasserstoffbrückenbindungen zwischen Nukleinsäurekettenausschnitten [E. hydrogen bonds between sections of nucleic acids]

Die Festigkeit von Zellulosewerkstoffen und Hilfsstoffen kann durch eine Veränderung des Umfangs der Wasserstoffbrückenbindungen gesteuert werden, z. B. lassen sich Zellulosefasern durch Wasser aufweichen, dabei lösen sich die ursprünglichen Wasserstoffbrückenbindungen, und die polaren Wassermoleküle schieben sich dazwischen.

Einschlussverbindungen von Wasser – Clathrate[20] [E. inclusion compounds of water – clathrates]

Der Meeresbiologe *Dr. David Völker* der Freien Universität Berlin berichtet, dass am tiefen Grund der Ozeane riesige Mengen Clathrate, fälschlicherweise auch oft Methanhydrat genannt, geortet worden sind [219]. Clathrate sind Käfigeinschlussverbindungen [8].

[20] clatratus (lat.) – vergittert.

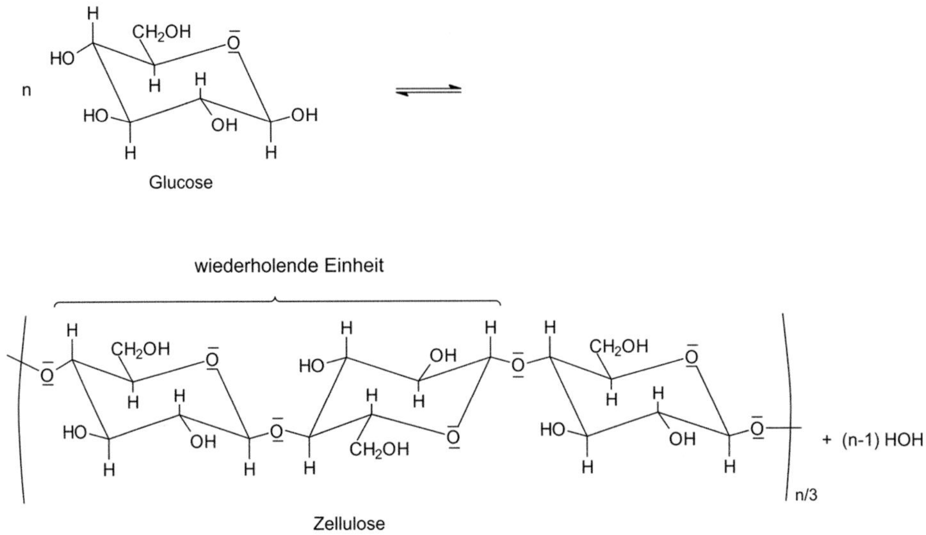

Abb. 3.39 Zusammenhang zwischen Glucose und Zellulose In der Zellulose sind die D-Glucosemoleküle ß(1,4)-glucosidisch verknüpft. Zu beachten ist, dass die sich wiederholende Einheit aus zwei Glucoseresten besteht und nicht aus einem. [E. connection between glucose and cellulose; in cellulose the D-glucose molecules are linked to ß-(1,4)-glycosides units; the fact is that the repeating unit consists of two glucose molecules and not only one]

Bei niedrigen Temperaturen und den am Ozeangrund herrschenden hohen Drücken bilden Wassermoleküle Käfigstrukturen mit großen Hohlräumen, die Methan, CH_4, gespeichert enthalten. Die Methanmoleküle sind in diesen Hohlräumen so dicht gepackt, dass aus 1 m^3 Clathrat nach der Druckentlastung an der Erdoberfläche bis zu 164 m^3 Methan entweichen. Besonders hoch sind die Vorkommen an den Rändern der *Kontinentalsockel* und in *tektonisch aktiven Zonen*. Riesige Funde wurden in der *Nankai Senke* vor der japanischen Küste gemacht, wo sich der Ozeanboden unter die Kontinentalschicht schiebt. Eine 16 m dichte Schicht mit starker Porosität ist dort bis zu 80 % mit Clathraten gesättigt (s. Abb. 2.18b).

Vor Guatemala hat man einen Bohrkern mit einer 1 m dicken massiven Hydratschicht geborgen. Auch in arktischen *Permfrost-(Dauerfrost-)böden,* wie z. B. in Sibirien, ist man fündig geworden.

Es wird angenommen, dass der Umfang der Clathratvorkommen sämtliche Lagerstätten von Kohle, Erdöl und Erdgas zusammengenommen bei Weitem übertrifft [219].

Wasser und bestimmte Gase bilden bei hohem Druck und niederen Temperaturen als *Gashydrate* eine feste Verbindung.

Gashydrate sind nichtstöchiometrische Verbindungen. Die Wassermoleküle bauen *Käfigstrukturen* auf, in denen Gasmoleküle als *Gastmoleküle* eingeschlossen sind. Gastmoleküle können sein: Stickstoff, N_2, Schwefelwasserstoff, H_2S, Kohlenstoffdioxid, CO_2, Methan, CH_4, und seltener Kohlenwasserstoff mit längeren Kohlenstoffketten wie Propan, Butan oder Pentan. In der Natur finden sich Stickstoffhydrate im Eisschild Grönlands. Methanhydrate sind vorwiegend in Meeressedimenten und in Permafrostböden[21] der Polarregionen anzutreffen.

In den 30er-Jahren des letzten Jahrhunderts stellte man fest, dass die Bildung von Gashydraten für die Verstopfung von Öl- und Gaspipelines die Ursache seien.

Aufgrund der physikalischen Eigenschaften kommen Methanhydrate ab einer Meerestiefe von 300 bis ca. 1000 m, in Polargebieten bis ca. 2000 m, vor. Die Mächtigkeit der Hydratzonen ist temperaturabhängig. Die Temperaturen schwanken vom Minusbereich bis +6 °C.

In den Ozeanen stammt das Methan vorwiegend aus dem fermentativen Abbau organischer Mikroorganismen und aus der bakteriellen Kohlenstoffdioxid-Reduktion in den Ablagerungen.

Die größten Methananteile in Hydraten entstehen an den Kontinentalrändern. Dort herrscht eine hohe Planktondichte, und somit stehen große Mengen an organischen Substanzen für die Methanbildung zur Verfügung. Gashydrate finden sich außerdem im *Mittelmeer, Schwarzen Meer, Kaspischen Meer* und im *Baikalsee.*

Diese aus Wassermolekülen gebildeten Käfigstrukturen enthalten oft auch *Kohlenstoffdioxid,* sogenannte *Kohlenstoffdioxidhydrate,* gespeichert.

In 1300 m Tiefe vor der Nordostküste Taiwans entdeckten Forscher von der japanischen *Agentur für Meeresforschung (Janistec)* und vom *Max-Planck-Institut für marine Mikrobiologie* unter Leitung von *Dr. Marcel Kuypers* Tröpfchen aufsteigen, die aus flüssigem Kohlenstoffdioxid bestanden. Unter einer etwa 20 cm dicken Decke aus Schlick und Schlamm befand sich eine äußerst harte Schicht aus Kohlenstoffdioxidhydrat – Käfigmoleküle. Bei dem hohen Wasserdruck und der kalten Wassertemperatur knapp unter 4 °C sind die Kohlenstoffdioxidhydrate zu Eis gefroren.

In diesem Tiefenareal wurde mit dem Forschungsschiff *Yokosuka* ein 200 m^2 großer See aus flüssigem Kohlenstoffdioxid entdeckt. Überraschend ist weiterhin, dass diese Kohlenstoffdioxidhydratschichten von unzähligen Mengen an Bakterien und Archaeen belebt sind, die über einen geeigneten anaeroben Stoffwechsel verfügen (s. dazu Kap. 4, Abschn. „Lebende Systeme in der Tiefsee").

Die als Gashydrate gespeicherte Menge Kohlenstoff ist mit ca. 10.000 Gt[22] umfangreicher als alle übrigen Kohlenstoffquellen auf der Welt zusammen (Tab. 3.5)[23] [183].

[21] permanere (lat.) – verbleiben, ständig fortdauernd.

[22] 1 Gt sind 10^9 t bzw. 1 Mrd. t.

[23] *Lit.:* Proceedings, Bd. 103, page 14164. *Quelle:* Frankfurter Allgemeine Zeitung, Nr. 236, S. N2 vom 11.10.2006.

Tab. 3.5 Mengenanteile von einigen organischen Kohlenstoffreserven auf der Erde, aber ohne die fein verteilten organischen Kohlenstoffanteile [E. parts of amounts of some reserves of organic carbon without the finely divided parts of organic carbon] [84]

Kohlenstoffquellen	Mengen in Gigatonnen ≙ 10^9t
1. Gashydrate im Meer und in Dauerfrostböden	10.000
2. Fossile Energieträger Kohle, Erdöl, Erdgas	5000
3. In Böden	1400
4. Gelöste organische Substanzen	960
5. Erdbiosphähre	830
6. Torf	500
7. Organischer detritischer Kohlenstoff[a]	60
8 Atmosphäre	3,6
Summe der Zeilen 2 bis 8	8653,6
9. Ölschiefer	33,5
10. Ölsande	150,0

[a] detritis (lat.) – abgerieben, abgeschliffen. Bezeichnung für meist im Wasser als Schwebstoffe treibende feinste Teilchen aus dem natürlichen Zerfall anorganischer und organischer Materie

Biochemische Reaktionen [E. biochemical reactions]

Biochemische Reaktionen finden in der Regel im flüssigen Wasser statt. Sowohl in den natürlichen Gewässern als auch in den Zellen der Mikroorganismen der Pflanzen und Tiere enthält Wasser eine Vielzahl von gelösten Stoffen. Sie werden durch Druckdifferenzen über die verschiedensten Bahnen verteilt, diffundieren selektiv durch Membranen und reagieren chemisch miteinander. Die biologische Chemosynthese als anaerober Vorgang

Sonnen-energie		Kohlenstoff-dioxid		Wasser	Enzyme →	Glucose		Wasser		Sauerstoff
2879,95 kJ	+	6 CO_2	+	12 H–OH	→	$C_6H_6(OH)_6$	+	6 H_2O	+	6 O_2
		6 x 44 g		12 x 18 g		180 g		6 x 18 g		6 x 32 g

(Abb. 6.73 und 6.74), die Fotosynthese (s. Kap. 3, Abschn. „Wasser und Sonnenenergie, Fotosynthese"), der Stoffwechselmechanismus über den Zitronensäurezyklus und die Gärungsvorgänge zählen zu den wichtigsten Reaktionsmechanismen der lebenden Systeme.

Es werden Hydroniumionen, H_3O^+, d. h. Elektronen oder Elektronenpaare übertragen, Wassermoleküle ausgetauscht und Phasenübergänge wie z. B. flüssig/gasförmig, flüssig/fest vollzogen. Mithilfe von Enzymen werden die Aktivierungsenergien herabgesetzt und als Folge davon die Reaktionen ermöglicht und beschleunigt.

Im chemisch-technischen Sektor sind dafür mehrere Zehntausend von Katalysatoren entwickelt werden (s. Kap. 6, Abschn. „Synthesegas und Wasserbedarf").

Folgende Reaktionstypen können klassifiziert werden:

- Säure-Basen-Reaktionen, z. B. Neutralisationen

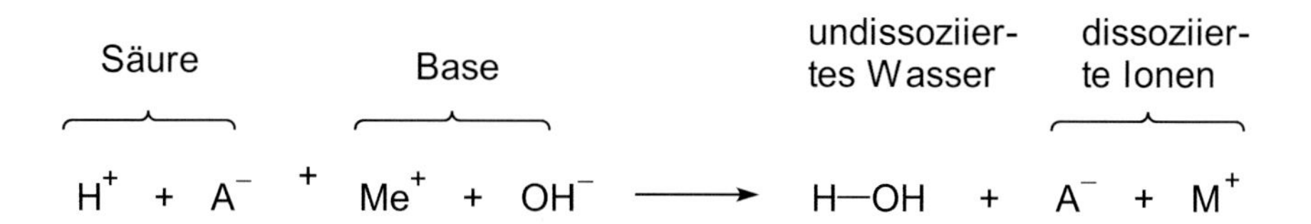

- *Reduktions- und Oxidationsreaktionen*
  z. B. Hydrierungsreaktionen, wie z. B. Fotosynthese, Synthesegasreaktionen (s. Kap. 6, Abschn. „Synthesegas und Wasserbedarf").
  Entladen und Beladen von Akkumulatoren
- *Sorption/Adsorption und Desorption*
  z. B. Wechselwirkung von grenzflächenaktiven Substanzen in Phasengrenzgebieten; Hydrophilie und Hydrophobie.
- *Komplexierungsreaktikonen*
  z. B. Redoxreaktionen mithilfe von *Haemoglobin* im tierischen Bereich und *Chlorophyll* im pflanzlichen Bereich.
- *Kondensation und Hydrolyse*
  z. B. Polymerisation von Glucose zu Kohlehydraten, Aminosäuren zu Proteinen, Nukleotiden (ein Molekül aus Ribose, Aminobase und Phosphorsäure) zu Nukleinsäuren bzw. ihr Abbau während der Stoffwechselprozesse.

Bei allen diesen Reaktionen wird Wasser als Reaktionspartner gebunden oder als Reaktionsprodukt freigesetzt. [127]

Wasser und Sonnenenergie, Fotosynthese [E.water and solar energy, photosynthesis]

Sowohl in der Natur als auch in unserer technisierten Welt sind Wasser und Energie in ihren Umwandlungsprozessen eng und untrennbar miteinander verknüpft.

Die treibende Energie für alle Vorgänge liefert direkt oder indirekt die Sonne. Durch die Fotosynthese wird Sonnenenergie in chemische Energie umgewandelt und als solche in den Syntheseprodukten wie Pflanzen und deren Früchten gespeichert. Das Energieumwandlungsmedium ist Wasser.

Die Fotosynthese ist eine energiespeichernde Hydrierungsreaktion, durch die sie aus dem Kohlenstoffdioxid der Luft und dem Wasser mithilfe der Sonnenenergie Glucose aufbaut. Eine Schlüsselverbindung ist die Glucose. Sie ist u. a. der Baustein für Stärke, Zellulose, Chitin und andere kohlenhydratähnliche Verbindungen (Abb. 3.40 und 4.43a).

Wasser und Kohlenstoffdioxid sind die stofflichen Voraussetzungen für das Leben schlechthin.

$$\text{Solarenergie} + 12\ H{-}O{-}H \xrightarrow{\text{Enzym}} \{12\ H\cdot + 12\ H\cdot\} + 6\ O_2$$

$$6\ \bar{O}{=}C{=}\bar{O} \xrightarrow{\text{Enzym}} \{6\ \dot{C}{=}\bar{O} + 6\cdot\bar{O}\cdot\}$$

$$\underset{}{2879\ \text{kJ}} + \underset{264\ \text{g}}{6\ CO_2} + \underset{216\ \text{g}}{12\ HOH} \longrightarrow \underset{180\ \text{g}}{C_6H_6(OH)_6} + \underset{108\ \text{g}}{6\ H_2O} + \underset{192\ \text{g}}{6\ O_2} \quad (1)$$

Die Synthese findet in den Zellorganellen der fotosynthetisierenden grünen Pflanzen, den Chloroplasten[24] statt (Abb. 3.40). Sie enthalten das Chlorophyll[25] als Blattpigment, welches die Lichtstrahlen absorbiert. Zur Fotosynthese sind nicht nur Pflanzen, sondern auch Algen, Flechten, Plankton[26] und zahlreiche Bakterien befähigt (Abb. 3.41 und Kap. 6, Abschn. „Vorgänge in Gewässern, Fotosynthese").

Die Stoffbilanz zeigt, dass 264 g Kohlenstoffdioxid und 216 g Wasser zu 180 g Glucose, wieder zu 108 g Wasser und 192 g Sauerstoff unter dem Aufwand von 2879 kJ umgesetzt werden. Die durch die Fotosynthese auf der Erde jährlich gespeicherte Energiemenge wird auf 10^{12} kJ geschätzt. Das entspricht dem Einbau von mehr als 10^{10} (10 Mrd.) t Kohlenstoff in Kohlenhydraten und anderen daraus abgeleiteten organischen Substanzen. Im Prinzip ist das diejenige Energiemenge, die jährlich an technischer und physiologischer Energie in Form von Kohle, Erdöl, Erdgas und Getreide von den Menschen zum Leben benötigt werden (Tab. 3.6).

Es müssen 12 mol Wasser für die Hydrierung eingesetzt werden, nämlich 12 Wasserstoffatome für die Hydrierung des CO und die übrigen 12 für den aus dem CO_2 abgespaltenen Sauerstoff, der wieder zu Wasser hydriert wird (s. Gl. (1)).

Diese Stoffverteilungsbilanz belegt, dass der Sauerstoff der Fotosynthese aus dem Wasser stammt und das neu gebildete Wasser eine Hydrierung des aus dem Kohlenstoffdioxid stammenden Sauerstoffs ist. Die Lichtreaktion spaltet das Wasser in Wasserstoff und Sauerstoff. Während der Dunkelreaktion erfolgt die Hydrierung des Kohlenstoffdioxids zu Glucose.

Eine 115-jährige Buche mit ca. 200.000 Blättern, das entspricht einer Oberfläche von 1200 m^2, nimmt an einem Sonnentag 9,4 m^3 CO_2 auf und synthetisiert daraus 12 kg Kohlenhydrate. Als Begleitprodukt entstehen aus dem Wasserstoff liefernden Wasser 9,4 m^3 Sauerstoff, der sich in der Atmosphäre angereichert hat und als solcher weiterhin aufgenommen wird. Für die Sauerstoffproduktion von 9,4 m^3 werden täglich 15,1 L Wasser zerlegt. Auf diese Weise werden jährlich weltweit ca. 10^{11} t Sauerstoff aus Wasser freigesetzt [74, 80, 82].

Die fotosynthetische jährliche Ergänzung pflanzlicher Biomasse in Trockensubstanz beträgt auf dem Erdball ca. 172,5 Mrd. t. Dazu werden unmittelbar nur als Reaktionswasser 103,5 Mrd. t benötigt. Glucose ist das wichtigste Monosaccharid in der Natur und der Baustein für zahlreiche Kohlenhydrate. Das am häufigsten vorkommende Kohlenhydrat

[24] chloros (gr.) – gelbgrün; plassein (gr.) – formen, bilden.

[25] phyllon (gr.) – Blatt.

[26] planktos (gr.) – umhergetrieben.

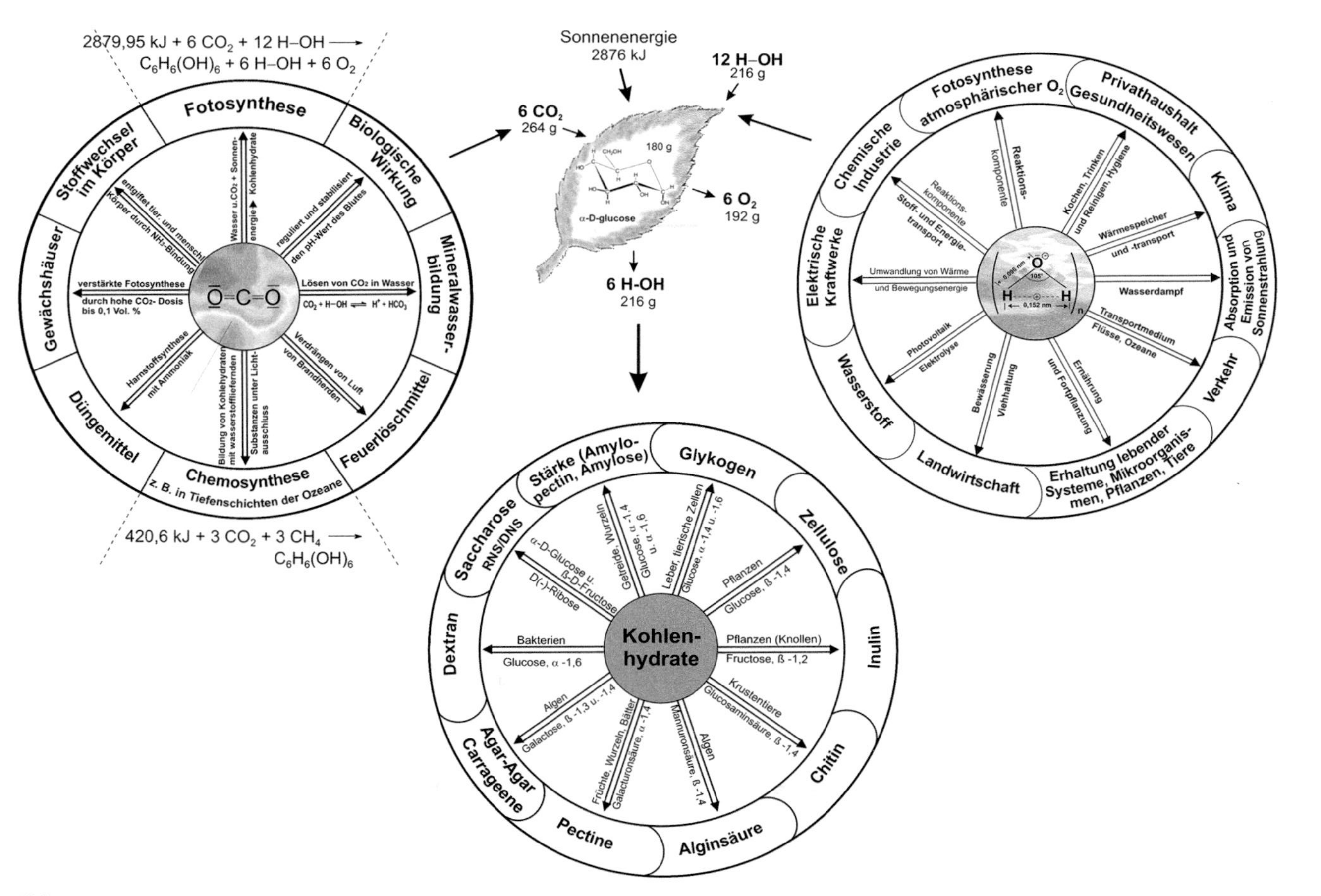

Abb. 3.40 Fotosynthetisierendes Blatt [E. photosynthesizing leaf]

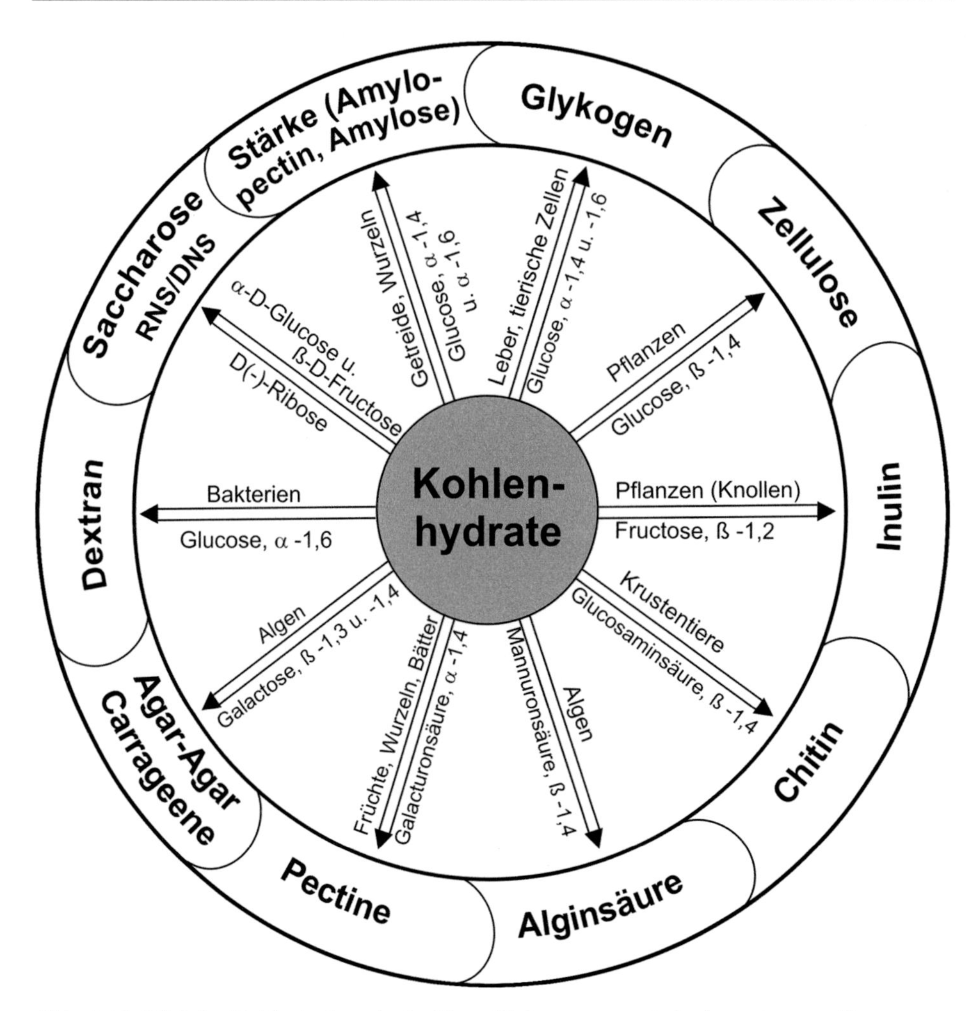

Abb. 3.41 Wichtige Kohlenhydrate in der Natur [E. important carbohydrates in nature]!

ist Zellulose. Jährlich werden alleine von den Bäumen der Erde ca. 100 Mio. t Zellulose synthetisiert. Die Syntheseleistung wird auf 13 g Zellulose pro Baum und Tag geschätzt. Das Monomere ist Glucose (Abb. 3.41).

Ein Anteil von 9,1 Mrd. t i. Tr., das sind 5,3 %, liefern die Landwirtschaft und sonstiges Kulturland. Dafür sind 5,46 Mrd. m^3 Wasser jährlich erforderlich [82].

Wasser und die Fotosynthese, d. h. Sonnenenergie, sind die Voraussetzungen dafür, dass jährlich ausreichende physiologische Energie für die menschliche Ernährung bereitsteht. In 2012 sind weltweit ca. 7000 Mio. t an Grundnahrungsmitteln durch die Landwirtschaft erzeugt worden (Tab. 3.6). Dazu sind weltweit 70 % des Süßwasseraufkommens erforderlich gewesen. Von diesen müssen ca. 10 %, d. h. $10{,}35 \cdot 10^9$ t, abgezogen werden, da diese während der Polymerisation der Glucose zu Stärke, Zellulose, wie z. B. Baumwolle, Hanf, Leinen, Stroh oder Holz, freigesetzt werden. Stärke ist als Getreide, Mais, Reis, Kartoffeln für die menschliche Ernährung von großer Bedeutung. Die Fotosynthese

Tab. 3.6 Physiologische Energiequellen in der Welt im Jahre 2012/2013 [Mio. t] [E. physiological energy sources of the world in the year 2012/2013 (in million tons)]. (Quelle: Situationsbericht (2013/2014), Deutscher Bauernverband Berlin und Faostat Statistik der FAO 2013 und 2014)

Getreide gesamt	2667,9
davon Weizen	674,9
Mais	1004,5
Reis	719,7
Roggen	14,6
Gerste	132,9
Hafer	21,1
Hirse/Sorghum	63,4
Anderes Getreide wie Triticale, Buchweizen, Quinoa, Fonio	36,7
Kartoffeln- in EU27	54,5
Gemüse	787,36
Obst	475,5
Zucker	179,6
Ölsaaten wie Sonnenblumen, Soja, Raps, Baumwollsaat, Palmkerne, Erdnüsse	444,0
Milch	765,6
Fleisch	304,0

	Jahr 2012	Weltreserven
Steinkohle	683,5 Mio. t	769 Mrd. t
Braunkohle	110,6 Mio. t	283 Mrd. t
Erdöl	4137 Mio. t	331,4 Mrd. t
Erdgas	3389 Mrd. Nm^3	196.173 Mrd. Nm^3
Uran	58,4 kt	2167 kt

kt = Kilotonnen

der Landpflanzen verschlingt somit jährlich 93,15 Mrd. m^3 Wasser. Das ist diejenige Wassermenge, die nur für die unmittelbare Synthese benötigt wird. Hinzu kommt der Wasserbedarf für den innerpflanzlichen Stofftransport und die Humusaufbereitung, der auf das Sechs- bis Zehnfache geschätzt wird.

Die Fotosynthese ist ein klassisches Beispiel aus der Natur, wie eng Energie und Wasser miteinander verknüpft sind und zusammenwirken. Sie ist eine der wichtigsten natürlichen Energie- und Stoffumsätze überhaupt. In der ersten Reaktionsstufe der Fotosynthese spaltet die intensive Sonnenenergie Wasser in Wasserstoff und Sauerstoff (s. Gl. weiter oben). Erst danach vermag der Wasserstoff in weiteren Zwischenstufen den Kohlenstoffmonoxid zu Glucose zu hydrieren. Dabei wird ein Teil der Sonnenenergie als chemische Energie gespeichert.

Auch alle wesentlichen technischen Prozesse für die Energiebereitstellung sind unmittelbar an Wasser gebunden (Tab. 13.30).

Fortsetzung Tab. 3.6 Zum Vergleich: Weltförderung von technischen Energieträgern [E. in comparison: mining of technical energy sources] [28, 29]

Nach Angaben der FAO ist China mit Abstand der größte Weizenanbauer in der Welt. Auf einer Ackerfläche von ca. 22,5 Mio. ha sind im Jahre 2012/2013 120,6 Mio. t Weizen geerntet worden. Es folgen Indien mit 94,9 Mio. t, die USA mit 61,8 Mio. t und Russland mit 37,7 Mio. t. Im selben Jahr wurden in Deutschland 22,4 Mio. t Weizen auf einer Fläche von 3,3 Mio. ha eingebracht. Die Ernteerträge pro ha mit 7,04 t sind hoch. Entsprechend groß ist der Bedarf an Süßwasser zur Bewässerung dieser landwirtschaftlich genutzten Flächen (vgl. hierzu Kap. 5, Abschn. „Süßwasserversorgung und Nahrungsmittelversorgung" sowie „Wasser und Ernährung") [229].

Mit 204,3 Mio. t war China 2012 auch der größte Reisproduzent, gefolgt von Indien mit 152,6 Mio. t und Indonesien mit 69 Mio. t.

In der Erzeugung von Mais mit ca. 217,8 Mio. t steht China nach den USA mit 353,7 Mio. t an zweiter Stelle. Die Europäische Union 27 erzeugte 2012 ca. 70 Mio. t, fast so viel wie von Brasilien mit 80,4 Mio. t. (*Quelle: 12. FAO, Faostat Statistik der FAO 2013 und 2014)*

Wasserdampf – seine natürliche Absorption und Emission von Sonnenenergie [E. water vapour – its absorption and emission of solar energy] [109, 110, 111]

Die Atmosphäre vermag Wasser bis zu 0,04 Volumenanteilen, das sind 4 %, in Form von Wasserdampf aufzunehmen. Dieser Anteil befindet sich in einem ständigen Kreislauf zwischen Verdunstung und Kondensation, der von den Temperatur- und Druckänderungen in der Atmosphäre, den Ozeanen und dem Festland ständig aufrechterhalten wird (Abb. 2.10, 2.11 und 2.20). Eine relativ dünne Wasserdampfschicht um den Erdplaneten ist entscheidend mitverantwortlich dafür, dass auf der Erdoberfläche Leben möglich ist. Die kurzwellige ultraviolette Sonnenstrahlung mit dem Wellenlängenbereich $\lambda = 3$ bis 750 nm[27], einschließlich des sichtbaren Spektrums, durchdringt die oberen Luftschichten der Erdatmosphäre[28]. In den unteren erdnahen Schichten wandelt sich diese energieintensive Strahlung teilweise in langwellige Infrarotstrahlung (Wärmeenergie) mit Wellenlängen oberhalb $\lambda = 800$ nm um (Abb. 4.43a). Eine Rückstrahlung in die Stratosphäre[29], das sind Höhen über 25 km, wird durch Wasserdampf und andere natürliche Gase wie Ozon, O_3, Methan, CH_4, Stickstoffoxide u. a. abgeschwächt. Durch diese Umwandlung der Sonnenenergie hat sich die mittlere Temperatur der Biosphäre auf ca. +15 °C eingestellt (Abb. 11.136). Ohne diesen gewünschten Verzögerungseffekt von $\Delta T = 33$ K würde auf der Erdoberfläche nur eine mittlere Temperatur von −15 °C gemessen werden [74].

Mehr als drei Viertel der Absorption der Sonnenstrahlung gehen auf den Wasseranteil in der Atmosphäre zurück, der dort gasförmig tröpfchenartig und kristallin vorliegen kann (s. Abb. 4.43b: *Absorption der Sonnenstrahlung durch Wasserdampf und Kohlenstoffdioxid in der Atmosphäre*) [249].

[27] 1nm = 1nm ≙ 10^{-9} m ≙ 1Milliardstel Meter.

[28] atmos (gr.) – Dunst; sphaira (gr.) – Kugel. Atmosphäre ist die Lufthülle um die Erde.

[29] stratum (lat.) – Schicht. Stratosphäre ist eine obere Schicht der Atmosphäre.

Der Vandasee [E. the Vanda-lake, the reversat of its temperature in the depth]

Der Vandasee in der Antarktis wird nur kurze Zeit im Jahr vom Schmelzeis der nahen Gletscher gespeist. Er befindet sich in einem der wenigen schneefreien Trockentäler – den sogenannten Oasen der Antarktis. Dieser See besteht aus zwei Schichten: Während nahe der in der Regel eisbedeckten Oberfläche eine salzarme Zone vorliegt, herrscht in tiefen Schichten ab etwa 50 m eine stark alkalische Sole vor. In dieser Sole bewegt sich die Temperatur zwischen +25 °C im Winter und bis zu +43 °C im Sommer, obwohl die Umgebungstemperatur an der Oberfläche des Sees je nach Jahreszeit zwischen −50 °C und maximal +5 °C schwankt. Dieser erstaunliche Effekt kommt dadurch zustande, dass die Eisdecke wie ein Solarpanel wirkt und das eingestrahlte Licht in Wärmeenergie umgewandelt wird, während der Wärmerückfluss aus der Tiefe des Sees minimal ist. Er entspricht dem Absorptionseffekt des Wasserdampfes in der Atmosphäre, der längerwellige Strahlung als Wärmeenergie auf die Erdoberfläche reflektiert (s. Abb. 4.43a und 4.43b) [54].

Vom Fließen des Wassers – die Verteilung des Wassers in der Natur [E. the flow of water – its distribution in nature]

Das Wasser unseres Planeten ist nicht wie die Gase unserer Atmosphäre (Stickstoff, Sauerstoff, Kohlenstoffdioxid, Edelgase) gleichmäßig auf der Erdoberfläche verteilt. Wasser ist nicht ubiquitär[30] (s. Kap. 1, Vorkommen). Nach der Anwesenheit des Wassers lässt sich die Planetenoberfläche in reine Wasserflächen, Sumpfgebiete, normale Feuchtgebiete, halbtrockene und trockene Bereiche unterteilen [171]. Vom Verteilungsgrad des Wassers hängen die Vegetation und die Lebensbedingungen für die Mikroorganismen, Pflanzen, Tiere und Menschen ab.

Das Wasser ist in den einzelnen Erdzonen unterschiedlich verteilt bzw. angereichert. Eines seiner hervorstechendsten Merkmale ist seine Fließfähigkeit, seine physikalische und chemische Stabilität. Der Dipolcharakter und die damit verbundenen polaren Eigenschaften sind die Ursachen für alles sonstige wasserspezifische Verhalten, wie z. B. die Grenzflächenaktivität. Die treibenden Kräfte für das Fließen und Verteilen des Wassers werden freigesetzt durch die von der Natur vorgegebenen Höhen-, Temperatur- und Druckunterschiede oder allgemeiner ausgesprochen, von den Potenzialdifferenzen. Die in den Landschaften vorhandenen Höhenunterschiede lassen das Wasser immer freiwillig von oben nach unten bzw. vom Berg in das Tal fließen.

Aufgrund unterschiedlicher Sonneneinstrahlung während des Tages und der Nacht sowie der Jahreszeiten entstehen Temperaturunterschiede innerhalb der Landschaften, zwischen den Landmassen und Wasserflächen sowie zwischen der Erdoberfläche und der Atmosphäre. Die jeweils herrschenden Temperaturunterschiede sind die Anzeichen für

[30] ubique (lat.) – überall, ubiquitär – überall vorkommend.

die vorhandenen Wärmeenergien, die das Wasser verdampfen und kondensieren bzw. gefrieren lassen und somit über die Zustandsänderungen einen Wasser-, aber auch Wärmetransport bewirken.

Wasser erweist sich als ein gutes Transportmedium für Wärmeenergie. Das Fließen von Wasser bzw. Gewässern durch Druckentlastung, d. h. von hohem zu niederem Druck, ist bei artesischen Brunnen, bei manchen Quellen und insbesondere bei fossilem Grundwasser festzustellen (s. auch Kap. 1, Abschn. „Sahara").

Auf die Grenzflächenaktivität sind die kapillaraktiven Kräfte des Wassers zurückzuführen. Sie sind für die Feinstverteilung des Wassers in Pflanzen und vielen anderen Organismen entgegen der Erdanziehung verantwortlich. Im technischen Sektor müssen die korrosiven Eigenschaften des Wassers über die Haarrisse in Kauf genommen werden.

Die Dichteanomalie des Wassers sorgt während des Gefrierens für die Sprengung von Felsen und Massivgestein und lockert das Gestein als Voraussetzung für die Bildung von Humusboden mithilfe von Mikroorganismen. Danach können sich Pflanzen ansiedeln.

Soll Wasser entgegen den Potenzialunterschieden gefördert und transportiert werden, dann muss sehr viel Energie aufgewendet werden. In der Regel wird sie über Pumpen zugeführt. Dabei sind nicht nur die Höhenunterschiede, sondern auch die inneren Reibungskräfte des Wassers, seine Viskosität und auch die äußeren, nämlich zwischen Wasser und Rohrleitungen bzw. Flussbett, zu überwinden.

Fließendes Wasser fördert seine eigene Vermischung, die gelösten und suspendierten Feststoffteilchen und die Vermischung mit den an der Oberfläche berührenden Luftschichten. Auf diese Weise gedeihen in den oberen Gewässerschichten aerobe[31] Lebensvorgänge für Meerestiere und -pflanzen. Stehende Gewässer neigen zum sogenannten *Umkippen,* d. h., die anaeroben Prozesse gewinnen die Oberhand. Sie sind für aerobe Vorgänge lebensbedrohlich.

Die Faktoren für die treibenden Kräfte lassen sich durch die allgemeinen *Gesetze für Ausgleichsvorgänge* beschreiben.

Die Erfahrung lehrt, dass alle Ströme durch Potenzialunterschiede, d. h. zwischen den Unterschieden der potenziellen Energien, zustande kommen (Tab. 3.7).

Im weiteren Sinne sind es Unterschiede zwischen den stofflichen, energetischen und informatischen Zuständen. In der Wirtschaft sind es die finanziellen Potenziale.

Jedem System ist das Bestreben eigen, diese Unterschiede auszugleichen, z. B.

1. einen Temperaturausgleich herbeizuführen, indem Wärme von einem höheren Temperaturniveau zu einem niederen Niveau übergeht, z. B. Wärmetransport bei Wärmetauschern.
2. die Spannung zwischen zwei elektrischen Polen auszugleichen, indem elektrischer Strom fließt, z. B. elektrische Kraftwerke.
3. Konzentrationsunterschiede an Grenzflächen zu beseitigen, indem Stoffteilchen fließen, z. B. Stoffaustausch zwischen und innerhalb von Zellen.

[31] aer (lat.) – Luft. Aerobe Vorgänge sind von der Zufuhr von Luftsauerstoff abhängig, anaerobe Prozesse vollziehen sich unter Ausschluss von Luftsauerstoff.

Tab. 3.7 Beispiele für Ausgleichsvorgänge [E. examples of dynamic equilibriums]

Wärmeübergang			
$\frac{\text{Wärmemenge}}{\text{Zeiteinheit}}\ \frac{\Delta q}{\Delta t}$	~	$\frac{\text{Temperaturdifferenz}}{\text{Schichtdicke der Wärmedurchgangsfläche}}$	$= \lambda \cdot \frac{\Delta T}{x}$
q = Übergangsfläche; x = Schichtdicke; λ = Wärmeleitzahl			
Stromfluss (Ohm'sches Gesetz)			
$\frac{\text{elektrische Ladungsmenge}}{\text{Zeiteinheit}}\ \frac{\Delta Q}{\Delta t}$	~	$\frac{\text{Spannungsdifferenz}}{\text{elektrischer Widerstand}}$	$= \frac{\Delta U}{R} = I$
Diffusions- und Osmosegesetz nach Fick (stationär); Gas, Flüssigkeiten			
$\frac{\text{Anzahl der diffundierten Teilchen}}{\text{Zeiteinheit}}\ \frac{\Delta n}{\Delta t}$	~	$\frac{\text{Konzentrationsdifferenz}}{\text{Diffusionsstrecke}}$	$= -Dq\frac{\Delta c}{x}$
q = Diffusionsübergangsfläche; D = Diffusionskoeffizient			
Filtration (stationär)			
$\frac{\text{Filtratvolumen}}{\text{Zeiteinheit}}\ \frac{\Delta V}{\Delta t}$	~	$\frac{\text{Filtrationsdruck}}{\text{Widerstand des Filtrationskuchens}}$	$= k_F \frac{\Delta p}{W_k}$
k_F = Filtrationskoeffizient			
Gesetz vom Stofffluss (fest, flüssig)			
$\frac{\text{Stoffmenge}}{\text{Zeiteinheit}}\ \frac{\Delta m}{\Delta t}$	~	$\frac{\text{Höhendifferenz}}{\text{Stoffeigenschaften}}$	$= k_s \frac{\Delta h}{S_w}$
k_s = Proportionalitätskonstante, z. B. Stoffeigenschaften wie Dichte, Viskosität, Fließbettbeschaffenheit			

4. Druckausgleich herbeizuführen, indem Stoffe wie Gase oder Flüssigkeiten von einem System mit höherem Druck in ein System mit einem niederen Druck überführt werden, z. B. artesische Brunnen, Förderung von Wasser aus fossilen Untergrundquellen, Filtration.
5. Wasser kann nur aufgrund von Höhenunterschieden fließen. Werden die Höhenunterschiede eingeebnet, wird aus einem fließenden Bach ein stehendes Gewässer mit allen Nachteilen des anaeroben Stoffabbaus durch Mikroorganismen (das Wasser beginnt zu faulen).
6. Wasserströme und Wasserbewegungen in der Natur werden hervorgerufen und beeinflusst durch die Gravitation zwischen Erde und Mond, sichtbar sind die Gezeiten der Meere. Auch die in sich bewegende elastische Erdoberfläche führt immer wieder zu Niveauverschiebungen, deren Folge ein Wasserfließen ist.

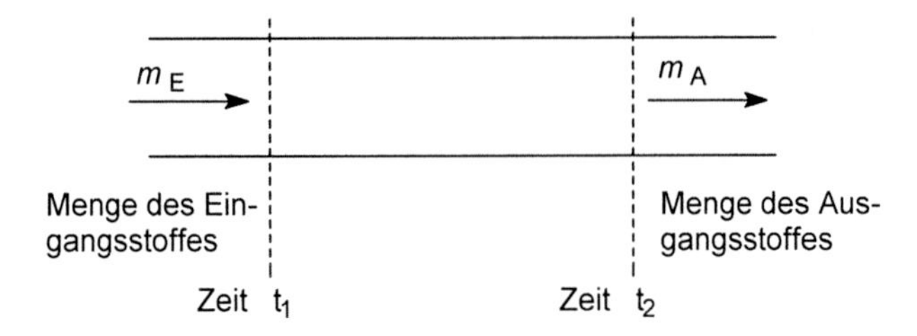

Abb. 3.42 Irreversible (nicht umkehrbare) Strömung [E. irreversible flow]

Strömende Medien sind einseitig ausgerichtet, wenn sie freiwillig verlaufen. Sie sind irreversibel, d. h. nicht umkehrbar.

Wasser fließt nicht den Berg hinauf, es sei denn, man wendet sehr viel Energie mittels Pumpen auf, oder es verdampft durch Zufuhr von Wärme.

Ständig strömende Systeme sind nicht nur durch ihre Irreversibilität, sondern auch durch Fließgleichgewichte und offene Systeme charakterisiert.

Fließgleichgewicht herrscht, wenn die Eingangsgeschwindigkeit strömender Medien gleich der Austrittsgeschwindigkeit in einem offenen System ist (Abb. 3.42).

Ist die Eintrittsgeschwindigkeit $\frac{dmE}{dt}$ größer als die Austrittsgeschwindigkeit $\frac{dmA}{dt}$, dann tritt z. B. beim Bach das Wasser über die Ufer. Ist die Austrittsgeschwindigkeit größer als die Eintrittsgeschwindigkeit, dann leert sich der Bach.

Fließgleichgewicht, steady state, herrscht, wenn $\frac{dmE}{dt} = \frac{dmA}{dt}$ ist, unter der Bedingung der Irreversibilität (Unumkehrbarkeit).

Der gemeinsame Parameter dieser Ausgleichsgesetze ist die Zeit t.

Entscheidend ist die Tatsache, dass alle Ströme, wie fließende Stoff-, Energie-, Kapital- und Informationsmengen, zum Erliegen kommen, wenn die treibenden Gradienten, die Potenzialdifferenzen immer kleiner werden (d. h. gegen null gehen). Das gilt für technische Systeme, Wirtschaftsprozesse, Sozialsysteme, biologische Systeme und für alle Vorgänge in der Natur schlechthin und insbesondere für die Ausbreitung des Wassers [74, 95].

Der endgültige Ausgleich von Potentialen würde das Ende jeglichen Lebens bedeuten. Werden die Spannungsunterschiede zu groß, dann kommt es zu plötzlichen (spontanen) Entladungen bzw. Eruptionen, soziologisch zu Revolutionen. Sie sind systemzerstörend.

Das Gesetz für allgemeine Ausgleichsvorgänge lautet (siehe auch Tab. 3.7):

$$\frac{\text{fließendeMenge}}{\text{Zeiteinheit}} \sim \frac{\text{treibender Gradient (Potenzialdifferenz)}}{\text{Widerstand}}$$

4 Die Ozeane, ihre Verknüpfungen und Unterschiede [E. the oceans, their connections and differences] [84, 234, 238]

Die Ozeane und Meere der Welt sind mehr oder weniger alle miteinander verbunden, teilweise durch natürliche Meerengen und künstliche Kanäle zwischen den Kontinenten und Festlandmassen, z. B. das *Schwarze Meer* über den Bosporus, das *Mittelmeer* über die Straße von Gibraltar mit dem Atlantik. Die Ostsee ist nach Osten hin ein Sackgassenmeer. Der Ärmelkanal ermöglicht die Durchfahrt vom Atlantik in die Nordsee.

Der Ärmelkanal [E. English Channel] ist die Verbindung vom Atlantischen Ozean in die Nordsee. Zwischen der englischen Hafenstadt *Dover* und dem *französischen Kap Gris Nez* hat er mit 32 km seine engste Stelle und ist bis zu 72 m tief. Die größte Tiefe erreicht er mit 172 m. Der Ärmelkanal zeichnet sich durch starke Gezeitenströme und hohen Gezeitenhub aus, in der Bucht von St. Malo bis zu 12 m (s. Kap. 9, Abschn. „Gezeitenkraftwerk in St. Malo").

Die *Straße von Gibraltar* trennt die Südküste der spanischen Pyrenäenhalbinsel Europas von der Nordküste der Atlasländer Afrikas. Sie ist 60 km lang und in der Mitte mit 14,2 km am engsten. Hier ist ihre Tiefe mit ca. 324 m am geringsten. An der Oberfläche fließt ein starker Wasserstrom vom Westen nach Osten, d. h. vom Atlantik in das Mittelmeer. Ein schwächerer Unterstrom von Osten nach Westen ist diesem entgegengerichtet. Sie ist international eine der am intensivsten genutzten Schifffahrtswege.

Der *Bosporus* ist die Meerenge zwischen dem *Marmarameer* und dem *Schwarzen Meer*. Sie stellt die Verbindung her zum *Mittelmeer* und von diesem aus über die *Straße von Gibraltar* in den *Atlantik*.

Die Bosporus-Meerenge ist 30 km lang, 700 bis 3000 m breit und 30 bis 120 m tief. Sie ist ein überflutetes Flusstal, in dem ein kräftiger Oberstrom von Norden nach Süden und ein entsprechender Unterstrom von Süden nach Norden fließt.

Vom Meerwasser getrennte Kontinente werden auch durch Untertunnelungen verbunden. Ein berühmtes Beispiel ist der Istanbuler Tunnelbau Eurasia, der Europa mit Asien durch eine 3,34 km Unterführung des Bosporus verbinden wird. Es wird ein 2stöckiger

© Springer-Verlag Berlin Heidelberg 2016

V. Hopp, *Wasser und Energie,* DOI 10.1007/978-3-662-48089-2_4

Autotunnel sein, den täglich 100.000 Autos passieren werden. (Lit.: VDI-Nachrichten, Düsseldorf, vom 04.12.2015)

Die *Sundastraße* ist eine Meerenge zwischen den indonesischen Inseln Java und Sumatra. An der schmalsten Stelle ist sie 22 km breit. Sie verbindet den *Indischen Ozean* und das Chinesische Meer und führt durch zahlreiche vulkanische Inseln, zu denen auch *Krakautau* zählt. Letztere ist nur noch ein kleines Überbleibsel von dem großen Vulkan Krakautau. Nach 200-jähriger Ruhezeit sprühte er 1883 in mehreren über Wochen verteilten Eruptionen riesige heiße Lavamassen, Gesteine und Staubwolken bis zu Höhen von 25 km aus. Seit Menschengedenken war es der größte Vulkanausbruch mit ungeheurer Zerstörung der umliegenden Insellandschaft.

Das *Rote Meer* ist durch den *Golf von Aden* mit dem *Indischen Ozean* verbunden. Der *Arktische Ozean* ist über die Beringstraße mit dem *Beringmeer* und dem *Pazfischen Ozean* verknüpft. Das *Kaspische Meer* und der *Aralsee* sind von den großen Meeren der Erde isoliert. Der Aralsee hat sich in den letzten Jahrzehnten durch industrielle und landwirtschaftliche Umweltbelastungen um mehr als ein Drittel seiner ursprünglichen Fläche verringert (s. auch Kap. 8, Abschn. „Der Aralsee").

Die weltweit wichtigsten künstlichen Kanäle sind der *Suezkanal* und *Panamakanal*. Der *Suezkanal* verbindet den atlantischen Ozean über das *Mittelmeer* mit dem *Indischen Ozean*. Der *Panamakanal* erlaubt es, unmittelbar vom Atlantik durch den *Golf von Mexiko* per Schiff in den *Pazifik* zu gelangen.

Die Ozeanwasser umgeben die Landmassen der Kontinente in Küstennähe als Flachgewässer. Die Küsten selbst sind Landstreifen von 10 bis 1000 m Breite, die sich teilweise als Landfläche über und zeitweise unter dem Meeresspiegel befinden. Das Küstenprofil zur Küstenlinie wird durch tektonisch-isostatische Hebungen oder Absenkungen der festen Erdoberfläche bestimmt. Die den Küsten vorgelagerten Vorküstengebiete, auch Kontinental-Schelfs genannt, erstrecken sich von einigen Kilometern bis zu mehreren 100 km in die Ozeane. Die Tiefen dieser Küstengewässer sind wenige Meter in Küstennähe und bis zu mehreren 100 m seewärts. In diesen Küstengebieten sind die durch die Gezeiten hervorgerufenen Hoch- und Tiefstände des Meerwassers zu beobachten. Auch die Offshore-Gebiete der Erdöl- und Erdgasförderung sind in diesen Schelfs gelegen. Die Tab. 4.9 zeigt die prozentuale Flächenverteilung der ozeanischen Küstengebiete und offenen Ozeane aufgeteilt nach den Zonen der Breitengrade.

Der Untergrund der Weltmeere ist reich gegliedert: Grob lässt er sich unterteilen in Schelfe, Kontinentalabhänge, Tiefseebecken, Tiefseerücken und Tiefseegräben.

Die *Schelfe* umgeben die Festlandkontinente wie Flachgewässer mit Tiefen bis zu 500 m, sie gehören plattentektonisch noch zu den Kontinenten und bestehen aus mächtigen Sedimentablagerungen festländischer Herkunft. Die Schelfe enden ozeanwärts als abrupt in die Tiefe gehende Steilabhänge bis zu 5000 m. Hangabwärts haben sich turbulente Trübungsströmungen herausgebildet, die an den Hangfüßen Massen von Sedimenten aufschütten. Die Kontinentalabhänge sind durch Hangfurchen zerklüftet. Die *Tiefseebecken* schließen sich an die Fußregionen der Kontinentalabhänge an. Für sie sind drei topografische[1] Formen charakteritisch. Das sind die *Tiefseehügel, Tiefseeebenen* und die *untermeerischen Kuppen*.

[1] topos (gr.) – Ort, Platz; graphein (gr.) – schreiben. Topographie ist eine Ortsbeschreibung mit Angabe von Geländeverhältnissen.

Die *Tiefseehügel* bilden das Erstarrungsrelief der Erdkruste, das mit einer Sedimentdecke überzogen ist.

Tiefseeebenen befinden sich in der Nähe der Trübungsströme und sind in die Hügelzonen eingebettet.

Die *untermeerischen Kuppen* werden als erloschene Meeresvulkane angesehen und ragen teilweise aus der Meeresoberfläche als Inseln heraus. Ihre Anzahl wird auf mehrere Tausend geschätzt.

Zu unterscheiden gilt es prinzipiell noch die *Tiefseerücken* und *Tiefseegräben*. Tiefseerücken sind lang gestreckte zentral ozeanische Erhebungen. Als erdumspannendes System durchziehen sie den Meeresboden vom Mittelozeanischen Rücken im Nordpolargebiet durch den Atlantischen, Indischen und Stillen Ozean. Das Zentrum dieses Systems bildet ein Graben als tiefe Spalte, zu deren Seiten sich reich gegliederte Zonen anschließen. Eine Sonderstellung nehmen die Tiefseegräben der Weltmeere ein. Sie sind lang gestreckte Senken mit tiefsten Tiefen. Sie zeichnen sich durch ihre Randlage in den Ozeanen aus, durch die Häufigkeit von Erdbeben, durch eine außergewöhnlich geringe Schwerkraft und eine große Sedimentschichtdicke. Von ihnen sind *drei im Atlantik, 20 im Pazifik* und *ein Graben im Indischen Ozean* geortet worden.

Die Ozeane als Bewegungsenergie, Energiequellen für Erdgas und Erdöl und Reserven für Rohstoffe [E. the oceans as a source of movement, energy resources of crude oil, natural gas and of raw materials]

Wasserwellen entstehen durch das Einwirken von Windscherkräften auf die Wasseroberfläche. Ihre Ausbreitung und Richtung wird von der jeweils herrschenden regionalen Windrichtung bestimmt.

Die *Höhen von Meereswellen*, das ist die senkrechte Differenz zwischen Wellenberg und Wellental, beträgt ca. 1 m. Bei Stürmen können sie bis auf 5 m und höher ansteigen.

Die *Wellenlängen* sind die Abstände zwischen zwei benachbarten Wellenbergen und nehmen Werte zwischen 20 und 150 m an, oft sind sie auch kürzer. Die Zeitspanne zwischen dem Durchgang zweier benachbarter Wellenberge an einem Punkt wird als *Wellenperiode* oder *Wellendurchlaufgeschwindigkeit* bezeichnet. Bei normalen Wellenbergen und Wellenlängen beträgt sie 10 bis 15 m/s. Stürme und Windgeschwindigkeiten von 100 bis 200 km/h erzeugen Wellen mit Höhen von 5 bis 15 m. Höchstwerte werden bei Wellen beobachtet, die durch vulkanische Aktivitäten und Erdbeben unter dem Meeresboden ausgelöst werden, z. B. bei den *Tsunamis*[2]. Die ausgelösten Wellenberge laufen an den Küsten häufig mit Geschwindigkeiten von 50 bis 200 m/s auf.

Am regelmäßigsten bilden sich die Wellen aus, wenn der Wind nicht mehr direkt einwirkt, sondern in der sich weit fortpflanzenden und lange anhaltenden Wellenbewegung, die man als *Dünung* bezeichnet. Eine solche Dünung ist im offenen Ozean bei Windstille

[2] Tsunami, eine durch Seebeben und Vulkanausbrüche ausgelöste Flutwelle. tsu (japanisch) – Hafen; nami (japanisch) – lange Welle.

fast die Regel und macht sich auf außerordentlich weite Entfernungen bemerkbar. Im Atlantischen Ozean findet man nicht selten im ganzen Gebiet des *Nordostpassats* und noch südlich vom Äquator hohe *Nordwestdünung*, welche aus den nördlichen Breiten stammt.

Eine *Meeresbodenerosion* erfolgt in der Regel in Küstennähe, wenn die Scherkräfte im Grenzbereich zwischen dem bewegten Wasser und dem festen Meeresküstengrund wirksam werden.

Die Bewegung der Wassermassen der Meere stellt eine riesige Energiereserve für die Zukunft dar, ebenso das Temperaturgefälle zwischen den Wasserschichten in unterschiedlichen Tiefen. Entsprechende Techniken und Vorrichtungen befinden sich in der Entwicklung, um die Bewegungsenergie oder die Differenzen der Wärmeinhalte zwischen den Wasserschichten in elektrische Energie umzuwandeln.

Gezeitenkraftwerke gibt es seit 1966 bei La Rance in Frankreich (Kap. 9, Abschnitt „Gezeitenkraftwerk in St. Malo") und im Norden Russlands seit 1968 (s. Kap. 9, Ende des Abschn. „Gezeitenkraftwerk in St. Malo"). Wellenkraftwerke werden in Norwegen erprobt (vgl. hierzu Kap. 9, Abschn. „Gezeitenkraftwerk in Norwegen").

Eine andere Kategorie der Energieträger sind die fossilen Rohstoffe wie Steinkohle, Erdöl und Erdgas unterhalb der Meeresböden.

Die Lagerstätten der fossilen Rohstoffe befinden sich sowohl in der Lithosphäre der Festlandmassen als auch unter dem Meeresboden. Die Vorkommen des Erdöls und Erdgases in Küstenvorfeldern, den Off-Shore-Gebieten, werden schon kräftig genutzt. Der größte Teil der Öl- und Gasvorkommen unter dem Meeresboden wird von Plattformen, den sogenannten Bohrinseln, gefördert. Sie stehen auf dem Meeresboden, der in der Regel nicht tiefer als 200 m liegt. Der Energiehunger der Welt lässt Bohrinseln in immer tieferen Off-Shore-Gebieten entstehen, bis zu 2000 m.

Riesige Erdöl- und Erdgasvorkommen sind in der norwegischen und russischen Arktis, der *Barentssee*, ausgemacht worden. Ein Gebiet von 140 km nördlich von Hammerfest wurde von der norwegischen Firma *Statoil* erschlossen und förderte ab Ende 2007 das erste Erdöl.

In Tiefen von 1800 bis 2300 m lagern dort unter dem Meeresboden 193 Mrd. m^3 Erdgas. In einer Wassertiefe von 345 m sollen die auf dem Meeresboden installierten Förderanlagen das aus den Lagerstätten strömende Erdgas in die Pipeline pumpen. Spezialschiffe haben 700 km Rohrleitungen zwischen *Snøvhit* und *Melkoya* verlegt. Gesteuert werden die Anlagen vom Land aus. Auf dem Land wird das Gas von unerwünschten Begleitstoffen wie Wasser, Stickstoff und Kohlenstoffdioxid befreit. Danach wird es verflüssigt und in Schiffen zu den Verbrauchern transportiert.

Die längste Unterwasserpipeline der Welt ist in der Nordsee verlegt worden. Sie wurde im Oktober 2007 vollständig in Betrieb genommen und ist 1200 km lang [104]. Von dem *Orme-Lange-Erdgasvorkommen* führt der nördliche Teil der Pipeline nach *Nyhamna* an die norwegische Westküste, und der südliche Teil führt nach *Easington* an die Ostküste Englands.

Aus der Nordsee werden jährlich fast 400 Mio. t Erdöl und Erdgas gepumpt. Inzwischen sind in dieser See ca. 400 Plattformen mit Bohr- und Fördervorrichtungen aufgestellt worden. Sie sind auch eine Quelle der Meerwasserverschmutzung. Die Plattformbetreiber pumpen oft Seewasser in die sich leerenden natürlichen Öllagerstätten, um den Druck aufrechtzuerhalten, der das Öl austreibt.

Erdöl ist ein giftiger Stoff. Bereits 2 mg Öl in 1 L, das sind 0,00002 %, lassen mehr als die Hälfte der Krebse, Fischeier oder Fischlarven im Meer sterben [19].

Neben Russland bohren in der Arktis auch die Vereinigten Staaten, USA, und Kanada nach Erdöl. Für das Ökosystem Meerwasser sind diese Vorhaben nicht immer zuträglich. Nicht nur Öl und Bohrchemikalien belasten die Ozeane und deren Meeresboden. In Alaska wurden ganze Flussbetten leer gekratzt, um Kies für Bohrfüllungen und den Bau von Schotterpisten zu gewinnen. In Sibirien fahren schwere Nutzfahrzeuge nicht selten direkt auf dem vereisten oder nur schwach begrünten Tundraboden. Sie hinterlassen Spuren, die sich nach Jahrzehnten noch nicht erholt haben. Außerdem absorbiert die aufgebrochene dunkle Erde mehr Sonnenwärme. Die vereiste Erde schmilzt an der Oberfläche und versumpft, da das Tauwasser den Frostboden nicht durchdringen kann. In Dauerfrostböden entwickelt sich ein *Thermokarst*[3].

Kohle gibt es auf dem Festland mehr als genug. 2012 wurden Stein- und Braunkohle auf ca. 1052 Mrd. t geschätzt. Davon entfallen 769 Mrd. t auf Steinkohle. Gefördert wurden im Jahr 2012 794,1 Mio. t (Tab. 3.6). Das Interesse für die Vorkommen unter dem Meeresboden (Tab. 4.8) ist deshalb noch nicht besonders groß. In der Arktis sind von ihr schon riesige Lager ausgemacht worden [137] (Foto II und Abb. 13.149).

Klimawandel am Ende der letzten Eiszeitperiode vor 12.000 Jahren in Europa (s. Foto I u. II, S. 103 und S. 104) [E. change in climate at the end oft he last Ice Age 12.000 years ago in Europe (see photography I a. II, page 103 and page 104)]

12.000 v. Chr.	*Das Ende des letzten Eiszeitalters* In der gegenwärtigen klimatischen Periode des Holozäns (s. Tab. 13.35) gab es keine stabilen Klimazustände. Zahlreiche Warm- und Kaltperioden lösten sich in unterschiedlichen Längen dramatisch einander ab. Z. B.:
8300 v. Chr.	*Zurückweichen der Eisdecken in Norddeutschland und Nordeuropa* Ein klimatischer Temperaturanstieg erfolgte relativ rasch. Die Eisdecken in Norddeutschland und Nordeuropa schmolzen ab und wichen zurück. Der Wald breitete sich aus.
7000 v. Chr.	*Eine Phase der Erwärmung setzte ein.* Die Ostküste Englands war noch mit dem europäischen Kontinent verbunden. Die Ostsee war noch ein Süßwassermeer (s. Landkarte von Europa, Foto II).

[3] Therme (gr.) – Wärme. Thermokarst sind öde unfruchtbare verkrustete Böden, hervorgerufen durch Sonneneinstrahlung.

Tab. 4.8 Fläche und maximale Tiefe der Ozeane und Meere in der Welt. [E. area and maximum depth of the world's oceans and seas] [84]

Ozean/Meer (Ocean/Sea)	Fläche (Area) (km^2)	Tiefe (Depth) (Meter) [meters]
Pazifik	165.384.000	11.524
Atlantik	82.217.000	9560
Indischer Ozean	73.481.000	9000
Arktischer Ozean	14.056.000	5450
Mittelmeer	2.505.000	4846
Südchinesisches Meer	2.318.000	5514
Beringmeer	2.269.000	5121
Karibisches Meer	1.943.000	7100
Golf von Mexiko	1.544.000	4377
Meer von Okhotsk	1.528.000	3475
Ostchinesisches Meer	1.248.000	2999
Gelbes Meer	1.243.000	91
Hudson Bay	1.233.000	259
Japanisches Meer	1.008.000	3743
Nordsee	575.000	661
Schwarzes Meer	461.000	2245
Rotes Meer	438.000	2246
Ostsee	422.000	460

Tab. 4.9 Flächenverteilung zwischen den ozeanischen Küstengebieten und offenen Ozeanen. [E. relative areas of continental shelves and open oceans] [84]

	Offene Ozeane [E. open Oceans]	Schelf-Gebiete [E. shelves]
Gesamtfläche Mio. km^2 [E. total Area mio. km^2]	360,3	26,7
Prozentualer Anteil der Flächen in verschiedenen Breitengraden [E. latitude bands, % of total]	Prozent [%]	Prozent [%]
Polare und nördliche Breitengrade [E. polar and boreal bands] 20°–45°	26,6	40,9
Breitengrade der gemäßigten Zonen [E. bands of temperate zones] 20°–45°	36,8	28,8
Tropische Zonen [E. tropical zones] 0°–20°	36,6	30,3

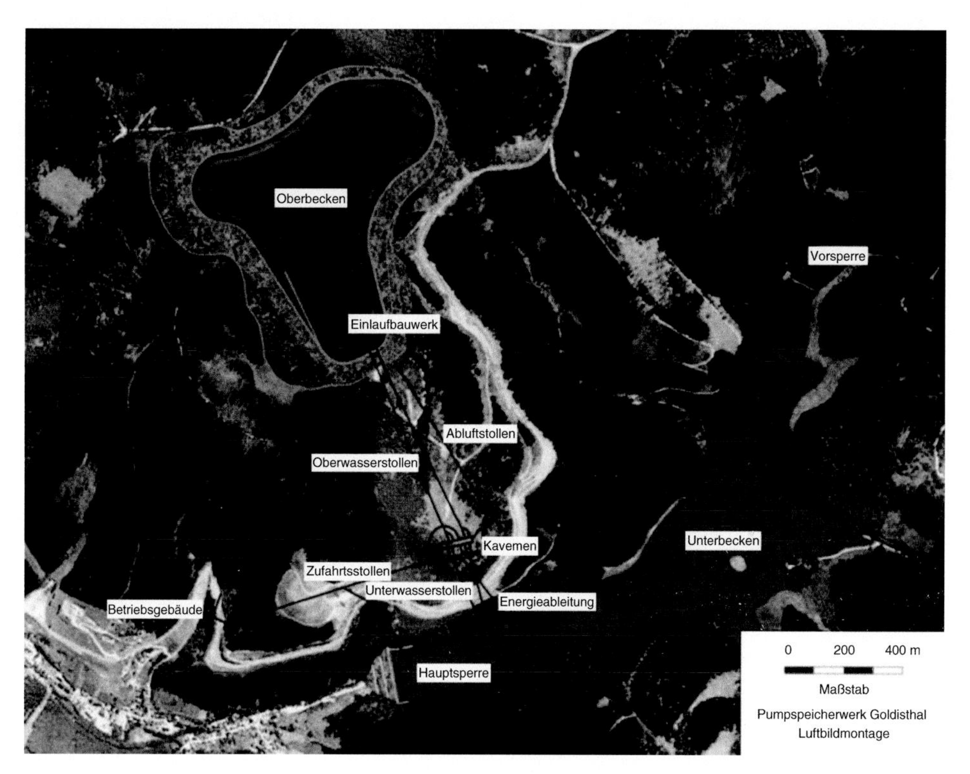

Foto I Wasserpumpspeicherwerk in Goldisthal [150] (s. Abb. 9.117). [E. Water pumped storage power plant in Goldisthal (Germany)]

6500 v. Chr.	*Die Landverbindung zwischen England und dem Kontinent wird überflutet.* Die Ostsee verwandelt sich in ein Salzmeer. Salzwasser der Nordsee strömt in den Ancylus-See wegen des gestiegenen Meeresspiegels. Die gegenwärtige Ostsee bildete sich. In dieser Zeit nahm die Bevölkerung zu. Die ersten technischen Entwicklungen setzten ein, z. B. die Metallbearbeitung. Völker wurden sesshaft, betrieben Ackerbau und Viehzucht (s. Landkarte von Europa).
800 v. Chr.	*Die Niederungen von Europa werden zum ersten Male besiedelt.*
200 v. Chr.bis 450 n. Chr.	*Die Römische Warmzeit.* Eine Zeit der Fruchtbarkeit und reichhaltiger Ernten von Früchten und Getreide begünstigten die Entwicklung und Ausdehnung Roms zu einem großen Reich.
450 n. Chr.	*Überflutung Nordeuropa.* Dörfer in Nordeuropa werden wegen Überflutung verlassen. Germanen ohne Land siedeln sich im Osten Englands und in Teilen Frankreichs an.

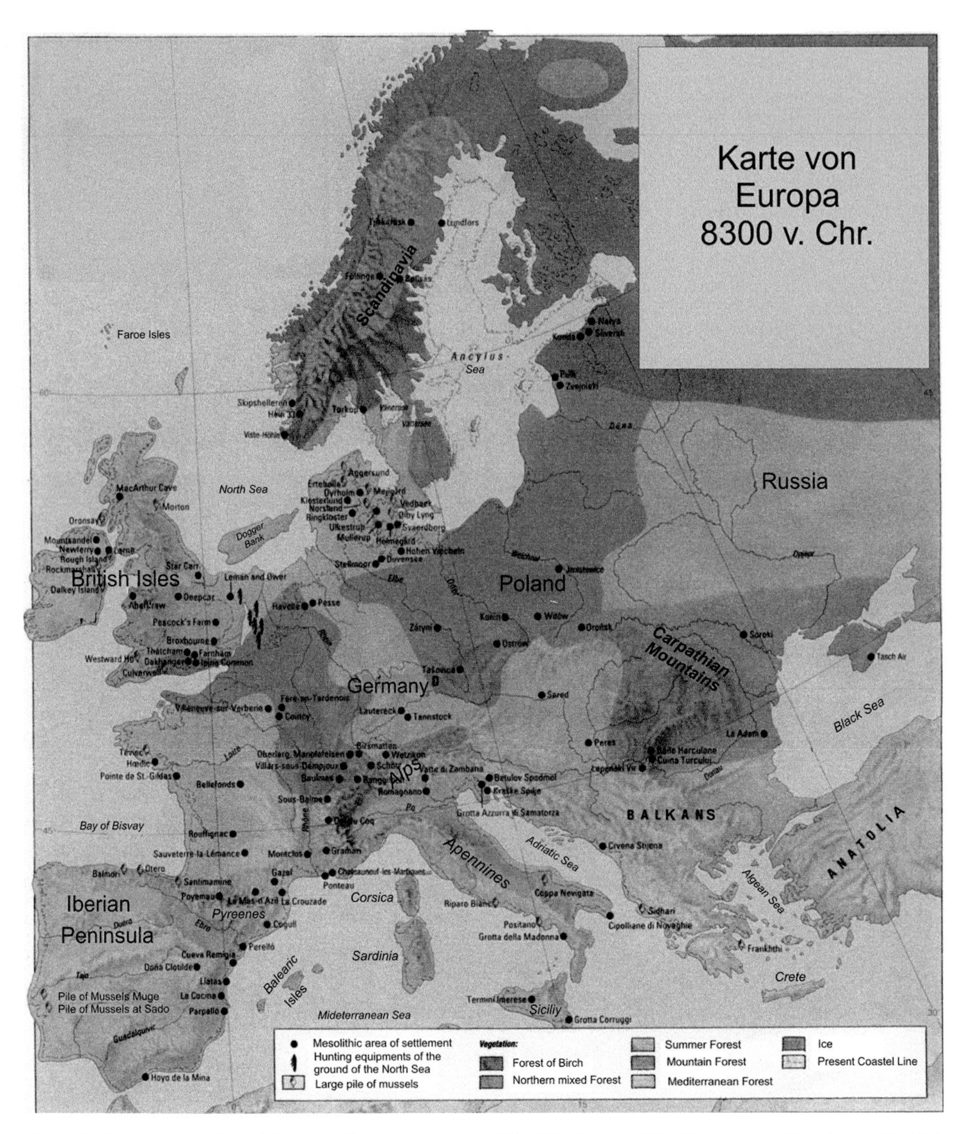

Foto II Die Festlandausdehnung Europas vor ca. 12.000 Jahren. [E. European Continent 12.000 years ago]

400 bis 900 n. Chr. *Kaltes frühes Mittelalter.*

In dieser Phase fror sogar der Nil zu. Zahlreiche große Städte wurden von den Menschen aufgegeben und verlassen. Das Römische Reich fiel auseinander. Seuchen und Hungersnot breiteten sich aus.

900 bis 1300 n. Chr. *Die mittelalterliche Warmperiode.*

Die Landwirtschaft begann wieder zu gedeihen. Der Reichtum der Städte nahm kräftig zu. Zahlreiche Gebäude und

	Kathedralen wurden in einer verschwenderischen Architektur errichtet.
1300 bis 1850 n. Chr.	*Die kleine Eiszeit.* Sie war gekennzeichnet von vielen Seuchen, Plagen (Gottesgeißel genannt), Missernten, Hexenverbrennungen, Hungerrevolten, Bauernaufständen und Revolutionen – einschließlich der Bauernkriege, des Dreißigjährigen Krieges und der französischen Revolution (1789) – und anderen Methoden der Unterdrückungen.
1850 bis zur Gegenwart.	*Zeit einer relativen Erwärmung.* Die Bevölkerung nahm kräftig zu. Weltweit von 1,5 auf 6,6 Mrd. Menschen. Die Landwirtschaft entwickelte sich in vielen Regionen erstaunlich positiv. Ein atemberaubender technischer und medizinischer Fortschritt setzte ein.

Erze und Manganknollen [E. ores and manganese nodules][4]

Auf dem Meeresboden sind 1876 zum ersten Mal von der Mannschaft des britischen Weltumseglers *Challenger* dunkelbraune Knollen und Schichten mit angereicherten Erzen entdeckt worden. Sie stammen aus dem Lavafluss der unteren Erdkrustenschicht und werden durch die *Schwarzen Raucher* in die unteren Wasserschichten der Ozeane gedrückt (s. auch Kap. 4, Abschn. „Lebende Systeme in der Tiefsee"). Der Metallgehalt dieser Knollen ist teilweise hoch und variiert sehr. Wirtschaftlich interessante Vorkommen enthalten bis zu 29 % Mangan, 6 % Eisen, 5 % Silizium, 3 % Aluminium, je 1,3 bis 1,4 % Nickel, Kobalt, Kupfer, darüber hinaus Titan, Vanadium, Molybdum u. a. Wie diese in 4000 m lagernden Erze eines Tages weit ab vom Festland hochgeholt werden sollen, darüber wird in der Welt und auch in Deutschland in mehreren Arbeitsgruppen intensiv geforscht. An der Küste *Papua Neuguineas* wurde in 1000 m Tiefe auch Gold entdeckt. Es wurde bei einem erloschenen submarinen Vulkan, dem *Conical Seamount*, gefunden.

Interessant sind ebenso Phosphorite als Ausgangsstoffe für Düngemittel. Sand, Kies und Schotter aus den Küstengebieten erfreuen sich als Baustoffe zunehmender Beliebtheit.

Gelöste Salze im Meerwasser [E. dissolved salts in sea water]

Das Meerwasser enthält eine relativ einheitlich zusammengesetzte Mischung aus gelösten Salzen. Einige in größerer Konzentration als Ionen vorkommende Stoffe sind in nachstehender Tabelle aufgeführt (Tab. 4.10).

[4] Erze sind metallhaltige Minerale oder Gesteine, die z. B. Kupfer, Eisen, Blei u. a. enthalten.

Tab. 4.10 Einige gelöste Inhaltsstoffe des Meer- und Flusswassers. [E. some dissolved ingredients of sea and river water] [238]

Ionen gelöster Salze	im Meerwasser [%]	im Flusswasser [%]
Karbonate, CO_3^{--}, HCO_3^-	0,41	35,15
Sulfate, SO_4^{--}	7,68	12,14
Chloride, Cl^-	55,04	5,68
Nitrate, NO_3^-	–	0,90
Calcium, Ca^{++}	1,15	20,39
Magnesium, Mg^{++}	3,69	3,41
Natrium, Na^+	30,62	5,79
Kalium, K^+	1,10	2,12
Eisen-Aluminiumoxid	–	2,75
Strontium, Sr^{++} Bromid, Br^- Borsäure, HBO_3	2,75	–
Quarz, SiO_2	–	11,67

Exakt betrachtet kommen im Meerwasser alle Verbindungen der im chemischen Periodensystem aufgeführten Elemente vor.

Das Meerwasser liefert in Salzgärten gewonnenes Natriumchlorid, NaCl, ebenso Magnesiumsalze und Bromide. 80 % des Weltbedarfs an Brom werden aus dem Meer gedeckt [15, 22]).

30 % des Steinsalzes, NaCl, werden heute immer noch aus dem Meer gewonnen, und zwar durch Eindampfen von in Meersalinen abgesteckten Salzgärten. Die Menge der Ozeansalzgehalte würde ausreichen, die Erdoberfläche mit einer Schichtdicke von 36 m zu überdecken, wenn es auskristallisieren würde [9].

2011 wurden weltweit insgesamt aus Meerwasser und Steinsalzbergwerken ca. 281,8 Mio. t Steinsalz gewonnen [14], davon in Deutschland 17,4 Mio. t, in den USA 44,0 Mio. t, in China 64,3 Mio. t, Ukraine 6,0 Mio. t und in Russland 2,0 Mio. t (s. Kap. 6, Abschn. „Ähnlichkeiten zwischen der Fotosynthese und den Synthesegasreaktionen").

Fotosynthese im Ozean [E. photosynthesis in the ocean]

Wie auf dem Festland ist die Fotosynthese auch in den ozeanischen Gewässern die auslösende Reaktion für die Erhaltung des Lebens. Die Sonne liefert die dafür nötige Energie (vgl. Kap. 3, Abschn. „Wasser und Sonnenenergie, Fotosynthese"). Allerdings absorbiert Wasser die Sonnenstrahlen sehr stark. Bis 200 m Tiefe dringt Licht in die Ozeane. In 1000 m Tiefe gibt es nur noch Restlicht. Danach herrscht Finsternis. Langwelliges rotes Licht wird schon in geringen Tiefen völlig absorbiert, in stark turbulenten Gewässern reichen Rotstrahlungen auch tiefer. Licht kürzerer Wellenlänge, z. B. blaugrün, ist energie-

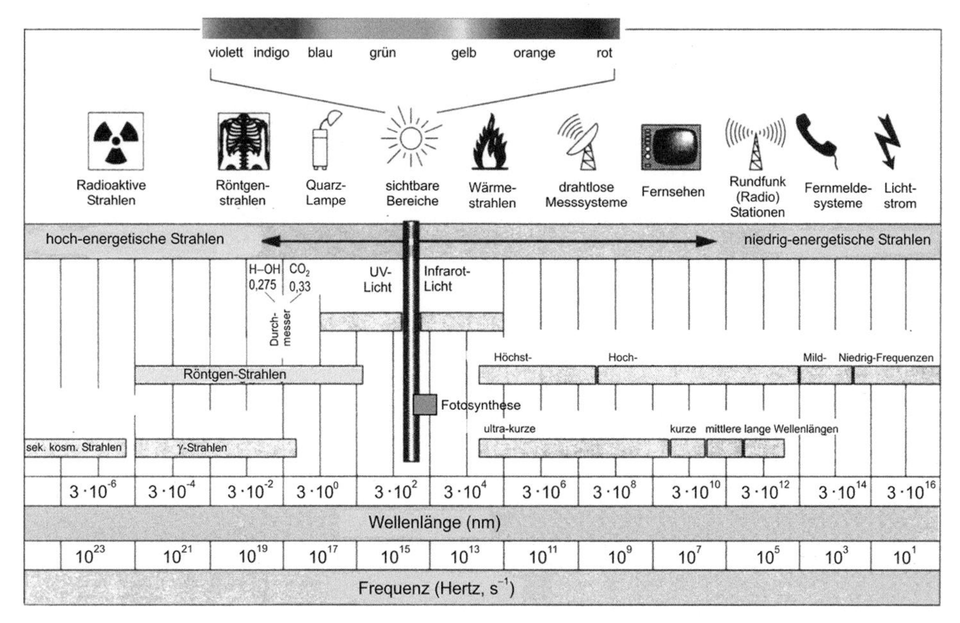

Abb. 4.43a Das Energiestrahlungsspektrum[5] in Nanodimensionen. [E. The spectrum[5] of radiation energy in nano-dimensions]

reicher und dringt bei klarem Wasser bis zu 1 km Tiefe (Abb. 4.43a). Die fotosynthetisch aktiven Zonen sind im Verhältnis zum gesamten Ozeanvolumen relativ klein. Auch der Druck nimmt mit der Tiefe zu. In 1000 m lasten bereits 100 kg auf jeden Quadratzentimeter von lebenden Organismen.

Die nicht fotosynthetischen Tiefenzonen, die vom Sonnenlicht nicht mehr erreicht werden, haben trotzdem eine reichhaltige Lebensaktivität. Sie wird bestimmt von anaeroben Bakterien, die luftsauerstofffrei zu leben vermögen. Wasserstofflieferanten (Donatoren) sind Verbindungen wie elementarer Wasserstoff, H_2, Ammoniak, NH_3, Schwefelwasserstoff, H_2S, Methan, CH_4. Mit ihnen gelingt es Bakterien, das auch in den tiefsten Tiefen der Meere vorkommende Kohlenstoffdioxid zu Glucose zu hydrieren bzw. zu reduzieren. Als Energiequelle dient die in den Wasserstofflieferanten gespeicherte chemische Energie (s. Gl. 1 bis 4 und zum Vergleich Gl. 5).

[5] spectrum (lat.) – Erscheinung. Physikalisch versteht man unter Spektrum das Farbband von zerlegtem weißem Licht.

Kohlenstoffdioxid (g) + Wasserstoff (g) → Glucose (s) + Wasser (l)

$$6\,CO_2 + 12\,H_2 \longrightarrow C_6H_6(OH)_6 + 6\,H_2O$$

(1)

$\Delta G = +\,30{,}8$ kJ/mol

Kohlenstoffdioxid (g) + Ammoniak (g) → Glucose (s) + Wasser (l) + Stickstoff (g)

$$6\,CO_2 + 8\,NH_3 \longrightarrow C_6H_6(OH)_6 + 6\,H_2O + 4\,N_2$$

(2)

$\Delta G = +\,162{,}6$ kJ/mol

Kohlenstoffdioxid (g) + Schwefelwasserstoff (g) → Glucose (s) + Wasser (l) + Schwefel (s)

$$6\,CO_2 + 12\,H_2S \longrightarrow C_6H_6(OH)_6 + 6\,H_2O + 12\,S$$

(3)

$\Delta G = +\,432{,}6$ kJ/mol

Kohlenstoff dioxid (g) + Methan (g) → Glucose (s)

$$3\,CO_2 + 3\,CH_4 \longrightarrow C_6H_6(OH)_6$$

(4)

$\Delta G = +\,420{,}6$ kJ/mol

Zum Vergleich:

Kohlenstoffdioxid (g) + Wasser (l) → Glucose (s) + Wasser (l) + Sauerstoff (g)

$$6\,CO_2 + 12\,H_2O \longrightarrow C_6H_6(OH)_6 + 6\,H_2O + 6\,O_2$$

(5)

$\Delta G = +\,2879.95$ kJ/mol

Vergleicht man die freien Reaktionsenthalpien, d. h. die bei der Glucosesynthese aufgewendeten Energien, so ist der Energieaufwand bei den Synthesen der Gleichungen (1 bis 4) am niedrigsten. Das bedeutet, dass der Energieaufwand zur Wasserstoffspaltung, H_2, bzw. Wasserstoffabspaltung aus den Verbindungen Methan, Ammoniak und Schwefelwasserstoff relativ gering ist. Die erforderliche Energie haben Wasserstoff und die Wasserstoffverbindungen, CH_4, NH_3 und H_2S beigesteuert, denn Wasserstoff und Wasserstoffverbindungen haben einen hohen inneren Energieinhalt und sind somit auch reaktionsfreudig. Ihre Energie reicht aus, um das reaktionsträge Kohlenstoffdioxid zu hydrieren. Eine Ausnahme macht das Wasser mit seiner dreidimensionalen Struktur aufgrund seiner Dipoleigenschaften.

So war es für zahlreiche anaerobe Mikroorganismen auch ohne Sonnenenergie und Wasser als Wasserstofflieferant möglich, die lebenswichtige Glucose aufzubauen.

Als vor ca. 4,3 Mrd. Jahren der Wasserdampf der Atmosphäre zu Wasser kondensierte, war der Weg für die Lichtenergie der Sonne geöffnet, aus dem sehr stabilen Wasser Wasserstoff abzuspalten, um aus dem Kohlenstoffdioxid Glucose aufzubauen (s. Gl. (4.5) der vorangegangenen Gleichungen und Tab. 13.35). Das war auch der Zeitpunkt für die allmähliche Entwicklung einer Sauerstoffatmosphäre bzw. Oxidationsatmosphäre. Der Sauerstoff unserer Atmosphäre stammt aus dem Wasser und ist ein Begleitprodukt der Fotosynthese.

Mit der *Fotosynthese* ist die Entwicklung einer Sauerstoffatmosphäre eingeleitet worden und der Beginn von Oxidationsvorgängen in der Natur im großen Maßstab. Es begann die Zeit der oxidischen Erdschichten, aber auch die der aeroben Stoffwechselprozesse und die große Bedeutung des Wassers als Wasserstofflieferant.

- Die *Fotosynthese* ist eine Reduktions-, d. h. Hydrierungsreaktion.
- Die *Fotosynthese* ist eine endergonische Reaktion. Durch Lichtenergiezufuhr werden die energiearmen Stoffe Kohlenstoffdioxid, CO_2, und Wasser, H_2O, in energiereiche Stoffe überführt.
- Die *Fotosynthese* ist eine Energieumwandlungsreaktion. Lichtenergie wird in chemische Energie umgewandelt und gespeichert. Sie ist mit Wasser zusammen eine Energiepumpe. Der Ordnungsgrad der energiereichen Stoffe, wie z. B. Glucose und deren Abkömmlinge, ist größer als der der energiearmen Stoffe. Die Entropie des Reaktionssystems nimmt während der Fotosynthese ab.

In der Abb. 6.74 ist als Beispiel das Zusammenwirken zwischen anaeroben und aeroben Prozessen innerhalb des Kohlenstoffcyclus schematisch dargestellt.

Im oberen linksseitigen Feld ist ausgehend von der Glucose der oxidative Abbau bis zum Kohlenstoffdioxid und Wasser skizziert. Dabei ist berücksichtigt, dass die erste Abbaustufe von der Glucose bis zur Brenztraubensäure anaerob verläuft.

$\text{Glucose}_{(s)}$		$\text{Brenztraubensäure}_{(l)}$		intermediärer Wasserstoff
$C_6H_6(OH)_6$	$\xrightarrow{\text{Enzym}}$	$2\ H_3C{-}C({=}O){-}COOH$	+	$4\ \{H\}$

Ein Vergleich der Daten für die freien Reaktionsenthalpien zeigt weiter, dass bei aeroben, d. h. Oxidationsprozessen mehr Energie für die Stoffwechselvorgänge zur Verfügung stehen als bei anaeroben (s. Abb. 6.73 und 6.74).

Infrarotspektrum von Wasserdampf, H–OH, und Kohlenstoffdioxid, CO_2, in der Atmosphäre [E. infrared spectra of water (H–OH) and carbon dioxide (CO_2) in the atmosphere] [23]

Die Atome in Molekülen schwingen gegeneinander. Sie haben eine oder mehrere *Eigenschwingungen* bzw. *Eigenfrequenzen*, je nachdem aus wie viel Atomen ein Molekül besteht und wie sie einander zugeordnet sind.

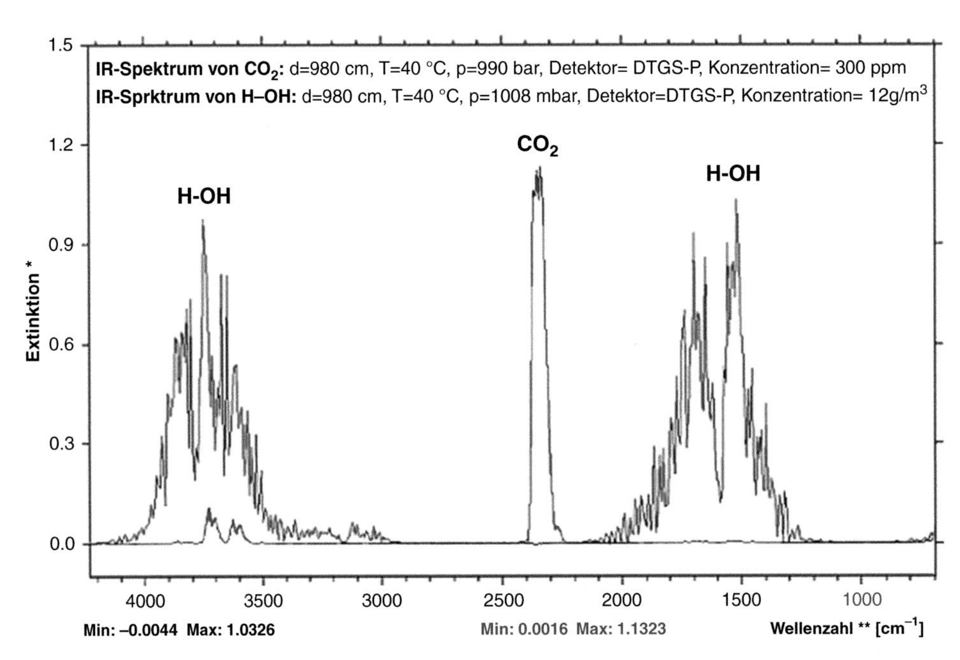

Abb. 4.43b IR-Spektrum von CO_2 und von Wasserdampf, H-OH [130, 249]. [E. Infrared spectra of water and carbon dioxide in the atmosphere]

In der Infrarotspektroskopie werden die Schwingungen der Infrarotstrahlen mit den Eigenfrequenzen der schwingenden Atome im Molekül in Einklang (Resonanz)[6] gebracht (s. Abb. 4.43c). Dabei wird die der Energie der Infrarotstrahlen entsprechende Frequenz von dem Molekül absorbiert. An dieser Stelle des Spektrums tritt eine Absorptionsbande auf.

Bei den *Eigenschwingungen* wird unterschieden zwischen den *Valenzschwingungen* und den Deformationsschwingungen.

Bei den Valenzschwingungen (V.S.) ändern sich während der Schwingung nur die Atomabstände. Bei den Deformationsschwingungen (D.S.) werden die Winkel zwischen den chemischen Bindungen rhythmisch aufgeweitet oder verkleinert (s. Tab. S. 111).

Beispiele Wasser (HOH) und Kohlenstoffdioxid (CO_2): Beim Wasser und Kohlenstoffdioxid treten als dreiatomige Moleküle drei Grundschwingungen auf, je zwei Valenzschwingungen und je eine Deformationsschwingung. Aus den Wellenzahlen geht hervor, dass die von den Wassermolekülen absorbierten Infrarotstrahlen von höherer Energie sind und damit auch kurzwelliger als die von den Kohlenstoffdioxidmolekülen. Die entsprechenden Infrarotspektren belegen das (s. Abb. 4.43b).

[6] resonare (lat.) – widerhallen; Resonanz – Mitschwingen, Mitklingen.

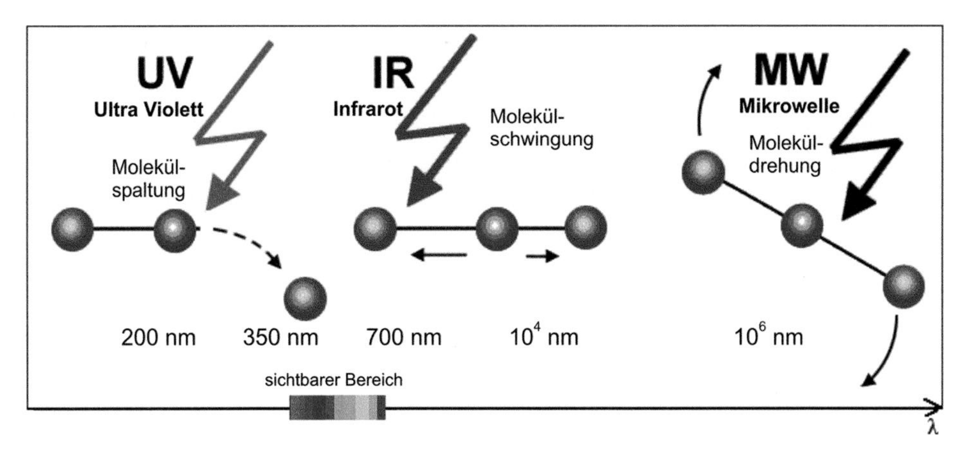

Abb. 4.43c Wirkung von Strahlung auf dreiatomige Moleküle. [E. action of radiation to triatomic molecules]. (Quelle: http://www.wasserplanet.biokurs.de/)

Normalschwingungen des Wasser- und Kohlenstoffdioxidmoleküls [143]:

H-OH	V.S.	Symmetrische Streckschwingung		Wellenzahl $\overline{\nu}$	3654 cm^{-1}
	D.S.	Deformationsschwingung in der Ebene			1595 cm^{-1}
	V.S.	Asymmetrische Streckschwingung			3756 cm^{-1}
CO_2	V.S.	Symmetrische Streckschwingung			1337 cm^{-1}
	D.S.	Deformations schwingung in der Ebene			668 cm^{-1}
	V.S.	Asymmetrische Streckschwingung			2350 cm^{-1}

Die Wellenzahl $\overline{\nu}$ gibt die Anzahl der Schwingungen an, die Licht einer bestimmten Wellenlänge λ auf einer Strecke von 1 cm ausführt
V.S. Valenzschwingungen, *D.S.* Deformationsschwingungen

Bekannt ist, dass Wasserdampf in der Atmosphäre erheblich mehr Infrarotstrahlen mit höherer Energie absorbiert als Kohlenstoffdioxid und somit auch entsprechend mehr IR-Strahlung abstrahlt, d. h. emittiert. Das hängt mit der bipolaren Struktur des Wassermoleküls zusammen (s. Abb. 1).

Die Fläche unter den Diagrammen und ihre Höhen der Extinktionen veranschaulichen die Absorptions- und Emissionsfähigkeit einiger Gase in der Atmosphäre. Sie zeigen, dass Wasserdampf die entscheidende Substanz in der atmosphärischen Luft ist, die die Erdoberfläche vor einer zu starken Abkühlung sowie Erwärmung schützt.

Im Vergleich und Gegensatz zu Kohlenstoffdioxid vermag Wasserdampf in einem breiten Wellenlängenbereich langwellige Strahlung zu absorbieren.

Lebende Systeme in der Tiefsee [E. living systems in Deep-Sea]

Es gibt in der Tiefsee Gebiete mit hoher vulkanischer Aktivität, z. B. an den Mittelozeanischen Rücken. Aufgrund des hohen Drucks übersteigen die Wassertemperaturen die 100 °C-Marke. Trotzdem hat sich in diesen Meerestiefen eine intensive Lebensaktivität von Mikroorganismen entwickelt.

Heute wird angenommen, dass die Obergrenze für Leben aller Ökosysteme bei ca. 150 °C liegt. Oberhalb dieser Temperaturen ist es den Organismen nicht mehr möglich, das Aufbrechen von chemischen Strukturen und Bindungen zu verhindern, die die *Desoxiribonukleinsäuren* (als Träger der Erbinformationen) und die Struktur- oder Funktionsproteine zusammenhalten.

Hydrothermale[7] *Tiefseequellen* bilden mit ihrer Umgebung ein eigenes Ökosystem, das viele lebende Arten von Mikroorganismen und Kleinlebewesen aufweist. Die Grundlage eines solchen Biotops sind die chemosynthetisch aktiven Bakterien und Archaeen. In dem heißen wässrigen lichtlosen Medium nutzen sie je nach hydrothermalen Voraussetzungen Wasserstoff, H_2, Methan, CH_4, Schwefelwasserstoff, H_2S, aber auch Ammoniak, NH_3, als Energielieferanten. Sie reduzieren Kohlenstoffdioxid zu Glucose als Ausgangssubstanz zu Biopolymeren (s. Gl. 1 bis 4, Kap. 4, Abschn. „Fotosynthese im Ozean").

Hydrothermale Ökosysteme werden außerdem von Arten bewohnt, die in Symbiose mit Bakterien leben und von ihnen ihre Nährstoffe erhalten. Diese Symbioten können sein [112]:

Spinnenkrabben ohne Augen	Muscheln aller Art
Bartwürmer	Calyptogena
Venus- und Miesmuscheln	Röhrenwürmer
Seesterne	

Eine vorherrschende Rolle unter den Tiefsee-Organismen spielen die *Archaeen (Urbakterien)*. Obwohl sie in molekularbiologischen Eigenschaften den *Eukaryonten* ähnlicher sind als den Bakterien, besitzen sie typische bakterielle Gemeinsamkeiten, wie z. B. das Fehlen eines Zellkerns, die Art der Zellteilung und auch die Zellgröße. Sie haben ein in sich geschlossenes DNA-Molekül und geißelähnliche einfache Fortbewegungsorgane. Viele *Archaeen* sind *extremophil*. Sie können in extremen Lebensbedingungen gedeihen,

[7] hydor (gr.) – Wasser; therme (gr.) – Wärme.

z. B. bei Temperaturen über 80 °C, bei niedrigen und hohen pH-Werten, d. h., sie sind *acidophil* bzw. *alkaliphil*, und sie ertragen hohe Salzkonzentrationen und sind somit *halophil*.

Archaeen findet man sowohl in marinen und auf festländischen vulkanischen Gebieten. Halophile Archaeen gedeihen gut in Umgebungen mit hohem Salzgehalt. In großen Anteilen sind Archaeen im *Toten Meer* und typischen Meerwasser anzutreffen.

Es wird geschätzt, dass in den Ozeanen ca. $1{,}3 \cdot 10^{28}$ Archaeen und $3{,}1 \cdot 10^{28}$ Bakterien vorkommen.

Viele Archaeen sind autotroph[8], sie sind unabhängig von organischem Kohlenstoff. Sie nutzen die Kohlenstoffdioxidquelle zum Aufbau von organischen Stoffen unter anaeroben Bedingungen.

Der auslösende Prozess für diese submarinen heißen Quellen ist das Aufbrechen des Meeresbodens an den mittelozeanischen Spreizungsachsen. Es bildet sich eine poröse durchlässige neue ozeanische Meereskruste. In den aufströmenden hydrothermalen Fließsystemen gedeihen Mikroorganismen, die den gelösten Schwefelwasserstoff als Energiequelle für die Synthese von Biomasse nutzen. Die hohen H_2S-Konzentrationen ermöglichen den Bakterien in der Tiefsee eine schnelle Vermehrung. Auf engstem Raum bilden sich zahlreiche Biomasse-Oasen.

Eine besondere Rolle spielen die symbiotischen Beziehungen zwischen den sulfidoxidierenden Bakterien und Weichtieren in den bis zu 80 °C heißen Biotypen, z. B. Muschel- und Garnelenkolonien.

Sichtbarer Mineraliendampf der *Schwarzen Raucher* (Black Smoker) steigt aus dem Erdmagma der unteren Erdkruste. Kaltes Meerwasser von ca. 2 °C dringt in die rissige Erdkruste und wird durch das aufstrebende Magma bis zu 400 °C erhitzt. Ähnlich den Geysiren (mehr dazu in Kap. 9, Abschn. „Geysire“) schießt es mit Drücken bis zu 300 bar nach oben und reißt Metallsulfide mit sich. Letztere werden nach Abkühlung ausgefällt und sinken auf den Meeresboden als feste Metallsulfide zurück. Es bilden sich die sogenannten *Manganknollen* (Manganese nodules) (vgl. Kap. 4, Abschn. „Erze und Manganknollen“). Schwarze Raucher finden sich bis zu 4 km Tiefe an den Rändern der Kontinentalplatten [58]. Ist die *Sedimentationswolke* reich an Eisensalzen, dann ist sie schwarz gefärbt. Man spricht dann vom *Black Smoker*. Eine helle Sedimentations-*White Smoker*-Fahne bildet sich, wenn sie Anhydrit, Gips, $CaSO_4$, oder Silikate, $(SiO_3^-)_n$, enthalten. Diese Zirkulation wird durch Hitze und Druck der Lavamassen angetrieben.

Die einzelnen *Hydrothermalquellen* unterscheiden sich einmal in ihren alkalischen und sauren pH-Werten, die zwischen pH = 12,6 (alkalisch) und pH = 0,9 (sauer) variieren können. Sie unterscheiden sich aber auch in der Zusammensetzung ihrer ausströmenden Gase: Wasserstoff, H_2; Methan, CH_4; Kohlenstoffdioxid, CO_2; Schwefelwasserstoff, H_2S; Schwefeldioxid, SO_2. Entsprechend unterschiedlich ist das Ökosystem der Mikroorganismen am Meeresgrund ausgebildet.

---

[8] autos (gr.) – selbst; trophe (gr.) – Nahrung. Autotroph ist eine Ernährungsweise von Organismen, die nur anorganische Stoffe benötigen.

Hydrothermalsysteme sind in folgenden Ozeanregionen geortet und teilweise untersucht worden [234]

- Mittelatlantischer Rücken südlich der Kane Fracture Zone.
- Lucky Strike Field südlich der Azorenplattform im Atlantik.
- Lost City Hydrothermal Field am Mittelatlantischen Rücken 30° nördlicher Breite.
- an den Subduktionszonen.
- Galapagos Spreizungsrücken im Pazifik.
- Ostpazifischer Rücken zwischen 9° und 21° nördlichen Breitengrades.
- Juan-de-Fuca-Rücken im Nordwestpazifik.

Die Ozeane als Nahrungsmittelquelle [E. the Oceans as resources for food] [4]

Obwohl die Lichtenergie der Sonne bis zu 200 m tief, maximal bis zu 1000 m, in die Meere und Seen eindringt und auch Sauerstoff im Wasser gelöst ist, ist die Produktivität der Natur im Lebensraum Wasser nicht so hoch und intensiv wie auf dem Land. Der Gesamtbestand an Fischen und fischähnlichen Lebewesen beträgt nicht einmal die Hälfte der Biomasse der Haustiere der Menschen. Dagegen ist die Biodiversität und Artenvielfalt der Meere größer als die auf dem Festland. Allerdings zeigt sie sich im Wesentlichen im Bereich der Kleinstlebewesen und Mikroorganismen.

Von der Artenvielfalt in der Natur sind bisher 1,75 Mio. Arten verfasst und beschrieben worden [84]. Säugetiere, Vögel und Pflanzen sind unter ihnen am genauesten identifiziert worden.

Beschäftigt man sich mit dem Problem Wasserkrise und versucht die Ursachen und Auswirkungen zu ermitteln, dann werden drei Krisenfelder sichtbar, die miteinander zusammenhängen und von gleicher Bedeutung sind.

1. Süßwassermangel, die ungleiche Verteilung des Süßwassers auf der Erde und der damit einhergehende Durst vieler Millionen Menschen auf der Erde (s. Kap. 1).
2. Die Bereitstellung von technischer Nutzenergie, Wärme und Elektrizität ist unmittelbar an Wasser als Energieumwandler und -transporteur gebunden (s. Tab. 13.30). Keine Energie ohne Wasser.
3. Wasser als Voraussetzung für Wachstum in freier Natur und in der Landwirtschaft sowie als Nahrungsmittelquelle in Flüssen, Seen und den Ozeanen.

Die Ozeane lieferten im letzten Jahrzehnt etwa 80 % der aus dem Wasser gewonnenen Nahrungsmittel, vorwiegend in Form von Fischen aller Art. Das sind jährlich ca. 110 Mio. t. Weitere 28 Mio. t werden aus den Binnengewässern der Flüsse und Seen erhalten.

20 % der aus den Meeren geholten Fische stammen schon aus einer Aquakultur, auch Marinekultur genannt. Das sind spezielle Methoden einer kontrollierten Aufzucht.

Diese riesigen aus den Meeren entnommenen Fischmengen haben zu einer *Überfischung* geführt. Darunter ist eine Verknappung bestimmter Fischarten zu verstehen, da sich ihre Vermehrungsrate kräftig verringert hat. Die Heringsfischerei brach zum ersten Mal schon 1968 im östlichen Nordatlantik zusammen und 1972 der Sardellenfang vor den Küsten Perus. Seit 1968 sind auch die Kabeljaufänge kräftig zurückgegangen.

Diese Krisen veranlassten die *Vereinten Nationen* zu einem Seerechtsübereinkommen. Es soll den Küstenanrainerstaaten in einer 200 Seemeilenzone das alleinige Fischfangrecht garantieren.

Doch nicht der gesamte Meeresfischfang dient der menschlichen Ernährung. Das sind nur 65 %. 20 % des Fischfangs werden zu Fischmehl oder Fischöl verarbeitet und in der Massentierhaltung als Futter verwendet. 15 % des Fischfangs werden als sogenannter Beifang wieder über Bord der Fangschiffe gekippt, da er sich nicht zur weiteren Verarbeitung und Vermarktung eignet [127].

Meeresströmungen [E. Ocean currents]

Eine der charakteristischen Eigenschaften des Wassers ist sein Fließverhalten. Die auf der Erdoberfläche, in Ozeanen, Seen, Flüssen, im Erduntergrund, in Eisbergen und in der Atmosphäre verteilten Wassermassen befinden sich in ständiger Bewegung und im gegenseitigen Austausch.

Meeresströmungen bewegen riesige Wassermassen und mit ihnen alles, was in oder auf ihnen schwimmt: z. B. pflanzliche oder tierische Lebewesen aller Art, in Wasser gelöste oder suspendierte Stoffe einschließlich der zunehmenden belastenden Schadstoffe, gespeicherte Wärme, Eisschollen und -berge sowie Schiffe [150].

Meeresströmungen sind richtungsorientierte, relativ gleichmäßige Wasserbewegungen über sehr weite kontinentale Strecken mit Breiten bis 100 km und mehr. Von ihnen unterscheiden sich die Turbulenzen und Wellen mit ihren sich schnell verändernden Bewegungen.

Die *treibenden Faktoren* der Strömungen sind *Druck-, Temperatur-, Salzkonzentrationsunterschiede* und die davon abhängigen *Dichtedifferenzen* des Wassers (s. Tab. 3.7). Druckunterschiede bilden sich aufgrund der unterschiedlichen Meerestiefen und der Meeresbodenstruktur. Unter einer hohen Wassersäule herrscht ein höherer Druck als unter einer niedrigen. Auch die Winde sorgen für Druckunterschiede. Sie drücken die Wassermassen an die Küsten und sind die wesentlichen Antriebskräfte für oberflächennahe Strömungen. Durch Winde entstehen Wellen, die in turbulente Bewegungen zerfallen können und zugleich auf benachbarte Wasserareale übertragen werden.

Eine *Erwärmung des Meerwassers* durch Sonneneinstrahlung und eine damit einhergehende Verdunstung sorgen für Temperaturdifferenzen bzw. unterschiedlich verteilte Wärmeinhalte innerhalb großer Wassermassen. Warmes Wasser hat eine geringere Dichte als kaltes. Kaltes Wasser bewegt sich auf den Meeresboden zu und löst Strömungen aus. Entsprechendes gilt für Wasser mit einem hohen Salzgehalt, das ebenfalls eine größere Dichte gegenüber Wasser mit niederer Salzkonzentration hat und Strömungen verursachen kann.

Oberflächenströmungen verteilen die ozeanischen Wassermassen in einer Schicht der oberen 100 m um. Sie wirken in den verschiedenen Jahreszeiten unterschiedlich stark, z. B. die Passatwinde, Monsunwinde und Gezeiten.

Neben den Oberflächenströmungen gibt es entgegengesetzt gerichtete *Unterströme* in unterschiedlicher Tiefe bis zu 1000 m. Drücke, die in den oberen Meeresschichten herrschen, wirken auf die gesamte Wassersäule in die Tiefe. In den Wassersäulen entstehen vertikale Strömungen, die neben dem horizontalen Fließen ebenfalls zu einer intensiven Durchmischung ozeanischer Wassermassen beitragen. Zusammen mit einer Änderung von Wassertemperatur, Salzkonzentration und Dichte verändern sich auch die Geschwindigkeit und Richtung einer Strömung. Es kann zu einer Richtungsumkehr kommen. Auf diese Weise bilden sich *Unterströme* heraus.

Ein Beispiel im westlichen Atlantik ist der nach Süden als kalte Rückströmung kräftige Unterstrom unter dem nordwärts gerichteten *Nordatlantikstrom* (Abb. 4.44, 4.45a und 4.45b) [158].

Die Corioliskräfte (s. Glossar), hervorgerufen durch die Erdrotation, beeinflussen in hohem Maße die Strömungsrichtung, -geschwindigkeit und damit die Durchmischung der Ozeane.

Entsprechend dieser hier nur kurz skizzierten Einflussfaktoren auf das Strömungsverhalten der Gewässer ist deren Verweildauer in den jeweiligen Wasserregionen sehr unterschiedlich. Einige Daten sind nachstehend aufgeführt [67] Zwei Drittel der weltweiten Ozeanflächen liegen auf der Süderdhalbkugel [67] (Tab. 4.11).

Das Strömungsverhalten der Seen und Flüsse auf dem Festland wird im Wesentlichen von dem Höhengefälle bzw. den Zufluss- und Abflussgeschwindigkeiten der Wassermengen bestimmt.

Beispiele von Meeresströmungen [E. examples of ocean currents] (Abb. 4.45a und 4.45b):

im *Atlantik*[E. Atlantic]
Golfstrom-Trift (warm)
Westafrikanische Strömung (kalt)
Labrador-Trift (kalt)
Polar-Trift (kalt)
Ostgrönland Strom (kalt)
Westwind-Trift (kalt)

im *Atlantik und Pazifik*[E. Atlantic and Pacific]
Nord-Äquatorial-Strömung (warm)
Äquatorial-Gegenstrom (warm)
Süd-Äquatorial-Strömung (warm)

im *Pazifik*[E. Pacific]
Kuro-Schio-Westwind-Trift (warm)
Humboldt-Strom (kalt)
Falkland(Kap Hoorn)-Strömung (kalt)
Westwind-Trift (kalt)
Oja-Schio-Strom (kalt)
Alaska-Strom (warm)
Kalifornischer Strom (kalt)

um Australien[E. Australia]
Westaustralischer Strom (kalt)
Südaustralischer Strom (kalt)
Ostaustralischer Strom (warm)

im *Indischen Ozean*[E. Indian Ocean]
Agulhas-Strom (warm)

Abb. 4.44 Der Verlauf des Golfstroms und des Nordatlantikstroms. [E. the course of the Gulf-Stream and the North-Atlantic-Current] [158, 191]

Tab. 4.11 Austauschzeiten des Wassers in verschiedenen Regionen. (E. times of interchanging of water in different regions and biospheres) (s. Abb. 2.13) [67]

Wasserregionen	Austausch- bzw. Umsatzzeit
Atmosphäre	9 Tage
Flüsse	10 bis 60 Tage
Bodenfeuchte	2 bis 50 Wochen
Wasser in lebenden Organismen (Biomasse)	wenige Wochen
Seen	10 Jahre
Grundwasser	10 bis 300 Jahre
Ozeane	50 bis 3000 Jahre
Gletscher und Polareis	12.000 bis 15.000 Jahre

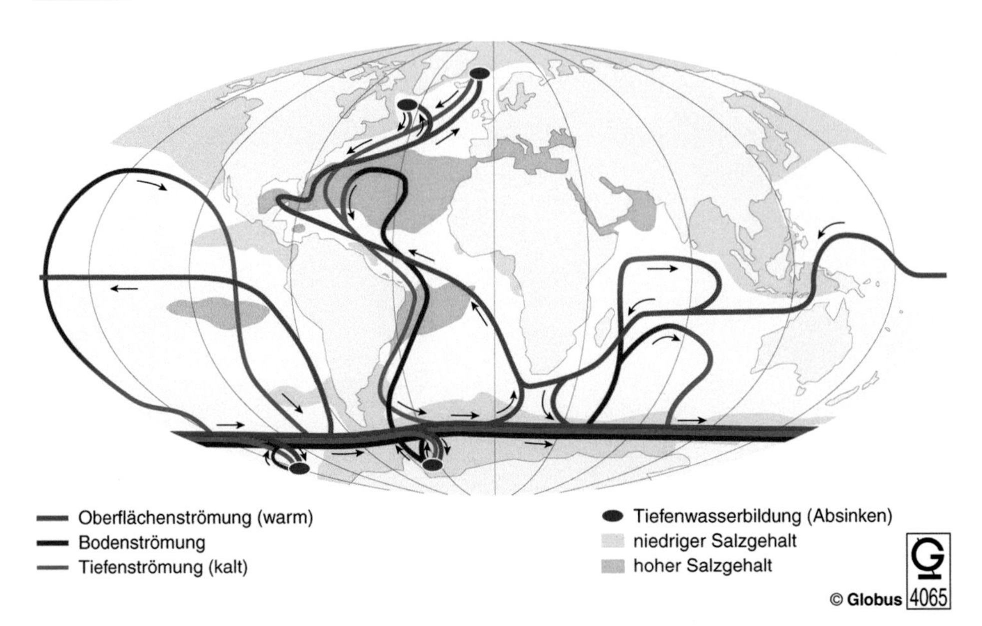

Abb. 4.45a Oberflächen-, Tiefen- und Bodenströmungen der Meeresströmungen. [E. surface-, depth- and ground currents of the oceanic circulation]. (Quelle: www.wbgu.de/wbgu_sn2006/wbgu_sn2006_voll_2.html)

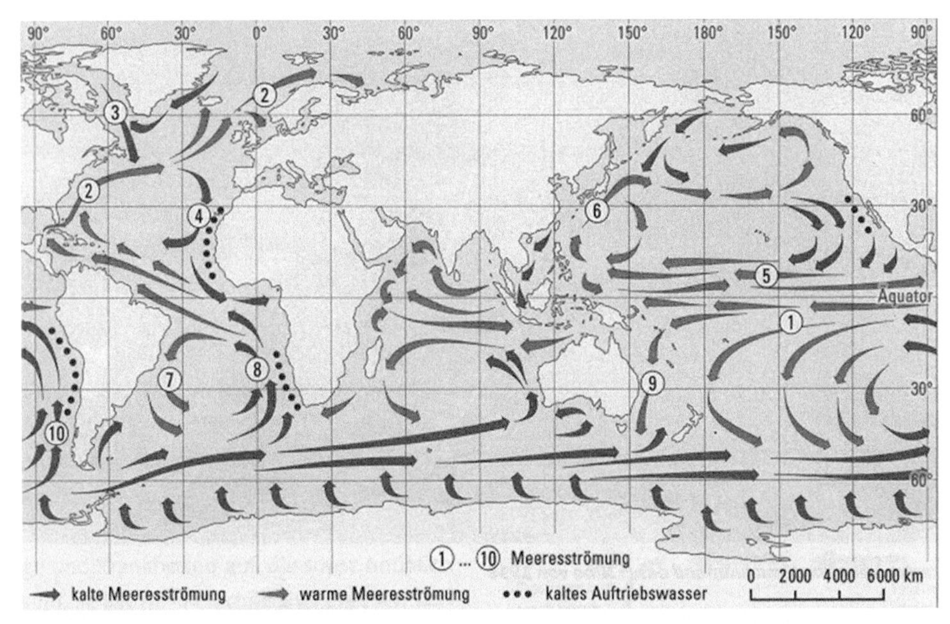

Abb. 4.45b Die wichtigsten globalen Meeresströmungen. [E. Global circulation pattern]. (Quelle: www.eike-klima-energie.eu)

Antarktis [E. Antarctic]

Die Antarktis, am Südpol als eigener Kontinent liegend, zeichnet sich durch ein besonders kaltes und trockenes Klima aus. Sie hat eine Ausdehnung von 21,2 Mio. km^2. Als Abgrenzung ist der Polarkreis 66°33' südlicher Breite festgelegt. Die Polarnatur reicht aber weit über diese Grenze nach Norden hinaus. 89 % des gesamten Eises unserer Erde befindet sich als Festlandeis in der Antarktis (s. auch Kap. 2). Das Innere dieses Südpolkontinents bildet die größte Wüste der Welt. Aufgrund seismografischer Messungen werden die Eisschichtdicken im Mittel auf 1800 m geschätzt, aber auch Schichtdicken bis zu 3000 m wurden festgestellt. Auf dem 3000 m hohen antarktischen Hochland werden Temperaturen bis zu −80 °C gemessen. Erdwärme aus vulkanischen Aktivitäten bringt Unruhe in die unteren Schichten des gigantischen Eispanzers. Dort wurden überraschend große Süßwasserreserven entdeckt. Der Südpolkontinent wird von einem gewaltigen Meeresstrom umkreist. Er verbindet den Atlantik mit dem Indischen Ozean und dem Pazifik (Abb. 4.45c). Er ist von mächtigen Wirbeln durchsetzt, die von unterschiedlicher Temperatur sind und sich örtlich verlagern. Diese Wirbelverlagerungen sorgen für wechselnde Temperaturgefälle in den Offshore-Gewässern. Sie sorgen für ein Abschmelzen der Schelfeisinseln oder für eine weitere Vereisung. Forschungen haben ergeben, dass die gewaltigen Eispanzer sich in Zeitphasen von Jahrtausenden ändern. Schwimmende Eisschelfe ändern sich durch Schmelzen oder Vereisung im Laufe von einigen Jahren bis zu hundert Jahren.

Die Weltmeere, die die tief gelegenen Flächen der Erdkruste bedecken, sind der große Sedimentationsraum, dem alle verwitterten Mineralien zustreben. Die tiefsten Meeres-

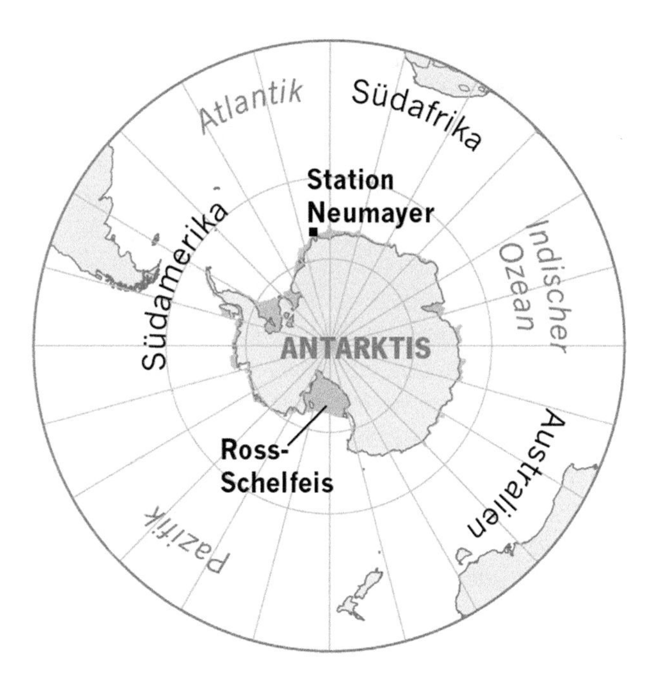

Abb. 4.45c Karte der Antarktis. [E. Map of Antarctic] [185]

gründe messen bis zu ca. 9000 m. Die Hauptmenge wird von den Flüssen der Kontinente in die Meere transportiert. Auch die Gezeiten nagen an den Randzonen der Kontinente und tragen zur Durchmischung der Sedimente und des Meerwassers bei (s. Kap. 9, Abschn. „Gezeiten“).

Die Meeresströmungen vermischen und verteilen nicht nur Wasser und Sedimente, sondern sie haben maßgeblichen Anteil am Austausch von Wärmeenergien auf der Erdoberfläche. Sie verfrachten riesige Wärmemengen aus den Tropen in die kälteren Breiten der Erde, die sonst keine Vegetation hervorbringen würden (Abb. 4.44, 4.45a, 4.45b, 4.45c).

Die Polarmeere werden wegen ihrer Rohstoffvorkommen politische Konfliktregionen (s. Abb. 13.148 a, S. 388).

Golfstrom und Nordatlantikstrom [E. Gulf Stream and North Atlantic Current] [195]

Der Golfstrom ist kein Fluss im üblichen Sinne, der als fließendes warmes Wasser durch den Atlantik strömt. Er ist ein schmaler Hochgeschwindigkeits-Grenzwasserstreifen, der ein Überfließen und Vermischen der warmen Ozeangewässer des Sargasso-Meeres (rechte Seite) mit dem küstennahen Ozeanwasser des amerikanischen Kontinents (linke Seite) (Abb. 4.44) verhütet. [51, 158, 195]

Das wärmere Golf- und Nordatlantikstromsystem im Nordatlantik ist klimabestimmend für Westeuropa, Skandinavien bis zur Insel Nowaja Semlja im nördlichen Eismeer Sibiriens. Es ist dafür verantwortlich, dass Nordeuropa und Russland an ihren Nordküsten über eisfreie Seehäfen, z. B. Murmansk, verfügen. Der Ursprung dieses warmen Meeresstroms ist in der Karibik im Golf von Mexiko zu suchen. Dort heißt er Floridastrom. Zwischen *Cape Hatteras* und dem *Grand Banks* führt er den Namen Golfstrom, um danach Nordatlantikstrom genannt zu werden.

Der Wasserstrom zeichnet sich durch eine große Mächtigkeit (Tiefe) von mehreren 100 m bis zu 700 und 800 m aus. Seine Strömungsgeschwindigkeit beträgt an der Oberfläche 2 bis 2,5 m/s. Riesige Wassermengen von ca. 100 Mio. m^3 werden pro Sekunde von dem Nordatlantikstrom durch den Atlantik transportiert. Der Nordatlantikstrom ist im Wesentlichen eine von der Windenergie getriebene Oberflächenströmung. Von den umgebenden Ozeangewässern unterscheidet sich das Stromsystem durch eine erhöhte Strömungsgeschwindigkeit, Oberflächentemperatur, eine unterschiedliche Salzkonzentration und Dichte. Die entsprechenden Daten hängen von den Jahreszeiten, den Breitengraden, den Meerestiefen sowie dem Strömungsverhalten ab.

Im Verhältnis zur Längsstreckung ist der Golfstrom mit einer Breite von ca. 50 bis 100 km relativ schmal. Von seiner Umgebung hebt er sich durch eine Blaufärbung ab, die auf seinen höheren Salzgehalt und seine höhere Temperatur zurückzuführen ist. Je nach ihrer Tiefe sind die Ozeangewässer im Allgemeinen grünstichig bis nur leicht bläulich gefärbt. In seiner Entstehungsregion werden die Wassermassen des Floridastroms durch starke Sonneneinstrahlung und die warmen Luftschichten kräftig erwärmt, teilweise bis über 30 °C.

Diese mit dem Wasserstrom mitgeführte Wärme beeinflusst das Klima West- und Nordeuropas maßgeblich. Der Wärmeeffekt wird noch durch westliche Luftströmungen unterstützt und reicht auch im Winter bis über den Nordural hinaus.

Die mittlere Oberflächentemperatur des Golfstroms schwankt in seinem südlichen Teil um 28 °C und sinkt in den nordeuropäischen Regionen bis auf 15 °C ab. [195]

In der Karibik entspringend verläuft der Golfstrom entlang der Südostküste Nordamerikas nach Norden. In etwa auf der Höhe Neufundlands tritt er in den offenen Atlantik und spaltet sich in zwei Arme auf. Der eine Arm fließt als subtropische Rezirkulation wieder im Bogen zurück, der fast bis an die nordafrikanische Küste reicht, zurück nach Süden (Abb. 4.44).

Der zweite Arm treibt als Nordatlantikstrom quer über den Atlantik an die Westküste Europas entlang nach Norden bis zur Insel Nowaja Semlja im nördlichen Eismeer Sibiriens (Abb. 4.45a und 4.45b). Die warmen Wassermassen dieses Nordatlantikstroms geben Wärme an die Luft ab, und zwar so viel, wie etwa 1 Mio. Kraftwerke produzieren müssten, um die gleichen Temperaturen zu erreichen.

Das bis in den hohen Norden vordringende Warmwasser kühlt sich langsam ab und sinkt in den *Absinkregionen* aufgrund seiner höheren Dichte in die Tiefe. Als kalte tiefe *Rückströmung* fließt es in den Süden zurück.

Harry Bryden, Hannah Longworth und *Stuart Cummingham* von der *Universität Southampton, UK*, fanden aufgrund von Temperatur- und Dichtemessungen längs der Atlantiklinie *Bahamas-Teneriffa* heraus, dass sich die Strömungsverhältnisse im Jahre 2004 gegenüber 1957 erheblich verändert haben. Sie folgerten, dass 2004 nur noch halb so viel kaltes Wasser aus dem Norden zurückströmt wie 50 Jahre vorher (Abb. 4.44). Entsprechend folgerten sie, dass mit der subtropischen Rezirkulation mehr relativ warmes oberflächennahes Wasser nach Süden zurückfließt und nicht nach Norden in den Nordatlantikstrom einschwenkt, um Europa zu erwärmen.

Auch *Detlef Quadfasel* von der Universität Hamburg hat anhand von Messungen beobachten können, dass am nördlichsten Absinkpunkt des Grönland-Schottland-Rückens weniger Wasser in die Tiefe strömt. Sollten diese veränderten *thermohalinen*[9] Zirkulationsströmungen des Nordatlantikstroms von Dauer sein, kann mit einem Klimawandel in Europa gerechnet werden. Diskutiert wird, dass einer der Gründe für die Strömungsabschwächung das vermehrte Abschmelzen der Eisdecke der Arktis ist und somit mehr Süßwasser freigesetzt wird. Dieses sinkt wegen seiner geringen Dichte nicht so tief und die Sogwirkung des Kaltwassertiefenstroms schwächt sich ab [25, 158, 191]. Über die Folgen einer Abschwächung des Nordatlantikstroms haben *Anders Levermann* und seine Arbeitsgruppe vom *Potsdam Institut für Klimaforschung, PIK*, Berechnungen angestellt [121].

[9] therme (gr.) – Wärme; hals (gr.) –Salz; thermohalinen – Zirkulation, Wärme-Salz-Kreislauf.

5 Wasserkrise, eine Folge von Bevölkerungsverdichtung, landwirtschaftlicher Bewässerung und Industrialisierung [E. Water crisis, a consequence of population density, agricultural watering and industrialization]

Wasserknappheit [E. scarcity of water]

Die Wassermengen, sowohl die der Ozeane als auch die des Süßwassers, sind auf der Erde konstant. Sie können weder vermehrt noch verbraucht werden. Sie unterliegen einem ständigen Kreislauf der Verdunstung, des Kondensierens, Gefrierens und Schmelzens (Abb. 2.9a, b, 2.10 und 2.11) [215].

Unter diesem Gesichtspunkt dürfte es keine Wasserknappheit und Wasserkrise geben. Die Begriffe beziehen sich allerdings auf das Süßwasser. Obwohl es an der Gesamtwassermenge nur mit 2,65 % beteiligt ist, sind es absolut betrachtet immer noch ungeheure Mengen, nämlich 37,1 Mio. km^3 (Abb. 1.2a).

Bevölkerungsverdichtung in den bevorzugten Lebensregionen der Menschen, Urbanisierung, Industrialisierung, unsachgemäßer Umgang mit den Süßwasserquellen und eine Vernachlässigung von Reinigungs- bzw. Recyclingprozessen von benutztem Wasser haben zur sogenannten Wasserknappheit und Wasserkrise in den Ballungsgebieten geführt. Das Abfallen des Grundwasserspiegels in der Umgebung der Großstädte ist ein untrügliches Zeichen einer sich anbahnenden Wasserkrise (Abb. 5.55) Neben der Energie wird Wasser sehr teuer werden und als Folge davon auch die Nahrungsmittel.

Der Wassermangelindex [E. the index of water shortage]

Die amerikanische Entwicklungshilfeorganisation USID[1] gibt als Minimum für den Verbrauch in privaten Haushalten 100 L Wasser pro Tag und Person an. Einem palästinen-

[1] USID = United States Internat. Developers, E-Mail: info@stampwebs.com.

© Springer-Verlag Berlin Heidelberg 2016

V. Hopp, *Wasser und Energie,* DOI 10.1007/978-3-662-48089-2_5

sischen Haushalt stehen im Mittel nur 60 L täglich für eine Person zur Verfügung. In Deutschland sind es ca. 122 L pro Tag und Person (Abb. 6.63 bis 6.65) [8, S. 435 ff.].

Die Menge von 100 L Wasser/Tag und Person ist als der Index für Wassermangel festgelegt worden. Diese Menge entspricht 36,5 m^3 jährlich. Sie ist die Mindestmenge Wasser, die für den privaten Bedarf jährlich pro Person bereitstehen sollte (Tab. 5.12).

Die Erfahrung derjenigen Länder, die sorgsam mit Wasser umzugehen vermögen, aber industriell nur mäßig entwickelt sind, zeigt, dass das Fünf- bis Zwanzigfache für Landwirtschaft, Industrie und Energiebereitstellung benötigt wird. Der Konsum an Wasser für die Landwirtschaft ist in den Trockenregionen der Erde besonders groß, z. B. in Afghanistan, Sudan, im Nahen Osten und im Südwesten der USA. Die Verdunstung ist sehr hoch, und die Niederschläge sind gering. Im Sudan und Afghanistan fließen 90 % der gesamten Wassernutzung in die Landwirtschaft. Aufgrund dieser Tatbestände schlug Malin Falkenmark (geb. 1925) Grenzwerte zur Kennzeichnung von *Wassermangel, Wasserknappheit* und ausreichender *Wasserversorgung* vor [60]. Die Werte beziehen sich ausschließlich auf die pro Kopf zur Verfügung stehende zu erneuernde Süßwassermenge.

Danach besteht Wassermangel, wenn jährlich weniger als 500 m^3 Wasser pro Kopf verfügbar sind [57, 94, 222].

1000 m^3 Wasser und weniger pro Kopf zeigen chronische Wasserknappheit an.

Besteht das Angebot von 1700 m^3 ständig sich erneuerndem Süßwasser und mehr pro Jahr und Person, dann gilt die Wasserversorgung als gesichert. Nur selten oder örtlich begrenzt treten dann Versorgungsprobleme auf. *Verfügbarkeit* heißt in diesem Falle, dass das Wasser vor Ort vorhanden ist und erschlossen werden könnte. Es besagt aber nicht, ob die Menschen tatsächlich Mittel und technische Möglichkeiten besitzen, diese Wasserquellen zu nutzen. Ein Beispiel dafür ist unter vielen anderen Ländern Afghanistan, das mit einem Süßwasserreservoir von 2861 m^3 pro Person und Jahr mehr Wasser zur Verfügung hat als Deutschland mit 2080 m^3 (Tab. 5.12).

Aber auch der 1700-m^3-Wert pro Kopf und Jahr ist ein Warnsignal für diejenigen Länder, in denen die Bevölkerung weiterhin schnell zunimmt.

Mit 15.000 m^3 Wasser müssen sich 100 Nomaden und 450 Stück Vieh drei Jahre lang versorgen oder 100 ländliche Familien vier Jahre. Dagegen reicht diese Menge für 100 städtische Familien nur zwei Jahre lang und für ein Luxushotel mit 100 Gästen nur 65 Tage (Abb. 5.46).

Politische Konflikte als Folge von Wassermangel bzw. Wasserknappheit [E. political conflicts as consequences of shortage and scarcity of water respectively] [51, 137]

Konflikte wegen Wasser treten in der Welt überall dort auf, wo die Wasserversorgung für die privaten Haushalte der Bevölkerung, die Bewässerung von landwirtschaftlichen Ackerflächen oder für die Industrie nicht gesichert ist. Es sind Gebiete, in denen Seen, Flüsse und Grundwasservorkommen auf den Territorien mehrerer Nationen liegen. Vor

Tab. 5.12 Rangliste von Ländern nach dem Wassermangel-Index [E. ranking list of countries for shortage of water index] [57]

Nr.	Länder	Verfügbarkeit von Süßwasser pro Kopf in [m^3] im Jahr 2000
Wassermangel [E. Shortage of Water]		
1	Kuwait	10
2	Vereinigte Arabische Emirate	61
3	Libyen	107
4	Saudi-Arabien	111
5	Jordanien	132
6	Singapur	168
7	Jemen	226
8	Israel	346
9	Oman	388
10	Tunesien	430
11	Algerien	454
12	Burundi	538
13	Ruanda	815
14	Ägypten	851
Wasserknappheit [E. scarcity of water]		
15	Kenia	1004
16	Marokko	1058
17	Großbritannien	1207
18	Belgien	1230
19	Südafrika	1238
20	Somalia	1337
21	Haiti	1338
22	Polen	1450
23	Libanon	1463
24	Burkina Faso	1466
25	Südkorea	1488
26	Peru	1559
Ausreichende Wasserversorgung [E. sufficient water supply] Beispiele aus weiteren 85 Ländern [E. example of 85 countries]		
29	Äthiopien	1758
30	Indien	1882 (2000); 1730 (2010)
32	Iran	2031
34	Deutschland	1400 (in 2010)
35	China (Großraum Beijing)	2215 (300)
39	Dänemark	2456
40	Nigeria	2511

Tab. 5.12 (Fortsetzung)

Nr.	Länder	Verfügbarkeit von Süßwasser pro Kopf in [m^3] im Jahr 2000
41	Tadschikstan	2586
42	Togo	2592
44	Tansania	2655
46	Moldawien	2671
47	Pakistan	2673
48	Ukraine	2767
49	Syrien	2774
50	Spanien	2808
51	Afghanistan	2861
52	Italien	2915
57	Türkei	3057
61	Irak	3263
62	Frankreich	3351
63	Japan	3393
64	Mexiko	3614
72	Sudan	5222
74	Griechenland	5510
77	Weißrussland	5666
78	Tschechien	5682
79	Niederlande	5701
80	Slowakei	5716
84	Kasachstan	6756
85	Schweiz	6770
86	Litauen	6784
87	Portugal	7048
90	USA	8902
91	Botsuana	9062
92	Estland	9168
93	Rumänien	9316
94	Bangladesch	9373
98	Österreich	10.998
99	Vietnam	11.163
100	Ungarn	11.957
101	Kanada	93.280

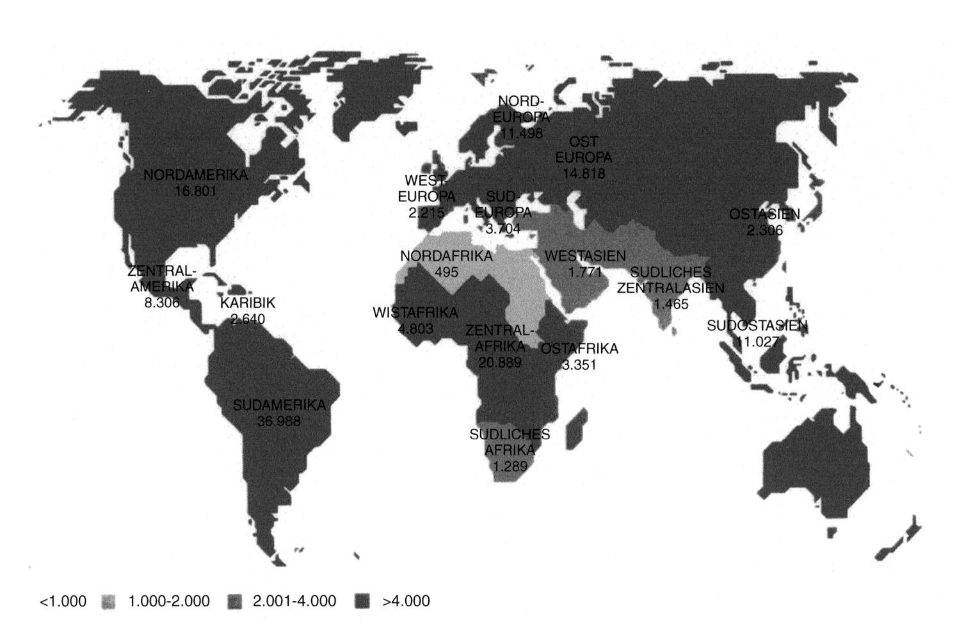

Abb. 5.46 Verfügbarkeit von Süßwasser pro Person und Jahr in verschiedenen Regionen der Welt (m^3) [E. availability of fresh water per capita and year in different regions of the world (m^3)], Datenstand aus dem Jahr 2000 [42]

allem in ariden und semiariden[2] Regionen gibt es politischen Streit, Wirtschaftsrepressalien und auch kriegerische Auseinandersetzungen um die Vorrechte der Wasserquellennutzung. Mit steigender Bevölkerungszahl und auch Industrialisierung werden die Konflikte zunehmen [236, 245, 246].

Wenn sich die Bevölkerungszunahme in einigen Ländern nicht stabilisiert, wird die dort bestehende Wasserknappheit in Wassermangel überleiten, z. B. leben in Indien gegenwärtig (2012) 1,210 Mrd. Menschen, für 2050 wird die Anzahl auf 1,628 Mrd. geschätzt [57].

Heute leiden ca. 1,1 Mrd. Menschen in 29 Ländern unter Wasserknappheit oder Wassermangel. Sie haben keinen unmittelbaren Zugang zu einer reinen Wasserquelle (Abb. 6.81a). In vielen Ländern versickern wegen defekter Leitungen mehr als 50 % der zu transportierenden Wassermenge [57, 128, 167]. Im Jahr 2050 werden vermutlich 4,2 Mrd. Menschen in Ländern leben, deren Wasservorräte nicht ausreichen, um die Grundbedürfnisse der Bevölkerung zu befriedigen.

Dort, wo die erneuerbaren Süßwasserreserven nicht ausreichen, um ihren Bedarf für die Bevölkerung zu decken, wird auf fossiles Grundwasser unter den Wüstendecken [72] oder auf die Entsalzung von Meerwasser zurückgegriffen (Kap. 10).

[2] semi (lat.) – halb; aridus (lat.) – trocken.

Kuwait, Jemen, Oman, Saudi-Arabien und die *Vereinigten Arabischen Emirate* zählen zu den neun Ländern der Welt mit dem geringsten Wasseraufkommen pro Kopf [68, 214]. Doch der Ölreichtum dieser Länder erlaubt es, die notwendige Energie einzusetzen, um die energieaufwendigen Meerwasserentsalzungsanlagen zu betreiben oder fossiles Grundwasser an die Erdoberfläche zu pumpen.

In *Afrika* haben insbesondere die Länder südlich der Sahara mit sinkenden Süßwassermengen zu kämpfen. Die Bevölkerungszunahme ist schneller als die Erschließung von Süßwasserreserven bzw. als die Errichtung von Recyclingvorrichtungen.

Zu den von Wassermangel bzw. Wasserknappheit bedrohten Ländern gehören *Kenia, Malawi, Ruanda, Somalia*, aber auch *Algerien in Nordafrika*. [72]

Kanada als möglicher Süßwasserexporteur [E. Canada as a potential exporter of fresh water]

Ein Land mit reichen Süßwasserreserven in der Welt ist Kanada (s. Kap. 8, Abschn. „Flüsse, Kanäle, Seen Europas und in der Welt"). Von der 9.984.670 km^2 Landesfläche sind 7,6 % von Hunderttausenden klein- und großflächigen Süßwasserseen bedeckt. Entsprechend zahlreich sind die Wasserkraftwerke, die das Land mit billigem elektrischem Strom versorgen. Im Vergleich zu der kontinentalgroßen Landfläche ist die Zahl der Einwohner mit etwas über 33,5 Mio. im Jahr 2011 gering.

Kanada ist, von einigen dichter besiedelten Regionen abgesehen, ein fast unbesiedeltes Land mit riesigen Rohstoffvorkommen wie z. B. Ölsande, Eisenerze, Bauxit u. v. a. Der Bevölkerung stehen jährlich 2901 km^3 erneuerbares Süßwasser zur Verfügung, das sind 93.280 m^3 pro Person. Die durchschnittliche jährliche Niederschlagsmenge beträgt 33 ft, das entspricht 9,9 m/m^2 [148].

Der größte Exportrohstoff wird in Zukunft Wasser werden. Als Abnehmerland haben sich die USA schon gemeldet.

Während eines Besuches hatte der ehemalige Präsident der USA G. W. Bush (geb. 1946) dem kanadischen Premierminister Jan Chretien vorgeschlagen, über eine Pipeline kanadisches Wasser aus British Columbien in den durstenden Südwesten der USA, nach Californien, zu liefern. Hier bahnt sich ein politischer Konflikt an, denn ein großer Teil der kanadischen Bevölkerung ist gegen eine Ausfuhr von Süßwasser. Sie befürchten eine nichtwiedergutzumachende Zerstörung der Landschaften durch die notwendigen Baumaßnahmen. Vorerst weist die kanadische Regierung den Export von Süßwasser in die USA noch zurück [148].

Nicht nur zwischen Kanada und den USA entstehen Konflikte über eine ausreichende Wasserversorgung, ebenso zwischen Mexiko und den angrenzenden Bundesstaaten der USA Kalifornien, Arizona und Texas. Diese drei haben mit Mexiko eine 3200 km lange gemeinsame Grenze [215].

Kalifornien [E. California]

Kalifornien ist ein typisches Beispiel für regionalen Wassermangel. Obwohl die USA mit jährlich 8902 m^3 Süßwasser pro Kopf zu den wasserreichsten Ländern der Welt zählen, gibt es auch dort Landstriche mit akutem Wassermangel. Zu diesen gehört der Bundesstaat Kalifornien mit seinen halbtrockenen Landschaften, 37 Mio. Bewohnern und einer hohen Bevölkerungszuwachsrate (2011). Die kalifornischen Millionenstädte haben sich schnell ausgedehnt. San Francisco erhält sein Wasser aus der mehrere Hundert Kilometer entfernten Sierra Nevada. Los Angeles ist auf Wasser aus dem fernen Monosee, dem Central Valley Project und dem Colorado angewiesen. Gleichzeitig haben sich große landwirtschaftliche Bewässerungsflächen entwickelt. Staudämme, Pumpstationen wurden gebaut, Wasserleitungen und Wasserverteilungssysteme verlegt. Das machte es möglich, riesige Wassermengen von wassereichen in ferne wasserarme Gebiete zu leiten [215].

Einer der Mammutstaudämme in den USA ist der Glen-Canyon-Damm. Er staut das Wasser des Wüstenflusses Colorado zum *Lake Powell* (Abb. 9.127). Der Stausee bedeckt eine Fläche von 638 km^2 und ist damit noch um 100 km^2 größer als der Bodensee (s. Kap. 8, Abschn. „Die größten Seen in der Welt"). Durch die vielen Buchten erstreckt sich seine Uferlinie über 3000 km. Zur Errichtung der Staumauer wurden 800.000 t Stahlbeton verbaut. Das aufgestaute Wasser dient zur Erzeugung von elektrischem Strom und Bewässerung der umliegenden Trockengebiete in der Grenzregion der Staaten Arizona und Utah [175, 186].

Die Auswirkungen dieser Maßnahmen auf die Umwelt blieben nicht aus. Wasserabhängige Ökosysteme wurden zerstört. Die Wasserqualität ist teilweise gesunken. Fischbestände wurden vernichtet, da mehrere Flüsse und Seen völlig austrockneten. Auch andere Tierarten schrumpften beträchtlich im Bestand [56].

Mexiko [E. Mexico]

Einwohnerzahl: 114,793 Mio. Menschen; Einwohner pro km^2: 58; Landfläche: 1,972 Mio. km^2.

Während die Vereinigten Staaten von Amerika an den unerschöpflichen Süßwasservorkommen Kanadas teilhaben möchten, geht es beim Wasserkonflikt zwischen Mexiko und USA um gegenseitigen Süßwasseraustausch bzw. -ausgleich. 1944 wurde zwischen beiden Ländern ein Wasservertrag geschlossen, weil eine Wasserversorgung allein auf nationaler Ebene nicht möglich ist. Je nach Region ist ein grenzüberschreitender Wasserausgleich nötig.

Nach dem Vertrag ist vorgesehen, dass die USA jährlich 1,85 Mrd. m^3 Wasser an Mexiko aus dem *Imperial Stausee* liefern. Dieser Stausee wird aus dem *Colorado-Fluss* in Kalifornien gespeist.

Mexiko hat sich verpflichtet, 432 Mio. m^3 Wasser aus seinen Stauseen abzugeben, wie z. B. dem *Amistad-Stausee* und dem *Falcon-Stausee*. Sie werden aus dem Grenzfluss

Abb. 5.47 Grenzregion zwischen USA und Mexiko [75] [E. border area between US and Mexico]

Rio Grande(Name in USA) bzw. *Rio Bravo del Norte* (Name in Mexiko) versorgt, der wiederum seinen wichtigsten Zufluss aus dem mexikanischen Fluss *Rio Conchos* erhält (Abb. 5.47).

Dieser Wasserkonflikt hat sich verschärft, seit Mexiko seinen Wasserlieferungen in den letzten Jahren nicht nachkommt. Seine *Wasserschuld* an die USA ist auf 1,9 Mrd. m^3 Wasser aufgelaufen [75].

Einer der Gründe ist die seit einigen Jahren herrschende Trockenheit in diesem Grenzgebiet. Der Grundwasserspiegel ist rapide abgesackt, und aus Flüssen sind spärliche Rinnsale geworden. Wasserteiche sind ausgetrocknet, und die Wasserreserven der Stauseen sind fast aufgezehrt. Der *Amid-Stausee* soll wegen des ausbleibenden Regens nur noch 14 % seiner ursprünglichen Wasserreserven enthalten. Die landwirtschaftlich geprägten Regionen beiderseits der Staatsgrenze leiden so stark unter der sengenden Sonne, dass die amerikanischen Farmer ihre jeweilige Regierung um Hilfe gebeten haben. Das mexikanische Innenministerium hat einige Grenzregionen zu Katastrophengebieten erklärt.

In Nordmexiko wird die Wasserknappheit und die Lieferunfähigkeit von Wasser an die Grenzregionen der USA noch verschärft durch das Bevölkerungswachstum, das Betreiben einer extensiven Landwirtschaft und der damit verbundenen Bewässerung, ein schadhaftes Wasserleitungsnetz und einer Industrialisierung. Letztere setzte 1944 mit dem Beitritt Mexikos zur *Nafta*[3] ein. Seitdem sind Zehntausende Fertigungsbetriebe in Nordmexiko entstanden, die vorwiegend für den amerikanischen Markt produzieren, aber viel zu energie- und wasseraufwendig arbeiten.

[3] Nafta – North American Free Trade Agreement. Nordamerikanisches Freihandelsabkommen, am 01.01.1994 zwischen USA, Kanada und Mexiko in Kraft getretene Vereinbarung.

Portugal [E. Portugal]

Einwohnerzahl: 10,562 Mio. Menschen; Einwohner pro km^2: 134; Landfläche: 88.500 km^2.

Obwohl *Portugal* statistisch zu den wasserreichsten Ländern zählt – es stehen der Bevölkerung 7048 m^3 Süßwasser pro Person und Jahr (Tab. 5.12) zur Verfügung –, gibt es dort Gegenden, die unter Wasserknappheit leiden. Im Süden des Landes in der Region Alentajo wurde in den letzten Jahren einer der größten Stauseen Westeuropas am Fluss Guadiana angelegt. Die Schleusen des Staudamms wurden im Februar 2002 geschlossen, sodass eine Fläche von 250 m^2 überflutet wird. Das ist ein Gebiet, das der halben Ausdehnung des Bodensees mit 538,5 km^3 entspricht. Mit diesem Stausee soll eines der trockensten und ärmsten Gebiete Portugals mit Wasser und Strom durch ein Wasserkraftwerk versorgt werden. 110.000 ha Agrarland sollen aus dem Stausee bewässert werden.

Krisen an Flüssen [E. crises at rivers]

263 Flüsse in der Welt fließen durch mehr als zwei Länder. Viele von ihnen durchqueren ein halbes Dutzend Länder, wenn man die Wassereinzugsgebiete mit berücksichtigt [57]. Sie sind die Ursachen für viele zwischenstaatliche Konflikte.

Donau [E. Danube]

Die 2850 km lange Donau in Europa ist allerdings ein gutes Beispiel für geregelte Abkommen (s. Kap. 8, Abschn. „Main-Donau-Kanal"). Ihre Quellflüsse sind Brisach und Brigach bei Donaueschingen. Die Donau mündet als dreiarmiges Delta in das Schwarze Meer der rumänischen Küste und ist in vieler Hinsicht ein international genutzter Schifffahrtsweg (Tab. 8.21). Sie berührt oder fließt durch neun Anrainerstaaten[4]. Völkerrechtliche Verträge mit einer mehr als 100-jährigen Tradition und vielen Ergänzungen bis in die Gegenwart haben zu einer konfliktfreien Nutzung beigetragen [56, 57]. Legt man das Donaueinzugsgebiet zugrunde, erhöht sich die Zahl der betroffenen und interessierenden Staaten auf 19 (s. Abb. 8.100) [40].

Naher Osten [E. Middle East]

Länder des Nahen Ostens müssen sich gemeinsame Flussläufe oder fossile Grundwasservorkommen teilen [126]. Einer der konfliktreichsten Flüsse in der Welt ist der Jordan. Er ist 250 km lang. Seine Quelle befindet sich im Hermon Massif und fließt durch Syrien, Li-

[4] Die Anrainerstaaten der Donau sind Deutschland, Österreich, Slowakien, Ungarn, Mazedonien, Serbien, Bulgarien, Rumänien, Moldawien.

Tab. 5.13 Erneuerbares Süßwasser in einigen Ländern Nordafrikas und des Nahen Ostens [212] [E. renewable fresh water in some countries of North Africa and Middle East] [212]

Länder	Süßwasser-Reserven pro Jahr und Person in [m³]	Wassernutzung in %		
		Haushalt	Industrie	Landwirtschaft
Algerien	600	22	4	74
Ägypten	1000	7	5	88
Israel	380	16	5	79
Jordanien	210	20	5	75
Libanon	1200	11	4	85
Libyen	130	15	10	75
Mena	1200	8	7	87
Marokko	1100	6	3	91
Syrien	390	13	7	80
Westeuropa	5000	33	13	54

banon, Israel, Jordanien, den See von Genezareth und mündet schließlich im Toten Meer [212]. In seinem Einzugsgebiet liegen weiterhin Palästina und Ägypten.

Süßwasserknappheit war in den letzten Jahrzehnten im Nahen Osten die Ursache vieler politischer und kriegerischer Konflikte (Tab. 5.13). Die Anrainerstaaten des Jordanbeckens scheuten keine militärischen Auseinandersetzungen, um die Vorherrschaft dieses Flussverlaufes [33, 215].

Der Bau des Atatürk-Staudamms am Oberlauf des *Euphrats* durch die Türkei zieht die Kritik Syriens und des Iraks nach sich. Beide Länder befürchten einen Rückgang der Euphrat-Wasserkapazitäten. Die Türkei andererseits will mit diesem Staudamm ihre zunehmende Bevölkerung in diesem Quellgebiet mit Wasser und elektrischem Strom versorgen [202, 208]. Fünf weitere Anliegerstaaten des Einzugsgebietes beobachten die Entwicklung kritisch. Diese sind Irak, Iran, Jordanien, Saudi-Arabien, Syrien [40].

Seit August 2002 stand fest, dass die Türkei in den folgenden 20 Jahren 50 Mio. m^3 Wasser pro Jahr an Israel liefern wird [204]. Das Wasser wird den teils riesigen Stauseen entnommen, die in den südlichen Flussläufen des Tigris und Euphrats errichtet worden sind (Tab. 8.21). Der Transport erfolgt nicht über Pipelines, sondern u. a. mithilfe von Wassersäcken, die von Schiffen durch die Seeoberfläche geschleppt werden. Ein Wassersack fasst bis zu 35.000 t Wasser. Das Fassungsvermögen soll auf 50.000 t pro Sack erweitert werden. Der Werkstoff, aus dem die Säcke gefertigt werden, ist Kunststoff, z. B. Polyurethan [204].

Auch Zypern wird seit einigen Jahren durch die Türkei mit Süßwasser versorgt. Anstelle des Transports mit Kunststoffsäcken ist in der 2. Hälfte des Jahres 2015 eine 107 km lange schwimmende Trinkwasserpipeline in Betrieb genommen worden. Sie soll die an süßwasserarme Insel Zypern mit ca. 75 Mrd. m^3 frischem Trinkwasser versorgen.

Diese Wasserpipeline wird 250 m unter dem Meeresspiegel durch Glashohlkörper (Glass Bubbless) in der Schwebe gehalten. Die Glashohlkörper bestehen aus alkaliarmen Borosilikat. Die Technik dieser Schwebepipeline wurde von Ingenieuren folgender

Firmen ausgeführt: Salzgitter AG, 38239 Salzgitter; 3M Deutschland GmbH, 41460 Neuß und Trelleborg Sealing Solutions Germany GmbH.

(*Lit.:* VDI-Nachrichten, Düsseldorf vom 04.12.2015)

Auch griechische Inseln werden schon so mit Süßwasser versorgt.

Auf diese Art des Wassertransports haben sich inzwischen einige Firmen in der Welt spezialisiert.

Ein Luxemburger Konsortium vereint einige Unternehmen mit Wasserexporten bzw. -transporten. Dazu zählen u. a. eine der größten Reedereien der Welt, die japanische *Nippon Yusen Kaisha* (NYK), die norwegische *Nordic Water Supply* (NWS), die britisch-griechische *Aquarius Ltd*, der japanisch-saudi-arabische Risikokapitalgeber *Mizutech*.

Nilbecken [E. Nile Basin]

Ein weiteres *Konfliktbeispiel* für die Wechselwirkungen zwischen Bevölkerungswachstum und zunehmendem Wassermangel ist das *Nilbecken*. Elf Länder liegen ganz oder teilweise im Einzugsgebiet des Nils. Sie stellen 40 % der Gesamtbevölkerung des afrikanischen Kontinents. Mehr als 85 % des Nilwassers kommen aus dem *Blauen Nil*, der dem äthiopischen Bergland entspringt. 85 Mrd. m^3 Wasser wälzen sich jährlich über das Nildelta ins Mittelmeer. Der größte Teil davon wird von Ägypten genutzt (s. Abb. 5.48) [40, 215].

Um den steigenden Wasserbedarf Äthiopiens zu befriedigen, hat die Regierung den Bau von 200 kleineren Staudämmen in Auftrag gegeben. Sie sollen zur elektrischen Stromerzeugung und der landwirtschaftlichen Bewässerung sowie der Süßwasserversorgung für die Menschen beitragen. In Äthiopien sind ca. 3,7 Mio. ha Land für die künstliche Bewässerung geeignet. Diese Landfläche ist größer als das Staatsgebiet Belgiens. Mit einer Verbesserung der wirtschaftlichen Infrastruktur werden dem Nil jährlich 500 Mio. m^3 Wasser entzogen. Das bereitet dem ägyptischen Nachbarn im Norden Sorgen, entsprechend verfolgt die Regierung diesen Modernisierungsprozess im Süden kritisch [2]. Erinnert sei in diesem Zusammenhang an einen Ausspruch des ägyptischen Präsidenten *Anwar as-Sādāt*: „Wer auch immer mit dem Wasser des Nils spielt, erklärt uns den Krieg."

Der Assuan-Damm [E. the Aswan Dam]

Der bedeutendste Staudamm des Nils ist der Assuan-Damm. Das Nilwasser wird durch ihn zum Nasser-See gestaut mit einem Fassungsvermögen von ca. 165 Mrd. m^3. Jährlich fließen ca. 65 Mrd. m^3 Nilwasser in den Nasser-See und etwa 55 Mrd. m^3 fließen ab. Die Differenz von 10 Mrd. m^3 verdunsten in die Atmosphäre (s. Abb. 2.10 und 2.11).

Für Ägypten hat der Assuan-Damm eine große wirtschaftliche Bedeutung. Neben einer Verbesserung der Süßwasserversorgung kann auch der Flusspegel des Nils, d. h. die Höhe des Wasserstandes, nach Bedarf reguliert werden, wie z. B. das Fluten der angrenzenden landwirtschaftlich genutzten Felder oder das Schützen vor einer zu starken Überflutung. Auf diese Weise werden Ackerflächen vor längeren Trockenperioden geschützt.

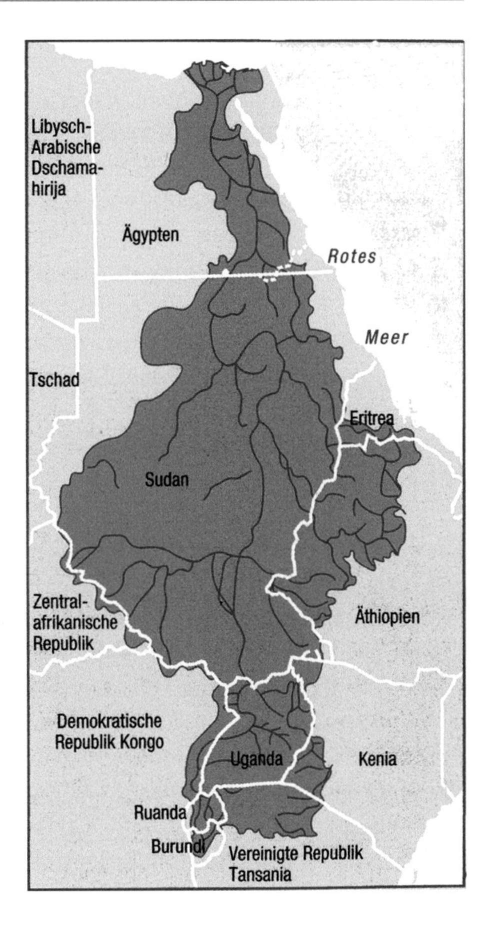

Abb. 5.48 Nil-Einzugsgebiet: 3,2 Mio. km² mit sieben großen Staudämmen [E. catchment area of Nile 3.2 Mio. km² with 7 big dams] [40]

Die Erzeugung von Weizen, Mais, Reis und Rohrzucker konnte seit dem Bau des Assuan-Damms erheblich gesteigert und konstant gehalten werden. Außerdem ist der Nil während des ganzen Jahres mit Schiffen befahrbar geworden. Im Jahre 2012/13 betrug die Weizenproduktion 8,8 Mio. t, die Maisproduktion 6,5 Mio. t und die Produktion des Reises 5,9 Mio. t.

Die installierten elektrischen Wasserkraftwerke haben eine Leistung von 2100 MW. Sie decken zu 15 % den elektrischen Strombedarf Ägyptens.

Ein nachteiliger Effekt des Assuan-Damms ist, dass bei der jahreszeitlich periodischen Überflutung weniger Nilschlamm mit seinen wertvollen Nährstoffen für die Pflanzen auf die angrenzenden Ackerflächen übergebracht werden. Besonders im Nildelta entlang den Ufern der Flussarme tritt immer häufiger eine Bodenerosion auf. Deshalb sind inzwischen zusätzliche Düngemittelgaben erforderlich, um die Fruchtbarkeit der Felder zu erhalten. Auch breitet sich das Nildelta durch Schlammablagerungen in das Mittelmeer nur noch sehr langsam aus oder gar nicht mehr.

Der geringere Schlammgehalt wirkt sich nachteilig auf den Fischreichtum aus. Das Futterangebot wird geringer, da ein großer Teil des nährstoffhaltigen Schlamms vom Staudamm zurückgehalten wird und nicht in das Flusswasser des Nils gelangt [93].

Der Süden Afrikas; Namibia [E. the southern part of Africa; Namibia]

Auch im südlichen Afrika reichen die Süßwasservorräte nicht mehr aus, um die zunehmende Zahl der Menschen mit dem lebensnotwendigen „Nass" zu versorgen.

Namibia und *Botswana* streiten sich um die Wasservorrechte am Okavangofluss. Namibia ist das trockenste Land südlich der Sahara, denn 83 % der Niederschläge sind in kurzer Zeit verdunstet und von dem Rest erreicht nur 1 % die Grundwasserschichten.

Die großen Flüsse, die *Namibia* durchfließen, versiegen in der mehrere Monate anhaltenden Trockenzeit zu Rinnsalen. Die geballten Wohnsiedlungen und Städte liegen im Innern des Landes. Wasser über Pipelines aus Entsalzungsanlagen oder aus fossilen Grundwasserbecken dorthin zu pumpen, ist energieaufwendig und zurzeit nicht finanzierbar. Namibia möchte noch mehr Wasser dem Okavango entnehmen, und zwar sollen 20 Mio. m^3 Wasser zusätzlich abgezweigt und über eine 250 km lange Wasserpipeline in die bevölkerten Ballungsgebiete geleitet werden.

Davon betroffen ist Angola, dessen südöstliche Grenze zu Namibia der Okavango bildet, ebenso Botsuana, in dessen Territorium das große Fluss- und Sumpf-Binnendelta als Mündungsgebiet des Okavango liegt. Beide Staaten befürchten große Nachteile für die Ökosysteme der Flusslandschaft und auch den Süßwassermangel [50].

Das im Südwesten Afrikas gelegene Land *Namibia* gilt als eines der trockensten Gebiete der Erde. Mit seinen 824.292 m^2 Fläche ist es zweieinhalbmal so groß wie Deutschland, das nur 357.050 m^2 umfasst. Mit seinen 2,1 Mio. Bewohnern ist es nur sehr dünn besiedelt, während in Deutschland 80,5 Mio. Menschen leben [70].

Namibia liegt im Einzugsbereich der Wüsten *Namib* an der Atlantikküste und der *Kalahari* im Osten (Abb. 5.49 und 5.50). In diesem Land wird besonders deutlich, dass Wasserknappheit mit geringer Nutzenergie verbunden ist. Die Windenergie-Ingenieure aus Bochum *Hans Jürgen Niemann, Rüdiger Höffer* und *Wilfried Krätzig* planen zusammen mit Ingenieuren der Wuppertaler Universität und aus Südafrika ein Aufwindkraftwerk nach dem australischen Konzept von Prof. Dr.-Ing. Jörg Schlaich (s. VDI-Nachrichten Nr. 20 v. 16. Mai 2008). In diesem wüsten- und sonnenreichen Land kann anstelle der Bewegungsenergie von fließendem Wasser bzw. von Wasserdampf die Bewegungsenergie von durch Sonnenstrahlen erhitzter Luftströmung in elektrische Energie umgesetzt werden (vgl. auch Kap. 8, Abschn. „Aufwindkraftwerk – Strom von der Sonne in Australien"). Das Kraftwerk ist für eine elektrische Leistung von mindestens 50 MWvorgesehen.

Die mit Spezialglas im Abstand von 5 bis 6 m über den Boden abgedeckte Fläche beträgt ca. 30 m^2. Sie ist rund um den Aufwindkamin mit den Turbinen und Generatoren angeordnet. Für den Aufwindturm ist eine Höhe von ca. 1000 m vorgesehen, durch den die von der Sonne erhitzte Luft von unten nach oben strömt (Abb. 8.95 und 8.96).

Weite Teile Namibias erhalten jährlich nur bis zu 10 cm/m^2 Niederschläge. In 10 % des Landes regnet es im langjährigen Mittel mehr als 50 cm/m^2. In Namibia regnet es vorwiegend während des Südsommers in den Monaten von Oktober bis April. Während dieser

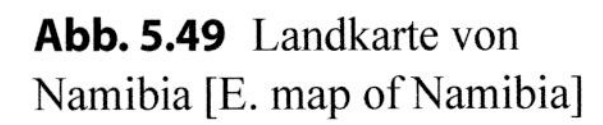

Abb. 5.49 Landkarte von Namibia [E. map of Namibia]

Zeit fällt der Regen nicht gleichmäßig auf die Landschaft, sondern in von Gewittern begleitenden unsteten Schüben. Die Folge ist, dass auch viele Flüsse während der Regenzeit nur zeitweise Wasser führen. Um diese Wasser trotzdem als Brauchwasser zu nutzen, sind in Namibia zahlreiche Stauseen eingerichtet worden, von denen aus in Rohrleitungen oder Aquädukten Wohnsiedlungen mit Wasser versorgt werden. Wegen des trockenen Klimas ist die Verdunstungsrate über den Stauseen sehr hoch, sodass nur ein geringer Wasseranteil von der Bevölkerung genutzt werden kann.

Nach Angaben des namibischen Landwirtschaftsministeriums sind im Laufe von Jahrzehnten 40.000 Brunnen gebohrt worden, um mit dem oberflächennahen Grundwasser Trinkwasser für die Menschen, das Vieh und für die Bewässerung von Feldern zu gewinnen. Diese Brunnen reichen nicht bis in die Tiefen der ausgedehnten Grundwasserschichten mit ihren großen Wasserreserven. Sie enden häufig in Süßwasserinseln, die von brackigen oder salzigen Aquiferen eingeschlossen sind. Immer mehr Brunnen sind erschöpft und liefern nur noch salziges Wasser aus den *Upper Kalahari Aquifer*, dem oberflächennahen Brackwasser.

Eine Forschergruppe der *Bundesanstalt für Geowissenschaft und Rohstoffe*, BGR, unter Leitung von Dr. Friedrich Schildknecht[5] und Dr. Armin Margane haben 2002 be-

---

[5] Bundesanstalt für Geowissenschaften und Rohstoffe, Hannover, Tel.: 0511 6430, Dr. Friedrich Schildknecht, Tel.: 0511 643–2671, E-Mail: f.schildknecht@bgr.de.

Abb. 5.50 Der Kontinent Afrika und seine Staaten [E. Africa and its nations]

gonnen, in Namibia nach Grundwasservorkommen zu suchen. Dabei sind sie mithilfe ausgefeilter physikalischer Methoden in drei Gebieten in Tiefen von 250 m auf Schichten mit reichhaltigem Süßwasser gestoßen, und zwar in der zwischen *Namibia* und *Botswana* gelegenen Region Caprivi und dem nach Osten zum Sambesi reichenden Zipfel Namibias (Abb. 5.49). Diese als *Lower Kalahari Aquifere*bezeichneten Süßwasserschichten sind durch eine mächtige Lehmschicht von dem darüber liegenden *brackigen Aquifer* getrennt.

Die Tiefenschichtdicke dieser Süßwasserreserven wird auf 60 bis 115 m und ihre Süßwasserreserve auf ca. 6 Mrd. m^3 geschätzt.

In der östlichen Kalahari, dem Grenzgebiet *Omabeke* zu Botswana entdeckte die Forschergruppe des BGR, dass es sich beim Eiseb-Graben, einer lang gestreckten Senke, um einen verschütteten ehemaligen Flussablauf handelt. Ab 150 m Tiefe sind die Sedimente in diesem Graben voller Süßwasser angereichert, deren Vorrat mit 1,6 Mrd. m^3 angegeben werden. Experten schätzen, dass diesem Tiefenreservoir jährlich 700.000 m^3 Wasser entzogen werden könnten, ohne es in seinem Bestand zu gefährden. Die Qualität ist so gut, dass dieses Grundwasser ohne Aufbereitung als Trinkwasser genutzt werden kann. Für die Erkundung der Tiefengrundwasserverteilung in Namibia setzte die Forschergruppe einen Hubschrauber ein, mit dem sie in sehr geringer Höhe die zu ergründenden Regionen überflogen und mit elektromagnetischen Strahlen abtasteten. Der Hubschrauber schleppte ein 10 m langes Plastikrohr hinter sich her, das mit einer Sonde versehen war. Sie enthielt mehrere Radiosender, die elektromagnetische Wellen in den Bodenuntergrund sandten und dort elektrische Wechselströme induzierten. Je nach Bodenbeschaffenheit wurden Strahlen unterschiedlicher Wellenlänge reflektiert und aufgezeichnet. Die Feldstärke der empfangenen Rückstrahlungen hängt von der Leitfähigkeit der Bodenzusammensetzung ab und wird wesentlich von der Menge des Porenwassers im Gestein beeinflusst. Z. B. setzt Süßwasser den elektrischen Strömen mehr Widerstand entgegen als Brack- und Salzwasser [160].

Der Kivu-See und seine Methanvorkommen [E. the Kivu-Lake and its methane-resources]

Der Kivu-See liegt in Afrika auf dem Gebiet von *Ruanda* und der *Demokratischen Republik Kongo* ca. 1500 m über dem Meeresspiegel. Er ist 2400 m^2 groß und bis zu 500 m tief.

In der Tiefe des Sees sind riesige Mengen Gase gespeichert. Schweizer Forscher vom *Meeresforschungsinstitut Eawagin CH-6047 Kastanienbaum* schätzen die Vorkommen auf 250 Mrd. m^3 Kohlenstoffdioxid, CO_2, und 55 Mrd. m^3 Methan, CH_4. Das Kohlenstoffdioxid stammt im Wesentlichen aus vulkanischen Aktivitäten auf dem Seegrund. Das Methan wird von Bakterien freigesetzt, die in den sauerstofffreien Tiefen totes organisches Material, wie z. B. Algen, Fischreste, aus den oberen Seeschichten und organische Reststoffe von den Küsten anaerob abbauen.

Die in den tiefen Wasserschichten gelösten Gase verhalten sich ruhig, weil der Druck über ihnen durch die stabil geschichteten Wassermassen sehr groß ist. Zwischen dem Tiefenwasser und der See-Oberfläche findet kaum ein Austausch statt.

Wenn die Gaskonzentration weiter steigen sollte, ist nicht ausgeschlossen, dass es durch Erdbeben oder Vulkanausbrüche zu gefährlichen Gasausbrüchen kommt. Sie können für die Bevölkerung an den Seeufern lebensbedrohlich werden.

Die Regierung Ruandas möchte die Gasreserven im Kivu-See zur Stromerzeugung nutzen. Sie hat der *Südafrikanischen Engineering Firma Murray und Roberts*eine Konzession für ein geeignetes Pilot-Kraftwerk erteilt.

Die Gewinnung des Erdgases soll nach einem einfachen Prinzip erfolgen: Ein Rohr wird in die Tiefe des Sees eingebracht. Wegen der im Rohr entstehenden Gasblasen strömt das Wasser von selbst nach oben. An der Oberfläche des Sees angekommen, sprudelt das

Gas aus dem Wasser. Anschließend wird das Methan vom Kohlenstoffdioxid getrennt und kann als Energiespender genutzt werden.

Allerdings können noch keine Voraussagen gemacht werden, wie der See auf eine Gasentnahme reagieren wird. Außerdem ist zu klären, in welche Tiefe das entgaste Wasser in den See zurückgeleitet werden kann, damit durch die Methannutzung möglichst wenig in die Atmosphäre gelangt.

Dieses Pilotprojekt startete 2008 und wird wissenschaftlich begleitet und überwacht vom *Schweizer Institut für Gewässerschutz/Wassertechnologie FZL in Kastanienbaum* unter der Leitung von Professor Dr. Alfred Wüest und von der Holländischen *Commission for Environmental Impact Assessment*.

Ähnlich riesige Gasvorkommen lagern auch im *Monoun-See* und im *Nyos-See* in *Kamerun*. Doch hier handelt es sich um Kohlenstoffdioxid. Der Methananteil ist sehr gering, sodass eine technische Nutzung nicht infrage kommt [32].

Südafrika [E. South Africa]

umfasst eine Fläche von 1,221 Mio. m^2 und wird von 50,6 Mio. Menschen bewohnt. Die Bevölkerungsdichte beträgt 41 Personen pro Quadratkilometer.

Südafrika besteht überwiegend aus dem 1000 bis 1500 m über dem Normal-Meeresspiegel, NN, gelegenen Binnenhochland. Das verhältnismäßig flache Land erstreckt sich über den größten Teil von *Transvaal*, den *Oranje-Freistaat* und *Kapland*. Es bietet wenig gute Lagen für Staudämme, d. h. Staubecken mit geringer Oberfläche im Verhältnis zum Speichervolumen. Immerhin gibt es inzwischen 539 Staudämme.

Die größten Städte sind *Johannesburg, Kapstadt* (Capetown) mit je ca. 3,9 Mio. Einwohnern, gefolgt von *Durban* mit 3,4 Mio. Einwohnern, *Pretoria* mit 1,9 Mio. Einwohnern und Port Elizabeth mit 1,3 Mio. Einwohnern.

Südafrika ist eines der an Bodenschätzen reichsten Länder der Erde. Steinkohle, Eisen, Mangan-Chrom-Kupfererze u. a. finden sich in großen Lagerstätten, ebenso Gold, Platin und Diamanten. Weitere Rohstoffe sind Phosphate, Uranerze, Vanadium, Titan sowie Korund, α-Al_2O_3 (hexagonal-rhomboedrische Kristalle) und Bauxit, γ-Al_2O_3 (kubisch-flächenkonzentrierte Kristalle).

Südafrika ist somit ein bedeutendes Rohstoffexportland und hat zusätzlich in den letzten 25 Jahren eine moderne verarbeitende Industrie aufgebaut. Allerdings ist Wasser in diesem Lande knapp. Die Landwirtschaft, insbesondere die ausgedehnte und intensive Rinder- und Schafzucht, benötigt viel Wasser. Nur 1 % der Landesfläche ist bewaldet.

60 % des dargebotenen Wassers werden von der Landwirtschaft genutzt. 20 % dienen der Versorgung der Städte und Dörfer, 20 % benötigt zurzeit die Industrie, daran sind die kohlebeheizten Dampfkraftwerke zur elektrischen Stromerzeugung zur Hälfte beteiligt.

Der Wasserbedarf betrug im Jahre 2010 schätzungsweise 25 Mrd. m^3/Jahr. Das gesamte erneuerbare Wasserdargebot Südafrikas beträgt ca. 50 Mrd. m^3/Jahr, das sind pro

Person jährlich 1154 m^3. Südafrika ist damit in die Ländergruppe mit Wasserknappheit einzustufen.

Von wenigen bevorzugten Küstenregionen abgesehen ist der südliche Teil Afrikas eine aride und semiaride Landschaft [70]. Die mittlere Jahresniederschlagsmenge beträgt 500 mm. Der östliche Landesteil und ein verhältnismäßig schmaler Streifen entlang der südlichen Küstenlinie sind mäßig mit Wasser versorgt. Im größten Teil des Landesinnern und vor allem im westlichen Teil des Landes, das sind 65 % der Landesfläche, fallen weniger als 500 mm Regen. Das ist eine Menge, die im Allgemeinen als das Minimum für eine fruchtbare Bodenbewirtschaftung angesehen wird. Auf 21 % der Landesfläche fallen jährlich weniger als 200 mm Niederschläge und beschränken sich zum Großteil in der Regel von Oktober bis April. In großen Zeitabständen führen die Flüsse, wie z. B. *Oranje River, Vaal River, Tugela River, Umgeni River* Hochwasser. Dazwischen können lange Perioden mit wenig oder gar keinem Abfluss liegen. Nur wenige Flüsse sind dauernd wasserführend. Die mittlere jährliche Abflussmenge beträgt für das gesamte Land nur 9 % der durchschnittlichen Niederschlagsmenge. Die Verdunstung ist zu stark und liegt im Jahr zwischen 1300 bis 3000 mm, d. h. weit über den jährlichen Niederschlagsmengen.

In weiten Teilen des Landes sind die Schichten unter der Erdoberfläche wasserundurchlässig, somit beträgt der Anteil des Grundwassers nur 15 % vom gesamten nutzbaren Wasserdargebot.

Ansiedlungen, Dörfer und Städte entstanden in der Nähe von verlässlichen Wasserversorgungsquellen. Das sind Bohrlöcher, Brunnen, langsam fließende ganzjährig wasserführende Flüsse oder durch Staudämme regulierte Flüsse. In kleineren Dörfern müssen die Bewohner immer noch bis zu 10 km zu Fuß zurücklegen, um Wasser aus Brunnen zu schöpfen.

Umfangreiche Grundwasservorkommen gibt es allerdings in den sich von *Gauteng* bis ins nördliche Kapland erstreckenden Dolomitregionen. Sie enthalten bis zu 150 m mächtige wasserführende Formationen. Da ihre Anreicherung relativ langsam erfolgt, ist die gesicherte Ergiebigkeit des Grundwasserspeichers auf die Anreicherungsrate begrenzt. Dennoch stellt dieses ernorme Speichervolumen eine potenzielle Reserve dar, um über Dürrezeiten hinwegzukommen.

Die Metropole *Pretoria* in der Region Gauteng, dem Herzland Südafrikas, stellt in der Welt eine Einmaligkeit dar. Im Gegensatz zu allen großen Städten und Regionen der Welt ist sie weder am Meer noch an einem Fluss gelegen. Heute wird die Stadt von dem 50 km entfernten Vaal-River-Stausee versorgt, der im Laufe der Jahrzehnte ständig erweitert und ausgebaut wurde. Er liefert 3,5 Mio. m^3 Süßwasser pro Tag.

Im Großraum Capetown wird das Wasserdargebot aus Flüssen nördlich dieser Stadt erschlossen. Dafür wurden zehn Stauwerke errichtet, die täglich etwas über 1 Mio. m^3 liefern. Entsalztes Meerwasser ergänzt das Dargebot.

Tab. 5.14 Wichtige Staudämme in Südafrika [E. major dams in South Africa] [1]

Staudämme [dam]	Fassungsvermögen/Kapazität (Mio. m^3) [Full supply capacity (10^6 m^3)	Flüsse (rivers)
Gariep	5341	Orange
Vanderkloof	3171	Orange
Sterkfontein	2616	Nuwejaarspruit
Neuwejaarspruit Vaal	2603	Vaal
Pongolapoort	2445	Pongolo
Bloemhof	1264	Vaal
Theewaterskloof	480	Sonderend
Heyshope	451	Assegaai
Woodstock	380	Tugela
Loskop	361	Olifants
Grootdraai	354	Vaal
Kalkfontein	318	Riet
Goedertrouw	304	Mhlatuze
Albert Falls	288	Mgeni
Brandvlei	284	Brandvlei
Spioenkop	277	Tugela
Mthatha	263	Mthatha
Driekoppies	250	Lomati
Inanda	241	Mgeni
Hartbeespoort	212	Crocodile
Erfenis	207	Groot Vet
Rhenosterkop	204	Elands
Molatedi	200	Groot Marico
Ntshingwayo	198	Ngagane
Zaaihoek	192	Slang
Midmar	175	Mgeni

Schätzungen zufolge wird selbst bei Erschließung sämtlicher potenziell nutzbarer Wasservorkommen in Südafrika das Wasserdargebot nicht ausreichen, um den zukünftigen Bedarf z. B. bis 2025 zu decken.

Mit den Nachbarländern müssen Verträge über Wasserlieferungen ausgehandelt werden. Hier geht es um die Nutzung der großen Flüsse der nördlichen Anrainerstaaten Südafrikas, z. B. Namibia, Botswana, Zimbabwe (Abb. 5.50).

Große Staudämme an oder in Flüssen stauen Wasser als Vorrat, um dann über das Jahr zu verteilen oder Wasserkraftwerke zu betreiben (Tab. 5.14).

Zusammenhang zwischen Bevölkerungswachstum – Urbanisierung – hygienisch einwandfreie Süßwasserversorgung und Nahrungsmittelversorgung [E. connection between population growth – urbanization – supply of clean fresh water and supply of food]

Die Weltbevölkerung wird zurzeit auf 7,2 Mrd. Menschen geschätzt. 2025 werden es ca. 8,5 Mrd. sein (Abb. 5.54). Von den 7,2 Mrd. leben 1,5 Mrd. in Industrieländern und 5,7 Mrd. in Entwicklungsländern, ohne China mit 1,3 Mrd. sind das 4,4 Mrd. [235]. 50,5 % dieser Menschen, nämlich 3,62 Mrd., leben in Städten oder urbanisierten Regionen, in Europa sind es schon 73 %. 32 % dieser verstädterten Bevölkerung verbringen ihr Leben in Slums. In den Städten Afrikas südlich der Sahara sind es sogar 71 % (s. Abb. 5.55) [35]. Ungefähr 60 % der Weltbevölkerung haben sich auf nur 10 % der zur Verfügung stehenden Festlandmassen angesiedelt. 2025 werden von den 8 Mrd. Menschen 61 % in Städten leben, in Europa werden es 83 % sein. Die Bevökerungsdichte in Deutschland beträgt zurzeit 230 Personen pro Quadratkilometer.

Die Bevölkerungszunahme in der Welt führt in den ohnehin schon armen Ländern zu einer verschärften Versorgungskrise an Energie, Nahrung und einwandfreiem Trinkwasser (Abb. 5.51) [48]. Im Mittleren Osten und in Nordafrika ist die Wasserknappheit besonders stark ausgeprägt (Abb. 5.52).

Nur 10 % der Landmassen werden von 60 % der Weltbevölkerung bewohnt, das ist eine hohe Bevölkerungsverdichtung. Sie problematisiert die Versorgung ihrer Siedlungen mit dem notwendigen Süßwasser, den Nahrungsmitteln und den technischen Nutzenergien. Gleichbedeutend ist die Entsorgung der Abfälle und die Wiederaufbereitung von verschmutztem Wasser (Abb. 5.53).

Im Jahr 2012/2013 betrug die Zahl der Weltbevölkerung ca. 7,2 Mrd. Von diesen leben 50,5 % in Städten, in Europa sogar 73 %. Es wird geschätzt, dass in 2025 mehr als 8,5 Mrd. Menschen die Erde bevölkern. Von diesen werden weltweit 61 % in Städten leben, in Europa dann 83 %. Auf nur 10 % der Festland-Erdoberfläche sind 60 % der Weltbevölkerung angesiedelt [71].

Weltweit gibt es zurzeit 22 Megastädte mit mehr als 10 Mio. Einwohnern, z. B. Instabul mit 10,5 Mio. und Tokyo mit mehr als 30 Mio. Einwohnern (s. Abb. 5.55). In ca. 358 Städten liegt die Einwohnerzahl zwischen 1 Mio. (z. B. Dublin und Hamburg) und 10 Mio. (z. B. Paris und Cairo).

Das Problem der zunehmenden Verstädterung besteht in einer ausreichenden und pünktlichen Versorgung mit Nahrungsmitteln, Süß- und Trinkwasser, mit Nutzenergie sowie der Entsorgung von Rest- und Abfallstoffen. Weitere Probleme sind, ein reibungsloses Transport- und Kommunikationssystem aufrechtzuerhalten [82, 113].

Mit der Bevölkerungszunahme nimmt die landwirtschaftlich nutzbare Fläche rapide ab. 2025 stehen nur noch 0,15 ha pro Person zur Verfügung (vgl. Kap. 5., Abschn. „Bevölkerungsverdichtung – Nahrungs- und Futtermittelbedarf – Wassernutzung"). Die Ernteerträge müssen je Flächeneinheit drastisch gesteigert werden. Dazu müssen wirkungsvollere und sparsamere Bewässerungsnetze entwickelt und ausgebaut werden.

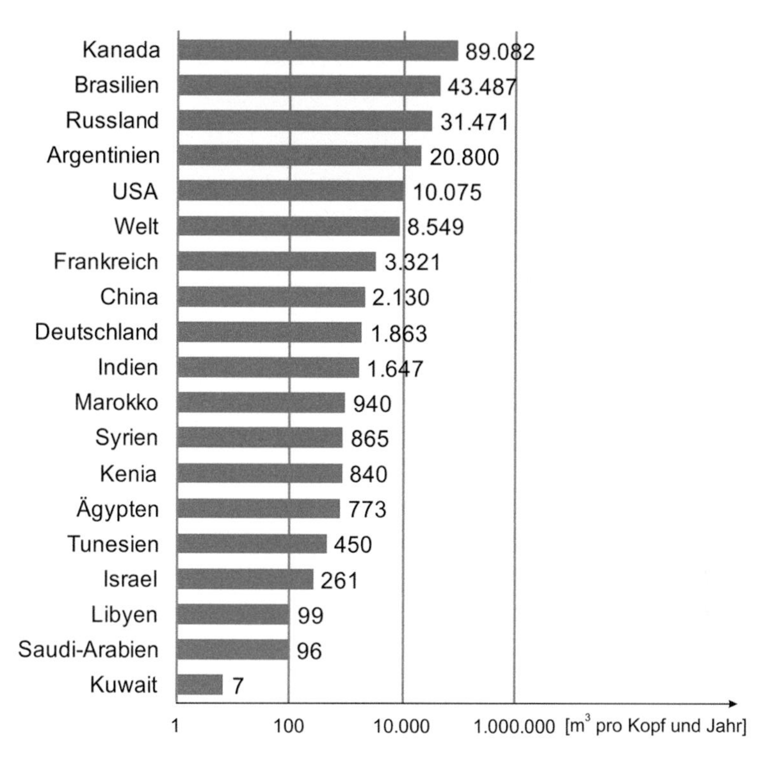

Abb. 5.51 Erneuerbare Frischwasserressourcen in m^3 pro Kopf und Jahr in verschiedenen Regionen der Welt 2006 (logarithmische Skala) [E. renewable fresh water resources in m^3 per capita and year in different countries 2006 (logarithmic scale)] [94]

Nach einem Bericht der Ernährungs- und Landwirtschaftsorganisation der Vereinten Nationen hatten 2012 weltweit 840 bis 1,1 Mrd. Menschen nicht ausreichend zu essen [40, 94, 222]. Daran hat sich bis heute in 2013 nichts geändert!

Nach England mit 259 und den Niederlanden mit 403 hat Deutschland die dritthöchste Bevölkerungsdichte in Europa, nämlich 225 Einwohner pro km^2 (Tab. 13.32).

Mit dem Wachstum der Weltbevölkerung hat auch die Erschließung und Bereitstellung von Süßwasser zugenommen. Aber eine gleichmäßigere Verteilung von Süßwasser in die Wasserknappheitsgebiete ist bisher noch nicht gelungen.

Die gesamte Süßwassernutzung wird für 1940 mit 1375 km^3 angegeben, für das Jahr 2010 mit 6000 km^3. Die hohe Süßwassernutzung ist vor allem den Industrienationen zugutegekommen, ausgelöst u. a. durch die fortschreitende Technisierung. Denn bei gleichmäßiger Verteilung müsste diese Wassermenge ausreichen, um jeden Menschen auf der Erde ausreichend mit Wasser zu versorgen.

Folgende Rechnung belegt, dass weltweit täglich pro Person 2283 L Wasser für private, landwirtschaftliche und industrielle Nutzung bereitstehen, wenn von 7,2 Mrd. Menschen (2011) ausgegangen wird:

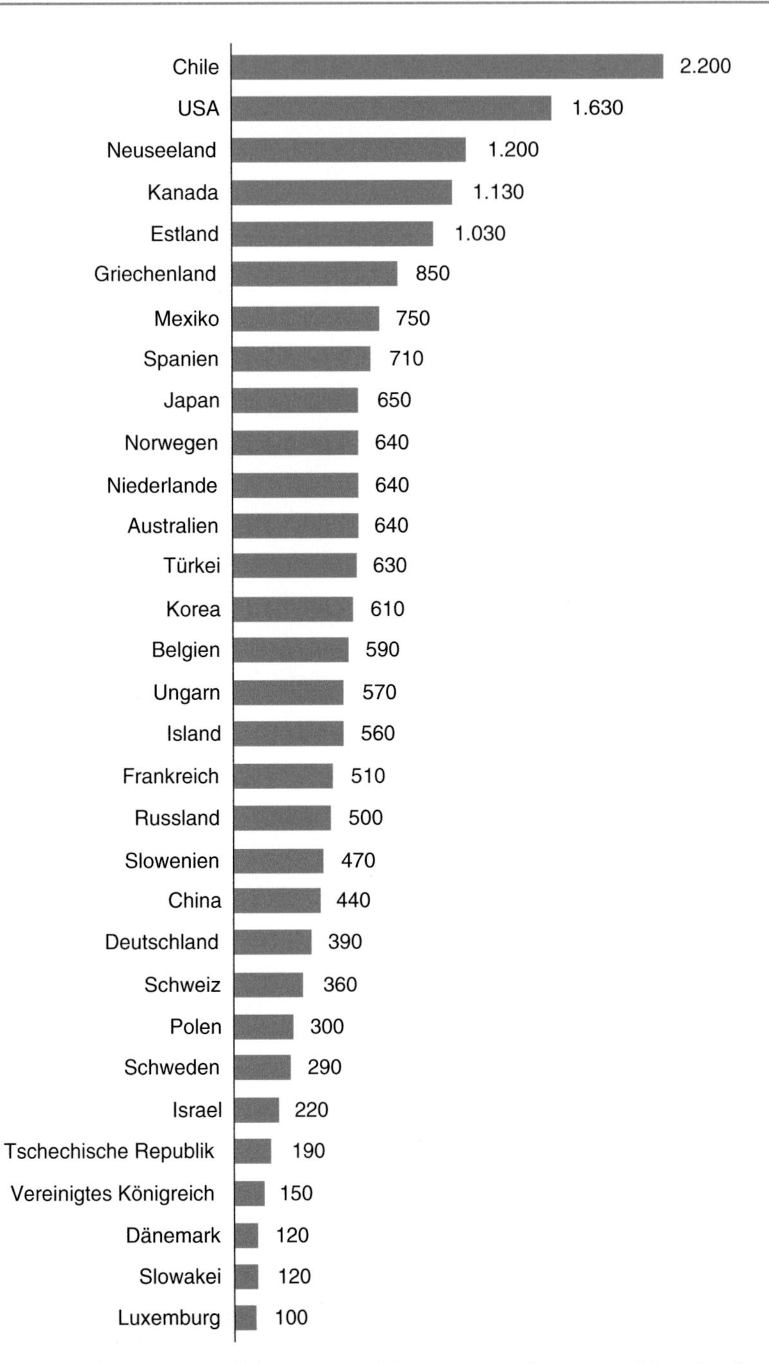

Abb. 5.52 Durchschnittliche jährliche Pro-Kopf-Wassernutzung in ausgewählten Ländern weltweit in 2010 (in m^3) [E. water usage per capita and year in different countries in m^3] [40]. (Quelle: Weltweit; OECDQuelle © Statistic 2012. http://de.statista.com/statistik/daten/studie/6378/umfrage/wasserverbrauch-in-ausgewaehlten-laendern/)

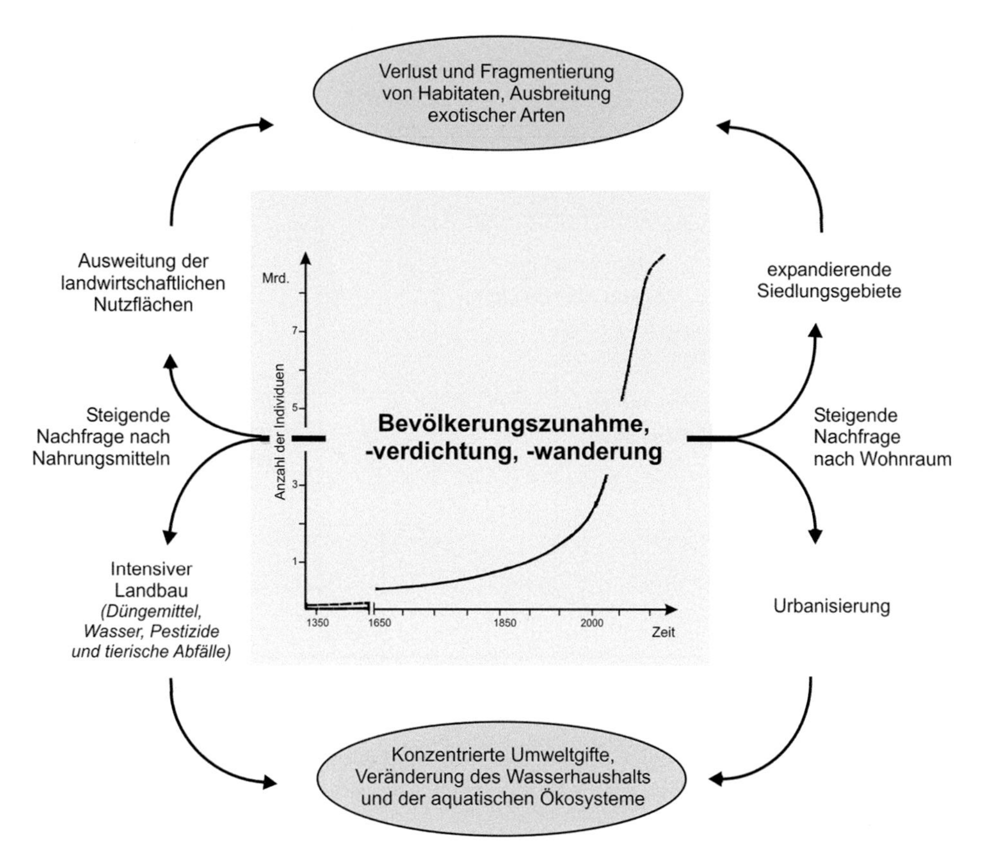

Abb. 5.53 Folgen der Bevölkerungszunahme [E. consequences of population growth] [56]

$$6000\ \text{km}^3 \mathrel{\hat{=}} 6000 \cdot 10^9\ \text{m}^3 \mathrel{\hat{=}} 6000 \cdot 10^{12}\ \text{L}$$

$$\frac{6000 \cdot 10^{12}\ \text{L}}{7{,}2 \cdot 10^9\ \text{Menschen} \cdot 365\ \text{Tage}} = 2\,283\left[\frac{\text{Liter}}{\text{Tag} \cdot \text{Person}}\right] = 833\left[\frac{\text{m}^3}{\text{Jahr} \cdot \text{Person}}\right]$$

Laut dem Wassermangelindex (Tab. 5.12) besteht eine ausreichende Süßwasserversorgung ab 1700 m³ pro Person und Jahr. Doch wie schon erwähnt, das Süßwasser ist von Natur aus und durch die Industrialisierung und Urbanisierung sehr ungleich verteilt. Mangel besteht, wenn jährlich weniger als 500 m³ Süßwasser pro Person verfügbar sind [57].

Fast alle Megametropolen der Welt sind ständig mit einer ausreichenden Trinkwasserversorgung ihrer Bewohner befasst. Sie müssen langfristig planen. Große Wasserleitungsverbundnetze sind sehr kapitalaufwendig.

Seit 1970 wird in *Manhattan*, einem Stadtbezirk *New Yorks*, an einem 96 km langen Trinkwassertunnel gearbeitet. Von den 19,0 Mio. Einwohnern New Yorks leben ca. 9 Mio. in Manhattan. Sie erhalten zurzeit ihr Trinkwasser durch zwei Versorgungstunnel. Der eine von ihnen ist 29 km lang und hat einen Durchmesser von 4,5 m. Er wurde 1917

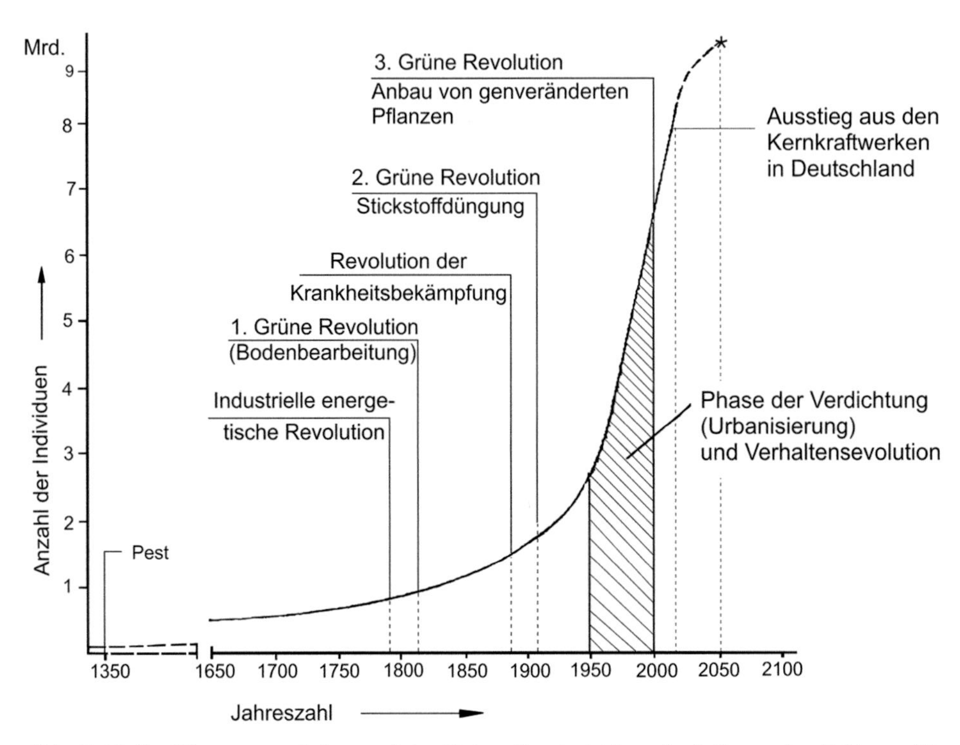

Abb. 5.54 Bevölkerungswachstum auf der Erde mit entwicklungsbeeinflussenden Faktoren [E. growth curve of the world's population with factors which influence development]

fertiggestellt. 1936 wurde ein zweiter Tunnel gebohrt mit einer Länge von 32 km und 5 m Durchmesser. Der tägliche Trinkwasserbedarf für Manhattan wird mit 5 Mio. m^3 angegeben, das sind ca. 620 L pro Person. Manhattan liegt auf einer Strominsel zwischen dem *Hudson River* und *East River*. Ihr Untergrund besteht aus monolithischem kontinentalem Granitfelsen von außergewöhnlicher Härte. Bis zu einer Tiefe von 200 m muss dieses Urgestein durchbohrt werden. Täglich werden 15 bis 22 m Tunnelstück mit einem Durchmesser von 7 m freigelegt. Der Tunnel wird den *Hudson River* unterqueren. Er wird vier Schleusenkammern erhalten. Die größte von ihnen wird 200 m lang, 13 m breit und 12,5 m hoch sein. Die Schleusenkammern sollen schon bestehende ältere Tunnelabschnitte miteinander verbinden, ohne dass Wasser abgelassen werden muss. Außerdem ermöglichen sie den Zugang zum Tunnel für Reparaturarbeiten. Die Kosten für den 3. Tunnelbau werden auf 6 Mrd. US-Dollar geschätzt.

Es ist vorgesehen, diesen dritten Trinkwassertunnel Manhattans 2020 in Betrieb zu nehmen. Er wird dann der längste Tunnel der Welt sein, gefolgt von dem noch im Bau befindlichen *Gotthard-Basistunnel* mit 57 km und dem *Seikan-Tunnel* im Norden Japans mit 54 km [228].

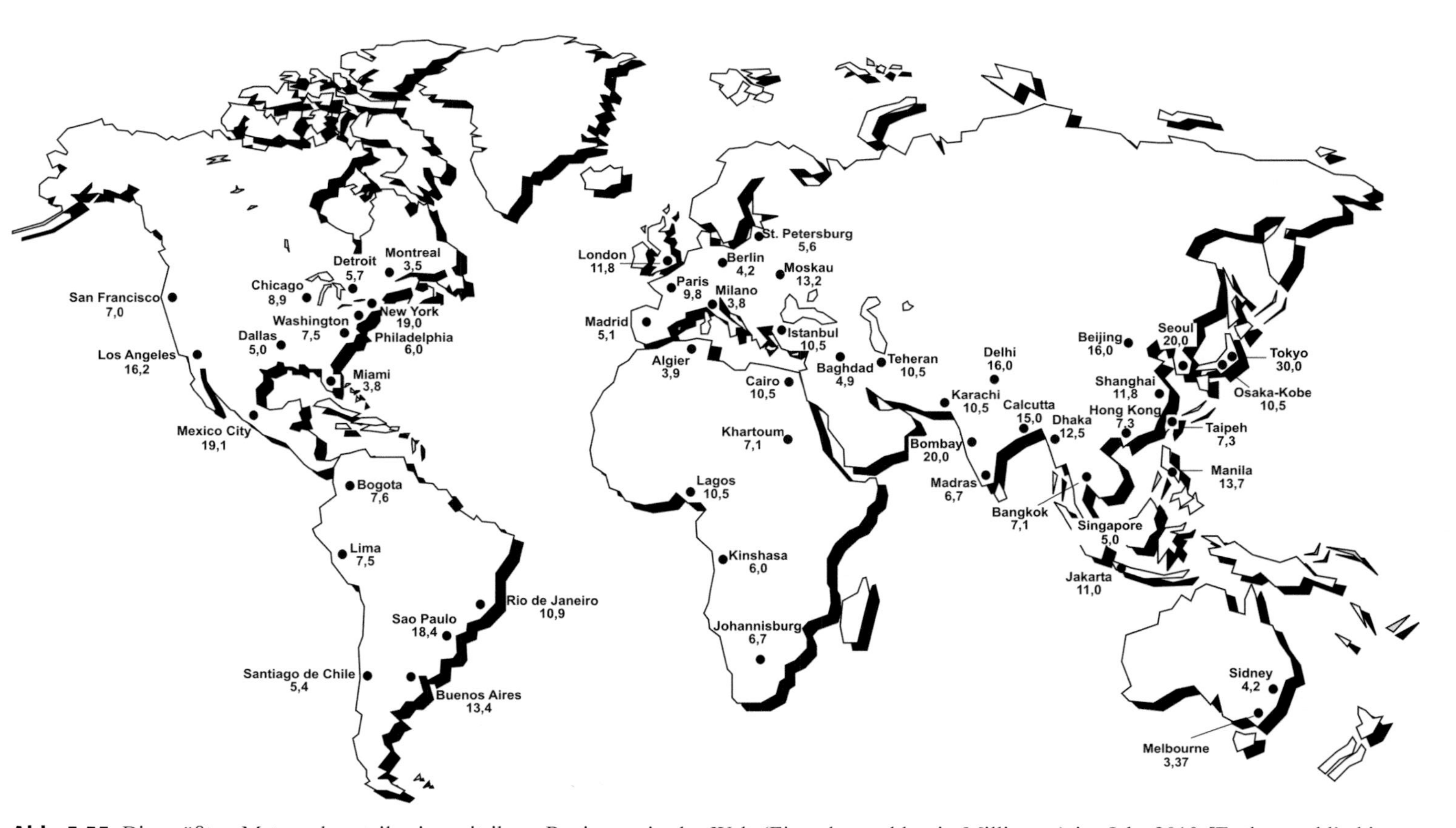

Abb. 5.55 Die größten Metropolen, teilweise mit ihren Regionen, in der Welt (Einwohnerzahlen in Millionen.) im Jahr 2010 [E. the world's biggest conurbations (inhabitants in millions) in 2010 a.D.] [35]. Zurzeit gibt es 22 Megastädte in der Welt mit mehr als 10 Mio. Einwohnern. Ihre Zahlen variieren zwischen 34 Mio. von Tokio und 10 Mio. von Istanbul. Bei weiteren 358 Städten schwankt die Einwohnerzahl zwischen 10 Mio., z. B. in Paris, und 1 Mio. in Dublin

Das Lire-Projekt in Paris [E. the Lire-Project in Paris]

Wie aufwändig und fein abgestimmt ein Verbundnetz von Wasserrohrleitungen gestaltet sein muss, zeigt das *Lire-Projekt* der Pariser Innenstadt mit ihren 4 Mio. Einwohnern, die täglich 700 Mio. L Trinkwasser benötigen. Das Lire-Projekt soll die Kapazität des zwischen 1865 und 1945 gebauten Wasserversorgungsnetzes verdoppeln [123]. Das Wasser für Paris stammt zur Hälfte aus dem Untergrund der benachbarten Gebiete und wird durch Aquädukte[6] in die Innenstadt geleitet. Die andere Hälfte wird den Flüssen Seine und Marne entnommen, in drei Klärwerken aufbereitet und in fünf Reservoirs am äußeren Ring der Stadt gespeichert (Abb. 5.57). Die fünf Speicherbehälter haben ein Fassungsvolumen von 1,2 Mio. m^3. Entscheidend für eine kontinuierliche reibungslose Trinkwasserversorgung sind die Verbindungen der Leitungen zwischen den Wasserspeicherbecken.

Fertiggestellt ist inzwischen eine Querleitung im Nordosten der Stadt mit 1000 m Länge und 1400 mm Durchmesser und eine weitere mit 900 m Länge und 1200 mm Durchmesser.

Im Südwesten von Paris wird eine 4,4 km lange Leitung mit einem Durchmesser von 1400 mm bzw. 1200 mm errichtet. Sie soll drei Wasserspeicher miteinander verbinden.

Eine technische Höchstleistung ist die Verlegung einer Wasserleitung in einer Tiefe von 35 bis 45 m auf einer Länge von 2533 m. Dazu wurde ein begehbarer Tunnel mit einer Höhe von 3145 mm gebaut, in dem dann die Rohrleitungen mit einem Durchmesser von 1200 mm verlegt werden.

Dieser Tunnelabschnitt liegt zwischen dem Square Victor-Hugo und der Porte d'Auteuil im 15. und 16. Arrondissement. Hier stoßen zahlreiche Ver- und Entsorgungsnetze sowie die tiefen Gründungen des Stade du Parc des Princes und einer breiten Umgehungsstraße aufeinander. Ein besonders erschwerendes Hindernis ist zusätzlich die Seine.

Diese Tiefenverlegung der Wasserrohre brachte aber auch Vorteile. Über Zugangsschächte kann man bequem an die Leitungen gelangen, um sie zu kontrollieren und zu warten.

Hessenwasser GmbH & Co. KG in Deutschland [E. Hessenwasser Company in Germany]

Die Hessenwasser GmbH & Co. KG wurde 2001 gegründet und zählt zu den zehn größten Wasserbeschaffungs- und Wassertransportunternehmen Deutschlands [92]. Sie ist verantwortlich für die Bereitstellung von einwandfreiem Trinkwasser in der Rhein-Main-Region, einschließlich der Städte Frankfurt, Wiesbaden, Darmstadt und des Frankfurter Flughafens. Jährlich werden ca. 100 Mio. m^3 Trinkwasser für mehr als 2,1 Mio. Menschen bereitgestellt. Vom Hessischen Ried über den Vogelsberg, den Spessart, den Großraum

[6] aqua (lat.) – Wasser; ducere (lat.) – führen. Aquadukte sind hochgelegte bzw. obererdig verlegte Wasserleitungen.

Frankfurt bis zu den Taunusstollen und dem Wasserwerk in Wiesbaden-Schierstein werden 30 Wasserwerke mit fast 300 Brunnen, Quellen und Stollen betrieben. Der Transport des zu Trinkwasser aufbereiteten Wassers erfolgt über ein Leitungsnetz von 450 km mit einem Durchmesser bis zu 100 cm.

Annähernd 1,1 Mrd. Menschen in 29 Ländern leiden gegenwärtig unter akuter Wassernot (s. Abb. 6.81a, b). Am stärksten betroffen sind Menschen im *Nahen Osten* und im *südlichen Afrika*. Aber auch Südeuropa, Nordafrika, Südasien, Teile Chinas und der Westen der USA bekommen die Knappheit jetzt schon teilweise zu spüren. Für mehr als 2,8 Mrd. Menschen fehlt derzeit eine hygienische Abwasseraufbereitung, um benutztes Wasser wieder in gebrauchsfähiges Wasser überzuleiten. Weltweit werden nur 10 % aller Abwässer geklärt [57, 94, 222, 35].

Bevölkerungsverdichtung – Nahrungs- und Futtermittelbedarf – Wassernutzung [E. population density – food and fodder provision – use of water]

Bevölkerungszunahme und der damit einhergehende Nahrungsbedarf sowie die mittelbare Wasser- und Energienutzung hängen eng miteinander zusammen (Abb. 5.56 und 5.58). Sie beeinflussen sich gegenseitig. Über mögliche Sparpotenziale muss nachgedacht wer-

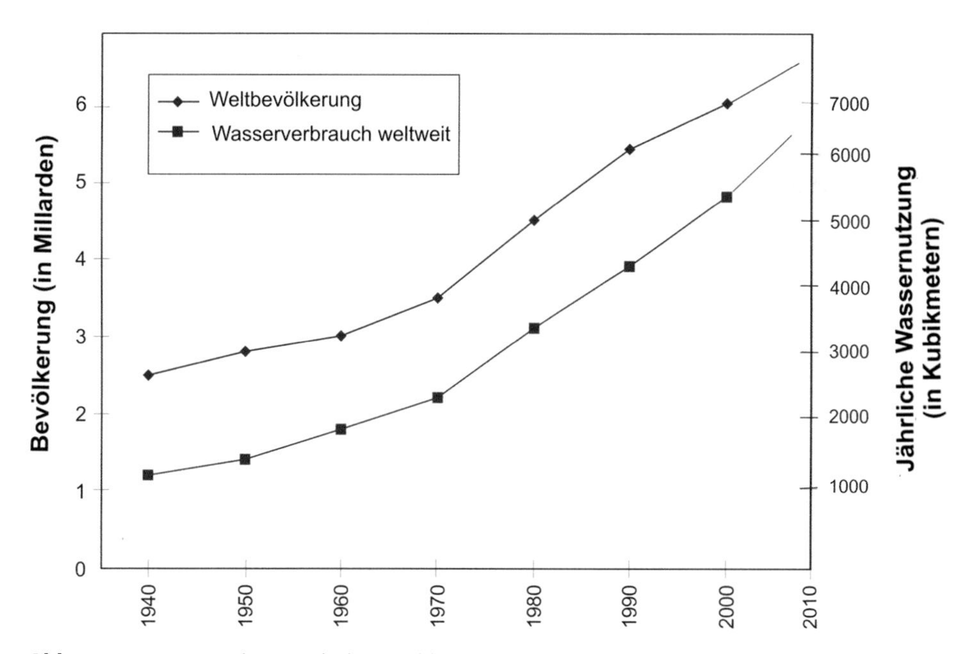

Abb. 5.56 Zusammenhang zwischen Weltbevölkerung und Süßwassernutzung von 1940 bis 2010 [E. connection between the world population and use of fresh water, 1940–2010] [8, 57, 83, 35, 245]

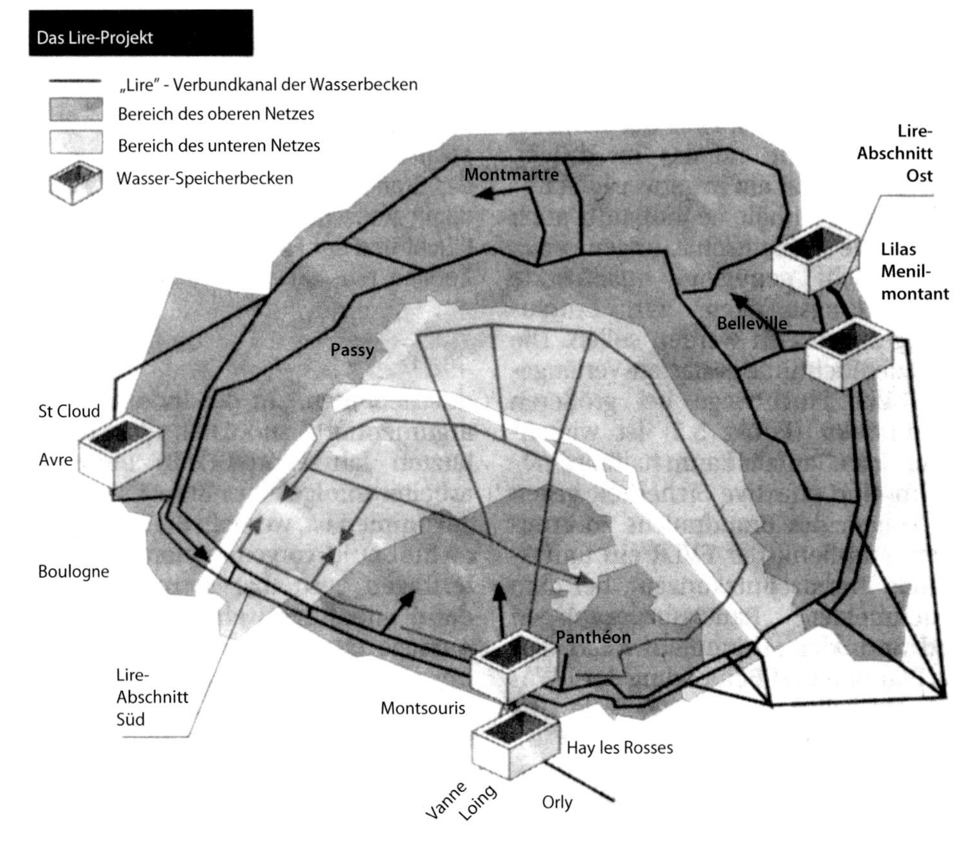

Abb. 5.57 Wasserleitungsverbundnetz von Paris – das Lireprojekt [123] [E. network of water pipelines in Paris – the Lire project]. (Quelle: Fizit)

den, und die Zusammenhänge müssen offengelegt werden (Abb. 5.51 und 5.52). Ohne Wasser gibt es keine Landwirtschaft und Nahrungsmittel und auch keine Kraftwerke zur Bereitstellung elektrischer Energie (Tab. 13.30). Eine ausgewogene und gesunde Ernährung der Menschen würde auch zu einer sorgfältigen und sparsamen Nutzung des Süßwassers führen [246].

Inzwischen hat die Bereitstellung von tierischem Eiweiß in den westlichen Ländern zu einer Überversorgung geführt, in deren Folge zahlreiche Zivilisationskrankheiten auftreten, z. B. Kreislaufkollaps, Diabetes mellitus, Koronarembolie, Fettleber, Cholesterinämie u. a. In den USA sterben jährlich 300.000 Menschen an Übergewicht. Ihre Zahl nimmt zu. Die Hälfte der erwachsenen Europäer zwischen 35 und 65 Jahren leiden ebenfalls an Übergewicht und sind zu dick. Denn tierischer Eiweißverzehr bedeutet zugleich auch ein Zuviel an tierischem Fett. In England sind 51 % der Bevölkerung übergewichtig [165, 166]. Pflanzliche Fette und Öle mit ihren ungesättigten Fettsäuren sind gesünder.

Ein anderer Weg der notwendigen Eiweißversorgung könnte die Aktivierung der Single-CellProtein-Produktion mithilfe von geeigneten Bakterien sein, wie sie in den 70er-

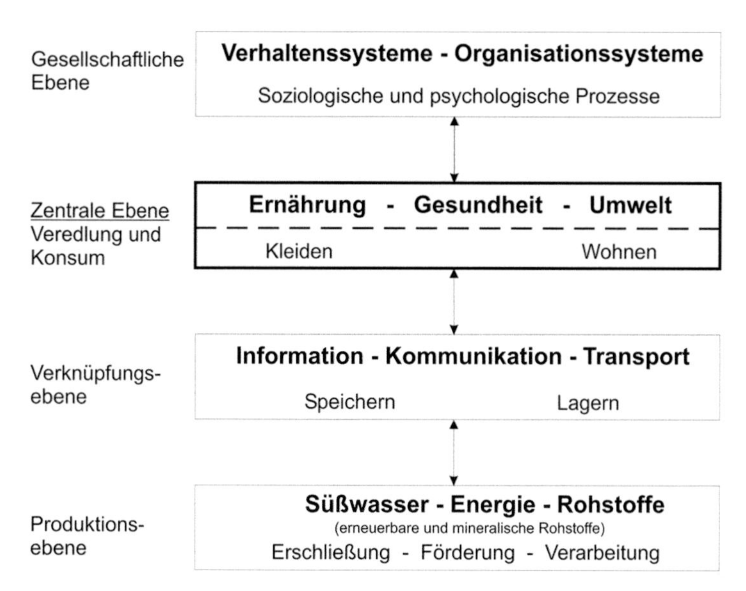

Abb. 5.58 Makrostruktur industrieller Veredlungsprozesse – Life sciences [95] [E. macrostructure of industrial refining processes – Life sciences]

Jahren in Deutschland schon hoch entwickelt war. Das Verfahren der ehemaligen Hoechst AG mit dem Bakterium *Methylomonas clara* war schon über eine Pilotanlage hinaus weit ausgereift [62, 153, 154, 162]. Die Single-Cell-Proteine enthalten alle essenziellen Aminosäuren in ausreichender Menge.

Reicht in bestimmten bevölkerungsdichten Gegenden das natürliche Süßwasserangebot nicht aus, müssen riesige Entsalzungsanlagen errichtet werden, um Ozeanwasser zu Süßwasser aufzubereiten. Das ist sehr energieaufwendig, von den Kosten ganz zu schweigen (s. Kap. 10).

Die Bewässerung von landwirtschaftlich genutzten Feldern muss wegen der Bevölkerungszunahme in den semiariden (halbtrockenen) Gegenden, aber auch in den landwirtschaftlich intensiv genutzten Regionen in den nächsten 25 Jahren um 15 bis 20 % gesteigert werden, um die Menschen zu ernähren. 40 % der weltweiten Nahrungsmittelproduktion ist auf landwirtschaftliche Bewässerung angewiesen. Die langfristigen Folgen einer Bewässerung sind vor allem in den trockenen und halbtrockenen Gebieten mit einer zunehmenden Versalzung der Böden verbunden.

In den ariden (trockenen) Gebieten, z. B. Saudi-Arabien, werden durch künstliche Bewässerung für die Erzeugung von 1 kg Weizen bis zu 2000 L Wasser aufgewendet[7]. In den weniger industrialisierten Ländern fließen bis zu 90 % des Süßwassergebrauchs in die landwirtschaftliche Ackerbewässerung. Im globalen Mittel werden 70 % des Süßwasserdargebots für die Bewässerungslandwirtschaft verwendet. Es müssen in Zukunft nicht nur

[7] In den gemäßigten Zonen ist der unmittelbare Wasserbedarf erheblich geringer. Im Mittel wird mit 500 L pro 1 kg Trockengewicht Weizen gerechnet (S. 378, Tab. 13.31).

mehr Nahrungsmittel pro Flächeneinheit produziert werden, sondern auch mehr pro Kubikmeter Wasser. Die weltweit genutzten landwirtschaftlichen Flächen werden pro Kopf der Bevölkerung immer geringer [95, 152].

Eine verbesserte Nahrungsmittelversorgung ist zurzeit mit steigendem Bewässerungsbedarf verbunden. Diese geht mehr und mehr zulasten der Umwelt. Beispiele hierfür sind das vietnamesische Mekong-Delta, Mauretanien in Westafrika oder die Region des spanischen La Mancha.

Tröpfchenbewässerung von Ackerflächen [E. drip irrigation of arable land] [93]

70 % des Süßwasserdargebots werden von der Landwirtschaft genutzt zur Viehhaltung und Bewässerung von Agrarflächen (s. Tab. 13.31 und Abb. 13.143). Bei den üblichen Bewässerungsmethoden landwirtschaftlich genutzter Flächen gehen bis zu 50 % des Wassers und mehr durch Verdunstung und Versickerung verloren, bevor es die Pflanzen erreicht. Die Oberflächenbewässerung erfolgt durch Beregnung oder Flutung, langfristig versalzen dabei die Böden.

Im letzten Jahrhundert wurde die Tröpfchenbewässerung entwickelt, sie wird in regenarmen d. h. ariden und semiariden Gebieten eingesetzt, z. B. in Israel und arabischen Ländern. Bei der Tröpfchenbewässerung werden Schläuche mit in regelmäßigen Abständen versehenen Wasserauslässen verlegt. Durch diese wird eine konstante, aber geringe Menge Wasser gleichmäßig an die Pflanzen abgegeben. Dabei werden die Verdunstungs- und Versickerungsverluste deutlich gesenkt, und die Versalzung der Böden wird vermindert. Da das Fließen des Wassers in den Schläuchen bei niedrigem Druck erfolgt, ist auch der Energiebedarf gegenüber einer klassischen Oberflächenbewässerung niedrig und ebenso die Kosten.

Nach Untersuchungen im Auftrag des VDI (Verein Deutscher Ingenieure) liegt der Wirkungsgrad einer Tröpfchenbewässerung bei 90 %, dagegen der einer üblichen Oberflächenbewässerung bei 50 %.

Indien, ein Beispiel [E. India, an example] [3]

Indien ist nach China mit ca. 1,21 Mrd. Menschen das bevölkerungsreichste Land der Welt, das sind 15,4 % der Weltbevölkerung. Auf 1 km^2 Landfläche leben ca. 397 Menschen. Seine Fläche umfasst 3,046 Mio. km^2, das Achteinhalbfache der Fläche Deutschlands. Indien verfügt nur über 4 % der weltweiten Süßwasserressourcen. Wichtige Süßwasserlieferanten sind die Flüsse *Brahmaputra, Ganges* und *Indus* (s. Tab. 8.21), die alle dem Himalaja entspringen. Die Wassermenge pro Person und Jahr ist von 1882 m^3 in 2000 auf 1730 m^3 in 2010 gefallen (s. Tab. 5.12). Es wird geschätzt, dass das Dargebot in 2030 auf 1240 m^3 Süßwasser gesunken sein wird.

Grenzkonflikte zwischen den Anliegerstaaten des Brahmaputra bahnen sich an. Die Chinesen planen, ca. 200 Mio. m^3 Wasser vom Brahmaputra in den Gelben Fluss jährlich überzuleiten. Indien will 600 Mio. m^3 Flusswasser aus dem Brahmaputra in sein übriges Flusssystem pro Jahr umleiten.

Der Süßwasserbedarf ist enorm. 50 Mio. ha Ackerland müssen regelmäßig bewässert werden. Dazu sind im Jahr ca. 460 km^3 Wasser notwendig. Als Quelle dient das Grundwasser. In ländlichen Gegenden schöpfen die Privathaushalte bis zu 80 % ihres Frischwasserbedarfs aus Grundwasserbrunnen. In den letzten 30 Jahren sind ca. 2,8 bis 3 Mio. Handpumpen eingerichtet worden, um den Wasserbedarf für die Haushalte zu sichern. 15 bis 17 Mio. motorisierte Rohrpumpen dienen zur Bewässerung von 70 % der landwirtschaftlich genutzten Landflächen. Sie pumpen bis zu 244 km^3 Wasser pro Jahr auf die Felder [238].

Entsprechend seiner Bevölkerungsdichte ist der Energiebedarf Indiens sehr groß bis unermesslich.

Die Kraftwerksleistung beträgt zurzeit 124.000 MW. Mit einer Leistung von 83.000 MW liefern die Wärmekraftwerke 67 % für die elektrische Stromversorgung. Davon entfallen 69.000 MW auf die Kohleverbrennung und rund 14.000 MW auf die Gasverbrennung.

Die zweitwichtigsten Lieferanten für elektrischen Strom sind die Wasserkraftwerke. Mit 32.000 MW steuern sie 26 % zur Stromversorgung bei. Die Windenergie mit 6000 MW und die Kernenergietechnik mit 3000 MW spielen noch eine untergeordnete Rolle [227].

Bis zum Jahre 2012 wollte Indien sein Energiepotenzial von 124.000 MW um 40.000 MW aufstocken. Das erfordert einen Investitionsaufwand von ca. 40 Mrd. €. Bis 2030 sollen nochmals weitere 50.000 MW hinzukommen. Entsprechend hoch wird der zusätzliche Bedarf bzw. die Bereitstellung von Süßwasser einhergehen. Diese Beispiele zeigen deutlich, dass Nutzenergiebereitstellung, Landwirtschaft und Süßwasser unmittelbar eng miteinander verknüpft sind (s. Tab. 13.30 und Kap. 13).

Wasser und Ernährung [E. water and nourishment]

Zu seiner Ernährung benötigt der Mensch Wasser, Kohlenhydrate, Fette, Eiweiß, Mineralstoffe, Vitamine und Spurenelemente.

Für einen ausgewogenen gesunden Stoffwechsel sind alle Bestandteile gleich wichtig. Doch während der Organismus auf einige Nahrungskomponenten kurzzeitig vorübergehend verzichten kann, gilt das nicht für Wasser. Menschen, Tiere, Pflanzen und Mikroorganismen sind auf eine kontinuierliche Wasseraufnahme angewiesen. In unseren Breitengraden sollte die täglich aufzunehmende Wassermenge eines Menschen 2,5 L nicht unterschreiten (Abb. 2.17).

Ein menschlicher Körper von 70 kg enthält ca. 43,5 kg Wasser, das sind 62 %. Bei Frauen ist der Wassergehalt mit 55 % niedriger als bei Männern.

Wasser dient als Transportmedium für die zu verstoffwechselnden Nahrungsmittel über das Blut- und Lymphgefäßsystem, d. h. für die Versorgung und Entsorgung der einzelnen Körperzellen. Damit ist Wasser zugleich ein Lösemittel. Es ist aber auch ein Reaktionspartner innerhalb der Stoffwechselvorgänge. Die Kohlenhydrate in Form von Stärke und Zuckern sind die Lieferanten der Energie, die der Mensch täglich für seine Bewegungen und Lebensfunktionen braucht. Zellulose vermag der Mensch nicht zu verwerten. Sie sind für ihn Ballaststoffe. Dagegen sind sie die wichtigste Futtermittelquelle für die Wiederkäuer. Die Fette im menschlichen Körper sind eine Energiereserve, auf die dann zurückgegriffen wird, wenn die tägliche Kohlenhydrataufnahme über eine längere Zeit unzureichend ist. Außerdem schützen die Fette den Körper vor einem zu starken Wärmeverlust und auch vor mechanischem Druck und Stoß. Die Ionen der gelösten Mineralien stabilisieren den osmotischen Druck in den Zellen und im Gefäßsystem.

Die Vitamine bilden die aktiven Zentren der Enzyme, auch Coenzyme, genannt. Andere Vitamine, wie z. B. die Ascorbinsäure (Vitamin C), wirken als Antioxidantien.

Die Spurenelemente, wie z. B Eisen, Kobalt, Zink, Selen u. a., aktivieren die Enzyme, damit diese enzymatische Reaktionen einleiten.

Eine besondere Gruppe der Grundnahrungsmittel sind die Eiweiße. Sie sind Polymere mit sehr hoher Molmasse, die aus 20 verschiedenen Aminosäuren als Monomere zusammengesetzt sein können. Als charakteristisches Element enthalten sie als Aminogruppe, NH_2 in α-Stellung, das Stickstoffatom. Bis auf Glycin sind alle Aminosäuren optisch aktiv. Nur die L-Form ist biologisch wirksam und für den Aufbau von Peptiden und Proteinen geeignet. Die Eiweiße übernehmen im lebenden Organismus die Rolle von Werk- und Wirkstoffen. Als Werkstoffe fungieren sie als Stützmaterial für die Bildung von Knochen und Muskeln in Form von Kollagen. Als Wirkstoffe sind sie u. a. als Enzyme und Hormone bekannt.

Der Energiegehalt der Nahrungsmittelgruppen ist unterschiedlich:

Kohlenhydrate: $\Delta g = 17{,}4$ kJ/g; Eiweiß: $\Delta g = 17{,}2$ kJ/g; Ethylalkohol (Trinkalkohol): $\Delta g = 29{,}5$ kJ/g; Fette: $\Delta g = 39{,}4$ kJ/g.

Der tägliche physiologische Energiebedarf eines erwachsenen Menschen von 70 kg beträgt 11.300 kJ/Tag. Der Wert entspricht 2700 kcal/Tag.

Davon sollten 60 % durch Kohlenhydrate, 29 % durch Fette und 11 % durch Eiweiß gedeckt werden. In Gramm umgerechnet bedeutet das ein täglicher Verzehr von 394 g Kohlenhydraten, 85 g Fetten und 70 g Eiweiß.

Der Anteil der Kohlenhydrate sollte anstelle der Fette noch erhöht werden. Es reicht aus, wenn der Bedarf an ungesättigten Fettsäuren wie Linol-, Linolen- und Arachidonsäure durch Nahrungsaufnahme gesichert ist. Diese können von Säugetieren und Menschen nicht aufgebaut werden. Sie werden deshalb auch *essentielle Fettsäuren* genannt.

Von dem verzehrten Eiweiß sollte mindestens ein Drittel tierischer Herkunft sein, wie z. B. Fleisch, Milch und Eier, da sonst leicht ein Mangel an *essentiellen Aminosäuren* entsteht. Pflanzeneiweiß enthält nicht alle essenziellen Aminosäuren oder nur in solchen geringen Mengen, die für eine gesunde Ernährung nicht ausreichen. Doch es ist möglich, tierisches Eiweiß vollständig zu ersetzen, wenn durch entsprechende Kombination von pflanzlicher Nahrung alle essenziellen Aminosäuren in ausreichender Menge vorhanden sind. Essenzielle Aminosäuren können vom menschlichen Körper nicht synthetisiert werden. Es sind diese für erwachsene Menschen *Leucin, Phenylalamin, Methionin, Lysin, Valin, Isoleucin, Threonin* und *Tryptophan*. Im Kindesalter zählt noch *Histidin* dazu. *Arginin* und *Histidin* sind semiessenziell. Das bedeutet, dass die Syntheseleistung des Organismus in sehr beanspruchten Stoffwechselsituationen den Bedarf nicht zu decken vermag. Das ist z. B bei schweren Erkrankungen und Verletzungen der Fall.

Bei Neugeborenen gelten in den ersten Lebenstagen auch *Cystein* bzw. *Cystin* und *Tyrosin* als essenzielle Aminosäuren, da bei ihnen noch nicht alle Enzyme voll funktionsfähig sind, um diese Aminosäuren aufzubauen.

Kohlenhydrate werden vom menschlichen Körper als Glykogen in der Leber und in den Muskeln gespeichert. Sie sind eine kurzfristig abrufbare Energiereserve. Als Langzeit-Energiereserve sind die Fettsäuren in den Fettablagerungen deponiert. Dagegen gibt es im Körper keine Eiweißspeicher. Die körpereigenen Proteine sind als Struktur- und Funktionsproteine festgelegt. Deshalb muss dem menschlichen Körper regelmäßig eine Mindestmenge an Eiweiß durch Nahrung zugeführt werden.

Zahlreiche *höhere Tierarten* (ausgenommen sind die Wiederkäuer) und der *Mensch* vermögen nur Ammoniumionen als Stickstoffquelle zur Biosynthese der nichtessenziellen Aminosäuren zu nutzen. Sie sind nicht in der Lage, Nitrite, NO_2, Nitrate, NO_3, und elementaren Stickstoff, N_2, der Atmosphäre zu verwerten.

Die Pflanzen können alle 20 Aminosäuren, die sie zum Aufbau des Struktur- und Funktionseiweißes benötigen, sowohl aus Ammonium- als auch Nitrit- und Nitrationen synthetisieren. Einige leben mit Bakterien, z. B. Knöllchenbakterien (Rhizobien)[8] in Symbiose.

Knöllchenbakterien leben als knöllchenartige Anschwellungen in der Wurzelrinde von Erbsen, Bohnen, Lupinen, Klee, Soja. Aber auch einige Bäume wie Erle nutzen den Luftstickstoff unmittelbar zur Proteinsynthese. Die Pflanze versorgt die stickstofffixierenden Bakterien über die Fotosynthese mit Glucose und der notwendigen Energie, um den Luftstickstoff als Ammoniumionen zu binden und daraus Aminosäuren und Proteine aufzubauen. Es gibt ca. 250 luftstickstoffbindende Pflanzen.

Durch die stickstofffixierenden Mikroorganismen werden schätzungsweise ca. 200 Mio. t Luftstickstoff jährlich weltweit im Boden gebunden und sind den Pflanzen auf diese Weise zugängig. *Escherichia Coli*, die u. a. im Verdauungstrakt des Menschen, im Darm, angesiedelt sind, können aus Ammoniumionen Aminosäuren aufbauen.

Der Hunger in der Welt ist ein Eiweißhunger, exakter gesagt, ein Hunger nach essenziellen Aminosäuren.

Seit der Ammoniaksynthese nach Haber (1868–1934) und Bosch (1874–1940) im Jahr 1913 ist es im Laufe der vergangenen 100 Jahre in den westlichen Industrienationen vom Eiweißmangel zur Eiweißüberversorgung gekommen mit allen damit verbundenen Gesundheitsschäden. Parallel dazu leiden die Ackerböden an einer zunehmenden Überdüngung [156]. Diese wiederum führt zur Belastung von Grundwasser. Der Stickstoff-

[8] Knöllchenbakterien leben als knöllchenartige Anschwellungen in der Wurzelrinde von Erbsen, Bohnen, Lupinen, Klee, Soja, aber auch einige Bäume wie Erle nutzen den Luftstickstoff unmittelbar zur Proteinsynthese. Die Pflanze versorgt die stickstofffixierenden Bakterien über die Fotosynthese mit Glucose und der notwendigen Energie, um den Luftstickstoff als Ammoniumionen zu binden und daraus Aminosäuren und Proteine aufzubauen.

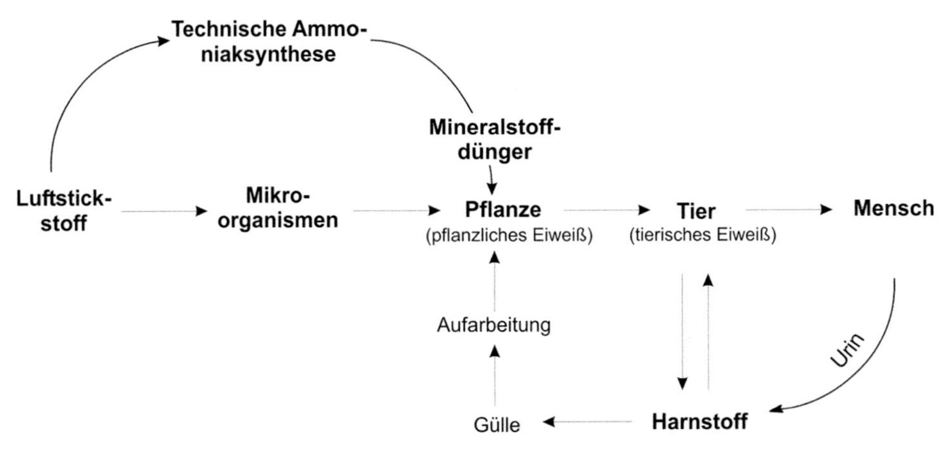

Abb. 5.59 Nahrungsmittel- und Entsorgungskette [E. food and disposal chain]

kreislauf der Nahrungsmittel-, Versorgungs- und Entsorgungskette ist in eine Schieflage geraten (Abb. 5.59).

Der tägliche Eiweißverzehr eines 70 kg schweren Menschen ist mit 70 g ausreichend, wenn alle essenziellen Aminosäuren optimal enthalten sind. Das sind jährlich ca. 25,6 kg Eiweiß. Ein Drittel der Eiweißnahrung sollte tierischen Ursprungs sein, das entspricht 23,3 g pro Tag. Berücksichtigt man den Wassergehalt von frischem Rohfleisch, der bei Rindern, Schweinen, Hühnern und Fischen ca. 70 % beträgt, dann besteht ein täglicher Bedarf pro Person von 77,6 g Fleisch, das sind jährlich 28,3 kg Fleisch. In Deutschland werden zurzeit aber 60,5 kg Fleisch pro Jahr und Kopf verzehrt, also mehr als die doppelte Menge, die die *Deutsche Gesellschaft für Ernährung* (DGE 2004) für eine gesunde Ernährung empfiehlt. In einigen westlichen Industrieländern werden sogar mehr als 90 kg Fleisch jährlich verspeist, wie z. B. in USA, Dänemark und auch Österreich. In jüngster Zeit nimmt der Fleischkonsum auch in den Entwicklungsländern und vor allem in Asien zu. Es müssen große Mengen Getreide an das Vieh verfüttert werden, um den Fleischhunger der Menschen in den Industrienationen zu stillen (s. Tab. 5.15).

Es ist bekannt, dass die Rinder sehr schlechte Futtermittelverwerter sind. Für 1 kg Gewichtszunahme konsumiert ein Jungbulle 9 kg Futter, davon 6 kg als Getreide und Beifutter, der Rest ist Rauhfutter, d. h. Stroh oder Heu. Auf die Gesamtfuttermenge bezogen, gehen nur 11 % in die Fleischzunahme ein. Der größte Teil von 89 % wird zur Aufrechterhaltung der Lebensfunktionen durch Energiebereitstellung, zum Aufbau von Körperteilen, Knochensubstanz, Haaren u. a. benötigt. Die Schafe benötigen mit 8,8 kg Futter fast ebenso viel wie die Rinder für 1 kg Gewichtszunahme. Besser verwerten die Schweine und Truthähne das Futter, 3 kg reichen aus, um deren Körpergewicht um 1 kg zu steigern. Den höchsten *ernährungsphysiologischen Wirkungsgrad* haben Fische und Hühner. Sie brauchen nur 1,6 kg bzw. 2 kg Futter, um 1 kg an Gewicht zuzulegen. Ein Drittel der Getreideernten auf der Welt werden von den Nutztieren gefressen.

Tab. 5.15 Der jährliche Fleischverzehr in Kilogramm in einigen Ländern (Jahr 2009/2010) [E. kilogramm meat consumed per person and year in different countries]. (Quelle Tab. 5.15: SASI Group (University of Sheffield) and Mark Newman (University of Michigan) 2006 und FAO 2010. Deutscher Bauernverband, Situationsbericht 2011/2012 und 2013/14, Claire-Waldoff-Str. 7, 10117 Berlin)

Land	Verzehr in kg pro Jahr
Neu Seeland	200,0
Dänemark	118,3
Spanien	113,4
Portugal	108,2
Österreich	101,0
Ungarn	100,9
Italien	90,2
Frankreich	89,4
Europäische Union	84,8
Polen	84,0
England	80,5
Schweden	76,7
Tschechien	74,7
Russland	62,9
Deutschland	60,5 (2013)
China	58,2
Indonesien	11,6
Äthiopien	8,5

Um einem latenten Eiweißmangel zu begegnen, ist in den westlichen Industrienationen innerhalb der letzten 100 Jahre eine intensive Viehwirtschaft betrieben worden, die zu der heutigen Form der Massentierhaltung auf engstem Raum in Hallen mit allen ihren nachteiligen Begleiterscheinungen geführt hat.

Rinder und andere Wiederkäuer, auch Federvieh, sind reine Pflanzenfresser, Schweine bedingt. Ein großer Teil des Getreides, das ursprünglich für die menschliche Ernährung angebaut wurde, wird nun durch den Viehmagen gelenkt und den Menschen entzogen. 2013 wurden in der Welt 2667,9 Mio. t Getreide (Weizen, Reis, Mais, Gerste, Roggen, Hafer u. a.) geerntet (s. Tab. 3.6). Weltweit werden gegenwärtig 36 % des erzeugten Getreides an Masttiere zur Eiweißgewinnung verfüttert. Von 2667,9 Mio. t sind das 960 Mio. t Getreidefuttermittel. In den USA werden schon mehr als 70 % des gesamten Getreides an Tiere verfüttert, in erster Linie an Rinder. Die Anzahl der Rinder in der Welt wird auf knapp 1,35 Mrd. geschätzt. Der tägliche Wasserbedarf entspricht somit insgesamt ca. 135 Mio. m^3 pro Tag und 49,28 Mrd. m^3 jährlich, wenn man 100 L Tagesbedarf zugrunde legt (Tab. 13.31).

Da im Mittel für 1 t Getreide ca. 500 t bzw. m^3 Süßwasser nötig sind, müssen jährlich ca. 960 Mio. t x 500 m^3 = 480 Mrd. m^3 Süßwasser für die Futtermittelversorgung in der Welt aufgebracht werden. Das ist eine Fehlentwicklung, wenn man bedenkt, dass der größte Teil des tierischen Eiweißes von der Bevölkerung der westlichen Industrienationen verzehrt wird.

Der Fleischkonsum wird zwar von verschiedenen Tierarten beliefert. Allen Versorgungsquellen ist gemeinsam, dass sie große Mengen an Futtermittel, d. h. Getreide jeglicher Art und sehr viel Süßwasser, benötigen. In Nordamerika liefern die Hühner 33 %, die Rinder 29 %, die Schweine 20 % und die Fische 17 % des tierischen Eiweißes, die entsprechenden Zahlen für Asien sind 13, 9, 28 und 47 % (s. Kap. 5, Abschn. „Eiweißhaltige Nahrung für die Menschen und deren notwendiger Süßwasserbedarf").

Der Viehbestand in der Welt wird auf fast 1,35 Mrd. Rinder, 1,084 Mrd. Schafe, 0,7 Mrd. Ziegen, 0,94 Mrd. Schweine, 14,0 Mrd. Geflügel geschätzt (s. Tab. 6.18).

Nach Angaben des Deutschen Bauernverbandes Berlin im Situationsbericht 2013/2014 wurden in Deutschland 2013: 1,14 Mio. t Rind- und Kalbfleisch, 4,99 Mio. t Schweinefleisch und 1,68 Mio. t Geflügelfleisch erzeugt, aber nur 38.000 t Schaf- und Ziegenfleisch.

Im selben Jahr betrug die Rindfleischerzeugung in der Welt 67,0 Mio. t, das waren gut 21,7 % der gesamten weltweiten Fleischproduktion, die mit 308,3 Mio. t angegeben wird.

Ausgehend vom Jungtier bis zum speisefertigen Fleisch sind für 1 kg Rindfleisch ca. 4000 L Wasser notwendig (s. Kap. 5, Abschn. „Eiweißhaltige Nahrung für die Menschen und deren notwendiger Süßwasserbedarf). Auf die Menge von 67,0 Mio. t bezogen, müssen jährlich weltweit 268 Mrd. m^3 Süßwasser für den Rindfleischverzehr bereitgestellt werden. Entsprechende Wassermengen müssen wieder gereinigt und aufbereitet werden.

Die zunehmende Bevölkerung in der Welt und eine damit einhergehende Verstädterung lassen die landwirtschaftlich zu nutzenden Ackerflächen pro Kopf immer geringer werden (s. Abb. 5.52, 5.53 und 5.54). 1950 waren dies 0,51 ha pro Person, 1970 nur noch 0,38 ha, in 2005 nur 0,23 ha pro Person und 2050 werden nur noch 0,18 ha zur Verfügung stehen, wenn die kultivierten Ackerflächen nicht drastisch erweitert oder die degradierten Flächen rekultiviert werden [28, 95, 152].

10.000 Rinder scheiden täglich etwa so viel organischen Abfall als Fäkalien und Urin aus wie eine Stadt von 110.000 Einwohnern. Dazuzurechnen sind 85 g bis130 g Methan, die ein Rind täglich mit Wasserdampf und 825 g Kohlenstoffdioxid ausatmet (Abb. 13.143).

Entsprechend aufwendig ist die Entsorgung von Gülle geworden, insbesondere dort, wo Tiere in Hallen und Ställen auf engstem Raum gehalten werden.

Ein Hektar Getreideanbaufläche liefert bei direkter Nutzung als Pflanzenanbau fünfmal so viel Eiweiß wie über die Tierfütterung zwecks Fleischproduktion. Die Hülsenfrüchte liefern sogar die zehnfache Menge und Blattgemüse die fünfzehnfache Menge an Protein.

Inzwischen hat die Bereitstellung von tierischem Eiweiß in den westlichen Ländern zu einer Überversorgung geführt, in deren Folge zahlreiche Zivilisationskrankheiten auftreten, z. B. Kreislaufkollaps, Diabetes mellitus, Koronarembolie, Fettleber, Cholesterinämie

u. a. In den USA sterben jährlich 300.000 Menschen an Übergewicht. Ihre Zahl nimmt zu. Die Hälfte der erwachsenen Europäer zwischen 35 und 65 Jahren leiden ebenfalls an Übergewicht. Sie sind zu dick. Denn tierischer Eiweißverzehr bedeutet zugleich auch ein Zuviel an tierischem Fett. In England sind 51 % der Bevölkerung übergewichtig. Pflanzliche Fette und Öle mit ihren ungesättigten Fettsäuren sind biologisch wertvoller. Sie wirken u. a. als Antioxidantien im Organismus.

In der modernen Nutz- und Masttierhaltung wird eine biologisch ausgewogene und Futtermittel sparende Aufzucht der Tiere angestrebt. Eine Zumischung synthetischer L-Aminosäuren steigert die biologische Verwertbarkeit aller Proteine im Futter durch den tierischen Organismus erheblich.

Die Tiere bedürfen nicht mehr so viel an Gesamteiweiß. Als Folge erniedrigt sich der Stickstoffanteil und damit auch die Belastung der Äcker und Weiden sowie deren Grundwasser, soweit sie als Gülle und Fäkalien ausgetragen werden.

Nach Berechnungen der Ifeu-Studie (Ifeu-Institut für Energie und Umweltforschung GmbH, Heidelberg) lassen sich in den Ländern der EU mit einer Verfütterung von geeigneten essenziellen Aminosäuren in der Schweinemast ca. 200.000 t Stickstoff in der Gülle vermeiden und entsprechend die Äcker und das Grundwasser schonen.

Mit pflanzlichen Proteinen gefütterte Hähnchen leiden unter Methioninmangel. Soja und Erbsen decken den Methioninbedarf nur zu 50 bis 30 % ab. Dagegen enthalten sie ausreichenden Anteil an L-Lysin und L-Threonin. Bei einer Verfütterung von Weizen entsteht eine große Lücke an allen drei genannten Aminosäuren. Sie kann durch die Beimengung von Synthese-Aminosäuren geschlossen werden.

Essentielle Aminosäuren und ihre Verwertung in Nahrungs- und Futtermitteln [E. essential amino acids and their use for food and fodder]

Synthetisch oder fermentativ industriell gewonnene Aminosäuren sind DL-Methionin, L-Lysin, L-Threonin, L-Tryptophan, die semiessentiellen Aminosäuren L-Arginin und L-Valin sowie L-Glutaminsäure bzw. Mono-Natrium-Glutamat. Dabei muss erwähnt werden, dass Glutaminsäure nicht zu den essenziellen AS gehört. Ohne Glutaminsäure und Glutamate werden zurzeit ca. 3,5 Mio. t an essentiellen Aminosäuren produziert. Unter den nichtessentiellen Aminosäuren hat L-Glutaminsäure als Vorprodukt von Mono-Natriumglutamat mit einem Bedarf von ca. 1,7 Mio. Jato (Jahrestonnen) Glutaminsäure die größte Bedeutung.

DL-Methionin: $H_2C(-S-CH_3)-CH_2-CH_2-CH(NH_2)-COOH$, 2 Amino-4-(methylthio)-buttersäure

In der Natur kommt Methionin in der L-Form vor und bildet wasserlösliche farblose Kristalle. In pflanzlichen Proteinen ist sie nur zu 1 bis 2 % enthalten. Sie nimmt als Proteinbaustein eine Schlüsselstellung ein. Methioninmangel führt bei Jungtieren zu Stoffwechselstörungen, vermindertem Wachstum, Leberverfettung, Haarwuchs- und Hautschäden u. a. Ihre größte Verwendung findet sie als Futterzusatzmittel für optimales Wachstum von Geflügel, Schweinen und Milchkühen. 90 % des Gesamtverbrauchs von Methionin wird im Futter für Hähnchen (Broiler) und Legehennen verarbeitet, 5 bis 8 % im Schweinefutter.

1 kg DL-Methionin dem Tierfutter zugegeben, ersetzen 54 kg Fischmehl oder 160 kg Sojamehl. Auf diese Weise könnten 40 Mio. t Sojaschrotimporte in die EU entfallen.

Methionin wird synthetisch hergestellt. Evonik Industries AG geht bei der Synthese von [Methylmercaptan], $H_3C{-}SH$, und Acrolein, $H_2C{=}CH{-}\overset{\displaystyle H}{\overset{|}{C}}{=}O$, aus.

Dabei fällt in gleichen Anteilen die D- und L-Form an. Beide Formen werden von den Tieren verwertet. L-Methionin wird vom Tier direkt verwertet. Die D-Form kann aber im Gegensatz zu anderen essentiellen Aminosäuren im Körper intermediär zu L-Methionin umgewandelt werden. In der Regel werden von den übrigen Aminosäuren nur die L-Formen im Organismus biologisch genutzt. Die wichtigste natürliche Methioninquelle ist das Fischmehl von Sardinen. Der Methioninbedarf des Menschen beträgt täglich 0,2 bis 0,4 g, der der älteren Männer 2,4 bis 3,0 g. Weltweit werden zurzeit jährlich ca. 1,1 Mio. t DL-Methionin synthetisiert. Mit einer Kapazität von über 580.000 Jato ist *Evonik Industries AG* in jüngster Zeit zum größten DL-Methionin-Hersteller der Welt aufgerückt. In vier Anlagen produziert *Evonik Industries* Methionin, und zwar in Wesseling (Deutschland), Antwerpen (Belgien) und Mobile (USA). Eine letzte Anlage mit einer Kapazität pro Jahr von 150.000 t wurde in Singapur errichtet, sie ist Ende 2014 in Betrieb genommen worden.

(*Lit.*: Evonik Industries, elements 50, Ausgabe 1, 2015)

L-Lysin: $H_2\underset{\displaystyle NH_2}{\underset{|}{C}}{-}CH_2{-}CH_2{-}CH_2{-}\underset{\displaystyle NH_2}{\underset{|}{C}}H{-}COOH$, L-α-ε-Diaminocapronsäure

kommt in der Natur als L-Form vor und ist leicht wasserlöslich. In vielen tierischen Proteinen, besonders im Fischmehl, ist es reichlich vertreten, weniger dagegen in Getreideproteinen und damit auch kaum im Brot. Sojaproteine enthalten viel Lysin. Wegen seiner zwei Aminogruppen kann Lysin nicht nur Peptidbindungen, sondern auch Isopeptidbindungen eingehen, das ist z. B. im Kollagen und Elastin der Fall, die beide wesentlich am Knochen- und Muskelaufbau beteiligt sind. Lysin ist oft im aktiven Zentrum von Enzymen anzutreffen. Es fördert die Knochenbildung und auch die Verknöcherung, regt die Zellteilung sowie die Nucleosidsynthese[9] an. Hitze behandelte Nahrungsmittel verarmen

[9] Nucleoside sind Bestandteile der Nucleinsäuren und bestehen aus einer heterocyclischen Base und einem Ribosezucker.

an Lysin aufgrund der Maillardreaktion. Der Tagesbedarf erwachsener Menschen liegt bei ca. 1,6 g. Lysin wird fermentativ auf Basis von Mais- und Weizenstärke und Melasse, d. h. auf Zuckerbasis, hergestellt. Es dient sowohl als Zusatzmittel für die menschliche Nahrung als auch für Futtermittel von Tieren. Es wird den Getreidemehlen beigemischt und ist Bestandteil von diätetischen Lebensmitteln. 1 kg zugemischtes L-Lysin ersetzt 35 kg Sojaschrot.

L-Threonin: $H_3C-CH(OH)-CH(NH_2)-COOH$; 2-Amino-3-hydroxybuttersäure

Sie bildet farblose süß schmeckende Kristallblättchen und ist in Wasser leicht löslich. Die Säurehydrolyse des Threonins führt zur 3-Oxobuttersäure, sie ist für das Aroma von Fleischbrühen verantwortlich.

L-Threonin → 3-Oxobuttersäure

$$H_3C-CH(OH)-CH(NH_2)-COOH \xrightarrow[-NH_3]{H^+} H_3C-C(=O)-CH_2-COOH$$

L-Threonin ist für das Wachstum und den Aufbau des menschlichen und auch tierischen Organismus unentbehrlich. Ein Mangel führt als Erstes zur Leberverfettung. Erwachsene Menschen benötigen täglich 0,5 g. Auf 100 g Reinprotein bezogen enthält Eiereiweiß 5,3 g, Fleischprotein 4,5 g, Milcheiweiß 4,6 g, Hülsenfrüchte ca. 4 g, aber Mehlproteine nur 2,9 g Threonin.

Die Herstellung kann sowohl auf synthetischem Wege als auch fermentativ erfolgen. Bevorzugt wird die Fermentation.

L-Threonin ist besonders geeignet für die Aufwertung von Getreidefuttermittel mit niedrigem Proteingehalt für die Viehmast und hat sich besonders für die Aufzucht von Ferkeln und zur Fütterung von Mastschweinen bewährt. Evonik Industries AG ist nach Ajinomoto der zweitgrößte Threoninherstellter der Welt.

Ihre Marktstärke ist, dass sie die vier wichtigsten essentiellen Aminosäuren in ihrem Produktionsprogramm hat, nämlich DL-Methionin, L-Lysin, L-Threonin und L-Tryptophan.

L-Tryptophan: (Indol-3-yl)$-CH_2-CH(NH_2)-COOH$, 2-Amino-3-(3-indolyl)-propionsäure

(Indolring mit Positionen 1–7; N–H in Position 1)

Auch kann L-Tryptophan nicht vom menschlichen Organismus synthetisiert werden. Der tägliche Mindestbedarf wird mit 0,2 g angegeben.

Je 100 g Reinprotein von Blumenkohl, grünen Bohnen, Kartoffeln, Mais, Vollkornmehl und Kuhmilch enthalten 1,3 g L-Tryptophan, dagegen Proteine vom Vollei 1,8 g.

L-Tryptophan ist ein farbloses kristallines Pulver, das in kaltem Wasser wenig, in heißem Wasser aber gut löslich ist. L-Tryptophan wird nach einem fermentativen Verfahren gewonnen.

Führender Produzent von L-Tryptophan ist *Cheil Jedang*, gefolgt von *Ajinomoto* und Henan Julong und von Evonik Industries AG sowie der Amino GmbH in Frellstedt. Nach den Empfehlungen der FAO und WHO sollte die Tagesration des Menschen für Leucin 1 g, Phenylalamin und Tyrosin1 g, Isoleucin und Valin je 0,7 g nicht unterschreiten.

L-Glutaminsäure ; $H_2C(COOH)-CH_2-CH(NH_2)-COOH$, 2-Aminoglutarsäure

$$\begin{array}{l} H_2\underset{|}{C}-CH_2-\underset{|}{C}H-COOH \\ \;\;COOH\quad\; NH_2 \end{array}$$

Glutaminsäure zählt nicht zu den essentiellen Aminosäuren und ist fast in allen Eiweißstoffen reichhaltig vorhanden, z. B. im Weizenprotein 31,4 %, Casein 23,6 %, Pepsin 19,8 % und Fleischprotein 14,6 %. Die Kristalle der L-Glutaminsäure sind farblos und in Wasser wenig löslich. Die Salze und Ester der Glutaminsäure heißen Glutamate. Natrium-Glutamat kommt in keimenden Samen vor, ist wesentlicher Bestandteil im Muskeleiweiß, im Klebereiweiß der Getreidekörner und im Sojaprotein. L-Glutaminsäure spielt im Stoffwechselprozess eine zentrale Rolle und ist im Gehirnstoffwechsel am Transport der sehr wichtigen Kaliumionen, K^+, beteiligt. Außerdem führt sie zu einer allgemeinen Leistungssteigerung, indem sie das Leberglykogen mobilisiert.

Alle diese Gründe haben zu dem breiten Anwendungsspektrum der L-Glutaminsäure in der Medizin und als Nahrungsmittelzusatzstoff geführt.

L- und D-Serin; (lat. sericum – Seide):

$$\begin{array}{l} H_2\underset{|}{C}-CH_2-\underset{|}{C}H-COOH \\ \;\;OH\qquad\quad NH_2 \end{array}$$

Für die Produktion dieser beiden Aminosäuren hat die Evonik Industries AG in 2013 neue Verfahren in Betrieb genommen. Glycin und Formaldehyd werden fermentativ mit aus Escherichia-Coli-Bakterien gewonnenen Enzymen zu L- und D-Serin umgesetzt. Cycloserin, ein Derivat des D-Serins, dient als Mittel gegen multiresistente Tuberkuloseerreger.

L-Serin dient als Inhaltsstoff für parenterale Ernährung, Zellkulturmedien für Arzneimittelwirkstoffsynthese und in der Landwirtschaft. *D-Serin* ist ein Baustein für verschiedene pharmazeutische Wirkstoffe.

Wirtschaftliches [E. economic]

Die drei großen Bulk-Produkte an Aminosäuren sind Lysin, Methionin und Glutaminsäure. Neben den genannten essentiellen AS als Futtermittelzusätze werden noch weitere Aminosäuren zur Herstellung von Pharmazeutika und als Zusätze für Lebensmittel oder Futtermittel benötigt. Häufig werden sie auch als Feinchemikalien gehandelt. Von diesen sind die mengenmäßig bedeutendsten Produkte

L-Asparaginsäure $HOOC{-}CH(NH_2){-}CH_2{-}COOH$, α-Aminobernsteinsäure

mit einen globalen Marktvolumen von 12.000 Jato und

Phenylalanin $C_6H_5{-}CH_2{-}CH(NH_2){-}COOH$, 2-Amino-3-phenylpropionsäure

von dem ebenfalls jährlich 15.000 Jato hergestellt werden.

Beide Aminosäuren sind Vorprodukte für den Synthesesüßstoff Aspartam.

Ornithin $H_2C(NH_2){-}CH_2{-}CH_2{-}CH(NH_2){-}COOH$

L-Ornithin wird fermentativ und L-Asparaginsäure biokatalytisch gewonnen. LOLA enthält als Arzneimittelwirkstoff L-Ornithin-L-Aspartat und dient als Lebertherapeutikum und fördert die Ammoniakentgiftung des menschlichen Organismus.

Glycin, $H_2C(NH_2){-}COOH$, Aminoessigsäure, die einfachste Aminosäure, wird in der Pharmaindustrie als pH-Regulator verwendet.

In Fernost ist es ein Additiv für Sojasaucen. Jährlich werden weltweit 12.000 bis 15.000 t hergestellt.

Cystein, $H_2C(SH){-}CH(NH_2){-}COOH$, 2-Amino-3-mercaptopropionsäure, ist mit 3000 t - 4000 t auf dem Markt vertreten.

Zu Futtermittelzusätzen zählen neben Aminosäuren die Stoffgruppen Vitamine, Konservierungs- und Säuerungsmittel, Carotinoide, Spurenelemente, Enzyme, Probiotika, Aromen, Antioxidantien, Kokzidiostatika, Emulgatoren.

Nach einem Bericht der Ernährungs- und Landwirtschaftsorganisation der Vereinten Nationen hatten 2010 weltweit 1 Mrd. Menschen nicht genug zu essen. Ein weiterer Teil ist zwar an Kohlenhydraten gesättigt, leidet aber unter Eiweißmangel, d. h., er ist mit essentiellen Aminosäuren unterversorgt. Es sollte ein Weg gefunden werden, der die Nahrungskette *Pflanze* → *Tier* → *Mensch* in seiner jetzigen Folge unterbricht.

Die industrielle Synthese von essentiellen Aminosäuren, um sie den Nahrungsmitteln für die Menschen unmittelbar beizugeben, käme zwar einer ernährungsphysiologischen Revolution gleich. Es wäre in der Landwirtschaft und in der Ernährung dann die dritte. Die erste wurde ausgelöst durch das von Justus von Liebig (1803–1873) ausgesprochene Minimumgesetz. Die zweite wurde eingeleitet durch die Ammoniaksynthese nach Fritz Haber (1868–1934) und Carl Bosch (1874–1940). Sie schufen die Voraussetzung für eine ausreichende Stickstoffdüngung der Äcker. Der jetzige Weg, die gesamte Menschheit zu einem erhöhten Fleischverzehr zu verführen, angeleitet durch Ernährungsgewohnheiten westlicher Industrienationen, führt zu einem Ernährungskollaps. Die Süßwasserbeschaffung für die Bewässerung von Ackerflächen und für die Tierhaltung und die Entsorgung der Gülle stoßen schon heute an Grenzen.

Der Pharmaindustrie und den Ärzten ist es im Laufe eines Jahrhunderts zwar gelungen, Weltepidemien einzudämmen und die Lebenserwartung der Menschen beträchtlich zu erhöhen. Die Bereitstellung von hygienisch einwandfreiem Süßwasser und die Entwicklung von Arzneimitteln waren die wesentlichen Ursachen dafür.

Nun sollte ein zweiter Anlauf vonseiten der chemischen Industrie und der Landwirtschaft unternommen werden, die Ernährungsgrundlage für die Menschheit einerseits zu sichern und andererseits als Vorsorge für deren Gesundheit aufzufassen. Auch hier gilt wieder der enge Verbund zwischen Süßwasser und Nutzenergie, nämlich der von physiologischer Nutzenergie (Tab. 13.30 und 13.31) und als dritte Komponente der Zusammenhang mit der Hygiene.

Süßwasserknappheit, eine Folge moderner Lebensweise [E. scarcity of fresh water, a consequence of modern way of life]

In Kap. 6 wird auf die enge Verknüpfung für eine Versorgung der Menschen mit Trink- und Süßwasser für die Landwirtschaft, Industrie und Haushalte hingewiesen. Die Balance zwischen ausreichendem Süßwasserdargebot und einer Abwasserreinigung wird in den Schwellenländern, die sich in den letzten Jahrzehnten rapide zu Industrienationen entwickelt haben, immer kritischer. Benachteiligt sind insbesondere Regionen, die von Landbevölkerung besiedelt sind, und Länder, die in semiariden (halbtrocknen) und ariden (trocknen) Zonen liegen. Eine Folge von unzureichendem reinem Trinkwasser sind Durst, Hunger, eine Verbreitung von Infektionskrankheiten und Armut. Häufig mangelt es an finanziellen Mitteln und damit an technischen Einrichtungen, um ein stabiles Wasserverteilungsnetz aufzubauen und instand zu halten. Länder der südlichen Sahara sowie in Südostasien und Indien sind hiervon besonders betroffen. Kinder, Jugendliche und Frauen müssen in diesen Landstrichen mehrere Stunden lange Wege zurücklegen, um von geeigneten Brunnen oder Frischwasserquellen Trinkwasser für die Familien heranzuschleppen [93].

Neben luxuriöser Verschwendung von Süß- und Trinkwasser in den hoch entwickelten westlichen Industrieländern treten große Wasserverluste wegen defekter öffentlicher Leitungssysteme auf (s. Abb. 5.60). In den westeuropäischen Ländern liegt der Verlustanteil zwischen 20 und 30 %, in den USA bei 15 % auf die Gesamtgebrauchsmenge bezogen. In den USA sind das immerhin noch 26,5 Mio. m^3 täglich.

Nach Schätzungen der Weltbank betragen die Verluste von Leitungswasser in den urbanen Gebieten der Welt fast 33 Mrd. m^3 jährlich. Das ist eine Wassermenge, die den Bedarf von New York City für 20 Jahre decken würde.

In Deutschland sind die Trinkwasserverluste mit unter 10 % an niedrigsten.

Westeuropa gehört zu den Regionen der Welt, die in der Regel mit ausreichendem Süßwasser von der Natur versorgt sind. Die Westwinde vom Atlantik bringen regelmäßig feuchte Luft über das Land, Niederschläge in Form von Regen und Schnee sorgen für einen ausgewogenen Wasserkreislauf. Das Oberflächengrundwasser und die Bodenfeuchtigkeit halten die Fruchtbarkeit der Äcker aufrecht. Doch seit einigen Jahrzehnten gerät diese Ausgewogenheit des Süßwasserdargebots in eine Schieflage.

Die starke Industrialisierung, die Bevölkerungszunahme und die mit ihr einhergehende Verdichtung in den Ballungsgebieten und Großstädten sowie die Bewässerung von

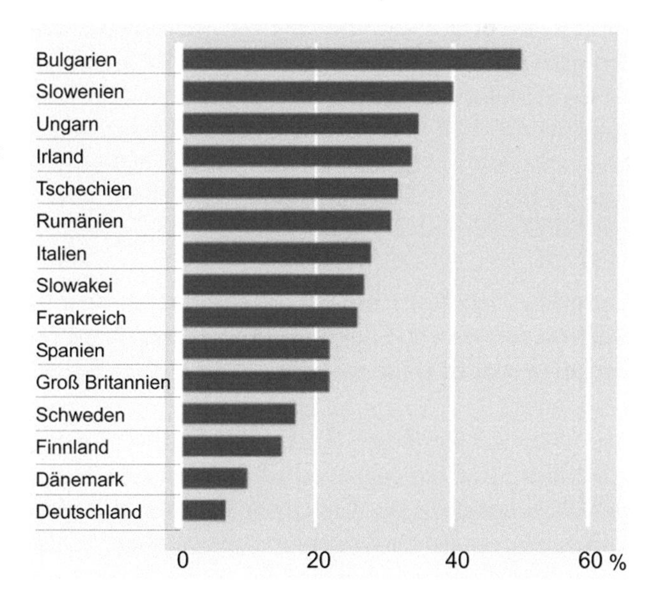

Abb. 5.60 Wasserverluste in öffentlichen Trinkwasserleitungsnetzen einiger Länder [E. water losses in public supply networks] [94]. (Quelle: BDEW)

Äckern und Gärten sind einige der Gründe für eine sich anbahnende Wasserknappheit. Die Verfügbarkeit von Süßwasser pro Kopf und Jahr nimmt weltweit ab.

In Europa sind zurzeit ca. 41 Mio. Menschen von Wassermangel betroffen, und 85 Mio. Menschen sind nicht an Abwasser- und Klärsysteme angeschlossen.

Verschärft hat sich die Lage im Großraum London und Südengland. Ein Drittel der Rohrleitungsnetze sind älter als 150 Jahre und weisen zahlreiche Lecks auf. Die Wassernutzung durch die Bevölkerung erfordert einen höheren Druck bei der Einspeisung des Wassers in das Rohrnetz. Das führt zu einer stärkeren Belastung der Rohrleitungswände und den daraus folgenden Leckagen. In den Großstädten führen die durch den Bahn- und Straßenverkehr ausgelösten Erschütterungen ebenfalls zu Schäden an den Rohrleitungsnetzen. Das führende Wasserversorgungsunternehmen in London, *Thames Water*, muss zurzeit täglich 200 Lecks flicken, um die Wasserverluste während des Transportes in Grenzen zu halten. Dazu wendet es 500.000 £/Tag auf [144].

In Deutschland beträgt die Leckrate in den Wasserleitungen ca. 8 %, in den USA liegt sie bei 15 % und in Mexico City, Kairo und Manila bis zu 40 %.

In Spanien, Portugal, Italien, Frankreich und Griechenland ist die Wasserversorgung durch die letzten niederschlagsarmen Jahre, insbesondere durch die Jahrhundertdürre in 2005, in eine Krise geraten.

Die hohe Bautätigkeit an den Küsten, die Wasserverschwendung durch Golfplätze in Touristengebieten, insbesondere in spanischen Wüstengegenden, die vielen Lecks in den Wasserleitungen sowie die zahlreichen illegalen privaten Brunnenbohrungen verschärfen die Wasserknappheit in Spanien, z. B. sind die Wasserreserven im Hauptreservoir *Al Atazar* bei Madrid nach anhaltender Hitze und mehreren Wochen ohne Regen auf 45 % seiner Kapazität geschrumpft [230].

Nicht nur die Zunahme der Weltbevölkerung hat zu steigendem Wasserbedarf geführt, sondern auch die Änderung der Ernährungsgewohnheiten. In den westlichen Industrienationen hat im letzten Jahrhundert der Verzehr von Fleisch anstelle von pflanzlichen Produkten überproportional zugenommen. Abgesehen davon, dass ein zu hoher Anteil von Fleisch in der Nahrung gesundheitsschädigend ist, ist damit auch ein höhere Wassernutzung verbunden (s. Kap. 5, Abschn. „Wasser und Ernährung“, Tab. 13.31 und Abb. 13.143).

Eiweißhaltige Nahrung für die Menschen und deren notwendiger Süßwasserbedarf [E. containing protein food for man and their necessary requirement of fresh water]

Die Völker der westlichen Industrienationen wie Europa, Nord- und Südamerika sowie Australien verzehren ungewöhnlich viel tierisches Eiweiß in Form von Fleisch, Milchprodukten und Eiern, um damit ihren Bedarf an essentiellen Aminosäuren zu decken, die ihr Organismus nicht herzustellen vermag (s. Kap. 5, Abschn. „Essenzielle Aminosäuren und ihre Verwertung in Nahrungs- und Futtermitteln“). Diese Ernährungsgewohnheiten

Eingangsstoffe	*Stoffumwandlung*	*Stoffwechsel-endprodukte Reaktionsprodukte*

Reaktionsraum des Stoffwechsels

Brot
Kartoffel
Butter, Öl
Käse, **Fleisch**
Fisch

Kohlenstoffdioxid
(ausgeatmet)
Wasser
Harnstoff
Reststoff

Abb. 5.61 Weniger Fleisch und mehr pflanzliche Nahrung ist das Beste für die Gesundheit [E. less meat and more vegetarian food is the best for health]

haben inzwischen zu einem Übermaß an Fleischkonsum geführt (s. Ende Kap. 5), deren Folge Fettleibigkeit, Stoffwechselkrankheiten und Kreislaufstörungen sind (Abb. 5.61).

Inzwischen übertragen sich diese Essgewohnheiten auch auf die asiatischen Völker. Immer mehr Fleisch wird von den westlichen in die asiatischen Länder exportiert, obwohl die dort vorherrschende vegetarische Ernährung viel gesünder ist. Der Fleischverzehr in China ist mit 58,2 kg pro Person und Jahr noch niedrig. Doch China ist ein Land mit 1,347 Mrd. Menschen, deren Lebensgewohnheiten voneinander sehr unterschiedlich sind. Im östlichen Teil mit dem hohen Industrialisierungsgrad und der modernen Urbanisation hat sich der Lebensstil schon sehr stark dem europäisch-amerikanischen angenähert und damit auch ein überdurchschnittlicher Fleischkonsum. Mit einer sich ergänzenden Auswahl von Pflanzenprodukten wie Getreide, Reis, Leguminosen, Soja, Obst u. a. kann die ausreichende Versorgung mit essentiellen Aminosäuren gesichert werden. In den asiatischen Ländern treten inzwischen zunehmend ähnliche Erkrankungen auf wie in den Westländern. Der Verzehr von tierischem Eiweiß als Fleisch ist von einem hohen Süßwasserdargebot abhängig.

Für die Rinderhaltung werden in der Weltjährlich ca. 49 Mrd. m³ Süßwasser gebraucht (s. Kap. 5, Abschn. „Wasser und Ernährung" und Abb. 13.143).

Solange die Rinder als Wiederkäuer und Zelluloseverwerter auf den natürlichen Weiden heranwachsen, ist dieser Aufwand zu rechtfertigen.

Frevelhaft, tierquälerisch und sowohl für Tiere als auch Menschen ungesund ist die Massentierhaltung in den Hochställen, in denen in mehrere Etagen übereinander bis zu 1000 Rinder und mehr zusammengepfercht sind. Bei einer solchen Verdichtung von lebenden Kreaturen ist die Ansteckung mit Infektionskrankheiten gegeben. Somit werden die Futtermittel zusätzlich mit Antibiotika versetzt, von denen ein Teil wieder über die Gülle in die Abwässer und Äcker gerät (s. Kap. 6, Abschn. „Gülleentsorgung"). In der EU werden jährlich ca. 9000 t Antibiotika den Futtermitteln beigegeben, um die Tiere vor ansteckenden Krankheiten zu schützen. Die Massentierhaltung ist einer der Gründe, dass sich in vielen europäischen Krankenhäusern Bakterien verbreitet haben, die gegen jegliche Antibiotika resistent sind. Werden Patienten von diesen MRSA (Methicillin-resistenten Staphylococcus aureus[10]) infiziert, müssen sie aus sich selbst heraus ein körpereigenes Immunsystem entwickeln oder sie sterben. Ca. 15 % aller deutschen Krankenhäuser sind durch diese Keime infiziert.

Im Jahr 2013 wurden weltweit 67 Mio. t Rindfleisch erzeugt. Für 1 kg Rindfleisch sind im Mittel 7 bis 9 kg Getreide notwendig. Je nach Sorte und Region sind für das Heranwachsen und Ernten von 1 kg Getreide 500 bis 1000 L Süßwasser notwendig (s. Tab. 13.31).

Für die Erzeugung von 67 Mio. t Rindfleisch müssen jährlich

≈268 Mrd. m^3 *Süßwasser bereitgestellt werden* (s. Kap. 5, Abschn. „Wasser und Ernährung").

In den europäischen Ländern ist im internationalen Vergleich der Fleischkonsum am höchsten (s. Tab. 5.15 und Abb. 5.61). Eine Ausnahme macht Neuseeland. Es ist das Land mit einer hoch entwickelten Freiland-Schafzucht und relativ dünn besiedelt. Die Bewohner verzehren alle sehr viel Lammfleisch. Der Fleischkonsum in China mit täglich 2140 kJ ist steigend. Aufgrund seiner Bevölkerung mit ca. 1,35 Mrd. Menschen werden von diesen inzwischen ein Viertel der Welt-Fleischproduktion verzehrt.

[10] Staphylococcus aureus ist ein kugelförmiges grampositives Bakterium, das in Haufen sich zusammenballt. (Quelle: http://www.bfr.bund/de/fragen_und_antworten_zu_methicillin_resistenten_staphylococcus:aureus_mrsa_11171.html).

Wasseraufbereitung und Abwasserreinigung [E. regeneration of water and treatment of waste water]

6

Inhaltsstoffe in natürlichem Wasser [E. ingredients in natural water]

Das Wasser in der Natur kommt mit der Luft, den Gesteinen und dem mit Pflanzen bewachsenen Boden in Berührung [74].

In seinem natürlichen Kreislauf nimmt es dabei eine Reihe von Stoffen in suspendierter, kolloider und gelöster Form auf (Tab. 4.10).

Die suspendierten und kolloiden *Frachtstoffe* sind fein verteilte mineralische oder organische Feststoffe, abgestorbene Mikroorganismen, Humusstoffe u. a.

Gelöst kommen im Wasser im Wesentlichen die Gase der Luft, wie Stickstoff, Sauerstoff und Kohlenstoffdioxid, vor. In stark besiedelten Gegenden kommen noch Abgase, wie z. B. Stickstoffoxide, Schwefeloxide und unvollständig verbrannte Kohlenwasserstoffe hinzu. Zu den gelösten Stoffen zählen weiterhin die Mineralsalze. Das sind insbesondere die Calcium- und Magnesiumhydrogenkarbonate als Härtebildner, $Ca(HCO_3)_2$ bzw. $Mg(HCO_3)_2$, die Natrium- und Magnesiumchloride, NaCl bzw. $MgCl_2$, und die Sulfate des Kaliums und Magnesiums, K_2SO_4 bzw. $MgSO_4$.

Gelöste organische Verbindungen stammen aus den biologischen Abbauvorgängen der im Wasser lebenden tierischen und pflanzlichen Organismen.

Je nach dem Ursprung und dem Vorkommen des Wassers sind die *Frachtstoffe* unterschiedlich zusammengesetzt. Der Salzgehalt z. B. reicht von wenigen Milligramm pro Liter bis zu 340 g/L im Toten Meer (s. Kap. 1, Abschn. „Versalzung von Binnengewässern" und „Grundwasser").

Uran, U, ist ein radioaktives Schwermetall, welches die relativ schwachen α-Strahlen aussendet. Seine Atommasse beträgt 238,0. Weniger seine α-Strahlung, sondern das Metall als solches ist für den Menschen giftig. Wie Blei reichert es sich im Körper an und verursacht Nierenkrebs, wenn langfristig Trinkwasser mit einer überhöhten Dosis Uransalzen aufgenommen wird.

© Springer-Verlag Berlin Heidelberg 2016

V. Hopp, *Wasser und Energie,* DOI 10.1007/978-3-662-48089-2_6

Der von der Weltgesundheitsorganisation (WHO, World Health Organization) vorgegebene zulässige obere Richtwert beträgt 2 µg (Mikrogramm) pro Liter. Dieser wird sehr häufig von Mineralwässern überschritten, weniger vom Leitungswasser. Ein Großteil der Uransalze im Wasser stammt aus natürlichen Quellen. Sie liegen teilweise bis zu 1000 m unter der Erdoberfläche. Bevor Uransalz an die Oberfläche gelangt, muss es viele Gesteinsschichten passieren, die besonders in vulkanischen Gebieten, aber auch in solchen mit Graniten liegen. Sie enthalten erhöhte Konzentrationen an Radionukliden, d. h. radioaktive Elemente, wie z. B. Uran und Radium, Ra. Eine weitere Quelle von Uranbelastungen sind die Phosphatdüngemittel, die im Allgemeinen aus Apatit, $Ca_5(PO_4)_3F$, gewonnen werden. Im Apatit liegen Uranmineralien in geringen Konzentrationen vergesellschaftet vor. Sie werden bei der Aufbereitung zu Phosphatdüngern in der Regel nicht abgetrennt und gelangen somit über den Acker in das Grundwasser. Die Uranwerte in deutschen Flüssen sind über diesen Zyklus in den letzten Jahrzehnten stetig angestiegen [46].

Blei, Pb. Der Grenzwert für Blei im Trinkwasser ist seit dem 1. Dezember 2003 mit 25 µg/L festgelegt worden.

Aufbereitung des natürlichen Wassers je nach Verwendungszweck [E. water treatment procedures for specific purposes]

Um das in der Natur vorkommende Wasser für Trinkwasser oder für Industriezwecke zu nutzen, muss es von den Begleitstoffen ganz oder teilweise befreit werden. Völlig entfernt werden müssen die suspendierten und kolloiden Schwimm-, Schwebe- und Sinkstoffe. Wasser für die Industrie, insbesondere für die Dampferzeugung, ist immer zu enthärten. Trinkwasser dagegen muss einen bestimmten Anteil an gelösten Mineralsalzen enthalten.

Für die Wasseraufbereitung ist eine Reihe von technischen Verfahren entwickelt worden, die jeweils nach der Zusammensetzung der Begleitstoffe angewendet werden. Zu den klassischen Verfahren zählen die mechanische Filtrierung und Trennung, die Klärung, Flotation und Verdampfung, ergänzt durch chemische und biologische Aufbereitung.

Suspendierte und kolloide Verunreinigungen können beseitigt werden durch

- Sieben,
- Klären,
- Ausflocken,
- Flotieren,
- Filtrieren,
- Entölen (Entfernen von Fetten, Ölen, Schmierstoffen und suspendierten Feststoffpartikeln).

Gängige Methoden zur Entfernung von gelösten Salzen und Keimen sind die

- Enthärtung mittels Fällungsreaktionen und Ionenaustausch,
- Entkarbonisierung (Abb. 6.68),
- Entsalzung durch Ionenaustausch (Abb. 6.67),
  - Destillation (Abb. 10.131),
  - Umkehrosmose (Abb. 10.129, 10.130),
  - Ultrafiltration (S. 325),
  - Nanofiltration (S. 326),
  - Entspannungsverdampfungsverfahren (S. 326 und Abb. 10.131)
  - Elektrodialyse (Abb. 10.132).
  - Fotokatalyse (S. 173)
- Verfahren zur Desinfektion sind u. a.
  - Ozonisierung (S. 182),
  - Verwendung von Wasserstoffperoxid (S. 172),
  - Bestrahlung durch UV-Licht (Abb. 6.62),

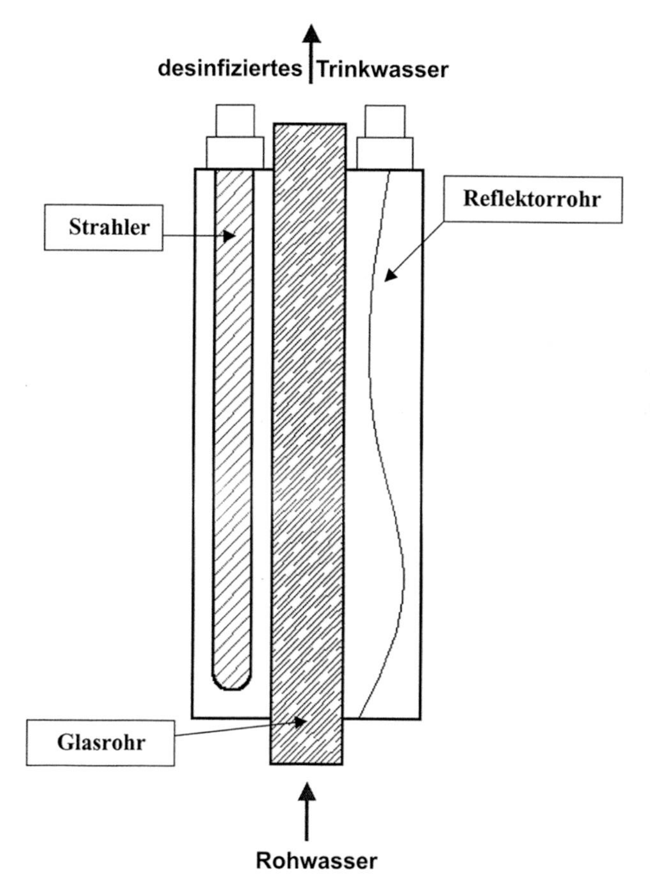

Abb. 6.62 WaterVitt – UV-Desinfektionsanlage für Wasser in Tansania [E. ultra-violet desinfector for water in Tanzania]. (Quelle: Firmenschrift der WaterVitt GmbH, 65388 Schlangenbad, Germany)

– Zusammenwirken von UV-Strahlung und Ozonierung (S. 173),
– Biozide (S. 129).

• Ozonisierung

Gereinigte und getrocknete Luft wird zwischen zwei Hochspannungselektroden bei 6000 bis 24.000 V (Volt) geleitet. Aus biatomarem Sauerstoff, O_2, entsteht triatomarer Sauerstoff, O_3.

$$O_2 + 495\ \text{kJ/mol} \xrightarrow{\lambda < 242\ \text{nm}} O + O$$

$$2\,O + 2\,O_2 \xrightarrow{\lambda < 1200\ \text{nm}} 2\,O_3 + 206\ \text{kJ/mol}$$

$$3\,O_2 + 289\ \text{kJ/mol} \underset{\lambda < 1200\ \text{nm}}{\overset{\lambda < 242\ \text{nm}}{\rightleftarrows}} 2\,O_3\ \text{(desinfizierende Wirkung)}$$

Je nach Verunreinigungsgrad werden zur Desinfektion von 1 m^3 Trinkwasser 0,5 bis 2,0 g Ozon benötigt. Die Einwirkungszeit muss mindestens 4 min dauern.

• *Verwendung von Wasserstoffperoxid*, HO–OH [E. hydrogenperoxide use]

Die desinfizierende Komponente ist wie beim Ozon der freigesetzte atomare Sauerstoff.

$$\text{HO–OH} \longrightarrow \text{H–OH} + \text{O}$$

Wasserstoffperoxid ist als Desinfektionsmittel für Trinkwasser nicht zugelassen, wohl aber zur Entkeimung von Anlagen zur Aufbereitung von Trinkwasser. Konzentrationen von 150 mg/L H_2O_2 haben sich bei einer Einwirkungszeit von 24 h gut bewährt.

• Bestrahlung *mittels UV-Licht* [E. treatment by ultraviolet radiation],

d. h. Licht im Wellenlängenbereich zwischen 400 bis 100 nm ($1\,nm \hat{=} 10^{-9}$ m). Für die Desinfektion von Geräten und Räumen ist UV-Licht hervorragend geeignet. Praktisch wirksam ist nur die Strahlung des Wellenlängenbereiches zwischen 280 bis 200 nm. In Flüssigkeiten ist die Eindringtiefe der UV-Strahlen relativ gering. Die mikrobioziden Wirkungen der UV-Strahlung werden auf die chemischen Veränderungen insbesondere der Nukleinsäuren in den Mikroorganismen zurückgeführt.

Eine sehr gut funktionierende Anlage wurde von der Firma *Water Vitt* aus *65388 Schlangenbad* in Tansania/Afrika installiert. Sie desinfiziert auch noch bei starken Trübungen gut. Bei einem Durchfluss von 120 L/h und einer Nennweite von 20 mm reduziert sie bei einer zusätzlichen Trübung mit 3250 FNU[1] die Gesamtkoloniezahl im Rohwasser von 308 KBE/ml[2] auf 23 KBE/ml. Wird der Durchfluss auf 240 L/h verdoppelt und der Rohrdurchmesser auf 54 mm erweitert, desinfiziert die UV-Anlage von 600 KBE/ml auf 2 KBE/ml (Abb. 6.62). Eine einwandfreie Wasserqualität soll bei 22 °C 100 Keime je Millimeter bzw. bei 37 °C zwanzig Keime je Millimeter als Richtgröße nicht überschreiten.

- *Zusammenwirken von UV-Strahlung und Ozon* [E. combined ultraviolet radiation and ozone purification]

Die Kombination von Ozon als Pre-Oxidanz. d. h. Voroxidationsstufe, und UV-Licht als Hauptdesinfektionsmittel verstärken die Desinfektion erheblich. Es wird eine Trinkwasserqualität von gleichbleibender Keimfreiheit erhalten.

Entsprechende Trinkwasseraufbereitungsanlagen arbeiten in *Helsinki* mit Durchsatzmengen von 5000 bis 7000 m^3/h; in *Mülheim Styrum-Ost* mit einer Durchflussmenge von 8000 m^3/h. Die Anlage *Water Basin III* in *Utah (USA)* bringt es auf eine Durchflussmenge von 7254 m^3/h und die *Lake Pleasant* in *Arizone (USA)* auf 12.931 m^3/h.

- *Fotokatalyse [E. Advanced Oxidation Process (AOP)].*

Mithilfe von Titandioxid, TiO_2, als Katalysator und der Sonneneinstrahlung werden aus Luftsauerstoff, O_2, und Wasser, H–OH, Hydroxylradikale, $\cdot\bar{\underline{O}}-H$, erzeugt, die hoch reaktiv sind. Sie vermögen mit hoher Reaktionsgeschwindigkeit komplizierte organische Verbindungen wie Farbmittel, Arzneimittelreste aus Krankenhäusern, Kosmetikchemikalien aus Frisiersalons, Pestizide u. a. zu umweltneutralen Stoffen abzubauen [217].

- *Die Entfernung von speziellen Gasen [E. removal of harzardous gases]*

gelingt nach dem Prinzip der Verdrängung durch andere Gase, z. B. durch thermische Entgasung, indem Wasser zum Sieden erhitzt wird oder durch chemische Umsetzungen. Beispielsweise kann das Kohlenstoffdioxid im Wasser teilweise durch Luft ausgetrieben werden, indem diese dem Wasser über Rieselvorrichtungen entgegengeleitet wird.

Sauerstoff kann aus dem Wasser durch Reaktion mit Hydrazin gebunden werden.

$$\underset{\text{Hydrazin}}{N_2H_{4(aq)}} + \underset{\text{Sauerstoff}}{O_2} \longrightarrow \underset{\text{Stickstoff}}{N_2} + \underset{\text{Wasser}}{2\,H_2O} \quad ; \Delta H = -508{,}7\ \text{kJ/mol}$$

[1] FNU ≙ Formazin Nephelometric Units, Formazin ist Hexamethylentetramin.

[2] KBE ≙ Kolonienbildende Einheit.

Tab. 6.16 Einige Grenz- und Richtwerte für Schadstoffe im Trinkwasser [E. some limiting and approximate values of pollutants in drinking water] [188]

Schadstoff	Salze von								Pflanzen-schutzmittel
	U/ Pb	Cd	Hg	Cu	Cr	As	Zn	NO_3	
Grenzwert [mg/L]	0,01/0,01	0,05	0,001	2	0,05	0,01	20	50	0,0005

Stickstoff ist ein inertes[3] Gas und belastet das Wasser für die Dampferzeugung nicht (Tab. 6.16).

- *Aufbereitung zu Trinkwasser [E. regeneration to drinking water standard]*

Für Uran werden neuerdings Grenzwerte von 0,002 mg/L Trinkwasser gefordert.

Als Trinkwasser ist Quellwasser am besten geeignet. In Ermangelung dessen unterwirft man Grund- und Flusswasser einer Aufbereitung. Sie besteht aus einer mechanischen Filtration, häufig auch einer chemischen Reinigung und vor allem einer gründlichen Entkeimung des Wassers, z. B. durch Ozonierung, O_3.

Bei der Trinkwasseraufbereitung werden keinesfalls alle gelösten Stoffe aus dem Wasser entfernt, denn völlig reines Wasser schmeckt außerordentlich fade. Viele der im Wasser gelösten Salzspuren sind für die menschliche Ernährung lebensnotwendig, z. B. zur Aufrechterhaltung des osmotischen Druckes im Blutgefäßsystem und in den Körperzellen.

Der Wasserbedarf in Privathaushalten [E. water demand in private households]

Wasser ist das am häufigsten vorkommende vernetzte *„Biosystem"* in der Natur, $[HOH]_n$ (s. Abb. 1), und das wichtigste Nahrungsmittel. Mit dem Wasser ist es wie mit der Luft, beide weiß man in ihrer Bedeutung erst zu schätzen, wenn sie nicht mehr im Überfluss zur Verfügung stehen. Schon das Verspüren einer Verknappung der Luft führt zu Angst- bzw. Schweißausbrüchen. Beim Fehlen von Wasser zeichnen sich unerträglicher Durst und schwere Krankheiten ab.

Wasser wird nicht verbraucht, sondern nur benutzt bzw. genutzt. In Abb. 6.64 ist die Süßwassernutzung von Privathaushalten einiger Industrienationen aufgelistet. Die Mengen werden bestimmt von den Süßwasserreserven der einzelnen Länder und ihrer Bevölkerungsdichte. Sie zeigen aber auch weiterhin, dass noch viel Sparpotenzial an Süßwasser vorhanden ist.

In einem Privathaushalt in der Bundesrepublik Deutschland wurden im Jahr 2012 pro Person im Mittel täglich 122 L Wasser benötigt. Sie müssen dem Benutzer in gesund-

[3] iners (lat.) – untätig, unbeteiligt, reaktionsträge.

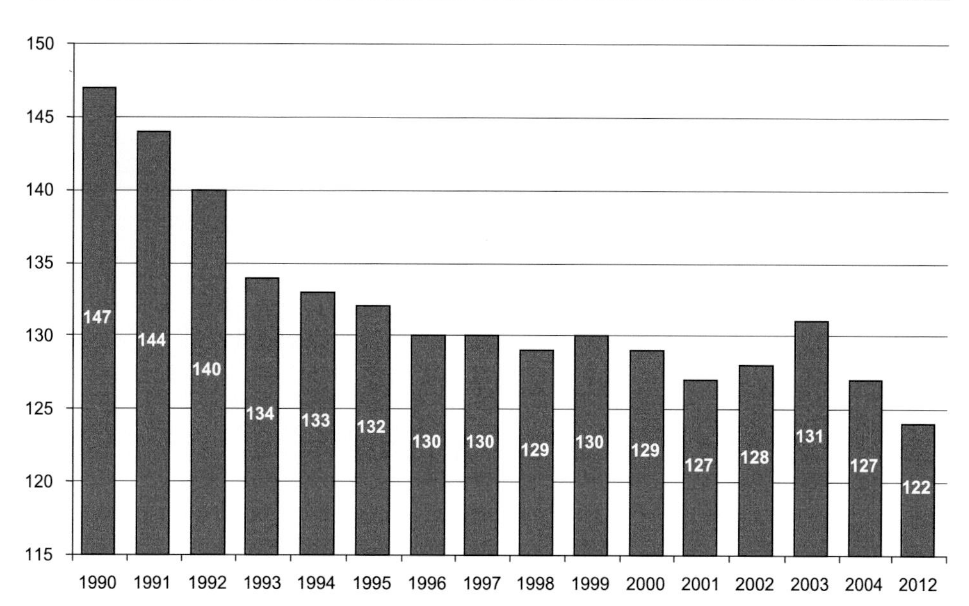

Abb. 6.63 Wassernutzung pro Einwohner und Tag in Deutschland von 1990 bis 2012 [94, 222] [E. daily using of drinking water in litre per inhabitant in Germany from 1990 to 2011]. (Quelle: BGW-Wasserstatistik, bezogen auf Haushalte/Kleingewerbe)

heitlich und geschmacklich einwandfreier Form zur Verfügung gestellt werden. Doch nach Gebrauch darf auch dieses Wasser erst über Klär- und Reinigungsanlagen in Flüsse, Seen oder ins Grundwasser zurückgeführt werden. Die öffentliche Abwasserbeseitigung in Deutschland leitet ca. 98 % aller Abwässer, in denen auch die der Privathaushalte enthalten sind, über Klär- und Reinigungsanlagen.

Verbesserte technische Einrichtungen der Versorgung der Bevölkerung mit Frischwasser, die Entsorgung von Abwässern sowie geeignete gesetzliche Vorschriften und entsprechende Preise haben zu einem sparsameren Umgang mit Frischwasser in Deutschland geführt (Abb. 6.63). Im internationalen Vergleich ist Deutschland innerhalb der Industrienationen ein sehr wasserbewusstes Land (Abb. 6.64). In den letzten zehn Jahren ist die Wassernutzung in Deutschland um ca. 20 % gesenkt worden.

In Luxushotels dagegen ist die Wassernutzung unwahrscheinlich hoch. Nach einer Untersuchung in der Schweiz beträgt der Süßwasserbedarf pro Gast und Übernachtung im Mittel 220 bis 300 L. In luxuriösen Spitzenhotels steigt der Bedarf auf 529 L an.

Der Wasserbedarf pro Person im Haushalt verteilt sich auf die in Abb. 6.65 aufgezeigten Verwendungszwecke.

Die Wassernutzung ist in den einzelnen Haushalten sehr unterschiedlich und schwankt zwischen ca. 80 und 160 L pro Person und Tag.

In den Privathaushalten gibt es noch manche Möglichkeiten, um den Gebrauch von Wasser zu verringern. Ein Beispiel ist das Waschen von Wäsche mit den Waschmaschinen. Mittels der technischen Optimierung der Waschmaschinen und der Synthese von *maßgeschneiderten* waschaktiven Substanzen ist es gelungen, gegenüber 1975 für einen

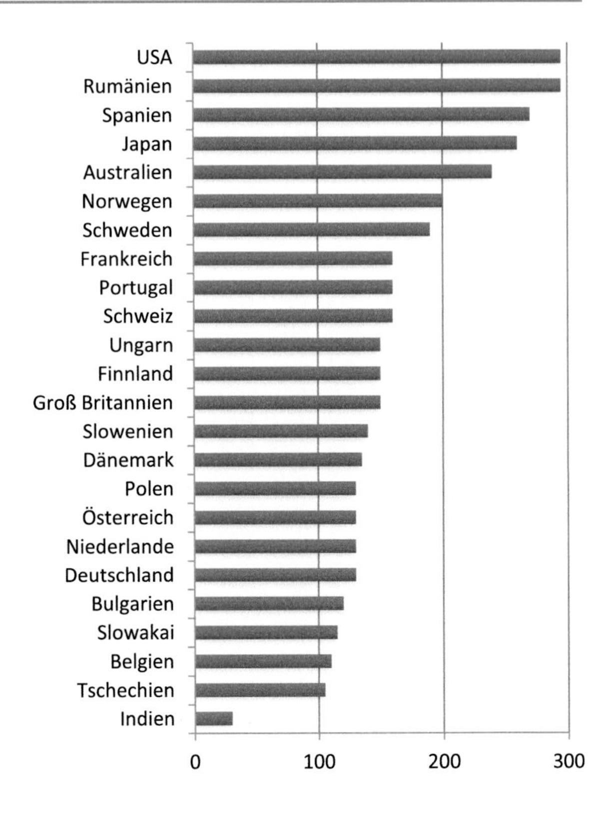

Abb. 6.64 Haushaltswassernutzung in Litern pro Einwohner und Tag in verschiedenen Ländern im Jahr 2008 [94, 222] [E. daily usage of drinking water in litre per capita in the households of various inustrialized countries]

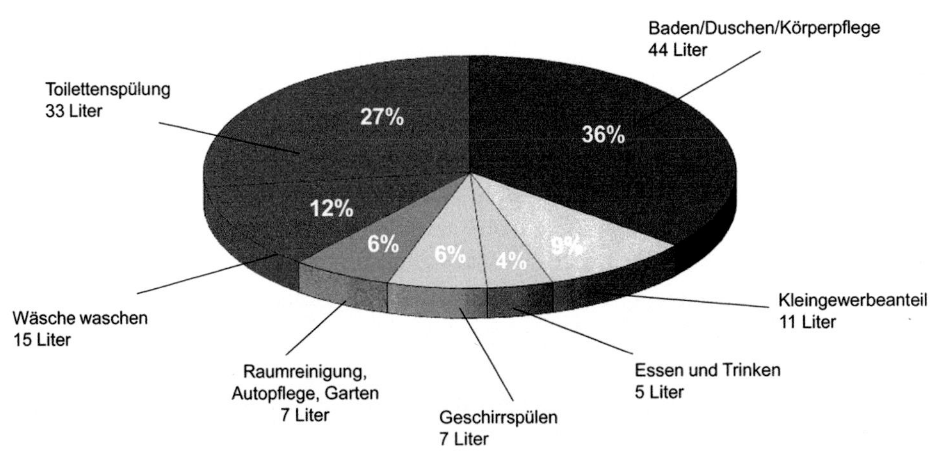

Abb. 6.65 Tägliche Trinkwassernutzung im deutschen Haushalt pro Person im Jahr 2012 [E. daily using of drinking water per person in a German household, 2012]. (Quelle für Abb. 65: BDEW Bundesverband der Energie- und Wasserwirtschaft e. V.)

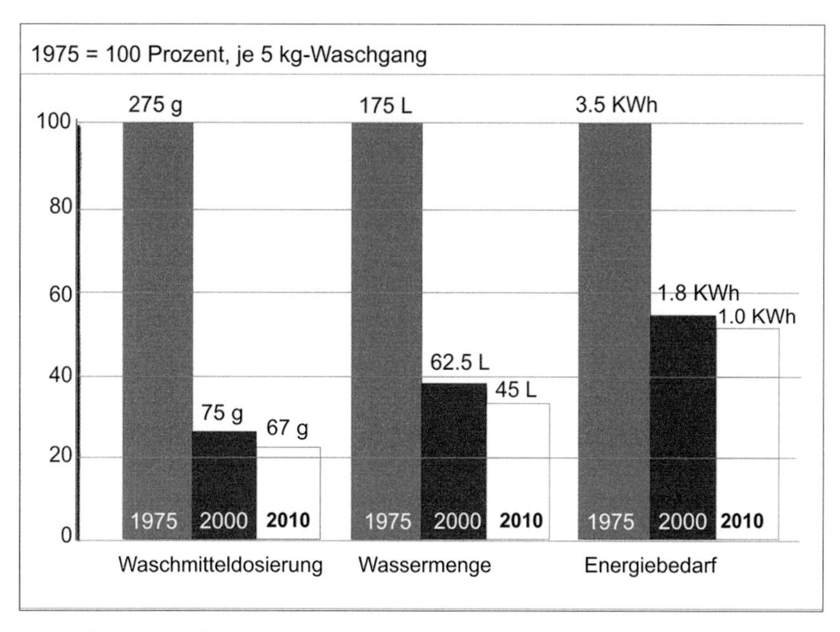

Abb. 6.66 Die Waschbedingungen für Wäsche 1975 im Vergleich zu 2010 [33] [E. conditions for washing of laundry in 1975 and 2010]. (Quelle: BASF)

Waschvorgang mit 5 kg verunreinigter Wäsche die Waschmitteldosierung, den Wasser- und Energiebedarf erheblich zu senken (Abb. 6.66).

Die Waschmitteldosierung wurde von 300 g auf 67 g reduziert, d. h. um mehr als 77 %, die Wassermenge von 175 L auf 45 L, das sind fast 75 %, der Energiebedarf wurde von 3,5 kWh auf 1,0 kWh gesenkt, das entspricht auf ca. 40 % [33].

Trinkwasseraufbereitung im Altertum – Tee, Bier, Wein [E. the start of water treatment in Ancient History – tea, beer, wine]

Soweit man die Geschichte der Menschheit zurückverfolgen kann, galt ihrer Versorgung mit hygienisch einwandfreiem Trinkwasser große Aufmerksamkeit. Nur die Gebirgsquellen lieferten natürliches Brauchwasser für den menschlichen Genuss. Flusswasser, Brunnenwasser und Süßwasser aus Seen konnten auf irgendeine Weise infiziert sein oder anderweitig verunreinigt sein.

Die *Chinesen* kamen vor einigen Tausend Jahren als Erste auf die Idee, Wasser abzukochen, um es für den menschlichen Genuss aufzubereiten. Abgekochtes Wasser schmeckt natürlich fade. Um es schmackhaft zu machen, versetzte man es mit Blättern bestimmter Pflanzen. So entstand der Tee.

Die *Sumerer, Babylonier* und *Ägypter* gingen andere Wege, um ihren Durst zu löschen. Sie brauten Bier aus Gerste. Und die Römer vergärten Weintrauben zu Wein. Um Christi Geburt unterhielten die Römer riesige Felder mit Rebstöcken, um die Bevölkerung mit ausreichender Trinkflüssigkeit in Form von Wein zu versorgen. Mithilfe des Pilzes *Saccharomyces cerevisiae*[4] lassen sich Kohlenhydrate wie Stärke und Zucker zu verdünnten alkoholhaltigen, wässrigen, trinkbaren Flüssigkeiten vergären.

Glucose/Stärke		Ethylalkohol		Kohlenstoffdioxid		
$C_6H_6(OH)_6$	$\xrightarrow[\text{cerevisiae}]{\text{Saccharomyces}}$	$2\ C_2H_5OH$	+	$2\ CO_2$	+	236,4 kJ
180 g		2 x 46 g		2 x 44 g		

$\Delta G = -236{,}4$ kJ/mol werden als freie Reaktionsenthalpie freigesetzt (s. Abb. 6.73).

Die *Saccharomyces cerevisiae* zählen zu den fakultativen[5] Mikroorganismen. Sie vermögen sowohl im luftsauerstofffreien Medium zu gedeihen (anaerob) als auch in Gegenwart von Luftsauerstoff (aerob). Ihr Stoffwechselprozess schaltet entsprechend um.

Während des Vergärens des Malzes, das aus Stärke erhalten wird, zu Bier bzw. der Glucose zu Wein, laufen mehrere Prozesse parallel ab. Beim anaeroben Abbau des Malzes bzw. der Glucose zu Ethylalkohol sinkt der pH-Wert des wässrigen Gärmediums vom neutralen in den sauren Bereich bis zu pH = 4 bis 3. Die Überlebensbedingungen für die aeroben Mikroorganismen, wie z. B. Pantoffeltierchen, Flagellaten, Amöben u. a., verschlechtern sich. Der Anteil der *Saccharomyces*, der auf einen aeroben Stoffwechsel umgeschaltet hat, weil in dem wässrigen Medium auch Luftsauerstoff anwesend ist, verringert diesen so stark, dass die reinen (obligaten)[6] Aerobier wegen Sauerstoffmangel absterben. Die fakultativen aerob wirkenden *Saccharomyces* schalten wieder auf eine anaerobe Lebensweise um. Der Luftsauerstoff kann durch Zufuhr von außen nicht ausgeglichen werden, da das während der Gärung frei werdende Kohlenstoffdioxid das gesamte Reaktionsmedium gegen die äußere Luft abschirmt (s. Reaktionsgleichung 1). Die abgestorbenen aeroben Mikroorganismen und andere Verunreinigungen werden von dem sich bildenden Gärschlamm, der im Wesentlichen aus den sich vermehrten *Sacchromyces* besteht, absorbiert. Er wird am Ende des Gärvorganges abgefiltert. Es wird ein von Verunreinigungen und Fremdorganismen geklärtes trinkbares Bier bzw. geklärter trinkbarer Wein erhalten. Hopfen (s. Glossar) ist ein wesentlicher Bestandteil des Bieres. Er enthält außer seinen typischen Aromen und Bitterstoffen natürliche Antibiotika, die das Bier infektionsfrei und haltbar machen, auch unterstützt er den Gärungsprozess. In der Holledau/Bayern befindet sich das weltweit größte in sich geschlossene Hopfenanbaugebiet. Weitere Anbaugebiete gibt es in Tschechien, den USA und China.

Auf 8000 bis 9000 Jahre alten beschriebenen Tontafeln ist verbürgt, dass die Sumerer aus Gerste Bier gebraut haben. 2000 Jahre später boten die Babylonier schon acht verschiedene Biersorten auf Gerstebasis an. In Deutschland gibt es zurzeit 5000 Sorten

[4] cerevisia (lat.) – Bier.

[5] facultas (lat.) – Möglichkeit, Fähigkeit; fakultativ bedeutet wahlfrei nach eigenem Ermessen.

[6] obligare (lat.) – binden, verpflichten; obligat – unerlässlich, unbedingt erforderlich.

Bier auf dem Markt. Weltbekannt sind die tschechischen Sorten *Pilsener Urquell* und *Budweiser.* In China ist die Marke *Tsingtao* über die Grenzen hinaus bekannt geworden. Dieses Bier wurde von deutschen Braumeistern entwickelt und gebraut, als die chinesische Hafenstadt Qingdao (chin. *grüne Insel*) seit 1897 aufgrund eines Pachtvertrages unter deutsche Oberhoheit stand.

Destilliertes Wasser [E. distilled water]

Die Reinigung des natürlichen Wassers durch Destillation wird im Allgemeinen nur für chemische, pharmazeutische und medizinische Zwecke angewendet. Je nach dem geforderten Reinheitsgrad wird das Wasser ein- oder mehrmals in Glas-, Quarz- oder Edelmetallapparaturen destilliert. Anstelle von destilliertem Wasser wird oft mithilfe von Ionenaustauschern entsalztes Wasser verwendet (s. Kap. 6, Abschn. „Enthärtung“).

Wasser für technische Nutzung [E. water for industrial use]

Bei der Aufbereitung natürlichen Wassers zu Dampfkesselspeisewasser oder für andere technische Zwecke, z. B. als Kühlwasser, für den Gebrauch bei chemischen Reaktionen oder in Wäschereien, wird natürliches Wasser nach der mechanischen Abscheidung von Schwebstoffen und anderen festen Verunreinigungen entweder nur enthärtet oder entsalzt und zuweilen auch noch entgast.

Enthärtung [E. softening]

Die Wasserhärte, im Wesentlichen hervorgerufen durch gelöste Calcium- und Magnesiumsalze, kann bei der technischen Verwendung von Wasser zu schweren Schäden führen.

Man unterscheidet zwischen temporärer Härte, auch Karbonathärte genannt, und permanenter Härte. Die Karbonathärte ist bedingt durch gelöste Hydrogenkarbonate des Calciums und Magnesiums, die sich beim Kochen des Wassers in wasserunlösliche Karbonate umwandeln und sich als unlöslicher Kessel- oder Wasserstein absetzen, z. B.:[7]

Calciumhydrogenkarbonat (löslich) → Calciumkarbonat (unlöslich)

$$Ca(HCO_3)_2 \xrightarrow{\text{kochen}} CaCO_3 + H_2O + CO_2$$

$$\Delta H = +\ 39{,}45\ \text{kJ/mol}$$

[7] Bildungsenthalpie von Calciumhydrogenkarbonat $\Delta_B H = -1926{,}56$ kJ/mol.

Die permanente oder bleibende Härte (Nichtkarbonathärte) ist im Wesentlichen auf den Gehalt von Calcium- und Magnesiumsulfat ($CaSO_4$, $MgSO_4$) zurückzuführen. Karbonathärte und permanente Härte ergeben zusammen die Gesamthärte, die in Härtegraden angegeben wird:

Gesamthärte = Karbonathärte + Nichtkarbonathärte

Gesamthärte = Calciumhärte + Magnesiumhärte

10 mg Calciumoxid (CaO) pro Liter Wasser oder äquivalente Mengen anderer härtebildender Salze entsprechen einem deutschen Härtegrad (°d, manchmal auch °dH). Nach DIN 1301 (Deutsches Institut für Normung e. V.) ist als Maßeinheit für die Härte 1 mmol Erdalkali-Ionen pro 1 L Wasser definiert.

In der Technik verwendet man zum Enthärten des Wassers vielfach Ionenaustauscher, da sie den geringsten Aufwand erfordern und einfach zu bedienen sind (Abb. 6.67).

$$Ca^{++} + \text{Na-Austauscher} \longrightarrow \text{Ca-Austauscher} + 2\,Na^{+}$$

Der Austauscher kann mit einer Natriumchlorid (NaCl)-Lösung regeneriert werden.

$$\text{Ca-Austauscher} + 2\,Na^{+} + 2\,Cl^{-} \longrightarrow \text{Na-Austauscher} + Ca^{++} + 2\,Cl^{-}$$

Es wird zwischen *Kationenaustauscher* und *Anionenaustauscher* unterschieden, je nach Ladungsvorzeichen der auszutauschenden Ionen.

In *amphoteren Austauschern* können sowohl Kationen als auch Anionen am selben Trägermaterial ausgetauscht werden.

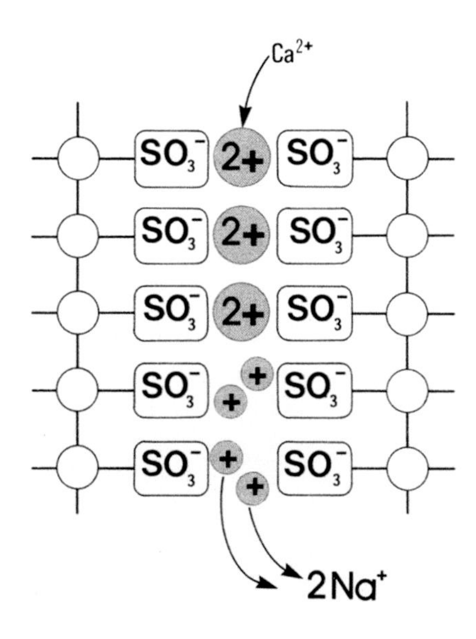

Abb. 6.67 Schema eines Ionenaustausches [E. representation of the ion exchanger schematically]

Anorganische Ionenaustauscher sind aus *Zeolithen* oder *Permutiten* aufgebaut, die organischen aus *Kunstharzen.*

Ionenaustauschverfahren werden in der Wasseraufbereitung eingesetzt, z. B. zur Entcarbonisierung und Enthärtung, ebenso in der Teil- oder Vollentsalzung für Kesselspeisewasser und in der Aufbereitung von Brackwasser für die industrielle Verwendung, z. B. Kraftwerke, Elektronik- und Nuklearindustrie.

Weitere Einsatzgebiete von Ionenaustauschern sind die Abtrennung von Schwermetallen aus Abwässern und das Laugen in der Hydrometallurgie. Man bedient sich ihrer in der Lebensmittelindustrie, insbesondere in den Molkereien und der Zuckerindustrie.

Entkarbonisieren nach dem Kontaktverfahren [E. water softening by decarbonisation in a contact process] (Abb. 6.68)

Calciumhydrogen-karbonat | Kalkmilch | Calcium-karbonat | Wasser

$$Ca^{++}_{aq} + 2\,HCO_3^{-}{}_{aq} + Ca(OH)_2 \longrightarrow 2\,CaCO_3 + 2\,H_2O$$

$$\Delta H = -\ 55{,}94\ \text{kJ/mol}$$

Magnesiumhydrogen-karbonat | Calcium-hydroxid | Magnesium-hydroxid | Calcium-karbonat | Wasser

$$Mg^{++}_{aq} + 2\,HCO_3^{-}{}_{aq} + 2\,Ca(OH)_2 \longrightarrow Mg(OH)_2 + 2\,CaCO_3 + 2\,H_2O$$

$$\Delta H = -\ 58{,}8\ \text{kJ/mol}$$

Danach wird das Wasser zur Entfernung der permanenten Härte über Ionenaustauscher geschickt.

Dieses enthärtete Wasser eignet sich gut als Kesselspeisewasser zur Dampferzeugung, da die wassersteinbildenden Anteile entfernt sind.

In der Waschmittelindustrie werden Zeolithe, das sind Natrium-Aluminium-Silikate mit spezieller Kristallstruktur, zur Enthärtung des Wassers eingesetzt. Die Zeolithe bilden mit Ca^{2+} - bzw. Mg^{2+} -Ionen komplexe Verbindungen, die in Lösung bleiben und weder durch Erhitzen noch durch Anwesenheit von waschaktiven Substanzen ausgefällt werden können. Polyphosphate als Enthärter werden nur noch in Spezial-Industriereinigern verwendet, bei denen eine Entsorgung gesichert ist.

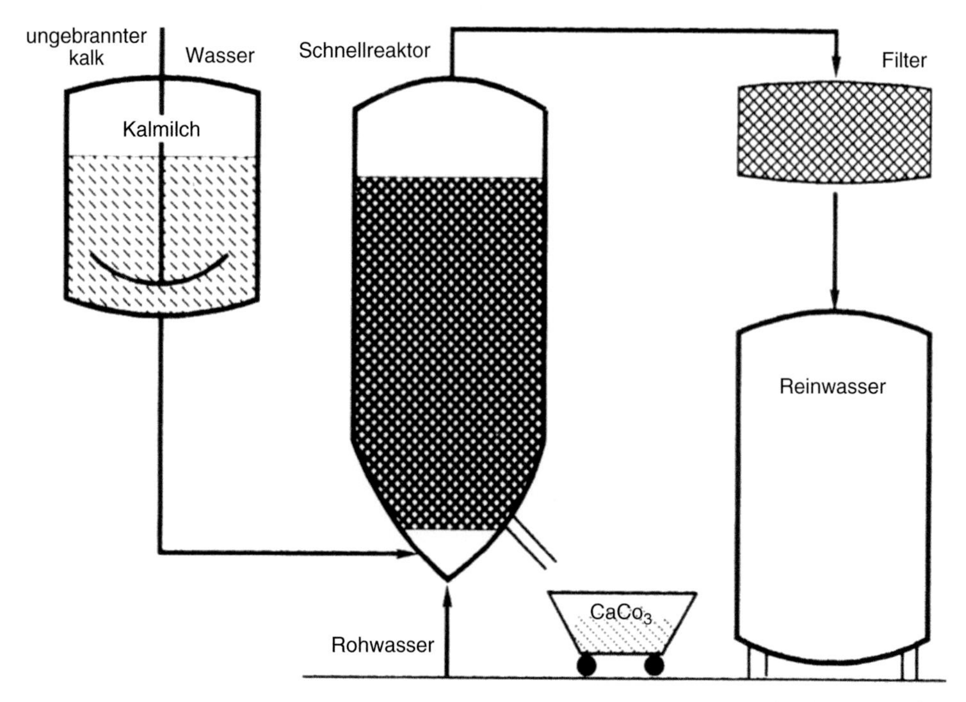

Abb. 6.68 Entkarbonisierung nach dem Kontaktverfahren [E. water softening by decarbonisation in a contact process]

Flusswasseraufbereitung mit Ozon [E. Water treatment of river water with the help of ozone]

Flusswasser ist vielfach mit hohen Frachtstoffanteilen belastet. Sie stammen aus abgetragenen Mineralien aus den Gebirgen, den Abwassern der Kommunen, Industrie und privaten Haushalten und den Abbauprodukten der in den Flüssen lebenden Organismen.

Um das Flusswasser zu einer Grundwasserqualität aufzubereiten, ist ein Verfahren entwickelt worden, das die Oxidations- und Reinigungskraft des Ozons ausnutzt. Eine Ozondosierung von 20 mg/L reduziert die Zahl der Mikroorganismen von ca. 1 Mrd. auf weniger als 100 pro L. Gelöste organische Substanzen werden oxidiert und abgebaut. Zusätzlich fördert Ozon die Koagulation[8] der kolloiden Verunreinigungen.

Die Wirkung des Ozons (dreiatomiger Sauerstoff, O_3) beruht auf der Freisetzung von atomarem Sauerstoff, der bakterizid bzw. desinfizierend ist (s. Kap. 6, Abschn. „Ozonisierung“).

Ozon		atomarer Sauerstoff		molekularer Sauerstoff		
O_3	$\longrightarrow$	O	+	O_2	;	$\Delta H = -289$ kJ/mol

[8] coagulare (lat.) – gerinnen.

Zur anschließenden Flockung werden Eisen(III)-salzlösung, z. B. FeCl, Eisen-III-chlorid, Flockungshilfsmittel, Aktivkohle und Calciumhydroxid, $Ca(OH)_2$, eingesetzt. Der ausgeflockte Schlamm setzt sich ab, und das Klärwasser wird danach über Kies mit einer Körnung von 1 bis 2 mm filtriert.

Alle störenden Verunreinigungen, wie Feststoffe, Kolloide, gelöste organische Substanzen, Keime, Mikroorganismen, sogar Viren, werden vollständig im Schlamm des Flockers eingebunden und damit entfernt.

Wasserdargebot und Wassernutzung in Deutschland [E. supply and use of water in Germany]

Das *Wasserdargebot* in Deutschland, das sind die jährlich verfügbaren Wasserressourcen, wird im Mittel auf 182 Mrd. m^3 geschätzt. Die bedeutendsten Quellen sind Grundwasser, Quellwasser, Oberflächenwasser und das Uferfiltrat. Davon werden 22,1 % für die Wasserversorgung genutzt. Das sind 40,2 Mrd. m^3 (Abb. 6.69).

Die größten Wassernutzer sind die elektrischen Strom erzeugenden Kraftwerke mit 23,95 Mrd. m^3 jährlich. Das sind fast 60 % des Gesamtwassereinsatzes. Die nächstgrößten Wassernutzer sind das Baugewerbe, die Entsorgung und Dienstleistungen mit 4,82 Mrd. m^3 bzw. 12 %, gefolgt von der chemischen Industrie mit 3,22 Mrd. m^3 bzw. 8 % und den privaten Haushalten mit ebenfalls 3,22 Mrd. m^3 bzw. 8 %. Das übrige produzierende Gewerbe nutzt mit 4,6 % 1,85 Mrd. m^3 vom Gesamtwassereinsatz.

Die Kohle- und Metallproduktion sind mit 5,8 %, das sind 2,33 Mrd. m^3 Wasser, beteiligt. Der Anteil der Landwirtschaft mit 1,1 % und der Papierindustrie mit 1 %, das sind je 0,4 Mrd. m^3, ist dagegen gering (Abb. 6.70).

Die 188 Wärmekraftwerke Deutschlands (Kap. 7) sind mit 23,95 Mrd. m^3 Wasser jährlich die größten Wassernutzer, das sind 13,16 % des Dargebots von 182 Mrd. m^3. Sie beziehen ausschließlich Oberflächenwasser (s. Abb. 6.69).

Davon werden 94 % zu Kühlungszwecken benötigt. Durch Kreislaufführung wird jeder Kubikmeter Wasser 1,8-mal genutzt. Nach der Nutzung wird das Kühlwasser fast zu 100 % in Oberflächenwasser abgeleitet. Ca. 1,4 Mrd. m^3 werden vorher rückgekühlt. 50 Mio. m^3 davon müssen einer Abwasserbehandlung unterzogen werden.

Die Wassernutzung der Landwirtschaft durch Bewässerung von bestimmten Sonder- und Ackerbaukulturen in Abhängigkeit vom Standort ist relativ gering. Vielfach unbeachtet ist, dass unter landwirtschaftlichen Flächen (s. Kap. 2, Abschn. „Grundwasser") die Grundwasserneubildung erheblich größer ist als etwa unter Busch- und Waldflächen.

Einen großen Beitrag für Wasserreserven liefert die Aufnahmefähigkeit der Böden von versickerten Niederschlägen. Waldflächen nehmen die größten Mengen von versickertem Wasser auf, gefolgt von den Getreide- und Ackerflächen. Der nicht versickerte Teil verdampft oder läuft als Oberflächenwasser ab.

Die Landwirtschaft setzt für eine gezielte Bewässerung ca. 0,44 Mrd. m^3 Wasser ein (Abb. 6.69). Der gesamte Wasserbedarf der Landwirtschaft ist allerdings viel höher. Zu

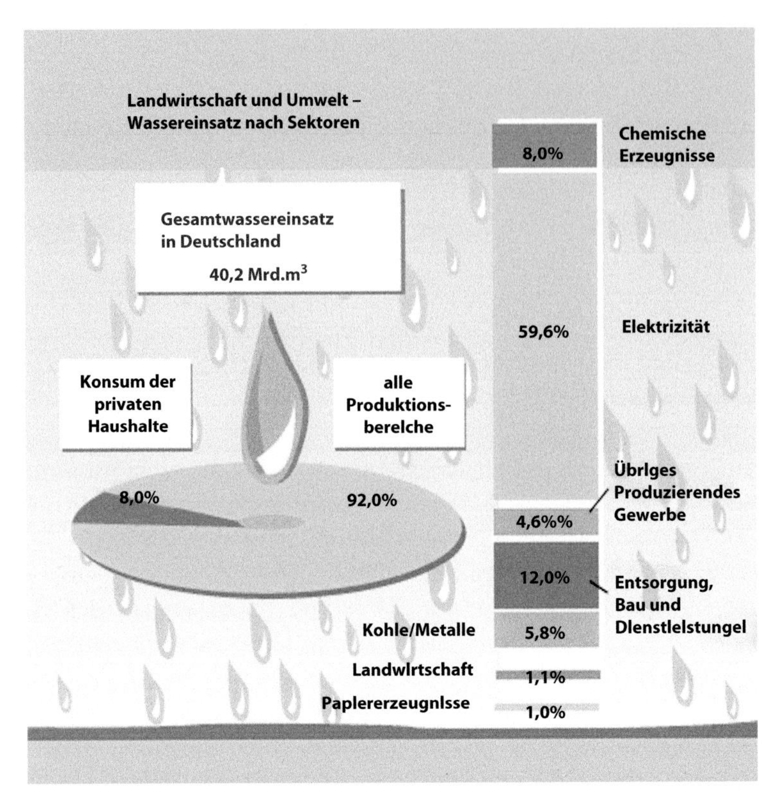

Abb. 6.69 Wasserdargebot und Wassernutzung in Deutschland (2008) [E. supply and use of water in Germany (2008)] [37]

diesem Wert muss die Wasserversorgung für die Intensivviehhaltung hinzugerechnet werden (Tab. 6.18) und das Dargebot der Natur, das nicht über das Wasserleitungsnetz läuft (Tab. 13.31). Nur etwa 2 % der Gesamt-Landwirtschaftsfläche mit 11,8 Mio. ha, das sind ca. 236.000 ha, werden jährlich bewässert. Uferfiltrat ist Wasser, das den Wassergewinnungsanlagen durch das Ufer eines Flusses oder Sees im Untergrund nach relativ kurzer Bodenpassage zusickert und sich mit dem anstehenden Grundwasser vermischt.

In den südeuropäischen Ländern wie z. B. Portugal, Spanien, Italien, Griechenland, aber auch Zypern dient der größere Anteil der Wasserversorgung zur Bewässerung von Ackerflächen. Die Anteile können 50 % und mehr betragen (Kap. 5, Abschn. „Portugal", Abschn. „Süditalien". In Griechenland sind es 88 % und in Spanien 72 % des entnommenen Wassers.

Wasseraufkommen und Wasserableitung stehen im unmittelbaren Zusammenhang. Die Abwasserableitung erfolgt durch Direkt- und Indirekteinleitung. Unter einer *Direkteinleitung* wird die Abwassermenge verstanden, die unbehandelt oder nach Behandlung unmittelbar in ein Oberflächengewässer bzw. in den Untergrund abgeleitet wird.

Als *indirekt eingeleitetes Wasser* wird die Abwassermenge bezeichnet, die unbehandelt oder behandelt in die öffentliche Kanalisation bzw. an andere Betriebe abgeleitet wird.

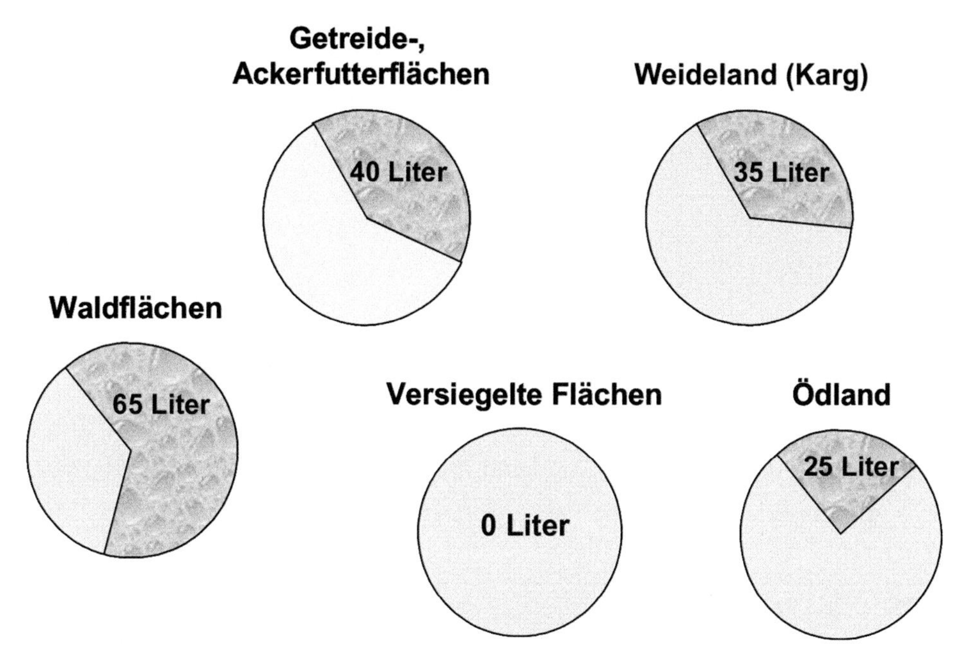

Abb. 6.70 Versickerung von Niederschlägen [E. percolation of rainwater] [37]. (Deutscher Bauernverband, Berlin, Situationsbericht 2012/2013, Trends und Faktoren zur Landwirtschaft)

Fasst man die Wassernutzung von Industrie und privaten Haushalten zusammen, fallen in Deutschland täglich 12 Mio. m^3 Schmutzwasser und noch einmal die gleiche Menge an Regenwasser an. Sie werden in der Kanalisation gesammelt und müssen in Klärwerken gereinigt werden. Auf ein Jahr bezogen entspricht das einer Wassermenge von 8,76 Mrd. m^3. Diese Abwassermenge ist gleich dem fünffachen Volumen des Chiemsees in Bayern.

Abwasserreinigung [E. reclamation and treatment of waste waters]

Vorgänge in Gewässern, Fotosynthese [E. processes in waters, photosynthesis in waters] [74]

Wie auf der Erdoberfläche finden auch in den oberflächennahen Schichten der natürlichen Gewässer fotosynthetische Vorgänge statt. Das im Wasser gelöste Kohlenstoffdioxid wird unter der Lichteinwirkung der Sonnenstrahlen von Algen, dem Phytoplankton[9] und

[9] phytos (gr.) – Pflanze; planktos (gr.) – Umhergetriebenes.

anderen Wasserpflanzen assimiliert und als Kohlenstofflieferant zusammen mit Wasser zu Glucose aufgebaut.

Kohlenstoffdioxid		Wasser		Glucose		Wasser		Sauerstoff
$6\,CO_2$	+	$12\,H_2O$	$\longrightarrow$	$C_6H_6(OH)_6$	+	$6\,H_2O$	+	$6\,O_2$

$\Delta G^* = +\,2879{,}95$ kJ/mol

* ΔG ist die Freie Enthalpie. – Bei biologischen Prozessen wird immer die freie Enthalpie angegeben, das ist diejenige Energie, die vollständig in andere Energieformen umgewandelt werden kann.

Die noch wasserlösliche Glucose wird in der Pflanzenzelle zur wasserunlöslichen Stärke oder Cellulose polymerisiert. Die Fotosynthese spielt sich in den oberen Wasserschichten bis zu Tiefen ab, die die Sonnenstrahlen noch durchdringen, das sind in der Regel 5 bis 8 m, in speziellen Wasserregionen auch tiefer.

Die Fotosynthese ist die Energiepumpe, die es ermöglicht, dass aus den im Wasser gelösten Stickstoff- und Phosphorverbindungen, dem Kohlenstoffdioxid und den Spurenelementen, insbesondere Eisen und den Alkali- und Erdalkalisalzen, Biomasse produziert wird. Der dabei freigesetzte Sauerstoff wird zum Teil im Oberflächenwasser gelöst. Der größere Teil wird aber an die Atmosphäre abgegeben. Der limitierende Faktor eines grenzenlosen Algenwachstums in Seen und stehenden Gewässern ist die Selbstbeschattung der Algen. Auch der Gehalt an Spurenelementen in den Gewässern ist für eine Begrenzung des Wachstums verantwortlich.

Eutrophierung von Gewässern, Überdüngung [E. eutrophication of water by excessive fertilization]

Eine erhöhte Zufuhr von Phosphatverbindungen regt in den Gewässern zu einer starken Vermehrung von Algen und Phytoplankton an. Man nennt diesen Vorgang *Eutrophierung*[10].

Die pflanzlichen Mikroorganismen dienen als Nahrung für die tierischen Mikroorganismen, z. B. dem Zooplankton[11].

Bei gesteigerter Nahrungszufuhr vermehren auch diese sich stärker, als es dem eingespielten Fließgleichgewicht in diesem Ökosystem entspricht.

[10] *eutroph (gr.) – nährstoffreich.*

[11] zoon (gr.) – Lebewesen, Tier.

Sterben die Wasserpflanzen, die pflanzlichen und tierischen Mikroorganismen ab, dann sinken sie in die tieferen Wasserschichten, auf den See- oder Flussgrund. Die abgestorbenen Organismen werden durch Bakterien oxidativ (aerob) abgebaut. Diese verbrauchen dabei den im Wasser gelösten Sauerstoff. Die Endstufen des aeroben Abbaus sind im Wesentlichen Wasser, Kohlenstoffdioxid und Mineralsalze.

Übersteigt das Angebot an abgestorbener Biomasse den Sauerstoffvorrat des Wassers als Folge eines durch zusätzliche Phosphate angeregten Wachstums der Wasserorganismen, dann wird dieser vollständig aufgebraucht. Das Gewässer ist tot. Wegen des Sauerstoffmangels kommt es zum Sterben von Kleinstlebewesen und Fischen. Die aeroben Abbauvorgänge schlagen in bakterielle anaerobe Prozesse um. Das sind Fäulnis- und Verwesungsvorgänge. Beim anaeroben Abbau entstehen durch Reduktion Endprodukte, die für ein aerobes Biosystem toxisch sind, das sind z. B. Schwefelwasserstoff, Methan, Ammoniak. Diese Stoffe beeinträchtigen die Vermehrung derjenigen Fischarten, deren Laich auf dem Seegrund abgelegt wird.

Fäulnisvorgänge finden bevorzugt in stehenden Gewässern statt. Flüsse erfahren eine bessere Umwälzung des Wassers und erleiden deshalb nicht so schnell Sauerstoffmangel.

Zur Belastung der Binnenseen und Flüsse mit Phosphat tragen nichtgereinigte oder nur unzureichend gereinigte Abwässer aus Kommunen und das von nicht vorschriftsmäßig gedüngten landwirtschaftlichen Nutzflächen abfließende Wasser bei.

Wasserverschmutzung [E. water pollution]

Abwässer aus dem menschlichen Lebens- oder Tätigkeitsbereich enthalten eine Vielzahl von Stoffen, die vor allem organischer Natur sind. Lange Zeit konnte man es sich leisten, diese Abwässer entweder im Boden versickern zu lassen oder in den nächstgelegenen Fluss oder See einzuleiten. Mit fortschreitender Industrialisierung und wachsender Bevölkerungsdichte – vor allem nach dem Zweiten Weltkrieg – führte dieses Verhalten zu einer ständig steigenden Belastung der Oberflächengewässer. Die im Gewässer gemeinsam mit Einzellern und höheren Lebewesen existierenden Bakterien sind in der Lage, die aus den Fäkalien stammenden organischen Substanzen, aber auch einen großen Teil der synthetisch hergestellten Stoffe oxidativ abzubauen. Mit wachsender Belastung eines Gewässers durch solche Stoffe nimmt die Zahl der Bakterien zu und damit der im Wasser gelöste Sauerstoff ab. Unterschreitet der Sauerstoffgehalt Konzentrationen von 4 bis 5 mg/L, dann beginnen höhere Lebewesen, wie z. B. Fische, auszusterben bzw. abzuwandern.

Neben biologisch abbaubaren Stoffen zählen auch nicht abbaubare organische Substanzen, anorganische Salze und Schwermetalle zu den belastenden Inhaltstoffen von Gewässern. Einige von ihnen führen schon bei niedrigen Konzentrationen zu Schädigungen der Wasserlebewesen.

Folgende Ionenkonzentrationen führen in Flüssen bereits zum Fischsterben:

0,1 mg/L CN^- (Cyanid-Ionen)
0,21 mg/L Cl_2, (Chlor)
1 mg/L SO_2 (Schwefeldioxid)
0,5 mg/L Cu^{2+} (Kupfer-Ionen)

Organische schwer oder nichtabbaubare Stoffe – hierzu gehören z. B. DDT und PCB[12] – reichern sich, wenn sie im Wasser nur in Spuren vorliegen, im Fischgewebe an. Hierdurch gelangen sie in die Nahrungskette des Menschen, der sie im Fettgewebe speichert und sich dadurch einem Krankheitsrisiko aussetzt.

Mit zunehmender Bevölkerungsverdichtung, der damit verbundenen Urbanisierung und Industrialisierung sowie der Massentierhaltung wird auch das Grundwasser trotz aller Gesetzesauflagen und technischen Vorsichtsmaßnahmen von Schadstoffen belastet. Nicht nur die *Versorgung* der Menschen mit einwandfreiem Trinkwasser ist zu einer Aufgabe ersten Ranges geworden, sondern auch die *Entsorgung* und *Reinigung* von Abwasser im Zuge eines Wasserkreislaufes.

Bevor Trink- und Brauchwasser wieder in das Verteilersystem für die Nutzer gelangt, ist es in der Regel von Laboratorien für Wasseranalysen sorgfältig untersucht worden. Doch es wird längst nicht auf alle möglichen Schadstoffe geprüft. Gefunden werden können aber nur diejenigen Stoffe, auf die auch Analysen angesetzt worden sind.

Wesentlich hängt es von den Privathaushalten, Krankenhäusern, der Industrie und nicht zuletzt von der Landwirtschaft ab, wie mit Trink- und Brauchwasser umgegangen wird und wie sie nach einer Benutzung verunreinigt worden sind. Gefahrenquellen sind oft eine mangelhafte Entsorgung von Ölrückständen im Privatsektor, in Handwerksbetrieben und Industrie. Sorge bereiten immer wieder Öltankwagenunfälle, bei denen große Ölmengen auslaufen.

Auch die Enteisungsmittel, die im Winter auf den Flughäfen und für Gleisnetze auf den Bahnhöfen verwendet werden, sind Schwachstellen der Entsorgung.

Arzneimittelrückstände aus den Krankenhäusern, Arztpraxen und auch aus den Privathaushalten finden immer noch ihren Weg in den Wasserkreislauf. In der Europäischen Union werden immer noch ca. 10.000 Antibiotika verabreicht, davon 3 900 in der Tiermast und 786 t in den Ställen als Leistungsförderer [164]. In Deutschland betrug der Antibiotikaverbrauch in der Humanmedizin 2011 816 t und in der Tiermedizin 1734 t (s. Kap. 5, Abschn. „Eiweißhaltige Nahrung für die Menschen und deren notwendiger Süßwasserbedarf") (*Literatur:* Deutsches Institut für Medizinische Dokumentation und Information, Waisenhausgasse 36–38a, 50676 Köln).

Besondere Aufmerksamkeit gilt den in den Antikonzeptionsmitteln (Antibabypille) enthaltenen östrogenen[13] Wirkstoffen, wie z. B. *Ethinylöstradiol.*

[12] DDT, 1,1-*p, p'*-Dichlordiphenyl-*2,2,2*-trichlorethan; PCB, polychlorierte Biphenyle.

[13] oistros (gr.) – Stachel, Leidenschaft; genesis (gr.) – Entstehung, Entwicklung; Östrogen, das – weibliches Geschlechtshormon.

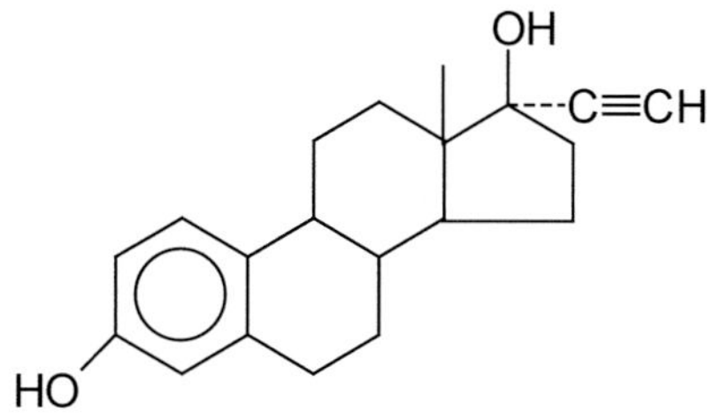

17α-Ethinyl-östradiol

Auch Röntgenkontrastmittel zählen zu den hoch belastenden Wirkstoffen in den Krankenhausabwässern. In den letzten 15 Jahren wurden sie immer wieder in verschiedenen Oberflächengewässern nachgewiesen. Obwohl diese Konzentrationen für die Menschen noch ohne schädliche Bedeutung sind, werden sie von Fischen, Muscheln und Schnecken aufgenommen, von den Fischen über die Kiemen gefiltert und angereichert.

Eine weitere Stoffgruppe mit hohem Belastungspotenzial für Oberflächen- und Grundwasser sind *waschaktive Substanzen* mit ihren hydrophilen und hydrophoben, d. h. polaren Eigenschaften. Zu viele von ihnen gelangen immer noch unkontrolliert in die Gewässer und Böden, ebenso manche Zwischenprodukte während der weiteren Verarbeitung.

Nonylphenol, $H_3C{-}(CH_2)_8{-}C_6H_4{-}OH$,

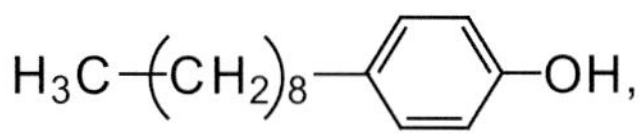

ein Zwischenprodukt für die Herstellung von Tensiden, Emulgatoren, Antioxidantien, Fungiziden, Antikonzeptionsmittel, Pharmazeutika u. a. wird häufig in Gewässern gefunden.

In Regionen mit intensiver Landwirtschaft versickern immer noch zu viele Rückstände von Pflanzenschutzmitteln in den Boden. Das Gleiche gilt für zu hohe Düngemittelgaben und die auf die Felder ausgebrachte Gülle. Von den Pflanzen ungenutzt, versickern Reste in die Grundwasser führenden Bodenschichten. Eine Ursache für die sogenannte Überdüngung ist, dass die Dünger zu falschen Zeiten ausgebracht werden, d. h. zu einer Zeit, in der die Pflanzen nicht ihre optimale Aufnahmebereitschaft haben (Kap. 6, Abschn. „Gülleentsorgung“).

Eine andere Quelle der Belastung von Gewässern sind die Massentierhaltungen auf engstem Raum. Um das Auftreten von Krankheiten oder gar Seuchen zu verhindern, werden prophylaktisch[14] Antibiotika an Rinder, Schweine und Federvieh verabreicht. Viele davon lassen sich im Oberflächen- und Grundwasser und in der Ackerkrume nachweisen. Die Welt der Mikroorganismen in der Ackerkrume wird durch Antibiotika geschädigt und die Fruchtbarkeit vermindert.

Weltweit werden jährlich 400 Mio. t Chemikalien produziert und an Industrie, Landwirtschaft und Privatverbraucher in Umlauf gebracht.

[14] prophylassein (gr.) – verhüten, vorbeugen.

Inzwischen gibt es kaum einen Ort auf unserem Erdball, an dem keine dieser Substanzen nachgewiesen werden kann. Bakterielle Belastungen des Grundwassers treten besonders in trockenen Sommermonaten auf. Durch Risse in der Bodenstruktur wird dessen Filterwirkung gestört. Fäkalien und Schadstoffe aus der Gülle werden bei starken Regenfällen und Wolkenbrüchen leichter in das Grundwasser eingeschwemmt und gelangen dann in die Trinkwasserreservate. Eine Verseuchung durch Bakterien kann die Folge sein. So erkrankten in der Ortschaft *Walterton* in der *kanadischen Provinz Ontario* mehr als 2300 Menschen an schweren Durchfällen, zehn von ihnen starben. Die Ursache für diese epidemische Erkrankung war das *Enterale hömorrhagische Escherichia Coli,* abgekürzt EHEC. Das EHEC lebt normalerweise im Darm von Wiederkäuern, wie Rindern, Schafen und Ziegen (Abb. 13.143). Für diese ist dieses Bakterium nicht gefährlich. Menschen nehmen EHEC beispielsweise durch infizierte Rohmilch oder andere Nahrungsmittel auf, wie in Walterton geschehen. EHEC kann nicht mit den üblichen Antibiotika bekämpft werden. Auch im deutschen Trinkwasser werden EHEC nachgewiesen. Epidemien[15] sind bisher nicht aufgetreten.

Natürliche Belastungsquellen für das Grundwasser sind arsenhaltige Bodenschichten. 500 Mio. Menschen müssen im Tal des Ganges bis hinauf in den Himalaja mit Arsenverbindungen kontaminiertem[16] Wasser leben. Im Ganges-Delta sind in den letzten 30 Jahren zwischen 4 und 8 Mio. Trinkwasserbrunnen gebohrt worden. So ging zwar die Zahl der Durchfallerkrankungen rapide zurück, doch an ihre Stelle sind die chronischen Arsenvergiftungen getreten. 17 weitere Staaten, darunter die VR China, Vietnam, Argentinien und auch die USA, haben ebenfalls Probleme mit zu hohen Arsenkonzentrationen im Trinkwasser [135].

Auf Empfehlung der Weltgesundheitsorganisation (WHO)[17] ist der zulässige Grenzwert bei 0,01 mg/L festgelegt worden. Die Bayer AG hat inzwischen ein Verfahren entwickelt, mit dem in Wasser gelöste Arsenverbindungen an Eisenhydroxidgranulate gebunden werden und mittels Filtration aus dem Wasser entfernt werden können. Diese Bayoxide E33 haben sich inzwischen als sehr wirksam erwiesen und werden in den Trinkwasseraufbereitungsanlagen im großen Maßstab eingesetzt [11b und 11c] [12].

Zu schaffen machen den Trinkwasserversorgern die Bakterien der Gattung *Legionella.* Sie gedeihen üppig bei Wassertemperaturen zwischen 30 und 60 °C. Diese Temperaturen herrschen, wenn die Wasserboiler nicht heiß genug eingestellt sind. Beim Duschen oder Baden gelangen die Legionellen über Wassertröpfchen bzw. Aerosole (verteilte Feinstpartikeln in der Luft) in die Lunge und infizieren sie mit krankhaften Folgen.

Eine andere *Legionellenart* löst nach einer Infektion das grippeähnliche Pontiac-Fieber[18] aus. Nach wenigen Tagen klingt es wieder ab.

[15] epidemios (gr.) – im Volk verbreitet.

[16] contaminare (lat.) – berühren, entweichen.

[17] WHO = World Health Organization.

[18] *Pontiac* ist eine Stadt in den USA, dort wurde das Fieber diagnostiziert [e. Pontiac is a town in the USA, Michigan, where this fever was diagnosed first].

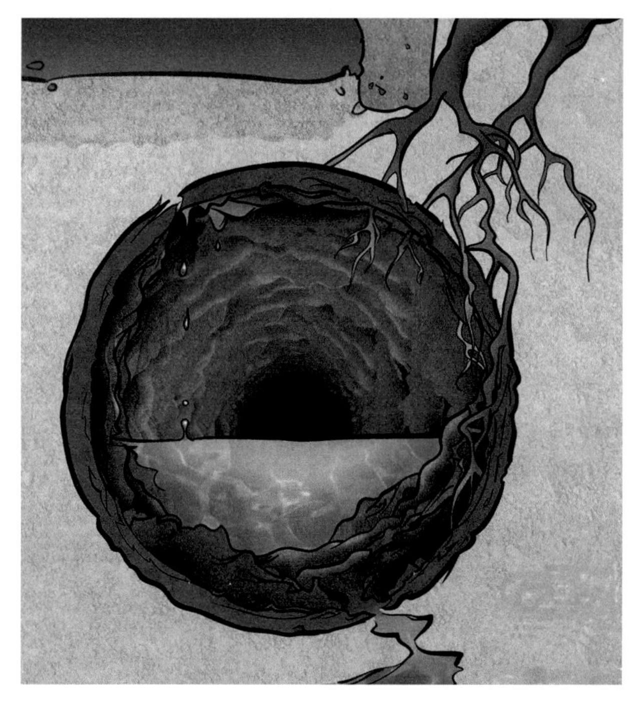

Abb. 6.71 Korrodiertes Abwasserleitungsrohr [E. corroded waste pipe] [11a]

Diese Beispiele mögen zeigen, dass der Gebrauch von Wasser für Menschen und Tiere zugleich hohe Anforderungen an hygienischen Umgang stellt.

Abbildung 6.72 zeigt das dichte Netz von Abwasserreinigungsanlagen der chemischen Industrie entlang des Rheins.

Das öffentliche Abwasserleitungsnetz in Deutschland hatte im Jahr 2012 eine Länge von ca. 541.000 km.

Das private Abwassernetz ist mit 1,3 Mio. km mehr als doppelt so lang [248]. Es bedarf eines großen technischen und finanziellen Aufwandes, das kommunale und private Abwasserleitungssystem zu warten. Risse, Haarrisse und Ablagerungen in den Leitungen sowie defekte Stellen an Rohrleitungsübergängen und -verzweigungen sind häufige Ursachen für das Durch- und Einsickern von belastetem Haushaltswasser und Industriewasser in das Grundwasser. Andererseits dringt in umgekehrter Richtung auch Grundwasser in die unterirdischen Abwasserleitungen (Abb. 6.71).

Im Großraum London versickern aus alten undicht gewordenen Leitungen täglich 900.000 m^3 Trinkwasser in den Boden, das sind ca. 100 L pro Einwohner.

Je nach Eigentumsrecht endet das kommunale bzw. das öffentliche Kanal- und Leitungsnetz an den privaten Grundstücksgrenzen, an den Kellermauern der zu ver- und entsorgenden Gebäude oder am Zulaufstutzen des Hauptkanals.

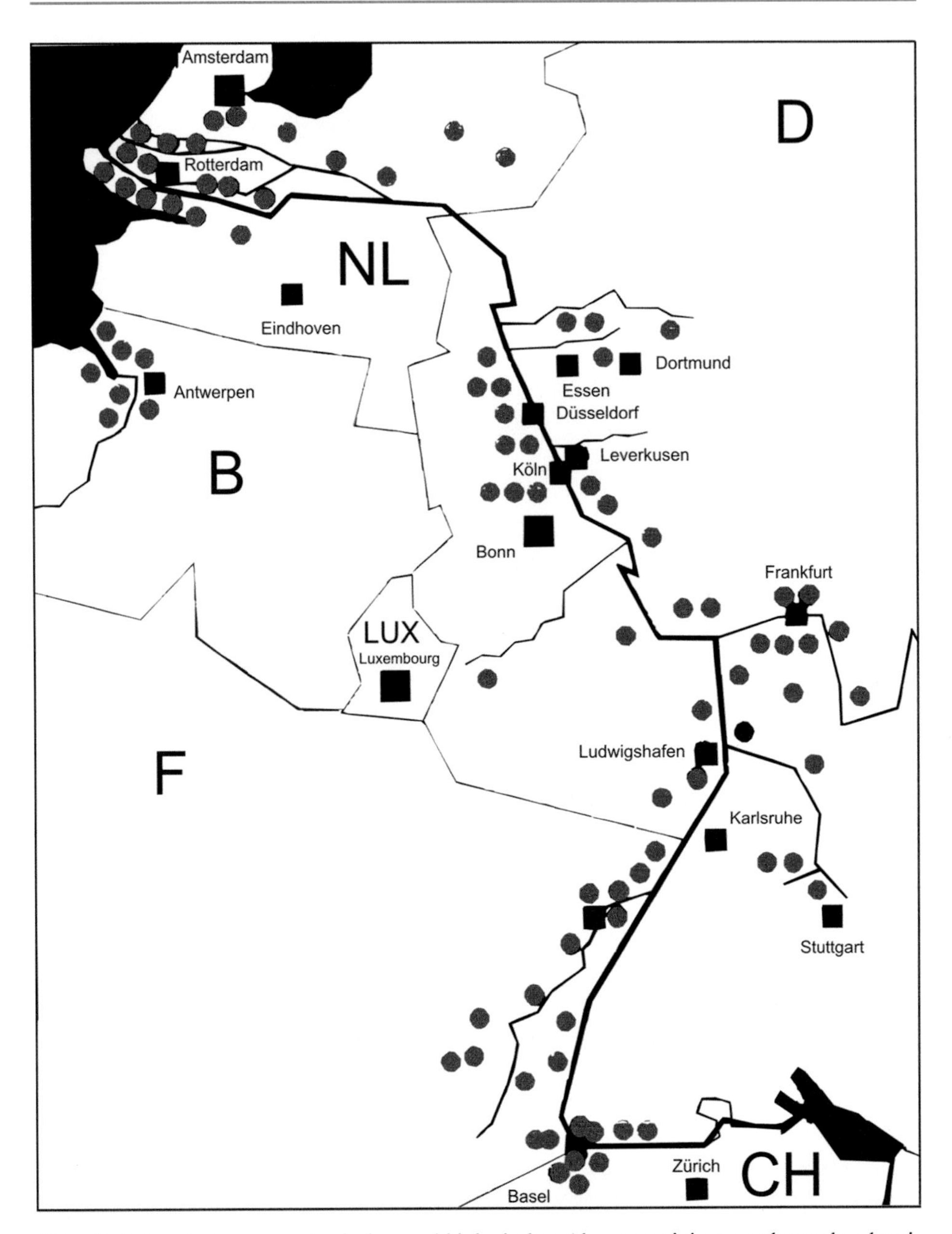

Abb. 6.72 Standorte von mechanischen und biologischen Abwasserreinigungsanlagen der chemischen Industrie entlang des Rheins und in seinem Einzugsbereich [194] [E. locations of mechanical and biological waste water treatment plants of the chemical industry along the Rhine and its regions] [97] (s. Tab. 6.17)

In Deutschland gibt es bundesweit ca. 10.000 Abwasserbehandlungsanlagen, davon sind 9700 biologische Anlagen. Jährlich werden durch sie 10 Mrd. m^3 Abwasser gereinigt [43].

Auf einer Strecke von 832 km zwischen Basel und Rotterdam werden von der chemischen Industrie 76 biologische Abwasserreinigungsanlagen betrieben. Einschließlich der Anlagen am petrochemischen Standort Antwerpen sind es 83 Einrichtungen (Tab. 6.17).

Nach den jeweils angewendeten Methoden zur Reinigung von Abwasser sind verschiedene Anlagentypen erforderlich [86, 216].

In chemischen Betrieben und kommunalen Einrichtungen sind dies z. B.:

- Absetzbecken zum Klären wässeriger Lösemittel und Abtrennen von Schlamm,
- Adsorptions- und Extraktionsanlagen (z. B. mit Zeolithsystemen), Filtration,
- Destillationskolonnen,
- Neutralisations- und Flockungsanlagen mit Kalkmilch oder Natronlauge als Neutralisationsmittel und Eisensulfat oder anderen speziellen Fällungsmitteln zur Ausflockung,
- Oxidations-/Reduktionsanlagen,
- weitere und zusätzliche Verfahren sind Umkehrosmose, Ultrafiltration, Elektrodialyse, Ultraviolett-Oxidation u. a.

Biologische Methoden zur Abwasseraufbereitung in der Industrie [E. biological treatment of industrial waste water]

Im Folgenden werden die drei Arten von biologischen Abwasserbehandlungen – die aeroben, anaeroben und anoxischen Verfahren – vorgestellt.

Die Unterscheidung der Mikroorganismen zwischen Aerobier[19]) und Anaerobier beruht auf ihrem Verhalten und Gedeihen in einer luftsauerstoffhaltigen bzw. luftsauerstofffreien Umgebung (s. Abb. 6.73, 6.74).

Danach lassen sich die Mikroorganismen in zwei große Gruppen unterteilen, zwischen denen aber zwei Gruppen mit Übergangsverhalten auszumachen sind.

1. *Die obligaten[20]) Aerobier*. Sie vermögen nur in einer luftsauerstoffhaltigen Umgebung zu gedeihen, z. B. Essigsäurebakterien (*Acetobacter*).
2. *Die obligaten Anaerobier*. Für sie ist Luftsauerstoff oder anderer freier Sauerstoff giftig, obwohl innerhalb ihrer Stoffwechselreaktionen Sauerstoff in gebundener Form vorkommt, z. B. die methanbildenden Bakterien (Methanobakterium), Tetanusbakterien[21]) (*Bacillus Chlostridium tetani*).

[19] Aer (gr.) – Luft; a, an (gr.) – nicht.

[20] *Obligare (lat.) – binden, verpflichten; obligat – unerlässlich, zwingend.*

[21] Tetanos (gr.) – Starrkrampf. Tetanus ist eine anzeigepflichtige nichtansteckende Infektionskrankheit.

Tab. 6.17 Standorte von mechanisch-biologischen Abwasserreinigungsanlagen der chemischen Industrie entlang des Rheins und in seinem Einzugsbereich. [97] [E. locations of mechanical and biological waste water treatment plants of the chemical industry along the Rhine and its regions]

Nr	Betrieb	Standort
1	Evonik Industries AG	Marl
2	Evonik Industries AG	Marf
3	Cromptono	Bergkamen
4	Bayer AG	Uerdingen
5	Bayer AG	Wuppertal
6	BP/Erdölchemie	Dormagen
7	BP/Erdölchemie	Dormagen
8	Bayer AG	Leverkusen
9	Wacker-Chernie GmbH	Köln
10	Evonik Industries AG	Hürth
11	Evonik Industries AG	Knapsack
12	Dynamit Nobel AG	Lülsdorf
13	Evonik Industries AG	Wesseling
14	Union Kraftstoff	Wesseling
15	ROW Rheinische Olefinwerke	Wesseling
16	Dynamit Nobel AG	Troisdorf
17	Zschirnmer & Schwarz	Lahnstein
18	Industriepark Höchst, InfraServ Höchst GmbH & Co. KG	Frankfurt-Höchst am Main
19	Clariant AG	Frankfurt-Griesheim
20	Scheidemandel	Wiesbaden
21	Industriepark Kalle-Albert	Wiesbaden
22	Clariant AG	Offenbach
23	C. H. Boehringer Sohn	Ingelheim
24	E. Merck KGaA	Darmstadt
25	AKZO N. V.	Obernburg
26	E. Merck KGaA	Gernsheim
27	CSL Chemische Werke	Perl-Saar-Lothringen
28	BASF AG	Ludwigshafen
29	Reckitt Benckiser	Ladenburg
30	Gelita AG	Eberbach
31	Chemische Fabrik R. Baumheier	Weidenthal
32	Dow Chemical	Speyer
33	Haecker & Sohn	Vaihingen
34	G. Conrad & Sohn	Vaihingen
35	Ciba SC	Grenzach
36	Roche Group	Grenzach
37	WR Grace	Worms
38	BASF Coatings AG	Besigheim

Tab. 6.17 Fortsetzung [E. continuation]

Biologische Abwasserreinigungsanlagen der schweizerischen chemischen Industrie in der Baseler Region [E. Mechanical biological treatment plants of chemical industry under Swiss authorities]

Nr.	Betrieb	Standort
1	Novartis	Huningue
2	Basel	Basel
3	Ciba/Roche	Basel
4	Birs II	Basel
5	Ciba	Basel
6	Roche	Basel
7	Rhein	Basel

Biologische Abwasserreinigungsanlagen der französischen chemischen Industrie im Elsaß [E. Biological waste water treatment plants of the French chemical industry in Alsace]

Nr.	Standort	Nr.	Standort
1	Lauterbourg	8	Kaysersberg
2	Beinheim	9	Biesheim
3	Drusenheirn	10	Mulhouse
4	Reichstätt	11	Cernay
5	Strasbourg	12	Thann
6	Obernai	13	Huningue
7	Sélestat	14	Chalampé-Ottmarsheim

Biologische Abwasserreinigungsanlagen der belgischen chemischen Industrie entlang der Schelde im Bereich von Antwerpen [E. Biological waste water treatment plants of the Belgian chemical industry along the Shelde in the area of Antwerp]

Nr.	Betrieb
1	BASF AG
2	Bayer AG
3	Monsanto
4	Evonik Industries AG
5	Finaneste
6	ESSO AG
7	BP Chemicals Belgium

Biologische Abwasserreinigungsanlagen der niederländischen chemischen Industrie im Stromgebiet des Rheins

[E. Biological waste water treatment plants of the Dutch chemical industry in the river basin of the Rhine]

Nr.	Betrieb	Standort
1	ACF	Maarssen
2	AKZO Chem	Deventer
3	AKZO Zout	Rotterdam
4	Aqualon	Zwijndrecht
5	ACRO Chemie	Rotterdam-Botlek
6	CCA	Gorinchem
7	CCA	Gorinchem
8	Cindu	Uithoorn
9	Cyanamid	Rotterdam-Botlek
10	DSM Chemicals	Rotterdam
11	Duphar	Weesp
12	DuPont	Dordrecht
13	AKZO N. V.	Arnheim
14	AKZO N. V.	Ede
15	Exxon/arom	Rotterdam-Botlek
16	Gelatine Delft	Delft
17	Gist Brocades	Delft
18	ICI	Rotterdam
19	Servo	Delden
20	Shell	Pernis
21	Unichema	Gouda

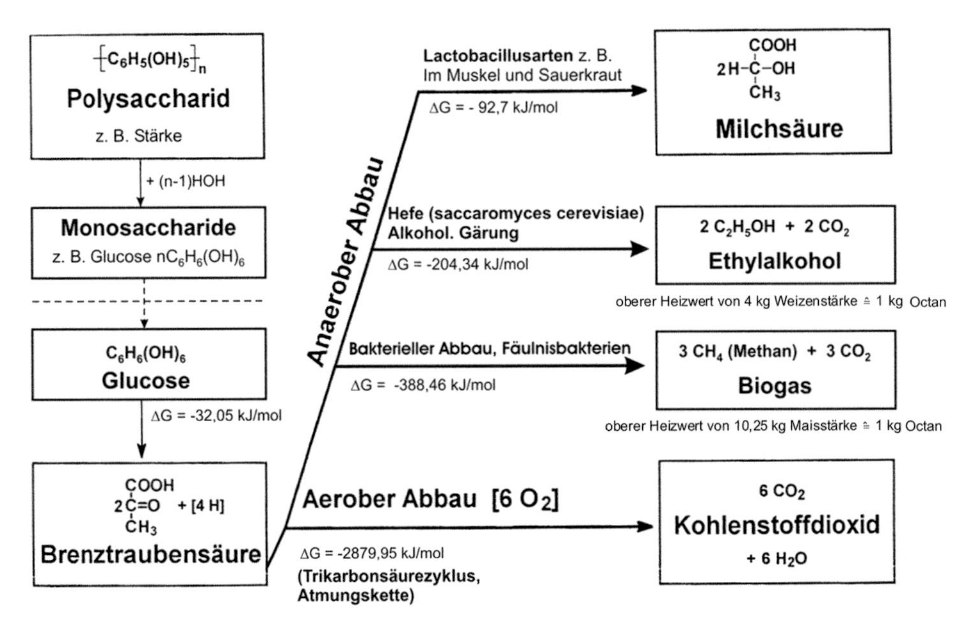

Abb. 6.73 Der aerobe und anaerobe Abbau von Polysacchariden [E. the aerobic and anaerobic metabolism of polysaccharides]

3. Die fakultativen[22]) Aerobier bevorzugen eine anaerobe Umgebung, wenn aber Luftsauerstoff zugegen ist, wird ihr Wachstum nicht entscheidend gehindert, z. B. *Escherichia-Coli-Bakterien* oder Milchsäurebakterien (*Lactobacillus*).
4. Die fakultativen Anaerobier wachsen normalerweise am besten unter aeroben Verhältnissen. Sie können aber auch in einer um Sauerstoff verringerten oder sauerstofffreien Umgebung gedeihen, z. B. *Saccharomyces cerevisiae* als Hefe für die alkoholische Gärung.

Ein Vergleich der Daten für die freien Reaktionsenthalpien zeigt, dass bei aeroben, d. h. Oxidationsprozessen, mehr Energie für die Stoffwechselvorgänge zur Verfügung stehen als bei anaeroben.

Anoxische Verfahren beruhen auf der Fähigkeit von Bakterien, wie z. B. Aerobacter, Escherichia Coli u. a. bei Sauerstoffmangel den chemisch gebundenen Sauerstoff für ihren Stoffwechsel zu nutzen. Diese reduzierende Eigenschaft wird in der biologischen Abwassertechnik für eine *Denitrifikation,* d. h. der Beseitigung von Nitrit- und Nitratsalzen, angewendet, z. B. Pseudomonas denitrificans

intermediärer Wasserstoff		Wasserstoffionen		Nitrationen		elementarer Stickstoff		Wasser
$10\{H\}$	+	$2\,H^+$	+	$2\,NO_3^-$	$\xrightarrow{\text{Bakterien}}$	N_2	+	$6\,H{-}OH$

[22] Facultas (lat.) – Möglichkeit; fakultativ – wahlfrei.

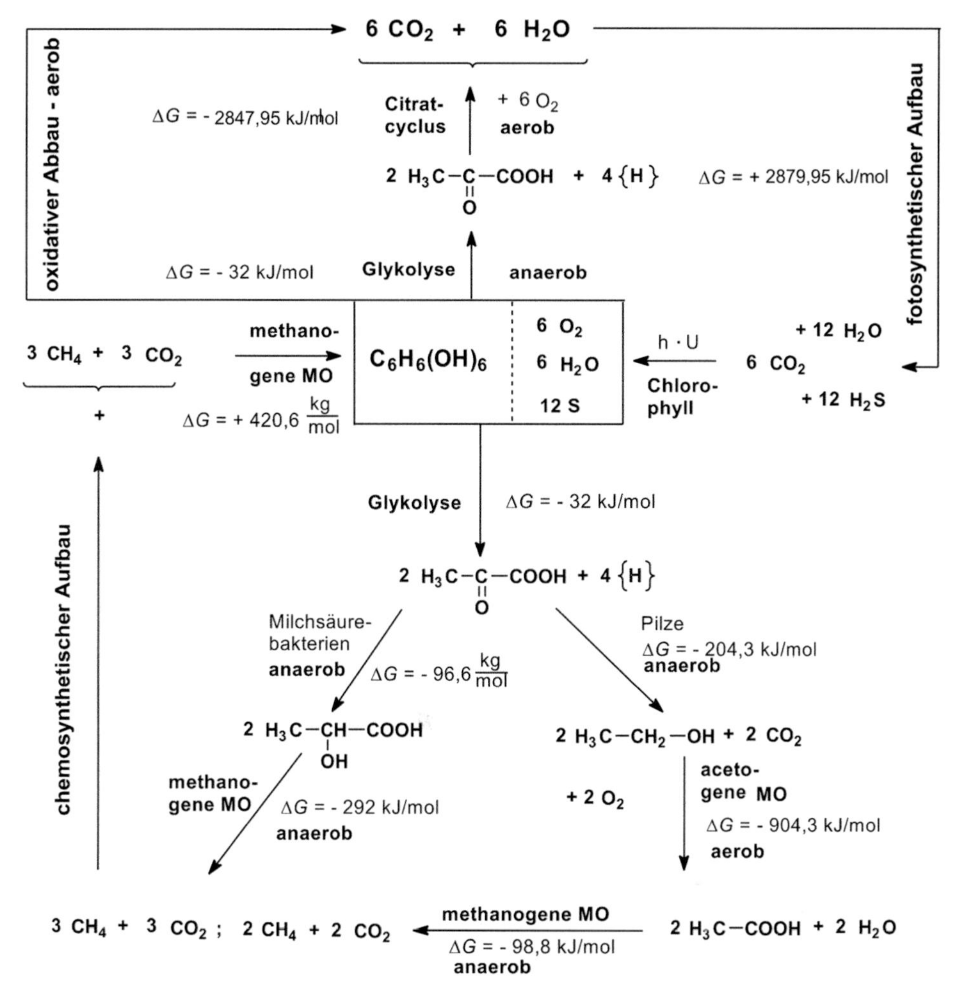

Abb. 6.74 Zusammenwirken von aeroben und aneroben Prozessen innerhalb des Kohlenstoffcyclus [E. collaborative effect of aerobic and anaerobic processes within the carbon cycle]

Der dabei freigesetzte elementare Stickstoff belastet die Umwelt nicht.

Biozide haben sich in der Wasseraufbereitung ein großes Einsatzgebiet erobert, besonders in der Aufbereitung von Kühlwasser, der Abwasser in der Papierherstellung (s. Kap. 6. Abschn. „Papierherstellung") und auf den Erdölfeldern. Auch im expandierenden Produktionssektor Chinas haben die Biozide Eingang gefunden, um Industrieabwasser aufzubereiten.

Das Kernstück der Abwasserreinigung sowohl in den Kommunen als auch in der chemischen Industrie ist die biologische Reinigungsstufe. In ihr werden organische Substanzen auf die gleiche Weise durch aerobe Bakterien abgebaut wie in Seen oder Flüssen. Die Belastung des in einer biologischen Kläranlage zu reinigenden Abwassers mit organischen Substanzen ist jedoch viel größer als die Belastung der Oberflächengewässer. Um diese große Menge an organischer Substanz abbauen zu können, muss daher die Konzentration

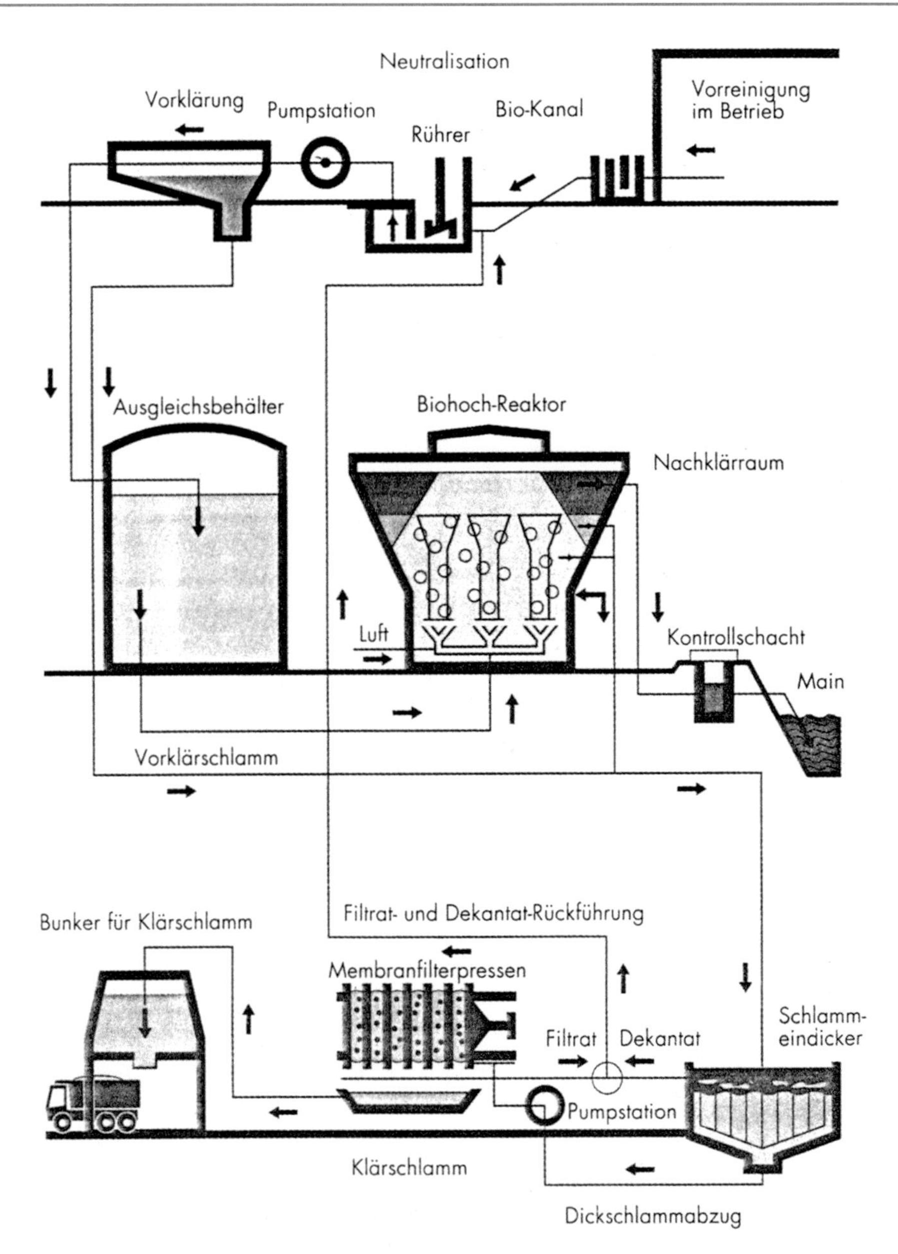

Abb. 6.75 Schema einer biologischen Abwasserreinigungsanlage in Hochbauweise [E. scheme of a biological waste water treatment plant in high rise structure]. (Konzept: Industriepark Höchst, InfraServ Höchst GmbH & Co. KG)

der Bakterien in der Kläranlage weit über der in einem Oberflächengewässer liegen. Sie ist etwa 100.000-mal so hoch. Die Bakterien liegen in Form von Schlamm vor und benötigen große Mengen an Sauerstoff, der mit speziellen Belüftungssystemen eingetragen werden muss. Ebenso sind Stickstoff- und Phosphatverbindungen, falls nicht schon im Abwasser vorhanden, als Nährstoffe zuzufügen.

Es hat sich herausgestellt, dass die in der Natur vorkommenden Bakterien durch Anpassung (Adaption[23]) in der Lage sind, auch synthetische organische Verbindungen abzubauen. Allerdings lässt sich nicht jedes Chemieabwasser gleich gut reinigen. Daher müssen dem Bau einer biologischen Kläranlage für einen Chemiebetrieb umfangreiche Versuche in Labor und Technikum vorausgehen, um das optimale Konzept für die Anlage zu finden. Mithilfe der Bakterien können je nach Zusammensetzung des Abwassers 60 bis 90 % der organischen Bestandteile abgebaut werden.

Die kommunalen Abwässer, die aus den Haushalten, öffentlichen Einrichtungen und Gewerbebetrieben stammen, werden vor der biologischen Reinigung einer mechanischen Klärung im Sandfang, an Sieben oder Rechenanlagen (s. Glossar) unterzogen. Daran kann sich eine chemische Fällungsstufe anschließen, in der neutralisiert wird und/oder durch Zugabe von Fällungs- und Flockungsmitteln weitere absetzbare Stoffe, wie z. B. Phosphate, Sulfide oder Schwermetalle, abgetrennt werden. Die abgetrennten Feststoffe gelangen bei Eignung auf die Mülldeponie oder werden in Faultürmen oder -räumen einem Fäulnisprozess ausgesetzt. Bei Krankenhäusern kann es sich als notwendig erweisen, deren Abwässer gezielt durch Erhitzen oder Chloren zu desinfizieren.

Die Abwässer einer chemischen Fabrik werden, ehe man sie einer zentralen Kläranlage zuführt, in den Betrieben, je nach Abwasserart, vorbehandelt. Die Abwässer setzen sich aus einer Vielzahl von Teilabwässern zusammen. Sie fallen bei der Produktion von organischen Zwischenprodukten, Farbmitteln, Textilhilfsmitteln, Arzneimitteln, Pflanzenschutzmitteln und vielen anderen chemischen Endprodukten an. Je nach Produktionsmethode und Produkttyp schwankt auch der Grad der Verunreinigungen. Teilabwässer werden in einem gesonderten Kanalsystem zusammengefasst und als Mischabwasser der biologischen Kläranlage zugeführt.

Im beigefügten Ablaufschema ist die zentrale industrielle Kläranlage des Industrieparks InfraServ Höchst GmbH &. Co. KG, Frankfurt am Main, dargestellt (Abb. 6.75).

Kommunale Kläranlagen unterscheiden sich im biologischen Teil im Prinzip nicht von industriellen Anlagen.

Nach der Vorreinigung im Betrieb werden die Abwässer im Neutralisations- und Flockungsbecken mit Kalkmilch und Eisensulfat versetzt.

Die Kalkmilch neutralisiert die häufig sauren Abwässer. Das Eisensulfat setzt sich im neutralen oder alkalischen Medium zu Eisenhydroxid um und flockt aus. Dabei werden suspendierte Feststoffe und auch einige der gelösten Stoffe ausgefällt. Diese Mischung aus gefällten Stoffen und Wasser wird in ein Vorklärbecken gepumpt. Der abgesetzte Schlamm wird mit Schlammräumern entfernt. Das vorgeklärte Wasser gelangt nach dem Überlaufprinzip in das Belebungsbecken.

Im Belebungsbecken bauen die Bakterien die organische Substanz ab. Dort werden die Bakterien mit Stickstoffverbindungen, Phosphaten sowie mit ausreichendem Luftsauerstoff versorgt.

---

[23] adaptare (lat.) – anpassen an.

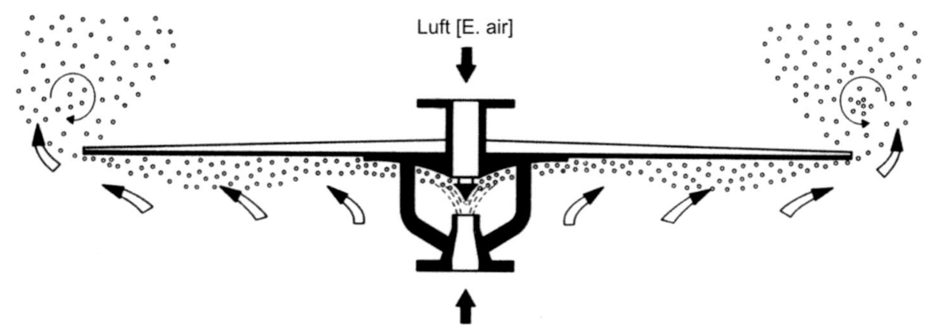

Abb. 6.76 Funktion einer Radialstromdüse [E. function of a radial flow jet]

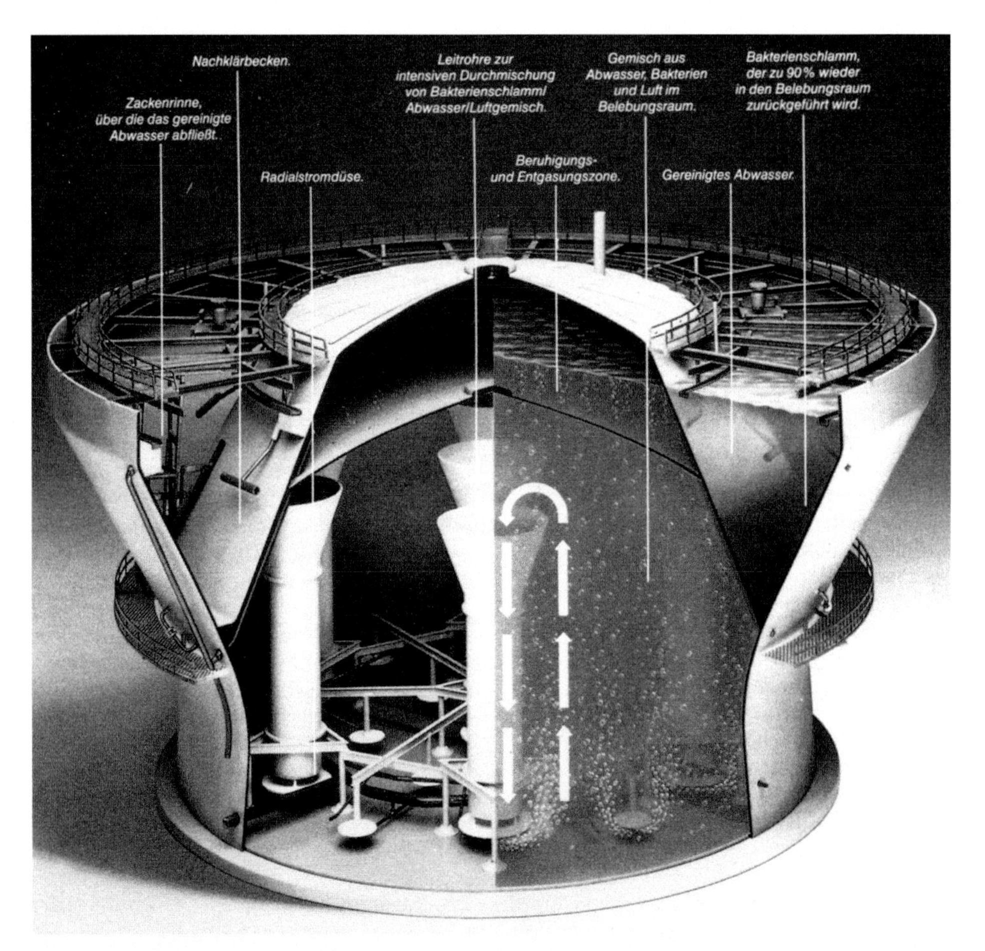

Abb. 6.77 Modell eines Biohoch®-Reaktors [E. model of a Biohoch reactor]. (Standort: Industriepark Höchst, InfraServ Höchst GmbH &. Co. KG)

Beim Abbau der organisch-chemischen Verunreinigungen zu Kohlenstoffdioxid und Wasser vermehren sich die Bakterien und erzeugen dadurch neue Bakterienmasse. Die Verweildauer des durchfließenden Abwassers im Belebungsbecken beträgt ca. 20 h. Es enthält 3 bis 7 g Trockensubstanz pro Liter. Wieder nach dem Überlaufprinzip fließt das mikrobiologisch behandelte Wasser in ein Nachklärbecken. Der Bakterienschlamm setzt sich hier ab. Über den Kontrollschacht gelangt das geklärte Wasser in einen Fluss, in diesem Fall in den Main. 90 % des Bakterienschlamms werden aus dem Nachklärbecken wieder zum Belebungsbecken zurückgeführt, um die Konzentration an Bakterien konstant zu halten. Der Überschuss wird abgezogen und weiterbehandelt.

Der Klärschlamm wird im Schlammeindicker von weiterem Wasser befreit. Das Dekantat wird wieder in das Neutralisations- und Flockungsbecken zurückgeführt. Nach der Eindickung wird der Schlamm mit Kalkmilch und Eisensulfat gemischt, um im nächsten Schritt eine gute Entwässerung zu ermöglichen und die Bakterien abzutöten. Das Schlammgemisch wird über Pressen weiter entwässert. Der Feststoffgehalt der Filterkuchen beträgt ca. 43 %.

Je nach Zusammensetzung werden diese in einer speziellen Abfallverbrennungsanlage verbrannt oder mittels Container auf die Deponie gefahren.

Der Biohoch®-Reaktor [E. the Biohoch reactor]

Eine der technologisch modernsten Entwicklungen in der mikrobiologischen Klärung von Abwässern ist der Bau von Biohoch-Reaktoren (s. Abb. 6.75, 6.77). Biohoch-Reaktoren sind biologische Abwasserreinigungsanlagen aus Stahl. Der Belebungsraum und die Nachklärung sind baulich zu einer Einheit zusammengefasst. Die Nachklärung ist als konische Ringkammer um den Belebungsraum angeordnet. Die Biohoch-Reaktoren haben Höhen bis zu 25 m. Ihr Durchmesser beträgt im oberen Teil bis zu 44 m. Das Herz der Biohoch-Reaktoren sind Radialstromdüsen, über die ein Gemisch aus Abwasser und Luft dem Belebungsraum zugeführt wird. Sie sorgen für feine Luftdispergierung und gute Blasenverteilung. Verstopfungen durch Fremdkörper sind nahezu ausgeschlossen (Abb. 6.76). Die hohe Wassersäule im Belebungsraum steigert die Sauerstofflöslichkeit. Leitrohre, auch Schlaufen genannt, über den Düsen verbessern die Rückvermischung. Die Reaktoren sind innen mit Kunststoff beschichtet.

Der Biohoch-Reaktor bietet folgende Vorteile vor biologischen Kläranlagen in konventioneller Flachbauweise:

- Geringer Platzbedarf. Deshalb können auch dort biologische Abwasserreinigungsanlagen errichtet werden, wo für die Beckenbauweise kein Platz ist.
- Energieeinsparung gegenüber konventionellen Anlagen um 50 bis 80 % aufgrund des modernen Belüftungssystems mit hoher Sauerstoffausnutzung.

- Reduzierung der Geruchsprobleme, da der Luftbedarf und die Abgasmenge wegen der guten Sauerstoffausnutzung sinken. Außerdem ist die kleine Wasseroberfläche viel einfacher abzudecken.
- Absenkung des Geräuschpegels, da die im Behälter untergebrachten Radialstromdüsen nahezu geräuschlos arbeiten.

Die Biohoch-Reaktoren haben gefüllt ein Gesamtgewicht bis zu 22.000 t.

Das Modell eines Biohoch-Reaktors ist in Abb. 6.77 gezeigt.

Zur Charakterisierung des Abwassers und für die Auslegung der Kläranlage müssen einige Abwasserkenngrößen bekannt sein. Hierzu zählen vor allem der biochemische Sauerstoffbedarf, BSB, und der *c*hemische *S*auerstoff*b*edarf, CSB.

Der *biochemische Sauerstoffbedarf* ist ein Maß für die Gesamtheit der biologisch leicht abbaubaren Substanzen. Er gibt diejenige Menge Sauerstoff an, die aerobe Mikroorganismen benötigen, wenn man sie eine bestimmte Zeit auf die im Wasser enthaltenen organischen Substanzen bei 20 °C einwirken lässt. Im Allgemeinen wird der Sauerstoffbedarf für eine Zeit von fünf Tagen angegeben, das entspricht dann dem BSB_5-Wert.

Der *chemische Sauerstoffbedarf* ist ein Maß für die Gesamtheit organischer Substanzen. Er gibt diejenige Menge Sauerstoff an, die bei einer chemischen Oxidation der im Wasser vorliegenden Substanzen benötigt wird. Neben den biologisch leicht abbaubaren organischen Substanzen werden mit dieser Methode auch die nicht oder nur schwer abbaubaren organischen Substanzen erfasst. Als Standardbestimmung hat sich die Oxidation mit Kaliumdichromat, $K_2Cr_2O_7$, durchgesetzt. Durch Dichromat oxidierbare anorganische Stoffe können stören, wenn sie in mit den organischen Substanzen vergleichbaren Konzentrationen vorliegen. Das gilt vor allem für das Chlorid, das in Chemieabwässern häufig vorkommt. Die Chloride werden bei der CSB-Bestimmung mit Quecksilbersulfat maskiert, d. h. unwirksam gemacht.

Der *Total Organic Carbon-(TOC)Wert* gibt die Belastung des Wassers mit organischen Stoffen an und bezieht sich auf den gesamten organisch gebundenen Kohlenstoff. Wegen der Probleme bei der *CSB-Bestimmung* (Dauer der Analyse, giftige Abfälle) und der stark gestiegenen Probenanzahl wird der TOC als umweltfreundliche Bestimmungsalternative diskutiert.

Anaerobes Verfahren [E. anaerobic process]

Die *Infraserv Höchst GmbH* erweiterte ihre Abwasserreinigungsanlage im *Industriepark Höchst*, Frankfurt am Main, um eine anaerobe Anlage als Vorbehandlungsstufe. In ihr bauen anaerobe Bakterien unter Luftsauerstoffausschluss stufenweise die wasserbelastenden organischen Stoffe ab. In der letzten Stufe bildet sich durch *methanogene Bakterien, Methan,* CH_4, und geringe Anteile von *Ammoniak,* NH_3, *Schwefelwasserstoff,* H_2S, und *Wasserstoff,* H_2.

Nach der Entschwefelung eignet sich dieses Biogas, das zu 80 % aus Methan besteht, zum Betreiben von Gasmotoren für drei zur Anlage gehörende Blockheizkraftwerke mit einer Leistung von 1500 kW (Kilowatt). Außerdem entsteht als Stoffwechselprodukt der Anaerobier eine geringe Menge neue Biomasse, die als Überschussschlamm abgeführt wird.

Die anaerob arbeitende Anlage dient zur Reinigung von Pharma-Abwasser, insbesondere die des Insulin herstellenden Betriebes. Sie bedürfen einer Sonderbehandlung und können nicht direkt in die zentrale aerobe Abwasserreinigung eingeleitet werden.

Sanofi und *Pfizer* haben im Industriepark Höchst die weltweit größte Anlage für inhalierbares Insulin in Betrieb genommen.

Sanitisierung in der pharmazeutischen Industrie [E. sanitation in the pharmaceutical industry]

Vom natürlichen Gebrauchswasser zum Reinstwasser [E. from natural fresh water to purest water]

Das wichtigste und verbreiteste Lösemittel in der Natur, der Industrie und im Haushalt ist das Wasser. Je nach Gebrauchszweck muss es einen bestimmten Reinheitsgrad erfüllen. Große Bedeutung hat im Gesundheitswesen und in der Pharmaindustrie das *Reinstwasser.* Immer höher sind die Anforderungen an die Wasserreinheit für die Herstellung von Arzneimitteln und einer entsprechenden Analytik geworden.

Ein Maß für die Wasserqualität sind die *Keimfreiheit, elektrische Leitfähigkeit* (korrekter ausgedrückt, der spezifische elektrische Leitwert) und der *TOC-Wert.* Die elektrische Leitfähigkeit ist der reziproke Wert des elektrischen Widerstandes und wird in Siemens pro Länge $\left[\frac{S}{cm}\right]$ bzw. $\frac{1}{\Omega \cdot cm}$ gemessen. Für reines Wasser beträgt er bei 15 °C $\lambda = 0{,}0635\ \mu S\ cm^{-1}$, das entspricht $6{,}35 \cdot 10^{-8}\ \Omega^{-1} \cdot cm^{-1}$ (vgl. Kap. 3, Abschn. „Hydrolyse und Elektrolyse“).

Der *TOC-Wert* (total organic carbon) ist eine Kenngröße für die Belastung von Wasser mit organischen Stoffen. Sie wird in mg/L angegeben. In der Regel wird sie ermittelt durch eine Totaloxidation der Kohlenstoffverbindungen mittels Ozon in Gegenwart von UV-Licht. Die organischen Stoffe werden in die leitfähigen CO_3^{--}- und HCO_3^{-}-Ionen überführt.

Keimzahl bzw. *Koloniezahl,* Abdampfrückstand, elektrische Leitfähigkeit und der TOC-Wert sind Qualitätskriterien für Rein- und Reinstwasser [220].

In der *Standard Specification for Reagent Water* unterscheidet die ASTM Norm D 1193–77 (*A*merican *S*ociety for *T*esting of *M*aterials) vier Reinheitsstufen von Reinstwasser. Wichtige Merkmale sind der Abdampfrückstand und ihre elektrischen Leitfähigkeiten.

	Typ I	Typ II	Typ III	Typ IV
Abdampfrückstand [mg/L]	0,1	0,1	1,0	2,0

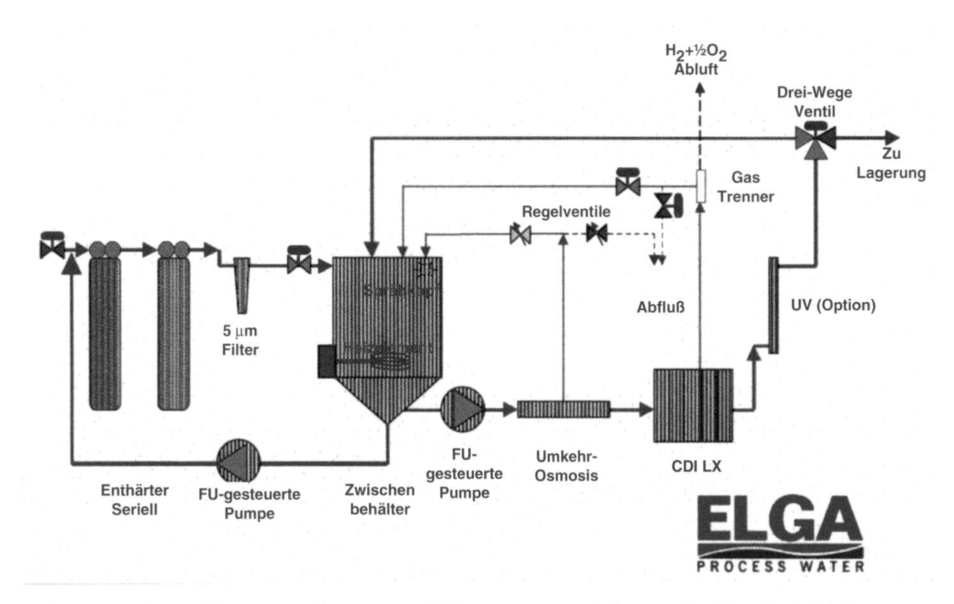

Abb. 6.78 ORION® TTS – Heißwassersanitisierung. (E.Total Thermal Sanitisation) [124]

	Typ I	Typ II	Typ III	Typ IV
maximale elektrische Leitfähigkeit [$\mu S \cdot cm^{-1}$]	0,06	1,0	1,0	5,0

Die pharmazeutische Wasseraufbereitungsanlage ORION®TTS [E. Total Thermal Sanitisation]

Typ I wird in der Analytik des Nanobereiches benötigt,

Typ II entsprechend im Mikrobereich,

Typ III ist noch für den Milligrammbereich ausreichend sowie für das Spülen von Laborgeräten.

Nicht nur an die Prozesstechnik der Aufbereitungsverfahren zu Reinstwasser werden hohe Anforderungen gestellt, ebenso an die Zusammensetzung der Werkstoffe und deren Oberflächenbeschaffenheit, die für die Prozessanlage, Leitungen und Aufbewahrungsbehälter nötig sind. Auch bei höheren Arbeitstemperaturen dürfen aus ihnen keine Fremdionen und -stoffe herausgelöst werden.

Wasser ist ein System von vernetzten Molekülen, die aufgrund ihrer Dipoleigenschaften miteinander in Wechselwirkung stehen. Aber auch mit gelösten Fremdstoffen bzw. -ionen sowie mit dispergierten und emulgierten Stoffen stehen sie in Wechselbeziehung. Diese Wechselwirkungen sind unterschiedlich intensiv und hängen ab von der Art und Größe der gelösten und dispergierten Teilchen sowie von der Temperatur. Handelt es sich um Partikelchen in Nanodimensionen (10^{-9} m), dann können sich deren Verhaltenseigenschaften nochmals sprunghaft ändern, und es wird noch schwieriger, sie aus dem vernetzten *System Wasser* abzutrennen (Kap. 3).

Process Water Elga

Abb. 6.79 ORION TTS®-Anlage. (E. ORION TTS®-plant) [124]

Diese kurzen Anmerkungen sollen darauf hinweisen, dass es einer gediegenen verfahrenstechnischen Erfahrung und Prozesssorgfalt erfordert, um Reinstwasser zu gewinnen und bereitzustellen. Über diese verfügt die *Process Water Elga*, ein Tochterunternehmen der weltweit tätigen französischen Wasserversorgungs- und Entsorgungsgesellschaft [124].

Elga Labwater ist auf die Entwicklung von Rein- und Reinstwasseranlagen spezialisiert. Sie bietet sowohl anwendungsspezifische Einzelplatzversorgung an als auch eine dezentrale Komplettversorgung. Das Angebot von Rein- und Reinstwassersystemen reicht von den Spülmaschinen bis in die Arbeitsbereiche der Pharmazie und Molekularbiologie.

Neben dem Einrichten von Rein- und Reinstwasseranlagen gehört auch die Lieferung geeigneter Ionenaustauscherharze, Filtermembranen für die Umkehrosmose und deren Regeneration. Sie sind bekannt unter dem Markennamen *Seradest.* Ein Regenerationsbereitschaftsdienst tauscht direkt am Standort der Aufbereitungsanlagen verbrauchtes Mischbett-Ionenaustauscherharz gegen regeneriertes Harz aus.

In pharmazeutischen Wassersystemen sind häufig zwei Arten von Mikroorganismen anzutreffen, die planktonischen[24] und sessilen[25], d. h. die im Wasserstrom frei umherschwebenden und die an Rohrinnenwänden, Ventilinnenoberflächen und Behälterwänden festsitzenden. Die Letzteren bilden Biofilme. Sie befallen auch die Harzoberflächen von Ionenaustauschern und die inneren Oberflächen von Filtermembranen. Besonders die Ausbildung von Biofilmen gilt es zu verhindern bzw. zu beseitigen. Die Kernstücke dieser ORION TTS-Anlage sind der Tank für die Wassererhitzung, die Ionenaustauscher zur Wasserenthärtung und die Membranfilter für die Umkehrosmose (Abb. 6.78).

Eine wartungsfreie Resthärteüberwachung dient bei wechselnder Wasserqualität zur rechtzeitigen Ermittlung eines Härtedurchbruches, bevor dieser sich nachteilig auf die Umkehrosmose auswirkt. Sie arbeitet bei Wassertemperaturen von 85 °C und liefert eine *Aqua Purificata* für die pharmazeutische Industrie.

Die ORION® TTS wird in acht verschiedenen Kapazitätsausführungen zwischen 500 L/h und 6000 L/h angeboten und benötigt nur eine geringe Standfläche (Abb. 6.79).

In der pharmazeutischen Industrie werden derzeit fünf Sanitisierungsmethoden angewendet. Das sind die mit Heißwasser, Dampf, Heißluft, Strahlensterilisation und Kaltsterilisation sowie mit chemischen Desinfektionsmitteln.

- Die *Heißwassersanitisierung* ist ein Verfahren zur drastischen Keimverminderung in pharmazeutischen Lager- und Verteilungssystemen.
- Sie wird bei Temperaturen von 80 bis 85 °C für 0,5 bis 2 h durchgeführt (Abb. 6.78).
- Die *Dampfdrucksterilisation* dient zur Sterilisation von Instrumenten, Spritzen, Verbandstoffen, hitzebeständigen Lösungen, Nährmedien u. a. Sie arbeitet bei 120 °C und wirkt mindestens 20 min ein.
- Die *fraktionierte Sterilisation* tötet sporenträchtige Keime ab durch 30-minütiges Erhitzen des Gutes im strömenden Dampf bei 100 °C an zwei bis drei aufeinanderfolgenden Tagen. Dazwischen erfolgt eine Betrübung zur vollständigen Sporenauskeimung.
- Die *Heißluftsterilisation* erfolgt bei 180 °C mindestens 30 min lang. Mit ihr werden Instrumente, Metall- und Glasgeräte, hitzebeständige Fette, Öle und Pulver von Mikroorganismen einschließlich der Sporen befreit. Sie führt zur Pyrogenfreiheit[26] des Materials.
- Die *Strahlensterilisation* und *Kaltsterilisation* werden bei hitzeempfindlichen Materialien eingesetzt. Dazu zählt auch eine Ethylenoxidbegasung und Sterilfiltration. Mit der *Sterilfiltration* werden Mikroorganismen unmittelbar aus hitzeempfindlichen Lösungen abgetrennt. Das Filtermaterial zeichnet sich durch eine definierte Porenanzahl und Porengröße bis in den Nanobereich aus.

---

[24] planktos (gr.) – umhergetrieben. Unter Plankton versteht man die im Wasser frei schwebenden Kleintiere und -pflanzen einschließlich Mikroorganismen.

[25] sessilis (lat.) – festsitzend.

[26] pyron (gr.) – Feuer; pyrogen – fiebereregend.

Probleme der Arzneimittelabtrennung aus Abwässern

Schwierig und aufwändig zu trennen sind aus den Abwässern die Arzneimittelrückstände wie z. B. Antibiotika, Antiepileptika, Psychotherapeutika, Estrogene (Wirkstoff der Antibabypille), Antiparasita, jodierte Röntgenkontrastmittel u. a.

In der Massentierhaltung (Rinder, Schweine, Federvieh) werden in Deutschland jährlich 1700 Tonnen Antibiotika eingesetzt, die teilweise in die Abwässer über die Gülle und Fäkalien gelangen.

Antibiotische Resistenzen sind inzwischen bei humanpathogenen Bakterien zu einer großen Gefahr für die Menschen geworden.

Die Hauptquelle für die Belastung von Abwässern sind die Privathaushalte. Pharmazeutische Produktionsbetriebe, Krankenhäuser und andere offizielle medizinische Einrichtungen verfügen in den westlichen Industrieländern über eigene spezielle Kläranlagen. Die Stabilität der medizinischen Wirkstoffe erschwert ihren biologischen Abbau. Die Kleinheit der Moleküle lässt sie durch die Poren der Membran- und Nanofilter passieren, die zur Reinigung von Abwässern häufig verwendet werden.

Die Kläranlage Marienhospital des Essener Wasserwirtschaftsverbandes hat in den letzten Jahren praktische Forschungsarbeiten zur Entfernung von Arzneimittelreststoffen aus Abwässern durchgeführt. 2007 hat die Emschergenossenschaft die Federführung des Kooperationsprojekts PILLS (Pharmaceutical Institute and Elmination from Laocal Sources) übernommen. Diesem Projekt gehören die Länder Deutschland, Frankreich, Großbritannien, Luxemburg, Niederlande und Schweiz an.

Lit.: Pharmazeutische Zeitung
http://www.umwelt bundesamt.de/print/themen/chemikalien/arzneimittel
Ingenieur.de
http://www.ingenieur.de/Branchen/Maschinen-Anlagenbau/EU/Versuchs.....

Folgen von Süßwassermangel [E. consequences of shortage of fresh water]

Der Zugang zu Süßwasser, seine Aufbereitung und die Reinigung und Entsorgung ist in den Ländern der einzelnen Kontinente auf sehr unterschiedlichem Niveau. Während in den Industrienationen Westeuropas, in Australien, USA und Kanada 95 % der Bevölkerung über eine gute Wasser- und Abwasserinfrastruktur verfügen, ist das in Afrika, Asien und Südamerika nicht der Fall. Das Spektrum variiert zwischen einer nicht vorhandenen Versorgung und einer hochmodernen Wasser- und Abwassertechnologie. Je nach Region haben 20 bis 40 % der Bevölkerung in den Ländern dieser Kontinente keinen unmittelbaren Zugang zu Süßwasser, geschweige zu einwandfreiem Trinkwasser. Das bedeutet in absoluten Zahlen: 1,1 Mrd. Menschen haben derzeit (2013) keinen Zugang zu einwandfreiem Trinkwasser, und 2,6 Mrd. Menschen leben in Gebieten mit unzureichender Abwasserentsorgung. Dies ist einer der Teufelskreise von Armut, Hunger, schlechter Ge-

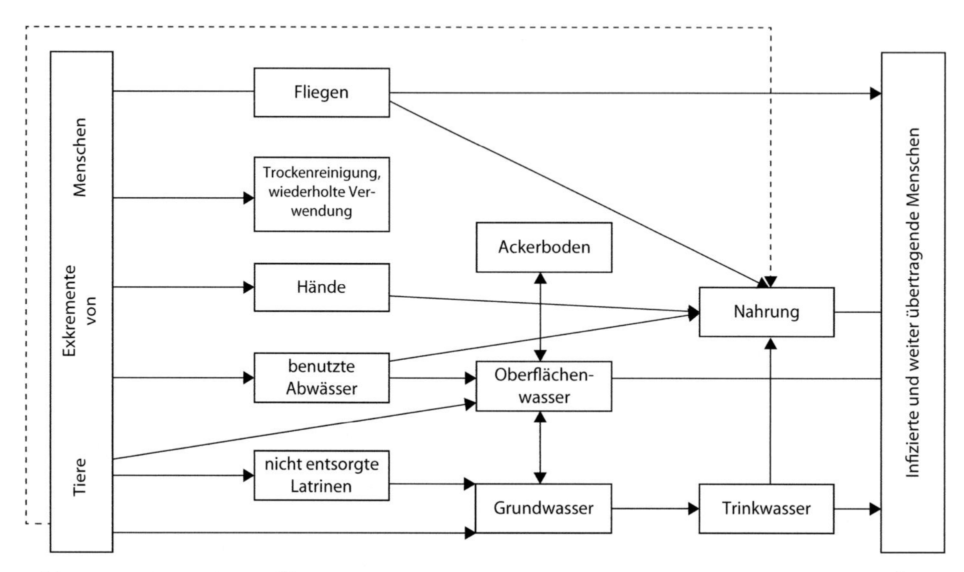

Abb. 6.80 Die häufigsten Übertragungswege von fäkal-oralen Erkrankungen mit Wasser als Übertragungsmedium [E. most of the transmission pathways of faecal-oral diseases are related to water] [238]

sundheit, Infektionskrankheiten und schlechter Süßwasserversorgung (Abb. 6.81a, 6.81b) [40].

Täglich werden weltweit 2 Mio. t Abfälle, einschließlich Industrieabfallstoffe und Chemikalien, sowie Hausmüll und Agrarreststoffe (Düngemittel, Pestizide und deren Rückstände) in mehr oder weniger kontrollierten Deponien oder Vorflutern abgelagert. Infektionen, die auf die Nutzung von unhygienischem Wasser beruhen, sind die Ursachen von den verbreitesten Krankheits- und Todesursachen. Davon sind vorwiegend arme Menschen in den Entwicklungs- und Schwellenländern betroffen. Durch Wasser übertragene Krankheiten sind *Magen-Darm-Erkrankungen* einschließlich Diarrhoe. Vektorübertragene Krankheiten, wie z. B. *Malaria, Bilharziose,* werden durch Insekten und Schnecken weitergegeben, die in aquatischen Ökosystemen brüten. Eine weitere Art von Krankheiten wird von Bakterien oder Parasiten verursacht, die sich ausbreiten können, wenn nicht genügend Wasser für ausreichende Hygiene mittels Waschen, Duschen oder Baden vorhanden ist. Zu ihr zählen z. B. Krätze und Trachom. Letztere ist eine ansteckende Bindehaut- und Hornhauterkrankung, die oft zur Blindheit führt. Sie ist verbreitet in Afrika, Ägypten, Italien und Osteuropa. Die geschätzte Sterblichkeitsrate in der Welt aufgrund von Durchfallerkrankungen, Darmwürmerinfektionen, Bilharziose, Trachom betrug im Jahr 2000 2,213 Mio. An Malaria starben 1 Mio. Menschen. Weltweit wurden im gleichen Jahr 2 Mrd. Menschen mit Bilharzien, das sind Egelwürmer, und über den Boden

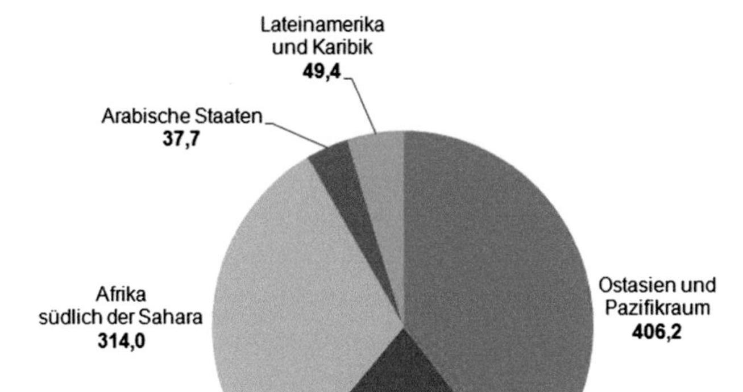

Abb. 6.81a Anzahl der Menschen ohne Zugang zu einer reinen Wasserquelle. (E. number of people without access to resources of clean fresh water) [40]

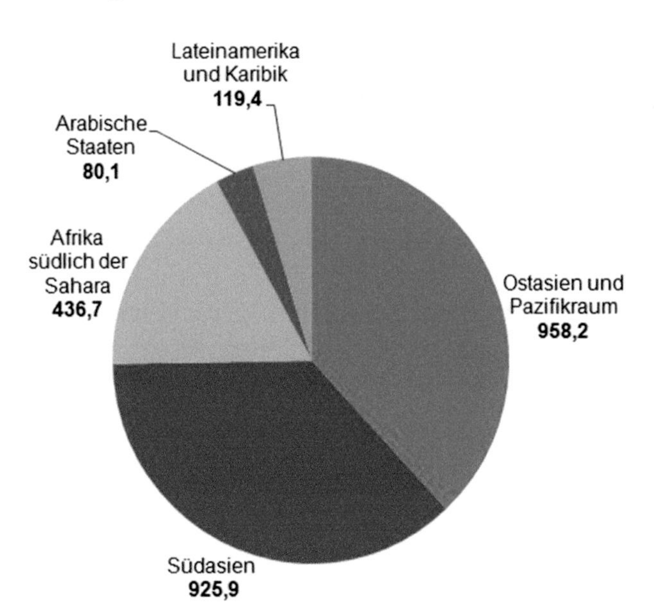

Abb. 6.81b Anzahl der Menschen ohne Zugang zu einer verbesserten Sanitätsversorgung (in Mio) [E. number of people without access to improved sanitation facility] [40]

übertragenen Würmern infiziert. Von diesen erkrankten 300 Mio. schwer. Kinder unter fünf Jahren sind die Mehrheit, bis 90 % der Betroffenen, die wegen Wassermangel und unhygienischer Qualität leiden und sterben müssen. Das ist ein Zustand, der durch mehr Verantwortung von Politik und Wirtschaft aller Länder vermieden werden könnte. Weltweit leben zurzeit 1,4 Mrd. Menschen in Flusseinzugsgebieten (s. Abb. 8.97, 8.98 und Tab. 8.21), in denen die Nutzung des Süßwassers über der Wiederauffüllungsrate liegt. Austrocknung der Flüsse und eine Erschöpfung der Grundwasserreserven sind die Folge sowie eine Begünstigung der Ausbreitung von Infektionskrankheiten [140]. In Abb. 6.80 sind einige dieser Übertragungswege nachgezeichnet [238].

Die häufigsten Übertragungen von Infektionskrankheiten führen ausgehend von ihrem Entwicklungsherd über Wasser als Vermittlungsmedium zum Menschen (Abb. 13.148).

Gülleentsorgung [E. disposal of liquid manure]

In den Bereich der Abwasserreinigung gehört auch die Gülleentsorgung.

Gülle ist ein verdünntes Flüssig-Feststoff-Gemisch aus Kot und Harn mit geringen Einstreu(Stroh-)anteilen. Zum besseren Abfließen aus den Stallungen wird sie mit Wasser verdünnt. Sie besteht zu 90 bis 95 % aus Wasser und wird häufig auch Flüssigmist genannt.

Bei der Massentierhaltung fallen riesige Mengen Gülle an, die nicht mehr ohne Weiteres auf die Äcker gebracht werden können, da sie die Fruchtbarkeit der Äcker beeinträchtigen. Sie müssen entsorgt werden.

Überall dort, wo sich eine intensive Viehmasthaltung entwickelt hat, sind Güllebelastungsregionen entstanden, z. B. in Ägypten, England, Niederlande, Belgien, Dänemark, Polen, Schweden, Deutschland. Aber auch in den USA entstehen große Gülleansammlungen und gar Seen, die die Landschaft belasten.

Das Ziel einer Gülleentsorgung besteht in der Trennung des Wasseranteils von den suspendierten Feststoffteilchen und gelösten Harnstoffbestandteilen. Das abgetrennte Wasser sollte danach als Gebrauchswasser geeignet sein, z. B. zum Bewässern. Aus den Feststoffbestandteilen lassen sich marktfähige Recycle-Dünger gewinnen.

Wegen der Zunahme der Weltbevölkerung und des damit einhergehenden Bedarfs der Menschen an tierischem Eiweiß bzw. der essentiellen Aminosäuren wird die weidelose intensive Tierhaltung zunehmen und damit auch der Gülleanfall (Tab. 6.18).

Tab. 6.18 Einige Tierbestände in Deutschland und in der Welt (2011/12) in Mio. [E. some animal stocks figures both in Germany and the world in mio 2011/12]. (Quelle: Situationsbericht (2012/13) des Deutschen Bauernverbandes Berlin)

Land	Rinder,	davon Milchkühe	Schweine	Schafe	Geflügel	Legehennen
Deutschland (2012)	12,5	4,19	27,7	2,1	128,9	42,53
Welt (2011/12)	1350		940	1084	14000	–

Die Problematik der Süßwasserversorgung für eine weidelose intensive Rinder- und auch Schweinehaltung in Hallen wird deutlich, wenn man bedenkt, dass jedes Rind täglich im Mittel mit 100 L Wasser und jedes Schwein mit ca. 15 L versorgt sein will (Tab. 13.31). Entsprechend groß sind die anfallenden Jauche- und Güllemengen, die sachgerecht entsorgt werden müssen, um Landschaften und landwirtschaftliche Nutzflächen nicht zu schädigen [82, 178].

Der Gülleanfall in Deutschland wurde für 2010/2011 mit ca. 125 Mio. t angegeben. Diese Angaben hängen allerdings von dem Verdünnungsgrad der Gülle ab, der sehr unterschiedlich sein kann.

Bedarf an Prozesswasser in der Industrie – Beispiele [E. demand of process water in the industry – examples]

Wasser in einem Chemiewerk [E. water in a chemical plant]

Für die chemische Industrie ist Wasser ein unentbehrlicher Stoff, der in großen Mengen als Wärmeüberträger beim Heizen und Kühlen, als Reaktionsmedium für chemische Prozesse sowie als Löse- und Reinigungsmittel verwendet wird [97].

Synthesegas und Wasserbedarf [E. synthesis gas and its demand for water]

Synthesegas ist eines der wichtigsten Ausgangsstoffe zur Herstellung organischer Basischemikalien. Durch weitere Synthesen und Umwandlungen werden die zahlreichen organischen Zwischenprodukte und Spezialchemikalien gewonnen, aus denen die Wirkstoffe für Arzneimittel, Pflanzenschutzmittel, Farbmittel und viele andere Stoffe gewonnen werden.

Synthesegas ist ein sehr reaktionsfreudiges Gasgemisch aus Kohlenstoffmonoxid, CO, und Wasserstoff, H_2. Das Mischungsverhältnis von CO zu H_2 ist je nach gewünschtem Reaktionsprodukt unterschiedlich.

Zur Gewinnung von Synthesegas wird sehr häufig vom Erdgas (Methan, CH_4) oder auch von der Kohle, d. h. vom elementaren Kohlenstoff, ausgegangen. In beiden Fällen ist Wasser bzw. Wasserdampf eine wichtige Reaktionskomponente.

Dient Methan als Ausgangsstoff, ist Wasser sowohl Wasserstoff als auch Sauerstofflieferant.

Energie		Methan		Wasser	Kat.	Wasserstoff		Kohlenstoff-monoxid
205 kJ	+	CH_4	+	H—OH	$\rightleftharpoons$	$3\ H_2$	+	CO
		16 g		18 g		3 x 2 g		28 g
		470,59 kg		529,41 kg		176,5 kg		823,5 kg

1 t Synthesegas (176,5 kg + 823,5 kg)

Um 1 t Synthesegas im Verhältnis $CO{:}3H_2$, d. h. 1:3, zu erhalten, bestehend aus 176,5 kg Wasserstoff und 823,5 kg Kohlenstoffmonoxid, müssen stöchiometrisch, d. h. nach dem Formelumsatz, mindestens 529,41 kg Wasser und 470,59 kg Methan eingesetzt werden.

Die Synthesegasherstellung aus Kohle und Wasserdampf verläuft bei einer Temperatur von ca. 1100 °C und einem Vergasungsdruck bei ca. 20 bar. Der Prozess lässt sich durch nachstehende Reaktionsgleichung zusammenfassen.

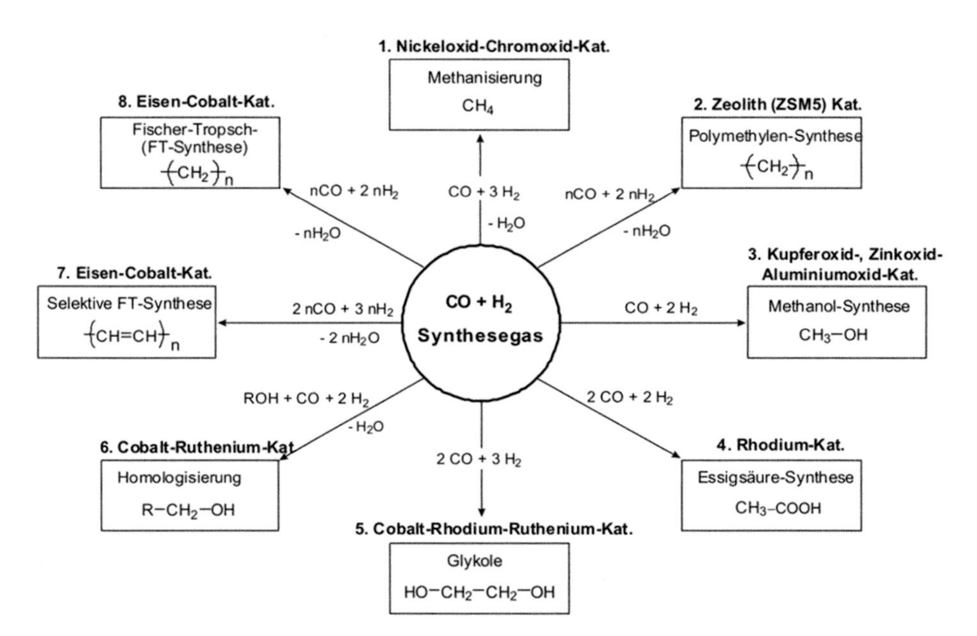

Abb. 6.82 Beispiele für selektiv katalytische Reaktionen des Synthesegases [E. examples for selectiv catalytic reductions of synthetic gas]

Energie		Kohlenstoff		Wasser		Wasserstoff		Kohlenstoff-monoxid
130 kJ	+	C	+	H—OH	$\rightleftharpoons$	H_2	+	CO
		12 g		18 g		2 g		28 g
		400 kg		600 kg		66,66 kg		933,34 kg
						1 t Synthesegas		

Um 1 t Synthesegas im Verhältnis $CO:H_2 = 1:1$ zu erhalten, müssen 400 kg Kohle und 600 kg Wasserdampf eingesetzt werden.

Beide Verfahren bedürfen großer Wassermengen als Reaktionskomponente.

Die Bedeutung des Synthesegases als Ausgangsstoff für eine Vielzahl von Basischemikalien zeigt die Abb. 6.82.

Mithilfe geeigneter Katalysatoren lässt sich aus dem Synthesegas eine große Palette von organischen Primärchemikalien oder Zwischenprodukten herstellen (s. Abb. 6.82).

Methanisierung

Kohlenstoffmonoxid + Wasserstoff → Methan + Wasser

$$CO_{(g)} + 3\,H_{2(g)} \xrightarrow{NiO/Cr_2O_3} CH_{4\,(g)} + H_2O_{(g)}$$

$\Delta H = -205$ kJ/mol

Polymethylensynthese nach Fischer-Tropsch

→ Polymethylen Gruppe + Wasser

$$n\,CO_{(g)} + 2\,n\,H_{2\,(g)} \xrightarrow{ZSM5} -\!\!(CH_2)\!\!-_{n\,(g)} + n\,H_2O_{(g)}$$

$\Delta H = -165{,}0$ kJ/mol

Methanolsynthese

→ Methanol

$$CO_{(g)} + 2\,H_{2\,(g)} \xrightarrow[Al_2O_3]{CuO/ZnO} CH_3OH_{(g)}$$

$\Delta H = -92{,}0$ kJ/mol

Essigsäuresynthese

$$2\,CO_{(g)} + 2\,H_{2\,(g)} \xrightarrow{Rh} \underset{\text{Essigsäure}}{H_3C{-}COOH_{(l)}}$$

$\Delta H = -263{,}5$ kJ/mol

Glykolsynthese

$$2\,CO_{(g)} + 3\,H_{2\,(g)} \xrightarrow[Ru]{Co,\,Rh} \underset{\text{Glykol}}{H_2C(OH){-}CH_2(OH)_{(l)}}$$

$\Delta H = -234$ kJ/mol

Homologisierung (homokatalytische Reaktion)

$$\underset{\text{Methanol}}{n\,H_3C{-}OH_{(g)}} + \underset{\text{Kohlenstoffmonoxid}}{n\,CO_{(g)}} + \underset{\text{Wasserstoff}}{2\,n\,H_{2\,(g)}} \xrightarrow{Co/Ru} \underset{\text{langkettige Alkohole}}{CH_3{-}(CH_2)_n{-}OH_{(g)}} + \underset{\text{Wasser}}{n\,H_2O_{(g)}}$$

$\Delta H = -159{,}0$ kJ/mol

Selektive Fischer-Tropsch-Synthese, d. h. Synthese von ungesättigten Kohlenwasserstoffen

$$\underset{\text{Kohlenstoffmonoxid}}{n\,CO_{(g)}} + \underset{\text{Wasserstoff}}{2\,n\,H_{2\,(g)}} \xrightarrow{Fe/Co} \underset{\text{ungesättigte Kohlenwasserstoffe}}{C_nH_{2n\,(g)}} + \underset{\text{Wasser}}{n\,H_2O_{(g)}}$$

z. B. für n = 3

$$3\,CO_{(g)} + 6\,H_{2\,(g)} \xrightarrow{Fe/Co} \underset{\text{Propen}}{H_2C{=}CH{-}CH_{3\,(g)}} + \underset{\text{Wasserdampf}}{3\,H_2O_{(g)}}$$

$\Delta H \approx -150$ kJ/mol

Ähnlichkeiten zwischen der Fotosynthese und den Synthesegasreaktionen [E. similarities between the photosynthesis and the reactions of synthesis gas]

Die Fotosynthese zählt zu den bedeutendsten chemischen Reaktionen in der Natur. Entsprechendes gilt auch für die Synthesegasreaktionen in der chemischen Technik. In beiden Reaktionstypen reagiert Wasserdampf und Kohlenstoff bzw. mit dessen Oxiden.

Es sind Hydrierungsreaktionen. Kohlenstoffdioxid bei der Fotosynthese und Kohlenstoffmonoxid bei den Synthesegasreaktionen werden zu Kohlenwasserstoffen bei gleichzeitiger Ausbildung von funktionellen Gruppen hydriert. Dabei spielen entsprechende Enzyme oder Katalysatoren in der Synthesegaschemie eine wesentliche Rolle.

Die Fotosynthese ist gegenüber den Synthesegasreaktionen noch eleganter. In Parallelreaktionen stellt sie Wasserstoff aus dem Wasser und Kohlenstoffmonoxid aus dem Kohlenstoffdioxid gleichzeitig bereit, die dann bei Normaldruck und -temperatur zu Monosacchariden reagieren. Als Nebenprodukt wird Sauerstoff freigesetzt, der für die aeroben Lebensvorgänge erforderlich ist. Für die Synthesegasreaktionen muss erst ein geeignetes Synthesegasgemisch aus Kohlenstoffmonoxid und Wasserstoff aufwendig hergestellt werden.

Beide Reaktionstypen verlaufen nur unter Energiezufuhr ab. Die Fotosynthese ist ein endergonischer Vorgang, und die Herstellung von Synthesegas ist endotherm. In beiden Fällen dient Wasser als Wasserstoffquelle zwecks Hydrierung. Großtechnisch ist es bisher noch nicht gelungen, Wasser bei Normaltemperatur in Wasserstoff und Sauerstoff zu spalten, um dann Kohlenstoffmonoxid unmittelbar zu hydrieren, wie es die Natur mithilfe der Sonnenenergie bei der Fotosynthese macht (s. Abb. 3.40).

Alkalichloridelektrolyse [E. chloralkali electrolysis]

Für die Herstellung von 1 t Chlor bzw. 1,14 t Natronlauge aus Steinsalz werden 0,514 m^3 als Reaktionswasser benötigt. Beides sind Parallelprodukte der Alkalichloridelektrolyse. Als weiteres Begleitprodukt entsteht Wasserstoff. Neben dem Reaktionswasser werden weitere 0,1 m^3 Wasser pro 1 t Chlor für das Lösen und Reinigen benötigt.

elektrische Energie		Steinsalz		Wasser		Chlor		Natronlauge		Wasserstoff	
0,126 kWh	+	2 NaCl	+	2 H_2O	$\longrightarrow$	Cl_2	+	2 NaOH	+	H_2	
bzw.											
454,4 kJ		2 x 58,5 g		2 x 18 g	$\longrightarrow$	71 g		2 x 40 g		2 g	(Gl. 1)

Im technischen Prozess müssen je nach angewendetem Verfahren 2200 bis 3400 kWh pro 1 t Chlor an elektrischer Energie eingesetzt werden. Weltweit werden zurzeit 64,6 Mio. t Chlor produziert (Jahr 2013), in Europa, ausschließlich Russland, ca. 9,454 Mio. t und in Deutschland 3,89 Mio. t. Die USA tragen 19,3 %, das sind 12,47 Mio. t, zur Chlorproduktion in der Welt bei. Die Menge des produzierten Chlors ist ein Kriterium für die Leistungsfähigkeit einer modernen chemischen Industrie mit ihren mannigfaltigen Endprodukten wie z. B. Farbmittel, Pflanzenschutz- und Schädlingsbekämpfungsmittel, Arzneimittel und zahlreiche Zwischenprodukte und Feinchemikalien.

Bei den chemischen Verfahren ist zwischen dem Reaktionswasser und dem Prozesswasser, das nicht an der chemischen Umsetzung teilnimmt, zu unterscheiden. Unter Prozesswasser ist Wasser als Kühlmittel, Lösemittel, Reinigungsmittel oder Transportmittel für Wärme und Stoffe zu verstehen.

Aus der Stoffmengenbilanz der Reaktionsgleichung für Alkalichloridelektrolyse (Gl. 1) errechnet sich, dass ca. 2 m^3 (d. h. 2 t) Reaktionswasser notwendig sind, um 4 t Chlor, 4,4 t 50 %ige Natronlauge und 120 kg Wasserstoff zu erhalten. Bei einer Produktion von 10 Mio. t Chlor und 16,5 Mio. t 50 %ige Natronlauge, die jährlich in Europa hergestellt werden, müssen somit ca. 7,35 Mio. m^3 Reaktionswasser eingesetzt werden.

Eine viel größere Menge ist allerdings zusätzlich als Prozesswasser notwendig, z. B. für die Reinigung des einzusetzenden Steinsalzes (NaCl) und dessen Lösen. Je nach Verfahren und Standort müssen außerdem 100 bis 200 m^3 und mehr Wasser als Kühlmittel pro Tonne Chlor aufgewendet werden. [34]

Neben den technischen Prozessen, deren Ablauf auf eine ständige Wasserzufuhr angewiesen ist, gibt es Produktionsverfahren, die Wasser als Parallelprodukt freisetzen. Dazu zählt z. B. die Zuckergewinnung aus Zuckerrüben.

Zuckergewinnung aus Zuckerrüben [E. sugar production from sugar beets]

Eine Zuckerrübe enthält ca. 75 bis 78 % Wasser, ca. 18 bis 17 % Zucker und 5 bis 7 % Mineral- und andere nichtwasserlösliche Polymerstoffe. Das während des Wachstums der Zuckerrübe aufgenommene Wasser wird während des Zuckerrübenaufschlusses verdampft und wieder kondensiert. Es wird innerbetrieblich im gesamten Prozess von der Extraktion des Zuckers bis zu seiner Kristallisation verwendet. Der Wassereintrag mit den Rüben ist größer als die Verdunstung während des Verfahrensablaufs. Es entsteht ein Wasserüberschuss, der auch *Überschusskondensat* genannt wird. Es wird als Abwasser in speziellen Anlagen gereinigt und als Waschwasser für die angelieferten Rüben genutzt oder in den Naturwasserkreislauf zurückgeführt. Aus 1 t gereinigten Zuckerrüben werden ca. 140 kg Zucker gewonnen. Dabei fallen ca. 500 kg Wasser im Überschuss an. Ca. 250 kg entweichen über die Verdampfer in die Atmosphäre[27]. In Deutschland wurden 2013/2014 3,58 Mio. t Zucker aus Zuckerrüben gewonnen. Weltweit wurden 2013/2014 insgesamt

[27] *Quelle:* Dr. Carlos Nähle, Südzucker AG, Kongress „Umwelt Innovation am 07.12.2000 in Augsburg“. Deutscher Bauernverband Berlin, Situationsbericht 2013/2014.

ca. 180,2 Mio. t Zucker gewonnen (Literaturquelle: Situationsbericht 2013/2014, Trends und Fakten zur Landwirtschaft, DBV, 10117 Berlin).

Produktion von Bio-Ethanol auf der Grundlage von Getreide oder Zucker [E. Production of bio-ethanol on the basis of cereal or sugar][28]

Um den Brennwert von 1 kg Benzin durch Bio-Ethanol zu ersetzen, sind 1,6 kg Bio-Ethanol nötig. Dafür müssen 4 kg Weizen oder 15,5 kg Zuckerrüben eingesetzt werden.

Für das Gedeihen und Ernten von 1 kg Weizen sind je nach Region 500 bis 1000 L Süßwasser erforderlich (Tab. 13.31). Um den günstigen Fall in gemäßigten Klimazonen anzunehmen, müssen 4 × 500 L = 2000 L Wasser für 1 kg Benzin bereitgestellt werden. Anschließend müssen entsprechende Mengen Prozesswasser für die Gärung und weitere Aufbereitungsstufen aufgewendet werden. Diese werden auf weitere 1500 L geschätzt. Für die Herstellung von 1,6 kg Bio-Ethanol mit einem Brennwert von 1 kg Benzin sind damit ca. 3500 L Wasser erforderlich. Ein Teil des Prozesswassers wird zwar im Kreislauf geführt. Es muss aber immer wieder gereinigt und aufbereitet werden, das erfordert zusätzliche Energie. In Deutschland wurden 2014 1,484 Mio. t Getreide und 2,6 Mio. t Zuckerrüben für die Bio-Ethanol-Produktion eingesetzt. Daraus sind ca. 726.881 t Bio-Ethanol erhalten worden. Im Einzelnen wurden eingesetzt:

496.000 t	Roggen
246.000 t	Weizen
196.000 t	Gerste
172.000 t	Mais
74.000 t	Triticale
1.484.000 t	Getreide
2.600.000 t	Zuckerrüben

Weltweit wurden 2012 1,3 Mio. t Bio-Ethanol-Kraftstoffzusatz produziert.

Dafür müssen mindestens ca. 2,84 Mrd. m^3 zur Bewässerung der entsprechenden Ackerflächen vorhanden sein.

Lit.: FAO Crop Prospects and Food Situation, FAO Food Outlook, Stand 11/10.

Die Papierherstellung [E. the production of paper] [85]

ist beispielsweise sehr wasserintensiv. Der Frischwasserbedarf richtet sich nach den Papiersorten und beträgt bis zu 2000 L/kg Papier. Für 1 DIN-A4-Blatt müssen 10 L Wasser eingesetzt werden, wenn es aus Holz als Faserrohstoff hergestellt wird. Spezialpapiere

[28] *Lit.*: www.prof-vollrath-hopp.de, Von der Fotosynthese bis zur alkoholischen Gärung und der Missbrauch von Bio-Ethanol [99, 100, 101].

wie z. B. für Kondensatoren oder Fettundurchlässigkeit erfordern bis zu 250 L/kg. Entsprechend hoch ist der Aufwand für die Entsorgung bzw. Reinigung der Abwässer [85]. Der Papierverbrauch pro Person beträgt in Europa und Nordamerika jährlich 320 kg, in China 34 kg mit steigender Tendenz. 0,4 Mrd. m^3 Wasser werden in Deutschland jährlich für die Papierproduktion aufgewendet (S. Kap. 6, Abschn. „Wasserdargebot und Wassernutzung in Deutschland").

Herstellung von Gelatine [E. production of gelatin]

Gelatine ist hydrolysiertes Kollagen, d. h. ein Protein. Als Rohmaterial werden vorwiegend Rinderspalt – das sind in der Gerberei bei der Egalisierung des Hautleders anfallende Hautspalte –, Knochen bzw. das freigelegte Ossein und Schweineschwarten eingesetzt. Zwei Verfahren werden heute angewendet, um die kollagen-eiweißhaltigen Rohstoffe in Gelatine umzuwandeln [95].

Rinderspalt und Knochen werden in der ersten Stufe einer kalkalkalischen Äscherung unterworfen, die sich über mehrere Wochen hinzieht. Danach wird das Material gewaschen, zur Beseitigung des restlichen Kalkes angesäuert und wieder säurefrei gewaschen.

In der zweiten Stufe wird durch Verkochen des geäscherten vorbereiteten Materials bei 60 °C in einer leicht angesäuerten wässrigen Lösung das Kollagen in Gelatine überführt. Bei diesem Verfahren müssen für *1 kg Gelatine 320 L Wasser* eingesetzt werden.

Der Aufschluss von Schweineschwarten gelingt leichter. Aus den Schwarten lässt sich das Kollagen allein aufgrund des geringen Tieralters schneller zu Gelatine hydrolisieren. Dazu reicht die einstufige Behandlung mit einer verdünnten Salz- oder Schwefelsäure bei Temperaturen zwischen 60 °C und 90 °C aus. Die erforderliche Menge Wasser für *1 kg Gelatine* aus Schweineschwarten *beträgt 60 L.*

Chipindustrie [E. industry for chip production]

Für die Herstellung eines 8 square inch $\hat{=}$ 51,6 cm^2 großen Halbleiters werden ca. 11.300 L Reinwasser benötigt (s. Abb. 11.137).

Wasser als Rohstoff [E. water as raw material]

Wasser dient u. a. als Ausgangsmaterial zahlreicher Synthesen, als Lösemittel und als Ausgangsstoff zur Gewinnung von Wasserstoff. Eine Methode zur Zerlegung des Wassers in seine Bestandteile ist die Elektrolyse, d. h. Spaltung durch Zufuhr elektrischer Energie:

Energie		Wasser		Wasserstoff		Sauerstoff
571,6 kJ	+	$2\ H_2O_{(fl)}$	$\xrightarrow{\text{elektrische Energie}}$	$2\ H_{2(g)}$	+	$O_{2(g)}$

ΔH = 571,6 kJ/mol bzw. 0,158 kWh/mol

Die elektrolytische Zersetzung des Wassers ist also ein energiebindender, endothermer Vorgang.

Die Gewinnung von Wasserstoff auf diesem Wege ist relativ teuer gegenüber anderen Verfahren, wie z. B. dem Cracken von Kohlenwasserstoffen aus Rohöldestillaten (Abb. 11.142a und Kap. 11, Abschn. „Zukünftige Verfahren für die Wasserstoffgewinnung“).

Auch die Sauerstoffgewinnung durch Luftzerlegung ist billiger als die Wasserelektrolyse. Die elektrolytische Wasserspaltung wendet man deshalb nur dort an, wo besonders billige elektrische Energie zur Verfügung steht. Das gilt im Allgemeinen für Länder, die ihre elektrische Energie über Wasserkraftwerke erzeugen, z. B. Norwegen, Schweiz, Assuan-Staudamm in Ägypten oder den großen Staudämmen in Brasilien, China u. a. Ländern. Die größten Mengen an Wasserstoff werden für die Ammoniaksynthese und als Hydrierungsmittel ungesättigter organischer Verbindungen und bei der Fettveredelung benötigt. Wasserstoff ist außerdem ein wichtiges Reduktionsmittel in der Metallurgie und Metallverarbeitung. Riesige Mengen Wasserstoff werden benötigt, wenn es gelingen sollte, Kohlenstoffdioxid unter milden Bedingungen über Kohlenstoffmonoxid als Zwischenstufe direkt in Kohlenwasserstoffe unterschiedlicher Kettenlänge zu überführen. Entsprechende Katalysatoren zu finden, ist das Vorhaben vieler Forschungsgruppen in der Welt.

Wasserstoff als Reaktionspartner [E. hydrogen as reactant]

In Deutschland sind im Jahr 2011 4,9 Mrd. m^3 Wasserstoff hergestellt worden. Sowohl bei technischen Reaktionen als auch bei biochemischen oder Stoffwechselprozessen wird Wasserstoff als Reduktionsmittel bzw. Hydriermittel benötigt (Abb. 11.142a). Das gemeinsame Problem für alle Reaktionstypen ist die Aktivierung bzw. Freisetzung des Wasserstoffs aus seinen Verbindungen Wasser oder Methan. Im Wasser ist der Wasserstoff stärker gebunden als im Methan. Das belegen die Bildungs- bzw. freien Bildungsenthalpien.

CH_4: $\Delta_B H = -74{,}81$ kJ/mol; $\Delta_B G = -50{,}75$ kJ/mol

H_2O: $\Delta_B H = -285{,}83$ kJ/mol $\Delta_B G = -237{,}20$ kJ/mol

Die Bildungsenthalpie des Methans beträgt nur 1/4 bzw. 1/5 von der des Wassers. Das ist der Grund, warum für viele chemisch-technische Prozesse Methan und andere Kohlenwasserstoffe als Wasserstofflieferanten herangezogen werden.

Wasserelektrolysen großen Ausmaßes gibt es in folgenden Ländern (Tab. 6.19a).

Tab. 6.19a Wasserelektrolysen großen Ausmaßes in der Welt [13] [E. the greatest capacities of water electrolysis in the world]

Ort	Zellentyp	Kapazität in [Nm^3 H_2/h]
Nangal, Indien	De Nora	30.000
Assuan, Ägypten	Brown Boveri	33.000
Ryukan, Norwegen	Norsk Hydro	27.900
Ghomfjord, Norwegen	Norsk Hydro	27.100
Kwe Kwe, Simbabwe	Lurgi	21.000
Trail, Kanada	Trail	15.200
Cuzco, Peru	Lurgi	4500

Die Wasserspaltung mittels Thermolyse über glühendem Koks wird ebenfalls genutzt. Letzteres Verfahren dient zur Herstellung von Aliphaten auf der Basis von Kohle und Wasser, z. B. in den Kohlehydrierungsanlagen der Sasol[29] in Südafrika nach einer abgewandelten Fischer-Tropsch-Synthese[30].

Aufgrund der zu überwindenden Bindungsenergien in Methan und Wasser sind Wasserstoffabspaltungsreaktionen katalytische bzw. biokatalytische Prozesse, sie verlaufen endotherm bzw. endergonisch. Wasser als Wasserstoffquelle zu nutzen, bieten die Fotovoltaikverfahren und Windkraftwerke. Sie nutzen die Solarenergie bzw. die Bewegungsenergie der Winde aus (Kap. 11, Abschn. „Zukünftige Verfahren für die Wasserstoffgewinnung").

Wasser als Prozesswasser [E. water as process-water]

Wasser kann sowohl unmittelbar als Reaktionswasser als Komponente an einer Reaktion teilnehmen, wie z. B. bei der Alkalichloridelektrolyse, bei der Fotosynthese oder als Wasserstofflieferant für Synthesegas. Als Prozesswasser dient es als Lösemittel, Strofftransporteur, Wärmeüberträger u. a. Die Versorgung mit Wasser kann ebenso zu einem Problem werden wie die Reinigung von Abwasser.

Um Kosten für die Aufbereitung von natürlichem Wasser zu sparen und spezielle Probleme bei der Abwassereinigung zu umgehen, werden Prozesswässer möglichst im Kreislauf geführt.

[29] Sasol = Suid Africaanse Steenkool-, Olieen-Gaskorporasie.

[30] Franz Fischer (1877–1947), Hans Tropsch (1889–1935), deutsche Chemiker, entwickelten die Benzinsynthese auf Kohlebasis.

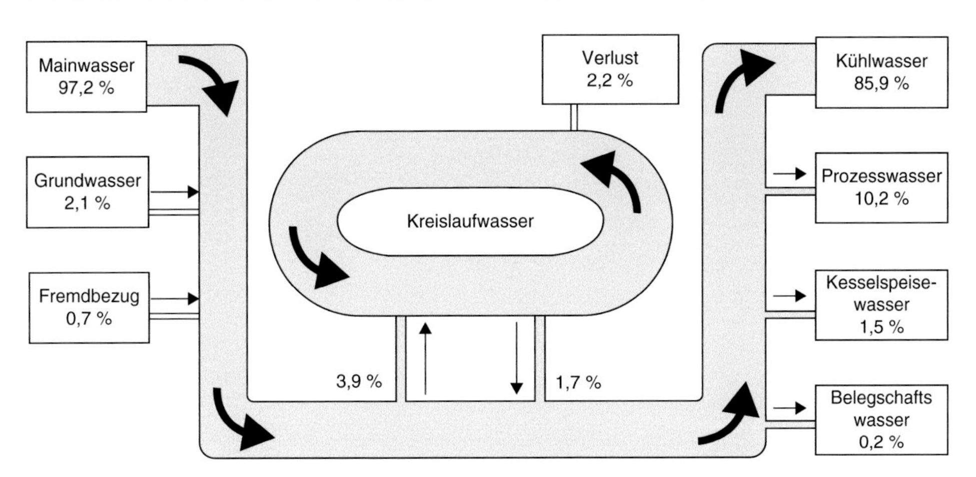

Abb. 6.83 Wasseraufkommen und Wassernutzung in einem Chemieunternehmen [E. requirement and use of water in a chemical plant]. (Industriepark Höchst. InfraServ Höchst GmbH & Co. KG)

Durch Kreislaufführung des Betriebswassers unter Zwischenschaltung einer Reinigungsstation kann der Wasserverbrauch um mehr als 50 % gesenkt werden. Vor allem bei Kühlwasser ist es naheliegend, dieses im Kreislauf zu führen, denn außer der Temperaturerhöhung erfährt das Kühlwasser keine Veränderung (Abb. 6.83). Das Wasser wird deshalb zur Rückkühlung verrieselt und gibt seine Wärme unter einem gewissen Verdunstungsverlust an die Atmosphäre ab [97].

Wasser als Wärmespeicher und Energieumwandler [E. water as heat-storage and energy converter] [99, 100, 101]

7

Wasser besitzt eine hohe spezifische Wärmekapazität und eignet sich deshalb als Wärmeenergiespeicher sowie als Wärmetransport- und Wärmeübertragungsmittel.

Die spezifische Wärmekapazität ist diejenige Wärmemenge, die 1 g eines einheitlichen Stoffes bei einer bestimmten Temperatur zugeführt werden muss, um seine Temperatur um 1 Kelvin zu erhöhen.

Der entsprechende Wert für Wasser bei 14,5 °C beträgt

$$c_W = 4{,}187 \cdot \frac{\text{Joule}}{\text{Kelvin} \cdot \text{Gramm}} \cdot \left[\frac{\text{J}}{\text{K} \cdot \text{g}}\right]$$

Um 1 m^3 Wasser, das sind 10^6 g, von 14,5 °C auf 15,5 °C zu erwärmen, sind 4187 kJ erforderlich; um es auf 94,5 °C zu erwärmen, müssen ca. 335 MJ aufgewendet werden[1], das sind ca. 11,4 SKE (Steinkohleneinheiten) bzw. 11,4 kg reinste Steinkohle (s. Fußnote 4). Die Wärmeleitfähigkeit des Wassers ist im Verhältnis zu anderen Stoffen, z. B. Metallen, gering. Der Grund für diese Eigenschaften liegt im Dipolcharakter des Wassermoleküls (Abb. 3.29, 3.30 und 3.31). Durch ihn üben die Wassermoleküle große Bindungskräfte untereinander aus, und es muss äußere Wärmeenergie aufgewendet werden, um Wasser von der festen über die flüssige in die dampfförmige Phase zu überführen (Abb. 3.21 und 3.22).

Diese hohe spezifische Wärmekapazität des Wassers erlaubt es, Wärmeenergie als Heißwasser durch Rohrleitungen über weite Strecken zu transportieren oder als Übertragungsmedium für Zentralheizungen in Wohnsiedlungen und Privathaushalten zu verwenden.

[1] Die Temperaturabhängigkeit der spezifischen Wärmekapazität wurde bei dieser Beispielrechnung nicht berücksichtigt, deshalb *circa*-Angaben.

© Springer-Verlag Berlin Heidelberg 2016

V. Hopp, *Wasser und Energie*, DOI 10.1007/978-3-662-48089-2_7

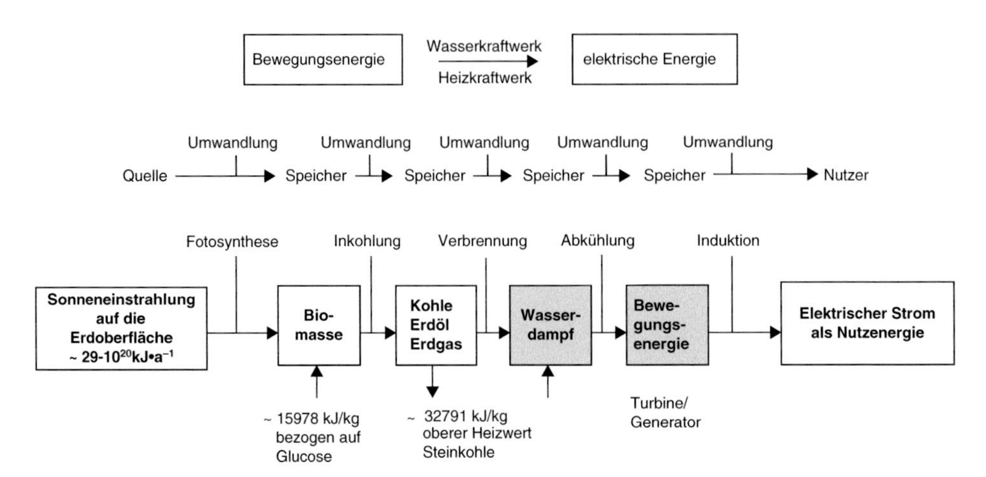

Abb. 7.84 Energieumwandlungsstufen von der Sonnenenergie in elektrische Energie mithilfe des Wassers als Überträgermedium [E. steps of energy-conversions from the solar energy into electrical energy by means of water] Generatoren sind Vorrichtungen, die Bewegungsenergie in elektrische Energie umwandeln; generatio (lat.) – Zeugung. Moderne Wasserturbinen, wie sie in Wasserkraftwerken eingesetzt werden, sind Strömungsmaschinen. Wegen der höheren Dichte des Wassers gegenüber Wasserdampf erbringen sie eine größere Leistungsdichte als die Dampfturbinen

Aber nicht nur als Heißwasser wird Wärme transportiert, sondern in vielen Industrieanlagen als Nieder-, Mittel- und Hochdruckdampf.[2]

Die wesentliche Energiequelle für alles Leben und Geschehen auf unserer Planetenoberfläche ist neben der Erdwärme die Sonne. Diese Sonnen- bzw. Strahlungsenergie für die biologischen und technischen Systeme in nutzbare Energie umzuwandeln, dazu ist immer Wasser notwendig. Eine Ausnahme allerdings ist die Umwandlung der Sonnenenergie in elektrische Energie entweder in Aufwindkraftwerken oder über Fotovoltaik (vgl. Kap. 8, Abschn. „Aufwindkraftwerk – Strom von der Sonne Australiens" und Abb. 11.139).

Wasser ist der Wasserstofflieferant für die Fotosynthese. Durch die Fotolyse wird Wasser in Wasserstoff und Sauerstoff gespalten.

Der Wasserstoff hydriert das reaktionsträge Kohlenstoffdioxid zur Glucose, die sich dann zu den wasserunlöslichen speicherfähigen Biopolymeren Stärke, Zellulose, Chitin und anderen kohlehydratähnlichen Makromolekülen polymerisiert (Abb. 3.40 und 3.41).

Wasser ist auch das Umwandlungsmedium von Bewegungsenergie in weitere mechanische Energie und elektrische Energie, z. B. bei den Wasserkraftwerken (s. Kap. 9).

Die Wärmeenergie des Wasserdampfes wird bei den Heizkraftwerken auf der Basis von Kohle, Erdöl oder kernenergetisch spaltbarem Material in elektrischen Strom transformiert (Abb. 7.84). *Im technischen Sinne gibt es keine elektrische Energie ohne Wasser!* Gasturbinen bilden eine Ausnahme (Tab. 13.30). Die industrielle Nutzung der Fotovoltaik in großem Maßstab steckt erst in ihren Anfängen [88].

[2] In der chemischen Technik spielt der Wasserdampf als Wärmetransportmedium eine besonders große Rolle. Niederdruckwasserdampf umfasst den Druckbereich von 1 bis 20 bar, Mitteldruckwasserdampf von 20 bis 100 bar, Hochdruckwasserdampf von 100 bis 5000 bar, Drücke darüber werden den Höchstbereichen zugeordnet.

Konzept eines Kohlekraftwerkes [E. construction of a coal power station]

Energieumwandlungsstufen eines Kraftwerks zur Erzeugung von elektrischem Strom [E. steps of energy conversions of a power station for production of electrical energy]

Die in den fossilen Rohstoffen wie Kohle, Erdöl oder Erdgas gespeicherte chemische Energie wird während der Oxidation mit Luftsauerstoff, d. h. der Verbrennung, in Wärmeenergie umgewandelt.

Aus diesen Reaktionsenthalpien errechnen sich die oberen Heizwerte, H_0[kJ/kg], der jeweils eingesetzten Brennstoffe. Für Kohle wurden die Werte für reinen Kohlenstoff zugrunde gelegt.

Der Heizwert ist diejenige Wärmeenergie, die bei der Verbrennung eines Brennstoffes freigesetzt wird. Sie errechnet sich aus der Verbrennungsenthalpie, die auf 1 mol eines Stoffes bezogen ist. Der Heizwert ist in der Regel auf 1 kg eines Brennstoffs bezogen. Es wird zwischen einem unteren Heizwert, H_u, und einem oberen Heizwert, H_o, unterschieden. Der untere Heizwert gibt die frei werdende Wärmemenge pro Kilogramm Brennstoff an, die vom erhitzten Wasserdampf während seiner Abkühlung oberhalb des Kondensationspunktes abgegeben wird. Der obere Heizwert ist auf flüssiges Wasser bezogen, d. h. auf eine Temperatur von 298 K. Er unterscheidet sich im Wesentlichen von dem unteren Heizwert um den Betrag der Kondensations- bzw. Verdampfungswärme und der während der Abkühlung auf 298 K frei werdenden Wärme.

Für Kohlenstoff [C_6], H_0 = 32 792 kJ/kg; für Erdöl $\left[-\underset{H}{\overset{H}{C}}-\right]_x$, H_0 = 46 607 kJ/kg;

für Erdgas [CH_4], H_0 = 55 650 kJ/kg.

			Sauerstoff		Kohlenstoffdioxid		Wasser	Verbrennungsenthalpie
Kohle	[C_6]	+	6 O_2	⟶	6 CO_2			$\Delta_R H_{298}$ = 6 (- 393,5 kJ/mol)
Erdöl	$-(CH_2)_x-$	+	$\frac{3}{2}$ x O_2	⟶	x CO_2	+	x H_2O	$\Delta_R H_{298}$ = x (- 648,2 kJ/mol)
Erdgas	CH_4	+	2 O_2	⟶	CO_2	+	2 H_2O	$\Delta_R H_{298}$ = - 890,4 kJ/mol

Chemische Energie (Kohle, Erdöl, Erdgas) ⟶ Wärmeenergie (Dampfkessel) ⟶ Bewegungsenergie (Turbine) ⟶ Elektrische Energie (Generator)

Mit der Wärmemenge wird Wasser in Wasserdampf mit einer bestimmten Temperatur und bei einem bestimmten Druck überführt. Dieser Wasserdampf wird über Turbinen geleitet. Dabei entspannt er sich und kühlt auch ab. Die gespeicherte Wärmeenergie wird in Bewegungsenergie der Turbine umgewandelt. Letztere ist an einen Generator gekoppelt, der die Bewegungsenergie in elektrische Energie umsetzt. Nur ein Teil der in den Brennstoffen gespeicherten chemischen Energie kann auf diesem Wege in elektrische Energie überführt werden. Ein Rest bleibt als ungenutzte Energie in Form von Wärmeenergie im entspannten Dampf und abgekühlten Wasser hängen.

In den Kernkraftwerken werden anstelle von fossilen Brennstoffen radioaktives Material wie z. B. Uranmineralien eingesetzt. Auch hier dient Wasser bzw. Wasserdampf als Energieüberträger.

Bei den Wasserkraftwerken entfallen die Stufen der Verbrennung bzw. der Umwandlung von chemischer in Wärmeenergie (s. Kap. 9).

Aufgrund der Höhenunterschiede der Wasserspeicher wird hier die Bewegungsenergie der Wassermassen ausgenutzt. Die strömenden Wassermassen versetzen die Turbinen in Drehbewegungen, die dann die Generatoren zur Stromumwandlung antreiben (Abb. 7.84).

Beispiel eines Steinkohlenkraftwerkes: Kraftwerks- und Netzgesellschaft mbH, 18147 Rostock. [E. example of a hard-coal power station: Power Station Rostock/Germany]

Vom Lagerplatz des Kraftwerks gelangt die Kohle über Transportbänder in die Kohlenmühlen, wo sie zu feinstem Kohlenstaub zermahlen wird. Heißluft fördert den Staub über eine Vielzahl von Brennern in die Brennkammer des Dampferzeugers, ein Zwangsdurchlaufkessel. Hier verbrennt er bei Temperaturen von teilweise über 1500 °C. Dabei wird die Wärmeenergie auf Wasser übertragen. Das Wasser wird in Dampf mit einer Temperatur bis zu 545 °C und mit einem Druck von 262 bar verwandelt (Abb. 7.85).

Der Dampf strömt in die Turbinenanlage und setzt die Turbinenwellen in Rotation. Die Turbinenanlage besteht aus einer Hochdruckturbine, HD, einer Mitteldruckturbine, MD, und 2 Niederdruckturbinen, ND.

Die HD-Turbine wird von einem Dampf mit 262 bar und 545 °C angetrieben. Ihr Wirkungsgrad[3] beträgt 90,5 %. Auf die MD-Turbine trifft der Dampf mit 53 bar und 562 °C bei einem Wirkungsgrad von 93,5 %. Die ND-Turbinen 1 und 2 erhalten den Dampf mit 2 bar und 147 °C, ihre Wirkungsgrade betragen 88,8 und 85,3 %.

[3] Der Wirkungsgrad [E. efficiency] ist das Verhältnis der Nutzleistung einer Maschine bzw. Apparatur zur aufgewendeten, d. h. zugeführten Leistung:

$$\eta = \frac{\text{Nutzleistung}}{\text{zugeführte Leistung}}$$

Bei Energieumwandlungen ist der Wirkungsgrad ein Maß für den Umwandlungseffekt von freigesetzter Sekundärenergie (elektrische Energie) zur eingesetzten Primärenergie:

$$\eta = \frac{\text{freigesetzte Sekundarenergie}}{\text{eingesetzte Primärenergie}}$$

Der Wert des Wirkungsgrades ist immer kleiner als 1 bzw. kleiner als 100 %. (Aussagen der thermodynamischen Hauptsätze!)

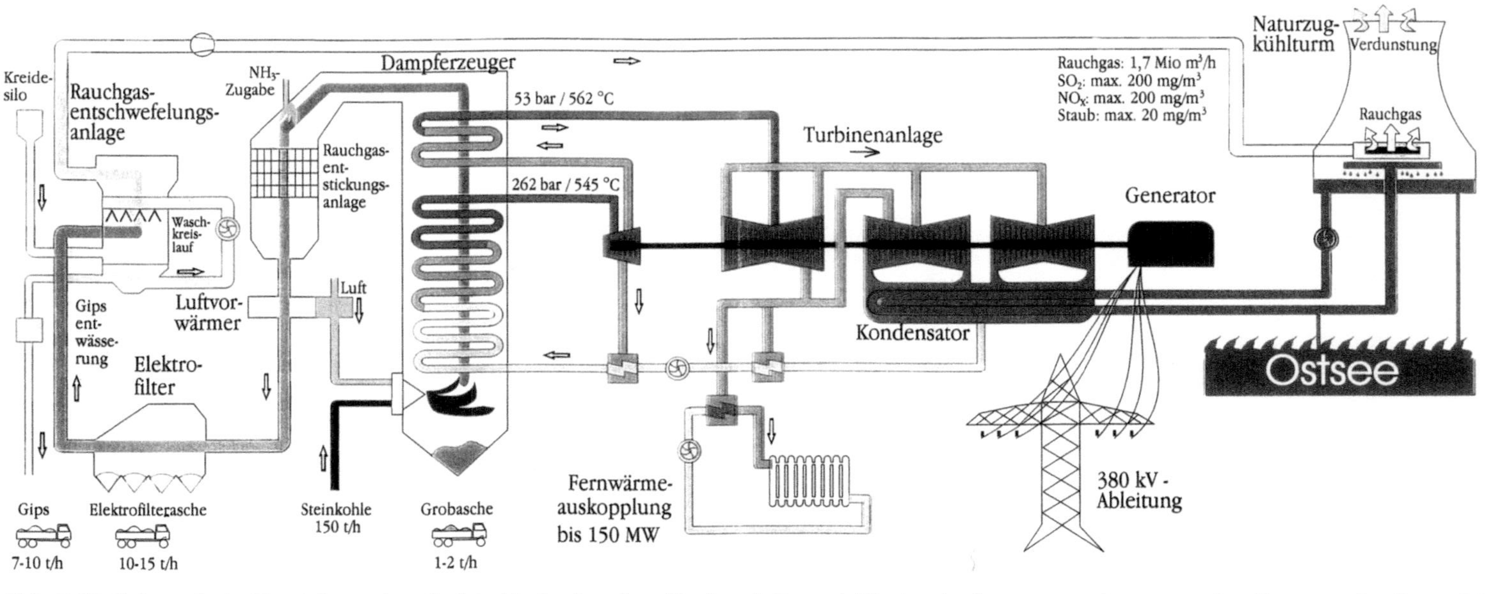

Abb. 7.85 Schematische Darstellung eines Steinkohlenkraftwerkes, Kraftwerk Rostock [E. sketch of a steam-coal power station, Power station Rostock/ Germany]

Der mit der Turbinenanlage gekoppelte Generator arbeitet abzüglich der Erregerleistung mit einem Wirkungsgrad von 98,64 %.

Über Transformatoren wird der elektrische Strom in das Verteilernetz mit einem Wirkungsgrad von 99,74 % eingespeist.

Die direkt mit der Turbinenwelle verbundene Rotorwelle des Generators dreht sich mit und wandelt Bewegungsenergie in elektrische Energie um. Der Dampf, der die Turbinenwelle antreibt, gelangt, nachdem er seine Energie abgegeben, d. h. nachdem er sich entspannt hat, mit einer Temperatur von ca. 35 °C in den Kondensator, der unter der Turbine angeordnet ist. Hier geht der Dampf in die flüssige Phase bei konstanter Temperatur über. Das kondensierte Wasser wird anschließend wieder über Vorwärmer und Speisepumpen erneut dem Kessel zugeführt.

Für die Kühlung im Kondensator sind große Wassermassen erforderlich. Wenn möglich, entnimmt man dieses Kühlwasser einem Fluss. Reicht das Flusswasser nicht aus oder sind unerwünschte Einwirkungen auf den Fluss zu erwarten, werden Kühltürme errichtet, die im Kühlwasserkreislauf für eine erforderliche Kühlung sorgen.

Das Temperaturgefälle des Dampfes zwischen seinem Eintritt in die Turbine und dem Austritt aus der Turbine entscheidet über die Leistung der Turbine. Je größer die Differenz zwischen dem „*warmen*“ und dem „*kalten*“ Ende, desto mehr Energie kann dem Dampf entzogen und in Strom umgewandelt werden. Das ist ein Naturgesetz, das Turbinenkonstrukteure ausnutzen und das gleichermaßen aber auch physikalische Grenzen setzt.

Doch zurück zum Dampferzeuger: Die ca. 450 °C heißen Abgase aus dem Dampferzeuger geben in Luftvorwärmern den größten Teil ihrer Restwärme an die Frischluft ab, die der Kessel zur Verbrennung der Kohle braucht (Abb. 7.85).

Zwangsläufig fällt eine Reihe von Nebenprodukten an: die Asche, die Verbrennungsgase mit dem Flugstaub und der Rauchgasgips.

Der Gesamtwirkungsgrad des Steinkohlenkraftwerks beträgt brutto 46,9 %.

Je 1 SKE[4], werden 3,816 kWh elektrischer Strom erhalten.

Jährlich werden 2500 GWh (Gigawattstunden) erzeugt, das entspricht 2500 Mio. kWh.

Für 1 MWh (Megawattstunde) ≙ 1000 kWh müssen 2,77 m^3 Wasser aufgewendet werden.

---

[4] 1 SKE (Steinkohleneinheit), das entspricht dem mittleren Energieinhalt von 1 kg Steinkohle. Dieser wurde mit 1 SKE ≙ 7000 kcal ≙ 29.308 kJ ≙ 8,141 kWh definiert.

Weiterhin gilt: 1000 Wh = 1 kWh; 1000 kWh = 1 MWh; 1000 MWh = 1 GWh;
1 GWh = 10^6 kWh. 1 Terawattstunde = 1 TWh = 10^9 kWh.

Auf 2500 GWh bezogen sind jährlich 6,92 Mio. m^3 Wasser erforderlich.

Davon sind	mit	6,51	Mio. m^3	≙	94,0 %	Rohwasser als Flusswasser,
	mit	0,22	Mio. m^3	≙	3,2 %	Trinkwasser und
	mit	0,19	Mio. m^3	≙	2,8 %	Brunnenwasser
Gesamt:		6,92	Mio. m^3	≙	100,0 %	

Entsprechend verlassen das Kraftwerk

	3,82	Mio. m^3	≙	55,25 %	durch Abfluten
	2,85	Mio. m^3	≙	41,20 %	durch Ausdampfen über Kühltürme
	0,14	Mio. m^3	≙	2,03 %	Rauchgasentschwefelungsanlage
	0,08	Mio. m^3	≙	1,17 %	aus den Ionenaustauschern
	0,002	Mio. m^3	≙	0,35 %	als Neutralisationswasser
Gesamt:	6,892	Mio. m^3	≙	100,00 %	

Braunkohlenkraftwerk der RWE Power AG [E. brown coal power station of RWE Power AG] [174][5]

Mit 216,7 Mrd. kWh im Jahr 2013 ist RWE Power der größte Stromerzeuger Deutschlands[171].

Am Rande des rheinischen Braunkohlereviers in Grevenbroich-Neurath, südlich von Düsseldorf, hat die *RWE Power* ein Mammut-Braunkohlenkraftwerk mit einer Bruttoleistung von 2200 MW gebaut. Es ist das weltweit größte Kraftwerk dieser Art und ist 2010 in Betrieb genommen worden. Der Wirkungsgrad soll 43 % betragen (s. Fußnote 3).

Einzelne Stufen des Prozesses [E. some steps of the process]

1. Braunkohleverbrennung [E. combustion of the brown coal]
   In den Kohlemühlen wird die Braunkohle staubfrei gemahlen. Ihr Wassergehalt schwankt zwischen 48 bis 60 %. Um diesen zu verringern, wird mit heißen Rauchgasen, die dem Feuerraum entnommen werden, vorgetrocknet. Anschließend wird die staubfreie Kohle mit der im Rauchgasluftvorwärmer vorgewärmten Luft in die Brennkammer des Dampferzeugers eingeblasen und verbrannt. Die Verbrennung erfolgt bei etwa 1200 °C. Die entstehenden heißen Rauchgase durchströmen den Dampferzeuger von unten nach oben. Durch die Rohrsysteme des Dampferzeugers fließt vorgewärmtes Speisewasser, das durch die Wärmeaufnahme verdampft und überhitzt wird.
2. Von der Wärmeenergie zur Bewegungsenergie [E. from the thermal energy to the kinetic energy]
   Die Umwandlung der *Wärmeenergie* in *Bewegungsenergie* erfolgt mittels der *Turbine.* Der im Dampferzeuger erhaltene Frischdampf hat eine Temperatur von 600 °C und

[5] Geschäftsbericht 2013, RWE AG, Opernplatz 1, 45128 Essen.

einen Druck von 270 bar. Im Hochdruckteil der Turbine wird dieser auf ca. 55,5 bar entspannt. Die Temperatur fällt dabei auf 356 °C. Dieser Dampf wird nochmals zum Dampferzeuger zurückgeführt und auf 605 °C überhitzt. Im Mittel- und Niederdruckteil der Turbine entspannt sich der Dampf auf den im nachfolgenden Kondensator herrschenden Druck von 48 mbar. Hier wird der Dampf als Wasser niedergeschlagen (kondensiert). Durch das Druckgefälle entwickelt sich strömende Bewegungsenergie, die über die Turbinenschaufeln auf die Turbinenwelle übertragen wird und diese rotieren lässt.

3. Von der Bewegungsenergie zur elektrischen Energie [E. from the kinetic energy to the electric energy]
   Im mit der Turbinenwelle gekoppelten Generator wird die Rotationsenergie in elektrische Energie umgewandelt. In einem Magnetfeld zwischen *Generatorrotor* und umhüllenden *Generatorstator* wird entsprechend dem *Induktionsprinzip*[6] elektrischer Strom erzeugt. Eine konstante Drehzahl von 3000 U/min stellt eine Netzfrequenz von 50 *Hz* sicher. Der erzeugte Strom wird über Transformatoren auf eine Spannung von 380 *kV* hochtransformiert und an das Hochspannungsverbundnetz abgegeben.
4. Der Wasser- und Dampfstrom [E. water and steam circulation]
   Ein Kohlekraftwerk zeichnet sich durch einen hohen Wasserdurchfluss aus. Ein geringer Teil wird im Kreislauf innerhalb des Kraftwerkes geführt, der größere Teil steht im Austausch mit dem Wasserdargebot der Umgebung. Im Kondensator wird der entspannte Dampf zu Wasser niedergeschlagen. Dabei wird Kondensationswärme frei, die mithilfe des umlaufenden Kühlwassers über den Kühltürmen in die Atmosphäre abgeleitet wird, s. Abb. 7.86.

Das im Kühlturm rückgekühlte Wasser fließt durch die Rohre des Kondensators und erzeugt dort den gewünschten Unterdruck von 48 mbar. Die Rückkühlung des Kühlwassers erfolgt im Kühlturm durch Verregnen und kontinuierlichem Kontakt mit Kühlluft. Die dafür erforderliche Kühlluft nach dem energiesparenden Naturzugprinzip bedingt eine Kühlturmhöhe von 170 m. Die Verdunstungsverluste bei der Wärmeableitung im Kühlturm sind für den hohen Wasserbedarf eines Kohlenkraftwerkes verantwortlich. Es beträgt im neu erbauten Braunkohlenkraftwerk *ca. 1,5 Mio. t* Wasser pro Monat. Dieser Wert ist jahreszeitlich schwankend (s. Abb. 7.87).

Um eine kritische Salzaufkonzentration im Kreislaufwasser zu vermeiden, muss ein Teil des Kühlwassers ständig aus dem Kühlkreislauf abgeflutet und durch Zufluss ersetzt werden. Mit einem Teil des abzuflutenden Kühlwassers wird direkt der Bedarf anderer Wassernutzer, z. B. die Rauchgasentschwefelungsanlage, REA, gedeckt. Überschussmengen werden direkt zum Vorfluter abgeleitet.

Der große Wasserbedarf der Kraftwerke macht auf die empfindliche Seite dieser Umwandlungsanlagen von Wärme- bzw. Bewegungsenergie in elektrische Energie auf-

[6] Die elektromagnetische Induktion ist die Erzeugung elektrischer Ströme bzw. elektrischer Spannungen durch magnetische Felder.

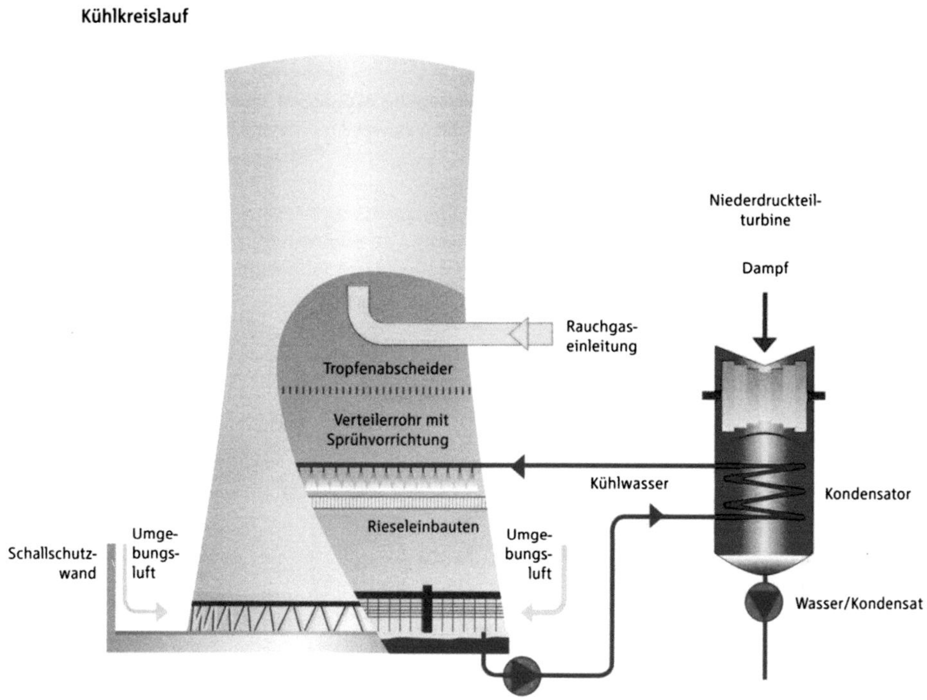

Abb. 7.86 Der Kühlkreislauf [E. cooling cycle]. (Quelle: RWE-Power, Das Projekt BoA 2/3 (s. Fußnote 5))

merksam, und zwar auf die Süßwasserknappheit. Einige Wochen Trockenheit und ohne Niederschläge vermögen die elektrische Stromversorgung sehr schnell lahmzulegen, wie die Trockensommer 2003 und 2006 angezeigt haben.

Konzept einer Fernwärme-Auskopplung aus einem Kondensationskraftwerk mit z. B. 400 bis 700 MW (Megawatt) [E. construction of an uncoupled remote heating plant from a condensation power station e.g. 400 MW–700 MW (Megawatt)]

Fernwärmeversorgung ist eine Möglichkeit, einen beträchtlichen Teil des Energiebedarfs an Raumwärme und Brauchwarmwasser in Wohnungen, Verwaltungsgebäuden, Gewerbe- und Industriebetrieben energiesparend zu decken.

Für die Raumwärmeversorgung und die Warmwasserbereitung wird hauptsächlich Heizwasser mit einer Vorlauftemperatur von 70 bis 130 °C benötigt. Die Heizkraftwerke sind die Hauptlieferanten für Fernwärme. Der Begriff „Heizkraftwerk" kann die Anwendung sehr verschiedener Techniken bedeuten, im dargestellten Modellbeispiel werden gleichzeitig Strom und Fernwärme geliefert, es wird also mit einer sogenannten „*Kraft-Wärme-Kopplung*" gearbeitet.

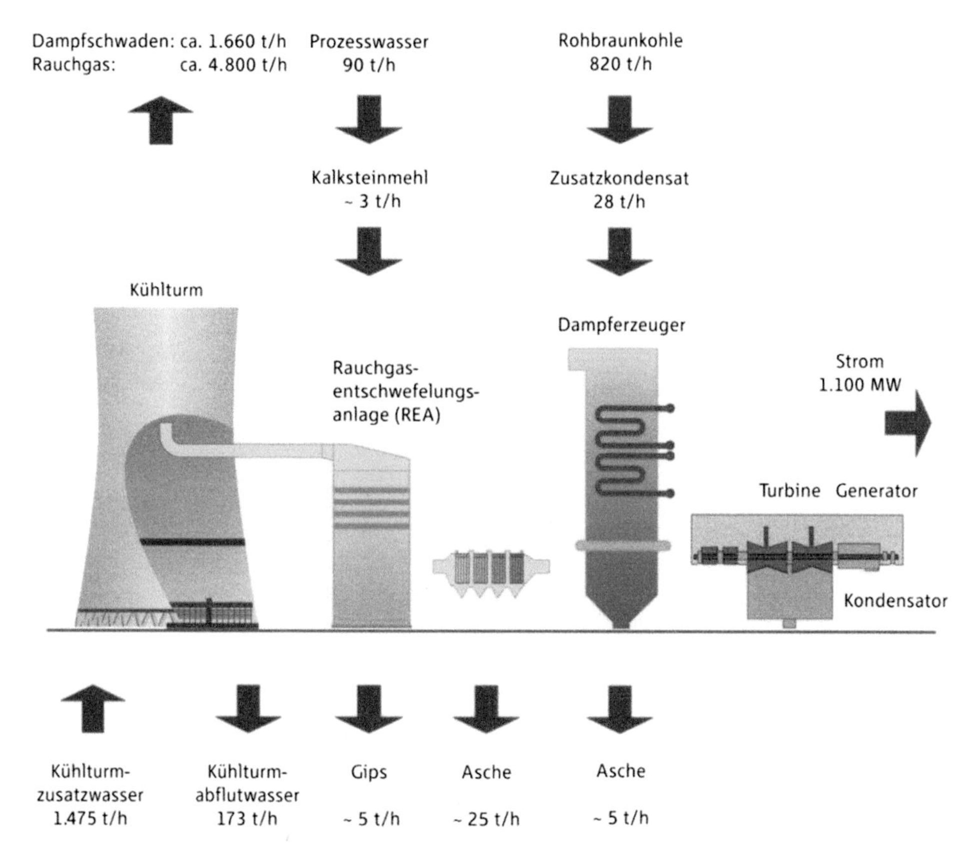

Abb. 7.87 Bilanz der wesentlichen Stoffströme [E, balance of the essential material streams] (Quelle: RWE-Power, Das Projekt BoA 2/3 (s. Fußnote 5))

Die meisten Heizkraftwerke erzeugen Wasserdampf, der mit Temperaturen bis zu 540 °C zunächst durch eine Turbine strömt. Sie treibt dann den Strom erzeugenden Generator an. Bei einem nur Strom liefernden Kondensationskraftwerk verlässt der Dampf die Turbine bei einem absoluten Druck von etwa 30 mbar mit noch ca. 30 °C und wird von einem Kondensator (Wärmetauscher) mittels Kühlwasser wieder in Wasser verwandelt. Das Kühlwasser führt die geringwertige Wärme an die Umgebung ab.

In der Abb. 7.88 wird an der zweiten Turbine die Energie des Dampfes nur teilweise zur Stromerzeugung verwendet, es wird auf einen Teil der möglichen Stromerzeugung verzichtet. Im Heizkondensator des Fernwärmenetzes gibt der Dampf seine Wärme an das Fernheizwasser ab und wird wieder zu Kesselspeisewasser.

Ein weiterer Teil Dampfenergie kann auf einem niedrigeren Temperaturniveau angezapft und ebenfalls für die Fernwärme eingesetzt werden. Mit der Auskopplung aus der Turbine bei verschiedenen Temperaturniveaus kann die Fernwärmeausnutzung insgesamt optimiert werden. Die übrige Dampfenergie wird zur Stromerzeugung genutzt. Bei „*Anzapfkondensationsanlagen*“ kann Strom erzeugt werden, auch wenn keine Fernwärme benötigt wird.

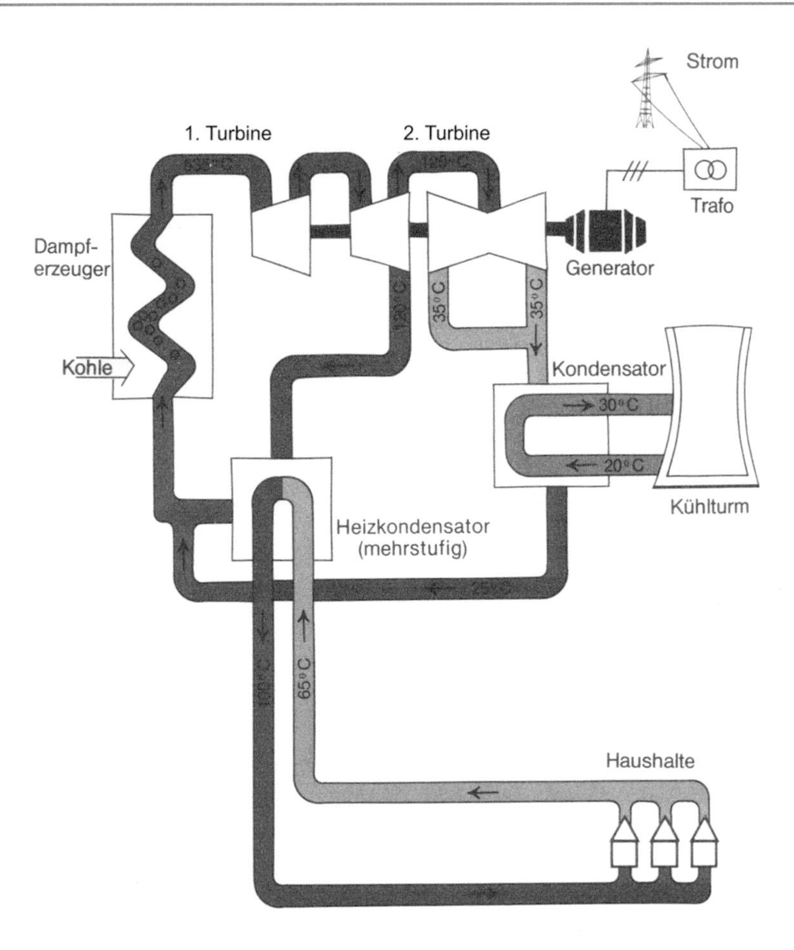

Abb. 7.88 Fernwärme-Auskopplung aus einem Kondensationskraftwerk (400 bis 700 MW) [E. uncoupled district heating plant from a condensation power station (400–700 MW)] (Quelle: Informationszentrale der Elektrizitätswirtschaft e. V., IZE, Stresemannallee 23, 60596 Frankfurt am Main; Foliendienst, Abb. 3.5-1/88)

Eines der modernsten Kohlekraftwerke der Welt ist die Station Yuhuan in China. Es steht in der südlich von Shanghai angrenzenden Provinz Zhejiang. Die mit vier Blöcken von je 1000 MW installierte Leistung erreicht einen Wirkungsgrad von 45 %.

Der Kohlenstoffdioxidausstoß ist vergleichsweise mit anderen Kohlekraftwerken in der Welt ebenfalls sehr niedrig [149].

Der Energiebedarf in der Welt [E. energy requirement in the world] [30]

Der Bedarf an Primärenergie betrug weltweit im Jahre 2013 ca. 17,8 Mrd. t SKE, diese entsprechen 145.116 Mrd. kWh. 18 %, nämlich 25.121 Mrd. kWh trug die elektrische Stromerzeugung bei. Von diesen werden 4702 Mrd. kWh, das sind 18 %, durch Wasserkraftwerke bereitgestellt. An der weltweiten Gesamtenergieversorgung sind das 3,24 %.

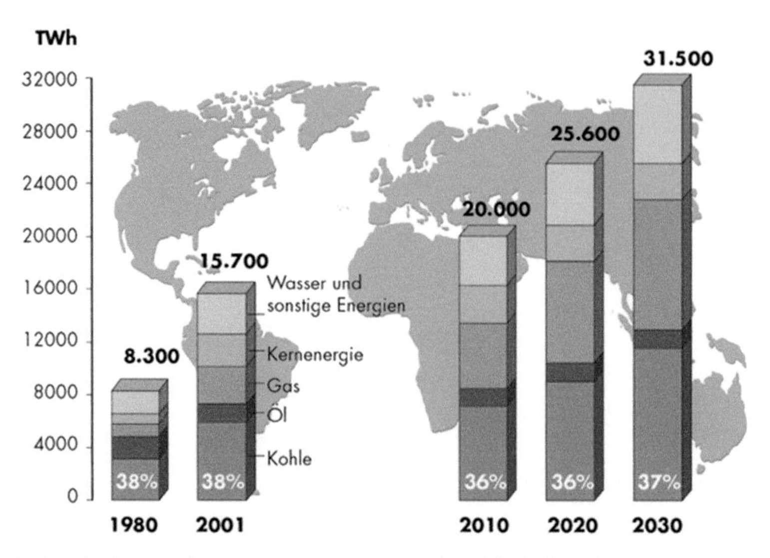

Abb. 7.89 Anteile der verschiedenen Energieträger an der elektrischen Stromerzeugung in der Welt [E. parts of different energy sources of electricity generation of the world] Im Jahr 2013 wurden weltweit insgesamt 26.161 TWh an elektrischer Energie in die Stromnetze eingespeist. Der Anteil der Wasserkraft ist steigend. Für 2020 wird er mit über 20 % geschätzt [30, 200, 226]

Ein Drittel aller Länder der Erde erzeugt mehr als die Hälfte des Energiebedarfs hydroelektrisch. An den erneuerbaren Energieträgern hat die Wasserkraft weltweit einen Anteil von mehr als 90 %.

In Europa hat die Wasserkraft einen Anteil an der Stromerzeugung von ca. 17 %. Pro Jahr werden 373 TWh aus Wasserkraft erzeugt (Tab. 9.22), (Terawattstunden $\triangleq 10^{12}$ Wattstunden, Wh) (Kap. 9, Abschn. „Wasserkraft in Europa").

Länder mit sehr hohem Wasserkraftanteil sind Norwegen, Schweden und die Alpenländer Österreich und Schweiz.

Der Weltdurchschnitt der Primärenergienutzung beträgt zurzeit etwas über 2,5 t SKE pro Kopf und Jahr. In USA sind es 10 t SKE und in Deutschland 8 t SKE. 4 Mrd. Menschen in 122 Ländern, das sind ca. 55,6 % der Weltbevölkerung, liegen mit ihrer Energienutzung unterhalb von 2,5 t SKE [200] (Abb. 7.89, 7.90a, 7.90b, Tab. 7.19b)).

Der Strommix in Deutschland im Jahr 2014

Mit 157,4 Milliarden Kilowattstunden lieferten Erneuerbare Energien mehr als ein Viertel der deutschen Bruttostromerzeugung. Zusammen hatten sie damit erstmals den größten Anteil im Vergleich zu den einzelnen anderen Energieträgern.

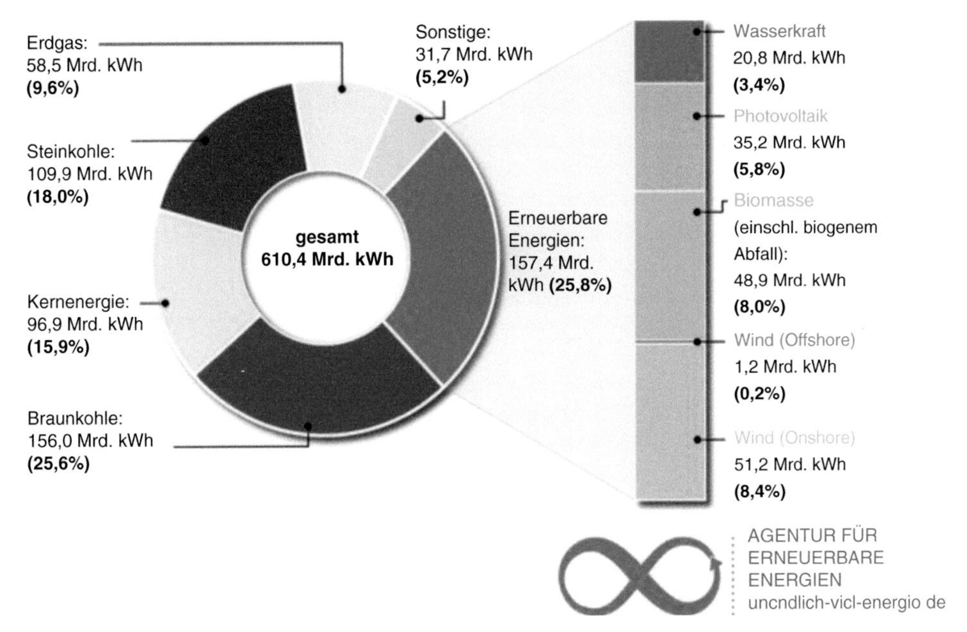

Abb. 7.90a Anteile der Energieträger an der elektrischen Stromerzeugung in Deutschland in 2014 [E. break down of energy resources of electric energy generation in Germany] 2014 wurden in Deutschland 610,4 TWh an elektrischem Strom erzeugt. Neun Kernkraftwerke lieferten mit 96,9 Mrd. kWh einen Anteil von 15,9 %. Weltweit befanden sich 2012 440 Kernkraftwerke (KKW) in Betrieb. Diese Zahl ist steigend

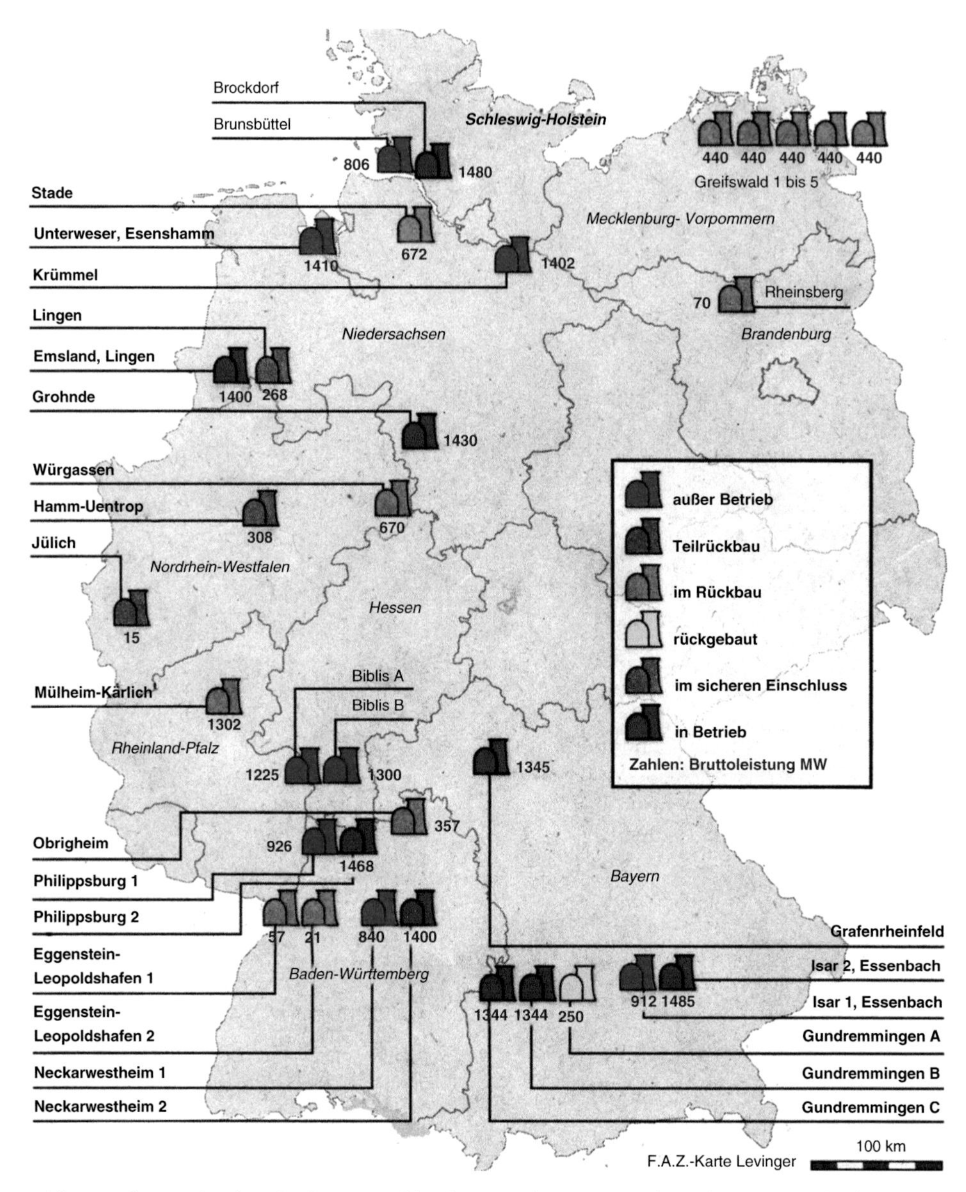

Abb. 7.90b Kernkraftwerke in Deutschland [E. nuclear power plants in Germany] Die Bruttostromerzeugung betrug im Jahr 2014 97.119.777 MWh (Megawattstunden) *Quelle:* Bundesamt für Strahlenschutz, Stand 31.12.2013, Frankfurter Allgemeine Zeitung Nr. 59 vom 11.03.2014 und DAtF, Deutsches Atomforum e. V., Robert-Koch-Platz 4, 10115 Berlin)

Tab. 7.19b Anzahl der Kernkraftwerke in der Welt [E. number of nuclear power stations world wide]. (Ref.: atw-atomwirtschaft 2010, Beilage Frankfurter Allgemeine Zeitung vom 26.02.2011 und [30])

Länder	im Betrieb	im Bau	in der Planung
Welt	*440*	*68*	*305*
USA	99	1	32
Kanada	18	–	10
Frankreich	58	1	1
United Kingdom	16	–	10
Japan	49	2	11
Russland	32	10	24
Südkorea	21	5	11
Spanien	7	–	–
Deutschland	9	–	–
Italien	–	–	10
Indien	21	5	58
Ukraine	15	–	3
China	24	27	57
Schweiz	5	–	3
Finnland	4	1	2
Mexiko	2	–	2
Brasilien	2	1	5
Argentinien	2	1	1
Ägypten	–	–	1
Südafrika	2	–	16
Vereinigt. Arab. Emirate	–	–	4
Jordanien	–	–	1
Kazakhstan	–	–	2
Türkei	–	–	4
Iran	1	1	4
Bangladesh	–	–	2
Pakistan	3	1	–
Vietnam	–	–	2
Armenien	1	–	–
Taiwan	6	2	2
Indonesien	–	–	4
Bulgarien	2	2	–
Rumänien	2	–	2
Niederlande	1	–	2
Belaren	–	–	2

Tab. 7.19b (Fortsetzung)

Länder	im Betrieb	im Bau	in der Planung
Belgien	7	–	–
Slovenien	1	–	–
Polen	–	–	4
Ungarn	4	–	12
Schweden	10	–	–
Litauen	–	–	1
Slowakische Republik	4	2	–
Tschechische Republik	6	–	2

Staudämme und Kraftwerke [E. dams and power plants]

8

Anzahl der Staudämme in der Welt [E. number of dams in the world] [237]

Die Zahl der Talsperren ist Definitionssache. Was eine Talsperre ist, regeln in Deutschland die Wassergesetze der Bundesländer. Im Register der ICOLD (Internationale Kommission für große Talsperren) sind etwa 311 deutsche Talsperren verzeichnet, die das ICOLD-Kriterium für große Talsperren erfüllen, kleinere gibt es wesentlich mehr. Deshalb handelt es sich hier um eine unvollständige Liste.

Die Internationale Kommission für große Talsperren, „International Commission On Large Dams (ICOLD)“ bzw. „Commission Internationale des Grands barrages (CIGB)“, ist eine internationale Nicht-Regierungsorganisation, die ein Forum für den Austausch von Kenntnissen und Erfahrungen im Talsperrenwesen bereitstellt. ICOLD setzt sich dafür ein, dass Talsperren sicher, effizient, wirtschaftlich und ohne schädliche Einflüsse auf die Umwelt gebaut werden.

ICOLD wurde 1928 gegründet und wird in 82 Ländern der Erde durch nationale Komitees mit etwa 7000 persönlichen Mitgliedern vertreten. Diese arbeiten als Ingenieure, Geologen und Naturwissenschaftler bei staatlichen oder privaten Organisationen, in Ingenieurbüros, Universitäten, Laboratorien und Baufirmen.

In der Welt gibt es ca. 46.000 Wasserstauseen mit Staudammhöhen von 15 m und höher (Abb. 8.91). Nach der International Commission on Large Dames (ICOLD) muss ein Großstaudamm höher als 15 m sein oder eine Speicherkapazität von über 3 Mio. m^3 Wasser haben (Abb. 8.94). Staudämme sollen

- elektrische Energie erzeugen (Abb. 8.92),
- landwirtschaftlich genutzte Ackerflächen bewässern,
- die Trinkwasserversorgung für große Einzugsgebiete sichern, z. B. Haushalte und Industrien,

© Springer-Verlag Berlin Heidelberg 2016

V. Hopp, *Wasser und Energie,* DOI 10.1007/978-3-662-48089-2_8

- die Flussläufe für die Schifffahrt regulieren und
- die umliegenden Regionen gegen Überschwemmungen schützen,
- Grundwasserspeicher anreichern und Aquakulturen ermöglichen.

Darüber hinaus gibt es noch 300 Megastaudämme mit Höhen von 150 m. Das Wasserspeichervolumen dieser Megastaudämme übertrifft das der Übrigen um ein Vielfaches [215].

Nach Univ. Prof. Dr.-Ing. Theodorf Strobl, Lehrstuhl für Wasserbau und Wasserwirtschaft der TU München, Wasserbau 1. Übung.

Große Stauanlagen sind ungleichmäßig über die Welt verteilt (Tab. 8.20). In fünf Ländern sind 80 % aller Großstaudämme errichtet. Dazu zählt die Volksrepublik China mit 25.800, die USA mit 6575, Indien mit 4291, Japan mit 2695 und Spanien mit 1196 Anlagen.

In Brasilien werden 90 % der erzeugten elektrischen Energie aus Wasserkraft gewonnen. Allein in Amazonien sind 79 weitere Staudämme geplant. Der brasilianische Großstaudamm Tucuri wurde errichtet, um eine exportorientierte Aluminiumproduktion zur Devisenbeschaffung aufzubauen [246].

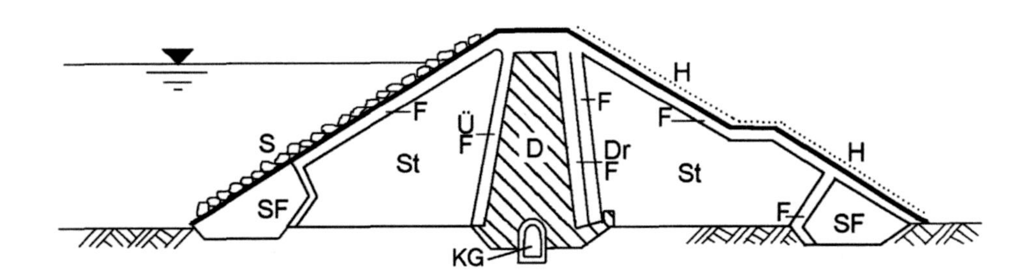

D Dichtung **St** Stützkörper **Ü** Übergangsschicht **F** Filterschichten **Dr** Dränschicht
S Steinwurf / -satz **H** Humusschicht **SF** Steinfuß **KG** Kontrollgang

Abb. 8.91 Aufbau eines Zonendammes als Querschnitt [E. construction of a zone dam as cross-section] Konzept von Uni. Prof. Dr.-Ing. Theodor Strobl, Lehrstuhl für Wasserbau und Wasserwirtschaft der TU München.

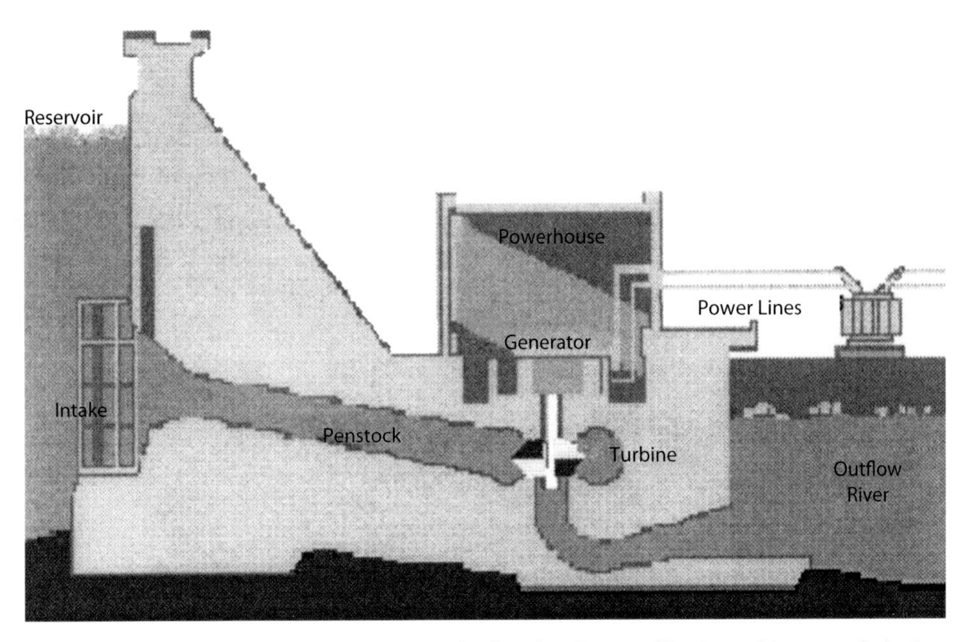

Abb. 8.92 Ein Blick in das Herz eines Wasserkraftwerkes [E. a profile view of the core of a hydroelectric power station] [125, 175]

Begriffserklärung [E. explanation of terms]:

Reservoir	=	Reservebehälter
Penstock	=	Fallrohr
Powerhouse	=	Kraftwerk, Elektrizitätswerk
Power Lines	=	Hochspannungsleitung
Intake	=	Zufluss
Outflow river	=	Abfluss in den Fluss

Historisches aus dem Staudammbau [E. a short history of dams] [125]

8000 vor Christus

Die Bewohner der Gebirgsausläufer der Zagros-Kette im heutigen Iran zählten vermutlich zu den ersten Staudammerbauern in der Geschichte der Menschheit. 8000 Jahre alte Bewässerungskanäle haben Wissenschaftler in dieser Region Mesopotamiens aufgespürt. Schmale Wehre aus Reisig und Erde dienten damals vermutlich dazu, das Wasser der Flüsse und Bäche in die zahlreichen Kanäle abzuleiten.

6000 vor Christus

Die Sumerer haben bereits vor mehr als 6000 Jahren die Ebenen Mesopotamiens mit einem Netzwerk aus Bewässerungskanälen überzogen.

Tab. 8.20 Große Stauanlagen der Welt [E. biggest hydroelectric power stations of the world] [197]

Valley station	Nominal Power [Megawatt]	Country	River	Valley station	Nominal Power [Megawatt]	Country	River
Drei Schluchten	18.200	China	Jangtse	Caruachi	2160	Venezuela	Río Caroní
Itaipú	14.000	Brasilien/ Paraguay	Paraná	Assuan	2100	Ägypten	Nil
Guri (Raull Leoni)	10.300	Venezuela	Rio Caroni	Itumbiara	2082	Brasilien	Rio Paranaíba
Tucurui	7960	Brasilien	Rio Tocantins	Lijiaxia	2000	China	Huang He
Grand Coulee	6495	USA	Columbia River	Shahid Abba-spur (Karun-1)	2000	Iran	Karun
Sajano-Schu-schensker Stausee	6400	Russland	Jenissei	Karun-3	2000	Iran	Karun
Krasnojarsk	6000	Russland	Jenissei	Hoover	2000	USA	Colorado
Corpus Posadas	6000	Argentinien/ Paraguay	Paraná	Masjid-e-Soleiman	2000	Iran	Karun
La Grande II	5328	Kanada	La Grande Rivière	Hoa Binh	1920	Vietnam	Da (Schwarzer Fluss)
Churchill Falls	5225	Kanada	Churchill River	Koyna	1920	Indien	Koyna
Bratsk	4500	Russland	Angara	Salto Grande	1890	Argentinien/ Uruguay	Uruguay
Ust-Ilimsk	4320	Russland	Angara	Revelstoke	1843	Kanada	Columbia River
Tarbela	3478	Pakistan	Indus	Porto Primavera	1815	Brasilien	Paraná
Paulo Afonso	3409	Brasilien	São Francisco	Mica	1805	Kanada	
Pati	3300	Argentinien	Paraná	Karakaya	1800	Türkei	Euphrat
Ertan	3300	China	Yalong Jjiang	Grand-Maison	1800	Frankreich	Eau d'Olle

Tab. 8.20 (Fortsetzung, E. continuation)

Valley station	Nominal Power [Megawatt]	Country	River	Valley station	Nominal Power [Megawatt]	Country	River
Ilha Solteira	3200	Brasilien	Paraná	Djerdapsee	1800	Serbien/ Rumänien	Donau
				Cabora Bassa	1760	Mosambik	Sambesi
Xingó	3162	Brasilien	São Francisco	Upía	1750	Kolumbien	?
Nurek	3000	Tadschikistan	Wachsch	São Simão	1710	Brasilien	Rio Paranaíba
W.A.C. Bennet	2730	Kanada	Peace River	El Infiernillo	1705	Mexiko	Infiernillo
Gezhouba	2715	China	Jangtse	Grande Dixence	1700	Schweiz	Diverse Gebirgs-bäche; La Dixence
Yacyreta-Apipe	2700	Argentinien/ Paraguay	Paraná	Foz do Areia	1674	Brasilien	Iguacu
Daniel Johnson	2592	Kanada	Manicouagan	Alberto Lleras	1600	Kolumbien	Guavio
Wolgograd	2541	Russland	Wolga	Jupiá	1551	Brasilien	Paraná
Chief Joseph	2457	USA	Columbia River	Nathpa	1530	Indien	Satluj
Niagarafälle	2400	USA/Kanada	Sankt-Lorenz-Strom	Manwan	1500	China	Mekong
Tehri	2400	Indien	Bhagirathi	Manuel M. Torres	1500	Mexiko	Grijalva
Atatürk	2400	Türkei	Euphrat	Gongbaixia	1500	China	Huang He
Bakun	2400	Malaysia	Balui	Dnjeprostroj	1500	Ukraine	Dnepr
Schiguljowsk	2315	Russland	Wolga	Beishan	1500	China	Song Hua Jiang
Kambaratinsk	2260	Kirgisitan	Naryn	Itaparica	1500	Brasilien	Rio São Francisco
John Day	2160	USA	Columbia River				

3000 vor Christus

Erste echte Überbleibsel von Dämmen der Antike haben Historiker etwa in die Zeit um 3000 vor Christus datiert. Gefunden wurden sie im Nahen Osten, im Staatsgebiet des heutigen Jordanien. Sie waren Teil eines ausgeklügelten Wassertransportsystems für die Stadt Java.

2600 vor Christus

Etwa zur Zeit der ersten Pyramiden schufen ägyptische Baumeister einen Damm an einem nur zeitweilig wasserführenden Fluss in der Nähe von Kairo. Dieses Großbauwerk der Antike bestand hauptsächlich aus Sand, Kies und Steinen und war über 10 m hoch und mehr als 100 m lang. Vollendet wurde es aber nicht. Während einer größeren Naturkatastrophe in vorchristlicher Zeit spülten gewaltige Wassermassen einen Teil des Damms der „*Alten Ägypter*" weg.

Seit 2000 vor Christus

Kurz vor Christi Geburt entstanden in vielen Teilen der Erde zahllose größere und kleinere Dämme. Reste dieser Bauten hat man unter anderem im Mittelmeerraum und in China gefunden. In Europa waren besonders die Römer berühmt für ihre Staudämme und Aquädukte.

Aber auch in Südasien hat die Dammbaukunst eine lange Tradition. Um 400 v. Chr. besaß einer dieser Dämme auf Sri Lanka sogar bereits eine Höhe von mehr als 30 m. Für lange Zeit sollte er unübertroffen bleiben. Erst wesentlich später – im 12. Jahrhundert – setzte dann der singhalesische König Parakrama Babu hinsichtlich der Länge von Staudämmen neue Maßstäbe. Einer seiner zahllosen Bauten erreichte sogar eine Ausdehnung von 14 km.

Die älteste Nachricht über die Verwendung von Wasserrädern stammt aus einer Gesetzessammlung des babylonischen Königs Hammurapie (1792–1750 v. Chr.). Darin heißt es: „*Wer einen Schöpfeimer..., ein Wasserrad vom Feld stiehlt, wird bestraft...*"

Die ältesten Wasserräder wurden in den Gebirgsgegenden des Vorderen Orients nachgewiesen. Sie stammen aus dem 2. Jahrhundertv. Chr. und waren schon eine Fortentwicklung des Flussschöpfrades im 7. und 6. Jahrhundert v. Chr. des Alten Orients (Abb. 8.93).

Das Sagebien-Rad hat bei großem Durchmesser nur eine geringe Umfangsgeschwindigkeit, eine große Kranzbreite und hohe Schaufelzahl. Das Oberwasser fließt in einem dicken Strom sehr langsam zu, sodass ein Stoßverlust beim Eintritt in das Rad fast ganz vermieden wird und das Gefälle beinahe als Druckgefälle zur Geltung kommt. Der Wirkungsgrad ist entsprechend hoch, ca. 0,75.

Neben der Wärmeenergie speichert Wasser über unterschiedliche Höhenlagen auch mechanische Energie. Sie wird als Bewegungsenergie freigesetzt, wenn Höhenunterschiede in den Flussbetten oder als Sturzbäche auftreten. Schon früh haben die Menschen gelernt, diese Bewegungsenergie mithilfe von Wasserrädern zu nutzen. An horizontalen oder vertikalen Wellen sind Schaufeln unterschiedlicher Bauformen angebracht, auf die der Wasserstrom fällt und das Rad in Drehbewegung versetzt. Mit einem solchen Wasserrad wurden schon frühzeitig Mühlensteine gekoppelt, um Getreide zu Schrot oder Mehl zu vermahlen.

10. Jahrhundert nach Christus

Die Einwohner Iraks lassen bei Basra ihre Mühlen durch die Gezeitenströme des Meeres antreiben.

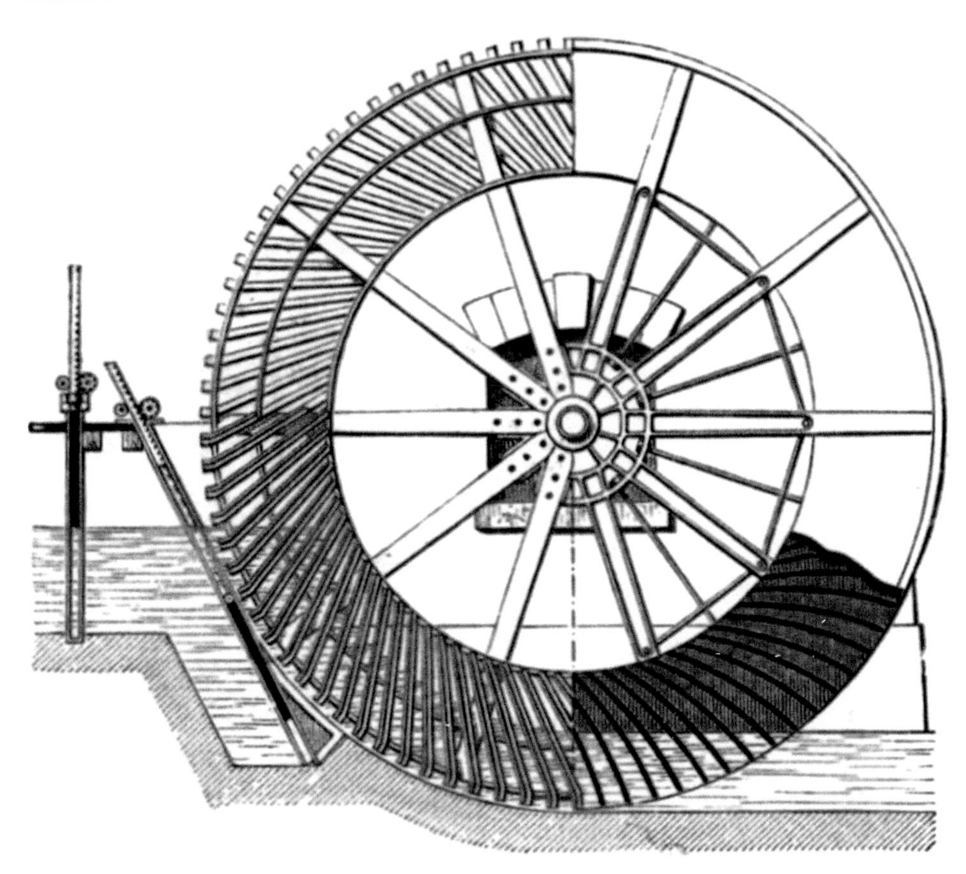

Abb. 8.93 Sagebien-Wasserrad [E. Sagebien-water-wheel]. (Quelle: Meyers Konversations-Lexikon (1897), 5. Aufl., 17. Bd., Bibliographisches Institut, Leipzig und Wien)

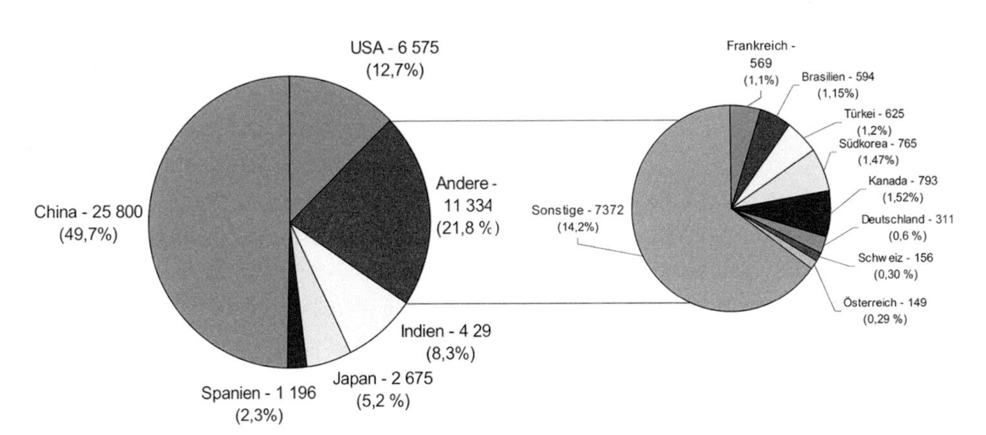

Abb. 8.94 Anzahl der Großstaudämme in verschiedenen Ländern der Welt (s. Tab. 8.20) [E. number of big dams in different countries of the world] (Tab. 8.20) (Quelle: Schätzungen der WCD, mit Bezug auf ICOLD und anderen Quellen)

11. Jahrhundert
An den Ärmelkanalküsten Frankreichs und Englands wird der Wasserstandswechsel bei Ebbe und Flut zum Betreiben von Mühlen ausgenutzt.

14. und 15. Jahrhundert
Der italienische Ingenieur Jacopo Meriano (geb. 1381 in Siena, gest. um 1458) entwirft als Skizzen Gezeitenmühlen.

18. Jahrhundert
Der englische Ingenieur James Watt (1736–1819) führte 1789 die erste praktikable und einsetzbare Dampfmaschine vor. Mit ihr wurde das Zusammenwirken von chemischer Energie (Kohle) mit Wärmeenergie (Wasserdampf) und Bewegungsenergie technisch ermöglicht, um sie schließlich als mechanische Arbeit zu nutzen.

1832 und 1849
Die Erfindung der ersten Wasserturbine der Welt des Franzosen Benoit Fourneyron im Jahr 1832 war es, die dann auch den Dammbau zum Zwecke der Energiegewinnung revolutionierte. Die Konstruktion dieser Überdruckturbine ermöglichte es, die bis dahin verwendeten Wassermühlen schnell um ein Vielfaches an Leistung zu übertreffen. Sie leistete bei einer Wasserfallhöhe von 108 m, einer Drehzahl von 2300 U/min und einem Wirkungsgrad von 80 % rd. 40 PS. Schon bald darauf entwickelte der englische Ingenieur, *James Bicheno Francis* (1815–1892) in den USA eine Strömungskraftturbine, die *Francisturbine.* Die wirkliche Bedeutung dieser Erfindung zeigte sich aber erst gegen Ende des 19. Jahrhunderts, als die Fortschritte in der Elektrotechnik zum Bau von zahlreichen Kraftwerken und Übertragungsleitungen führten.

Die Grundlagen dafür lieferte Werner von Siemens (1816–1892) mit seiner Erfindung der Dynamomaschine[1] nach dem dynamoelektrischen Prinzip im Jahre 1866. Er stellte fest, dass der im Eisenkreis eines Generators vorhandene Restmagnetismus ausreicht, um eine geringe Restspannung zu induzieren[2], die einen kleinen Stromfluss durch Anker und parallel geschaltete Erregerwicklung antreibt.

1882
Das erste Wasserkraftwerk, ein Laufwasserkraftwerk in Wisconsin, USA, ging schließlich 1882 in Betrieb. In den nächsten Jahrzehnten entwickelten sich an vielen schnell fließenden Flüssen und Strömen Europas vor allem in den Alpen und Norwegen Wasserkraftwerke. Aber erst nach der Jahrhundertwende stieg die Größe der Dämme und Energiestationen schnell an, Verbesserungen im Turbinen- und Staudammbau förderten das.

---

[1] dynamis (gr.) – Kraft.

[2] inducere (lat.) – hineinführen.

1898

Das erste große Flusskraftwerk wurde in Rheinfelden am Hochrhein 1898 errichtet. 20 Francisturbinen erzeugten pro Jahr 70 Mio. kWh. Der größte Teil dieser elektrischen Energie wurde für die Gewinnung von Aluminium aus Bauxit nach dem elektrothermischen Verfahren benötigt.

Die Wasserräder vergangener Jahrtausende waren die Vorläufer der heutigen hochtechnisierten Wasserkraftwerke bzw. der Kraftwerke schlechthin. Ihre Kernstücke sind die Turbinen und Generatoren, die die Energieumwandlungen mithilfe des Mediums Wasser bzw. Wasserdampf besorgen.

Die Europäische Wasserscheide [E. the European watershed]

Die große Europäische Wasserscheide trennt die Zuläufe von Atlantik/Nordsee/Ostsee und Mittelmeer/Schwarzem Meer.

Sie verläuft von Gibraltar, durch Südost-Spanien, dann nach Norden bis in die Nähe des Atlantiks um das Quellgebiet des Ebro im Baskenland, weiter entlang des Hauptkamms der Pyrenäen bis nach Andorra. Sie setzt sich fort nach Frankreich zur Scheitelhaltung des Canal du Midi, durch das Zentralmassiv, zwischen den Quellen von Allier/Loire und Ardèche. Sie verläuft nach Norden zu den Quellen der Saône, durch die Scheitelhöhe des Rhône-Rhein-Kanals in die Schweiz, zwischen dem Genfer See und dem Neuenburgersee, über die Kämme der Berner Alpen zum Sankt Gotthard, in die Tessiner Alpen. Dort spaltet sie sich westlich des Malojapasses am Piz Lunghin die Wasserscheide Mittelmeer-Schwarzes Meer ab. Die Wasserscheide setzt sich fort über den Julierpass, zwischen Davos und Zernez über Piz Buin nach Österreich und von dort zum Arlberg, in den westlichen Allgäuer Alpen nach Deutschland. Nördlich vom Bodensee verläuft sie durch den Schwarzwald, über die Schwäbische Alb, durch die Scheitelhöhe des Main-Donau-Kanals und das Fichtelgebirge in den Böhmerwald und über die Böhmisch-Mährische Höhe ins Glatzer Schneegebirge. Dort spaltet sich am Glatzer Schneeberg die Nordsee-Ostsee-Wasserscheide ab und verläuft dann über die Jeseníky (Gesenke), durch die Talwasserscheide Mährische Pforte in die Beskiden (Karpaten) bis zum Quellgebiet von Dnister und dann nördlich der Quellgebiete von Dnepr und Don und schließlich östlich davon quer über den Wolga-Don-Kanal zum Kaukasus.

In Deutschland trennt die Wasserscheide die Zuläufe von Rhein/Elbe und Donau.

Es gibt dabei auch Unregelmäßigkeiten: So fließt aufgrund der Donauversickerung ein Teil des Donauwassers bei Immendingen in den Aachtopf und von dort in den Rhein und überwindet so unterirdisch die Europäische Wasserscheide. Ähnliches geschieht bei einer Bifurkation eines Flusses, die so zuweilen zwei sonst durch eine Wasserscheide getrennte Flusssysteme verbindet.

Flüsse, Kanäle, Seen Europas und in der Welt [E. Rivers, canals, lakes in Europe and of the world]

Die 28 größten Süßwasserreserven der Welt befinden sich gehäuft auf den nördlichen Kontinenten. Dort haben Vergletscherungen in früheren geologischen Zeiten tiefe Täler in die Erdkruste gekerbt. Sie stellen 85 % des weltweiten Süßwasservolumens aus Seen bereit. 25 % entfallen auf den *Baikalsee in Russland,* das sind 23.000 km^3, gefolgt von dem *Tanganyikasee* in *Afrika* mit ca. 19.000 km^3 Wasserinhalt. Der *Lake Superior* an der *amerikanisch-kanadischen Grenze* enthält 12.000 km^3 Wasser. Das weltweite größte Süßwasserseen-System sind die *Great Lakes* in den *USA*. Sie liefern 27 % des globalen Süßwasserdargebots aus Seen.

Von den 25 größten Flüssen der Welt liegen drei in *Afrika: Kongo, Niger* und *Nil,* ihre Abflussmenge beträgt pro Jahr 1982 km^3. Vier befinden sich in *Südamerika* mit einer jährlichen Abflussmenge von 8829 km^3: *Amazonas, Paraná, Orinoco* und *Magdalena.*

Elf Flüsse von den 25 fließen in *Asien: Ganges, Yangtze, Jenessej, Lena, Mekong, Irrawady, Ob, Chutsyan, Amur, Indus* und *Saluën*. Ihre Abflussmenge pro Jahr beträgt 5722 km^3. Mit einer Gesamtabflussmenge von 1843 km^3 jährlich befinden sich fünf Flüsse in den *USA: Mississippi, St. Lorenz-Strom, Mackenzie, Columbia* und *Yukon*. In *Europa* sind in diesem Zusammenhang nur zwei zu nennen: *Donau* und W*olga* mit 468 km^3 Wasserabflussmenge pro Jahr.

Der ehemalige Moskauer Oberbürgermeister Juri Luschkow schlägt in seinem Buch „*Wasser und Welt*“ vor, einen Teil des Flusswassers des sibirischen Ob durch einen Kanal nach Süden umzuleiten und an die an Wassermangel leidenden zentralasiatischen Republiken zu leiten (s. Tab. 8.21) [129].

Das Wasser soll auch für die Bewässerung der Böden von vier russischen Gebieten – Tscheljabinsk, Tjumen, Orenburg und Kurgan – genutzt werden. Luschkow betonte, die oben genannten russischen Gebiete hätten einen großen Wasserbedarf, sowohl in Bezug auf Trinkwasser, die Landwirtschaft als auch auf die Industrie.

5 bis 7 % des Wasservorkommens des Ob sollen durch einen 2500 km langen Kanal abgezweigt werden. Dieser Kanal soll durch den autonomen Bezirk der Chanten und Mansen, die Gebiete Tjumen und Kurgan und schließlich über kasachisches Territorium nach Usbekistan und möglicherweise weiter bis nach Turkmenistan verlaufen.

Auf nationaler Ebene verfügt *Brasilien* mit 20 % aller weltweiten Süßwasservorkommen über das meiste Süßwasser, gefolgt von *Russland* mit 10 %, *China* mit 5,7 % und *Kanada* mit 5,6 % [215].

Der Amazonas [E. the Amazon]

Auch Brasilien, mit dem wasserreichsten und längsten Fluss „Amazonas“ (s. Tab. 8.21) der Welt, ist nicht vor Süßwasserknappheit geschützt. Die geringen Niederschläge der letzten Jahre haben dazu geführt, dass die Reserven in den Stauanlagen auf ein Fünftel ihres Fas-

Tab. 8.21 Einige lange Flüsse Europas und in der Welt [E. some long rivers in Europe and of the world]

Name	Länge [km]	Einzugsgebiet [km²]	Mündungsgebiet	Quellgebiet
Ob, Russland	3680	2,98 Mio.	Ob-Busen des Karischen Meeres	Altai-Gebirge, Nähe Bijsk, 164 m über Meeresspiegel (ü. M.)
Wolga, Russland	3530	1,36 Mio.	Kaspisches Meer	Nordwestlich der Waldai-Höhen, 225 m NN
Donau, Deutschland +9 Anrainereinzugsgebiete	2850	773.000	Schwarzes Meer	Ostseite des Schwarzwaldes, Donaueschingen
Rhein, Deutschland +3 Anrainerländer	1320	252.000	Nordsee, Mündungsdelta Niederlande	Graubünder Schweiz
Elbe, Deutschland und Tschechien	1144	145.800	Nordsee	Böhmischer Riesengebirgskamm
Weichsel, Polen	1068	194.000	Ostsee	Jablunka Gebirge in West-Beskiden
Loire, Frankreich	1010	129.500	Atlantik	Höhenrücken der Cevennen, 1370 m ü. M.
Tajo, Spanien	1008	80.000	Atlantik Nähe Lissabon	Serrania de Cuenca in 1600 m ü. M.
Ebro, Spanien	927	83.500	Mittelmeer	Kantabrisches Gebirge
Oder, Polen, Tschechien, Deutschland	860	119.052	Ostsee	Olmütz in Tschechien
Rhône, Frankreich	812	99.000	Mittelmeer	Rhône-Gletscher in der Schweiz
Po, Italien	676	75.000	Mündungsdelta Adriatisches Meer	Nordfuss des Monte Viso in den Cottischen Alpen
Themse, England	346	5830	Nordsee	Cotswold Hills
Jordan, Naher Osten +6 Anrainer	250	18.000	Totes Meer	Hermon Massif
Nil, Ägypten +10 Anrainereinzugsgebiete	6696	3,2 Mio.	Mittelmeer	Querfluss Kagera, Victoriasee
Amazonas, 9 Anrainer u. a. Brasilien, Peru, Kolumbien	6800	7 Mio.	Südl. Atlant. Ozean	In 5000 m Höhe westlich des Titicacasees auf dem Mont Mismi der peruanische Kordilleren
Yangtze, China	5800	1,81 Mio.	Ostchinesisches Meer	Tangla-Gebirge, Tibet

Tab. 8.21 (Fortsetzung, E. continuation)

Name	Länge [km]	Einzugsgebiet [km^2]	Mündungsgebiet	Quellgebiet
Huangho, Gelber Fluss, China	5464	750.000	Gelbes Meer Bo-Hai-See	4500 m ü. M. im tibetischen Hochland, Qinghai
Mississippi und Missouri, Nordamerika	6420	3,24 Mio.	Golf v. Mexiko	Itascasee, Minnesota
Mekong, China, Laos, Kambodscha, Burma, Thailand, Vietnam	4500	557.000	Südchinesisches Meer Mekong-Delta 70.000 km^2	Chinesisches Tangla-Gebirge, Tibet
Kongo 13 Anrainereinzugsgebiete	4300	3,69 Mio.	Atlant. Ozean bei Matadi	Mitumba-Gebirge, Zaire
Niger, Nigeria	4160	2,10 Mio.	Golf von Guinea Müldungsdelta 25.000 km^2	Lama Mountains nahe der Grenze zwischen Guienea und Sierra Leone
Sambesi, Sambia Mozambique, Simbabwe +6 Anrainereinzugsgebiete	2660	1,33 Mio.	Indischer Ozean, Delta i. d. Nähe Chirde	Hügelkette in der NW-Region von Sambia, 1000 m über Meeresspiegel
Indus, Nepal, Afghanistan, Pakistan, China, Indien	3180	960.000	Arabisches Meer i. d. Nähe Karachi, sehr großes vielarmiges Mündungsdelta	5000 m ü. M. im Transhimalaya der nördlichen Abhänge und in der Nähe des Brahmaputra
Brahmaputra, China, Pakistan-Ost, Bangladesh, Indien	2900	670.000	Unterlauf des Ganges	Nördliche Abhänge des Himalaya 600 m ü. M. in der Nähe des Quellgebietes des Indus
Euphrat, Türkei, Syrien, Irak, Iran	2700	673.000	Persischer Golf	Hochland Anatoliens, Türkei
Tigris, Türkei, Syrien, Irak, Iran, Jordanien, Saudi-Arabien	1950	375.000	Persischer Golf	Ost-Taurus, Türkei
Ganges, Indien, Bangladesch, Bhutan, China, Burma, Nepal	2700	1,13 Mio.	Golf von Bengalen, Kalkutta, Mündungsdelta 56.000 km^2	Himalaya
Irrawaddy, Birma	2150	430.000	Mündungsdelta 40.000 km^2, fruchtbarstes Reisgebiet der Erde	Himalaya aus den Flüssen Mali und Nmai
Murray-Darling, Australien	3750	1,116	Östlicher Teil der Großen Australischen Bucht	Australische Alpen in 1846 m Höhe über Meeresspiegel

sungsvermögens gesunken sind. Mit ihren Wasserkraftanlagen liefern sie unter normalen Bedingungen 70 % der elektrischen Stromerzeugung des Landes. Es droht eine Rationierung der Süßwasser- und elektrischen Stromlieferungen. Besonders kritisch ist die Lage im Großraum der Wirtschaftsmetropole Sao Paulo mit 20 Mio. Einwohnern. In dieser Region werden 30 % des Bruttoinlandsproduktes erwirtschaftet. Aufgrund des niedrigen Wasserdrucks kommt oft monatelang in vielen Haushalten kein Wasser mehr aus den Leitungen. Im Jahre 2001 hatte die Regierung den elektrischen Strom für Haushalte und Unternehmen neun Monate lang um 20 % gekürzt. In solchen Krisenphasen gedeiht der Süßwasserdiebstahl. Wasserleitungen und Hydranten werden illegal angezapft, um das wertvolle „Nass" zu stehlen.

Einige Daten über den Amazonas[3] als längsten Strom der Welt: [E. some important dates about Amazon as the longest river of the world]

Länge des Stromes: 6800 km, nach neuesten Erkenntnissen entspringt er in 5000 m Höhe westlich des Titicacasees auf dem Mount Mismi der peruanischen Kordilleren.

Wassermenge: zwischen 75.000 und 220.000 m^3 fließen pro Sekunde je nach Monat und Ort. Sein Volumen entspricht dem Hundertfachen des Rheins, das Einzugsgebiet umfasst 7 Mio. km^2.

Ausdehnung des Beckens: 6.111.000 km^2; im Flusssystem des Amazonas fließen zwei Drittel des Wassers aller Flüsse der Erde. Das Becken bedeckt rund zwei Fünftel des südamerikanischen Kontinents. Den Kongo z. B. übertrifft der Amazonas um das Zweieinhalb- bis Fünffache an Wasserführung. In seinem Einzugsgebiet befinden sich neun Anliegerstaaten, z. B. *Bolivien, Brasilien, Ecuador, Guyana, Französisch-Guayana, Kolumbien, Peru, Surinam.*

Breite an der Mündung: 100 km; Tiefe: ca. 30 bis 40 m, stellenweise bis zu 100 m.

Zahl der Nebenflüsse: 1100 größere, von denen 17 eine Länge von mehr als 1600 km haben; außerdem schätzungsweise 100.000 kleinere Nebenflüsse.

Rio Negro ist mit 2253 km Länge der größte Nebenfluss des Amazonas. Seine Fließgeschwindigkeit beträgt 26.700 m^3/s.

Der *Rio Negro* ist wegen seines hohen Gehaltes an Huminsäuren und Fulvosäuren[4], die vom Regen in seinem Einzugsgebiet (720.114 km^2) aus den bereits stark ausgelaugten, sandigen Böden der Terra firme gewaschen worden sind, schwarz gefärbt und relativ klar. Er wirkt daher optisch etwa wie Cola oder Kaffee (Schwarzwasserfluss). Durch die Nährstoffarmut gibt es im Rio Negro keine Mückenlarven und daher (wie auch in Manaus) praktisch keine Malaria.

[3] http://de.wikipedia.org/wiki/Amazonas.

[4] Bei den Humin- und Fulvosäuren (fulvos, lat. – rotgelb) handelt es sich um Heteropolykondensate, die aus einem polycyclischen Kern bestehen. Um diesen sind locker gebunden Polysaccaride, Proteine, einfache Phenole und Metalle. Letztere sind über Hydroxy- und Carboxylgruppen phenolisch oder alkoholisch an den polycyclischen Kern gebunden.

Schwarzwasser trifft man vorwiegend im nördlichen Teil Amazoniens an, z. B. im Rio Negro, dem „schwarzen Fluss“. Solche Flüsse durchfließen riesige Sumpfwälder und schwemmen die Humussubstanzen mit sich fort. Die ausgewaschenen Böden färben das Wasser bernsteinfarben, es ist nährstoffarm und voll von Huminsäure mit pH-Wert 4. Die Sichttiefe beträgt nur etwas mehr als 1 m. Die Schwarz- und Klarwasserflüsse entwässern die Gebiete Nord- und Südamazoniens, deren Untergrund zu den ältesten Gesteinsschichten der Erde zählt. Ihre Böden sind tiefgründig verwittert, ausgelaugt und können keine Nährstoffe mehr liefern. Moskitos finden hier keine Lebensgrundlage, weshalb diese Plagegeister kaum anzutreffen sind. Alle großen, weißen Flüsse – mit Ausnahme des Rio Branco – finden sich in der westlichen Ausbuchtung des Amazonas-Beckens und lassen sich bis in die Anden zurückverfolgen; der weiße Ucayali führt zur eigentlichen Quelle des Hauptstroms, der gleichfalls weiß ist.

Die Weißwasserflüsse liefern aus den geologisch jungen Anden wertvolle Nährstoffe, die sie während der Hochwasserperioden entlang der Flussläufe ablagern. Das Wasser dieser Flüsse ist pH-neutral, sehr mineral- und schwebstoffreich, mit einer Sichttiefe von maximal 0,5 m. Die fruchtbaren Lehmschichten der zeitweilig überschwemmten Uferzonen, der „Várzeas“, sind die bevorzugten Siedlungsgebiete für die Kleinbauern, aber auch für Moskitos. Deshalb sind die meisten Bewohner dieser Gebiete schon ein- oder mehrmals mit der Malaria in Berührung gekommen. Der größte Teil Zentral- und Ostamazoniens wird von Klarwasserflüssen durchzogen.

Australien [E. Australia]

Das Festland hat eine Fläche von fast 7,7 Mio. km^2. Seine Ost-West-Ausdehnung beträgt 4100 km und die Nord-Süd-Ausdehnung 3200 km. Der längste Fluss ist der Murray-Darling mit 3750 km (Tab. 8.21). Der Kontinent ist mit ca. 22 Mio. Einwohnern dünn besiedelt, wenn man von den Großstädten an den Küsten absieht, beträgt die Bevölkerungsdichte drei Personen pro km^2.

Australien ist ein wasserarmer Kontinent. Zahlreiche kurze Wasserläufe fließen dem Stillen Ozean zu. Die Flüsse im Inneren dieses Landes fließen nur periodisch oder auch nur unregelmäßig in größeren Abständen. Sie sammeln sich zum Teil in Salzpfannen, wie z. B. dem *Lake Carnegie,* dem *Lake Mackay.* Diese Wasserarmut wird gemildert durch eine Reihe von artesischen Becken, die tief im Untergrund große Reserven an Wasser bergen. Der *Lake Eyre* ist mit bis zu 9500 km^2 Fläche der größte See Australiens. Diese entspricht der halben Fläche des Landes Sachsen, er ist abflusslos und nur selten mit Wasser gefüllt.

Mit 1,5 m unter dem Normal-Meeresspiegel ist er die tiefste Ebene Australiens. Queensland erlebt zurzeit die schwerste Trockenheit seit 100 Jahren, doch der Trinkwasserbedarf wird wegen der zunehmenden Bevölkerung in den Städten immer größer. Es ist geplant, alle Abwässer wieder so aufzubereiten, dass sie als Trinkwasser dargeboten werden können.

Der *Lake Eyre* befindet sich in der Mitte Australiens im Norden des Bundesstaates South Australia. Das *Eyre Becken* ist eine Salztonebene und umgibt die Ebene des Sees. Der Wasserstand des Sees hängt von den klimatischen Verhältnissen ab. Auch in Trockenzeiten bleibt gewöhnlich etwas Wasser zurück, das sich in mehreren voneinander getrennten einzelnen Seen sammelt. Während der Regenzeit bringen Flüsse Wasser aus dem *Outback* in *Queensland* im Nordosten. Die Regenmenge des Monsuns bestimmt maßgeblich, wie viel Wasser den See erreicht und wie tief er wird.

Alle drei Jahre erreicht der See einen Wasserspiegel von 1,5 m Höhe, alle zehn Jahre einen von 4 m.

Viermal innerhalb von 100 Jahren ist der *Lake Eyre* ganz oder annähernd gefüllt. Allerdings ist der größte Teil des Wassers gegen Ende des folgenden Sommers wieder verdunstet.

Der *Lake Torrens* ist mit 5700 km^2 die zweitgrößte Salzpfanne Australiens. Sie befindet sich im nordöstlichen Teil Südaustraliens.[5]

Wasser sparen in Melbourne/Australien Zu welchen drastischen Maßnahmen des Wassersparens als Folge von jahrelangen Dürren es kommen kann, zeigt die Stadtverwaltung von Melbourne.

140 Beamte der Wasserpolizei kontrollieren die Süßwassernutzung der 3,37 Mio. Einwohner zählenden Stadt und spüren die verschwenderischen Haushalte auf. Denjenigen, die gegen die verordneten Spargesetze verstoßen, wird der Wasserzufluss aus den Hauptleitungen auf 2 L Durchfluss pro Minute gedrosselt. Diese Menge reicht gerade aus, um Wasser zum Kochen und für die Teezubereitung zu nutzen. Duschen, Geschirrspülen, Garten wässern, Autowaschen sind dann nicht mehr möglich. Diese drakonischen Strafen werden für zwei Tage verordnet. Danach wird gegen eine Gebühr von umgerechnet 250 € der Wasserzufluss wieder normalisiert. Autowaschen ist prinzipiell untersagt. Nur die Fensterscheiben und Scheinwerfer dürfen mit Putzlappen gereinigt werden. Gärten dürfen nur in der Zeit von 6:00 bis 8:00 Uhr morgens und von 20:00 bis 22:00 Uhr abends gewässert werden.

Bei fortdauernder Dürre sollen alle kommerziell betriebenen Autowaschanlagen stillgelegt werden. Wegen des eingeschränkten Wässerns der Gärten sind inzwischen viele Gärtnereien in ihrer Existenz bedroht.

Die australische Regierung will umgerechnet ca. 6 Mrd. € investieren, um die Süßwasserversorgung zu optimieren und das Abwasserreinigungssystem zu modernisieren. Auf diese Weise sollen jährlich 3 Mrd. m^3 Wasser weniger benötigt werden. Außerdem möchte die australische Regierung die Landwirtschaft aus dem trockenen Süden in den Norden des Landes verlegen.

Australien zählt zu den größten Schafwolllieferanten der Welt. Mit ca. 74 Mio. Hausschafen trägt dieses Land mit 22 % zur Weltproduktion an Schafwolle bei. 2012 waren das 242.440 t, damit steht es vor der Volksrepublik China mit 165.090 t an zweiter Stelle. Die

[5] *Quelle:* http://www.ga.gov.au/education/facts/landforms/larglake.htm.

Gesamtproduktion in der Welt betrug 2012 1,102 Mio. t. Der tägliche Wasserbedarf eines Schafes beträgt ca. 10 L. 2012 wurden weltweit ca. 1,1 Mrd. Hausschafe gezählt.

Nach den USA mit 30,0 Mio. t und Canada mit 21,5 Mio. t ist es der drittgrößte Weizenexporteur mit 19,0 Mio. t im Jahr 2013/2014. Im selben Jahr erntete dieser Kleinkontinent 26 Mio. t Weizen. (*Literaturquelle:* AMI Usdh Grain: World Markets and Trade, Nov. 2013)

Pro Einwohner und Tag benötigen die Australier 256 L Süßwasser und stehen damit an fünfter Stelle in der Welt mit dem höchsten Wasserkonsum (Abb. 6.64). Inzwischen versuchen die Einwohner durch Eigeninitiative den Wasserbedarf zu decken. Sie beginnen mit Privatbohrungen auf ihren Grundstücken. Die Lizenzgebühren sind mit 300 € sehr hoch. Zusätzlich sind für jeden Meter erbohrte Tiefe 120 € zu zahlen. In manchen Stadtteilen Melbournes müssen bis zu 100 m erbohrt werden. (*Quelle:* Hofmann, A. (2007), Dem Luxus den Hahn abdrehen, Frankfurter Allgemeine Zeitung, Nr. 24, vom 29.01.2007)

Aufwindkraftwerk – Strom von der Sonne in Australien [E. the solar updraft power – electricity from the sun in Australia]

Das Dargebot an fließendem Wasser reicht nicht aus, um Australiens Bedarf an elektrischem Strom langfristig zu decken. Dieser Kontinent verfügt aber über riesige Wüstenflächen mit hoher Sonneneinstrahlung. Sie kann energetisch genutzt werden, indem die Bewegungsenergie von heißer aufströmender Luft über Turbinen geleitet und in elektrische Energie umgewandelt wird (Abb. 8.95, 8.96).

H_S = Höhe des Sonnenturms, 1000 m
$H_{Koll, innen}$ = Höhe des Flachglasdaches vom Erdboden, z. B. 5 bis 6 m
$H_{Koll, außen}$ = Höhe des Flachglasdaches vom Erdboden, z. B. 2 m

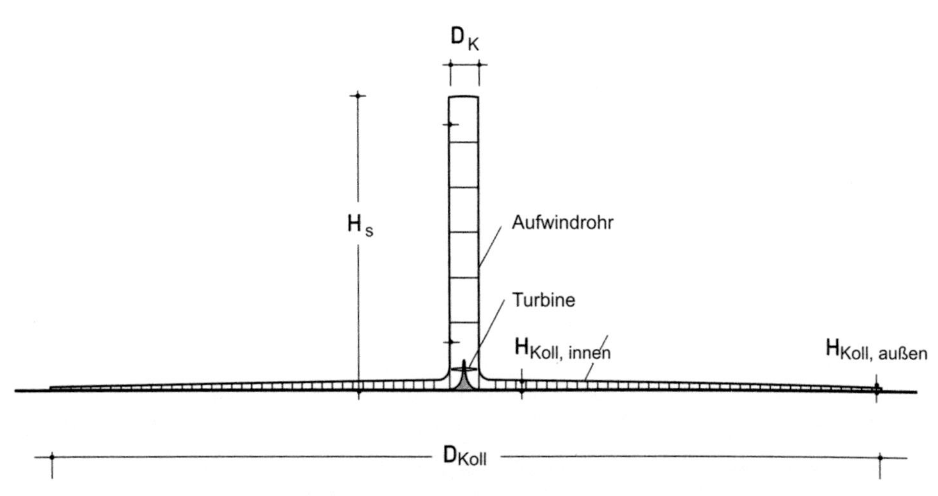

Abb. 8.95 Die wesentlichen Komponenten eines Aufwindkraftwerkes: Flachglasdach als Kollektor; das Aufwindrohr (Kaminrohr) gestützt durch Querverbindungen; Windturbinen an der Basis des Aufwindrohres [E. essential components of a solar updraft tower]: the collector, a flat glass roof; the chimney, a vertical tube supported on radial piers; and the wind turbines at the chimney base [179, 180]

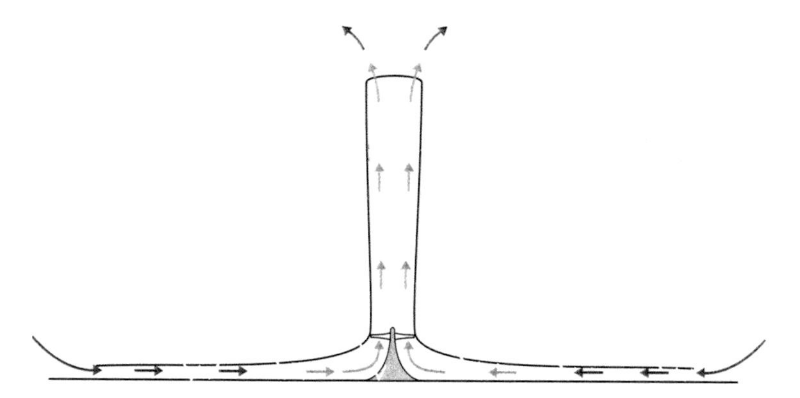

Abb. 8.96 Luftstrom im Aufwindrohr [E. current of air in a solar updraft tower] [179, 180]

D_{Koll} = Durchmesser der Kollektorkreisfläche, z. B. 4000 m
D_K = Durchmesser Kamin, oben ca. 10 m

Nördlich von Melbourne wurde 2005/2006 das erste *Aufwindkraftwerk* der Welt mit einer Leistung von 200 MW an das öffentliche Stromnetz genommen. Es vermag 200.000 Menschen mit elektrischem Strom zu versorgen.

Dieses Konzept stammt von dem deutschen Prof. Dr.-Ing. Jörg Schlaich aus Stuttgart. Vor 25 Jahren wurde es von ihm entwickelt und eine entsprechende Pilotanlage in Manzanaras, Spanien, gebaut. Weitere fünf Aufwindkraftwerke sind in Australien vorgesehen [179, 180].

Überall, wo die Erde genügend Platz und hohe Sonneneinstrahlung bietet, sind diese Kraftwerke geeignet, die Strömungsenergie der Aufwinde in elektrische Energie umzuwandeln. Es sind klimatisch bedingt zugleich wasserarme Regionen. Das gilt z. B. für Nordafrika mit der Sahara, die arabischen Länder im Nahen Osten, Indien und Namibia (s. auch Kap. 5, Abschn. „Der Süden Afrikas; Namibia“). Diese Länder sind gebietsweise dünn besiedelt und haben ausreichend Platz, große Flächen mit Flachglas zu bedecken, um auf diese Weise Luft aufzuheizen und ihre Strömung zu lenken. Da elektrischer Strom leicht transportabel ist, kann er in weit entfernte Städte und Industriezentren geleitet werden (Abb. 7.84). 4 % der Sahara mit Glas zu bedecken, würde genügen, ganz Europa mit ausreichendem elektrischem Strom aus Aufwindkraftwerken zu bedienen. Die Sahara ist von Europa ca. 3500 km entfernt, der errechnete Energieverlust würde nur 15 % betragen.

Sonnenstrahlen erhitzen unter einem Glasdach die Luft. Sie strömt mit Geschwindigkeiten von mehr als 50 km/h in einen Betonkamin und treibt dort 36 Turbinen an, die mit Generatoren gekoppelt sind. Den Kamin verlässt die Luft durch einen 1000 m hohen

Sonnenturm, dessen Sog die nötige Strömungsgeschwindigkeit hervorruft (Abb. 8.95). Der kreisförmig gestaltete Kamin hat einen Durchmesser von 130 m. Um ihn herum ist eine Kreisfläche mit ca. 4000 m Durchmesser, die 12,56 km^2 entsprechen, angeordnet. Das Flachglasdach ist 2 bis 6 m oberhalb der Erdoberfläche angeordnet. Da heiße Luft leichter als kalte ist, strömt sie aus den Kollektorräumen in den Aufwindturm. Ein Aufwindkraftwerk vermag rund um die Uhr elektrischen Strom zu liefern. Am Tage wird die Heißluft durch Sonneneinstrahlung erhalten, während der Nacht wird die Luft von dem noch heißen Erdboden erwärmt.

Schon im Altertum haben die Menschen die Sonnenenergie bzw. Bewegungsenergie des Windes für technische Zwecke genutzt.

Beispielsweise für:

- die Förderung des Pflanzenwuchses in Gewächshäusern zur Steigerung der Ernten für Nahrungsmittel,
- das Mahlen von Getreide zu Schrot und Mehl durch Windmühlen,
- das Kühlen der Räume von Gebäuden durch Ventilatoren[6] und
- das Pumpen von Wasser aus Brunnen oder Flüssen in geeignete Verteilersysteme.

Europa [E. Europe]

Im Verhältnis zur Landfläche hat Europa die längste Küstenlinie von allen Kontinenten der Erde. Mit seinen vielen Flüssen bzw. Flusseinzugsgebieten (Abb. 8.97, 8.98) [172] und Binnenseen zählt Europa zu den wasserreichen Regionen der Erde. Die feuchten Westwinde vom Atlantik sorgen für einen fortwährenden Wasserkreislauf zwischen Atlantik und Festland. Allerdings sind die Mittelmeerländer von diesem regelmäßigen Zyklus zeitweise ausgeschlossen, sodass es hier zu längeren Trockenperioden mit knappem Süßwasserangebot kommt.

Das europäische Festland ist von zahlreichen Flüssen durchströmt, die dem Schifftransport dienen, aber auch von Schleusen und riesigen Staudämmen unterbrochen werden (Tab. 8.21).

Die Abb. 8.97, 8.100 zeigen einen Ausschnitt der bedeutenden Wasserstraßen Europas.

Das Wasserstraßennetz für die Binnenschifffahrt der Europäischen Union erstreckt sich über 44.103 km (Stand 2010). Davon entfallen auf

Deutschland 7467 km, Finnland 7842 km, Frankreich 8501 km,
Niederlande 6214 km, Belgien 2043 km, Italien 2406 km und auf England 3200 km.

[6] Ventilator ist ein Luft-(Gas)Verdichter zur Erzeugung einer Luft-(Gas)Strömung.
ventus (lat.) – Wind.

Abb. 8.97 Bedeutende europäische Wasserstraßen [E. important European waterways]. (Quelle: http://www.bayernhafen-passau.de/ueber-uns/lage/lage-in-europa.html)

Die Wasserwege der übrigen Mitgliedstaaten wie Schweden, Portugal, Spanien, Österreich und Luxemburg sind kürzer als 400 km. Der inländische Schiffsverkehr Griechenlands, Spaniens, Portugals und Schwedens ist mehr ein Küstenverkehr zwischen den einzelnen Seehäfen und weniger eine Flussschifffahrt.[7]

Nach der Wolga mit 3530 km ist die Donau in Europa der zweitgrößte Fluss. Sie misst 2850 km und ist auf ihrer gesamten Wasserstrecke schiffbar. Mit ihren neun Anrainer-Einzugsländern ist die Donau eine typische europäische Wasserstraße und verbindet über den Rhein die Nordsee mit dem Schwarzen Meer (Abb. 8.100, 8.101).

Der Rhein ist 1320 km lang und hat in seinem Einzugsgebiet vier Anliegerstaaten: *Deutschland, Frankreich, Niederlande, Schweiz.*

Eine weitere europäische zusammenhängende Wasserstraße verläuft von der Nordseeküste der Niederlande und Belgien über das *Ruhrgebiet – Hannover – Magdeburg – Berlin* direkt nach *Warschau.* Es bietet sich an, den *Bug* zwischen *Warschau* und *Brest* schifffahrtsgerecht auszubauen. Der Wasserweg über *Kiew* bis ins Schwarze Meer wäre auf dem Dnjepr für große Lastschiffe frei (Tab. 8.21, Abb. 8.97). Dieser Wasserweg konnte bisher nicht das ganze Jahr hindurch zügig genutzt werden. Zur Überquerung der Elbe musste diese auf einer Strecke von 13 km selbst benutzt werden. Je nach Jahreszeit und Wasserstand verzögerte sich die Schifffahrtszeit erheblich. Dieses Hindernis ist seit Oktober 2003 mit der Eröffnung einer Trogbrücke über die Elbe nördlich von Magdeburg beseitigt worden (Abb. 8.99). Sie verbindet zusammen mit neu errichteten Schleusen den Mittel-

[7] *Quelle:* Eurostat, United Nations, national statistics.
Verein für europäische Binnenschifffahrt und Wasserstraßen e. V., 47119 Duirsburg.

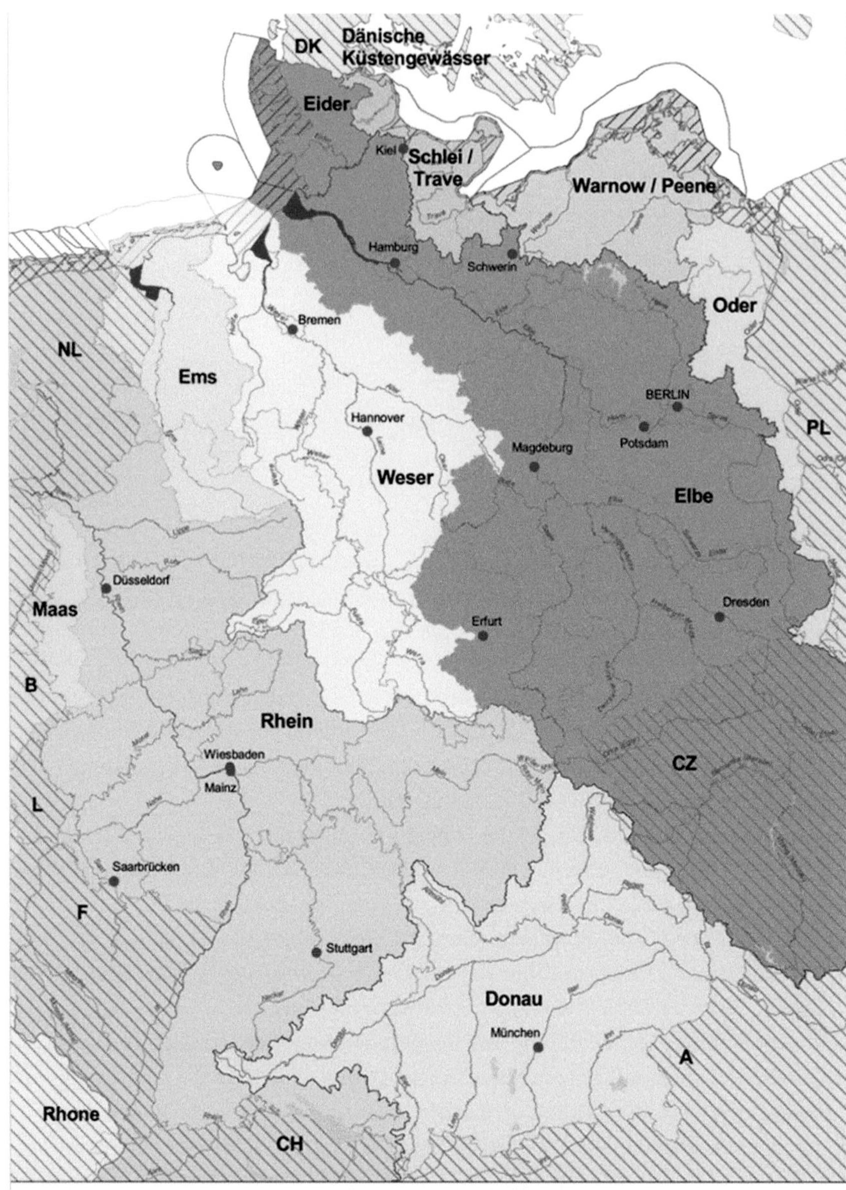

Flussgebietseinheiten in der Bundesrepublik Deutschland (Richtlinie 2000/60/EG - Wasserrahmenrichtlinie)

Die Markierung und Kennzeichnung der außerhalb der Grenzen der Bundesrepublik Deutschland liegenden Teile internationaler Flussgebietseinheiten dienen lediglich der Veranschaulichung und lassen Festlegungen anderer Staaten sowie internationale Abstimmungen unberührt.

Kartengrundlage:
Länderarbeitsgemeinschaft Wasser (LAWA),
Bundesamt für Kartographie und Geodäsie (BKG)

Quelle: Umweltbundesamt, Juni 2004

Abb. 8.98 Flusseinzugsgebiete in Deutschland [E. catchment areas of rivers in Germany] [172]

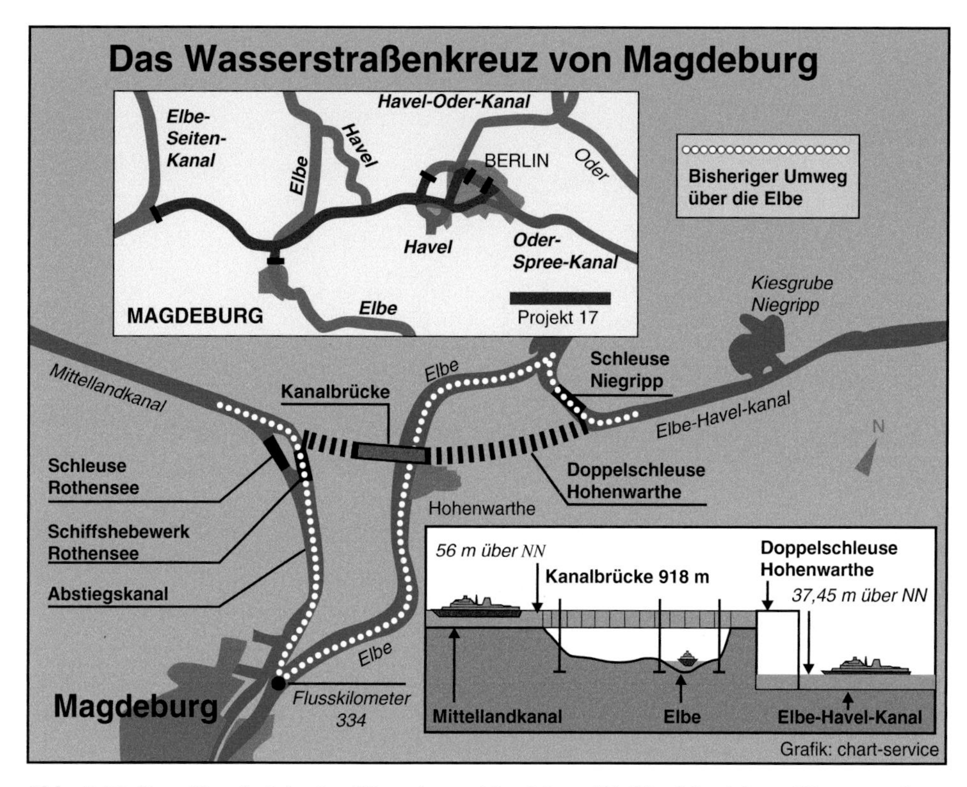

Abb. 8.99 Trog-Kanalbrücke im Wasserkreuz Magdeburg [E. The Magdeburg Waterway Crossing]. (Quelle: Magdeburger Volksstimme, Nr. 204, vom 03.09.2003.)

landkanal mit dem Elbe-Havel-Kanal und ist 980 m lang und 32 m breit. 140 t Wasser lasten auf jedem Quadratmeter dieser Stahltrog-Kanalbrücke. Bei sommerlichen Temperaturen ist der Stahltrog 1,5 m länger als im Winter wegen der Materialausdehnung. Es wurden 68.000 m^3 Beton und 24.000 t Stahl verbaut. Sie ist das längste Bauwerk ihrer Art in Europa und vervollständigt das europäische Wasserstraßenkreuz bei Magdeburg. Voll beladene Frachter, zweilagige Containerschiffe und 185 m lange Schubverbände können ganzjährig fahren [221].

Der *Mittellandkanal* ist die Schifffahrtverbindung zwischen Rhein, Ems, Weser und Elbe. Er besteht aus dem Rhein-Herne-Kanal (fertiggestellt 1914) oder als zweite Mündung in den Rhein aus dem Wesel-Datteln-Kanal (1929), weiter aus dem Dortmund-Ems-Kanal (1899), dem Ems-Weser-Kanal (1915) und dem Weser-Elbe-Kanal bis Magdeburg-Rothensee (1938). Der Elbe-Havel-Kanal ist die ostelbische Fortsetzung des Mittellandkanals nach Überquerung der Elbe, seit Oktober 2003 durch die Trogbrücke (Abb. 8.99). Sie verbindet den Mittellandkanal mit der Havel bei Magdeburg/Brandenburg (Abb. 8.100).

Die Jahresniederschläge in den nördlichen Einzugsgebieten der Elbe sind relativ gering. Brandenburg gehört zu den niederschlagsärmsten Regionen Deutschlands. In der von den Eiszeiten vor bis zu 1 Mio. Jahren im Pleistozän (Diluvium) geprägten Landschaft gibt es 2800Seen. Sie bedecken 3,5 % der Landesfläche (Tab. 13.34). Die große

Abb. 8.100 Die Wasserstraße von der Nordsee bis zum Schwarzen Meer [E. the waterway from the North Sea to the Black Sea]

Wasseroberfläche und niedrigen Niederschläge vor allem im Sommer beeinflussen das Klima dieser Landschaft. In den letzten 50 Jahren sind die mittleren Jahrestemperaturen um durchschnittlich 1,1 °C gestiegen. Diese Erwärmung beeinflusst die Wasserstände der Spree-Havel-Region.

Der Wasserpegel der Spree ist sehr bedeutsam für die Wasserversorgung Berlins. Er sinkt besonders im Sommer. Berlin bezieht etwa zwei Drittel des Trinkwassers aus Uferfiltraten von Oberflächengewässern, die größtenteils von der Spree gespeist werden. (*Quelle:* Potsdam Institut für Klimaforschung (PIK), Telegrafenberg A 31, 14473 Potsdam)

Der Main-Donau-Kanal [E. the Main-Danube-Canal]

Er ist das Kernstück eines ca. 3500 km langen Schifffahrtsweges quer durch Europa. Diese Wasserstraße verbindet die Nordsee über den Rhein, Main, Main-Donau-Kanal und Donau mit dem Schwarzen Meer (Abb. 8.100). Ihre Anfangs- und Endpunkte sind Rotterdam (Niederlande) und Ismail (Ukraine). Ismail ist am linken Ufer des Donauarms *Kilia* 80 km vor der Mündung im Schwarzen Meer gelegen [170]. Die Donau hat ihre Quelle bei Donaueschingen und fließt durch die Länder Österreich, Slowakei, Ungarn, Kroatien, Serbien, Bulgarien, Rumänien, Moldawien und die Ukraine.

Die große Bedeutung dieser Wasserstraße liegt bei den unzähligen attraktiven Häfen und Verladestationen, die an diesem Wasserweg eingerichtet worden sind, sowie in den Verknüpfungen zu einem weitverzweigten europäischen Wasserstraßennetz. Zu den Interessantesten zählen die Verbindungen von Duisburg in die Mittellandkanalstrecke und die von Mannheim oder Basel nach Regensburg, Wien, Linz oder Budapest.

Der Rhein-Main-Donau-Kanal ist zusätzlich noch ein Energielieferant. 57 Laufwasserkraftwerke und das Pumpspeicherwerk Langenprozelten tragen maßgeblich zur elektrischen Stromversorgung Deutschlands bei [215]. Das Wasserstraßennetz innerhalb Deutschlands erstreckt sich über eine Länge von mehr als 7000 km.

Schon *Karl der Große* (742–814) beschäftigte sich mit der Idee, Rhein und Donau mit einem Wasserkanal zu verbinden. Im Jahr 793 wurde unter seiner Leitung versucht, zwischen *Rezat* und *Altmühl* einen Kanal zu bauen.

Die *Fossa Carolina* bei der Ortschaft *Graben* in der Nähe von *Treuchtlingen* zeugt von den ersten Arbeiten an der Überwindung der *europäischen Wasserscheide*.

1825 wurde dieser Plan von Ludwig I., König von Bayern, wieder aufgegriffen. In nur zehn Jahren Bauzeit, 1836–1845, entstand der *Ludwig-Donau-Main-Kanal*, der erstmals die Verbindung zwischen den beiden großen europäischen Flusssystemen herstellte.

Mit dem Bau des jetzigen Main-Donau-Kanals wurde 1960 begonnen, der im September 1992 für den Verkehr freigegeben wurde. Der Main-Donau-Kanal zweigt vom Main nordwestlich Bamberg ab und folgt der Regnitz etwa 32 km in südliche Richtung bis zur Schleuse Hausen. Bei Hausen verlässt er die Regnitz und wird zu einem Stillwasserkanal. Mit einer Kanalbrücke führt er über das Zemtal, erreicht den Fürther Parallelhafen und schließlich den Hafen Nürnberg (Abb. 8.101).

Von Nürnberg aus führt der Kanal zunächst über Roth und überwindet östlich von Hilpoltstein die europäische Wasserscheide mit einer Höhe von 406 m über dem Meeresspiegel. Sie ist der höchste Punkt im europäischen Wassernetz. Über Berching, Beilngries, Dietfurt und Riedenburg wird Kelheim erreicht. Dabei durchquert der Kanal das Altmühltal, welches vor Jahrhunderten das Urstromtal der Donau war. Diesen Naturpark durchläuft er auf einer 53 km langen Strecke (Abb. 8.101). Die Länge des Main-Donau-Kanals

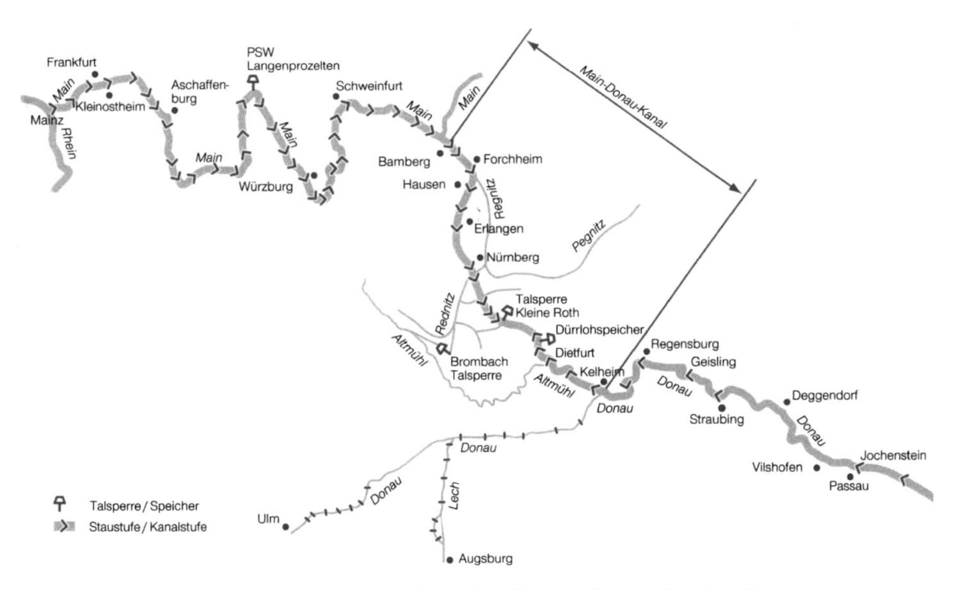

Abb. 8.101 Der Rhein-Main-Donau-Kanal [E. the Rhine-Main-Danube-Canal]

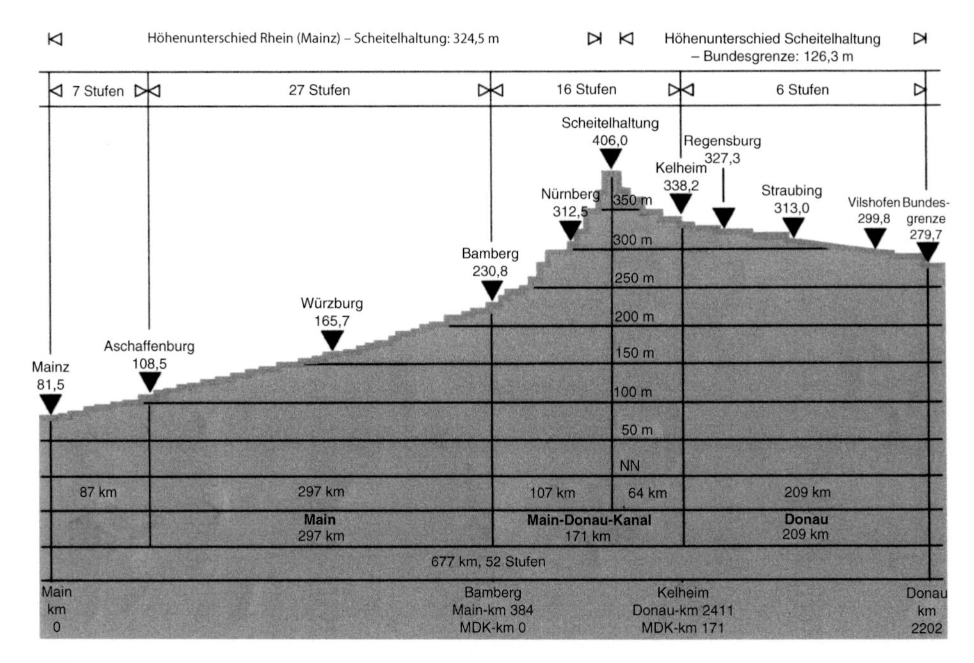

Abb. 8.102 Der Höhenunterschied an der Wasserscheide des Rhein-Main-Donau-Kanals [E. the watershed height difference of the Rhine-Main-Danube-Canal]. (Quelle *für* Abb. 8.100 bis 8.102: Faltblatt der Rhein-Main-Donau AG, Leopoldstraße 28, 80802 München, 1994 [170])

von Bamberg bis Kelheim beträgt 171 km. 16 Schleusen sind notwendig, um die einzelnen Höhenstufen in diesem Abschnitt zu überwinden (Abb. 8.102).

Der Verlauf der Flüsse zeigt, dass sie vor Ländergrenzen nicht haltmachen. Sie verbinden die einzelnen Staaten. Sie entspringen in der Region eines Landes und münden nach langem Verlauf in einem anderen Land, dabei durchfließen sie häufig mehrere Anrainer-Staaten (Tab. 8.21).

263 Wassereinzugsgebiete der Welt sind grenzüberquerende Staatsgebiete. Trotz zwischenstaatlicher Abkommen über die Wasserversorgung sind sie Anlass für staatliche Nutzungskonflikte und kriegerische Auseinandersetzungen (s. Kap. 5, Abschn. „Politische Konflikte als Folge von Wassermangel bzw. Wasserknappheit"). 145 Länder liegen in diesen internationalen grenzübergreifenden Einzugsgebieten. Sie werden von 90 % der Weltbevölkerung bewohnt.

Süditalien[8][E. Southern Italy]

Süditalien, Sizilien und Sardinien sind zwar vom Mittelmeerwasser reichlich umgeben, doch Süßwasser ist in diesen Regionen sehr knapp. Im Sommer 2002 ist es wegen Regenmangel, lang anhaltender hochsommerlicher Temperaturen und einer damit einhergehen-

[8] *Quelle:* Süditalien geht das Wasser aus (2002), Frankfurter Allgemeine Zeitung, Nr. 158, S. 7, vom 11.07.2002 und Nr. 160, S. 7, vom 13.07.2002.

Abb. 8.103 Ausgetrockneter Wasserspeicher von Piana degli Albanesi, 30 km von Palermo entfernt gelegen. [E. dried up water storage of Piana degli Albanesi located 30 km from Palermo] [196]

den Dürre zu einem katastrophalen Wassernotstand gekommen. Verschärft wurde diese Situation durch ein unzureichendes Wasserversorgungspipeline-Netz. Neben Sizilien und Sardinien waren die Südregionen Apulien und Basilikata betroffen. Die landwirtschaftlich genutzten Felder konnten nicht mehr bewässert werden. Die Ernten verdorrten. Die Wasserreservoire waren völlig ausgetrocknet. Das Vieh konnte nicht mehr getränkt werden. Hygiene und Gesundheit der Bevölkerung waren gefährdet. In Mittelitalien wurde das Wasser rationiert. Zehntausende Bauern demonstrierten gegen die Regierung und Behörden wegen der mangelhaften technischen Wasserinfrastruktur (Abb. 8.103) [64].

Ca. 320 Sonnentage im Jahr und eine Niederschlagsmenge von 500 mm/m^2 jährlich sind für das trockene Klima in Süditalien verantwortlich.

Die größten Seen in der Welt [E. the largest lakes of the world]

Der größte Süßwassersee Europas ist der *Bodensee* mit einer Fläche von 538,5 km^2 und einer Tiefe von bis zu 252 m. Anrainerländer sind Deutschland, Österreich und die Schweiz.

Der größte Binnensee in Deutschland ist die *mecklenburgische Müritz,* die eine Fläche von 117 km^2 bedeckt und bis zu 62 m tief ist. Danach folgt der Chiemsee in Bayern mit 79,9 km^2 Ausdehnung und der größten Tiefe von 73 m. In Deutschland gibt es 38 Seen, deren einzelne Wasseroberflächen mehr als 6 km^2 umfassen. Insgesamt bedecken sie 1106,9 km^2.

Das Kaspische Meer in Asien [E. the Caspian Sea]

ist der größte abflusslose See der Erde. Es erstreckt sich über eine Länge von 1200 km und ist bis zu 320 km breit. Seine Fläche beträgt 386.400 km^2 und ist etwas größer als die Fläche Deutschlands mit 356.980 km^2.

Das Kaspische Meer liegt im Südosten Russlands. Der südlichste Teil gehört zum Iran. Den Hauptzufluss erhält es von der Wolga. Sein Salzgehalt nimmt mit 1,2 % eine Mittelstellung zwischen Süßwasser und Ozeanwasser ein.

Baikal See; tartare: Fischreicher See; mongolisch: Dalai Nor – Heiliges Meer [E. Lake Baikal; tartare: rich fishing lake; mongolian: Holy Lake]

Die Entstehung des Lake Baikal wird in die Zeit des *Miozän* vor 25 Mio. Jahren datiert (s. Tab. 13.34). Seine Oberfläche erstreckt sich über 31.500 km^2. Er ist 636 km lang und seine Breite variiert zwischen 19 und 80 km. Sein Seespiegel liegt 454 m über dem Meeresspiegel.

Der Lake Baikal liegt in *East Siberia* inmitten waldreicher und kristalliner Gebirge. 330 Flüsse münden in den Lake Baikal. Sein einziger Abfluss ist die *Angara.* Die tiefste Tiefe reicht bis zu ca. 1700 m, die mittlere Tiefe ist 730 m; mit 2300 km^3 Inhalt ist er der tiefste Binnensee mit den fischreichsten Süßwasserreserven der Erde. Er speichert ca. 11 % der globalen Süßwasserreserven (s. Abb. 1.2a).

Er füllt die tiefste Grabensenke Asiens aus. Von Ende Dezember bis Anfang Mai eines Jahres ist der Lake Baikal zugefroren, und es bildet sich eine verkehrsfähige Eisdecke. Die Unesco hat den Baikal Lake 1996 in die Liste des Naturerbes aufgenommen.

Der Aralsee[9] [E. the Aral Sea] [151]

liegt im Süden Kasachstans an der Grenze zu Usbekistan und 700 km östlich vom *Kaspischen Meer* entfernt. Noch 1960 zählte er mit einer Größe von 66.900 km^2 zu dem viertgrößten Binnengewässer der Welt, dies entspricht einer Fläche Irlands oder Bayerns. Der Aralsee erhält seinen Wasserzufluss von dem *Amu-Darja* und *Syr-Darja*, er hat keinen Abfluss. Betrug sein Salzgehalt in den 60er-Jahren noch 1 bis 1,1 %, so hat er in den letzten fünf Jahrzehnten auf das 2,6-Fache zugenommen. In dieser Zeitspanne ist der Wasserpegel um 26 m gesunken und die Oberfläche des Sees auf ein Viertel seiner ursprünglichen Ausdehnung geschrumpft. Einer der Gründe ist, dass von den wasserreichen Zuflüssen *Amu-Darja* und *Syr-Darja* große Wassermengen für die wasserintensiven Baumwollplantagen abgezweigt werden. Dem *Syr-Darja* wird mittlerweile so viel Wasser entnommen, dass

[9] *Quelle:* www.fortunecity.de/kunterbunt/saarland/23/aralsee.html
www.sandundseide.de/Aralsee.html.

er seit 1976 nicht mehr in den Aralsee mündet. Usbekistan ist das Land mit dem größten Baumwollexport in der Welt und der viertgrößte Produzent von Baumwollsamen. Auch für Kasachstan ist Baumwolle ein wichtiges Agrarprodukt. Aufgrund des *Kara-Kum-Kanals*, der den Aralseezufluss *Amu-Darja* mit dem Kaspischen Meer verbindet, gelangt nur noch ein Drittel des natürlich zufließenden Wassers in den See. Die erheblich verringerten Wasserzuflüsse reichen nicht mehr aus, um die durch eine natürliche Verdunstung entstehenden Verluste auszugleichen. Versalzung und Eintrocknung sind die Folge [215].

In den Wüsten und Wüstensteppen im Großraum des Aralsees ist die Bevölkerungsdichte gering. In einem Gebiet, das fast doppelt so groß ist wie Deutschland, leben nur ca. 3,8 Mio. Menschen. Das entspricht fast der Einwohnerzahl von Berlin mit 4,3 Mio.

Pflanzen wehren sich gegen eine Wasserverknappung. In Regionen mit wenig Wasser haben viele Pflanzen doppelte Wurzelsysteme. Das eine System dient zum Auffangen der schwachen Frühlingsregen und das andere reicht bis zu 70 m in die Erde zum Grundwasser. Die Pflanzen selbst neigen zu Zwergwuchs und sind knorrig. Auch begegnen sie der Wasserknappheit mit einer C_4-Fotosynthese anstelle der üblichen C_6-Fotosynthese (s. Kap. 3, Abschn. „Wasser und Sonnenenergie, Fotosynthese“).

Pflanzen, die CO_2 an einem C_5-Baustein, dem Ribulose-1,5-diphosphat fixieren, werden als C_3-Pflanzen bezeichnet, da das CO_2-fixierende Ribulose-1,5-diphosphat sogleich in zwei C_3-Bausteine zerfällt.

Pflanzen, die das CO_2 in der ersten Stufe durch einen C_3-Baustein, nämlich durch Brenztraubensäure fixieren, werden C_4-Pflanzen genannt, denn als Zwischenprodukte werden C_4-Dicarbonsäuren gebildet, z. B. Oxalessigsäure u. a. Zu den C_4-Pflanzen zählen Mais, Zuckerrohr, Wüstenpflanzen, Bermudagras u. a.

Die Entwicklung des Aralsees in den letzten 50 Jahren ist eine ökologische Umweltkatastrophe, die durch Menschenhand verursacht worden ist [151].

Titicacasee [E. Titicaca Lake]

Der *Titicacasee* ist mit 3812 m über dem Meeresspiegel gelegen der größte Hochlandsee der Erde. Im Kordilleren-Hochland Südamerikas bedeckt er eine Fläche von 8300 km^2. Davon gehören 4916 km^2 zu Peru und der Rest zu Bolivien. Der See ist 190 km lang, 50 km breit und bis zu 272 m tief.

Ostsee [E. Baltic Sea] [41]

Die Ostsee ist ein stark gegliedertes flaches Nebenmeer des *Atlantischen Ozeans,* vom nördlichen Teil des europäischen Kontinents fast völlig umschlossen. Sie unterteilt sich in *Kattegat, Beltsee, Arkonasee, Bornholmsee, Gotlandsee, Rigaer Bucht, Finnischer Meerbusen, Ålandmeer, Schärenmeer* und *Bottnischer Meerbusen* (Abb. 8.104).

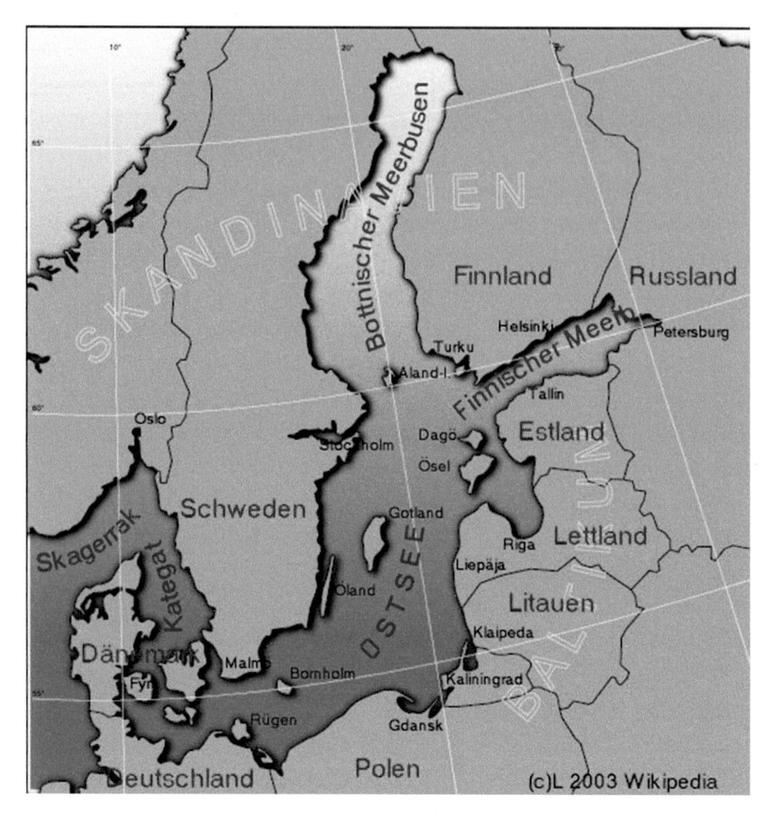

Abb. 8.104 Die Ostsee [E. Baltic Sea]

Die Ostsee ist einer der größten Brackwasserseen der Erde (s. Kap. 2, Abschn. „Brackwasser") und ist erdgeschichtlich ein sehr junges Meer.

Entstehungsgeschichte der Ostsee [E. formation of the Baltic Sea] (Tab. 13.35)

Der Baltische Eissee [E. the Baltic Ice Lake]

Bis vor 25.000 Jahren ruhte das heutige Gebiet von *Rügen* unter einem mächtigen Eispanzer. Das Klima erwärmte sich plötzlich relativ schnell und die Gletscher schmolzen langsam ab. Vor rund 12.000 Jahren hatte sich der Gletscherrand bis auf die Höhe der Insel *Gotland* zurückgezogen. Die Schmelzwasser sammelten sich in der davor liegenden Mulde. Diese mit Wasser gefüllte Mulde wurde *„Baltischer Eissee"* genannt, ein Süßwassersee, der keine Verbindung zum offenen Meer besaß (Abb. 8.105).

Das Yoldia-Meer [E. the Yoldia Sea] Je mehr das Gletschereis im Laufe der Jahrtausende weiter abschmolz, desto höher stieg der Wasserspiegel des Sees. Am Ende lag er 26 m

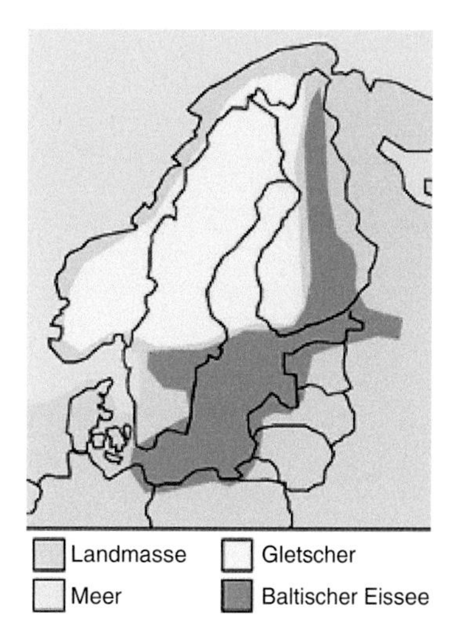

Abb. 8.105 Der Baltische Eissee [E. the Baltic Ice Lake]

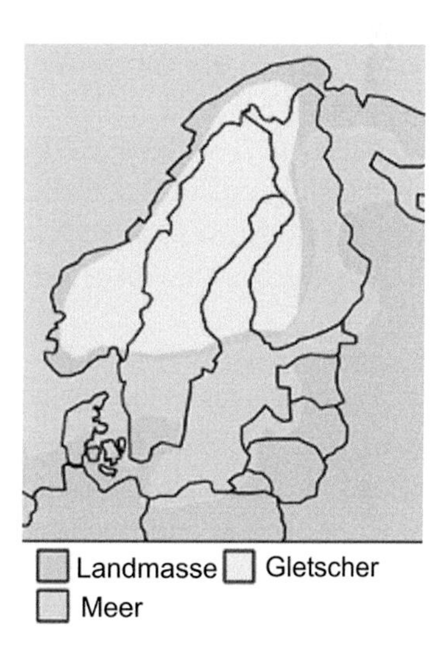

Abb. 8.106 Das Yoldia-Meer [E. the Yoldia Sea]

über dem des Atlantiks. Wie eine bis zum Rand vollgelaufene Badewanne lief dann vor ca. 10.000 Jahren der Baltische Eissee über. Der gewaltige Sog des ausströmenden Wassers schürfte eine Rinne aus. Über sie drang erstmals das schwerere Salzwasser ein. Es war ein richtiges Meer entstanden – das Yoldia-Meer (Abb. 8.106).

Der Ancylus-See [E. the Ancylus Lake] Während der Eiszeit drückte das gewaltige Gewicht der Gletscher auf die darunter liegenden Erdschollen in Richtung Erdkern. Das Abschmelzen des Eises entlastete die Schollen. Vom Gewicht befreit, begannen sie sich wieder zu heben. Dieser Vorgang hält bis heute an, ist jedoch inzwischen stark verlangsamt und selbst in einem ganzen Menschenleben kaum wahrnehmbar. Die sich fortlaufend

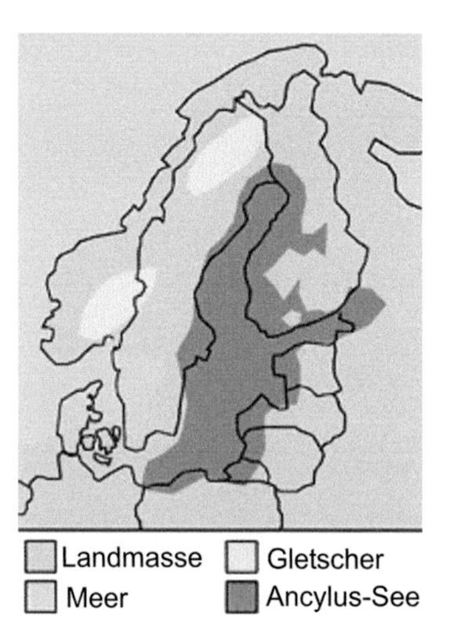

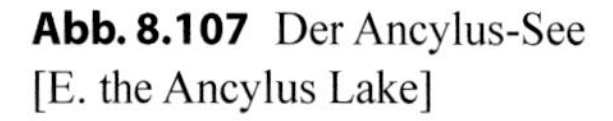
Abb. 8.107 Der Ancylus-See [E. the Ancylus Lake]

hebenden Erdschollen schnitten vor rund 9000 Jahren den Zugang zum Atlantik erneut ab. Der Salzgehalt des Wassers fiel sofort. Es entstand erneut ein Süßwassersee – der Ancylus-See (Abb. 8.107).

In diesem 3. Stadium wurde die Ostsee wieder zu einem Süßwassersee. Denn der eustatische Anstieg des Weltmeeresspiegels wurde überholt durch den isostatischen Anstieg Skandinaviens, da das Abschmelzen des Inlandeises von 7250 bis 5100 v. Chr. eine Entlastung brachte. Dieser See wurde Ancylus-See genannt.

Das Litorina-Meer/ Die Ostsee [E. the Litonia Sea/Baltic Sea] Durch den fortgesetzten Wassereintrag der Flüsse stieg der Seespiegel rasch an – um ca. 1 m pro Jahrhundert. Den hohen Wasserstand des Sees bezeugen seine fossilen Kliffe. Das sind ehemalige Steilküsten, die heute im Inland liegen. Solche alten Steilküsten findet man beispielsweise an den Dohlaner Höhen oder auch am Schanzenberg zwischen Binz und Prora. Nach ca. 2000 Jahren (also vor rund 7000 Jahren) schwappte die Badewanne dann erneut über. Dafür waren die fortgesetzte Hebung der Erdschollen und der Fluss- und Schmelzwasserzufluss verantwortlich. Das Wasser strömte an den flachsten Stellen aus dem Ancylus-See. In diesem Fall waren das der Öresund sowie der Große und der Kleine Belt – also zwischen Dänemark und Schweden. Der eustatische Anstieg des Weltmeeres sorgte dafür, dass entsprechendes salzhaltiges Nordseewasser durch die Beltsee in die Ostsee als Unterstrom eindrang. Die heutige Ostsee, ein in Europa einmaliges Meer, war geboren (Abb. 8.108).[10] [41]

Gegenwärtig bedeckt die Ostsee eine Fläche von 415.266 km^2 und beinhaltet ein Wasservolumen von 21.721 km^3. Ihr Einzugsgebiet erstreckt sich über 1.720.270 km^2. Ihre maximale Tiefe reicht bis zu 459 m.

[10] *Quelle*: www.dlrg.de/Gliederung/Mecklenburg-Vorpommern/Prora/natur/ostsee.htm.

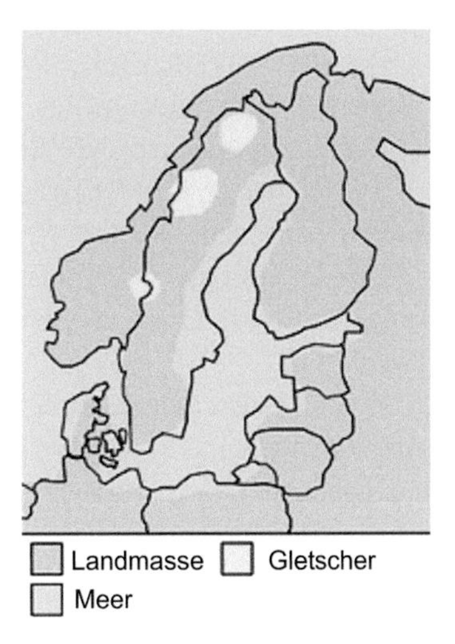

Abb. 8.108 Das Litorina-Meer [E. the Litorina Sea/ Baltic Sea]

Der Wassertausch zwischen Nord- und Ostsee ist durch die Meerengen zwischen Dänemark, Schweden und den untermeerischen Schwellen stark eingeschränkt. Er vollzieht sich ausschließlich über die engen und flachen Belte und den Sund. Das schwerere salzreiche Wasser strömt aus der Nordsee am Boden in die Ostsee.

Das letzte große Hindernis für das Vordringen des salz- und sauerstoffhaltigen Nordseewassers in die Tiefbecken der Ostsee ist die *Darßer Schwelle* zwischen der Halbinsel *Darß-Zingst* und der dänischen Insel *Falster* sowie der *Drogden Schwelle* in Sund.

Der Salzgehalt des Oberflächenwassers nimmt von der westlichen Ostsee mit 0,25 bis 0,15 %, in den inneren Teilen des Bottnischen und im Finnischen Meerbusen von 0,02 bis fast 0 % ab.

Flusswassereintrag aus den angrenzenden Ländern und Niederschlag sorgen für einen Wasserüberschuss in der Jahresbilanz und tragen zur Salzverdünnung an der Oberfläche bei. Das über die Meerengen der westlichen Ostsee einströmende Salzwasser aus der Nordsee sinkt wegen seiner höheren Dichte in die Tiefen der Ostsee und breitet sich dort aus. Dagegen schichtet sich das leichtere mit Salzwasser vermischte Flusswasser über das salzreiche Tiefenwasser.

Es entwickelten sich ganzjährig zwei stabile Wasserschichten unterschiedlicher Dichte, die durch einen sogenannten *Dichtesprung* ohne Übergang voneinander getrennt sind. Dadurch ist die Vertikalzirkulation nur schwach. Sie hat dazu geführt, dass die untere salzreiche Schicht auch sauerstoffarm ist. Diese Doppelschichtstruktur bestimmt und beeinflusst die Pflanzen- und Tierwelt des Ökosystems Ostsee. Gegenüber menschlichen (anthropogenen) Einwirkungen ist es hoch empfindlich.

Der stark eingeschränkte Wassertausch zwischen Nord- und Ostsee bedingt für das Wasser oft lange Verweilzeiten im Ostseebecken bis zu 25 Jahren und gar 35 Jahren, während sie in der Nordsee zwei bis fünf Jahre betragen.

Auftretende geringe Salzwasserströme aus der Nordsee erreichen in der Regel das Tiefenwasser der zentralen Ostsee nicht.

Dorthin gelangen die großen *Salzwassereinbrüche*, die sich durch einen hohen Sauerstoffgehalt auszeichnen und einen aeroben Stoffwechsel der Pflanzen- und Tierwelt auslösen.

Zwischen den Salzwassereinbrüchen können Stagnationsphasen von mehreren Jahren eintreten. Während dieser Phasen vermindert sich der Sauerstoffgehalt, und es kommt zu anaeroben Stoffwechselabläufen, bei denen Schwefelwasserstoff, Methan und molekularer Stickstoff entstehen. Gleichzeitig reichern sich Phosphat- und Ammoniumionen an. Es tritt eine Eutrophierung ein.

Die Temperaturen des Ostseewassers hängen von den Salzwassereinbrüchen und den Jahreszeiten ab. Salzwassereinbrüche im Frühherbst drücken warmes Wasser in die Tiefenbecken, und die Wassertemperaturen steigen schnell an. Dagegen ist im Winter und Frühjahr einströmendes Nordseewasser kalt, und entsprechend sinken die Temperaturen des Ostseetiefenwassers.

Eustatische[11] Meeresbewegungen sind

Meeresspiegelschwankungen infolge der Veränderungen des Wasserhaushaltes der Erde. Sie können folgende Ursachen haben:

- Schwankungen in der Gesamtmenge des irdischen Oberflächenwassers, z. B. durch Zunahme von vulkanischen Exhalationen[12] oder Abnahme durch chemische Bindung.
- Wandlung in dem Fassungsvermögen der ozeanischen Räume, d. h. Veränderung durch tektonische Umgestaltung oder durch Auffüllung von Sedimenten.
- Veränderte Verteilung des Wassers zwischen Meer und Festland, Aufbau und Abschmelzen von Gletschern und Seen.

(*Lit.:* Mätthaus, W. und Nausch, G. (2001), Synergie-Effekte im Institut für Ostseeforschung Warnemünde, Traditio et Ennovatio, das Forschungsmagazin der Universität Rostock, 6. Jg., Heft 2)

Ostseeflüsse [E. rivers of the Baltic Sea]

Die Ostsee ist umgeben von den *skandinavischen Ländern Dänemark, Schweden, Finnland,* von den *baltischen Ländern Estland, Lettland, Litauen* sowie *Russland, Polen* und

[11] *eu (gr.) – als Vorsilbe normal*; staticus (lat.) – Gleichgewicht.

[12] exhalare (lat.) – aushauchen, Exhalation ist das Ausströmen von Dämpfen und Gasen aus Vulkanen.

Deutschland. Von diesen münden unzählige Flüsse in die Ostsee und sorgen neben den Niederschlägen für reichen Süßwasserzufluss.

Insbesondere von Schweden fließen zahlreiche kleine und mittelgroße Flüsse als Stromschnellen, Sturzbäche und Wasserfälle in die Ostsee.

Einige Flüsse mit bekannten Hafenstädten seien genannt:

Newa	bei Petersburg, Russland, 74 km lang, kommt aus dem Ladogasee
Duna	bei Riga, Lettland, 1020 km lang, entspringt in den russischen Waldaihöhen; ihr Einzugsgebiet beträgt 85.100 km^2
Memel, Litauen	mündet als mehrarmiges Delta bei Memel in der Nähe von Tilsit in die Ostsee. Sie ist ein 937 km langer Flachlandfluss, der 50 km südlich von Minsk entspringt.
Pregel	Fluss in Nordostpreußen, zu Russland gehörend, 127 km lang, entspringt bei Insterburg und mündet bei Königsberg
Weichsel	Polen (Tab. 8.21)
Persante	Hinterpommern/Polen, Küstenfluss 165 km lang, Quellen auf dem Pommerschen Landrücken und mündet bei Kolberg in die Ostsee
Wipper	fließt bei Rügenwalde als Küstenfluss in Pommern/Polen in die See und ist 115 km lang
Oder	Grenzfluss zwischen Deutschland und Polen (Tab. 8.21)
Peene	fließt als westlicher Mündungsarm des Oderdeltas (16 km) zwischen Usedom und Festland bei Peenemünde in die See, 116 km lang
Warnow	128 km langer Fluss in Mecklenburg, der nördlich von Parchim entspringt und bei Warnemünde über den Breitling in die See übergeht.
Trave	fließt bei Travemünde/Lübeck in die See, ist 118 km lang, von Eutin/Holstein kommend
Kemijoki	ist Finnlands längster und wasserreicher Fluss mit 550 km Länge. Sein Quellgebiet ist Lappland, er mündet bei Kemin in den Bottnischen Meerbusen.
Klarälven	ist mit 720 km Schwedens längster Fluss. Es ist ein Fluss, der von Schweden nach Norwegen und zurück nach Schweden fließt. In Karlstadt mündet er in den Vänersee, mit 5650 km^2 der größte See Schwedens.

Nord-Ostsee-Kanal [E. Kiel-Canal] [79]

Der Nord-Ostsee-Kanal verbindet in Schleswig-Holstein die Nordsee mit der Ostsee bzw. auch umgekehrt. 1887 wurde mit seinem Bau begonnen, acht Jahre später am 10. Juni 1895 wurde er eingeweiht. Er verbindet Brunsbüttel an der Nordseeküste mit Kiel-Holtenau an der Ostseeküste und ist 98,63 km lang. Seine Wasserspiegelbreite beträgt 102,5 m, seine Sohlenbreite 44 m, und er ist 11 m tief. An einer Verbreiterung und Vertiefung wird gegenwärtig gearbeitet. An den Endpunkten befinden sich Schleusen zum Ausgleich der Wasserstandsschwankungen durch den Tidenhub der Nordsee, den Windstau der Ostsee und den Wasserzufluss durch das 1580 km^2 große Wassereinzugsgebiet.

Der Nord-Ostsee-Kanal ist die am meisten befahrene künstliche Wasserstraße der Erde. Ca. 42.000 Schiffe passieren jährlich den Kanal, d. h. 115 Schiffe täglich. Ihre Höchstgeschwindigkeit darf 15 km/h nicht übersteigen, somit ist die Durchfahrtsdauer 6 bis 8 h pro Schiff. Der Kanal ist Tag und Nacht befahrbar.

Der Seeweg von der Nordsee in die Barentssee durch die Ostsee [E. the sea route from the North-Sea to the Barents-Sea through the Baltic Sea] [79]

Aus Sicht des Schiffsverkehrs ist die Ostsee auch in östlicher Richtung keine Sackgasse. Vom *Finnischen Meerbusen* aus durch den Fluss *Newa* bei Petersburg führt der Seeweg durch den Ladogasee und den Fluss Swir in den *Onegasee*. Von Powonez aus verbindet der Weißmeer-Ostsee-Kanal das Weiße Meer bei Bjelomorsk mit dem *Onegasee.* Damit ist ein Seeweg von der Nordsee bis in die Barentssee erschlossen, der diesen um 4000 km verkürzt gegenüber dem Weg um Skandinavien herum.

Weißmeer-Ostsee-Kanal, Bjelomorsko-Baltysky-Canal [E. White Sea – Baltic Sea Canal/ Belomorska-Baltiyskiy Canal]

Dieser Kanal wurde 1933 eröffnet und ist eine künstliche Wasserstraße im Karelischen Russland. Sie verbindet den *Onegasee* von *Powonez* mit dem *Weißen Meer* bei Bjelomorsk. Der 227 km lange Kanal mit 19 Schleusen und zahlreichen Dämmen ist ein wichtiges Teilstück des russischen Wasserstraßennetzes. Eisbrecher halten ihn auch im Winter für die Schifffahrt offen.

Das *Weiße Meer* ist ein Schelfmeer des Nordpolarmeeres und nimmt eine Fläche von 90.000 km^2 ein. Es ist 60 bis 350 m tief und dringt zwischen den Halbinseln *Kola* und *Kamin* tief in das Festland vor. Von November bis Mai ist es von Treib- und Packeis bedeckt. Wichtige Häfen sind *Archangelsk* und *Bjelomorsk.*

Entstehung der Nordsee [E. formation of the North Sea]

Vor ca. 300 Mio. Jahren. d. h. während der Übergangszeit von Devon zum Karbon, war der europäische Kontinent durch mächtige Sumpflandschaften mit England verbunden. Abwechselnd von verschiedenen geologischen Phasen war der Ozean vorgedrungen und hatte die Schelfsenke zwischen England und Skandinavien mit Salzwasser gefüllt. In anderen Phasen war das Ozeanwasser wieder zurückgewichen (Tab. 13.35). Riesige Flüsse hatten Schlamm, Pflanzen, Tierreste in das Schelfmeerbecken geschwemmt. Diese Reste schichteten sich in Millionen von Jahren zu einer kilometerdicken Sedimentdecke auf. Kohleflöze entstanden. Sand- und Kalksteinschickten deckten sie ab. Je nach der Höhe von Temperaturen und Drücken und der Art des organischen Ausgangsmaterials entstanden auch Erdöl- und Erdgaslager.

Der Meeresboden der Nordsee hat sich aus dem flachauslaufenden skandinavischen Festlandsockel und dem der britischen Insel gebildet. Sie stoßen in dem sogenannten Flachmeerbecken zusammen oder überlagern sich. Deshalb ist sie mit Tiefen von 20 und 150 m ein relativ flaches Meer. Die norwegische Rinne weist die Maximaltiefe von 705 m auf. Die Nordsee bedeckt eine Fläche von 575.000 km^2.

10.000 v. Chr. ist das Ende der letzten Kaltzeit (Weichsel-Kaltzeit). Der Meeresspiegel lag wegen des vielen im Gletschereis gebundenen Wassers 100 bis 120 m unter dem heutigen Niveau. Die Nordseeküste verlief daher nördlich der Doggerbank (s. Foto II, Kap. 4].

Von 10.000 bis 9000 v. Chr. ziehen sich die Gletscher bis nach Nordskandinavien zurück. Der Meeresspiegel stieg von etwa 100 auf 45 m unter dem heutigen Niveau, d. h. etwa 1,6 m im Jahrhundert.

Um 8000 v. Chr. (Beginn der Mittelsteinzeit) lag die Nordseeküste noch nördlich der Doggerbank. Südlich davon dehnten sich flache Sanderebenen aus. Die Themse mündete um 7500 v. Chr. in den Rhein (bzw. umgekehrt) und beide dann in den Atlantik. Gegen Ende dieser Periode wurde die Doggerbank zur Insel.

Ab 6600 v. Chr. stieg der Meeresspiegels mit einer durchschnittlichen Rate von mehr als 2 m im Jahrhundert von –45 bis auf –15 m unter dem heutigen Niveau an. Das Meer überflutete schnell die flach nach Westen geneigten Sanderebenen sowie tieferen Schmelzwassertäler der letzten Eiszeit und erreichte den Rand der Festlandsgeest.

Zwischen 6600 und 4500 Jahren v. Chr. verschob sich die Küstenlinie etwa 250 bis 300 km landeinwärts.

Zwischen 5900 und 5600 v. Chr. erreichten die ersten Überflutungen das Vorfeld der ostfriesischen Inseln.

Um 5100 v. Chr. ist das Ende des Abtauens der eiszeitlichen Gletscher. Der Anstieg des Meeresspiegels verlangsamt sich.

Ab 5000 v. Chr. wurde die Doggerbank überflutet. Während des Vordringens der Nordsee nach Süden und Osten bildeten sich durch Grundwasserspiegelanstieg und den Rückstau der Flüsse nahe der Küsten Moore, die beim weiteren Anstieg des Meeresspiegels überflutet wurden. Nahe der heutigen Küste sind häufig wechselnde Folgen von Torfen und Meeresablagerungen (Sedimenten) ausgeprägt. Je nach ihrer Höhenlage haben die Torfe ein verschiedenes Alter. Sie bilden die wichtigsten Fixpunkte des Meeresspiegelanstiegs, da sie sich mithilfe der Radiokarbonmethode (C14-Methode) datieren lassen.

Um 4500 v. Chr. erreichte die Nordsee den Dithmarscher Geestrand. Nördlich der Eider bog die Küstenlinie nach Nordwesten um die alten Geestkerne von Amrum und Sylt herum.

Ab 2500 v. Chr. folgen abwechselnd Phasen der Transgression[13] und Regression[14].

Das Meer zog sich erneut zurück (Regressionsphase). Seit etwa 2500 v. Chr. bildete sich eine Ausgleichsküste aus, indem aus Sanden und Kiesen aufgeworfene Nehrungen die Geestkerne miteinander verbanden. Die dahinter liegenden flachen Täler und Ebenen wurden dem direkten Meereseinfluss entzogen. Moore, Seen und Schilfsümpfe bildeten hier eine siedlungsfeindliche Landschaft. Zwischenzeitliche Vorstöße des Meeres ließen abwechselnd Schichten von Kleiboden[15] und nach dem Rückzug wieder Torf entstehen. Dieser sich nur wenig über dem Meer erhebende flache Boden wird Marsch genannt.

Um 500 v. Chr. landeten erste Flächen einer Seemarsch auf. In Dithmarschen verlagerte sich durch den Aufwuchs jungen Marschlandes die Küstenlinie in der Folgezeit immer weiter nach Westen. Mit der Entstehung von Marschen ermöglichten diese Perioden zugleich die Besiedlung der See- und Flussmarschen. Erneute Sturmfluten erforderten den Bau von Wurten[16]. Die heutigen nordfriesischen Halligen bilden einen Aufwuchs junger Marsch über den mittelalterlichen Landoberflächen (Foto II, s. Kap. 4). [17]

Schwarzes Meer [E. Black Sea]

Der Name des *Schwarzen Meeres* ist vermutlich zurückzuführen auf das Vorkommen besonders vieler *sulfidogener Bakterien.* Diese reduzieren Sulfationen zu Sulfidionen, die sich mit Eisenionen zu schwarzem Eisensulfid verbinden und das Wasser entsprechend grau bis schwarz einfärben.

Sulfationen $\xrightarrow{\text{Bakterien}}$ Sulfidionen

$$SO_4^{--} \longrightarrow S^{--} + 2\,O_2$$

Eisenionen — Eisensulfid

$$S^{--} + Fe^{++} \longrightarrow FeS$$

Das *Schwarze Meer* bedeckt eine Fläche von 423.000 km^2 und hat einen Inhalt von 597.000 km^3 Wasser. Es ist die Drehscheibe zwischen Europa und Asien.

---

[13] Transgression – Vordringen eines Meeres über das Festland; transgressio (lat.) – Vordringen.

[14] Regression – Rückbewegung; regressus (lat.) – Rückgang.

[15] Klei (norddeutsch), engl. clay – Ton. Kleiboden ist eine tonreiche, fette Bodenart, die in den Marschen anzutreffen ist und aus abgelagertem Schlick gebildet wird.

[16] Wurten (niederländisch) – Erdwälle, Deiche.

[17] *Quelle:* http://www.wineta.de/seegeschichte.htm.

Im zentralen Becken beträgt seine Tiefe 1833 m, die tiefste Stelle misst 2244 m.

Der Salzgehalt ist relativ niedrig. In der oberen Schicht beträgt er 1,7 % und in der tiefer als 150 m liegenden 2,24 %. Als salzreicher Unterstrom fließen aus dem Mittelmeer durch den Bosporus dem Schwarzen Meer jährlich ca. 300 km^3 Wasser mit einem Salzgehalt von 3,8 bis 3,9 % zu. Der Oberflächenabfluss[18] mit niederem Salzgehalt beträgt im Jahr 600 km^3.

Süßwasserzufluss durch Flüsse bedeutet immer eine Erniedrigung (Verdünnung) des Salzgehaltes. In das *Schwarze Meer* münden zahlreiche Flüsse wie z. B. Coruh, Dnjepr, *Dnjestr, Don, Donau, Enguri, Kamchiya, Kizilirmak, Rioni, Ropotamo, Sakarya, Südlicher Bug*. Sie sorgen für einen größeren Süßwasserzufluss als der salzarme Abfluss am Bospurus.

Das *Schwarze Meer*, das *Kaspische Meer* und der *Aralsee* sind Überbleibsel des Urozeans. Während einer Phase des Praekambriums vor mehr als 600 Mio. Jahren brach das geschlossene Festland in verschiedene Teile, aus denen sich die heutigen Kontinente bildeten, sich gegeneinander verschoben und auseinanderdrifteten (Tab. 13.35).

Seit ca. 9000 Jahren ist die Meerenge des Bosporus die einzige Verbindung zum Mittelmeer. Sie hat eine Breite von 760 bis 3600 m und ist an der flachsten Stelle nur 32 bis 34 m tief.

Es gibt Hinweise darauf, dass sich vor ca. 9000 bis 8000 Jahren riesige Salzwasserfluten aus dem *Mittelmeer* in das *Schwarze Meer* ergossen haben. Eine Arbeitsgruppe von Wissenschaftlern um den Bremer *Max-Planck-Forscher Christian Borowski* und seinen Kollegen *Helge Arz* vom *Geoforschungszentrum Potsdam* wies nach, dass es schon vor etwa 130.000 Jahren (s. Tab. 13.35) zu einer Überflutung des Schwarzen Meeres aus dem Mittelmeer gekommen sein muss. Während der letzten Eiszeit vor 150.000 bis 10.000 Jahren war das bis zu 2300 m tiefe *Schwarze Meer* ein großer *Süßwassersee.* Es war damals durch den trocken gefallenen *Bosporus* vom *Mittelmeer* getrennt. Mit dem Abschmelzen der mächtigen polaren Eiskappen und dem Anstieg des weltweiten Meeresspiegels konnte sich vor ca. 8000 Jahren das salzhaltige Wasser des Mittelmeeres durch den *Bosporus* in das damals tiefer liegende *Schwarze Meer* ergießen. Das Schwarze Meer verwandelte sich von einem *Süßwassersee* in ein stark geschichtetes salziges Meer, in dem heute lebensfeindliche Verhältnisse herrschen, mit Ausnahme in der obersten 150-m-Schicht. Unterhalb diesen 150 m gibt es keinen gelösten Sauerstoff mehr, weil der Abbau abgestorbener organischer Reststoffe im Laufe der vergangenen Jahrtausende sämtlichen Sauerstoffvorrat aufgezehrt hat. Im salzreichen Tiefenwasser wird der freie Sauerstoff durch den Abbau organischer Stoffe chemisch gebunden. Es herrschen anerobe Verhältnisse. Es wird dort der Faulschlamm, der Sapropel[19], abgelagert. Sauerstoff kann wegen der stabilen Wasserschichtung aus der Atmosphäre nicht nachgeliefert werden. Salzhaltiges Wasser hat eine höhere Dichte als salzfreies bzw. salzarmes Wasser. Marine Phasen, d. h. Warmzeiten, mit

[18] Die Dichte von Wasser mit geringerem Salzgehalt ist niedriger als die mit höherem. Deshalb fließt solches als Oberflächenwasser.

[19] Faulschlamm – Sapropel (sapros (gr.) – faul; pelein (gr.) – sich bewegen.

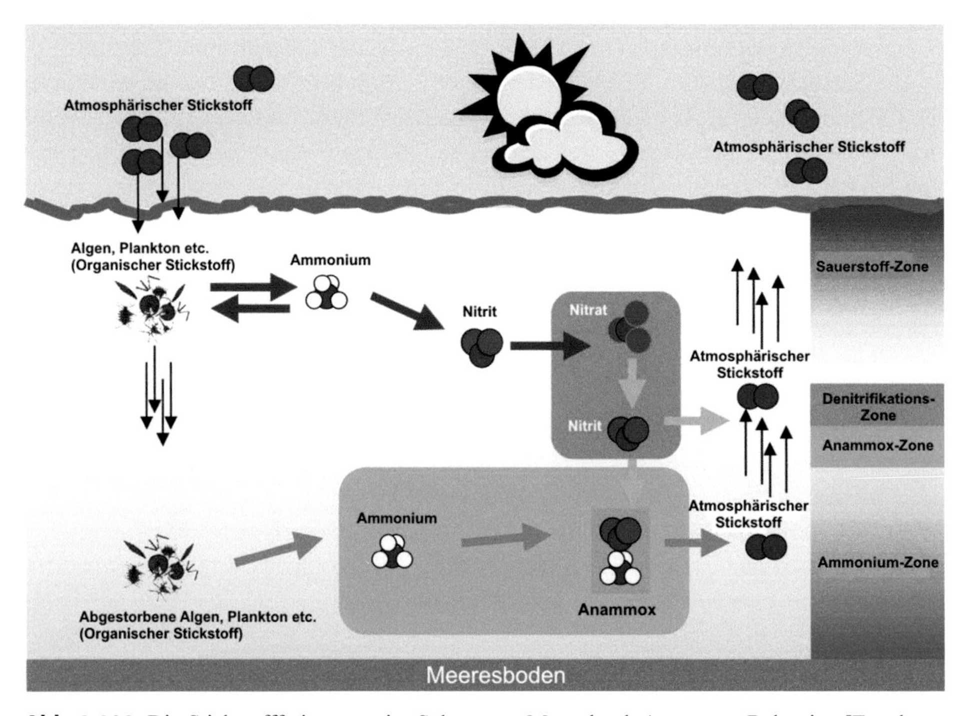

Abb. 8.109 Die Stickstofffreisetzung im Schwarzen Meer durch Anammox-Bakterien [E. release of nitrogen by anammox bacteria in the Black Sea]. (Quelle: http://www.mpi-bremen.de/Wie_Mikroorganismen_die_Stickstoffduengung_im_Schwarzen_Meer_regeln.html)

Salzwassereintrag wechseln sich mit den Süßwasserphasen, d. h. Kaltzeiten (limnische[20] Phasen), der Eiszeiten ab. Die grünbraunen Sapropele unterscheiden sich deutlich von den überwiegend hellgrauen limnischen Sedimentablagerungen.[21]

Über die *Straße von Kertsch* ist das *Schwarze Meer* mit dem *Asowschen Meer* verbunden.

Über Flüsse die als Schiffsverbindungen genutzt werden, ist das *Schwarze Meer* über den *Don* und die *Wolga* mit dem *Kaspischen Meer*, der *Ostsee* und dem *Weißen Meer* (Arktis) verbunden (s. Kap. 8, Abschn. „Die größten Seen der Welt"). Über die Donau und den *Main-Donau-Kanal* gelangt man per Schiff zur *Nordsee* (Abb. 8.100).

Besonders deutlich ist im Schwarzen Meer die unterschiedliche bakterielle Zusammensetzung der Wasserschichten in Abhängigkeit der Meerestiefen. (Abb. 8.109).

In der oberen sauerstoffreichen Zone werden abgestorbene *Phytoplanktone* (Algen) durch Oxidation und Nitrifikation mit anschließender Denitrifikation abgebaut. Dabei wird unter anderem Kohlenstoffdioxid, Wasser und elementarer Stickstoff freigesetzt, wobei Letzterer in die Atmosphäre entweicht.

[20] limnisch (limne (gr.) – Teich) – in Süßwasserseen lebend bzw. gebildet.

[21] *Quelle:* Max-Planck-Institut für Marine Mikrobiologie, Dr. Christian Borowski, 28359 Bremen.

Der Stickstoffkreislauf in der Natur im Allgemeinen und in den Ozeanen im Besonderen wird durch die Mengen bestimmt, in denen er in Form ionischer Verbindungen gespeichert wird.

wie z. B. Nitrate, NO_3^-, Nitrite, NO_2^-, Ammonium, NH_4^+, Amminosäuren, $R{-}CH(NH_3^+){-}OO^-$, und auch Proteine.

Ein weiterer bestimmender Faktor sind die Reaktionsgeschwindigkeiten, mit denen die Stickstoffverbindungen in die unterschiedlichen Oxidationsstufen überführt werden.

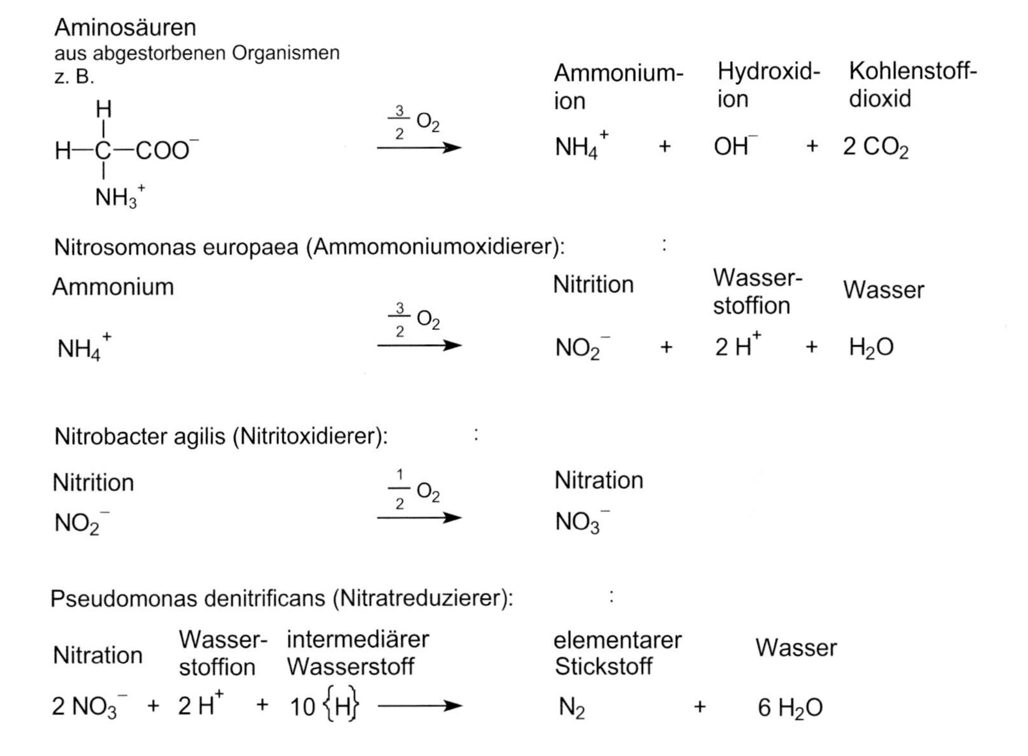

In den unteren Zonen ab 150 m und tiefer sammeln sich die Überbleibsel abgestorbener Organismen an, die dem oben beschriebenen Abbauprozess entkommen sind.

In der sauerstofffreien Schicht wird die Denitrifizierung durch *Anammox*-Bakterien besorgt. Diese vom Max-Planck-Institut für Meeresbiologie entdeckten Bakterien beziehen ihre Energie zum Leben aus der Reduktion des Nitrits mithilfe der Ammonium-Ionen. Der sich bildende elementare Stickstoff entweicht in die Atmosphäre (s. Kap. 8, Abschn. „Biologische Methoden zur Abwasseraufbereitung in der Industrie“).

Neue Erkenntnis ist, dass die anaerobe Ammoniumoxidation durch die Anammox-Bakterien ohne Beteiligung von molekularem Sauerstoff geleistet wird.

Anammox-Bakterien

Nitrition		Ammoniumion		elementarer Stickstoff		Wasser
NO_2^-	+	NH_4^+	$\xrightarrow[\text{bakterien}]{\text{Anammox-}}$	N_2	+	$2\,H_2O$

Wissenschaftler gehen davon aus, dass diese Bakterien am Boden der Ozeane weitverbreitet sind und für den globalen Stickstoffkreislauf eine sehr wesentliche Bedeutung haben.

Victoriasee (Victoria Nyanza) [E. Lake Victoria]

Der Victoriasee in Ostafrika ist mit einer Ausdehnung von 68.800 km^2 Fläche der drittgrößte See der Welt nach dem Kaspischen Meer mit 371.000 km^2 und dem Oberer See in USA/Canada mit 83.270 km^2.

Die Fläche des Victoriasees entspricht in etwa der Größe der Irischen Republik. Er ist der zweitgrößte Süßwassersee der Welt mit einer maximalen Tiefe bis ca. 85 m. Die mittlere Tiefe ist ca. 40 m. Er erstreckt sich über die Landflächen Kenia – Uganda – Tansania in 1134 m über dem Meeresspiegel, NN. Sein Wasservolumen wird auf 2750 km^3 geschätzt. Als natürlicher Stausee füllt er den Boden eines vor 1 Mio. Jahren tektonisch entstandenen Beckens zwischen ostafrikanischer und zentralafrikanischer Schwelle. Sein wichtigster Wasserzufluss erfolgt vom Westen durch den *Kagera* und sein Abfluss im Norden durch den *Victoria-Nil.*

Im See befinden sich zahlreiche Inseln, deren Gesamtfläche 6000 km^2 einnehmen. Die Seeufer sind dicht besiedelt. Zurzeit leben dort ca. 30 Mio. Menschen. Der See ist reich an Fischen mit 550 unterschiedlichen Arten. In Europa werden zurzeit nur 200 Süßwasserfischarten gezählt.

Gegenwärtig ist der See von mehreren Umweltbelastungen heimgesucht. Durch die dichte Uferbesiedlung ist das Wasser stark verschmutzt. Das von Uganda im Jahr 2002 gebaute zweite Wasserkraftwerk hat den Wasserspiegel im Jahr 2006 auf ein Rekordtief um einige Meter sinken lassen. Eingeschleppte *Wasserhyazinthen* (water hyacinths) bedecken weite Wasseroberflächen und blockieren den Luftaustausch mit dem Wasserspiegel.

Vor 14.700 Jahren war wegen einer geologischen Warmperiode der Victoriasee völlig ausgetrocknet.

Der Tschadsee [E. Lake Chad] [215, 238]

Der Tschadsee ist ein Schwemmlandsee am Südrand der Sahara gelegen im Ländereck *Tschad, Kamerun, Nigeria* und *Niger.* Er befindet sich im Tschadbecken und erhält zu

90 % sein Wasser durch die Flüsse *Schari* und *Logone*. Die restlichen 10 % des Wasserzulaufs werden von nigerianischen Flüssen gespeist. Im westlichen Teil des Sees mündet ein *Wadi*, die Abflussrinne *Bar-el-Ghazal*.

Der See ist ohne Abfluss, und seine Tiefe schwankt je nach Klima (Trockenheit) und Jahreszeit zwischen 1 bis 6 m. Alle Zuflüsse sind perennierend[22] und unterliegen jährlichen Pegelschwankungen. Die Niederschlagsmenge im Tschadbecken beträgt jährlich mehrere Dezimeter pro Quadratzentimeter, nimmt im Trend aber um 5 bis 10 cm/cm^2 pro Jahr ab. Seit Jahrzehnten ist das Tschadbecken von einer fortschreitenden Versteppung, Austrocknung und Dürre betroffen. Um 4000 v. Chr. nahm der See eine Wasserspiegelfläche von 300.000 km^2 ein, das ist eine Fläche, die fast der Landesfläche Deutschlands mit 356.000 km^2 entspricht. Der Wasserspiegel lag damals um 40 m höher als heute mit 240 m über NN.

Schwankte in den 60er-Jahren des 20. Jahrhunderts die geschlossene Wasseroberfläche des Tschadsees noch zwischen ca. 25.000 und 38.000 km^2, so ist sie bis heute auf 1500 km^2 geschrumpft. Das zeigen die neuesten Satellitenaufnahmen.

Von der Weltöffentlichkeit kaum wahrgenommen, vollzieht sich hier eine große Naturkatastrophe. Als Ursachen werden zum einen die Klimaänderung mit ihren ariden Folgen wie geringe Niederschläge gesehen, mit ihr ist eine hohe Verdunstung des Oberflächenwassers verbunden. Zum anderen haben die starke Bewässerung von landwirtschaftlich genutzten Ackerflächen und die Errichtung von großen Staudämmen für Kraftwerke mit den erforderlichen Zuflüssen die Zuflussrate von Wasser in den Tschadsee um bis zu 50 % vermindert.

Um eine endgültige Austrocknung des Sees zu verhindern, arbeitet zurzeit die *Lake Chad Basin Commission* an einer Machbarkeitsstudie. Diese sieht vor, einen Damm und ca. 100 km lange Kanäle zu bauen, um Wasser aus dem Kongofluss bergauf z. B. in den Schari-Fluss zu pumpen, der maßgeblich den Tschadsee mit Wasser versorgt. Von der zukünftigen Entwicklung des Tschadsees sind sieben Staaten betroffen, die in seinem Einzugsgebiet liegen: *Algerien, Libyen, Niger, Nigeria, Sudan, Tschad* und *Zentralafrikanische Republik* [215].

Suez-Kanal, Panama-Kanal, Nicaragua-Kanal [E. Suez-Canal, Panama-Canal, Nicaragua-Canal] [168][23]

Suez-Kanal [E. Suez-Canal]

Der Suez-Kanal ist ein schleusenloser Schifffahrtskanal, der durch *Ägypten* fließt und den Wasserweg zwischen dem *Mittelmeer*, ausgehend von Port Said, und dem *Roten Meer* bei Suez herstellt. Er ist 171 km lang, an der Wasseroberfläche 100 bis 135 m und an der Kanalsohle 45 bis 100 m breit und 13 bis 15 m tief.

[22] perennis (lat.) – ausdauernd, das ganze Jahr hindurch; per – zu; annus – Jahr.

[23] Der Spiegel (2003), Konkurrenz für den Panama-Kanal, Nr. 47 vom 17.11.2003.

Abb. 8.110a Panama-Kanal [E. Panama-Canal] (Quelle: http://de.wikipedia.org/wiki/Nicaragua-Kanal)

Nach zehnjähriger Bauzeit wurde der Suez-Kanal im November 1869 seiner Bestimmung übergeben. Durch ihn verkürzte sich der Seeweg von *Hamburg* nach *Mumbay* (Bombay) um ca. 4500 Seemeilen[24], diese entsprechen 8334 km. Vorher mussten die Schiffe von Europa nach Asien immer um das *Kap der guten Hoffnung,* die Südspitze Afrikas, fahren. Zurzeit können täglich 47 Großschiffe den Kanal passieren. Im August 2015 wurde der Suezkanal um einen zweiten Seitenkanal mit einer Länge von 36 km erweitert und ergänzt, so dass in Zukunft 97 Schiffe den Suezkanal durchfahren können.

Panama-Kanal [E. Panama-Canal]

Ein anderer künstlicher, weltweit bekannter Seeweg ist der Panama-Kanal. Er verbindet den Atlantischen mit dem Pazifischen Ozean. Er ist 90 bis 300 m breit. Seine Mindesttiefe misst bis zur Kanalsohle 14,3 m.

Die Entfernung von den Häfen *Cristobal* und *Colón* auf der atlantischen Seite bis zur Hafenstadt Balbao auf der pazifischen Seite beträgt 81,6 km. Der zwischen den beiden Ozeanen bestehende Höhenunterschied von 82 m wird durch ein ausgeklügeltes Schleusensystem überwunden.

Eine dreistufige Doppelschleusenanlage von Gatun hebt die Schiffe auf die 26 m über dem Meeresspiegel gelegene Scheitelstrecke, die durch den künstlich aufgestauten *Gatunsee* mit Wasser versorgt wird. In einem 13 km langen und 91,5 m breiten Einschnitt, dem *Gallard Cut,* überwindet der Panama-Kanal die 82 m hohe Wasserscheide.

Eine einstufige Doppelschleuse von *Pedro Miguel* überwindet den Höhenunterschied von 16,8 m zum Stausee von *Miraflores.* Schließlich hebt eine zweistufige Doppelschleuse die Schiffe in den auf Meeresniveau liegenden pazifischen Auslaufkanal.

1906 wurde mit dem Kanalbau begonnen und 1914 der Seeweg für die Schifffahrt freigegeben. Die Entfernung von *New York* bis zum japanischen Überseehafen *Yokohama,* südlich von Tokio gelegen, hat sich durch den Panama-Kanal um 7000 Seemeilen, das sind 12.964 km, verkürzt (Abb. 8.110a).

---

[24] 1 Seemeile, nautische Meile [sm] = 1,852 km.

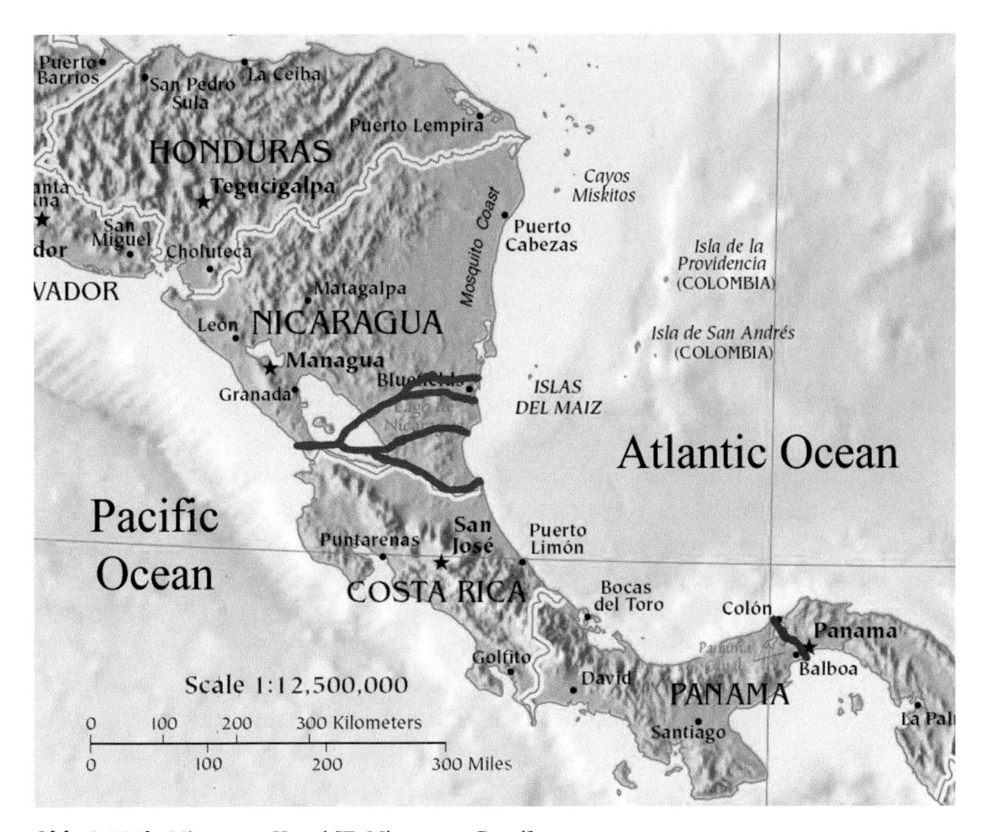

Abb. 8.110b Nicaragua-Kanal [E. Nicaragua-Canal]

Nicaragua-Kanal [E. Nicaragua-Canal]

Die Größe der Ozeancontainer und deren Anzahl haben im Laufe eines Jahrhunderts so stark zugenommen, dass die Kapazität des Panama-Kanals für einen zügigen Wechsel der Schiffe vom Atlantik in den Pazifik oder umgekehrt nicht mehr ausreicht.

Deshalb ist als Ergänzung der Nicaragua-Kanal geplant. Er soll breit und tief genug werden, um die modernen Containerschiffe der Post-Panama-Klasse aufzunehmen, für die der Panama-Kanal zu eng ist. Der Nicaragua-Kanal wird 400 km lang sein und auch den Nicaragua-See durchqueren. Die Bauzeit wird auf zehn Jahre geschätzt und die Kosten auf $25 Mrd.

Den *Panama-Kanal* in seiner derzeitigen Form dürfen nur Schiffe mit einem Volumen bis zu 80.000 t passieren, während der *Nicaragua-Kanal,* auch *El Gran Canal* genannt, für Schiffe bis zu 250.000 BRT geplant ist. Seine Länge wird 280 km betragen und die Breite 52 m. Der Nicaragua-Kanal wird eine 90 km lange Schneise durch den Nicaragua-See schlagen, der das größte Süßwasserreservoir Zentralamerikas ist (Abb. 8.110b).

Die Nationalversammlung Nicaraguas erteilte die Konzession für den Bau des Kanals einem Konsortium aus Hongkong, der HKND-Group (*H*ong*k*ong *N*icaragua Canal *D*evelopment Investment Company). Die geplanten Baukosten werden auf ca. $40 Mrd.

geschätzt. Der Staat Nicaragua wird mit 51 % Mehrheitseigentümer, während HKND 49 % der Anteile übernimmt. Mit dem Bau des Kanals soll noch im Dezember 2014 begonnen werden. Es wird mit einer Bauzeit von fünf Jahren gerechnet.

Unter der Bezeichnung *Canal Seco* (Trockener Kanal) sind einige Begleitprojekte vorgesehen. Diese sind eine Eisenbahn- und/oder Straßenverbindung zwischen *Monkey Point* am Atlantik und *Punta de Pie Gigante* am Pazifik. Ebenso ist an eine Ölpipeline gedacht und an einen internationalen Flughafen. Die natürlichen Ressourcen längs der kanalisierten Wasserstraße dürfen von den Betreibern ebenfalls genutzt werden.

Die größten Staudämme in der Welt [E. the biggest dams in the world]

Große Staudämme sind in der 2. Hälfte des 20.Jahrhunderts errichtet worden, um einerseits Wasserreserven zu speichern und zu geeigneter Zeit landwirtschaftlich genutzte Ackerflächen zu bewässern, und um andererseits das Staudammgefälle zur Erzeugung von elektrischer Energie auszunutzen.

Zu den längsten Flüssen der Welt zählen der Amazonas in Brasilien mit 6800 km (s. Tab. 8.21), der Nil mit 6696 km (Abb. 5.48) und der Yangtze in China mit 5800 km (Abb. 8.112a).

Durch den im Jahre 1971 fertiggestellten Assuan-Damm in Ägypten wurde mit einer 111 m hohen Staumauer einer der größten künstlichen Seen der Welt aufgestaut. Es entstand der 500 km lange Nasser-See. Das eingebaute Wasserkraftwerk liefert etwa 25 % des ägyptischen Energiebedarfs in Form von elektrischem Strom. Außerdem wurde der Landwirtschaft nutzbarer Boden von 300.000 ha, diese entsprechen 3000 km^2, erschlossen (s. Abb. 5.48 und Kap. 5, Abschn. „Der Assuan-Damm").

Das bisher größte bereits arbeitende Wasserkraftwerk, das *Itaipu Binacional,* liegt in Brasilien. Mit einer Leistung von mehr als 14.000 MW liefert es seit Jahren 25 % des gesamten elektrischen Strombedarfs Brasiliens (Abb. 8.111), [63].

Mit 18 Turbinen, von denen jede 700 MW leistet, führt das Kraftwerk Itaipu zurzeit die internationale Rangliste der Wasserkraftwerke an. Die Staumauer in der rechten Bildhälfte ist 196 m hoch. Das davor befindliche Maschinenhaus ist fast 1 km lang.

Jede Sekunde verdunsten auf der Erde etwa 14 Mio. m^3 Wasser, hauptsächlich aus den Ozeanen. Sie gelangen als Niederschläge wieder zur Erde zurück und bilden so den Wasserkreislauf der Natur (Abb. 2.10 und 2.11). Wenn die Niederschläge nicht auf Meereshöhe fallen, entsteht zugleich ein mehr oder weniger großes Potenzial an Wasserkraft. So liegt Europa durchschnittlich 300 m über dem Meeresspiegel. In Nordamerika sind es 700 m und in Asien sogar 940 m. Gepaart mit ergiebigen Niederschlägen und entsprechenden Wassermassen ergeben sich aus diesen Höhenunterschieden zum Meer gewaltige Energiemengen – sofern sie sich nutzen lassen und man sie zu nutzen versteht.

Im Entstehen sind weitere Megastaudämme am Tigris, der *Ilusu Damm,* und der Atatürk-Staudamm am Euphrat. Der Atatürk-Staudamm soll im Rahmen des Südost-Anatolien-Projektes nicht nur die elektrische Energie für eine Industrialisierung liefern, sondern

Abb. 8.111 Das brasilianische Wasserkraftwerk Itaipu am Rio Parana [E. the Brazilian hydro-electric power station Itaipu on Rio Parana]. (Die Wasserkraft der Erde – http://strombasiswissen.beit-online.de/SB107-01.htm)

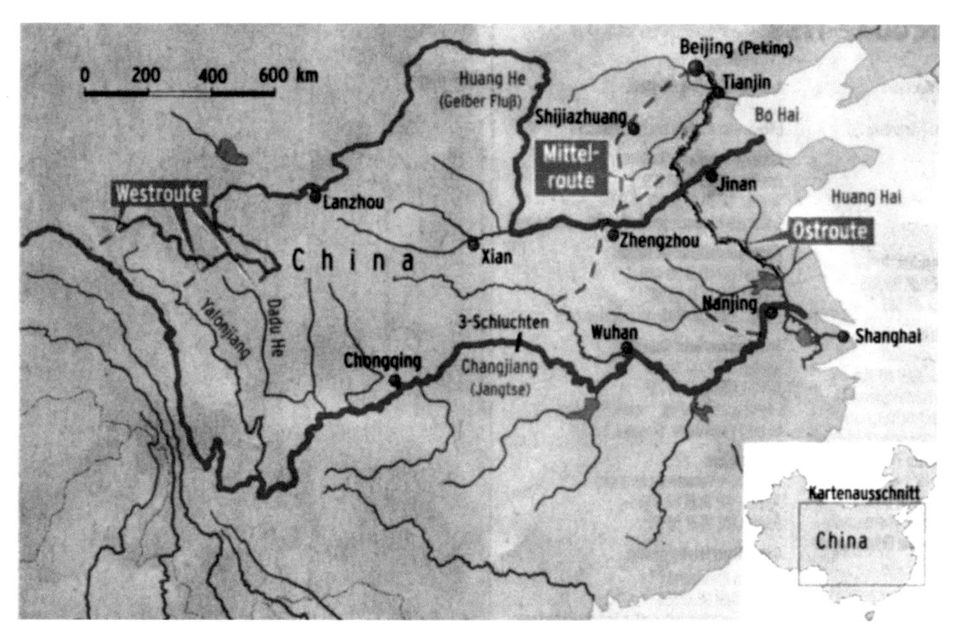

Abb. 8.112a Verlauf des Yangtze und Gelben Flusses [E. course of Yangtze and Huangho (Yellow-River)]

auch 850.000 ha landwirtschaftliche Nutzfläche in der Türkei bewässern. Das Wasser für den Staudamm wird aus dem Euphrat bezogen (vgl. Kap. 5, Abschn. „Naher Osten") [208, 215].

Ein weiteres Großprojekt wird der Staudamm im Namada-Tal in Indien sein.

Zahlreiche Staudamm- bzw. Talsperrenprojekte werden gegenwärtig in China, Japan, Südkorea und in der Türkei gebaut bzw. geplant. Von denen ist der Drei-Schluchten-Staudamm des Yangtze in China das bisher größte Vorhaben.

Die meisten Staudämme, mit 25.800 an der Zahl, gibt es in China, gefolgt von den USA mit 5500, der GUS[25], Japan und Indien [3].

Der Bau von Staudämmen und die intensive Bewässerung von Ackerflächen wirken sich nachteilig auf den Grundwasserspiegel aus. Beispielsweise sinkt in China der Wasserspiegel unter riesigen Flächen in der nördlichen ebenen Landesfläche kontinuierlich ab, und zwar bis zu 1,50 m pro Jahr. Das ist zugleich die Region, aus der fast 40 % der chinesischen Getreideernte stammen [19].

China, der Drei-Schluchten-Staudamm [E. China, the Three Gorges Dam]

Der Yangtze (auch Yangtse, Yangzi oder früher Yangtze-kiang genannt) ist mit einer Gesamtlänge von 5800 km der längste Fluss Chinas und der drittgrößte der Welt. Er ist die wichtigste Wasserstraße, die das an Bodenschätzen reiche Westchina mit dem industrialisierten Ostchina verbindet (Abb. 8.112a, b, c). Mit seinem Gesamtabfluss von 1000 Mrd. m^3 Wasser pro Jahr zählt er zu den wasserreichsten Flüssen der Erde. Der Yangtze hat sich im Laufe von einigen Tausend Jahren durch den Fels „Drei-Schluchten" gefressen. Sie geben dem Megastaudamm den Namen [81].

Er entspringt an der Südwestseite des Schneeberges Geladandong (Tibet), dem Hauptgipfel des Tangla-Gebirges, fließt durch mehrere Provinzen, erreicht die Stadt Shanghai und mündet dann in das Ostchinesische Meer. Er fließt vom Ursprung bis zur Mündung durch das Land mit einem Höhenunterschied von 1000 m. Über 300 Mio. Menschen leben im Einzugsgebiet des Yangtze mit einer Anbaufläche von 27 Mio. ha [201].

Der Yangtze ist neben dem Gelben Fluss eine Wiege der chinesischen Kultur. An beiden Ufern finden sich zahlreiche Kulturdenkmäler, Baureste und Wahrzeichen aus vergangenen Zeiten.

Chinas hoch industrialisierte Region liegt am Unterlauf des Yangtze. In den Regionen Shanghai, Nanking und Wuhan leben ca. 75 Mio. Menschen [133, 215].

Auf einer Gesamtlänge von 202 km erstrecken sich die weltbekannten „Drei Schluchten" von Baidicheng in der Provinz Sichuan ostwärts bis zur Provinz Hubei: Die 33 km lange Qutang-Schlucht ist grandios und schroff, die 42 km lange Wu-Schlucht schön und

[25] GUS = Gemeinschaft unabhängiger Staaten. 1991 hervorgegangen aus einem Zusammenschluss ehemaliger Sowjetrepubliken und umfasst heute zehn unabhängige Republiken und ein assoziiertes Mitglied.

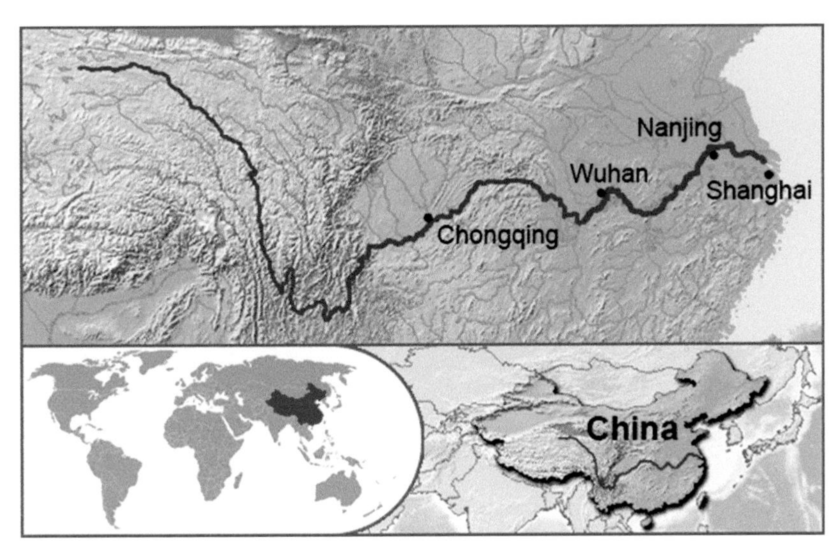

Abb. 8.112b Verlauf des Jangtsekiang [E. course of Yangtze]. (Quelle: http://de.wikipedia.org/wiki/Jangtsekiang)

tief, und die 126 km lange Xiling-Schlucht ist für reißende Strömung sowie versteckte Felsklippen bekannt.

Das Drei-Schluchten-Bauprojekt am Ende der Xiling-Schlucht umfasst Staudamm, Hochwasserkanal, Wasserkraftwerk und Schiffshebewerk. Das fünfstufige Schiffshebewerk sorgt für eine Verlängerung des schiffbaren Wasserweges auf dem Yangtze um 600 km für Schiffe mit einer Belastung bis zu 10.000 t (Abb. 8.113). Der Drei-Schluch-

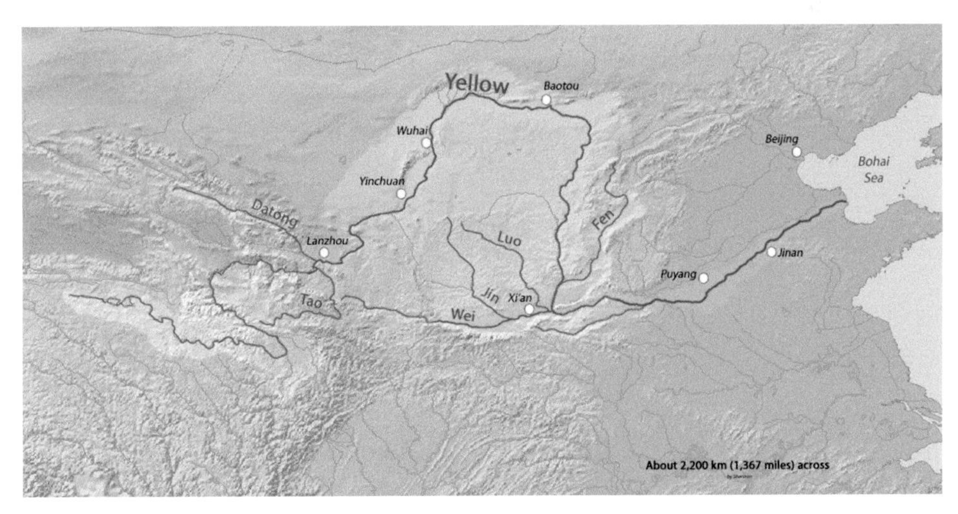

Abb. 8.112c Verlauf des Gelben Flusses [E. course of Yellow River]. (Quelle: http://de.wikipedia.org/wiki/Gelber_Fluss)

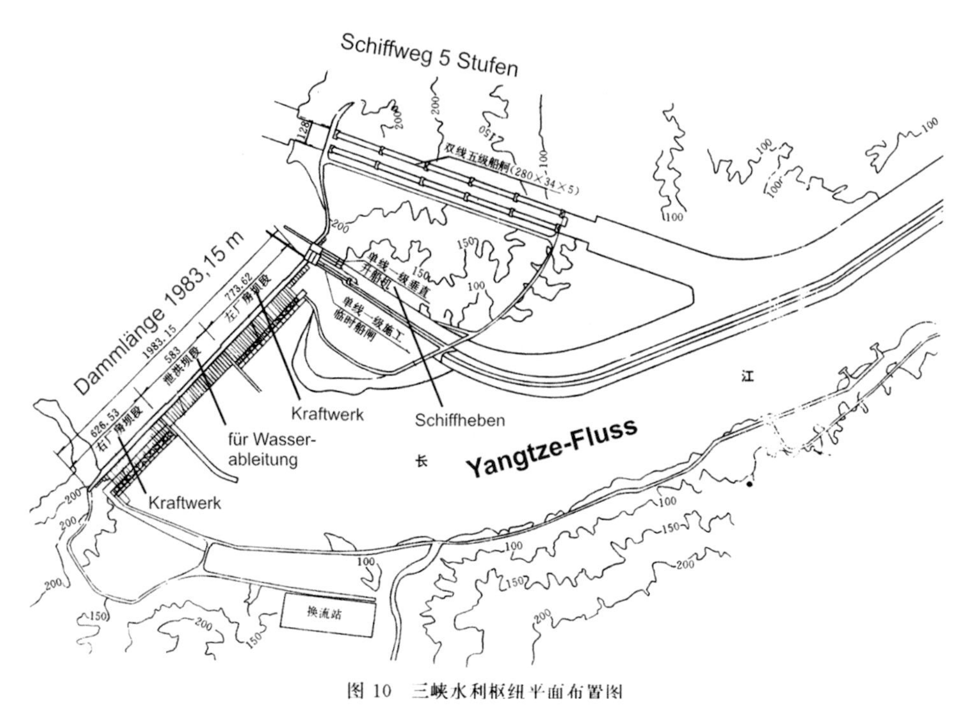

Abb. 8.113 Skizze der Staudammanlage im Yangtze mit Schiffshebewerk [E. sketch of Three Gorges Dam with ship hoist]

ten-Staudamm wurde im Jahre 2009 fertiggestellt. Ein 600 km langer Stausee entstand mit einer Speicherkapazität von 39,3 Mrd. m^3 Wasser (Abb. 8.114). Die Staumauer selbst ist 185 m hoch und 1983 m lang. 26 Generatoren arbeiten mit einer Leistung von 18.200 MW.

Abb. 8.114 Der Drei-Schluchten-Staudamm [E. the Three Gorges Dam]

Das entspricht einer Gesamtleistung, mit der 28 Mio. deutsche Haushalte ein Jahr lang mit elektrischem Strom versorgt werden können.

Bis zur Fertigstellung des Staudamms wurden 88 Mio. m^3 Erde und Steine ausgehoben, transportiert und 27 Mio. m^3 Beton verbaut. Innerhalb des zu überflutenden Gebiets mussten 700.000 Bewohner umgesiedelt werden. Doch die Belastungen der Natur und mögliche Klimaänderungen werden sehr ernst genommen [126, 247].

An diesem Damm wurde das größte Wasserkraftwerk der Welt errichtet: Jährlich soll es ca. 84 Mrd. kWh Strom erzeugen.

Obwohl China mit 2215 m^3 Süßwasserreserven pro Person und Jahr statistisch ausreichend versorgt ist, gibt es Regionen, in denen akuter Wassermangel herrscht. Beijung verfügt pro Jahr und Person nur über 300 m^3 Süßwasser (Tab. 5.12). Dem wassermächtigen Yangtze werden noch weitere Aufgaben zugemutet. Er soll dem im Norden Chinas verlaufenden 5464 km langen *Gelben Fluss* mit zusätzlichem Wasser aushelfen. Im Laufe der letzten Jahrzehnte ist sein Wasserpegel so sehr gesunken, dass er nur noch selten von Schiffen befahren wird. Einst strömte dieser Fluss wasserreich und kraftvoll durch sieben Provinzen Chinas. In Qinghai beginnt sein Verlauf und mündet bei Shandong in die Bohal-See (Gelbes Meer). Vor einigen Jahrzehnten war der Fluss noch unberechenbar. Man nannte ihn *Chinas Sorge*. Immer wieder überflutete dieser *Huangho* genannte Fluss dicht besiedelte Gebiete und wechselte seinen Lauf nach Belieben. Der *Gelbe Fluss* zieht durch das arme staubige China, durch die nördliche Hälfte des Landes. Dort regnet es selten. Ohne diesen Strom könnte hier kein Mensch überleben.

Aber zahlreiche Staudämme nehmen dem Fluss die Strömungskraft. Das Land braucht elektrischen Strom. Überall leiten ihm die Bauern das Wasser mit riesigen Pumpen und Bewässerungssystemen ab. In den letzten Jahren schaffte der Gelbe Fluss es nicht einmal mehr bis zu seiner Mündung bei Shandong ins Gelbe Meer. 200 km vorher endet oft der Lauf des Wassers. 1997 floss sogar sieben Monate lang kein Wasser. Das ausgetrocknete Flussbett erstreckte sich 600 km landeinwärts.

Die chinesische Zentralregierung in Beijing plant ein gigantisches Bauprojekt, größer noch als das des Drei-Schluchten-Staudamms. Mit diesem soll dem Gelben Fluss in riesigen Röhren aus dem Yangtze Wasser zugeführt werden. Mit dem Projekt *Süßwasser nach Norden* sollen jährlich aus dem Yangtze 50 Mrd. m^3 Wasser nach dem Norden Chinas umgeleitet werden. Für den Wassertransport sind zwei Trassen vorgesehen. Die eine ist die *Ostroute*, die weitgehend dem alten Kaiserkanal folgen wird. Sie wird baulich weniger aufwendig sein. Um den 65 m hohen Landrücken zwischen Yangtze und dem Gelben Fluss zu überwinden, sind 30 Pumpstationen mit einer Gesamtleistung von 900 MW nötig, die jährlich 4 bis 5 Mrd. kWh an Energie verschlingen werden. Der Kaiserkanal ist von vielen Ortschaften und unzähligen Fabriken umsäumt. Probleme bereiten seine starke Wasserverschmutzung. Es müssen noch zusätzliche Wasserreinigungsanlagen errichtet werden (Abb. 8.112a, b, c).

Die *Mittelroute* soll sauberes Wasser aus dem Dangjiang-Stausee am Oberlauf des Han-Flusses bis nach Beijing und Tianjin leiten. Der 1200 km lange Kanal muss über weite Strecken und gebirgiges Gelände geführt werden [176].

Durch den Bau von zahlreichen Staudämmen, Flusswasserumleitungen und durch Verschmutzungen sind Chinas Flüsse ökologisch stark belastet. Wie schon erwähnt, gibt es 25.800 Staudämme (vgl. Kap. 8, Abschn. „China, der Drei-Schluchten-Staudamm"). Die chinesische Regierung strebt an, den Ausbau von Wasserkraftwerken voranzutreiben und deren Leistungskapazität bis zum Jahr 2020 auf 250.000 MW zu erhöhen und damit zu verdoppeln.

Große Wasserkraftwerke sind geplant und teilweise schon im Bau in den noch kaum erschlossenen und weit entfernten südwestlichen Regionen Chinas. Genannt sei die Region Lancang des Oberen Mekong, des Nu-Flusses (Salween), des Stroms oberhalb des Drei-Schluchten-Staudamms, des Yangtze-Beckens und der Tigerquelle des Schluchten-Damms. In den letzten Jahren hat China eine führende Rolle im Bau von Staudämmen übernommen, nicht unbedingt bei sich im Inland, sondern im Ausland insbesondere in Südost-Asien und Afrika. Bauunternehmen und Banken arbeiten hier eng zusammen.

Kraftwerke [E. power plants] 9

Wasserkraftwerke unterschiedlichen Typs [E. hydro-electric power stations of different functions] [88]

In einem Wasserkraftwerk wird die potenzielle Energie (Energie der Lage) des aufgestauten Wassers mittels eines Höhenunterschiedes über die Bewegungsenergie in elektrische Energie umgewandelt. Dabei fließt *Treibwasser* vom hochgelegenen Wasserreservoir über eine Turbine in ein tiefer liegendes Auffangbecken, wie z. B. Fluss, See oder in künstliche Becken.

- *Laufwasserkraftwerke [E. water wheels power plants]*

nutzen die Strömung einer regelmäßigen Wasserführung z. B. von Flüssen und Seitenkanälen aus. Es sind Niederdruckanlagen. Sie werden kontinuierlich rund um die Uhr betrieben und liefern die erzeugte elektrische Energie als Strom zur Deckung der Grundlast in das Versorgungsnetz. Die jahreszeitlich bedingten Schwankungen sind beträchtlich. Sie werden durch doppelt regulierte Turbinen ausgeglichen.

- *Speicherwasserkraftwerke [E. water power storage plants]*

nutzen die Höhenunterschiede zwischen hoch gelegenen Stauseen und den tiefer liegenden Kraftwerken aus. Über Druckrohrleitungen oder -stollen wird das Wasser auf die Turbinen geleitet.

- *Pumpspeicherwerke [E. pumped storage power plants]*

nutzen, wie die Speicherwasserkraftwerke, die Höhenunterschiede aus (Abb. 9.117). Nur wird das Speicherbecken nicht durch natürliche Zuflüsse gefüllt. Das Speicherwasser wird aus tiefer gelegenen Becken oder Gewässern zunächst auf das höhere Niveau des Spei-

© Springer-Verlag Berlin Heidelberg 2016

V. Hopp, *Wasser und Energie,* DOI 10.1007/978-3-662-48089-2_9

cherbeckens gepumpt und dort gespeichert. Es wird die elektrische Überschussenergie zum Pumpen ausgenutzt (s. Fotografie I, Kap. 4, und Kap. 9, Abschn. „Wasserpumpspeicherwerk in Goldisthal").

Bei Spitzenlasten des Strombedarfs wird dieses Wasser wieder über die Turbinen zur elektrischen Stromerzeugung geleitet. In der Regel erfolgt das Hochpumpen mit billigem Nachtstrom. Die Stromerzeugung erfolgt während des Tages oder zu Spitzenzeiten des Strombedarfs. Pumpspeicherwerke zeichnen sich durch Schnellbereitschaft aus, dabei treten keine Energieverluste auf.

An die Wasserturbine ist direkt ein Generator gekoppelt, der die Bewegungsenergie des Treibwassers in elektrische Energie umformt.

Die zu erzielende elektrische Leistung P_E hängt ab von:

- dem nutzbaren Höhenunterschied zwischen dem oberen Staubecken und dem unteren Auffangbecken ΔH [m]
- dem Wasserstrom Q, d. h. Wasservolumen V durch die Zeit t. $Q = \frac{V}{t}\left[\frac{m^3}{s}\right]$
- der Dichte des Wassers $\rho = 1000 \left[\frac{kg}{m^3}\right]$
- der Fallbeschleunigung $g = 9{,}81 \left[\frac{m}{s^2}\right]$
- dem Turbinenwirkungsgrad $\eta_T = 0{,}87$
- dem Generatorwirkungsgrad $\eta_G = 0{,}98$

Die erzeugte elektrische Leistung errechnet sich somit als

$$
\begin{aligned}
P_E &= 1000\left[\frac{kg}{m^3}\right]\cdot \Delta H[m]\cdot \frac{V}{t}\left[\frac{m^3}{s}\right]\cdot 9{,}81\left[\frac{m}{s^2}\right]\cdot \eta_T \cdot \eta_G \\
&= 1000\left[\frac{kg}{\cancel{m^3}}\right]\cdot \Delta H[m]\cdot \frac{V}{t}\left[\frac{\cancel{m^3}}{s}\right]\cdot 9{,}81\left[\frac{m}{s^2}\right]\cdot 0{,}87\cdot 0{,}98 \\
&= 1000\cdot 8{,}36\left[kg\cdot\frac{m}{s^2}\cdot\frac{m}{s}\right]\cdot \Delta H\cdot\frac{V}{t} \\
&= \underbrace{8360}_{\text{Watt}}\cdot\left[\text{Kraft}\ \frac{\text{Weg}}{\text{Zeit}}\right]\cdot \Delta H\cdot\frac{V}{t} = 8{,}36\cdot \Delta H\cdot\frac{V}{t}\,[\text{Kilowatt}]
\end{aligned}
$$

Nach der *Betriebsweise* muss zwischen den *Laufkraftwerken* und *Speicherkraftwerken* unterschieden werden.

Bei *Laufkraftwerken* wird das zufließende Wasser durch eine Wehr aufgestaut. Es fließt kontinuierlich ab. Es besteht keine wesentliche Speichermöglichkeit. Überschüssiges Wasser fließt über die Wehr und bleibt für die Erzeugung von elektrischer Energie ungenutzt.

Bei *Speicherkraftwerken* wird das zufließende Wasser in einem Stausee gespeichert und diesem bei Bedarf entzogen.

Laufkraftwerke dienen in der Regel zur Deckung der elektrischen Grundlast. Die Speicherkraftwerke sorgen für eine Spitzenlastdeckung.

Nach den *Bauformen* wird zwischen *Niederdruck-, Mitteldruck-* und *Hochdruckkraftwerken* unterschieden. Das Unterscheidungskriterium ist die Höhendifferenz zwischen dem oberen und unteren Wasserreservoir.

Die *Niederdruckkraftwerke* haben eine Nutzfallhöhe von 4 bis 20 m. Sie sind Laufkraftwerke ohne ein nennenswertes Speichervermögen, z. B. das Wasserkraftwerk bei Nußdorf am Inn (Abb. 9.116).

Mitteldruckkraftwerke haben eine Nutzfallhöhe zwischen 20 und 50 m. Sie werden sowohl als Speicherkraftwerke als auch als Laufkraftwerke gebaut, z. B. das *Kraftwerk Roßhaupten am Lech* mit einer Fallhöhe von 36 m.

Die Nutzfallhöhen von *Hochdruckkraftwerken* liegen zwischen 50 bis zu 200 m. Sie werden als Speicherkraftwerke betrieben. Der Stausee liegt oft hoch oben im Gebirge und das Krafthaus unten im Tal, z. B. das *Reißeck-Kreuzeck-Kraftwerk* in Österreich mit einer Höhendifferenz von 1772 m.

Konzeption des Innkraftwerks Nußdorf [E. construction of the hydroelectric power plant Nußdorf at the river Inn]

Das Innkraftwerk Nußdorf ist ein Laufkraft- und Niederdruckkraftwerk und liegt zwischen Samerbery und Wendelstein im ehemaligen Gletschersee des Rosenheimer Beckens in einer Höhe von 460 m über NN (Normal Null, bezogen auf Meeresspiegel der Ozeane) (Abb. 9.116).

Zwei 25 m breite Turbinenpfeiler und drei 18 m breite Wehrfelder sind abwechselnd in einer Achse quer zum Fluss angeordnet und mit einer zweigeteilten Sohle gegründet.

Die Wehröffnungen werden durch 12 m hohe ölhydraulisch angetriebene Drucksegmentschützen mit aufgesetzter Klappe verschlossen.

Dichte und Temperatur des durchströmenden Wassers ändern sich praktisch nicht.

Wegen der relativ niedrigen Umlaufgeschwindigkeit und Temperaturen sind die Zentrifugalbeanspruchungen leichter zu beherrschen als bei thermischen Strömungsmaschinen. Allerdings besteht die Gefahr möglicher Kavitation[1]. Sie bedeuten eine Strömungsstörung und entstehen an Stellen und Drücken nahe dem Dampfdruck. Der Dampf implodiert[2] unter Volumenabnahme.

Kaplanturbinen sind für relativ niedrige und schwankende Fallhöhen geeignet. Die radiale Leitradschaufel wird von außen nach innen durchströmt und verteilt das Wasser durch

[1] cavus (lat.) – hohl; Kavitation ist die Hohlraumbildung in schnellströmenden Flüssigkeiten.

[2] plaudere (lat.) klatschend schlagen; in (lat.) – innerhalb; Implosion ist das knallartige in sich Zusammenfallen eines Vakuums.

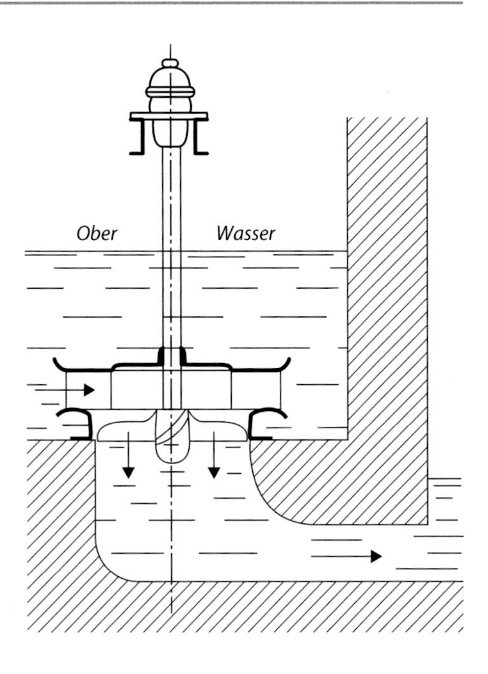

Abb. 9.115 Kaplan-Turbine [E. Kaplan-turbine] Kaplan, Viktor (1876–1934), österreichischer Maschinenbauingenieur, Prof. an der TH Brünn; er entwickelte die Kaplanturbine

eine 90°-Umlenkung gleichmäßig auf axial angeordnete Laufradschaufeln (Abb. 9.115). Auf diese Weise werden auch Strömungsschwankungen ausgeglichen. Die rotierenden fünfflügeligen Turbinen treiben die Schirmgeneratoren an [226].

Das Saugrohr dient zur Ableitung des Wassers nach dem Passieren der Turbinen. Es ist ein Rohr, das sich kontinuierlich erweitert, um die Strömungsgeschwindigkeit zu reduzieren und so die kinetische Energie am Austritt so gering wie möglich zu halten. Denn die kinetische Energie wäre in diesem Falle ohne Nutzen. Es entsteht ein Unterdruck bzw. eine Erhöhung des Druckgefälles und damit eine zusätzliche Leistungssteigerung. Bei einer maximalen statischen Fallhöhe $H_{stat} = 11{,}64$ m handelt es sich bei dem Kraftwerk Nußdorf um ein Niederdruckkraftwerk (Abb. 9.116). Die zu aktivierende Leistung errechnet sich aus der Strömungsgeschwindigkeit Q $\left[\frac{m^3}{s}\right]$, des Wassers, der Fallhöhe H [m] und dem Wirkungsgrad η, der bei Wasserkraftwerken bei 90 % und mehr liegt.

Das Innkraftwerk liefert jährlich 130 GWh ($130 \cdot 10^9$ Wh) an elektrischem Strom.

Wasserkraft in Europa [E. hydro-electric power in Europe] [6]

In Europa liegen noch immer fast 40 % des wirtschaftlich nutzbaren Wasserkraftpotenzials brach, obwohl Wasserkraft weltweit und auch in Europa die dominierende Stromquelle ist.

Investitionschancen bieten die potenzialstarken Länder der Alpenregion sowie Skandinavien, wo Wasserkraft bereits eine lange Tradition hat. Dank der zusammenwachsenden europäischen Regionalmärkte für Strom sowie technischer Megaprojekte wie dem Offshore-Nordseering werden Wasserkraftwerke künftig noch interessanter (Abb. 9.116 und 9.121).

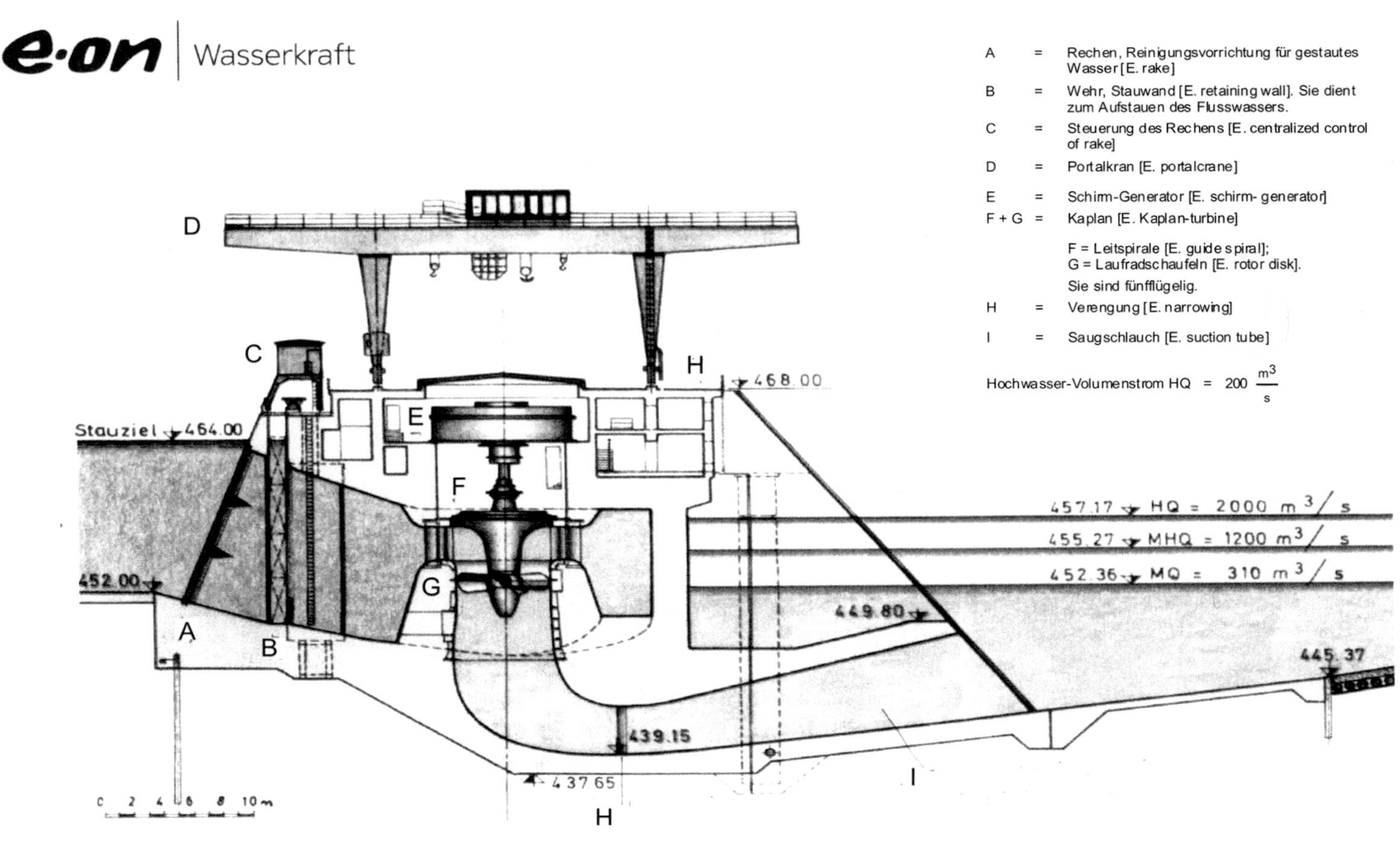

Abb. 9.116 Innkraftwerk Nußdorf, Schnitt durch den Turbinenpfeiler [E. hydroelectric power plant Nußdorf/river Inn, cross section of the turbine pier]

Da die Wasserkraft keine fossile Primärenergie erfordert, entlastet die Wasserkraft die Energierechnung der jeweiligen Länder und erhöht die Sicherheit der Energieversorgung. So reduzieren eigene Wasserkraftwerke das Problem möglicher Lieferunterbrechungen, wie sie zuletzt des Öfteren bei Erdgas vorkamen oder Preisdiktaten, mit denen in den letzten Dekaden die OPEC nicht nur die Ölverbraucher überraschte.

Wasserkraft hat gegenüber vielen neuen sogenannten *Erneuerbaren* weitere Vorzüge: So kommt die Wasserkraft auf Wirkungsgrade von bis zu 85 %. Sie ist damit eine wirkungsvollere Form der Stromproduktion als durch Solarzellen und Windkraftanlagen, mit denen in der Praxis Wirkungsgrade von nur einem Fünftel, 20 %, bzw. zwei Fünfteln, 40 %, erreicht werden. Hinzu kommt, dass Wasserkraft in den meisten Fällen unabhängig vom Tagesrhythmus ist, d. h. nicht vom Scheinen der Sonne oder dem Windaufkommen bestimmt wird. Dies ermöglicht eine dauerhafte und kontinuierliche Stromerzeugung. Überdies sind einzelne Formen der Wasserkraft wie Speicherkraftwerke gut geeignet, temporäre Bedarfsspitzen flexibel auszubalancieren.

Die Wasserkraft birgt auch Risiken. Dazu zählen z. B. technische Ausfälle, Hangrutsche, aber auch variable Niederschläge oder gar ausgeprägte Trockenphasen. Solche Risiken kann das Management durch Steuerung des Kraftwerkportfolios mindern, indem es die unterschiedlichen Kraftwerke in räumlich getrennten Gegenden ansiedelt. Die Streuung hilft, den eventuellen Eintritt von Einzelrisiken abzufedern.

Wasserpumpspeicherwerk in Goldisthal [E. water pumped storage power plant in Goldisthal]

In Pumpspeicherwerken werden mit elektrischer Überschussenergie Pumpen betrieben, die in hoch gelegene Becken Wasser befördern und so potenzielle Energie speichern. Bei elektrischem Strombedarf strömt das Wasser wieder durch Wasserdruckleitungen abwärts und treibt Wasserturbinen mit gekuppelten Generatoren an. Ihr besonderer Nutzen liegt in der Sofortbereitschaft, die potenzielle Energie des gespeicherten Wassers über Bewegungsenergie in elektrische Energie umzuwandeln. Im Prinzip bestehen sie aus einem Wasserkraftelektrizitätswerk, das seine im Überschuss vorhandene elektrische Energie in Pumpenergie umsetzt, um so Wasser von niederem auf ein höheres Niveau zu transportieren. Pumpspeicherwerke sind Schnellstarter [115, 211].

An der *Schwarza im Thüringer Wald*, ein 50 km langer westlicher Nebenfluss der *Saale*, liegt *Goldisthal*. Dort wurde im September 2003 eines der größten und modernsten Pumpspeicherwerke Europas mit einer Leistung von 1060 MW in Betrieb gesetzt. Eigentümer ist der schwedische Energiekonzern *Vattenfall Europe* mit seinem Verwaltungssitz in Berlin. Er betreibt weitere Pumpspeicherwerke in Merkersbach mit 1050 MW, Hohenwarte 1 und 2 mit 383 MW, Geesthacht 140 MW, Niederwarthen 120 MW, Bleiloch 80 MW und Wendefurth mit 80 MW.

Die besonderen Vorzüge in Goldisthal bestehen darin, dass vier Turbinen nach sehr kurzer Zeit ihre volle Leistung erreichen. Von den vier Pumpspeichersätzen sind zwei für konstante Drehzahl mit Synchron-Motor-Generatoren, Nenndrehzahl N = 333,3 U/min

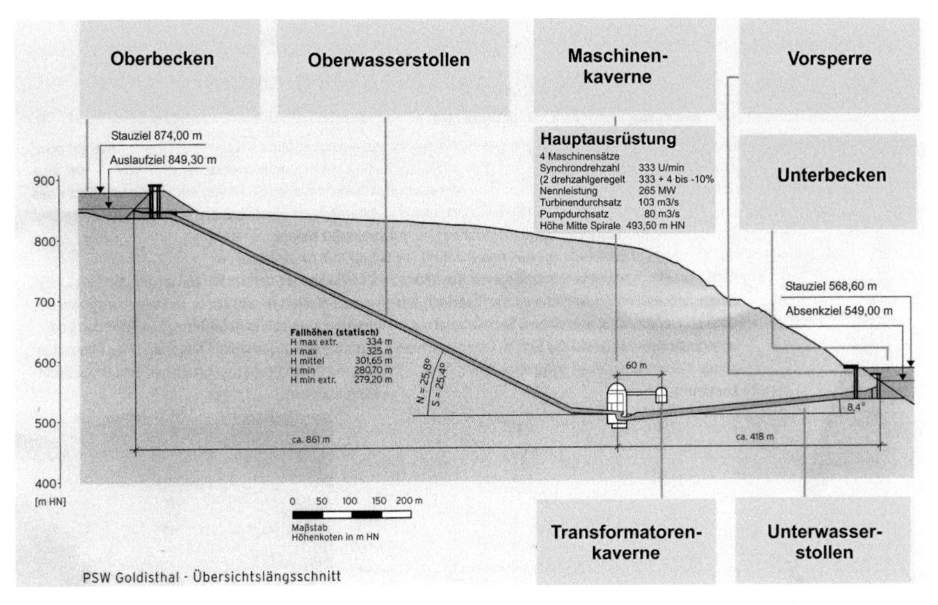

Abb. 9.117 Übersichtsskizze des Wasserpumpspeicherwerkes in Goldisthal [211] [E. scheme of water pumped storage power plant in Goldisthal]

und zwei für variable Drehzahl mit doppelt gespeisten Asynchron-Motor-Generatoren, Drehzahlregelbereich von 300 bis 346,4 U/min ausgerüstet.

Die hydraulischen Maschinen, Francis-Pumpturbinen, sind bei allen vier Pumpspeichersätzen identisch, welche im Turbinenbetrieb eine Nennleistung von jeweils 265 MW besitzen. Die Gesamtnennleistung beträgt somit 1060 MW. Die Maschinensätze sind im Turbinenbetrieb in einem Leistungsbereich von null bis zur maximalen Leistung regelbar.

Ein momentan auftretender Spitzenbedarf an elektrischem Strom kann ohne Verzug gedeckt werden. Wird weniger elektrische Energie von Kunden abgerufen, dann wird mit überschüssigem Strom Wasser in das Oberbecken gepumpt und als potenzielle Energie gespeichert (Abb. 9.117). Das Wasserpumpspeicherkraftwerk Goldisthal ist eines der modernsten in Europa.

Funktionsprinzip Aus dem Oberbecken in 874 m Höhe fließt Wasser durch zwei ca. 1000 m lange in Stollen gehauene Druckwasserleitungen, auch *Oberwasserstollen* genannt, mit je 6,2 m Durchmesser. Das *Höhengefälle* zwischen dem Oberbecken und der Turbine beträgt ca. 300 m. Bevor das Wasser durch die Oberwasserstollen strömt, wird am unteren Ende ein *Kugelschieber*, das ist ein überdimensionaler Hahn, geöffnet. Nun kann das Wasser durch den Leitapparat zum Laufrad fließen. Anfangs langsam und dann immer schneller beginnt das Laufrad mit einem Durchmesser von 4,65 m sich zu drehen und treibt über eine Welle den Generator an. Der Generator wird nicht gleich zu Beginn an das Netz geschaltet. Erst wenn die Anlage mit genau 333,3 U/min sich dreht und die Phasengleichheit von Generator und Netzspannung erreicht ist, wird die Maschinengruppe zugeschaltet.

Je weiter die Leitschaufeln geöffnet werden, desto mehr Wasser strömt durch die Turbine und desto größer ist die elektrische Strommenge.

Ein einmal in Betrieb genommenes Pumpspeicherwerk steht im Prinzip niemals wieder still, auch in *Wartestellung* bzw. im *Wartebetrieb* nicht. In diesem Zustand laufen die Turbinen wasserfrei. Sie werden als sogenannte rotierende Reserve vorgehalten, um auf plötzliche Lastspitzen der Stromversorgung schnell zu reagieren. Sie werden mit Druckluft von Wasser freigeblasen. Das Laufrad kann sich nun ohne größere Reibungsverluste mit genau 333,3 U/min drehen. Auf diese Weise ist der Generator mit dem Netz synchronisiert[3], er arbeitet als Motor und holt sich aus dem Stromnetz die notwendige Energie für den rotierenden Wartebetrieb. Wird wieder Leistung abverlangt, werden nur 50 s benötigt bis die Turbine unter Volllast läuft.

Soll die Anlage auf Pumpbetrieb eingestellt werden, damit Wasser im Oberbecken als potenzielle Energie eingelagert werden kann, dann wird der Generator durch Umstellen der Phase zum Motor umfunktioniert und wieder auf die Nenndrehzahl von 333,3 U/min hochgefahren. Danach wird der Laufradraum mit Wasser gefüllt, das so lange im Kreise geführt wird, bis der Wasserdruck im Inneren der Turbine größer ist als der Druck der von der Bergseite anstehenden Wassersäule. Anschließend werden Kugelschieber und der Leitapparat geöffnet. Bei voller Pumpleistung fließt dann das Wasser mit 20 km/h den Berg hinauf in das Oberbecken. Zwei Pumpen bedienen immer einen der beiden Oberwasserstollen. Pro Minute drücken die beiden Pumpen 9600 m^3 Wasser in das Oberbecken.

Die Drehzahlen der geregelten Maschinensätze wurden von *Voith-Siemens Hydro Power* geliefert. Sie ermöglichen es, dass ihre Leistung stets der im Netz vorhandenen Überschussleistung angepasst werden kann. Das übliche schrittweise Hoch- und Herunterfahren der Generatoren entfällt in diesem Pumpspeicherwerk in Goldisthal. Der Gesamtwirkungsgrad ist 80 %.

Das Pumpspeicherwerk besteht aus folgenden Teilanlagen: Oberbecken mit Einlaufbauwerk, zwei Oberwasserstollen, Maschinenkaverne mit Zulaufstollen, Trafokaverne mit Energieableitungsstollen, zwei Unterwasserstollen mit anschließendem Auslaufbauwerk, Unterbecken mit Haupt- und Vorsperre, Betriebsgebäude und Nebenbauwerke, wie z. B. Energieableitungsportal, Kleinwasserkraftanlage, Fortluftzentrale und Windenhaus für den Grundablass [211].

Talsperre Leibis-Lichte im Thüringer Wald [E. dam of Leibis-Lichte in Thuringian Forest][4]

Nicht weit vom Pumpspeicherkraftwerk Goldisthal entfernt wurde am 12. Mai 2006 die Talsperre Leibis-Lichte im Thüringer Wald eingeweiht. Sie soll für Ostthüringen eine ausreichende Wasserversorgung sichern [175].

[3] syn (gr.) – mit, zusammen, chronos (gr.) – Zeit, synchron – gleichzeitig, zeitlich gleichgerichtet. Synchronisieren ist z. B. das aufeinander Abstimmen der Drehzahlen eines Getriebes.

[4] Lit.: Auer, J. (2010, September 14), Wasserkraft in Europa, Deutsche Bank Research, Frankfurt am Main.

Mit 102,5 m Höhe ist hier ein Stausee mit der zweithöchsten Staumauer Deutschlands entstanden. Die bedeckte Fläche durch den See beträgt 120 ha. Bei Vollstau werden 39,2 Mio. m^3 Wasser gestaut, zusätzlich ist eine Reserve von 5 m Höhe bzw. 5,6 Mio. m^3 Wasser vorgesehen, wenn außergewöhnliche Hochwasser auftreten sollten (Abb. 9.118). Die Rappbodetalsperre im Harz überragt mit 106 m diese um 3,5 m.

Die Staumauer selbst ist eine Gewichtsstaumauer nach der Betonblockbauweise. Ihr Gewicht ist 1,45 Mio. t. Dazu wurden 620.000 m^3 Beton verbaut. An der Sohle misst sie eine Breite von 86 m. Mit zwei Turbinen liefert sie zusätzlich eine elektrische Leistung von 1 MW. Doch das ist nicht ihre Hauptaufgabe. Sie soll die Wasserversorgung von 350.000 Menschen stabilisieren. Das Besondere an dieser Staumauer ist, dass Wasser aus unterschiedlichen Tiefen dem Stausee entnommen werden kann und somit die Wassertemperaturen mit denen im abfließenden Fluss abgestimmt werden können. Die Abflusssteuerung ist weltweit einmalig.

Die ersten Planungen dieses Stausees begannen schon vor 35 Jahren. Namensgeber waren der Ort *Leibis* und das Flüsschen *Lichte*, das in die Schwarza fließt, die wiederum unterhalb von Saalfeld in die Saale mündet. Die hundert Einwohner vom Talort Leibis wurden 1994 umgesiedelt. Betreiber dieses Stausees ist die *Thüringer Fernwasserversorgung*. Aus elf Stauseen liefert das Unternehmen jährlich 47 Mio. m^3 Trinkwasser nach Erfurt, Weimar, Jena und Gera.

Daneben verfügt Thüringen noch über zehn große und einige Dutzend kleine Talsperren zum Hochwasserschutz mit einem Speichervermögen von insgesamt 200 Mio. m^3 Wasser.

Wasserkraftwerke in Deutschland und Österreich [E. water power plants in Germany and Austria]

Die öffentlichen Elektrizitätserzeuger in Deutschland betreiben 660 Wasserkraftwerke mit einer installierten Leistung von insgesamt 4050 MW. Dazu kommen 100 Industrieanlagen mit 225 MW sowie neun Kraftwerke der Bahn mit 190 MW. Des Weiteren gibt es etwa 4500 private Kleinanlagen mit insgesamt 440 MW.

Im Durchschnitt liefern die Wasserkraftwerke 21 Mrd. kWh pro Jahr und steuern damit ca. 3,5 % zur Gesamterzeugung von 629 Mrd. kWh bei (s. Abb. 7.90a).

Das Potenzial der Wasserkraft hängt vom Gefälle und vom Wasserangebot ab. Deshalb entfallen etwa 85 % der Kapazität auf Bayern und Baden-Württemberg. Größter Betreiber ist die aus der Bayernwerk Wasserkraft AG hervorgegangene E.ON Wasserkraft GmbH. Mit 120 Anlagen von insgesamt 2760 MW erzeugt sie durchschnittlich 10 Mrd. kWh pro Jahr [226].

Zu den leistungsfähigen Wasserkraftwerken zählen die Flusskraftwerke am Hochrhein zwischen Schaffhausen und Basel. Hier arbeitet seit 1898 das älteste Flusskraftwerk Europas. Betreiber ist die *Natur Energie AG, Grenzach-Wylen*. Die Gesamtleistung soll durch einen Neubau von 26 MW auf 116 MW gesteigert werden. Das bedeutet eine Verdreifachung der elektrischen Stromversorgung von 200 auf 600 kWh.

Abb. 9.118 Die Talsperre Leibis-Lichte im Thüringer Wald [E. dam of Leibis-Lichte in Thuringian Forest] [175] *Lit.*: Sauer, H. D. (2006), Mehr Trinkwasser für Thüringen, VDI-Nachrichten, Nr. 23, vom 09.06.2006

Österreich [E. Austria]

Zwei Drittel der in Österreich jährlich verbrauchten 56 TWh Strom kommen aus Wasserkraft. Österreich ist damit Spitzenreiter in der Europäischen Union. Nur das Nicht-EU-Land Norwegen hat in Europa einen höheren Wasserkraftanteil [226].

Zusammen leisten alle österreichischen Wasserkraftwerke 11.400 MW. 70 % des erzeugten Wasserkraftstroms kommen aus Laufkraftwerken, der Rest aus alpinen Speicherkraftwerken.

Tabelle 9.22 gibt einen Überblick über den Anteil der Stromerzeugung durch Wasserkraft in einigen europäischen Ländern.

Wellenkraftwerk [E. wave power plant]

Wellenkraftwerke sind eine spezielle Form der Wasserkraftwerke, um elektrische Energie zu erzeugen. Die Bewegungsenergie in den Wasserwellen ist wenig gebündelt und tritt nicht gleichmäßig auf. Ein Wellenkraftwerk muss bei kleinen Wellenamplituden laufen können, aber auch bei stürmischen Wellenbewegungen kontinuierlich arbeiten. Dieses wird erreicht, indem eine Reihe von schwimmenden Generatoreneinheiten sinnvoll über Scharniere gelenkig miteinander verbunden werden.

Tab. 9.22 Anteil der Wasserkraft an der Stromerzeugung einzelner europäischer Staaten [E. quota of hydro-electric power of some European countries] [200]

	Wasserkraftanteil in %
Norwegen	99,9
Österreich	67,7
Schweiz	57,6
Schweden	47,4
Italien	19,4
Frankreich	14,1
Tschechien	3,9
Deutschland	3,5
Belgien & Luxemburg	3,1
Polen	2,6
Großbritannien	1,7
Dänemark	0,0
Niederlande	0,0

Im Unterschied zum *Gezeitenkraftwerk* wird nicht der Tidenhub ausgenutzt, um die Energiedifferenz zwischen Ebbe und Flut zu nutzen, sondern die kontinuierliche Wellenbewegung.

In einem Wellenenergieumwandler wird die Bewegungsenergie heranrollender Wellen auf eine Hydraulikflüssigkeit übertragen, die eine Turbine mit unmittelbar gekoppeltem Generator antreibt und dann elektrischen Strom erzeugt.

Die schottische Firma *Ocean Power Delivery* hat innerhalb von sechs Jahren einen entsprechenden Prototyp von 750 kW Leistung entwickelt, der inzwischen vor den Orkney-Inseln in Betrieb genommen wurde. Eine Einheit (Modul) dieses Wellenenergieumwandlers besteht aus dem Tank für das *Hydraulik-Öl*, einer beweglichen Kolbenpumpe für das Hydraulik-Öl und dem Hydraulik-Öl-Verteiler, der mit einem Generator gekoppelt ist. Letzterer ist außerdem noch mit einem Druckausgleichsbehälter verbunden, der für eine kontinuierliche Arbeitsweise des Generators sorgt.

Viele solcher zylindrischen Modulsegmente mit einem Durchmesser von je 3,5 m sind über Scharniergelenke miteinander zu einer Länge von 120 m verknüpft. Diese in sich bewegliche Schlange, auch *Pelamis*[5] genannt, ermöglicht es, die Auf- und Abwärtsbewegungen und auch die der Seitwärtsbewegungen der Wasserwellen auf die Hydraulik-Flüssigkeit zu übertragen (Abb. 9.119).

Die Pelamis ist mit Trossen am Meeresboden verankert und schwimmt mit seinen 750 t Gewicht auf der Wasseroberfläche. Sie ist so konstruiert, dass diese schlangenförmige Anlage selbst bei hohem Wellengang unbeschädigt bleibt und kontinuierlich arbeitet, sie

[5] Pelamis ist eine im Atlantik lebende Seeschlange, hergeleitet von pelagos (gr.) – Meer

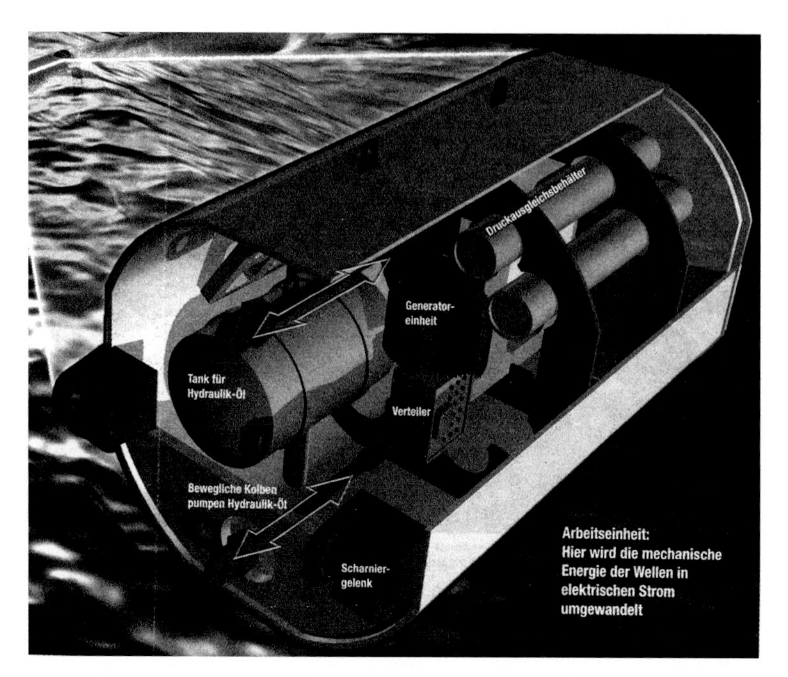

Abb. 9.119 Wellenkraftwerk [E. wave power station]. (Quelle: Welt am Sonntag, Nr. 10, vom 07.03.2004)

taucht dann unter den hohen Wellen hindurch. Der erzeugte Strom wird durch ein Kabel zum Festland geleitet.

Am effektivsten soll die Anlage über Wassertiefen zwischen 50 und 100 m arbeiten. Auf einer Wasserfläche von 1 km^2 können bis zu 40 Einzelwellenkraftwerke zu einem Wellenenergiepark, den sogenannten *Wellenfarmen*, zusammengeschaltet werden. Die Gesamtleistung beträgt dann 30 MW. Diese reichen aus, um 20.000 Haushalte mit elektrischem Strom zu versorgen.

Nach Berechnungen des internationalen Weltenergierates in London könnten Wellenkraftwerke 15 % des weltweiten Strombedarfs decken. Geeignete Standorte in Europa seien die Küsten Großbritanniens, Spaniens, Portugals, Irlands und Norwegens. In Schottland könnten bis zum Jahr 2020 rund 40 % des Strombedarfs auf diese Art bereitgestellt werden.

Weitere derartige Projekte werden derzeit in einem Fjord in Dänemark und im Bristol-Kanal durchgeführt.

Gezeitenkraftwerke [E. Tidal Hydro-Electric Power Station] [18]

Gezeiten [E. tides]

sind periodische Höhenschwankungen des Meeresspiegels, der Lufthülle und der Erdkruste unter Einwirkung der Massenanziehungskräfte zwischen Erde und Mond sowie Erde und Sonne. Die Massenanziehungskräfte zwischen Erde und Mond sind ca. 2,2-mal stärker als die zwischen Erde und Sonne. Die Anziehungskräfte werden auch Gezeitenkräfte genannt. Je nach der Stellung der Sonne zum Mond und der Erde verstärken sich die Gezeitenkräfte oder schwächen sich ab. Die Gezeiten der Luftdruckschwankungen haben bisher keinen erkennbaren Einfluss auf das Klima gezeigt. Die Erdkruste wird von den Gezeitenkräften bis zu 40 cm angehoben.

Der Zeitabstand zwischen dem *Höchststand des Meeresspiegels (Flut)* und dem *Niedrigstand (Ebbe)* ist eine *Periode* und beträgt 12 h und 25 min. Das *Steigen* und *Fallen* des Wassers von einem Niedrigwasser zum anderen wird *Tide* genannt. Die *Umlaufzeit* des Mondes um die Erde dauert 24 h und 50 min.

Bei einer optimalen Verstärkung tritt *Springflut* auf und bei einer Abschwächung *Nippflut*, d. h. flache Flut.

Die *Gezeitenkraftwerke* nutzen die Bewegungsenergie des bei Flut einströmenden Meerwassers in den Stauraum und bei Ebbe des ausströmenden Wasser. Diese Bewegungsenergie treibt die Turbinen und die daran gekoppelten Generatoren an. Durch sie wird Bewegungsenergie unmittelbar in elektrische Energie umgewandelt.

Gezeitenkraftwerke können dort errichtet werden, wo eine Meeresbucht durch einen Damm vom offenen Meer abgetrennt werden kann. Im Damm selbst befinden sich die zur Stromerzeugung genutzten Turbinen und Generatoren. Bei Flut werden sie von der Meeresseite beschickt und bei Ebbe von der Buchtseite (Abb. 9.120).

Gezeitenkraftwerk in St. Malo [E. tidal power station St. Malo]

Eine Voraussetzung für den Bau eines Gezeitenkraftwerks ist ein möglichst großer Tidenhub, d. h. ein Höhenunterschied des Meeresspiegels zwischen Ebbe und Flut von mindestens 5 m. Die zweite Voraussetzung ist eine tiefe Küstenbucht oder Flussmündung [226].

Diese Bedingungen werden durch die Mündung der Rance in den Ärmelkanal gut erfüllt (Abb. 9.121).

Ein 750 m langer Staudamm quer durch die Flussmündung der Rance hält das Hochwasser bei Flut. Es entsteht eine Wasserstaufläche von 22 km^2. Während der Ebbe wird dieses Wasserreservoir zur Elektrizitätserzeugung durch das Abfließen ausgenutzt.

In einem Gezeitenkraftwerk kann mit der Flut einlaufendes wie mit der Ebbe auslaufendes Wasser die Turbinen antreiben.

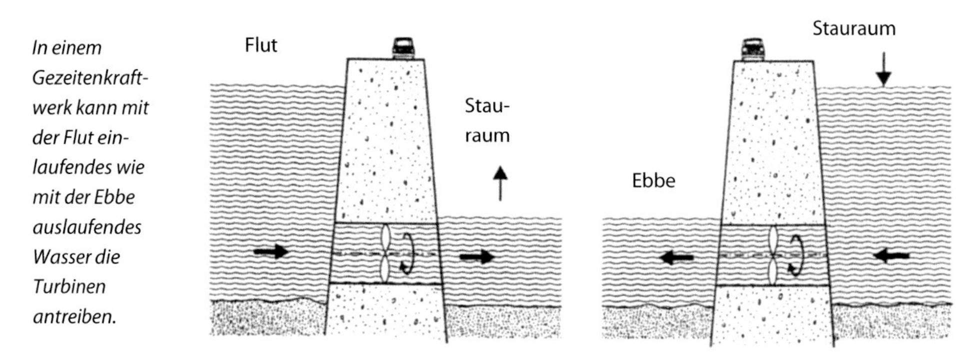

Abb. 9.120 Flut und Ebbe im Gezeitenkraftwerk [E. high and low tide in a tidal power station] [226]

Umgekehrt treiben bei Flut die steigenden und eindringenden Wassermassen ebenfalls die Turbinen an.

Auf diese Weise werden Gezeitenkraftwerke in beiden Richtungen betrieben, entsprechend müssen die Maschinensätze für zweiseitig arbeitende Turbinen und Generatoren ausgerüstet sein.

Das Gezeitenkraftwerk der Rance befindet sich in der Nähe des französischen Ferienortes St. Malo in der Bretagne und wurde 1967 als größtes Gezeitenkraftwerk der Welt in Betrieb genommen. Neben dem Felsendamm besitzt das Kraftwerk sechs *Ein- und Auslassschleusen* zum schnellen Leeren und Füllen der Flussmündung. Zweimal täglich leeren und füllen die Gezeiten der Rance mit einem Durchfluss von maximal 1000 m^3/s und einem Tidenhub bis zu 13,5 m den Stauraum hinter dem Damm. Zwischen zwei Gezeiten werden bei diesem großen Tidenhub 720 Mio. m^3 Wasser bewegt. 24 Rohrturbinensätze, bestehend aus je einer Turbine und einem Generator, sorgen für die Erzeugung des elektrischen Stroms.

Das Kraftwerk erbringt eine Leistung von 600 Mio. kW und liefert damit eine maximale elektrische Energie bis zu 5256 Mrd. kWh, mit der eine Stadt von 330.000 Einwohnern über das Jahr versorgt werden kann (s. Fußnote: Nebenrechnung).

Weitere Gezeitenkraftwerke sind in *China, Kanada, England, Südkorea* und *Russland* im Laufe der Jahre errichtet worden. In China gibt es mehrere kleinere Kraftwerke, das größte wurde 1980 mit 10 MW in der Nähe von Shanghai erstellt.

An der Ostküste Kanadas in der Fundy-Bucht bei Annapolis Royal arbeitet eine Anlage seit 1984 mit einer 20 MW-Leistung.

In Russland läuft eine Pilotanlage im Barentssee [226].

Nebenrechnung: 600 Mio. kW $600 \cdot 10^9$ W 600 GW
$600 \cdot 10^9\ \mathrm{W} \cdot 24\ \mathrm{h} \cdot 365 = 5.256.000$ GW pro Jahr
= 5256 Mrd. kWh $5256 \cdot 10^9$ kWh

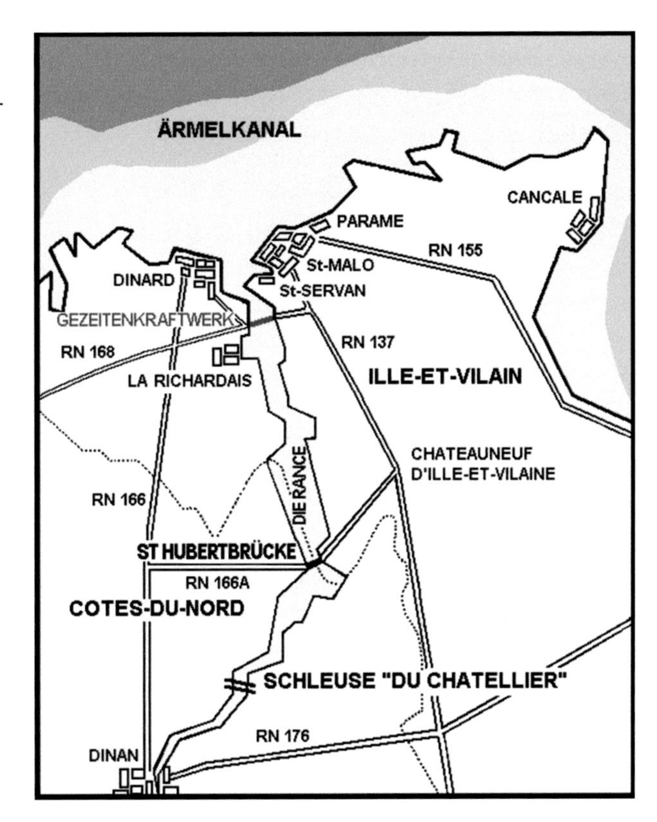

Abb. 9.121 Geografische Lage des Gezeitenkraftwerkes St. Malo [E. geographical location of the tidal power station St. Malo]

Gezeitenkraftwerk in Norwegen [E. tidal hydroelectric power station in Norway]

Ein Gezeitenkraftwerk besonderer Konstruktion wurde als Prototyp in der Nähe von Hammerfest im September 2003 ans Netz genommen. Es handelt sich um das erste Unterwasserkraftwerk der Welt. Dieser Prototyp erzeugt 300 kW an elektrischer Leistung. Die Energiemenge reicht aus, um 30 norwegische Haushalte mit Strom zu versorgen. In den folgenden fünf Jahren wurde das Kraftwerk so weit ausgebaut, dass es für Hunderttausende von norwegischen Haushalten ausreichend elektrische Energie bereitstellt.

Als Energiequelle dienen die zwischen Ebbe und Flut sich über dem Meeresboden wälzenden Wassermassen. Sie treiben Rotoren an, die mit Generatoren verknüpft sind, die Bewegungsenergie in elektrische Energie umsetzen. Ein Rotor ist in diesem Falle im Prinzip eine gewaltige Mühle unter dem Meeresspiegel. Die Anlage ist mit einer Stahlsäule im Meeresgrund verankert. Auch bei dieser Anlage besteht der große Vorteil darin, dass die Gezeitenenergie in beiden Bewegungsrichtungen, in die das Wasser je nach Ebbe oder Flut fließt, ausgenutzt wird.

Wärme und elektrischer Strom aus der Erde – geothermische Erdwärme[5] [E. heat and electrical energy out of the Earth – geothermal energy]

Das Potenzial der Erde als Energiequelle ist gigantisch. 99 % der oberflächennahen Erdrinde unseres Planeten sind heißer als 1000 °C. Und vom verbleibenden Rest sind immer noch 99 % wärmer als 100 °C. Insofern trügt der Blick aus dem Weltall auf die keineswegs kugelrunde Erde mit dem dominierenden Blau und den weißen Polkappen. Tatsächlich ist der Planet Erde eine recht „heiße Kartoffel". Daher ist die Dimension des globalen Wärmestroms aus dem Erdinneren in die Atmosphäre überraschend hoch, denn per Saldo strahlt die Erde Tag für Tag etwa das Zweieinhalbfache des weltweiten Energiebedarfs der Menschen ungenutzt in den Weltraum ab.

Geologen unterscheiden geothermische Tiefenstufen. Für die oberen 5 km gilt die Faustformel, dass pro 100 m Tiefe die Temperatur um etwa 3 °C steigt. Damit kommen in 1 km Tiefe durchschnittliche Temperaturen von 30 bis 40 °C zustande. Im inneren Kern (feste Materie), d. h. in 5100 bis 6370 km Tiefe, sind Schätzungen zufolge Temperaturen bis um die 5000 °C und mehr wahrscheinlich. Im äußeren Kern (flüssige Materie) ab 2900 km ist es immer noch 3000 bis 4500 °C heiß. Und selbst im Erdmantel von 40 bis 2900 km sind noch 1000 bis 3000 °C zu erwarten. Dies sind Temperaturen, bei denen keinerlei Leben möglich ist. Für den Menschen und die geothermischen Anwendungen entscheidend ist die Erdkruste; diese reicht bis 40 km Tiefe und schützt alle Lebewesen vor der „Höllenglut", erreicht aber – je nach Lage – im Extrem immer noch bis zu 1000 °C.

Da sich der Wärmestrom der Erde in Richtung niedrigerer Temperatur (also in Richtung der Oberfläche) bewegt, wird die Erdkruste immer wieder neu „aufgetankt". Hinzu kommt die Strahlungsenergie der Sonne, die bis wenige Meter unter die Erdoberfläche die Erde wärmt.

Die oberste Schicht der Erde wird als Erdkruste bezeichnet und ist in die kontinentale mit einer Schichtdicke von 30 bis 65 km und die ozeanische unter den Weltmeeren befindliche Kruste unterteilt. Letztere weist eine Dicke von 7 bis 8 km auf und ist erst 200 Mio. Jahre alt, während die kontinentale Kruste mit 3,9 Mrd. Jahren angegeben wird. An der Basis der jungen ozeanischen Kruste wird eine Temperatur von 200 °C angenommen, während die der Kontinentalkruste zwischen 300 und 600 °C schwankt. Für den größten Teil des Wärmeinhalts der Erdkruste sind im Wesentlichen die radioaktiven Isotope[6] von Uran, Thorium, Kalium u. a. verantwortlich. 70 % der Erdwärme stammen aus dem Zerfall radioaktiver Elemente.

In der italienischen Toskana oder auf manchen griechischen Inseln werden im Untergrund von 1 bis 2 km Temperaturen bis ca. 300 °C gemessen.

Geothermiker ermittelten eine Faustregel [23, 69]:

1 km^3 heißes Gestein abgekühlt um 100 °C liefert
30 MW elektrische Leistung für ca. 30 Jahre.

[6] Quelle: Michael Bockhorst, (2002), www.energieinfo.de

Nutzung der geothermischen Energie in Europa und der Welt [E. use of the geothermal ernergy in Europe and the world]

Seit 1913 erstmals die Elektrizitätserzeugung mittels des heißen Wasserdampfes aus der Erdkruste gelang, haben sich die Nutzungsgrenzen praktisch aufgelöst.

Dank des technischen Fortschritts entwickelte sich die globale geothermale Stromproduktion in den letzten Dekaden sehr dynamisch. Waren 1975 weltweit erst 1300 MW elektrische Leistung installiert, so erreichte die Kapazität 2013 bereits über 12.000 MW. Dies ist immerhin eine Steigerung um das fast Zehnfache. Derzeit nutzen 24 Länder die Geothermie zur Stromproduktion. Gemessen an der installierten Kapazität führen die USA vor den Philippinen, Indonesien, Mexiko und Italien. In den Ländern Frankreich, Uganda, Chile und Ruanda befinden sich geothermische Anlagen kurz vor der Vollendung.

Einen besonders großen Anteil an der Stromerzeugung erreicht die Geothermie in Ländern und Regionen mit hoher vulkanischer Aktivität, da dort sehr heiße Erdwärme relativ einfach verfügbar ist. In den Ländern El Salvador, Kenia, den Philippinen, Island, Costa Rica und Nicaragua fußen 10 bis 22 % der nationalen Stromproduktion auf Geothermie. Auch in Indonesien, das als das Land mit dem größten geothermalen Potenzial gilt, soll die Erdwärme künftig große Teile des bisher fossil dominierten Stromerzeugungsmix ersetzen (Anteil heute 7 %).

Geysire [E. geysers]

Sehr heiße *Erdwärme* kann in normalen kontinentalen Erdkrusten und vulkanischen Regionen auftreten, in denen die heißen Magma[7] bis dicht unter die Erdoberfläche reichen. Sie sind häufig von Geysiren[8] durchsetzt, die in mehr oder weniger regelmäßigen Zeitabständen mit Dampf vermischte Wasserfontänen ausstoßen. Das Wasser stammt größtenteils aus dem überlagernden Grundwasser. Dieses gelangt in Spalten und Klüften in die Tiefe. Dort wird es durch heiße Gesteine und Dämpfe aufgeheizt. Schon in einigen 100 m unter der Erdoberfläche herrschen in Island Temperaturen von 1000 °C.

Geysire sind verbreitet in Island (Haukadalur), auf der Nordinsel von Neuseeland, im Yellowstone-Nationalpark, USA, wo 200 Geysire sprudeln. Ebenso sind in Alaska, Japan, Kamtschatka (Russland), El Tatio (Chile), Azoren u. a. Regionen Geysire anzutreffen. Insgesamt werden weltweit 300 Geysire gezählt [17].

Geysire sind Teile riesiger wassergefüllter Grundwassersysteme, die sich in großen Tiefen bis zu 3 km ausdehnen. In ihnen zirkuliert konvektiv das durch Temperatur- und Dichteunterschiede angetriebene Wasser. Große Massen glühenden Gesteins in tiefen Erd-

[7] Magma ist eine gashaltige glutflüssige Gesteinsschmelze der Erde, massein (gr.) – kneten.

[8] geysa (altisländisch) – Wildströme.

krustenschichten sind notwendig, um darüber liegende Sedimente entsprechend zu erwärmen. In diesem Gestein zirkuliert das Wasser und wird auf Temperaturen weit über den Siedepunkt, den es an der Oberfläche hätte, erhitzt. Wegen des hohen Drucks kocht es nicht, obwohl es Temperaturen zwischen 150 bis 170 °C annimmt (Abb. 9.122). Da seine Dichte geringer ist als die des oberen kälteren Wassers, steigt es unterhalb des Geysiregebietes auf. Während des Aufstiegs vermindert sich das Gewicht der darüber liegenden Wassersäule. Das Wasser beginnt zu sieden. Die Ausdehnung des kochenden Wassers führt zum Überlaufen an der Oberfläche, das ebenfalls den Wasserdruck verringert. Die aus dem Schacht herausdrängenden Wassermassen bilden Wassersäulen bzw. Fontänen bis zu 100 m und mehr. Das ausgetretene Wasser verdunstet und kehrt größtenteils als Oberflächenwasser wieder in das Innere der Geysireumgebung zurück.

Die als geothermische Energie nutz- und gewinnbare Erdwärme ist zu 95 % in trockenheißen Felsen granitischen Ursprungs der oberen Erdkruste gespeichert. Ein großer Teil dieser Erdwärme rührt von der Spaltung radioaktiver Elemente.

Die Entwicklung technischer Verfahren, um diese enormen Energiereserven in elektrischen Strom umzuwandeln, steckt noch in ihren Anfängen.

Sowohl die USA, Japan, UK, Island und Länder der Europäischen Union schenken der Nutzung von Erdwärme immer größere Aufmerksamkeit. Doch Wasser ist auch hier wieder der Wärmetransporteur und Energieumwandler.

Ein technisch interessantes Verfahren ist der *Kalina-Prozess*, der in den 70er-Jahren des letzten Jahrhunderts von dem russischen Ingenieur *Alexander Kalina* entwickelt wurde. Ihm gelang es, die Niedertemperaturwärme im oberen Erdinneren ab 90 °C mit einem wirtschaftlichen Wirkungsgrad in elektrische Energie umzuwandeln. So kann schon in geringen Bohrtiefen ein Erdwärmekraftwerk betrieben werden (Abb. 9.123).

Im *Kalina-Prozess* wird die Wärme des Wassers aus der oberen Erdschicht an ein Ammoniak-Wasser-Gemisch übertragen, welches dann verdampft. Der Dampf treibt eine Turbine an. Das Zweistoffgemisch Ammoniak-Wasser hat keinen exakt definierten Siedepunkt, sondern einen Siedebereich. Dadurch ist eine bessere Wärmeübertragung möglich.

Ein Erdwärmekraftwerk im *isländischen Husavik* arbeitet nach dem Kalina-Prinzip (Abb. 9.123). Das *Geoforschungszentrum, GFZ, in Potsdam* kann dieser Technik viel abgewinnen, ebenso das *Institut für Energietechnik an der Technischen Universität Berlin*.

Island, eine Insel der Erdwärme und Gletscherwasser [E. Iceland, an island of geothermal energy and glacial water]

Island ist die vulkanreichste Insel der Welt. Sie liegt auf einer untermeerischen Schwelle, die den Atlantik vom Nordmeer trennt. Sie liegt südlich dicht am Polarkreis und ist 102.819 km^2 groß. Ihre längste Ost-West-Ausdehnung erstreckt sich über 500 km und die Nord-Süd-Ausdehnung über 300 km. Die Küstenlinien von Island haben eine Länge von

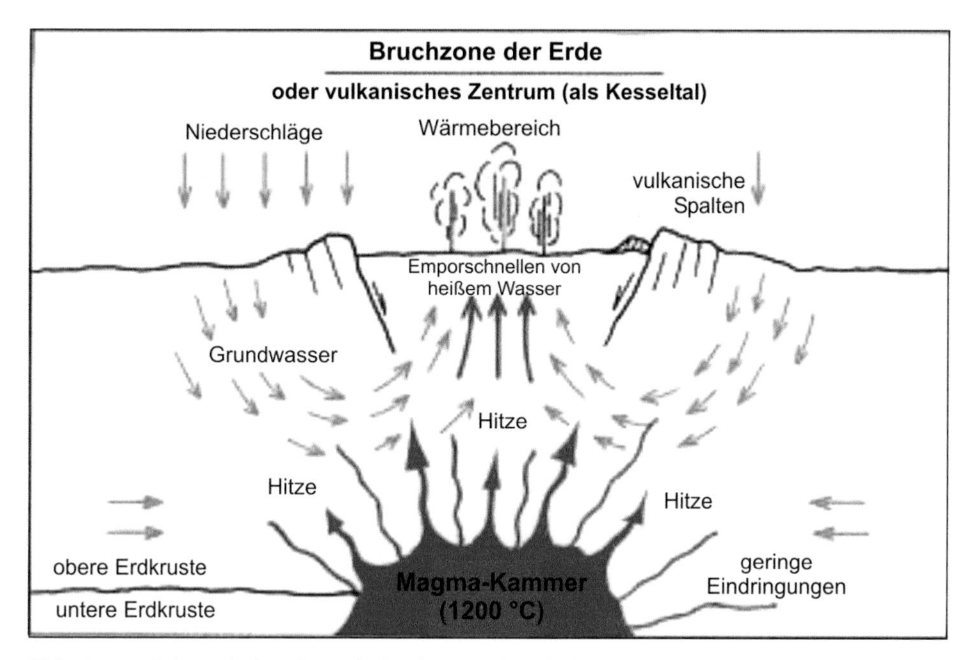

Abb. 9.122 Schematischer Querschnitt einer geothermischen Hochtemperatur-Region [E. scheme of a geothermal high temperature region]. (Quelle: http://www.invest.is/Target_sector/energy/geothermal_energy/adal.htm)

ca. 6000 km. Mehr als ein Zehntel der Insel liegt unter gewaltigen, mehrere Hundert Meter dicken Eispanzern, den Gletschern verborgen.

Auf Island leben zurzeit 280.000 Menschen. Der Grundsockel besteht aus alt- und mitteltertiären Basaltschichten (Tab. 13.35).

Darüber lagern aus mehr als 200 Vulkanen ausgespienen Laven, Tuffe und Liparite mit Tausenden von Kratern und ca. 1500 heißen Quellen.

Über die Küstenregionen mit ihren Tiefebenen erhebt sich besonders im Süden der Insel stufenweise die unbewohnte Feldhochfläche zu Höhen von 300 bis 1200 m über dem Meeresspiegel.

Über diese Stufen stürzen die Flüsse vom Schmelzwasser der Gletscher als große Wasserfälle hernieder.

Über diese Hochebene ragt ein weiteres Hochplateau bis zu 2000 m ü. d. M., das mit Resten des diluvialen Eises bedeckt ist. Es bedeckt eine Fläche von 12.000 km^2 (Tab. 13.35).

Die Eiskuppen werden von Zeit zu Zeit durch subglaziale Eruptionen[9] aufgeschmolzen, und es entstehen gewaltige Schmelzwasserströme.

---

[9] sub (lat.) – unter, niedriger als; glacialis (lat.) – eisig, glattes Eis; subglaziale – unter dem Eis entstanden oder auftretend; eruptio (lat.) – Ausbruch; glaziale Eruptionen – vulkanische Ausbrüche unter Eisschichten.

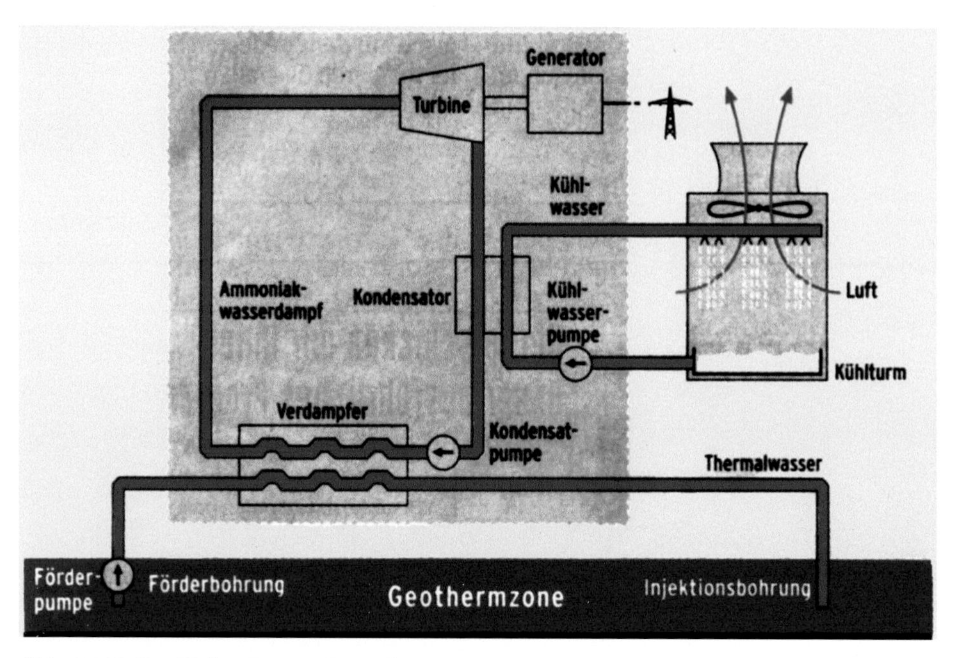

Abb. 9.123 Der Kalina-Prozess [E. Kalina-process]

An langen Küstenabschnitten bricht das Hochland steil ins Meer ab.

Die Energiequellen Islands sind die das ganze Jahr über sprudelnden heißen Quellen und Geysire sowie die zahlreichen Gletscherflüsse und Wasserfälle.

Drei geothermische Kraftwerke nutzen die Erdwärme über Heißwasserströme von Temperaturen bis zu 200 °C aus, um elektrischen Strom zu erzeugen. Aus Tiefen von 1000 bis 3000 m strömt der heiße Wasserdampf in speziellen Bohrlöchern an die Erdoberfläche. Da er Salze und mineralische Begleitstoffe mit sich führt, wird seine Wärmeenergie über Wärmetauscher auf sauberes Süßwasser übertragen, das die Turbinen des Kraftwerkes antreibt. Das ursprüngliche Wasser aus den Tiefen wird in das Erdinnere zurückgeführt.

Ein viertes Geothermie-Kraftwerk befindet sich zurzeit im Bau. Derzeitig steuern die Geothermie-Kraftwerke 17 % zum elektrischen Energiebedarf Islands bei. Zurzeit liefern die geothermischen und Wasserkraftwerke zusammen eine Leistung von 1200 MW. Die anfallenden Restwärmen werden über ein gut ausgebautes Fernwärmeleitungsnetz an die Gebäude der Insel zum Heizen geleitet. 87 % aller Gebäude werden auf diesem Weg beheizt.

Das Wasserkraftwerk Kárahnjukar [E. hydroelectric power plant Kárahnjukar]

Knapp südlich des Polarkreises im Osten Islands wurde der größte Steinschüttdamm Europas errichtet. Er ist 730 m lang und 193 m hoch. Unterschiedlich große Steine wurden aufgeschichtet und verdichtet, um ein möglichst homogenes Gefüge zu erreichen. Eine aus senkrecht verlaufenden Streifen hergestellte Stahlbetonplatte dichtet den Schüttdamm zur Wasserseite ab. Besondere Sorgfalt wurde darauf verwendet, den Damm an den Seiten und an der Sohle mit dem gewachsenen Boden zu verbinden. Durch Felsanker wurde das erreicht.

Zusätzlich wurden drei kleinere Staudämme errichtet. Alle vier sammeln zusammen aus weit entfernten Wassereinzugsgebieten und dem *Vatnajökull-Gletscher* das Schmelzwasser zu Stauseen. Der große Steinschüttdamm wird eine Wasserreserve von 8,5 Mio. m^3 aufstauen. Sie hat eine Oberfläche von 57 km^2.

In einem klassischen Wasserkraftwerk drehen sich die Turbinen in der Regel am Fuße eines Dammes oder einer Staumauer. Bei diesem *Kárahnjukarprojekt* liegen die Wasserspeicher, d. h. die Stauseen, 40 km von den Maschinenhallen der Turbinen und Generatoren entfernt.

Durch Zuführungsstollen wird das von vier Dämmen aufgestaute Wasser aus den Einzugsgebieten und das Schmelzwasser aus dem *Vatnajökull-Gletscher* auf die Höhe der Maschinenhalle geleitet, um hier über zwei 420 m tiefe und armierte Fallrohrleitungen auf die Turbinen zu stürzen. Diese vertikalen Leitungen haben einen Innendurchmesser von 3400 mm und sind die höchsten vertikalen Penstockleitungen in der Welt. In der Maschinenhalle befinden sich sechs *VA-Tech-Francis-Hochdruckturbinen* mit Leistungen von je 115 MW [116].

Erdöl und Erdgas spielen als Energielieferant bei der Bereitstellung von elektrischem Strom in Island nur eine untergeordnete Rolle. Anders ist es beim Verkehr mit PKW, LKW, Bussen und Flugzeugen. Auf der Insel hat man es sich zum Ziel gesetzt, den Straßen- und Luftverkehr auf eine Wasserstoffnutzung umzustellen. In 15 bis 25 Jahren sollen 50 % des gesamten Straßenkraftverkehrs mit Wasserstoff betrieben werden [224]. Das entsprechende Wasserkraftwerk ist in den Jahren 2008/2009 in Betrieb genommen worden. Mit ihm wird Wasser in Wasserstoff und Sauerstoff elektrolysiert:

$$285{,}9\ \text{kJ} + \text{H–OH} \longrightarrow H_2 + \tfrac{1}{2}\, O_2$$

Aluminiumgewinnung durch Schmelzflusselektrolyse in Island [E. aluminium production through smelting flux electrolysis in Iceland]

In den Stauseen Islands wird so viel Wasser gespeichert, um damit das ganze Jahr über genug elektrischen Strom für ein neues Aluminiumwerk zu liefern. Es wurde von dem amerikanischen *Alcan-Konzern* in der eisfreien Bucht von Reydarfjordor an der Ostküste Islands errichtet. Hier werden jährlich bis zu 350.000 t Aluminium durch Schmelzflusselektrolyse aus Bauxit gewonnen werden.

Diesem Verfahren liegen folgende Stoff- und Energieumsätze zugrunde.

Herstellung von Aluminium durch Reduktion von Aluminiumoxid nach der Schmelzflusselektrolyse

$2\,Al_2O_3$		$\longrightarrow$	$4\,Al$	+ $3\,O_2$;		$\Delta H = +3351$ kJ/mol	(1)
$3\,O_2$	+ $4\,C$	$\longrightarrow$	$2\,CO_2$	+ $2\,CO$;		$\Delta H = -1008$ kJ/mol	(2)
$2\,Al_2O_3$	+ $4\,C$	$\longrightarrow$	$4\,Al$	+ $2\,CO_2$	+ $2\,CO$;	$\Delta H = +2343$ kJ/mol	(3)
Aluminiumoxid $_{(s)}$	Elektrodenkohlenstoff$_{(s)}$		Aluminium $_{(s)}$	Kohlenstoffdioxid $_{(g)}$	Kohlenstoffmonoxid $_{(g)}$	$\Delta H = +0{,}65$ kWh/mol	
2 x 102 g	4 x 12 g		4 x 27 g	2 x 44 g	2 x 28 g	$\Delta H = +6019$ kWh/t Al	

$1\,\text{kJ} \mathrel{\hat{=}} 277{,}774 \cdot 10^{-6}\,\text{kWh}$

In der Schmelzflusselektrolyse wird das Aluminiumoxid durch einen Elektrolysegleichstrom in Aluminium und Sauerstoff zerlegt. Das metallische Aluminium wird an der Kathode abgeschieden. Der an der Anode frei werdende Sauerstoff reagiert exotherm mit dem Anodenkohlenstoff zu einem Gemisch aus Kohlenstoffdioxid und Kohlenstoffmonoxid. Der Gesamtvorgang ist endotherm und der Energieaufwand sehr beträchtlich.

Bei der Aluminiumgewinnung wirken zwei chemische Reaktionen parallel auf das Ausgangsprodukt, das Aluminiumoxid, Al_2O_3, ein. Sie ergänzen sich einander. Es sind dies die Elektrolyse in der Schmelze und die gleichzeitig damit einhergehende Reduktion durch den Anodenkohlenstoff [97].

Der theoretische Energiebedarf für 1 t Aluminium beträgt 6019 kWh. Bei der technischen Durchführung ist der Energieaufwand mehr als doppelt so hoch, nämlich 13.500 kWh. Für die Gewinnung von 1 t Hüttenaluminium mit einem Reinheitsgrad von 99,5 bis 99,8 % (Massenanteile Al) sind folgend Ausgangsstoffe notwendig:

4,0t	Bauxit, das entspricht 2 treinem Al_2O_3
0,5t	Elektrodenmaterial
0,05t	Kryolith, Na_3AlF_3, alsSchmelzmaterial

Für die Gewinnung von 350.000 t Aluminium jährlich werden somit benötigt

$$350.000\,\mathrm{t\,Al} \times 13.500\,\mathrm{kWh} = 4725 \cdot 10^6\,\mathrm{kWh} = \underline{4725\ \mathrm{GWh}}$$

13.500 kWh entsprechen dem jährlichen Strombedarf von vier deutschen Familien. Weltweit betrug 2013 die Aluminiumproduktion 56,3 Mio. t.

Erdwärme Kraftwerk Neustadt-Glewe/Mecklenburg – das erste geothermische Kraftwerk in Deutschland [E. geothermal power station in Neustadt-Glewe/Mecklenburg – the first geothermal power station in Germany]

Geothermische Energie ermöglicht eine örtliche Energieversorgung aus heimischen Quellen. Sie ist zugleich Grundlastenergie.

Das erste Erdwärmekraftwerk in Mecklenburg arbeitet nach einem ähnlichen Verfahren wie der Kalina-Prozess (Abb. 9.123). Anstelle eines Ammoniak-Wasser-Gemisches verwendet es Perfluoropentan, C_5F_{12}; $F_3C–CF_2–CF_2–CH_2–CF_3$ (Abb. 9.124).

Neustadt-Glewe liegt im Südwesten Mecklenburgs in der norddeutschen Tiefebene, die von porösen wasserführenden Sandsteinschichten durchzogen ist. Hier hat sich in 2000 m Tiefe salzhaltiges Wasser angesammelt mit einer Temperatur von knapp 100 °C [24].

1988 wurde eine erste Bohrung bis zu 2455 m niedergebracht, 1989 eine zweite. Im Oktober 1994 konnte von der gegründeten Erdwärme Neustadt-Glewe GmbH der Probebetrieb aufgenommen werden.

Ein kombiniertes System von Förderbohrung und Verpressbohrung zu einer *Doublette* sorgt dafür, dass der Vorrat an diesem salzhaltigen heißen Thermalwasser sich nicht erschöpft. Das unter hohem Eigendruck stehende Thermalwasser wird über einen Wärmetauscher geleitet und seine Wärme von einem zweiten geschlossenen Wasserkreis übernommen. Dieser dient zur Versorgung des in der Nähe liegenden Wohngebietes mit Wärme für Heizzwecke und des Industriegebietes mit Prozesswärme.

Das auf 50 °C ausgekühlte Thermalwasser wird nun nach Abgabe eines Teils seines Wärmeinhaltes in die Speicherregion zurückgeführt, d. h. verpresst.

Im November 2003 wurde das geothermische Heizwerk um ein Kraftwerk erweitert. Damit wurde es möglich, mit dem heißen salzhaltigen Thermalwasser eine Kraft-Wärme-Kopplungsanlage für elektrischen Strom und Fernwärme zu erzeugen. Die zur Verfügung stehende Erdwärmemenge in Form von 100 m^3 Heißwasser pro Stunde kann damit voll ausgenutzt werden. Mit einer Nennleistung von 210 kW speist es Strom in das Ortsnetz von Neustadt-Glewe.

Eine große Förderpumpe mit 140 kW Leistung pumpt das salzhaltige Thermalwasser an die Oberfläche. Im Filterhaus erfolgt die Reinigung und die Trennung in zwei Ströme, nämlich zum Wärmetauscher der Fernwärme und dem des Kraftwerkes (Abb. 9.124).

Die für den Antrieb der Turbine erforderliche Bewegungsenergie wird von dem organischen Stoff *Perfluoropentan*, C_5F_{12}, übertragen. Dieser übernimmt die im gereinigten

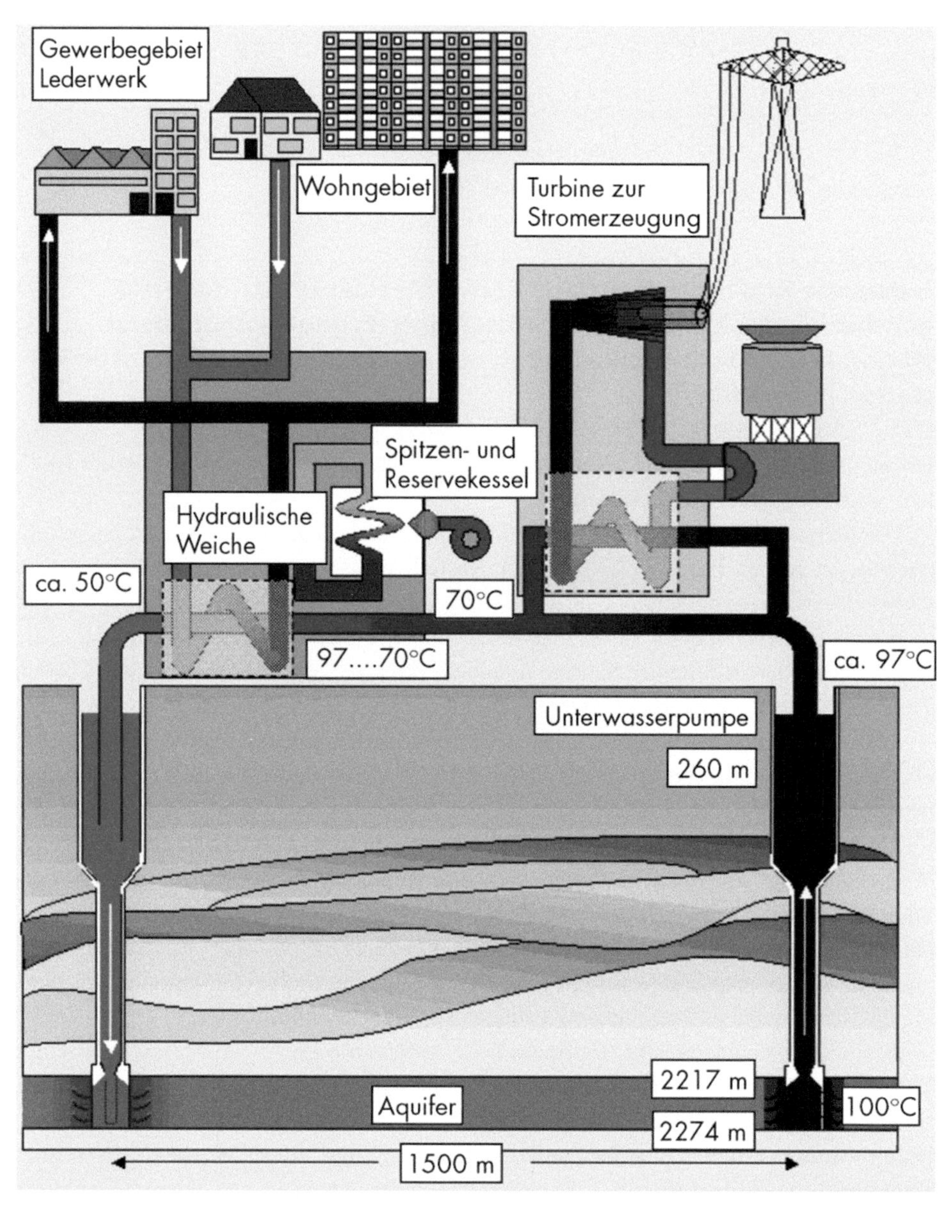

Abb. 9.124 Schema der Erdwärmenutzung in Neustadt-Glewe [24] [E. scheme of the use of geothermal energy in Neustadt-Glewe]

Thermalwasser gespeicherte Wärmeenergie über einen für das Kraftwerk vorgesehenen Wärmetauscher aus Titan. Es kühlt sich von 98 °C auf ca. 70 °C ab. Perfluoropentan siedet bereits unter Normdruck bei 31 °C. Das unter Überdruck von 4 bar und 74 °C stehende Perfluoropentan treibt die Turbine an und entspannt sich auf ca. 1 bar. Die Turbine ist an einen Generator gekoppelt. Im nachfolgenden Kondensator wird er an den kaltes Wasser enthaltenen Röhren wieder verflüssigt.

Tab. 9.23 Technische Daten zum Erdwäme-Heizwerk und Kraftwerk Neustadt-Gleve GmbH [E. technical data of the geothermical heating and power station Neustadt-Glewe GmbH] [24]. (Quelle: Erdwärme Kraftwerk Neustadt-Glewe GmbH)

Geologie	
Förderbohrung	2250 m tief
Injektionsbohrung	2335 m tief
Fördertemperatur der Sole	98 °C
Fördermenge	40–100 m³h (10–30 l/s)
Salzgehalt der Sole	220 g/l (zum Vergleich: Ozeanwasser 30 g/l, Totes Meer 300 g/l)
Heizwerk	
Mittlere Wärmeabgabe	16.000 MWh/a, davon bis zu 98 % geothermische Wärme
Fernwärmekunden	1325 Wohnungseinheiten 23 kleine Gewerbekunden
Prozesswärme	1 Lederwerk
ORC-Erdwärme-Kraftwerk (ORC – Organic Rankine Cycle – organisches Turbinenmedium statt Wasser)	
Elektrische Leistung	bis 230 kW
Nutzbare geothermische Wärme	98 bis 72 °C, ca. 3000 kW
ORC-Turbine	Einstufig mit drei Düsengruppen Wirkungsgrad von 70 % Verdampfungstemperatur ca. 75 °C Verdampfungsdruck ca. 4 bar
Siedetemperatur des organischen Mediums bei Normaldruck	31°C
Synchrongenerator	250 kVA, 3000 U/min
Stromerzeugung	1 400 bis 1600 MWh/a (Jahresstrom-bedarf von ca. 500 Haushalten)

In Tab. 9.23 sind einige technische Daten des Erdwärme-Kraftwerkes aufgeführt.

Ein weiteres *Erdwärmekraftwerk* wird in der Aachener Innenstadt errichtet. In einer Tiefe von 2500 m wird die Gesteinstemperatur auf 70 bis 85 °C geschätzt. Diese reicht für eine thermische Leistung von 450 kW aus. Damit kann ein Großgebäude mit 7400 m² Nutzfläche zu 80 % mit Wärmeenergie versorgt werden.

Kaltes Wasser wird in einem äußeren Ringspalt der Sonde in die Tiefe geleitet. Dort erwärmt es sich auf 70 °C. Über ein zentrales Steigrohr wird das erhitzte Wasser in ein Energieversorgungsnetz des Gebäudes eingespeist. In einem Kaskadensystem fließt es nacheinander durch die Warmwasseraufbereitung, Deckenheizkörper und Fußbodenheizung.

Im Sommer wird die Erdwärme des Wassers über eine Adsorptionskältemaschine zur Kühlung des Gebäudes genutzt. Dieser Gebäudekomplex ist als Servicezentrum für

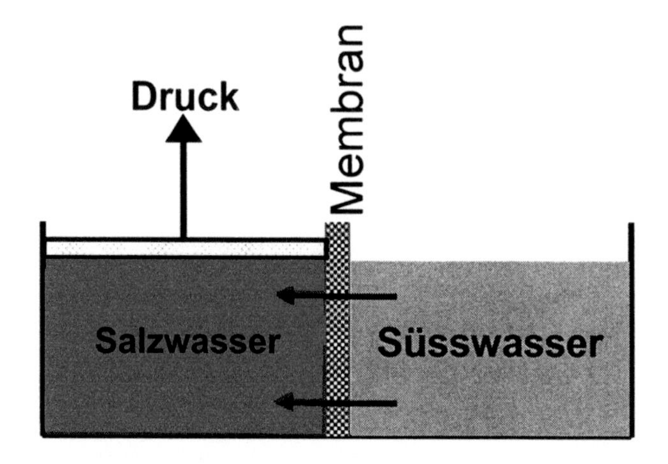

Abb. 9.125 Osmose durch eine semipermeable Membran [E. pressure retarded osmosis]

Studenten der *Aachener RWTH* vorgesehen und wird von der *Technischen Hochschule Aachen* als Großpilotprojekt betrieben unter der Bezeichnung *Super C* [120].

Die Funktionsmöglichkeit einer tiefen Sonde wurde schon 1994 im brandenburgischen Prenzlau nachgewiesen. Dort war eine bestehende Bohrung auf 2800 m Tiefe ausgebaut worden. Im Naturumlauf erreicht die Sonde eine Wärmeleistung von 100 bis 150 kW. Das Temperaturniveau des in der Erde auf bis zu 65 °C erwärmten Wassers wird mit einer Wärmepumpe angehoben. Damit können 1100 Wohnungen mit Wärme und Warmwasser versorgt werden [184].

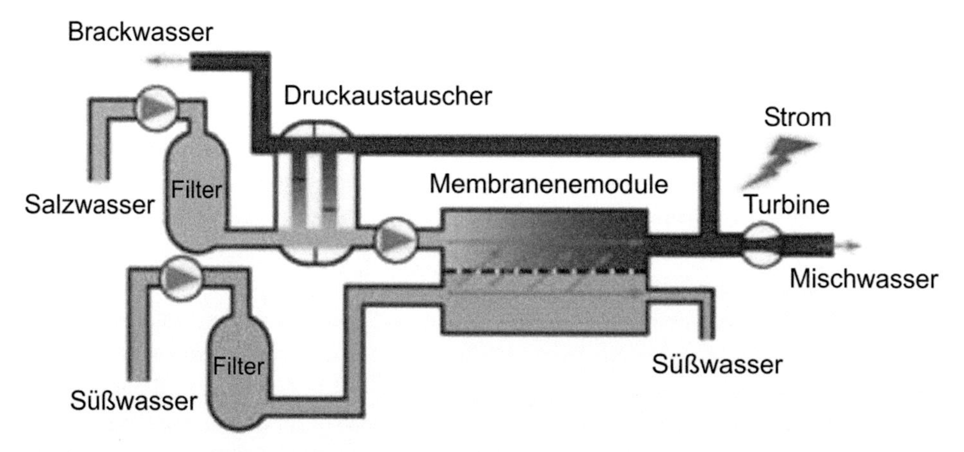

Abb. 9.126 Schema eines Osmose-Kraftwerkes [E. scheme of an osmotic power process]. (Quelle: www.energieeffizient-bauen.org)

Elektrische Energie durch Osmose [E. electrical energy through osmosis]

Sind Süßwasser (Salzgehalt unter 0,02 %) und Meerwasser (Salzgehalt 3,5 % und höher) durch eine semipermeable Membran voneinander getrennt, dann passieren die Wassermoleküle von der Süßwasserseite in die Salzwasserseite, wenn die Membran nur für Wassermoleküle durchlässig ist und für die Salzionen undurchlässig. Dabei erhöht sich der osmotische Druck um bis zu 26 bar (Abb. 9.125).

Dieser Effekt der Erhöhung des osmotischen Druckes aufgrund des Salzkonzentrationsunterschiedes zwischen Süß- und Salzwasser wird bei einem Osmosekraftwerk genutzt. Im Prinzip handelt es sich um eine Umkehrung der Umkehrosmose bei der Meerwasserentsalzung. Das Herzstück eines solchen Kraftwerkes sind extrem dünne Membranen. Sie trennen die Röhrenmodule voneinander, in denen durch die Membranen jeweils Süßwasser oder Salzwasser fließen. 80 bis 90 % des Süßwassers passieren die Membranen und erhöhen den osmotischen Druck. Durch den steten Zustrom an Süßwasser baut sich im Behälter des Meerwassers mit der Zeit ein starker Druck auf, bis zu 26.000 hPa = 26 bar, der durch Turbine und Generator zur Stromerzeugung genutzt wird (Abb. 9.126).

Brackwasser ist ein Gemisch aus Fluss- und Meerwasser (s. Kap. 2, Abschn. „Brackwasser")

Eine leistungsfähige und hoch spezialisierte extrem dünne Membran wurde von der Arbeitsgruppe Dr. Klaus-Viktor Peinemann im Forschungszentrum Geesthacht (GKSS) entwickelt. Inzwischen ist die Leistung dieser Membranen auf 2 $W \cdot m^{-2}$ von anfänglich 0,02 $W \cdot m^{-2}$ gestiegen. Allerdings wird eine Leistung von 4 bis 5 $W \cdot m^{-2}$ gefordert, um eine wirtschaftliche Umsetzung dieses Erfolg versprechenden Verfahrens zu ermöglichen. Als mögliche Standorte für Osmose-Kraftwerke kommen Flussmündungen infrage, wo Süßwasser ins Meer fließt. Von dem norwegischen staatlichen Energiekonzern Statkraft ist inzwischen eine Pilotanlage in Betrieb genommen worden [213].

Die Energiegewinnung durch Osmose wird als EU-Projekt von einer europäischen Arbeitsgruppe weiterentwickelt mit dem Ziel, in fünf bis zehn Jahren ein großtechnisch einsetzbares Konzept vorzulegen [147]. Dieser Arbeitsgruppe gehören an:

Statkraft – Norwegischer Energieträger
GKSS – Geeshachter Forschungszentrum, Deutschland
HUT – Universität Helsinki, Finnland
ICTPOL – Universität Lissabon, Portugal
SINTEF – Forschungszentrum Norwegen
NTNU – Universität Trondheim, Norwegen

Statkraft ist mit 42 TWh jährlich der größte Energiekonzern Norwegens, der drittgrößte der nordischen Länder. Er unterhält 133 Wasserkraftwerke in Norwegen und zusätzlich 19 in Schweden und vier in Finnland. Seit 2006 hat Statkraft zwei Windparks mit einer Jahresleistung von 600 GWh in Betrieb [147]. Das erste Osmose-Kraftwerk (Osmotic Power)

Abb. 9.127 Lake Powell-Stausee im US-Staat Utah [E. Lake Powell-dam in US-State Utah]. (Quelle: VDI-Nachrichten, Nr. 28, vom 12.07.2002 [175])

der Welt wurde von der Statkraft im Oslofjord eingerichtet. Die Lage 60 km südlich von Oslo an der Mündung eines kleinen Flusses in den Fjord ist ideal.

Große Staudämme – kleine Staudämme, ihre Naturbelastung [E. big dams and small dams and their harm to the environment]

Die Naturbelastung durch Staudämme wird u. a. durch das Oberflächen-Volumen-Verhältnis des Stausees maßgeblich beeinflusst.

Je mehr Wasservolumen bei geringer Oberfläche ein Stausee aufweist, d. h. zugleich je weniger Landfläche überflutet ist, desto geringer ist auch die Naturbelastung. Für eine erzeugte Kilowattstunde elektrischen Stroms sind bei großen Staudämmen weniger überflutetes Land erforderlich.

Mit zunehmender Größe des Stausees wird das Oberflächen-Volumen-Verhältnis immer günstiger, ein Beispiel s. Abbildung 9.127 [175].

In Bayern stauen der Sylvensteinspeicher und Brombachsee 250 Mio. m^3 Wasser, die eine Oberfläche von 15 km^2 aufweisen. Hinter den übrigen 21 bayerischen Talsperren werden insgesamt nur 220 Mio. m^3 Wasser aufgestaut, aber sie überfluten mit 37,5 km^2 zweieinhalbmal so viel Land.

Wie schon zuvor erwähnt, erzeugen in Deutschland die großen Kraftwerke 21 TWh, das sind 21 Mrd. kWh bzw. 3,5 % des Gesamtstromaufkommens. Tausende von Kleinanlagen mit einer Leistung unter 1 MW leisten in einigen europäischen Ländern nur einen Beitrag von weniger als 1 % (Tab. 9.22).

20 % des globalen Stromaufkommens werden von Wasserkraftwerken geliefert, deren Leistungen oberhalb von 1000 MW liegen (Abb. 7.89 und 7.90a). Von ihnen gibt es weltweit 300, die sogenannten *Mammutkraftwerke* [E. major dam projects].

Der größte Wasserspeicher Südafrikas, der Gariep-Stausee, fasst 5,2 Mrd. m^3 Wasser. Die 433 übrigen Reservoirs überfluten mit der gleichen Menge Wasser die doppelte Landfläche.

Stauanlagen sind in vielerlei Hinsicht von großem Nutzen, sei es zum Zweck der Bewässerung und Wasserversorgung, der Nutzenergie-Bereitstellung oder des Hochwasserschutzes. Wasserkraftanlagen sind nach wie vor die beste Möglichkeit zur großvolumigen Stromproduktion mit nur geringen Emissionen.

Gleichwohl haben Stauanlagen auch negative Auswirkungen: für einzelne unmittelbar betroffene Anrainer und oftmals für die natürliche Umwelt.

Stauanlagen können große, einst besiedelte und kultivierte Flächen unter Wasser setzen. Bis heute mussten weltweit Millionen von Menschen wegen solcher Projekte umgesiedelt werden. Obschon in neuerer Zeit zum Teil attraktive Umsiedlungs- und Kompensationsprogramme geschaffen wurden, leiden umgesiedelte Menschen oft unter den soziokulturellen und landschaftlichen Veränderungen. Doch die Menschen benötigen technische Nutzenergie!

Entsalzung von Meer- und Brackwasser [E. desalting of sea-water and brackish water] 10

Bevölkerungswachstum und Wasserverschwendung [E. population growth and waste of water]

Wasser ist nicht knapp auf unserer Erde. 1,384 Mrd. km^3 Wasser sind rund um den Erdball verteilt (Abb. 1.2a und 1.2b). Doch für die Menschen, zahlreiche Tierarten und Pflanzensorten ist zum Leben nur Süßwasser geeignet, d. h. Wasser, dessen Mineralsalzgehalt 0,02 % nicht übersteigen soll. Meer- und Ozeanwasser kann von bestimmten biologischen Spezien, zu denen auch der Mensch zählt, nicht genutzt werden. Der Süßwasseranteil am gesamten Wasservorrat der Erde beträgt nur 2,65 %, das sind 37,1 Mio. km^3. Doch auch das wäre kein Grund zu einer Süßwasser- oder gar Trinkwasserverknappung. Denn Wasser wird nicht verbraucht, sondern nur benutzt bzw. genutzt. Ein ständiger Kreislauf zwischen Verdunstung und Niederschlägen einerseits und eine Selbstreinigung als Grundwasser andererseits sorgen für eine Erneuerung von gebrauchtem Wasser (Abb. 2.10 und 2.11).

Die Weltbevölkerungszunahme hat in den letzten 200 Jahren von ca. 800 Mio. auf gegenwärtig 7,2 Mrd. Menschen zugenommen (Abb. 5.54). Ihre Verdichtung in Megagroßstädten (Abb. 5.55) und der damit einhergehenden Industrialisierung haben zu einer vordergründigen Verknappung von Süßwasser geführt, die schon manche politische Krisen heraufbeschwört haben (Abb. 5.53). Hinzu kommt ein verschwenderischer Umgang mit dem wertvollen Süßwasser. Undichte Überlandwasserleitungen, unvollkommene Bewässerungstechniken, hohe Schadstoffeinträge in das Grundwasser, in Flüsse und Seen sowie eine mangelhafte staatliche Gesetzgebung sind einige der von Menschen verursachten Verknappung. In vielen Ländern liegen die Sickerverluste durch defekte Leitungen bei über 50 % der zu fördernden Wassermenge. Nur etwa 10 % aller Abwässer werden weltweit geklärt. Für ca. 5 Mio. Menschen jährlich ist die Todesursache hygienisch nicht einwandfreies Wasser. Gegenwärtig haben 1,3 Mrd. Menschen keinen Zugang zu sauberem

© Springer-Verlag Berlin Heidelberg 2016

V. Hopp, *Wasser und Energie,* DOI 10.1007/978-3-662-48089-2_10

Trinkwasser [94, 222]. In vielen Staaten ist der akute Wassermangel die Ursache für eine unzureichende Ernährung und damit der Anlass, diese Regionen zu verlassen und sich in den Randbezirken von Großstädten anzusiedeln. Doch diese Landflucht verschlimmert die Situation für die Menschen im Einzelnen und für die Megastädte im Allgemeinen. In vielen dieser Weltstädte ist die regelmäßige Versorgung mit Trinkwasser nicht mehr gesichert. Immer öfter setzt für mehrere Tage in diesen Städten die Trinkwasserbelieferung aus, insbesondere in den halbtrockenen und trockenen Zonen der Erde [245].

Nach Schätzungen des World Water Council zirkulieren im sogenannten *„blue water"*-Kreislauf – dem Süßwasserkreislauf, der von den Niederschlägen gespeist wird – jährlich 40.000 km^3 Wasser (Abb. 2.11) [232].

Aus diesem Kreislauf werden pro Jahr 3600 km^3 Wassermengen vorübergehend von Menschenhand abgezweigt [35 Chap. 4, Our Vision of Water and Life 2025].

► Davon dienen 70 %, das sind ca. 2520 km^3, für die künstliche Bewässerung von landwirtschaftlich genutzten Ackerflächen.22 %, das sind ca. 792 km^3, werden von der Industrie für ihre Prozesse benötigt,8 %, diese entsprechen ca. 288 km^3, werden von den Gemeinden und Kommunen entnommen für die Trinkwasserversorgung von Privathaushalten.

Ein weiterer parallel verlaufender Süßwasserkreislauf ist der des *„Grünwassers"* (green water). Er spielt sich zwischen Grund- bzw. Oberflächenwasser im Boden sowie den auf ihm wachsenden Pflanzen einerseits und der Verdunstung und dem Abfluss in das Meerwasser andererseits ab.

Die an diesem sogenannten *Grünwasserkreislauf* beteiligten Wassermassen werden auf 60.000 km^3 geschätzt. 60 % davon befinden sich im ständigen Austausch mit der Pflanzenvegetation. Dieser Kreislauf reguliert über die Fotosynthese das Ökosystem der Erdoberfläche (vgl. Kap. 3, Abschn. „Wasser und Sonnenenergie, Fotosynthese").

Beschreibung einiger Entsalzungsmethoden [E. description of some desalination processes]

Meerwasser enthält ca. 3,5 % und mehr gelöste Salze, von denen durchschnittlich 3,0 % Steinsalz (NaCl) sind. Die restlichen 0,5 % bestehen aus Verbindungen von etwa 50 verschiedenen Ionen [215].

Brackwasser entsteht beispielsweise beim Zusammentreffen von Süß- und Meerwasser an Flussmündungen. Es entstehen salzige Wasser, die stark bakterien- und algenhaltig sind (vgl. Kap. 2, Abschn. „Brackwasser").

Aus der Sicht der menschlichen Bedürfnisse, der Festland bewohnenden Tiere und Vegetation ist der größte Teil des natürlichen Wasservorkommens, nämlich 97,35 %, mit *Salzen vergiftet.* Festlandbewohnende Lebewesen sind süßwasserabhängig. Auch für die

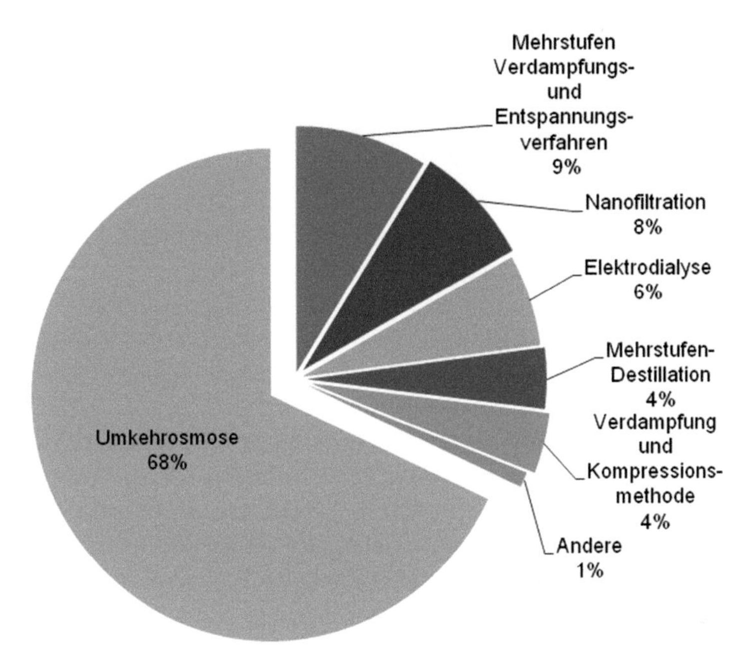

Abb. 10.128 Kapazitäten der bedeutendsten Meerwasserentsalzungsverfahren in der Welt in 2004. [E. capacities of the most important desalting plants of sea-water of the world] [26, 106]

industriellen Prozesse ist Salzwasser ungeeignet, es ist korrosionsaggressiv. Unter *Entsalzungen* werden technische Verfahren zusammengefasst, die der Entfernung von gelösten Ionen (Salzen) und Gasen aus dem Meer- und Brackwasser dienen. Auf diese Weise wird Süßwasser für den industriellen, landwirtschaftlichen Gebrauch bzw. Trinkwasser für den unmittelbaren menschlichen Bedarf gewonnen. Prinzipiell lassen sich zwei Methoden der Entsalzung voneinander unterscheiden. Zu der einen Methode zählen Verfahren, in denen das Wasser aus dem salzhaltigen Rohwasser abgetrennt wird, wie z. B. Verdunstung, Entspannungsdestillation, Umkehrosmose.

Die zweite Methode verfolgt den umgekehrten Weg. Sie trennt die Salze aus der Salzlösung mittels Elektrodialyse, Ionenaustausch oder Fällung ab.

Die großtechnisch bedeutsamsten Verfahren sind die Umkehrosmose mit 68 %, gefolgt von dem Mehrstufenverdampfungs- und Entspannungsverfahren mit 9 %, der Nanofiltration mit 8 % und der Elektrodialyse mit 6 % (s. Abb. 10.128) [223].

Destillation bzw. Verdampfung ist das älteste und einfachste, aber auch energieaufwendigste Verfahren zur Meerwasserentsalzung. 1869 wurde im Hafen von Aleppo am Roten Meer die erste Entsalzungsanlage überhaupt nach diesem thermischen Prinzip gebaut. Sie hatte die Schiffe der damaligen britischen Kolonialmacht mit Süßwasser zu versorgen.

Verdampfungsanlagen sind zwar sehr robust. Sie bedürfen einer relativ geringen Wartung. Mit 70 kWh pro 1 m^3 entsalztem Wasser ist der Wärmeenergieaufwand sehr hoch. Dazu kommen noch weitere 4 kWh elektrische Energie.

Um den Energieaufwand zu senken, werden die Destillationsanlagen bzw. Mehrstufenverdampfer mit anderen Wasserdampf erzeugenden Anlagen gekoppelt, z. B. mit Heizkraftwerken zur Stromerzeugung oder mit petrochemischen Verfahren. Der Wasserdampf, der die Turbinen zur Stromerzeugung antreibt, kann danach noch für die Entsalzung mittels Destillation genutzt werden. Entsprechendes gilt für den Abdampf, der bei der Aufarbeitung von Erdölfraktionen in den Raffinerien entsteht und noch genügend Wärmeenergie zur Wasserdestillation beinhaltet.

Destillationsanlagen unterschiedlicher technischer Ausführungen weisen Kapazitäten von 2000 bis zu 20.000 m^3/Tag auf. Der Energiebedarf liegt je nach Konstruktion der Anlage und der Salzkonzentration des Meer- oder Brackwassers zwischen 7 und 12 kWh/m^3.

Seit den 40er-Jahren des 20. Jahrhunderts sind Entsalzungsverfahren entwickelt worden, die die Salze aus dem Meer- oder Brackwasser bis auf weniger als 0,1 % entfernen.

Sie haben sich in Ländern durchgesetzt, die von Meerwasser umgeben sind oder wo Flussmündungswasser sich mit Meerwasser zu Brackwasser vermischt. Außerdem müssen diese Regionen über reichhaltige Energiereserven verfügen. Es sind die Länder Nordafrikas, des Mittleren Ostens, insbesondere Kuwait, die Vereinigten Arabischen Emirate, Bahrain, Saudi-Arabien, aber auch Hongkong.

In Hongkong arbeitet eine Entsalzungsanlage auf Destillationsbasis mit einer Tageskapazität von 180.000 m^3.

In Al Dschubail, an der Küste des Persischen Golfs liegend, entsalzt eine gewaltige Destillationsanlage 5 Mio. m^3 Wasser täglich und liefert Süßwasser nach Saudi-Arabien.

Die größte Umkehrosmose-Anlage zur Entsalzung von Wasser arbeitet zurzeit in Yuma/USA. Täglich werden mit ihr 270 000 m^3 Salzwasser des Colorado River zu Süßwasser aufbereitet [26].

Zurzeit werden weltweit täglich mehr als 55,4 Mio. m^3 Wasser entsalzt von ca. 11.000 Anlagen. Entsprechende Anlagen werden inzwischen in 170 Ländern betrieben, wobei sich 75 % der Gesamtkapazität auf zehn Länder verteilen. Die Hälfte der Kapazitäten zur Entsalzung von Meerwasser befinden sich im Nahen und Mittleren Osten sowie in Nordafrika. Saudi-Arabien steht mit 24 % an der Spitze der Welt, gefolgt von den USA mit 16 % [26]. Für den Nahen Osten wird eine Entsalzungskapazität von 14,65 Mio. m^3/Tag angegeben, für Europa 2,6 Mio. m^3/Tag. In Deutschland gibt es auf Helgoland die einzige Anlage. Sie arbeitet nach dem Prinzip der Umkehrosmose.

Containerschiffe, Oeltanker, Passagierschiffe, die die Ozeane überqueren, benötigen Süßwasser für die Menschen und Maschinen. Entsprechendes gilt für die Besatzungen und technischen Einrichtungen auf den Erdölbohrinseln, die in den Meeren errichtet sind. Sie alle sind mit Entsalzungsanlagen ausgerüstet, die das Meerwasser nach dem Prinzip der *Umkehrosmose* zu Trinkwasser bzw. entsalztem Brauchwasser aufbereiten. Inzwischen sind die Verfahren und die verwendeten Membranen so gut ausgereift, dass für 1 m^3 entsalztes Wasser nur noch 1 L Heizöl als Energiequelle benötigt wird.

Umkehrosmose [E. reverse osmosis][1] (s. Kap. 6, Abschn. „Aufbereitung des natürlichen Wassers je nach Verwendungszweck")

Bei der *Umkehrosmose* tritt Wasser durch eine semipermeable (halbdurchlässige) Membrane von der höheren Salzkonzentration in Richtung zur verdünnten, d. h. fast salzfreien Lösung über. Dieser Effekt wird erreicht, indem auf der Seite mit der höheren Konzentration ein Druck ausgeübt wird, der den osmotischen Druck dieser konzentrierten Lösung übersteigt [26].

Osmose[2] ist der einseitig gerichtete Durchtritt von Flüssigkeiten durch halbdurchlässige (semipermeable) Scheidewände (Membranen, Diaphragmen). Befinden sich beiderseits einer volldurchlässigen Scheidewand Lösungen unterschiedlicher Konzentrationen, so gleichen sich die Konzentrationen aus, indem die gelösten Teilchen in die Lösung mit niederer Konzentration wandern und umgekehrt die Lösemittelmoleküle in die Lösung höherer Konzentration übertreten. Dieser beiderseitige Austausch von Lösemittelmolekülen und gelösten Bestandteilen, auch Diffusion genannt, kommt zum Erliegen, wenn beiderseitig der permeablen Scheidewand die gleichen Konzentrationen in den Lösungen herrschen.

Tritt anstelle einer permeablen eine semipermeable Scheidewand, d. h. eine Membran, die nur für eine Sorte von Molekülen durchlässig ist, z. B. für die der gelösten Teilchen, dann gleichen sich die Konzentrationen nur in einer Richtung aus. Ist die semipermeable Membran aber nur für die Lösemittelmoleküle durchlässig, dann wandern diese aus der Lösung mit niederer Konzentration durch die halbdurchlässige Scheidewand auf die Seite der höheren Konzentration. Als Paralleleffekt bildet sich in dem System höherer Konzentration ein hydrostatischer Überdruck, der *osmotischer Druck* genannt wird und messbar ist. Der osmotische Druck und die Konzentrationsunterschiede hängen unmittelbar zusammen (Tab. 3.7).

Die Umkehrosmose ist eine Umkehrung der Osmose in der Weise, dass die Lösemittelmoleküle von einer Lösung höherer Konzentration durch eine semipermeable Scheidewand in die Lösung mit niederer Konzentration bzw. in das reine Lösemittel wandern. Dabei wird die Lösung mit hoher Konzentration noch höher konzentriert, da sich aus ihr die Lösemittelmoleküle entfernen und die gelösten Teilchen zurückgehalten werden. Dieser Effekt wird dadurch erreicht, dass ein äußerer Druck auf die Lösung mit höherer Konzentration ausgeübt wird, der größer sein muss als der osmotische Druck des verwendeten Lösemittels. Das Ergebnis einer Umkehrosmose ist die aufkonzentrierte Lösung, das *Retentat*[3] und das reine Lösemittel, *Permeat*[4].

---

[1] reverse osmosis (engl.) – umgekehrte Osmose

[2] osmos (gr.) – Stoß; permeare (lat.) – hindurchgehen; semi (lat.) – halb; membrum (lat.) – Teile, Körperglied, biologisch: dünnes Häutchen; diaphragma (gr.) – Scheidewand, z. B. zwischen Körperhöhlen; diffundere (lat.) – ausgießen, ausbreiten

[3] retinere (lat.) – zurückhalten

[4] permeare (lat.) – hindurchgehen

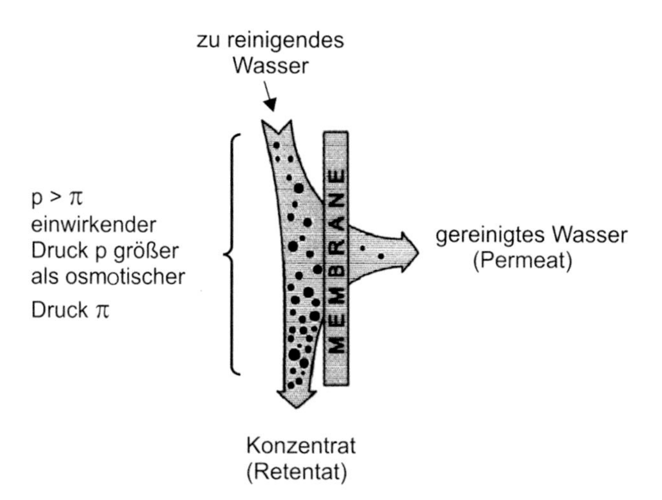

Abb. 10.129 Prinzip der Meerwasserentsalzung nach der Umkehrosmose. [E. principle of a reverse osmosis for desalting of sea-water]

Bei der Umkehrosmose werden Elektrolyte und niedermolekulare organische Verbindungen mit Teilchengrößen zwischen 5×10^{-7} bis 1×10^{-6} mm bei Drücken zwischen 30 und 50 bar von Membranen zurückgehalten.

Die Umkehrosmose wird eingesetzt in der Wasser- und Abwasseraufbereitung, in der Gewinnung von Süßwasser aus Abwasser und Salzwasser, d. h. Wasserentsalzung.

Sie wird weiterhin angewendet in der Lebensmittelindustrie, in der chemischen und pharmazeutischen Industrie zur Aufbereitung von Prozesswässern.

Eine Kenngröße für den Verfahrensaufwand der Umkehrosmose ist der *osmotische Druck* π der zu behandelnden Lösung.

Das Weltmarktvolumen der Umkehrosmose wurde 2005 auf ca. 3,0 Mrd. $ geschätzt. Bis 2020 soll es auf 20 Mrd. $ steigen (VDI-Nachrichten, Nr. 23, S. 26 v. 10.06.2005).

Seit ca. 1965 ist die Umkehrosmose zu einem technischen Verfahren der Meerwasserentsalzung entwickelt worden. Durch Ausübung eines Druckes auf die konzentrierte Salzlösung wird mittels einer semipermeablen Membran fast reines Wasser von der konzentrierteren Lösung getrennt, das als Süßwasser verwendet werden kann (Abb. 10.129).

Die aufzuwendenden Drücke hängen vom Salzgehalt des Meer- oder Brackwassers ab. Für das Meerwasser sind Drücke zwischen 54 und 80 bar notwendig und für Brackwasser zwischen 15 und 25 bar. Die Druckerzeugung und Druckaufrechterhaltung erfordern den höchsten Energieanteil dieser Entsalzungsmethode. Er beträgt ca. 3 kWh/m^3 zu entsalzendem Meerwasser. Insgesamt sind nur 4 kWh/m^3 entsalztem Meerwasser erforderlich. Gegenüber den Verdampfungsanlagen sind sie energiesparsam. Von entscheidender Bedeutung ist auch die Qualität der Membranen, die in der Regel aus Zelluloseacetat- oder Polyamidfasern bestehen [59].

Besonderes Augenmerk muss den Membranoberflächen gewidmet sein. Sie müssen immer sauber und frei von Feststoffteilchen sein, wie sie durch Ablagerungen oder Niederschläge aus dem Meer- oder Brackwasser entstehen können. Meerwasser muss also

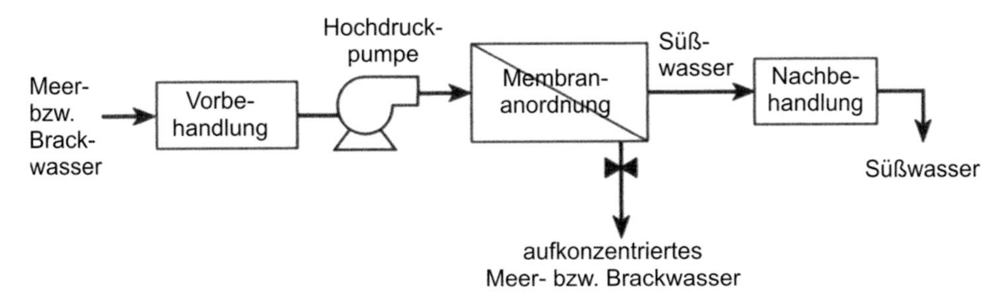

Abb. 10.130 Fließschema einer Anlage zur Meer- und Brackwasserentsalzung nach der Umkehrosmose. [E. basic components of a reverse osmosis]

gründlich vorgereinigt werden. Mit zunehmender Membramqualität wird sich die Umkehrosmose verstärkt durchsetzen.

Eine Umkehrosmoseanlage setzt sich aus vier wesentlichen Stufen zusammen (Abb. 10.130):

- Vorbehandlung
- Hochdruckpumpe
- Membrananordnung
- Nachbehandlung

Die *Vorbehandlung* des zu entsalzenden Meer- bzw. Brackwassers ist sehr wichtig für die Erhaltung der Membrantrennwirkung.

Durch sie werden die suspendierten Feststoffteilchen aus dem zu entsalzenden Wasser entfernt, ebenfalls werden mögliche Niederschläge auf den Membranen dadurch verhindert, dass sie vorher ausgefällt werden. Auch sind Mikroorganismen zu entfernen, die sich möglicherweise auf den Membranoberflächen absetzen und vermehren.

Die *Nachbehandlung* des erhaltenen Süßwassers besteht in der Entfernung von Gasen, z. B. Schwefelwasserstoff, H_2S, u. a. sowie einer pH-Wert-Einstellung, damit es als Trink- oder Gebrauchswasser verwendet werden kann.

Ultrafiltration [E. ultrafiltration] (vgl. auch Kap. 6, Abschn. „Aufbereitung des natürlichen Wassers je nach Verwendungszweck")

ist die Trennung von Molekülen und Kleinstteilchen aus echten und kolloidalen Lösungen im Teilchendurchmesserbereich zwischen 5 und 5000 nm. Als Filtermaterial dienen Porenmembranen mit Porengrößen von ca. 5×10^{-3} µm (Mikrometer) bis 10^{-1} µm. Die üblichen Filtrationsdrucke liegen bei 1 bis 10 bar.

Die Ultrafiltration wird in der Nahrungsmittelindustrie zur Behandlung von Milchprodukten, Fruchtsäften und dergleichen eingesetzt. In der pharmazeutischen Industrie werden mit ihr Eiweißstoffe aufgetrennt. In der metallverarbeitenden Industrie bedient man sich der Ultrafiltration zur Aufarbeitung von Spülemulsionen und von Lack- und Farbsuspensionen. Weitverbreitet ist die Ultrafiltration zur Aufarbeitung von Abwässern, insbesondere von öl- und fetthaltigen.

Die Ultrafiltration unterscheidet sich von der Mikrofiltration durch die Verschiebung der Teilchendurchmesser der zu trennenden Substanzen. Sie sind um den Faktor 10 kleiner als bei der Mikrofiltration.

Nanofiltration [E. nanofiltration] (vgl. auch Kap. 6, Abschn. „Aufbereitung des natürlichen Wassers je nach Verwendungszweck")

Eine Ergänzung zur Umkehrosmose ist die Nanofiltration. Sie beruht auf der Verwendung von Membranen, die sich durch mehr, aber kleinere Poren auszeichnen. Sie halten unter anderem zweiwertige Ionen, wie z. B. die des Calciums, Ca^{2+}, Magnesiums, Mg^{2+}, auch einwertige wie die der Chloridionen, Cl^{-}, und organische Verunreinigungen zurück. Mit der Nanofiltration werden bevorzugt Wässer enthärtet oder durch Teilentsalzung zu Trinkwasser aufbereitet. Ihr Vorteil besteht in dem relativ geringen Energieaufwand bei hohem Flux[5], d. h. hoher Durchflussrate.

Entspannungsverdampfungsverfahren [E. multi-stage flash evaporation] (vgl. auch Kap. 6, Abschn. „Aufbereitung des natürlichen Wassers je nach Verwendungszweck")

Das Prinzip dieses Verfahrens besteht darin, dass Meerwasser über seinen Siedepunkt hinaus mit Heißdampf erhitzt wird. Dabei entsteht ein Überdruck. Dieses erhitzte Meerwasser wird durch eine Serie von Verdampfungskammern mit leichtem Unterdruck geleitet, wobei der Unterdruck von Kammer zu Kammer zunimmt, es gilt: $p > p_1 > p_2 \rightarrow p_n$. Da bei vermindertem Druck der Siedepunkt von Flüssigkeiten sinkt, kommt es in den Kammern jeweils zu einer schlagartigen (engl. flash) Verdampfung unter Abkühlung der Sole (des Meerwassers), die der nächsten Kammer, die unter noch geringerem Druck steht, zugeführt wird. Der bei schlagartiger Verdampfung entstandene Wasserdampf ist salzfrei und wird mittels Wärmetauscher kondensiert und als Süßwasser aus Verdampfungskesseln abgeführt (Abb. 10.131). Die bei der Kondensation frei werdende Kondensationswärme wird wieder zurückgeführt und zum Aufheizen des Meerwassers mit verwendet. Als Wärmequellen zur Erhitzung des Meerwassers dient häufig z. B. der Abdampf aus Raffinerien des Erdöls. Diese Entspannungsverdampfungsanlagen enthalten in der Regel 15 bis 25 Entspannungsstufen. Es befinden sich Anlagen mit Entsalzungskapazitäten in Betrieb mit 4000 bis 5700 m^3 pro Tag. Die Zugabe von bestimmten Chemikalien zum salzhaltigen

[5] fluctuare (lat.) – fließen, wogen; Fluxus – gesteigerte Absonderung

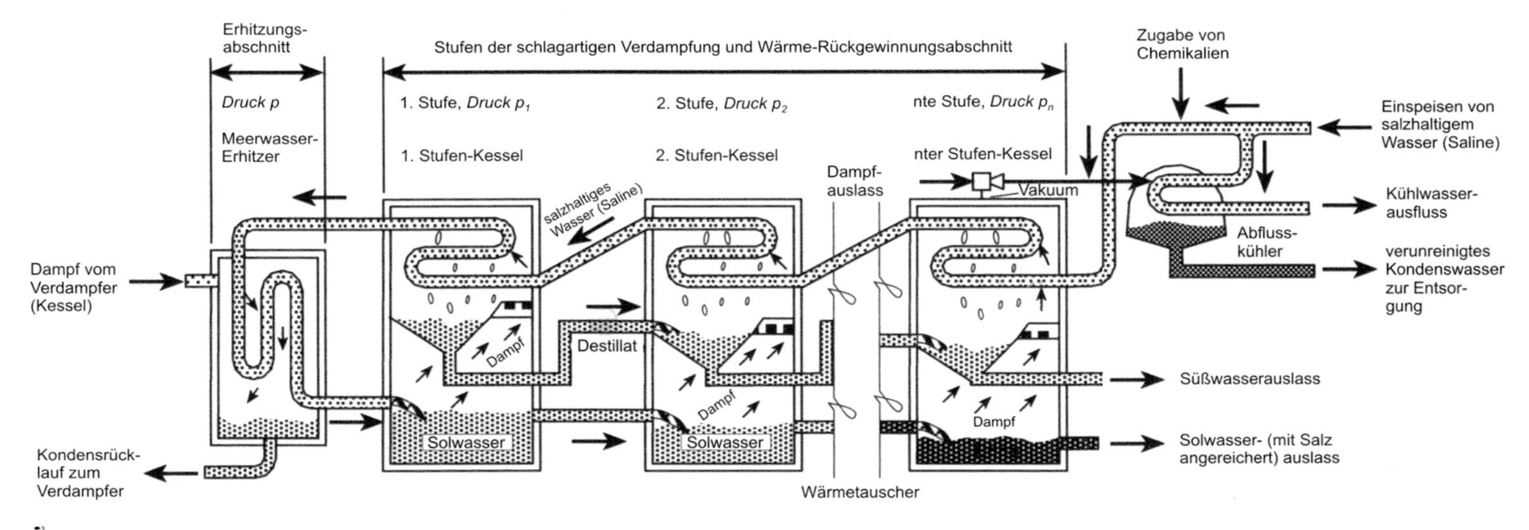

*) Eine Zugabe von Chemikalien soll Kalkablagerungen, anderweitige Ausfällungen und eine Verkeimung an inneren Rohrwänden verhindern. Um eine Korrosionsanfälligkeit zu verringern, wird das eingespeiste Salzwasser schwach alkalisch eingestellt. Verwendete Chemikalien

sind z. B. kondensierte Phosphate der Zusammensetzung $\left(NaPO_3\right)_{6\text{-}20}$ mit der Struktur $HO\left[-\overset{O}{\overset{\|}{P}}(ONa)-O-\right]_n H$; und

Polyacrylsäureester (Polyacrylate) $\left(-CH_2-CH(COOR)-\right)_n$, wobei *R* ein Kohlenwasserstoffrest ist sowie andere organische Polymere.

Biozidzusätze wie Chlor, Cl_2, Chlordioxid, ClO_2, Ozon, O_3, organische Wirkstoffe sollen ein biologisches Wachstum, d. h. eine Verkeimung verhindern.

Abb. 10.131 Schema einer Mehrstufenverdampfungsanlage. [E. diagram of a multi-stage flash evaporation plant] [26]

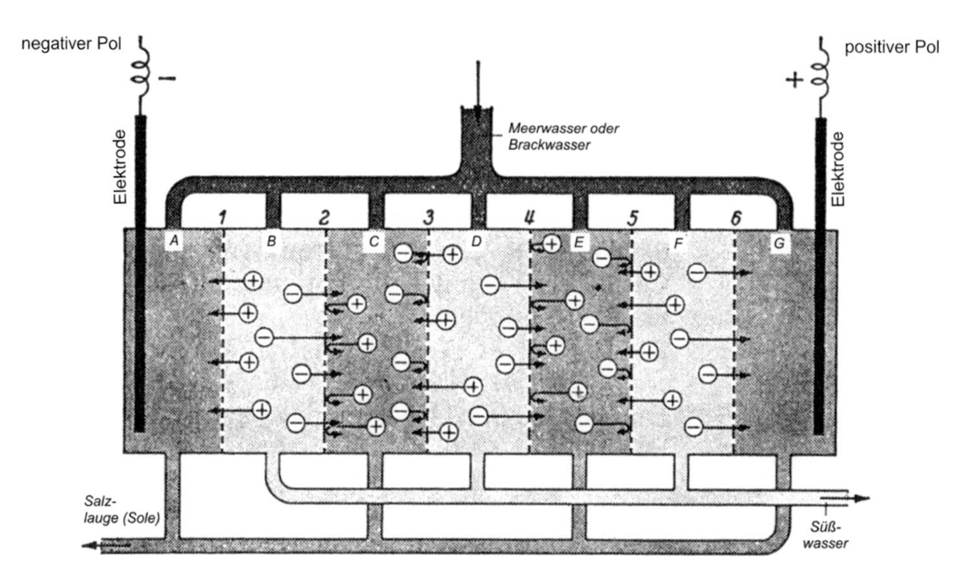

Abb. 10.132 Wanderungen von Ionen einer Elektrodialyse. [E. movement of ions in an electro dialysis process]. [26, 59]

Kühlwasser soll das Auftreten von Niederschlägen verhindern. Die Salzhaltigkeit erniedrigt den Dampfdruck der Kühlflüssigkeit in der Wärmetauscherleitung [26].

Der Wirkungsgrad einer Anlage wird bestimmt

1. durch den Temperaturunterschied zwischen der Eingangstemperatur des erhitzten Meerwassers und der Endtemperatur am Ausgang der letzten Stufe und
2. durch die Druckdifferenz zwischen den einzelnen Entspannungsstufen.

Die Eingangstemperaturen des erhitzten Meerwassers betragen in der Regel 90 bis 100 °C. Höhere Temperaturen würden zwar den Wirkungsgrad des Verfahrens erhöhen, aber mit ihr nimmt auch die Korrosionsanfälligkeit der Metalloberflächen der Kessel und Rohrleitungen durch Meerwasser zu.

Besonders zahlreich sind entsprechende Anlagen in Saudi-Arabien, Kuwait, Oman und den Vereinigten Arabischen Emiraten installiert worden. Diese Länder betreiben eine intensive Forschung und Entwicklung in der Meerwasserentsalzung.

Elektrodialyse [E. electrodialysis process] (vgl. auch Kap. 6, Abschn. „Aufbereitung des natürlichen Wassers je nach Verwendungszweck")

Die *Elektrodialyse* beruht auf dem Ionenaustauschprinzip, das durch Anlegen einer elektrischen Gleichspannung unterstützt und damit der Ionenaustausch beschleunigt wird (s. Abb. 10.132) [59].

Auch die Elektrodialyse eignet sich zur Entsalzung von Meer- und Brackwasser (s. auch Kap. 2, Abschn. „Natürliche Wasserarten und ihre Inhaltsstoffe“). Die Anlage besteht aus Hunderten von hintereinandergeschalteten Ionenaustauschern Membranen Nr. 1, 2, 3, 4, 5, 6, die entweder nur für Anionen, wie z. B. Cl^-, CO_3^{2-}(Membran 2, 4, 6),oder für Kationen, wie z. B. Na^+, Ca^{2+} (Membran 1, 3, 5), durchlässig sind (Abb. 10.132).

Wird eine elektrische Spannung angelegt, so wandern nur die Anionen durch die anionenselektiven Membranen und gelangen als angereichertes Salzkonzentrat in den Abfluss. Die Kationen wandern durch die kationenselektiven Membranen. Das entsalzte Wasser in den Zwischenräumen B, D und F fließt nach unten als Süßwasser ab. Die Anionen und Kationen wandern in die Kammern A, C, E, G, von denen die Kammer A besonders NaOH-haltig und die Kammer G chloridhaltig ist. Ihre angereicherten Salzkonzentrate fließen als Sole ab (Abb. 10.132).

Wasser als mittelbare Energiequelle der Zukunft [E. water – a mediate energy source in future]

11

Fossile Brennstoffe, ihre Reserven und Energiedichten [E. fossil fuels, their resources and densities of energy]

Der immer noch zunehmende Energiebedarf in der Welt wird seit fast 200 Jahren, ausgelöst von der technischen Entwicklung der Dampfmaschine durch James Watt (1736–1819), mit fossilen kohlenstoffhaltigen Rohstoffen wie Kohle, Erdöl und Erdgas sichergestellt.

Obwohl die Erschöpfung der Erdöl- und Erdgasquellen schon des Öfteren für die nahe Zukunft vorausgesagt worden ist und immer wieder hinausgeschoben wurde, ist ein Ende dieser Reserven vorauszusehen.

Die größte Reichweite unter allen fossilen Energieträgern hat mit Abstand die Kohle. Nach Schätzungen des Weltenergierates betrugen 2012 die Steinkohlenreserven 769 Mrd. t. Ihre theoretische Reichweite wird mit ca. 200 Jahren angegeben. Die umfangreichsten Vorkommen befinden sich in USA, GUS (s. Fußnote 25, Kap. 8), China, Australien und auch Südafrika. Die Braunkohlereserven werden für 2012 mit 283 Mrd. t angegeben.

Die sicher gewinnbaren Erdölreserven beliefen sich 2012 auf etwa 331,4 Mrd. t. Bei dem derzeitigen Förderniveau von ca. 4,137 Mrd. t jährlich reichen sie rechnerisch noch weitere 80 Jahre [19, 27, 28].[1]

Es ist anzunehmen, dass immer noch nur ein relativ kleiner Teil der förderbaren Ölreserven statistisch erfasst ist. Das gilt insbesondere für die Ölsande. Die Ölsande in Alberta/Canada sind ein Gemisch aus 83 % Sand, 10 % Erdpech (Bitumen), 4 % Wasser und 3 % Ton. Aus 2 t Ölsand werden ca. 159 L ≙ 1 Barrel Öl erhalten. Aber auch die USA

[1] *Lit.*: Vorstellung der Studie *Öldorado 2003* durch K.-H. Schult-Bornemann, Leiter der Presse und Information Exxon Mobil Central Europe Holding GmbH, Hamburg, am 17.06.2003 in Zürich.

Bundesanstalt für Geo Wissenschaften und Rohstoffe, Jahresbericht 2007. www.bgr.bund.de
BP Statistical Review of World Energy, June 2011. www.bp.com/statisticreview

© Springer-Verlag Berlin Heidelberg 2016

V. Hopp, *Wasser und Energie*, DOI 10.1007/978-3-662-48089-2_11

sind reichlich mit Ölsanden gesegnet, aus denen mittels Fracking Rohöl gewonnen wird, und zwar in solchen Mengen, dass die USA (Bundesland Oklahoma) zu einem der größten Rohölexporteure der Welt aufgerückt sind.

Saudi-Arabien mit ca. 36 Mrd. t, *Kanada* mit ca. 27 Mrd. t einschließlich der geschätzten Vorkommen an Ölsanden, *Iran* mit ca. 21,4 Mrd. t, *Irak* mit ca. 19 Mrd. t, *Kuwait* mit ca. 13,8 Mrd. t zählen zu den erdölreichsten Ländern der Welt, gefolgt von der GUS mit ca. 11,8 Mrd. t [28].

Auch die weltweiten Erdgasreserven haben sich um 2 auf 196 Bio. m^3 erhöht. Von diesen lagern mit 61,5 Bio. m^3 fast ein Drittel in der GUS und im Nahen Osten 80,5 Bio. m^3 [28]. *Als mittlerer unterer Heizwert des Erdgases werden 35 MJ/m^3 zugrunde gelegt.* Der Anteil des Schiefergases ist an dieser Ressourcenzunahme wesentlich beteiligt.

Forschungsergebnisse der *Universität Stanford in Kalifornien* sehen das Ölzeitalter noch lange nicht zur Neige gehen. Mit dem Projekt *Global Climate and Energy Projcet* (G-CEP) wird dort mit Unterstützung internationaler Energiekonzerne an einer Verbesserung der Energieeffizienz gearbeitet. Die Frackingmethoden sind nicht problemlos. Sehr viel Wasser wird benötigt. Es muss darauf geachtet werden, dass die Wassermengen zwischen dem Entnahmeort und dem Wiedereinbringort ausgeglichen bleiben. Sonst kann es zu lokalen Spannungen in der Erdkruste kommen, die zu Erschütterungen führen.

Im Jahr 2013 wurden auf der Welt 7,2 Mrd. Menschen gezählt. Da die Weltbevölkerung noch weiter steigt – 2020 werden es 8 Mrd. Menschen sein –, nimmt auch ihr Energiebedarf zu, insbesondere in den sich industrialisierenden Schwellen- und Entwicklungsländern wie z. B. China, Indien, Indonesien und Brasilien.

Die Qualität, d. h. der innere Energiegehalt der fossilen Energieträger, ist sehr unterschiedlich. Er wird im Wesentlichen von dem Wasserstoffanteil des jeweiligen Brennstoffes bestimmt. Insofern ist der Energiegehalt der Kohle am niedrigsten und der des Erdgases am höchsten. Während die Kohle kaum Wasserstoffanteile aufweist, beträgt das Verhältnis Kohlenstoff zu Wasserstoff im Erdöl 1: 2 und im Erdgas 1:4.

Den höchsten Heizwert hat reiner Wasserstoff mit 142.950 kJ/kg (Tab. 11.24).

Unter Energiedichte wird die gespeicherte Energiemenge pro Masseneinheit, in der Regel pro Kilogramm verstanden.

Die in Tab. 11.24 aufgelisteten Energieträger zeigen, dass nach Uran der Wasserstoff den höchsten Heizwert hat. Seine Energiedichte lässt zu wünschen übrig. Bei Normbedingungen entspricht dem Heizwert von 147.950 kJ/kg eine Energiedichte von 12.763 kJ/m^3.

Der obere Heizwert [kJ/kg] sinkt mit abnehmendem Wasserstoffanteil in den Energieträgern ebenfalls. Beim Ethanol, Methanol und der Zellulose wird der Heizwert noch zusätzlich durch den im Molekül gebundenen Sauerstoff erniedrigt. Indirekt bedeutet die Anwesenheit des Sauerstoffs schon eine Teiloxidation.

Die größte Wasserstoffquelle auf der Erde ist Wasser. Die Problematik besteht im hohen Energieaufwand, den Wasserstoff aus dem Wasser abzutrennen. Aufgrund der hohen Bindungsenergie zwischen Sauerstoff- und Wasserstoffatomen ist dazu viel Energie nötig.

$$927\ \text{kJ/mol} + \text{H–OH} \longrightarrow 2\,\text{H} + \text{O}$$

Tab. 11.24 Obere Heizwerte bzw. Energiedichten einiger Energieträger [E. gross calorific values and densities of some energy carriers]

Energieträger	Verhältnis Kohlenstoff zu Wasserstoff	Bildungsenthalpie $\Delta_B H$ kJ/mol	Verbrennungsenthalpie $\Delta_V H$ kJ/mol	Mol-masse	Energiedichte bzw. oberer Heizwert	
					kJ/kg	kWh/kg
Uran 235	–	–	–	235	ca. 72 Mrd.	ca. 20 Mio.
Wasserstoff, H_2		0	−285,8	2	142.950,0 kJ/kg $\triangleq$ 12.763 kJ/m³	39,7 kWh/kg $\triangleq 3{,}55\ \frac{kWh}{m3}$
Methan, CH_4	1: 4	−74,8	−890,4	16	55.650,0 kJ/kg $\triangleq 39750{,}0\ \frac{kJ}{m3}$	15,46 kWh/kg $\triangleq 11{,}04\ \frac{kWh}{m3}$
Hexan als Treibstoffkomponente, C_6H_{14}	1: 2,33	−198,8	−4163,0	86	48.407,0	13,45
Polyethylen bzw. Erdöl	1: 2	−31,2	−648,2 pro CH_2-Baustein	n · (14)	46.607,0	12,9
Benzol, C_6H_6	1: 1	−82,8	−3135,7	78	40.201,0	11,17
Kohlenstoff $[C_6]_n$	1: 0	0	6 · (−393,5)	6 · (12)	32.791,0	9,1
Ethanol, $H_3C–CH_2–OH$	1: 2,5	−277,5	−1366,4	46	29.704,0	8,3
Methanol, H_3C-OH	1: 4	−238,5	−726,5	32	22.703,0	6,3
Zellulose (Holz) $[C_6H_5(OH)_5]_n$	1: 6	−943,0	−2846,8 pro $C_6H_5(OH)_5$-Baustein	n · (162)	17.573	4,9

In der Natur wird diese Bindungsenergie durch Sonnenenergie während der Fotosynthese überwunden (Abb. 3.40).

Diesen natürlichen Spaltungsprozess nachzuahmen, ist in den letzten Jahrzehnten mithilfe der Solarzellen und Fotovoltaik[2] gelungen. Eine entsprechende Pilotanlage mit 500 kW Leistung ist von der Solar-Wasserstoff-Bayern GmbH in Neuenburg vorm Wald/Oberpfalz bis 1999 erfolgreich betrieben worden. Großtechnische Anlagen sind inzwischen in den USA und Saudi-Arabien in voller Funktion.

Solartechnik und Sonnenenergie [E. solar power technology and solar energy]

Die Solartechnik befasst sich mit Verfahren der technischen Umwandlung von Sonnenenergie in Wärme oder elektrische Energie. Dabei wird zwischen Solarthermik und Fotovoltaik unterschieden [59].

In der Solarthermik werden in Solarthermieanlagen mithilfe von Sonnenkollektoren die einfallenden Sonnenstrahlen unmittelbar in Wärme umgewandelt und als Warmwasser oder auch Wasserdampfenergie gespeichert. Mit den Kollektoren wird die Sonnenenergie eingefangen, um die gewünschten Temperaturen in flüssigen oder gasförmigen Wärmeüberträgern zu erzielen.

Wärmeüberträger können sein Wasser, Wasserdampf, Mineral- und Siliconöle, hochsiedende nichttoxische schwer entflammbare organische Flüssigkeiten sowie Salz- und Metallschmelzen ab Temperaturen über 400 °C.

Häufig bestehen Kollektoren aus vielen schwarzen Röhren, durch die der zu erwärmende Wärmeträger gepumpt wird. Schwarze Körper absorbieren Sonnenenergie besonders intensiv. Im Inneren der Kollektoren werden Temperaturen von 120 bis 200 °C erreicht. Für Temperaturen bis 100 °C wird meistens Wasser verwendet, dem Frostschutzmittel und andere Zusätze beigegeben werden.

Für *niedrigtemperaturige* Wärmeenergien, z. B. für Warmwasser- und Heizungsenergie, werden Flachkollektoren verwendet.

Hochtemperaturige Energien zur Wasserdampferzeugung werden durch parabolische Spiegel, *den* sogenannten *Sonnentrögen,* erreicht. Mit Spiegeln und Linsen wird die Strahlungsintensität der Sonne auf die Absorbierfläche gebündelt und kräftig erhöht. Im Überträgermedium der Kollektoren werden Temperaturen von 1000 °C und darüber erzielt. Mit diesen Anlagen wird Wasser in Wasserdampf überführt. Dieser treibt Turbinen an, die mittels Generatoren die Wärmeenergie über Bewegungsenergie in elektrische Energie umwandeln. Eine entsprechende Anlage wird seit einigen Jahren in Kalifornien betrieben.

---

[2] phos (gr.) – Licht, daraus ableitend Photo.
Volta, Alessandro Graf (1745–1827), italienischer Physiker, nach ihm benannt ist die Maßeinheit für die elektrische Spannung 1 V.

Zu den *Solarthermieanlagen* können auch Aufwindkraftwerke z. B. in Australien gezählt werden (vgl. Kap. 8, Abschn. „Aufwindkraftwerk – Strom von der Sonne in Australien"). Sie nutzen die in Kollektorräumen erzeugte Strömungsgeschwindigkeit der erhitzten Luft aus zum Antreiben von Turbinen.

Die *Fotovoltaik* beruht auf der direkten Umwandlung der Sonnenenergie in elektrische Energie mithilfe von Solarzellen. Die aus dem Halbleiter Reinstsilizium bestehenden Solarzellen absorbieren die Sonnenstrahlen und setzen Elektronen frei. Dieser Fotoeffekt ruft eine entsprechende elektrische Spannung hervor (Abb. 11.137).

Es wird kein Wasser benötigt als Überträgermedium wie bei den übrigen elektrischen Kraftwerken. Doch ganz ohne Wasser kommt man hier auch nicht aus, und zwar sind geringe Mengen in den Akkumulatoren in Form von verdünnter Schwefelsäure zur Speicherung der elektrischen Energie notwendig.

Sonnenenergie – eine unerschöpfliche Energiereserve [E. solar energy – an inexhaustible resource of energy]

Obwohl nur ein sehr geringer Anteil der von der Sonne ausgesandten Strahlung die Erdoberfläche erreicht, genügt diese, um das Leben aufrechtzuerhalten und auch für technische Zwecke zu nutzen.

Der von der Erde eingefangene Energiestrom beträgt

$$E = 10{,}49 \cdot 10^{18}\ \text{J/min}$$

Das ist fast der zweitmilliardste Teil der von der Sonne mit $22{,}9 \cdot 10^{27}$ J/min ausgestrahlt wird. Pro Quadratzentimeter und Jahr erreichen 1072 kJ die Erdoberfläche [74] (s. Abb. 11.135).

Wie das Wasser ist auch die Sonneneinstrahlung auf die Erdoberfläche in den einzelnen Erdregionen unterschiedlich verteilt. Sie ist von den Jahres- und Tageszeiten und von den Wasserdampfschichten in der Atmosphäre abhängig. Bei der technischen Nutzung der Solarenergie muss das berücksichtigt werden.

Berechnung der Energiestromdichte an der Sonnenoberfläche [E. calculation of the energy flow density on sun surface] [74]

Gespeist aus der schier unversiegbaren Quelle atomarer Kernverschmelzungsprozesse schleudert die Sonne einen *Energiestrom von $22{,}9 \cdot 10^{27}$* J/min in den Weltraum.

Da die Sonnenkugel einen Durchmesser von $D = 1{,}39 \cdot 10^{11}$ cm hat, können wir die Sonnenoberfläche mit

$$\pi \cdot D^2 = 3{,}14 \cdot (1{,}39 \cdot 10^{11})^2 = 6{,}07 \cdot 10^{22}\ \text{cm}^2$$

annehmen. Die von der Sonne pro Quadratzentimeter Sonnenoberfläche und Minute freigesetzte Energie E_S beträgt somit

$$E_S = \frac{22{,}9 \cdot 10^{27}}{6{,}07 \cdot 10^{22}} = 377\ 265\ \text{J} \cdot \text{cm}^{-2} \cdot \text{min}^{-1}.$$

Die *Energiestromdichte* E_S ist also an der Sonnenoberfläche rund 377.000 [$\text{J} \cdot \text{cm}^{-2} \cdot \text{min}^{-1}$]. Nach dem Strahlungsgesetz von Stefan und Boltzmann[3] gilt für das Strahlungsvermögen eines absolut schwarzen Körpers in Abhängigkeit von der absoluten Temperatur[4]

$$E_S \quad = \quad \sigma \cdot T^4; \text{ T ist die absolute Temperatur in Kelvin[K]}$$

σ ist die Stefan-Boltzmann-Konstante[5]

$$\sigma = 5{,}669 \cdot 10^{-12} \left[\frac{\text{J}}{\text{cm}^2 \cdot \text{s} \cdot \text{K}^4}\right] = 5{,}669 \cdot 60 \cdot 10^{-12} = 3{,}4014 \cdot 10^{-10} \left[\frac{\text{J}}{\text{cm}^2 \cdot \text{min} \cdot \text{K}^4}\right]$$

$$T = \sqrt[4]{\frac{E_S}{\sigma}}$$

$$T = \sqrt[4]{\frac{377\ 265\ \text{J} \cdot \text{min} \cdot \text{cm}^2 \cdot \text{K}^4}{\text{cm}^2 \cdot \text{min} \cdot 3{,}4014 \cdot 10^{-10}\ \text{J}}} = \sqrt[4]{\frac{377\ 265 \cdot 10^8 \cdot 10^2}{3{,}4014}}\ [\text{K}]$$

$$T = 10^2 \cdot \sqrt[4]{11091462}\,[\text{K}] = 10^2 \cdot 57{,}7\,[\text{K}] \approx 6\ 000\,[\text{K}]$$

Nehmen wir die Sonne als einen solchen idealen schwarzen Strahler an, so kann aus der Energiestromdichte die Oberflächentemperatur berechnet werden, die die Sonne mindestens (ideal schwarz) haben muss.

Die Sonnenoberfläche hat also eine Temperatur von ca. 6000 K.

[3] Ludwig Boltzmann (1844–1906), österreichischer Physiker;
Josef Stefan (1835–1893), österreichischer Physiker.
Die Boltzmann-Entropiekonstante gibt die mittlere kinetische Energie eines einzelnen Gasmoleküls an, $k = 1{,}38066 \cdot 10^{-23}$ J/K.

[4] Lord Kelvin of Largs, geadelter William Thomsen (1824–1907), engl. Physiker

[5] σ = Stefan-Boltzmann-Konstante, sie ergibt sich bei der Integration des Planck'schen Strahlungsgesetzes über die Strahlungsfrequenzen der spektralen Verteilung der Sonnenenergie.
$\sigma = 5{,}669 \cdot 10^{-12} \left[\frac{\text{J}}{\text{cm}^2 \cdot \text{s} \cdot \text{K}^4}\right]$

Die Solarkonstante [E. solar constant]

Der Energiestrom der Sonne von $22{,}9 \cdot 10^{27}$ [J $\cdot$ min^{-1}] ist konstant. Da die Fläche, durch die dieser hindurchströmt, aber mit längerer Entfernung von der Sonne immer größer wird, erhalten wir mit zunehmender Entfernung von der Sonne eine immer geringere Energiestromdichte.

Die Sonne kann als kugelförmig angenommen werden, so sind auch Flächen gleicher Energiestromdichte konzentrische Kugelschalen um die Sonne.

Das besondere Interesse gilt nun der Energiestromdichte auf der Kugelschale, in der sich die Erde auf ihrer Kreisbahn um die Sonne bewegt (Abb. 11.133).

Die Solarkonstante beträgt $S = 8{,}15\ [J \cdot cm^{-2} \cdot min^{-1}]$ bzw. $1{,}40 \times 10^3 [\mathrm{W} \times \mathrm{m}^{-2}]$.

Die Solarkonstante S gibt den Anteil der Sonnenenergie an, der auf 1 cm^2 Erdoberfläche

pro Minute senkrecht auf die Erdoberfläche einfällt. Ohne Berücksichtigung der Absorption in der Atmosphäre ist $\mathrm{S} = 8{,}15\,\mathrm{J} \cdot \mathrm{cm}^{-2} \cdot \mathrm{min}^{-1}$bzw. $1{,}40 \times 10^3\,\mathrm{W} \times \mathrm{m}^{-2}$.

Berechnung des Energiestroms, der von der Erdoberfläche eingefangen wird [E. calculation of the energy flow, which will be captured by the Earth surface]

Energiestrom zur Erde [E. energy flow to the Earth]

Mit der Solarkonstante S und der Projektionsfläche A_p der Erdkugel kann der Anteil des Energiestromes berechnet werden, der von der Erde aufgefangen wird. Mit einem Durchmesser von $1{,}274 \cdot 10^9$ cm hat die Erde eine Projektionsfläche von $A_p = 1{,}274 \cdot 10^{18}$ cm^2 (Abb. 11.134).

Der von der Erde eingefangene Energiestrom beträgt

$$\mathrm{E} = 10{,}38\ 10^{18} [\mathrm{J} \cdot \mathrm{min}^{-1}].$$

Das ist rund der zweitmilliardste Teil dessen, was die Sonne ausstrahlt.

$$\frac{10{,}4 \cdot 10^{18}}{22{,}9 \cdot 10^{27}} \left[\frac{\mathrm{J} \cdot \mathrm{min}^{-1}}{\mathrm{J} \cdot \mathrm{min}^{-1}} \right] \approx 0{,}45 \cdot 10^{-9} \approx \frac{1}{2 \cdot 10^9}$$

Mittlere Energieströme auf der Erdoberfläche [E. average energy streams on Earth's surface]

Um zu einem mittleren Wert für die Energiestromdichte auf der Erde zu kommen, wird die durch die Projektionsfläche der Erdkugel aufgefangene Energie (rein rechnerisch) auf die

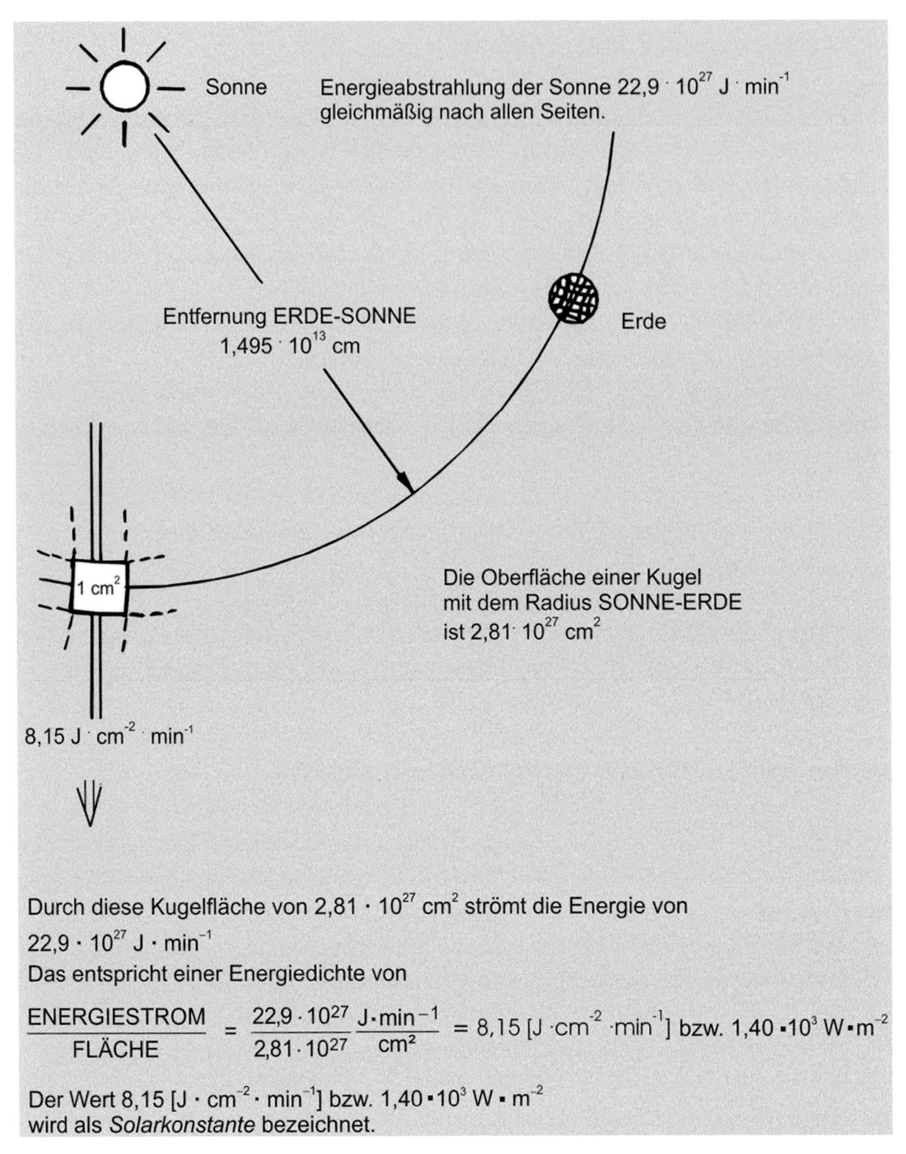

Abb. 11.133 Kreisbahn der Erde um die Sonne zur Berechnung der Kugelschalenoberfläche [E. circulation of the Earth around the sun for calculation of the spherical surface of the Earth]

Oberfläche verteilt. Da sich bei einer Kugel ihre Oberfläche zur Projektionsfläche wie 4:1 verhält, ist die mittlere Energiestromdichte gleich einem Viertel der Solarkonstante. Das sind 2,04 $[\mathrm{J \cdot cm^{-2} \cdot min^{-1}}]$ oder

$$\frac{2{,}04 \cdot 60 \cdot 24 \cdot 365}{1000} = 1072\left[\mathrm{kJ \cdot cm^{-2} \cdot a^{-1}}\right]$$

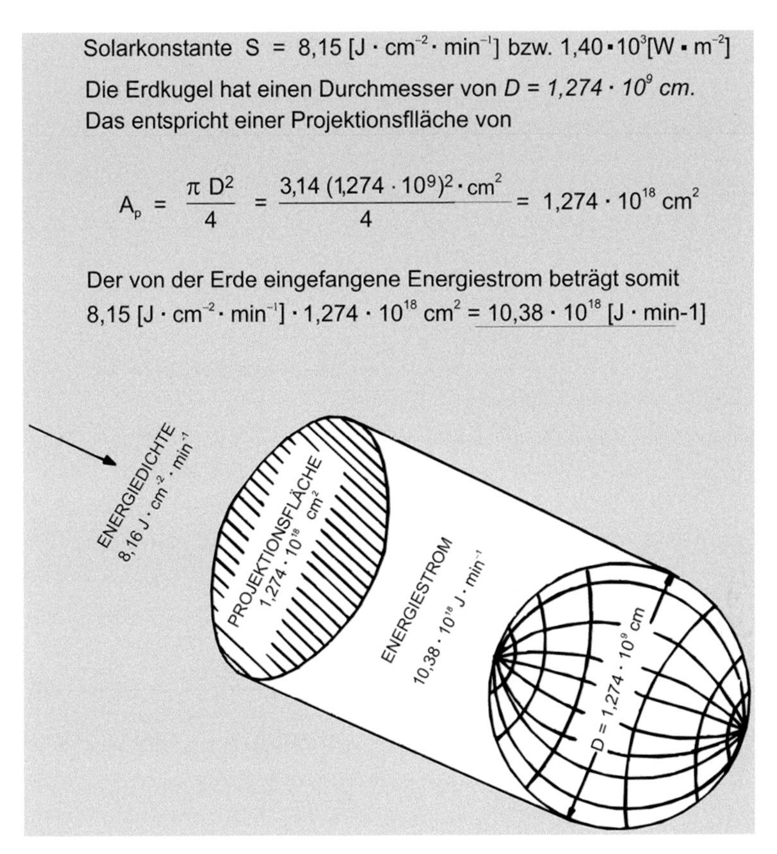

Abb. 11.134 Gesamtenergiestrom von der Sonne zur Erde [E. total energy flow from the sun to the Earth]

Würde also die gesamte Sonnenenergie bis auf die Erdoberfläche durchdringen, betrüge die mittlere Energiestromdichte 1072 kJ/cm^2 und Jahr (Abb. 11.135).

Albedo-Wert [E. Albedo-value]

Ein Teil der Sonnenenergie wird allerdings schon beim Eintritt in die Atmosphäre ($268\ kJ\ cm^{-2} \cdot a^{-1} \triangleq 25\,\%$) und beim Auftreffen auf die Erdoberfläche ($54{,}4\ kJ\ cm^{-2} \cdot a^{-1} \triangleq 5{,}1\,\%$) wieder in den Weltraum reflektiert. Das Verhältnis von reflektierter zu eingestrahlter Energie in Prozent ausgedrückt, nennt man ALBEDO-Wert. Er beträgt in unserem Fall (Abb. 11.136)

$$\frac{268 + 54{,}4}{1072} \cdot 100 \approx 30\%$$

Mittlere Energiedichte

Die durch die Projektionsfläche der Erdkugel aufgefangene Energie wird (rein rechnerisch) auf die Oberfläche der Erdkugel verteilt.

$$\text{area of the circle} = \frac{D^2 \cdot \pi}{4}\ ; \quad \text{surface of ball} = D^2 \cdot \pi$$

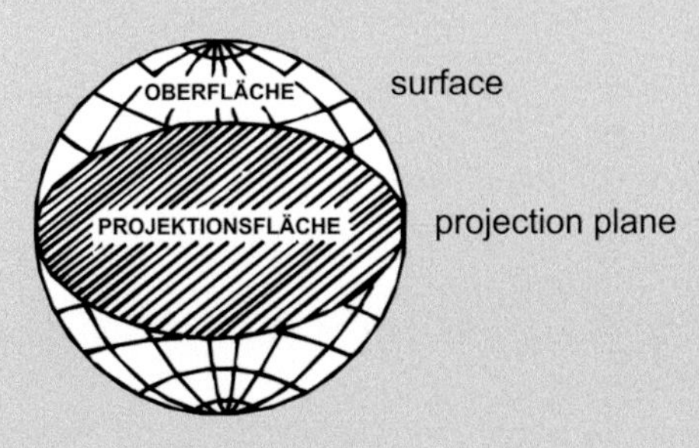

The energy 8,16 J $\cdot$ cm^{-2} min^{-1} (Solarkonstante) werden also auf die 4fache Fläche verteilt.

Es verbleiben $\frac{8{,}16}{4} = 2{,}04\ \text{J} \cdot \text{cm}^{-2} \cdot \text{min}^{-1}$

Das entspricht einer Energiemenge von $2{,}04 \cdot 60 \cdot 24 \cdot 365\ \text{J} \cdot \text{cm}^{-2} \cdot \text{a}^{-1}$, das sind *1072 Kilojoule pro Quadratzentimeter und Jahr.*

Abb. 11.135 Das Verhältnis Projektionsfläche zu Erdoberfläche [E. ratio of projection area to Earth's surface]

Energiebilanz der Erde [E. energy balance of the Earth]

Es können also nur ca. 70 % ≈ 750 kJ $\text{cm}^{-2} \cdot \text{a}^{-1}$ der Sonnenenergie in andere Energieformen umgewandelt werden.

Schon beim Durchdringen der Erdatmosphäre werden davon 184 kJ $\text{cm}^{-2} \cdot \text{a}^{-1}$ = 17,2 % durch Absorption (Wolken, Staub, Aerosole usw.) in andere Energieformen umgewandelt. Damit verbleiben nur 565,6 kJ $\text{cm}^{-2} \cdot \text{a}^{-1}$ = 52,7 % der Sonnenergie als nutzbarer Anteil, der von der Erdoberfläche aufgenommen wird und zum größten Teil in längerwellige Wärmestrahlung umgewandelt wird.

Ein weiterer Anteil wird direkt von der Erdoberfläche in den Weltraum abgestrahlt. Für die Fotosynthese wird nur ein sehr geringer Teil, der unter 0,1 % liegt, genutzt.

Bei diesen Angaben handelt es sich um auf die gesamte Erdoberfläche bezogene Mittelwerte.

Die höchste jährliche Energieeinstrahlung erhalten die Wüsten. Sie beträgt dort bis zu 920 kJ/cm^2. In den Polarzonen sinken diese Beträge bis auf 290 kJ/cm^2 und Jahr. Die entsprechenden Werte für Europa liegen im Bereich von 330 bis 500 kJ.

Obwohl nur 0,1 % des Anteils der Sonnenenergie, der auf die Erdoberfläche trifft, für die Fotosynthese genutzt wird, werden riesige Energiemengen durch sie in chemische Energie umgewandelt (s. Abb. 3.40). Die gesamte Biomasse auf der Erde wird auf

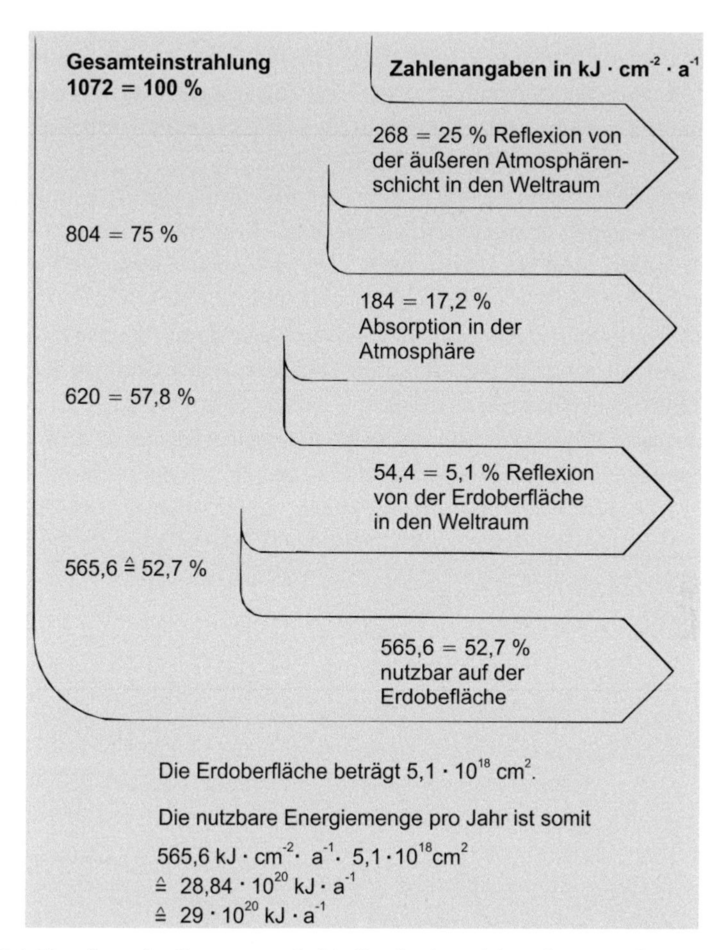

Abb. 11.136 Verteilung der Sonnenenergie [E. distribution of the solar energy]

1850 Mrd. t geschätzt. Mehr als 99 % davon sind pflanzlicher Natur und somit das Ergebnis der Fotosynthese. Die jährliche Ergänzung wird mit 172,5 Mrd. t angegeben, das sind 9,3 % (Die Zahlenangaben verstehen sich als Trockengewicht, d. h. abzüglich Wassergehalt) [82].

Das Prinzip der Solarzelle [E. principle of a solar cell]

Solarzellen werden in kristalline und amorphe Zellen unterschieden. Kristalline Zellen zeichnen sich durch eine regelmäßige Kristallstruktur aus und können eine ideale Atomstruktur haben oder Verunreinigungen im Atomaufbau aufweisen. Dementsprechend werden sie als monokristallin oder polykristallin bezeichnet. Kristalline Zellen werden hauptsächlich in mittleren und großen professionellen Solarstromanlagen eingesetzt.

Amorphe Zellen weisen keine regelmäßige Kristallstruktur auf. Sie bestehen aus einer dünnen Schicht amorphen Siliziums, das auf eine Trägerplatte, z. B. aus Kunststoff, aufgespritzt wird. Zur Erreichung des fotovoltaischen Effekts sind nur sehr dünne Schichten notwendig – daher auch der Name Dünnschichtzellen.

Der Wirkungsgrad von amorphen Zellen ist geringer als der von kristallinen. Allerdings setzt die Stromerzeugung amorpher Zellen schon bei diffusem Licht ein. Außerdem sind amorphe Zellen leichter im Gewicht, billiger und mit weniger Energieaufwand zu produzieren.

Solarzellen sind Halbleiterfotozellen, in denen sich durch Sonneneinstrahlung ein elektrisches Spannungsgefälle zwischen den Schichten mit Elektronenunterschluss (p-Schicht) und Elektronenüberschuss (n-Schicht) aufbaut (Abb. 11.137).

Jede der beiden Schichten ist mit einem Fremdelement versehen, d. h. dotiert[6], und zwar mit Elementen des Periodensystems der 3. oder 5. Gruppe. Dadurch wird der p-Schicht ein Elektronenmangel und der n-Schicht ein Elektronenüberschuss verliehen.

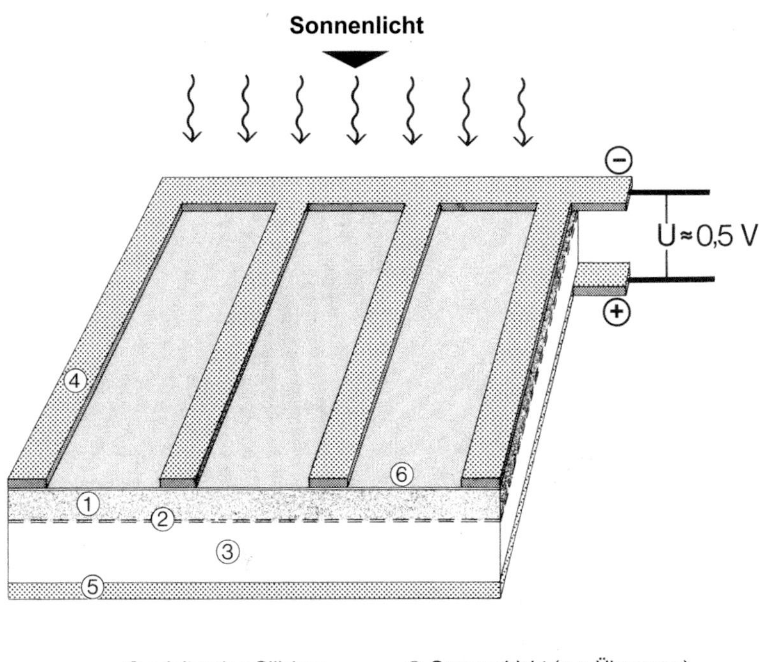

Abb. 11.137 Prinzip einer Solarzelle [E. principle of a solar cell] [65]

[6] dotare (lat.) – ausstatten, dotieren bedeutet das Zusetzen von Fremdatomen in ein reinstes Halbleitermaterial.

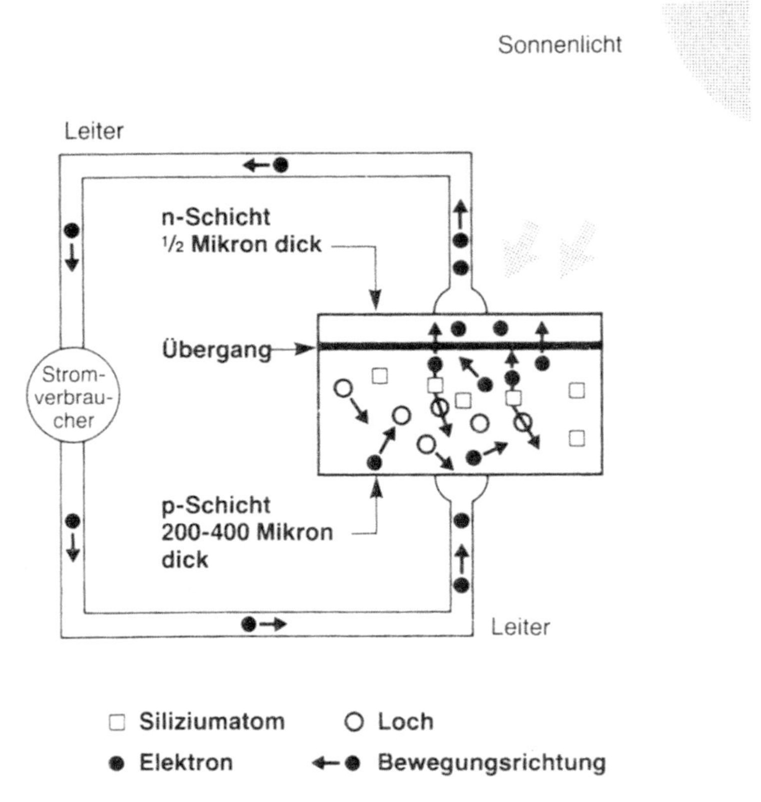

Abb. 11.138 Stromkreis mit Solarzelle [E. wiring system with solar cell] [91]

Durch die Sonneneinstrahlung wird der Effekt des Spannungsaufbaus verstärkt. Beide Schichten können über einen äußeren Stromkreis miteinander verbunden werden. Es fließt Gleichstrom. Wird in diesem Stromkreis z. B. ein Akkumulator zwischengeschaltet, so kann die elektrische Energie gespeichert werden, die durch Wechselrichter, als Bindeglied zwischen Stromgenerator und dem öffentlichen Stromnetz, auch in Drehstrom umgewandelt werden kann (Abb. 11.138).

Mit dem erzeugten elektrischen Gleichstrom kann Wasser in Wasserstoff und Sauerstoff elektrolytisch zerlegt werden (s. Kap. 11, Abschn. „Zukünftige Verfahren für die Wasserstoffgewinnung").

elektrische Energie	+	Wasser		Wasserstoff	+	Sauerstoff
285,9 kJ (0,079 kWh)	+	H_2O	$\xrightarrow{\text{Elektrolyse}}$	H_2	+	$\frac{1}{2} O_2$

Wegen der geringen Leitfähigkeit des reinen Wassers wird unter Zusatz von Alkalilaugen (NaOH oder KOH) gearbeitet. Die Elektrolysetemperaturen liegen je nach Verfahrenskonstruktion zwischen 70 und 90 °C. Auch unter erhöhtem Druck wird Wasser häufig elektrolysiert. Arbeitsdrücke bis zu 30 bar sind üblich.

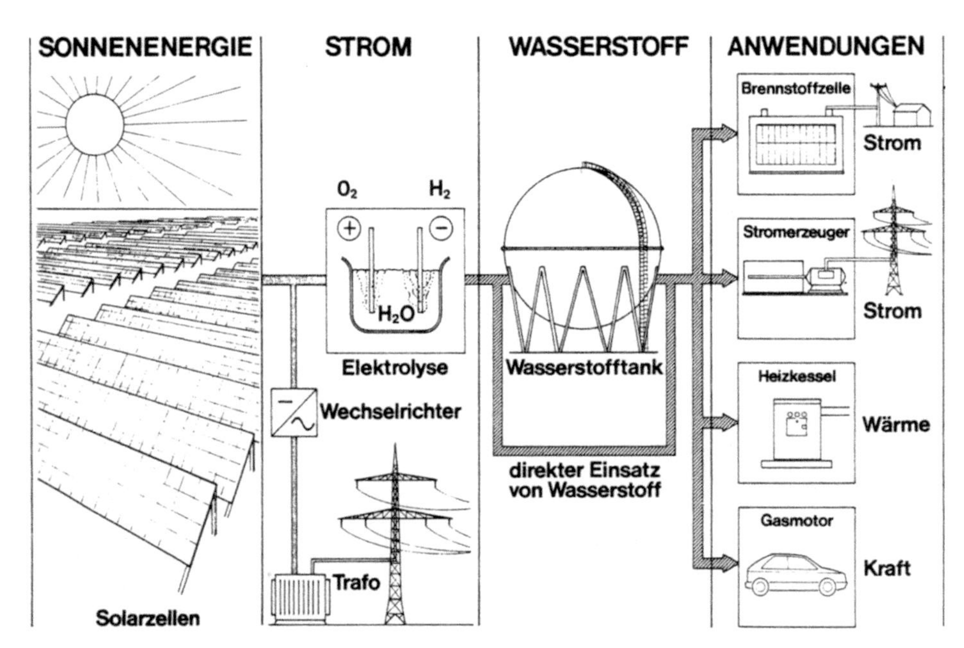

Abb. 11.139 Vereinfachtes Schema einer Solarstromnutzung [E. simplified scheme of using of solar energy]. (Quelle: Solar-Wasserstoff-Bayern GmbH, München, Neunburg vorm Wald/Oberpfalz.)

Die Zellspannung beträgt 1,85 bis 2,05 V bei Stromdichten von 2 bis 3 kA (Kiloampere) pro m^2.

Theoretisch müssen für 1 m^3 Wasserstoff 3,53 kWh an elektrischer Energie aufgewendet werden[7]. Parallel dazu fallen 0,5 m^3 reiner Sauerstoff an.

In der Praxis liegt der spezifische Energiebedarf bei 4,5 bis 5,45 kWh/m^3 Wasserstoff.

Das ist ein hoher Betrag. Sodass es völlig unwirtschaftlich ist, Wasser elektrolytisch mit elektrischem Strom zu spalten, der auf der Grundlage von fossilen Energieträgern über Wärmekraftwerke erzeugt wird. Die Solarenergie vermag die Energielücke bei einer beginnenden Verknappung von fossilen Rohstoffen schrittweise zu schließen.

Als Werkstoff für die Solarzellen dienen Silizium-Einkristallscheiben, Silizium-Bandsysteme und Siliziumdünnfilmzellen.

Die Spannung einer einzelnen Silizium-Solarzelle liegt knapp unter 0,5 V (Abb. 11.137). Deshalb werden mehrere Zellen zu geschlossenen Modulen zusammengeschaltet, die wiederum zu Gruppen kombiniert werden. Je nach Leistungs- und Spannungsbedarf werden diese entweder parallel oder seriell geschaltet (Abb. 11.139).

[7] $1\,m^3 = 1000\,L; \frac{1000\,L}{22{,}4\frac{L}{mol}} = 44{,}6\,mol; 1\,m^3\,H_2 \triangleq 44{,}6\,mol\,H_2.$

Wirtschaftliches [E. economic]

In Neunburg vorm Wald in der Oberpfalz wurde von der Solar-Wasserstoff-Bayern GmbH unter hiesigen Klimabedingungen und in industriellem Demonstrationsmaßstab die Möglichkeit der fotovoltaischen (s. Fußnote 2 Kap. 11) Elektrizitätserzeugung in Verbindung mit der Gewinnung und der Anwendung von Wasserstoff untersucht. Die in Solarzellen erzeugte elektrische Energie dient dazu, aus Wasser den gasförmigen Energieträger Wasserstoff zu gewinnen. In dieser Weise lässt sich das Speicherproblem bei der Nutzung der Sonnenenergie technisch lösen [198].

Wasserstoff kann in vorhandene Erdgasnetze eingespeist und über weite Strecken transportiert werden. Er kann wie Erdgas gespeichert und zur Wärmeerzeugung genutzt werden. Es ist aber auch möglich, damit Gasmotoren (z. B. im Auto) zu betreiben bzw. mittels Brennstoffzellen oder Generatoren wieder elektrische Energie zu erzeugen. Ökologisch bedeutsam ist, dass bei der Verbrennung von Wasserstoff mit Sauerstoff keine umweltbelastenden Verbindungen entstehen: Wasserstoff oxidiert wieder zu Wasser. Abzuwarten bleibt, ob Wasserstoff als großtechnischer Energieträger die Rolle spielen wird, die ihm heute zugedacht wird. Seine Gewinnung, Lagerung und sein Transport werden sehr energieaufwendig sein.

Die maximale elektrische Leistung dieser Pilotanlage in Neunburg vorm Wald des fotovoltaischen Kraftwerks betrug 500 kW. Allein hierfür waren ca. 20.000 m^2 an Fläche nötig. Hinzu kommen verschiedene Anlagen für die Elektrolyse sowie die Speicherung und Handhabung des Wasserstoffs und die Anlagen für seine Anwendung (Brennstoffzellen, Anlagen zur katalytischen Verbrennung, Gasmotor-Generator-Einheiten usw.).

Inzwischen ist in Neustadt an der Weinstraße im Januar 2004 eine Solarstromanlage ans Netz gegangen.

Dieser Standort verzeichnet eine durchschnittliche Sonneneinstrahlung von deutlich über 1000 kWh/m^2 und Jahr. Auf ca. 70.000 m^2 Fläche werden 2 MW Strom erzeugt. Das Herzstück dieser Anlage sind 7000 Elemente des Hochleistungsmoduls *ASE-300 DG-FT von RWE Schott Solar. RWE Schott Solar GmbH* war bis Oktober 2005 ein Joint-Venture-Unternehmen zwischen Schott und RWE. Es produziert *Solarzellen* und *Wafer* für den terrestrischen Markt auf der Basis von amorphem Silizium.

Die Anlage selbst wird von der *Pfalzsolar GmbH* betrieben, einem 50:50 Joint Venture der RWE Schott Solar GmbH und der Pfalzwerke Projektbeteiligungsgesellschaft mbH.

Von dem Berliner Projektentwicklungsunternehmen *Geosol GmbH* und der Münchner *Shell Solar GmbH* wird eines der größten Solarkraftwerke der Welt geplant. Die Fotovoltaikanlage soll in *Espenhausen* südlich von Leipzig auf einem ehemaligen Asche-Auflandebecken errichtet werden. Die Freiflächenanlage soll ca. 33.500 Solarmodule mit einer Gesamtleistung von 5 MW umfassen.

Der Vorteil der *Fotovoltaik* ist, dass Sonnenenergie direkt in elektrische Energie umgewandelt wird, ohne die chemischen (fossilen Energieträger), thermischen (Wärme – Wasserdampf) und mechanischen (Bewegung – Fließen, Rotieren) Zwischenstufen zu durchlaufen.

Einer der führenden Hersteller von Solarstromtechnologie ist in Deutschland die *Solar World AG* mit ihrem Firmensitz sowohl in Bonn als auch in Freiberg/Sachsen. Ihre Produktpalette reicht von Solarsilizium, Wafer, Zellen, Modulen und Bausätzen bis zum Sonnenkraftwerk. Ein bedeutender großer Solarzellenhersteller Deutschlands ist die Schott Solar GmbH in Alzenau/Bayern. [90]

Ein etwas größeres Solarkraftwerk mit 6 MW beabsichtigt die *Deutsche BP AG,* Hamburg, Geschäftsbereich Solar, in Krumpa im Landkreis Merseburg-Querfurt zu bauen. Diese Anlage entsteht auf einer früheren Lagerstätte für Kohlenstaub. [66] Das größte Fotovoltaikkraftwerk der Welt wurde in Brandis bei Leipzig errichtet. Dieser *Waldpolenz* genannte Solarpark ist ein 40-MW-Projekt. Es besteht aus 350.000 Solarmodulen und wird auf einer Fläche von 220 ha im sächsischen Muldautal erbaut. Mit dem Bau ist die juwi-Gruppe aus Bolanden in Rheinland-Pfalz beauftragt worden. Der Finanzierungspartner ist die sächsische Landesbank-Gruppe. Die finanzielle Investion betrug 130 Mio. €. Ende 2009 ist diese Fotovoltaikanlage ans Netz geschaltet werden. [199]

Im September 2002 hat das *Stuttgarter Voltwerk* in *Sonnen bei Passau* einen Solarpark eingeweiht. Er hat eine Spitzenleistung von 1,75 MW. Diese Anlage besteht aus 18 Fotovoltaikeinzelanlagen mit insgesamt 10.500 Solarmodulen. Die bereitgestellte Energie reicht aus, um 1500 Einwohner von Sonnen mit Strom zu versorgen. Die Region um Sonnen zählt mit 1268 kWh pro m^2 zu den sonnenreichsten Deutschlands.

Im April 2003 hat die Hamburger Voltwerk AG in Hemau bei Regensburg das Solarkraftwerk in Betrieb genommen. Die aus 32.000 Modulen bestehende Anlage bringt als Spitzenleistung 4 MW. Damit kann der Strombedarf der 4600 Hemauer Bürger fast gedeckt werden. [209]

Die Fotovoltaikkapazität in Megawatt einzelner Länder [233]:

Länder	Kapazität [Megawatt]	Länder	Kapazität [Megawatt]
Deutschland	32.509	Belgien	2018 (2011)
Italien	16.987	Tschechien	1960 (2011)
USA	7665	Australien	2291
Japan	6704	England	1831
Spanien	4314 (2011)	Indien	1427
Frankreich	3843	–	–

Die Leistungskapazität der Fotovoltaik in der Welt betrug 2012 ca. 102 Mrd. W, die in Deutschland 32,5 Mrd. W.

Im Jahr 2014 kostete 1 kg Reinstpolysilizium, das für die Solarzellen benötigt wird, je nach Marktlage 16 bis US$20.

Solarthermische Kraftwerke [E. solar thermal power station]

Solarthermische Kraftwerke nutzen die Sonnenstrahlung, um über den Weg der Wärmeenergie elektrischen Strom zu erzeugen.

Parabolrinnenkraftwerk in Andalusien [E. parabolic reflector power plant in Andalusia]

In der Provinz Granada in Andalusien/Spanien ist Mitte des Jahres 2006 mit dem Bau eines der größten Solarkraftwerke der Welt begonnen worden, genannt *Andasol I.* Ein zweites Andasol II folgt nach der Fertigstellung von Andasol I.

Eine hohe Sonneneinstrahlung, ebene Landschaft und die Nähe des Anschlusses an das spanische Hochspannungsnetz bieten ideale Voraussetzungen des ausgewählten Standortes.

Nach zweijähriger Bauzeitsoll wurde das *Parabolrinnenkraftwerk Andasol I* ans Netz geschaltet. Mit einer Leistung von 50 MWwerden ca. 200.000 Menschen mit elektrischem Strom versorgt. Jährlich werden 179 GWh Solarstrom in das Hochspannungsnetz eingespeist.

Kernstück dieses thermischen Solarkraftwerkes ist das Solarfeld, das Dampf für die verwendeten konventionellen Dampfturbinen liefert. Eine Kollektorfläche von ca. 510.000 m^2 besteht aus 624 Kollektoren mit jeweils ca. 150 m Länge und 336 Spiegeln, d. h. 200.000 Spiegeln. Diese Parabolspiegel bündeln in ihrer Brennlinie die eingefangene Sonnenenergie und heizen ein wärmestabiles Öl auf 400 °C, das in Röhren, die durch die Brennlinie verlegt sind, zirkuliert.

Die Solarkollektoren bzw. Reflektoren sind parallel in Reihen angeordnet, die in Nord-Süd-Richtung ausgerichtet sind. Sie werden entsprechend dem Sonnenverlauf von Osten nach Westen nachgeführt.

Die Reflektoren bestehen aus parabolisch geformten Spiegeln, die aus extrem transparentem silberbeschichtetem Glas hergestellt werden. Sie lenken und bündeln die einfallende Sonnenstrahlung 80-fach auf ein in der Kollektorbrennlinie angeordnetes Absorberrohr. Das Absorberrohr besteht aus einem mehrfach selektiv beschichteten Edelstahlrohr, das von einem Glas-Vakuum-Hüllrohr umgeben ist. Dadurch ist eine maximale Absorption der Sonnenstrahlung und eine gleichzeitige Minimierung der Wärmerückstrahlung des erhitzten Edelstahlrohres gewährleistet. Innerhalb des Absorberrohrs zirkuliert in einem geschlossenen Kreislauf ein Wärmeträgermedium, meistens ein äußerst hitzebeständiges synthetisches Öl. Nach dem Erhitzen wird das Öl zu einem zentral gelegenen Kraftwerkblock gepumpt, wo es über Wärmetauscher seine Wärmeenergie an Wasser bzw. Wasserdampf überträgt. Dieser Dampf treibt eine Dampfturbine mit Generator an. Danach wird der zu Wasser kondensierte Turbinendampf dem Kreislauf wieder zugeführt (Abb. 11.140 und 11.141).

Der durchschnittliche Jahresanlagenwirkungsgrad beträgt netto 15 %, der Spitzenwirkungsgrad im Sommer erreicht 20 %. Mit diesen Werten sind sie den Fotovoltaikanlagen deutlich überlegen.

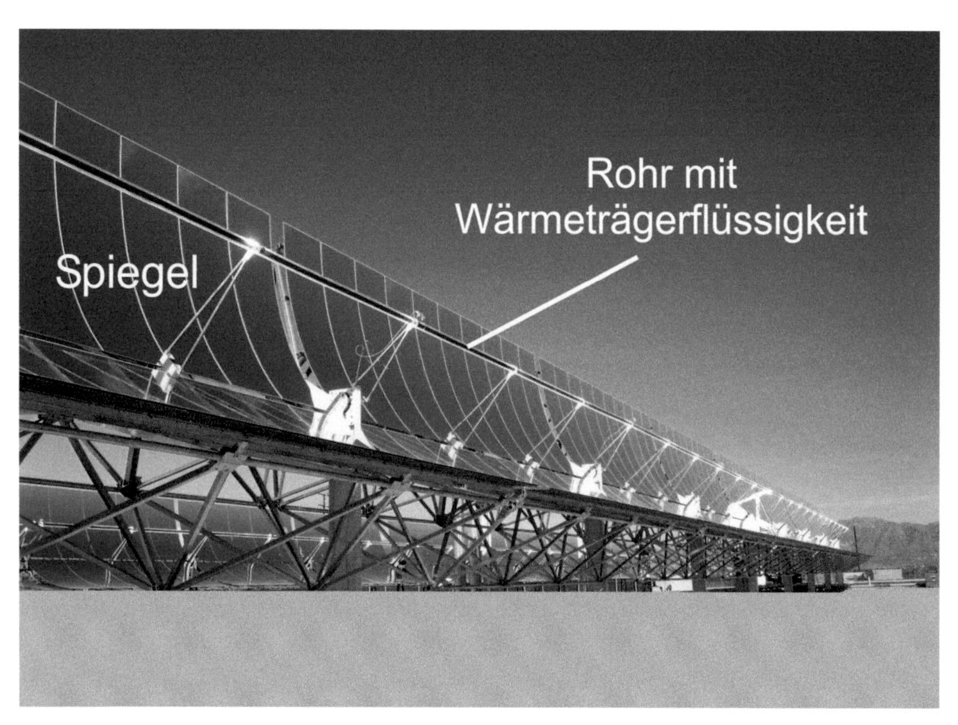

Abb. 11.140 Aufbau einer Parabolspiegelrinne [E. construction of a parabolic reflector]. (Quelle: http://industrie.zanter.de/unternehmen.html)

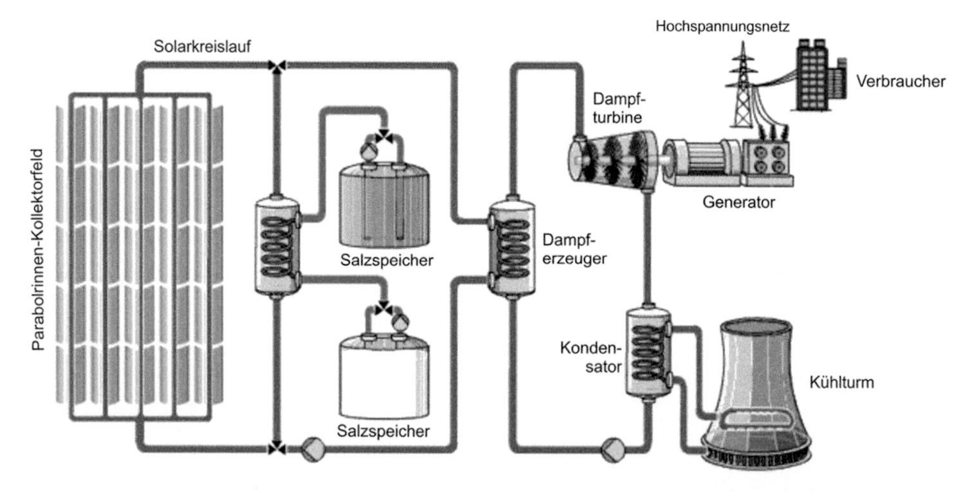

Abb. 11.141 Schema eines Parabolrinnenkraftwerkes [E. scheme of a parabolic reflector power plant] [193] (Quelle: s. Abb. 11.140)

Ein Parabolrinnenkraftwerk kann durch thermische Speicher ergänzt werden. Dazu wird ein Teil der tagsüber erhaltenen Wärmeenergie gespeichert und bei Bedarf wieder abgerufen. Die thermischen Speicher bestehen aus zwei Tanks. Jeder Tank fasst 25.000 t einer Nitratsalzmischung als Speichermedium. Sie sind 14 m hoch und haben einen Durchmesser von 36 m. Beim Umpumpen zwischen einem *kalten* und einem *heißen* Tank nimmt das Salz Wärme auf bzw. gibt sie wieder ab. Durch diese Speichertechnologie kann eine bessere Auslastung des Kraftwerkblocks bis hin zu einem 24-h-Betrieb ermöglicht werden. Außerdem kann die Turbine immer unter Volllast mit einem optimalen Wirkungsgrad laufen.

Die Parabolrinnenkraftwerke können auch in Kraft-Wärme-Kopplung betrieben werden. Neben der Umwandlung in elektrische Energie kann überschüssige Wärmeenergie für die Meerwasserentsalzung genutzt werden, um Süßwasser zu erhalten (s. Kap. 10). Auf diese Weise tragen solarthermische Kraftwerke auch zur Lösung der Süßwasserknappheit in den trockenen Regionen bei. In Kraft-Wärme-Kopplungen sind solare Wirkungsgrade bis zu 85 % denkbar.

Thermo-Solar-Kraftwerk in Marokko: In Marokko wird zurzeit das größte Thermo-Solar-Kraftwerk der Welt unter dem Namen Noor (arabisch: Licht) gebaut. Sein Standort ist *Quarzazate*, 450 km entfernt von Casablanca gelegen. Als Salzschmelze, die die Sonnenstrahlung in Wärmeenergie umwandelt, dient ein Gemisch aus Natrium- und Kaliumnitrat, $NaNO_3/KNO_3$, das von der BASF aus Ludwigshafen geliefert wird.

Auf einer Fläche von 3000 Hektar werden vier einzelne Kraftwerke errichtet mit einer Gesamtleistung von 2000 Megawatt. Das erste Thermo-Solar-Werk soll schon im Januar 2016 ans Netz geschaltet werden.

Lit.: CHEManager 19, 2015, S. 11

Nevada Solar One, USA

In den USA, 60 km südlich von Nevada, ging 2007 ein solarthermisches Kraftwerk ans Netz. Hier herrschen ideale klimatische Bedingungen. Die Sonne scheint an 85 % aller Tage im Jahr. Die durchschnittliche Sonneneinstrahlung beträgt 7 kWh/m^2. Dieser Wert wird selbst im südlichen Spanien nicht erreicht. Das solarthermische Kraftwerk *Nevada Solar One* hat eine Leistung von 64 MWund liefert während eines Jahres 129 Mio. kWh Strom. Auf einer Fläche von 1 km^2 sind 760 Kollektoren installiert. Das Kraftwerk ist in der Nähe von elektrischen Überlandleitungen errichtet worden, die vom nahen Hoover-Staudamm mit Strom gespeist werden. An dieses Netz lässt sich das Solarkraftwerk günstig anschließen. Für eine Erweiterung durch *Nevada Solar Two* ist schon vorgesorgt. Dieses soll eine Leistung von 200 MW bringen. Als Lieferanten wichtiger Bauteile des *Nevada Solar One* sind deutsche Firmen kräftig beteiligt, z. B. der Kraftwerksblock wurde von der *Siemens AG* bereitgestellt, die Parabolspiegel stammen von *Flabeg GmbH & Co. KG* in Fürth/Bayern [140, 141]

Historisches [E. history]

Die erste Solaranlage der Welt wurde schon 1912/13 in Meadi, 25 km südlich von Kairo, errichtet. Der Erfinder war der amerikanische Ingenieur *Frank Shuman* (geb. 1862, gest. 1918).

Fünf 60 m lange parabolförmige verspiegelte Tröge mit einer Spannweite von 4 m wurden am Tage der Sonne nachgeführt. Wie bei modernen Parabolrinnen bündelten sie die Sonneneinstrahlung auf eine Röhre in der Brennlinie. Das hindurchströmende Wasser wurde fast auf 100 °C erhitzt. Auch diese Anlage hatte einen Heißwasserspeicher für die Nacht. Mit dem Heißwasser wurde eine Niederdruckdampfmaschine angetrieben, die über eine Pumpe mit einer Leistung von 55 PS 24.000 L Nilwasser pro Minute zur Bewässerung auf die Felder pumpte.

Abgeordnete des *Deutschen Reichstages* bewilligten 200.000 Reichsmark für eine solche Solaranlage in *Deutsch-Südwest-Afrika,* heute *Namibia.* Der 1. Weltkrieg (1914–1918) verhinderte weitere Entwicklungen.

Nutzen [E. usefulness]

Solarthermische Kraftwerke benötigen erheblich geringere Flächen als Biomasse wegen der nicht beanspruchten Ackerflächen. Sie beanspruchen keine Wasserkraft und damit keine Flächen für große Stauseen. Windkraftanlagen in Landwirtschaftsgegenden blockieren ebenfalls Ackerflächen. Da solarthermische Kraftwerke vor allen in den Trockenzonen zwischen 40° nördlicher und südlicher Breite auf dem Sonnengürtel der Erde errichtet werden, entsteht kaum Landnutzungskonkurrenz. Die Wüsten und Halbwüsten auf allen Erdteilen bieten ausreichend Standortmöglichkeiten. Weiterhin vermindern Solarkraftwerke wirkungsvoll und nachhaltig die Risiken von zwischenstaatlichen Konflikten um Energiereserven und Süßwasserquellen.

Anlagenbau [E. construction company]

Erbauer dieser Parabolrinnenkraftwerke Andasol I ist die *Solar Millennium AG,* Nägelsbachstraße. 40, 91052 Erlangen, mit den Tochtergesellschaften *Flagsol GmbH* und *Smagsol GmbH.*

Flagsol GmbH ist führend in der Solarfeldtechnik für Parabolrinnenkraftwerke. Sie hat ihren Hauptstandort in Köln, ist aber auch in Erlangen vertreten.

Die *Smagsol GmbH* hat ihren Sitz in Erlangen und ist bereits 1998 von Professor Dr. Jörg Schlaich und Rudolf Bergermann gegründet worden. Seit 2005 ist sie von der Millennium AG übernommen worden, die nun über die gesamte aktuelle Technologie der Aufwindkraftwerke verfügt. *Flagsol GmbH ist ein Unternehmen der Solar-Millenniumgruppe mit Sitz in 50667 Köln.*

Ein Parabolrinnenkraftwerk mit thermischem Speicher besteht im Wesentlichen aus drei Anlagebetrieben (s. Abb. 11.140 und 11.141):

- dem Solarfeld mit Wärmeträgerkreislauf,
- dem Wärmespeichersystem,
- dem Kraftwerksblock mit Turbine, Generator und Kühlreislauf.

Die *Solar Bavaria* hat im Jahr 2005 in den Gemeinden *Mühlhausen, Günching* und *Minihof* drei Solarparks mit einer Gesamtleistung von 10 MW eingeweiht. Sie bestehen aus 57.600 Modulen und können den jährlichen Strombedarf von 3000 Privathaushalten decken. Allerdings mussten dazu viele Hektar an landwirtschaftlich genutzter Ackerfläche zur Verfügung gestellt werden. Ende 2005 konnte die *Solar Bavaria* bei *Arnstein* im Landkreis *Main-Spessart* auf dem Gelände des ehemaligen Weingutes *Erlasee* ein weiteres Solarkraftwerk mit einer Leistung von 12 MW fertigstellen. Mit diesem können 3500 Haushalte mit elektrischem Strom versorgt werden.

Die *Shell Solar GmbH* hat im Frühjahr 2006 im niederbayerischen *Pocking* ein Solarkraftwerk in Betrieb genommen. Es ist auf einem früheren Gelände der Bundeswehr von 32 ha errichtet worden, besteht aus 62.500 Modulen und erbringt eine Leistung von 10 MW. Die Module sind auf Aluminiumgestelle montiert worden. Der Strom wird ins Mittelspannungsnetz der E.ON eingespeist.

Ein weiteres Solarkraftwerk hat die *Shell Solar GmbH* im saarländischen *Bliesransbach* mit 8,5 MW Leistung gebaut. Die 53.000 Module bedecken eine landwirtschaftlich genutzte Fläche von 30 ha.

Am 8. September 2004 wurde das *Solarkraftwerk Geosol,* Gesellschaft für Solarenergie GmbH, Berlin, auf Fotovoltaikbasis in *Espenhain/Sa* eingeweiht. Seine Leistung beträgt 5 MW. Das Kraftwerk besteht aus 33.500 Modulen, von denen jedes aus 72 Solarzellen aufgebaut ist.

Jeweils 18 Module werden zu einem *String* verknüpft. Vier Wechselrichtereinheiten formen den erzeugten Gleichstrom zu Niederspannungs-Drehstrom um. Zwei Transformatorblöcke sorgen für eine Spannung von 20 kV, sodass dieser Solarstrom ins öffentliche Netz fließen kann.

Die projektierte Spitzenleistung von 5 MW wird nach Angaben von *Geosol* erreicht, wenn 4 bis 5 h täglich eine ideale Sonneneinstrahlung und Temperatur herrscht. Das ist im Mai und Juni der Fall. 90 % der Zeit läuft sie wie alle Fotovoltaikanlagen in Deutschland wetterbedingt mit verminderter Leistung. Diese Anlage versorgt 1800 Haushalte mit elektrischer Energie [134].

Der hohe Flächenbedarf der Solarkraftwerke ist ein großer Nachteil dieser Energiespender. Der *Bund für Umwelt und Naturschutz Deutschland* (BUND) meldet schon seine Bedenken an. Diese bisher landwirtschaftlich genutzten Flächen könnten eines Tages für die Nahrungsmittelversorgung der Bevölkerung dringend benötigt werden.

Entsprechend hat die *französische Firma Michalin* zusammen mit dem *Solarfondspezialisten Voltwerk AG* an vier deutschen Standorten auf den Dächern ihrer firmeneigenen Gebäude Solarkraftwerke mit insgesamt 10 MW Leistung errichtet. 60.000 Solarmodule sind auf 200.000 m^2, das sind 20 ha bzw. 40 Fußballplätze, Dachflächen installiert worden [118].

Beispiele von Firmen, die sich mit dem Bau von Solaranlagen befassen, seien genannt:

	Sitz	Produktspektrum
Conergy AG	Hamburg	Herstellermarkt für indirekten Vertrieb an Großhandel, Ingenieurdienstleistungen, Projektierungen
Phönix SonnenStrom AG	Sulzemoos	Fachgroßhändler: Sonnenstrommodule, Wechselrichter, Montagesystem Planung und Bau von Sonnenstrom-Großanlagen
SolarWorld AG	Bonn	Silizium-Wafer, Solarzellen, Module, Absatzvolumen Siliziumwafer 120 MW
SOLON AG für Solartechnik	Berlin	Fotovoltaikmodule, Produktionsleistung 34 MWp (2004) Produktionskapazität: 90 MWp (größter deutscher Hersteller nach eigenen Angaben)
Solar Millennium AG	Erlangen	Bau des größten thermischen Solarkraftwerkes in Andalusien, 50 MW-Entwicklung von Aufwindkraftwerken
Gesellschaft für Solarenergie GmbH Geosol	Berlin	Standort Espenhain in Sachsen 2003/04 errichtet, Leistung 5 MW auf Basis Fotovoltaikmodule

Die Nachteile von Solarzellenanlagen bestehen in ihrem hohen Flächenbedarf.

Der Bau von Fotovoltaikanlagen, d. h. Anlagen, mit denen durch Solarzellen das Sonnenlicht direkt in elektrische Energie umgewandelt wird, erfordert riesige Flächen. Zu berücksichtigen ist zurzeit noch der geringe Wirkungsgrad dieser Solarzellen mit $\eta = 13\,\%$. Mit einer Solarzellenfläche von 1 m^2 und einer Sonneneinstrahlung von 1000 kWh pro m^2 und Jahr lassen sich jährlich nur

$$1000 \frac{\text{kWh}}{\text{m}^2 \cdot \text{a}} \cdot 0{,}13 = 130 \frac{\text{kWh}}{\text{m}^2 \cdot \text{a}} \approx 0{,}5\text{Mio} \cdot \frac{\text{kJ}}{\text{m}^2 \cdot \text{a}}; \; 1\ \text{kWh} \mathrel{\hat{=}} 3600\ \text{kJ}$$

gewinnen. Dazu kommen noch anlagenbedingte Verluste, sodass von der Fotovoltaik in Koben-Gondorf an der Mosel nur 67 kWh/m^2 pro Jahr geliefert werden können. Der tatsächliche Wirkungsgrad beträgt also nur $\eta = 5$ bis $6\,\%$.

Da sich die einzelnen Solarzelleneinheiten nicht gegenseitig beschatten dürfen, ergibt sich ein viel größerer Flächenbedarf. Ein realistischer Beschattungsfaktor von 3 erhöht den Flächenbedarf auf 393 km^2.

Es wurde bisher mit einem Wirkungsgrad $\eta = 13\,\%$ gerechnet, der praktische Erfahrungswert in Koben-Gondorf ist aber nur $\eta = 5$ bis 6. Das bedeutet, dass eine Solarzellenfläche unter Berücksichtigung des Beschattungsfaktors von ca. 400 km² nötig sind, um 17 Mrd. kWh pro Jahr an elektrischer Energie zu liefern, wie das Kernkraftwerk Neckar GmbH. Das aus zwei Blöcken bestehende Gemeinschaftskernkraftwerk Neckar GmbH (GKN), Neckarwestheim, erzeugt pro Jahr 17 Mrd. kWh (s. Abb. 7.90b). Das Betriebsgelände dafür hat eine Fläche von 40 ha, das sind 0,4 km². Um 17 Mrd. kWh über Fotovoltaikanlagen nach dem Konzept in Koben Gondorf bereitzustellen, bedarf es einer Solarzellenfläche von

$$\frac{170\cdot 10^8 \frac{\text{kWh}}{\text{a}}}{130\frac{\text{kWh}}{\text{m}^2\cdot\text{a}}} = 1{,}31\cdot 10^8\ \text{m}^2 = \underline{\underline{131\ \text{km}^2}}$$

Diese Überschlagsrechnung und die Tab. 11.24 zeigen, dass in den Kernkraftwerken die höchste Energiedichte besteht. Sie liefern bei sehr geringen Stoffströmen hohe Energiedichten [95].

Von der VDI-Gesellschaft Energietechnik, GET, ist ein Thesenpapier herausgebracht worden zur Innovation und Nachhaltigkeit in der Energieversorgung und -anwendung. Darin äußert sich der Vorsitzende Prof. Hermann Josef Wagner in der Weise, dass die Fotovoltaik bis zum Jahr 2030 nur einen Anteil von 1 bis 1,5 % an der Gesamterzeugung von elektrischer Energie erreichen wird.

Kohle, Erdöl, Erdgas und Wasserkraftwerke werden nach wie vor den wesentlichen Anteil der elektrischen Energieversorgung decken. Noch sichert die Kernenergie weltweit mit etwas über 16 % die Stromversorgung (Abb. 7.89). Von den erneuerbaren Energien spielt Wasserkraft eine große Rolle. Die Verwendung von Biomasse als Energieträger soll in den nächsten 25 Jahren um den Faktor 2 bis 3 steigen. Doch das bleibt abzuwarten. [244]

Ein Vorteil der Solartechnologie ist, dass die notwendigen Energie- und Rohstoffquellen wie Sonnenenergie und Quarzsand (Siliziumdioxid $(SiO_2)_n$) als Ausgangsmaterial für die Solarzellen in unbegrenzten Mengen vorhanden sind. Ihr Nachteil ist der riesige Flächenbedarf für die Anordnung der Solarzellen.

Elektrischer Strom kann nicht in nennenswerten Mengen gespeichert werden. Ein speicherfähiger hoch energetischer Stoff ist allerdings Wasserstoff, der aus Wasser mittels Elektrolyse gewonnen werden kann. Er ist in riesigen Mengen nur bedingt lager- und transportfähig und kann noch nicht überall dort eingesetzt werden, wo er benötigt wird, z. B. in der Industrie, aber auch im Kraftverkehr. Die in ihm gespeicherte chemische Energie kann über eine Verbrennung in Brennstoffzellen in nutzbare Energie umgesetzt werden. Das dabei freigesetzte Oxidationsprodukt ist wieder Wasser und belastet die Umwelt nicht. Wasser als Wasserstofflieferant ist ebenfalls eine unerschöpfliche Quelle. Aber wie schon erwähnt, ist es sehr energieaufwendig, Wasserstoff aus Wasser zu gewinnen.

Polysilizium-Weltproduktionskapazitäten [E. world wide production capacities of polysilicon][8]

Die Produktion von elementarem metalllurgischem Silizium betrug 2011 weltweit 8 Mio. t. Davon wurden 5,4 Mio. t in China, 0,67 Mio. t in Russland, 0,35 Mio. t in den USA und 0,32 Mio. t in Norwegen hergestellt.

Für das Jahr 2010 wurde der Bedarf an Reinstsilizium für die Chipindustrie auf 30.000 t pro Jahr geschätzt. Der Bedarf für die Solarindustrie wird 70.000 t pro Jahr betragen, der für µ-elektronik-grade Si ist stetig wachsend und für solar-grade Si ist explodierend.

Gesamtjahreskapazität der etablierten Reinstsiliziumhersteller: 75.000 t/a

Gesamtjahreskapazität der Neueinsteiger: 15.000 t/a

Verbleibende Versorgungslücke: 10.000–15.000 t/a

Preis pro kg Reinstsilizium:

Zurzeit gibt es für die Solarindustrie nur ausschließlich Silizium, das nach dem Siemensverfahren produziert wird. Die Hersteller von metallurgischem Silizium haben jedoch das Ziel, durch Prozessoptimierungen und zusätzliche Reinigungsverfahren direkt solartaugliches Silizium zu gewinnen. Als Zwischenstufe wird angestrebt, raffiniertes, metallurgisches Silizium im Verschnitt mit Reinstsilizium einzusetzen.

Marktpreise in 2014 für PV Polysilicon: US$16 bis 20/kg.

Zukünftige Verfahren für die Wasserstoffgewinnung [E. processes of hydrogen production in future]

Zu den weltweit modernsten Produktionsanlagen für Silicone und hochreines polykristallines Silizium für die Nutzung von Solarenergie zählt das Chemiewerk *Nünchritz an der Elbe* in Sachsen. Es gehört zum Mutterkonzern Wacker Chemie AG, das in Burghausen/Bayern ebenfalls entsprechende Anlagen betreibt. Neben den Silanen, dem Siloxan, den Siliconölen, dem Siliconkautschuk und den pyrogenen Kieselsäuren betrug im Jahre 2011 die Kapazität für reines Silizium 15000 t.

Lit.: Kunkel, G. (2015) Silicone aus Sachsen, CHEManager 13–14/2015

Wasserstoff kommt in der Natur nicht elementar vor, sondern nur in gebundener Form mit Sauerstoff, z. B. Wasser, H_2O, und Kohlenstoff, z. B. als Kohlenwasserstoffe, $-(CH_2)-_x$, und zahlreichen anderen Elementen, wie Stickstoff als Ammoniak, NH_3, Schwefel als Schwefelwasserstoff, H_2S, wie mit den Halogenen als Halogenwasserstoffen, HF, HCl, HBr und in Syntheseprodukten mit Silizium als Silane, $-(SiH_2)-_x$.

Entsprechend der immer mehr zunehmenden Bedeutung von Wasserstoff ist die Entwicklung günstiger technischer Herstellungsverfahren sehr erstrebenswert. Auf den verschiedensten Gebieten wird an diesem Problem gearbeitet [39, 97]:

---

[8] SolMic, solar and microelectronic GmbH, Marktler Str. 61, 84489 Burghausen, Germany

Mineral Commodity Summary 2012 http://minerals.usgs.gov/minerals/pubs/commodity/silicon/mcs-2012-simet.pdf)

- Wasserelektrolyse mithilfe von Windkraftwerken
- Solarzellen und Fotovoltaik,
- Vergärung von Biomasse,
- Fotoproduktion von Wasserstoff aus Biomasse durch fototrophe Bakterien, z. B. durch Wasserstoff produzierende Algen *(Chlamylomonas, Reinhardtii- oder Purpurbakterien),*
- Biofotolyse des Wassers,
- Ausnutzung des Fotosynthesemechanismus der Pflanzen mithilfe der Cyanobakterien (technisch noch nicht realisierbar).
- Wasserstoff als zukünftige Energiequelle [53]

Die umfangreichen Einsatzmöglichkeiten des Wasserstoffs als Reaktionspartner in chemisch-technischen Verfahren oder als Kraftstoff zeigt die derzeitige Marktstruktur des Wasserstoffbedarfs (Abb. 11.142a). Derzeitig werden sehr große Mengen Wasserstoff für Hydrierungsreaktionen, z. B. Synthesegasreaktionen (Abb. 6.82), die Ammoniaksynthese, Methanolsynthese und Oxosynthese in der chemischen Industrie benötigt. In großen Mengen fällt elementarer Wasserstoff als Parallelprodukt bei der Alkalichloridelektrolyse an (Kap. 6, Abschn. „Alkalichloridelektrolyse").

Gezielt gewonnen wird Wasserstoff großtechnisch auch durch eine thermisch-katalytische Spaltung des Methans, auch *Reformingverfahren* genannt (s. Kap. 6, Abschn. „Bedarf an Prozesswasser in der Industrie").

	Methan	Wasserdampf		Wasserstoff	Kohlenstoff-dioxid
$252{,}29\,\frac{\text{kJ}}{\text{mol}}$ +	CH_4 +	$2\,H_2O$	$\xrightarrow[\text{ca. } 450^\circ\text{C}]{\text{Katalyse}}$	$4\,H_2$ +	CO_2
	16 g	2 x 18 g	$\longrightarrow$	4 x 2 g	44 g

Um 8 g elementaren Wasserstoff aus 16 g Methan und 36 g Wasser zu gewinnen, sind theoretisch 252,3 kJ an Wärmeenergie notwendig. In der Technik ist dieser Betrag viel größer, da für die Umwandlung von flüssigem Wasser in Wasserdampf sehr viel Wärmeenergie aufgewendet werden muss. Berücksichtigt werden müssen außerdem die Energiebeiträge zum Betreiben des technischen Verfahrens. Das parallel anfallende Kohlenstoffdioxid kann leicht durch Auswaschen entfernt werden.

Technische Spaltung des Wassers in Wasserstoff und Sauerstoff durch Sonnenlicht [E. technical decomposition of water in hydrogen and oxygen by sun radiation]

Wasserstoff, H_2, zählt zu den energiereichsten Stoffen in der Natur. Bei der Reaktion zwischen 2 g Wasserstoff und 16 g Sauerstoff werden 285,8 kJ als Wärmeenergie freigesetzt (Tab. 11.24).

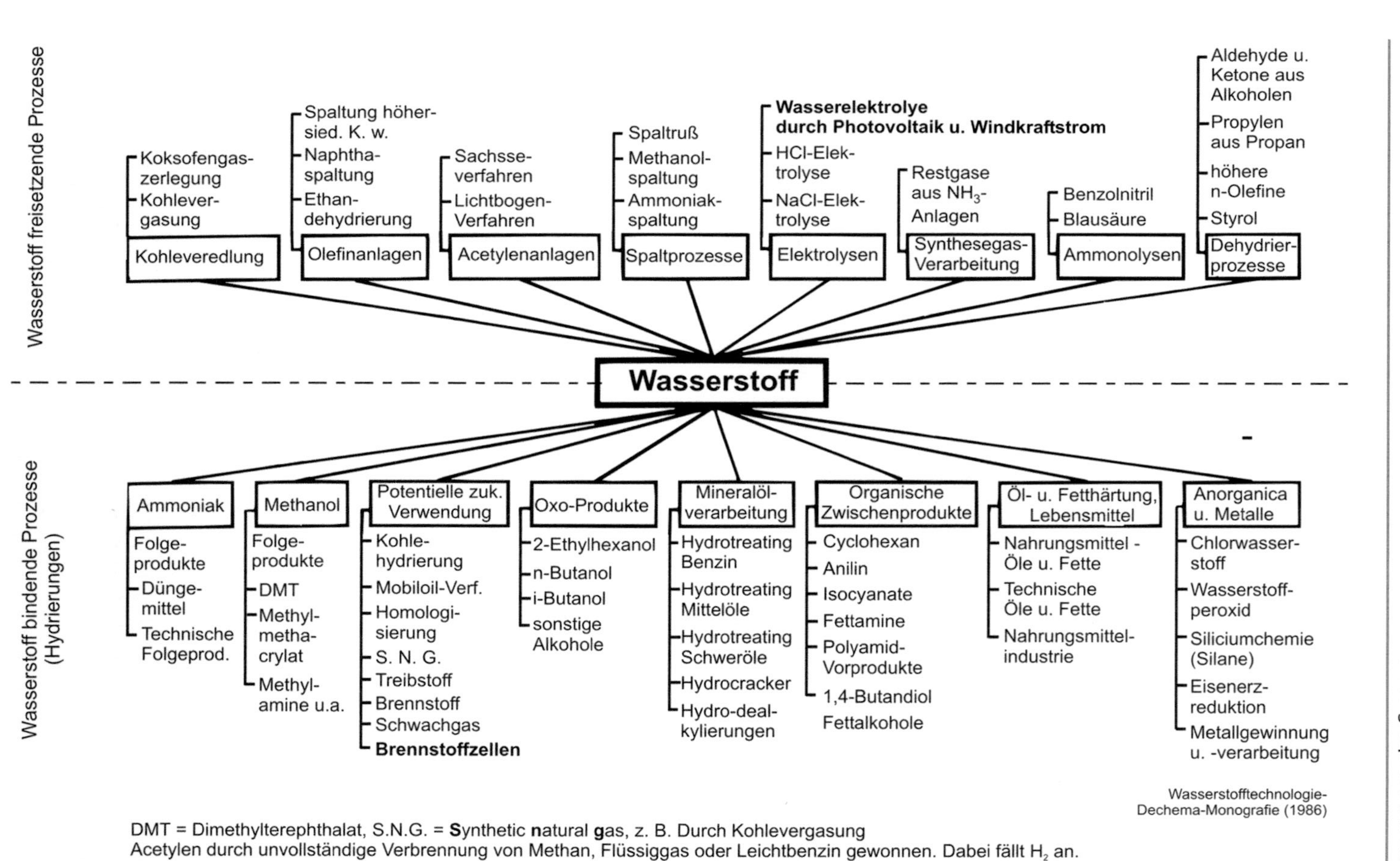

DMT = Dimethylterephthalat, S.N.G. = **S**ynthetic **n**atural **g**as, z. B. Durch Kohlevergasung
Acetylen durch unvollständige Verbrennung von Methan, Flüssiggas oder Leichtbenzin gewonnen. Dabei fällt H_2 an.

Abb. 11.142a Einsatzgebiete von Wasserstoff in der Industrie [E. use of hydrogen in the industry] [13, 39]

Wasserstoff		Sauerstoff		Wasser		Reaktions-enthalpie	
$2\,H_2$	+	O_2	$\longrightarrow$	$2\,H{-}OH$	+	571,6 kJ	(1)
2 x 2g		2 x 16 g		2 x 18 g			

Eine entsprechende Energiemenge muss mindestens wieder aufgewendet werden, um Wasser in seine Elemente Wasserstoff und Sauerstoff zu spalten (Kap. 6, Abschn. „Wasserstoff als Reaktionspartner").

Die größte unerschöpfliche Wasserstoffquelle ist das Wasser. Um Wasserstoff aus diesem zu gewinnen, muss viel Energie aufgewendet werden (s. Rückreaktion der Gl. 1). Der Natur gelingt das sehr elegant durch die Fotosynthese, die eine der bedeutendsten Energie speichernden Reaktionen ist. Mithilfe der Sonnenenergie und dem Chlorophyll als Biokatalysator nutzen die Pflanzen, aber auch bestimmte Algen, den Wasserstoff des Wassers, um bei natürlicher Umgebungstemperatur Kohlenstoffdioxid zu Kohlenhydraten zu hydrieren (s. Abb. 3.40 und Kap. 4, Abschn. „Fotosynthese im Ozean").

Den 1. Teilschritt der Fotosynthese (s. Kap. 3, Abschn. „Wasser und Sonnenenergie, Fotosynthese"), nämlich die Lichtreaktion bzw. die Wasserspaltungsreaktion, technisch zu nutzen, ist einer Arbeitsgruppe des Max-Planck-Institutes Mülheim an der Ruhr unter Leitung von Professor Dr. Martin Demuth gelungen. Sie hat einen geeigneten Katalysator entwickelt, in dessen Gegenwart sich Wasser durch Sonnenenergie in Wasserstoff und Sauerstoff zerlegen lässt. Es handelt sich um einen halbleitenden Titandisilicid-Katalysator, $TiSi_2$. Die Reaktion beginnt als leichte Oxidbildung am Titandisilicid. Sie begünstigt die Entstehung von katalytisch aktiven Zentren. Folgende Reaktionen spielen sich ab:

Sonnenenergie	Titan-disilicid	Wasser		Titandisilicid-oxid		Wasserstoff
$h \cdot \nu$	+ $TiSi_2$	+ $6\,H{-}OH$	$\longrightarrow$	$TiSi_2{-}Oxid$		+ $6\,H_2$

Sonnenenergie	Wasser		Sauerstoff	Oxonium-Ionen	Elektronen
1427 kJ	+ $6\,H{-}OH$	$\xrightarrow{TiSi_2}$	O_2	+ $4\left(H{-}\bar{O}H\,{-}\,H^+\right)^+$	+ $4\,e^-$

Oxonium-Ionen	Elektronen		Wasser	Wasserstoff
$4\left(H{-}\bar{O}H\,{-}\,H^+\right)^+$	+ $4\,e^-$	$\longrightarrow$	$4\,H{-}OH$	+ $2\,H_2$

Titandisilicid absorbiert Sonnenenergie in einem breiten Bereich des Sonnenspektrums. Das Material ist gut zugänglich und kostengünstig (Abb. 4.43a).

Neben der Erniedrigung der Aktivierungsenergie hat Titandisilicid noch die Fähigkeit, den Wasserstoff unmittelbar nach seiner Abspaltung vom Wasser zu speichern. Schon bei Temperaturen unterhalb von 100 °C kann der Wasserstoff wieder freigesetzt und entsprechend als Energieüberträger oder Hydrierungsmittel verwendet werden. Sauerstoff wird ebenfalls im Titandisilicid gespeichert, aber es ist viel schwieriger, ihn aus dem Katalysatormaterial auszutreiben. Das gelingt erst bei Temperaturen oberhalb 100 °C. Aufgrund dieser unterschiedlichen Absorptionskräfte lassen sich Wasserstoff und Sauerstoff gut voneinander trennen. [169]

Wasserstoff als Energiespeicher, ein Hybridkraftwerk[9] [E. hydrogen power as energy storage – a hybrid-power station]

Windkraftanlagen Drei Windenergieanlagen mit 2 MW Nennleistung sind über ein Mittelspannungskabel mit der Elektrolyseanlage direkt elektrisch verbunden. Dieses Mittelspannungskabel ist eingebunden in das Mittel- und Hochspannungsnetz, welches über ein Umspannwerk direkt in das 220-kV-Höchstspannungsnetz der 50 Hertz Transmission GmbH einspeist.

Stromnetz Der stets saubere Windstrom des Hybridkraftwerks fließt über das ENERTRAG-eigene Einspeisenetz mit einem 220/110-kV- und sechs 110/220-kV-Umspannwerk direkt in das europäische Verbundnetz zum Nutzer.

Wasserstofferzeugung Das Herzstück des ersten Hybridkraftwerkes ist ein 500-kW-Druck-Elektrolyseur, der über Windstrom durch Elektrolyse von Wasser Sauerstoff und Wasserstoff erzeugt.

$$571{,}6\ \text{kJ}\ (0{,}1588\ \text{kWh}) + 2\text{H–OH} \longrightarrow 2\,H_2 + O_2$$

Er kann jederzeit flexibel je nach Bedarf und Windsituation eingesetzt werden. Weht beispielsweise so viel Wind, dass die elektrische Energie den Bedarf der Nutzer übersteigt, fließt der Windstrom in den Elektrolyseur, der die Bewegungsenergie des Windes in Form des Wasserstoffes als chemische Energie speicherbar macht.

Das *Blockheizkraftwerk* liefert elektrische Energie und Wärmeenergie. Es wird mit einem Gemisch aus Wasserstoff und Biogas versorgt.

Mischventile Der gespeicherte Wasserstoff wird mit Biogas gemischt, um daraus wieder elektrische und auch Wärmeenergie zu erzeugen. Wie immer kommt es dabei auf die richtige Mischung an. So kann eine optimale Mischung aus Biogas und Wind-Wasserstoff die Energiefreisetzung verdoppeln.

[9] Hybridkraftwerke [hybrida (lat.) – Mischung] ist ein Kraftwerk, das aus unterschiedlichen Energiequellen gespeist wird, z. B. Windkraft und Biogas mit Wasserstoff angereichert.

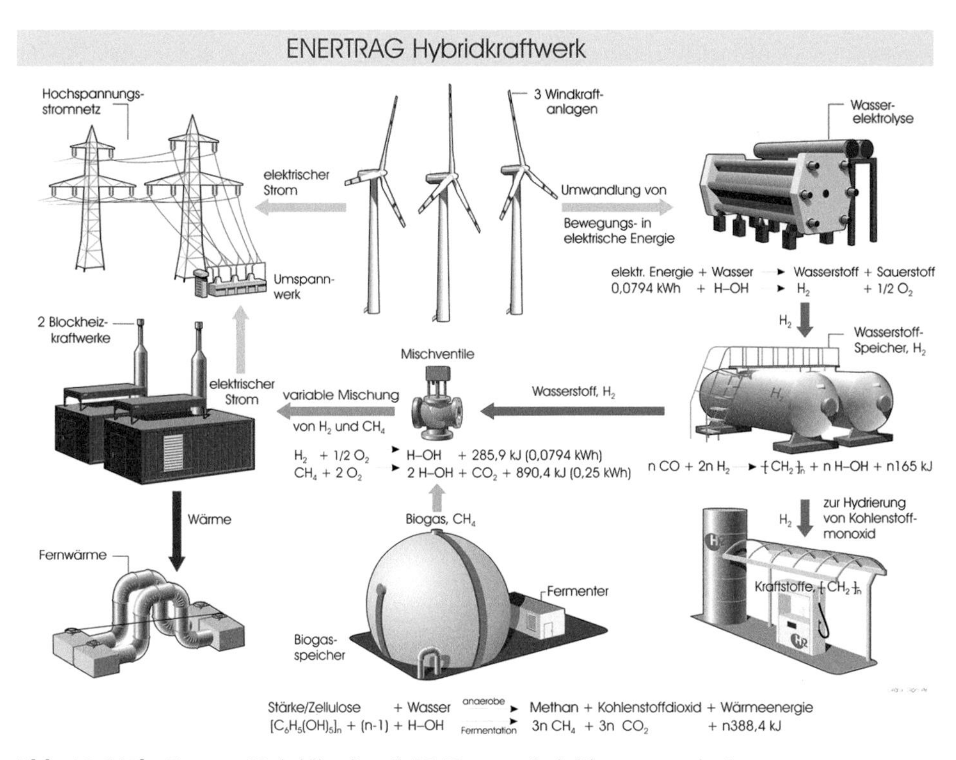

Abb. 11.142b Enertrag Hybridkraftwerk [E. Enertrag hybrid-power station]

$$2\,H_2 + O_2 \longrightarrow 2\,H\text{–}OH + 571{,}6\ \text{kJ}\ (0{,}1588\ \text{kWh})$$

$$CH_4 + 2\,O_2 \longrightarrow 2\,H\text{–}OH + CO_2 + 890{,}4\ \text{kJ}\ (0{,}25\ \text{KWh})$$

Im *Wasserstoffspeicher* wird die Bewegungsenergie des Windes in Form von Wasserstoff gespeichert. Das Gas kann sogar in vorhandenen Erdgasspeichern auf Vorrat gehalten werden, bevor es bei Bedarf wieder in elektrischen Strom umgewandelt oder als reiner Treibstoff genutzt wird.

Biogasspeicher Bei Bedarf produziert das Hybridkraftwerk elektrischen Strom, wozu Biogas mit dem gespeicherten Wasserstoff der Elektrolyse gemischt wird. Biogas entsteht durch Fermentation von Biomasse wie Gülle, Pflanzen oder anderen organischen Abfällen.

$$[C_6H_5(OH)_5]_n + (n\text{-}1)\,H\text{–}OH \xrightarrow[\text{Fermentation}]{\text{anaerobe}} 3n\,CH_4 + 3n\,CO_2 + n\ 388{,}4\ \text{kJ}$$

Fernwärme Der Blockheizkraftwerkteil im Hybridkraftwerk erzeugt elektrischen Strom. Die dabei freigesetzte thermische Energie kann durch ein wärmegedämmtes Rohrsystem direkt in die Wohngebäude geleitet und zum Heizen oder zur Warmwasseraufbereitung genutzt werden (Abb. 11.142b).

Kraftstoffe Der durch Wasserelektrolyse freigesetzte Wasserstoff, H_2, kann zur Hydrierung von Kohlenstoffmonoxid, CO, genutzt werden, um Kohlenwasserstoffe zu synthetisieren, die als Kraftstoffe, $[CH_2]_n$ oder auch als organische Rohstoffe für die chemische Industrie genutzt werden können (s. Abb. 6.82).

$$n\,CO + 2n\,H_2 \xrightarrow{Kat.} [CH_2]_n + n\,H\text{–}OH + n\,165\,kJ$$

Die Wassermärkte in Deutschland, Europa, USA und andere [E. markets for water in Germany, Europe, USA and others] [225]

12

Deutschland [E. Germany][1]

Die Wasserversorgung in Deutschland liegt in den Händen von unzähligen kleineren Unternehmen. Eigentümer sind die Städte oder Kommunen. 86 % aller Unternehmen gehören ihnen. Sie liefern 52 % des gesamten Wasserbedarfs. 6 % davon dienen der Versorgung von Krankenhäusern, Schulen, Altenheimen, Verwaltungshäusern, Gefängnissen und anderen Instituten. Für nur 2 % der Wasserversorgung sind reine Privatbetriebe zuständig. Trinkwasser wird von mehr als 6300 Unternehmen dargeboten, sie betreiben 18.000 Wasserwerke. Um die *Abwasserreinigung* kümmern sich 8000 Firmen, die 10.000 Anlagen unterhalten (s. Abb. 6.72 und Tab. 6.17).

Auf dem deutschen Wassermarkt sind nur wenige private Großunternehmen präsent.

Als Beispiele seien genannt:

Die in diesem Buch veröffentlichten Daten über die Wassermärkte sind teilweise älteren Datums. Sie geben aber die Größenordnungen an. In den letzten Jahren ist es sehr schwierig geworden, aktuelle Zahlen von den jeweiligen Wasserwirtschaftsunternehmen zu erhalten.

Die *Gelsenwassergruppe,* Willy-Brandt-Allee 26, 45831 Gelsenkirchen

Gruppenumsatz (2013)	ca. 2,4 Mrd. €
Anzahl der Beschäftigten	4821
Süßwasserabgabemenge	378,2 Mio. m^3
Abwasserentsorgung	213,2 Mio. m^3

[1] Utilites, June 2010, and June 2012, Cheuvreux, Credit Agricole Group [225]

© Springer-Verlag Berlin Heidelberg 2016

V. Hopp, *Wasser und Energie,* DOI 10.1007/978-3-662-48089-2_12

Die Gelsenwassergruppe ist beteiligt an der Trinkwasserversorgung und Abwasserentsorgung in vielen Bundesländern sowie in Frankreich, Tschechien und Polen.

Rheinisch-Westfälische Wasserwerke, Tochtergesellschaft der RWE,
Am Schloss Broich 1–3, 45479 Mülheim a. d. Ruhr

Umsatz (2013):	ca. 108 Mio. €
Anzahl der Beschäftigen:	450
Süßwasserabgabemenge:	83 Mio. m^3

Veolia GmbH, Lindencorso, Unter den Linden 21, 10117 Berlin

Seit 160 Jahren ist Veolia Environment S. A. Paris als führender Umweltdienstleister tätig. Weltweit sind ca. 200.000 Menschen in den drei Geschäftsbereichen *Wasser, Entsorgung* und *Energie* engagiert.

Seit mehr als 20 Jahren ist Veolia auch in Deutschland in den genannten Geschäftsfeldern aktiv. Die Veolia Wasser GmbH fungiert als Holdinggesellschaft, die die Wasser- und Stadtwerkeaktivitäten in Deutschland bündelt und strategisch koordiniert.

Umsatz (2012)	1,291 Mrd. €
Anzahl der Beschäftigten	2744
Versorgung	
Anzahl der Einwohner in den Versorgungsgebieten	1.035.621
Trinkwassernetzlänge	9605 km
Bereitgestellte Trinkwassermenge	15.472.159 m^3
Zugekaufte Trinkwassermenge	41.141.731 m^3
Entsorgung	
Anzahl der Einwohner im Entsorgungsgebiet	1.010.310
Kanalnetzlänge	6708 km
Behandelte Abwassermenge (transportiert und behandelt)	67.148.880 m^3

Das Bewusstsein der Bevölkerung, mit Wasser sorgsam und sparsam umzugehen, hat in Deutschland in den letzten 15 Jahren zugenommen. Die Trinkwassernutzung ist von 1990 bis 2010 von 6 auf 3,22 Mrd. m^3 zurückgegangen. 1,85 Mrd. m^3, das sind 4,6 %, werden von dem produzierenden Gewerbe genutzt (Abb. 6.69). Der Bedarf pro Person und Tag ist auf 122 L gefallen (Abb. 6.63, 6.64 und 6.65). Zugleich sind Verfahren der technischen Wasserkreislaufführung verstärkt in der industriellen Wassernutzung entwickelt und eingeführt worden [200]. Die Gesamtlänge des öffentlichen Trinkwasserleitungsnetzes beträgt 450.000 km, nach *Angabe der Wasserstatistik des Bundesverbandes der Deutschen Gas- und Wasserwirtschaft e. V. (BGW), Stand 2010.*

Berlinwasser International – Company profile [16]

- Die Berlinwasser Gruppe hat 150 Jahre Erfahrung in der Wasserversorgung und Abwasserentsorgung für die Metropolenregion Berlin. Das internationale Geschäft hat seinen

Ursprung in den Ländern *Mittel- und Zentraleuropas* (MOE). Seit 1992 unterstützt Berlinwasser als Konzern eine wasserwirtschaftliche Neuausrichtung auf vier Kontinenten.

- Mit über zehn Jahren erfolgreicher Geschäftsentwicklung auf internationalen Wasser- und Abwassermärkten ist sie aktiv in Zentral- und Südeuropa, in Asien, Lateinamerika und Afrika und stellt sich den Herausforderungen der sich verknappenden Ressource Trinkwasser und der dringenden Reinigung von Abwasser.
- Die Gesellschafter der Berlinwasser Holding AG sind das Land Berlin mit einer Mehrheitsbeteiligung von 50,1 % und private Investoren mit jeweils 24,95 %. Als zuverlässiger Partner von Kommunen und Unternehmen engagiert sich die Berlinwasser Gruppe weltweit in der Wasserwirtschaft.
- Die Berlinwasser Gruppe ist mit 1,3 Mrd. € Jahresumsatz (2007) Deutschlands größter Wasserver- und Abwasserentsorger. Bis 1989 war Berlin eine geteilte Stadt mit getrennten Systemen für Wasser und Abwasser. Die Wiedervereinigung hat die einst völlig entkoppelten Organisationen und Strukturen für Wasserver- und Abwasserentsorgung im West- und Ostteil der Stadt wieder zu einer betrieblichen Einheit zusammengefasst.
- Berlinwasser sammelte in dieser Zeit unschätzbare Erfahrungen. Die Transformation einer staatlich kontrollierten Planwirtschaft in eine am Markt orientierten Wirtschaft in einer großen Metropole berührte praktisch alle Aspekte des Betreibergeschäfts – vom notwendigen Anheben der technologischen Standards an europäische Maßstäbe über eine neue, am Kunden orientierte Dienstleistungskultur bis zur Personalentwicklung.

Berlinwasser Gruppe	
Umsatz	1,3 Mrd. €/a.
Mitarbeiter	4800
Investitionen	290 Mio. €/a.
Kunden, weltweit	10 Mio.
Trinkwasserversorgung	287 Mio. m^3/a.
Abwasserreinigung	456 Mio. m^3/a
Wasserwerke	17
Klärwerke	28
Trinkwasser Netzwerk	8300 km
Abwasser Kanäle	13.950 km

England [E. UK]

Der englische Markt der Wasserversorgung ist auf nationaler Ebene stark reguliert. Die Versorgungsunternehmen selbst sind fast alle privater Natur. Zehn regionale private Wasserfirmen beherrschen den Wassersektor. Sie sind ebenfalls für die Abwasserreinigung und -entsorgung zuständig. 13 weitere kleinere Unternehmen ergänzen die flächendeckende Frischwasserbereitstellung. Die Abwasserentsorgung obliegt ihnen nicht.

Diese privaten Firmen sind Eigentümer der Wasserquellen. Sie erhalten von staatlicher Seite eine Lizenz für die Wasserversorgung der Bevölkerung in den Städten und Gemeinden. Die Lizenzen können jederzeit entzogen werden, wenn die Wasserfirmen die von den Behörden vorgegebenen Standards nicht einhalten.

Frankreich [E. France]

Die Wasserversorgung in Frankreich durch Privatunternehmen hat eine lange Tradition. 1853 wurde *La Générale des Eaux* gegründet, die heute unter dem Namen *Veolia Environnement* mit Sitz in Paris bekannt ist. Sie versorgt mit einer Belegschaft von ca. 202.800 Mitarbeitern (2012) weltweit mehr als 100 Mio. Einwohner in 66 Ländern mit Trinkwasser. Der Umsatz betrug 12,56 Mrd. Euro. 34 % der Belegschaftsmitglieder sind in Frankreich beschäftigt, 37 % im übrigen Europa, 13 % in Asien, 10 % in Nordamerika und 6 % in Südafrika.

Mit 4800 Gemeinden hat *Veolia Environnement* entsprechende Verträge geschlossen und ist somit der größte französische Wasserversorger.

Suez Environnement, Tour CB 21, 16, place de I'Tris, 92040 Paris La Défense Cedex wurde 1880 in Paris gegründet und erzielte 2010 einen Jahresumsatz von ca. 12 Mrd. €. Davon wurden allein in Europa 9 Mrd. € erwirtschaftet. 72.000 Mitarbeiter sind in 120 Ländern beschäftigt. *Suez Environnement* ist weltweit für die Wasserversorgung von 80 Mio. Menschen verantwortlich und sichert für 50 Mio. Menschen die Abwasserentsorgung. Einige Beispiele:

Frankreich

- Wasserversorgung für 14 Mio. Menschen
- Abwasserbeseitigung für 8 Mio. Menschen
- Verträge mit großen Städten wie Paris, Cannes oder Bordeaux

Spanien

- Wasserversorgung für 11,2 Mio. Menschen
- Abwasserbeseitung für 5,4 Mio. Menschen
- Verträge mit großen Städten wie Madrid oder Alicante

Deutschland

- Wasserversorgung und Abwasserbeseitigung für 800.000 Menschen
- Erster deutscher Konzessionsvertrag in Rostock

Italien

- Abwasserbeseitigung für 350.000 Menschen
- Erster Privatisierungsvertrag in Italien

Saur, eine Tochter des spanischen Unternehmens Bouygues, ist mit 13 % der drittgrößte Wasserversorger in Frankreich.

Insgesamt werden 80 % der Bevölkerung von diesen drei Firmengruppen mit Wasser beliefert. 20 % der Einwohner beziehen ihr Wasser aus staatlichen Einrichtungen.

Italien [E. Italy][2]

Der italienische Wassermarkt ist in unzählige Kleinbereiche gespalten und nicht einheitlich organisiert. Viele Anbieter sind für die Wasserversorgung zuständig. Die meisten von ihnen werden von Gemeinden und Städten unterschiedlicher Größe betrieben. Ein Gesetz aus dem Jahr 1994 – *Galli Law* – hat den Weg frei gemacht für eine Reorganisation, Rationalisierung und Zusammenfassung aller bisherigen Versorgungselemente (vgl. Kap. 8, Abschn. „Süditalien").

Das *Galli-Gesetz* fordert eine industrialisierte Infrastruktur mit einem modernen Wasserleitungssystem. Angestrebt wird ein Wasserkreislaufsystem mit Abwasserentsorgung und entsprechenden Reinigungsmethoden. Trotz des *Galli-Gesetzes* tummeln sich auf dem Wassermarkt immer noch 8100 Anbieter. Die größten Wasserversorgungsunternehmen sind in der Tab. 12.25 aufgeführt.

Tab. 12.25 Die größten italienischen Wasserversorgungsunternehmen [E. the main Italian groups of water suppliers] [225]

Firma	Anzahl der versorgten Einwohner	Wasserleitungsnetz (km)	gelieferte Wassermengen (1000 m³/Jahr)
ACEA	4.540.000	11.172	499.200
Asquedotto Pugliese	4.623.349	19.635	309.416
HERA	1.781.937	16.500	170.367
SMAT	1.567.855	3576	200.000
ASM Brescia	472.780	2626	51.300
AMGA Genoa	728.500	1182	45.900

Utilities – Italy, July 2012, Credit Agricole Group

Spanien [E. Spain]

Der spanische Wassermarkt wird zu 58 % von den Gemeinden, Kommunen und Städten beherrscht, die bedeutendsten unter ihnen sind die von Madrid mit 11 %, Bilbao und Sevilla mit je 2 % Anteilen.

43 % der Wasserversorgung ist privatisiert. Die größten Gesellschaften sind

[2] Utilities - Italy, June 2012, Credit Agricole Group

Agbar mit Marktanteilen von 23 %,
FCC-Veolia, mit 10 % und
Bouygues, 6 %.

USA-Markt [E. US-market]

92 % des Wasservolumens für die Versorgung der Bevölkerung wird von kommunal- und stadteigenen Firmen angeboten, nur 8 % von privaten Unternehmen. Der Gesamtumsatz im amerikanischen Wassermarkt beläuft sich auf ca. US $100 Mrd., davon entfallen 65 % auf die öffentlich-rechtlichen Unternehmen der Städte und Gemeinden, 15 % auf Privatfirmen und der Rest von 20 % dient der Erhaltung und Erweiterung der technischen Einrichtungen wie Wasserwerke, Pumpstationen und Kanalisation. Der private Markt ist teilweise reguliert durch regionale Behörden und Vereinigungen, allerdings ist ihr Einfluss relativ gering. Ein großer Sektor des Wassermarktes ist unreguliert.

Im regulierten privaten Sektor dominieren die *American Water Works,* eine Tochter der Thames Water, mit einem Umsatz von fast US $1,4 Mrd. Sie beliefert in USA und Canada 15 Mio. Kunden mit Trinkwasser. Das nächstgrößere Unternehmen ist *United Water Utilities* mit US $400 Mio.

Weitere Firmen in diesem Sektor sind in der Rangfolge: Philadelphia Suburban, California Water, American States Water, San Jose Water und Southwest-Water.

Im unregulierten privaten Markt führt die *US Filter (Vivendi).* Mit US $750 Mio. Umsatz beträgt ihr Marktanteil 35 %. Den 2. Platz nach Umsatz nimmt mit ca. US $280 Mio. *OMI* ein. *United Water (Suez)* rangiert mit US $180 Mio. an 3. Stelle, gefolgt von *American Water (AWW)* mit ca. US $150 Mio. Umsatz (*Severn Trent* und *Earth Tech*).

Wasserdargebot und Wasserverteilung in Europa [E. water supply and distribution in Europe]

Die Versorgung mit Süßwasser ist in den einzelnen Ländern sehr unterschiedlich organisiert. Die EU hat es bisher nicht vermocht, einheitliche und verbindliche Rahmenbedingungen für die Wasserversorgung der Bevölkerung durchzusetzen (Tab. 12.26, 12.28).

In *England,* dem *Vereinigten Königreich, UK*, sind die Wasserversorgungsunternehmen fast voll in privater Hand, in *Frankreich* zu 80 % und in Spanien mit 42 % knapp zur Hälfte. Während es im UK zahlreiche Unternehmen gibt, sind es in *Frankreich* und Spanien nur wenige, die auf dem Wassermarkt präsent sind. Die Unternehmenskonzentration ist in diesen beiden Ländern sehr weit gediehen.

Dagegen spielen in *Deutschland, Italien* und den *USA* private Wasserunternehmen nur eine untergeordnete Rolle.

Tab. 12.26 Die privaten Marktführer in der Welt im Wassersektor [E. private main global players of the water market] [225]

Firmennamen	belieferter Inlandsmarkt (Einwohner in Tsd.)	belieferter Internationaler Markt (Einwohner in Tsd.)	Gesamt (Einwohner in Tsd.)	% Inlandsmarkt
Suez (Frankreich)	17.000	106.978	123.978	14
Veolia (Frankreich)	26.000	86.398	112.398	23
RWE (Deutschland)	5300	56.380	61.680	9
Agbar (Spanien)	15.500	20.300	35.800	43
Bouygues (Spanien)	6000	25.390	31.390	19
United Utilities (UK)	10.323	10.205	20.528	50
AWG (UK)	5792	10.610	16.402	35
Severn Trent (UK)	8280	6299	14.579	57
FCC-Veolia (Spanien)	6100	5899	11.999	51
Acea (Italien)	5400	1950	7350	73
Kelda Group (UK)	5467	680	6147	89
Gelsenwasser (Deutschland)	5350	180	5530	97

In *Deutschland* und *Italien* ist der Anteil der Wasserversorgung aus privater Hand mit 15 bzw. 12 % sehr niedrig. Sie obliegt den kommunalen und städtischen oder regionalen Wasserwerken. Allerdings sorgen in allen Ländern staatliche Gesetze und vertragliche Vereinbarungen für ein flächendeckendes Wasserangebot, welches in *Italien* großen Schwankungen unterliegt.

England und *Frankreich* haben sich in der Wasserversorgung dem Privatsektor schon weit geöffnet, auch werden ihre Märkte von nur einigen wenigen Firmen beherrscht.

Das Privatisierungspotenzial ist in diesen Ländern sehr hoch. Die großen Firmengruppen wie z. B. *RWE, Gelsenwasser AG, Suez* oder *Veolia Environnement* engagieren sich in diesen Regionen und treiben die Privatisierung des Wasser- und Abwassermarktes voran.

Thames Water, Suez und Veolia Environnement entwickeln sich weltweit zu den größten Marktführern im Wassergeschäft. Während sich *Thames Water* auf die regulierten Märkte in UK, USA und Chile schwerpunktmäßig konzentriert, hat *Suez* sehr stark in Lateinamerika investiert, hält sich dort zurzeit aber ein wenig zurück. *Veolia Environnement* ist vorwiegend in Westeuropa und in den USA aktiv und baut zusätzlich seine Position auf dem chinesischen Wassermarkt aus. *Gelsenwasser AG* engagiert sich sehr in osteuropäischen Ländern.

Tab. 12.27 Wasserpreise in einigen Ländern in 2012. [E. water-prices in some countries in 2012]. (*Quelle*: http://de.statista.org/statistik/daten/studie/1538/umfrage/wasserpreise-weltweit/)

Land	€/m³	Land	€/m³
Deutschland	1,91	Italien	1,00
Belgien	1,85	Spanien	0,83
Großbritannien	1,50	Schweden	0,81
Frankreich	1,27	Finnland	0,81
Österreich	1,20	Kanada	0,65
Niederlande	1,16	Südfafrika	0,65
Australien	1,05	USA	0,47

Wasserpreise [E. water-prices]

Die Wasserpreise in den einzelnen Ländern Europas und einigen vergleichbaren Ländern in der Welt sind sehr unterschiedlich. Sie werden beeinflusst von der Art der Wasserquellen, ihren Nutzungsmöglichkeiten, von den Qualitätsanforderungen und den Steuern, die das jeweilige Land erhebt und nicht zuletzt von den Subventionen, die einzelne Länder den Wasserversorgungsunternehmen gewähren (Tab. 12.27).

In Deutschland ist das Wasser am teuersten und in Kanada am billigsten, was nicht verwunderlich ist. Denn Kanada ist, wie schon erwähnt wurde, das wasserreichste Land der Erde (s. auch Kap. 5, Abschn. „Kanada als möglicher Süßwasserexporteur" und Tab. 13.32).

Die Wasserpreise spiegeln nicht unbedingt die wirklichen Kosten der Wasserversorgung wider. Insbesondere in europäischen Ländern werden sie von hohen Subventionen beeinflusst. In Frankreich beträgt der Subventionsanteil 20 %, in Italien bis zu 70 %. Auch in Spanien und Großbritannien sind die Subventionen hoch. Dagegen werden in Deutschland durch zusätzliche Wasserentnahmeentgelte die Wasserpreise um bis zu 17 % in die Höhe getrieben.

Trotz einheitlicher europäischer Richtlinien gibt es in der Qualität der Süß- und Trinkwasserversorgung und Abwasserentsorgung starke Unterschiede.

Die Qualitätsstandards in Deutschland sind gekennzeichnet durch eine hohe Trinkwasserqualität, durch niedrige Wasserverluste im Rohrleitungssystem, durch eine kontinuierliche Netzerneuerung und einen hohen Anschlussgrad von 99 % der Wassernutzer an das öffentliche Trinkwassernetz.

Die Trinkwasserpreise in Deutschland sind in den einzelnen Bundesländern unterschiedlich. In Berlin sind sie mit 2,17 €/m³ am höchsten und in Niedersachsen mit 1,21 €/m³ am niedrigsten.

In Tab. 12.28 sind einige bedeutende private Wasserunternehmen Europas aufgeführt.

Adressen von einigen privaten Wasserunternehmen [E. addresses of some private water-companies]

Tab. 12.28 Adressen von einigen privaten Wasserunternehmen [E. addresses of some private water-companies] [225]

Unternehmen	Straße	Ort	Telefonzentrale	homepage
ACEA	Piazzale Ostiense, 2	00154 Roma	0039 0657991	
Aguas de Barcelona (Agbar)	Paseo de Sant Joan 39–43	08006 Barcelona	0034 932658011	www.agbar.es
AWG PLC	Ambury Road, Huntingdon	PE29 3NZ Cambridgeshire	0044 1480323000	www.awg.com
Berlinwasser International AG	Stralauerstr. 32	10179 Berlin	0049 3081468501	www.berlinwasser.com
Bouygues	90 Avenue des Champs Elysées	75008 Paris	0033 130602311	www.bouygues.fr
EDF	2, rue Louis Murat	75394 Cedex 08 PARIS	0033 140422222	
Edison, Montedison Spa	P.tta Bossi 3	20121 Milano	0039 0262701	www.montedison.it
EdP	Avda José Malhoa	10706157 Lisboa	0035 117264664	www.edp.pt
ENDESA, Empresa Nacional de Electricidad	C/Ribera de Loira, 60	28042 Madrid	0034 915630923	www.endesa.es
ENEL	Viale Regina Margherita 137	00198 Roma	0039 0685093617	
e.on AG	E.ON-Platz 1	40479 Düsseldorf	0049 2114579367	www.eon.com
FCC, Fomento de Construcy Contra	Federico Salmom, 13	28016 Madrid	0034 91359540.0	www.fcc.es
Gelsenwasser AG	Willi-Brandt-Allee 26	45891 Gelsenkirchen	0049 209708-0	www.gelsenwasser.de
Iberdrola	Gardoqui 8	48008 Bilbao	0034 944151411	www.iberdrola.es
Kelda Group PLC	Halifax Road	BD6 2SZ Bradford	0044 1274600111	www.keldagroup.com
Pennon Group PLC	Rydon Lane	EX2 7HR Exeter	0044 1392446688	www.pennongroup.co.uk
RWE AG	Opernplatz 1	45128 Essen	0049 2011200	www.rwe.de
Severn Trent PLC	2297 Coventry Road	B26 3PU Birmingham	0044 1217224000	www.severntrent.com
SUEZ	18 Square Edouard VII	75009 PARIS	0033 140062723	www.suez-lyonnaise.com
United Utilities PLC	Great Sankey	WA5 3LW Warrington	0044 1925237000	www.united-utilities.com
Vattenfall Europe AG	Überseering 12	22297 Hamburg	0049 40 63960	www.hew.de
Veolia Environnement	38, avenue Kleber	75799 cedex 16 PARIS	0033 171750000	www.vivendienvironnement.com

Der Mineralwassermarkt [E. market of mineral water]

In Deutschland gibt es 660 amtlich anerkannte Mineralbrunnen. Viele Unternehmen vertreiben die Mineralwasser und Mineralwassererfrischungsgetränke in ihrer Region. Andere operieren bundesweit und exportieren ihre Produkte auch ins Ausland. Einige dieser Brunnen-Unternehmen sind Großkonzerne wie z. B. Nestle Waters, Mainz. Als mittelständische Unternehmen seien als Beispiel genannt:

Christinen Brunnen Teutoburger Mineralbrunnen GmbH & Co., Bielefeld,
Dortmunder Brau und Brunnen AG,
Hassia und Luisen Mineralquellen, Bad Vilbel GmbH & Co.,
Sinzinger Mineralbrunnen,
Spreequellen Mineralbrunnen.

Zu unterscheiden ist zwischen dem natürlichen

- *Mineralwasser* (Kap. 2, Abschn. „Mineralwasser").
  Es ist ein reines Naturprodukt, kommt aus unterirdischen, von Verunreinigungen geschützten Wasservorkommen und wird direkt am Quellort abgefüllt.
  Aufgrund seines natürlichen Gehalts an Mineralsalzen und Spurenelementen, wie z. B. Calcium-, Kalium-, Magnesium-, Natrium-, Chlorid-, Sulfat-, Hydrogencarbonationen u. a. muss es ernährungsphysilogische Wirkungen haben.
  Außerdem muss es als natürliches Mineralwasser amtlich anerkannt sein.
- *Quellwasser* stammt aus unterirdischen Wasservorkommen und wird direkt am Quellort abgefüllt. Es muss den Trinkwasserkriterien genügen (Kap. 2, Abschn. „Quell- und Flusswasser").
- *Natürliches Heilwasser* kommt ebenfalls aus unterirdischen vor Verunreinigungen geschützten Wasserquellen und wird direkt vor Ort abgefüllt. Es muss eine heilende, lindernde und vorbeugende Wirkung aufweisen wegen seiner charakteristischen Mineralstoffe und Spurenelemente wie z. B. Eisenionen u. a. und amtlich zugelassen sein. (Lit.: Marschall, U. (2013), Lebenselixier Wasser, Gesundheit konkret Barmer GEK Nr. 1, 2013)
- *Tafelwasser* ist eine Mischung aus verschiedenen Wasserarten und mineralischen Zusätzen einschließlich Kohlenstoffdioxidgas (Kap. 2, Abschn. „Mineralwasser").
- *Leitungswasser* besteht etwa zu zwei Dritteln aus Grundwasser und einem Drittel aus Oberflächenwasser. Es wird industriell aufbereitet und gefiltert.
- *Solwasser* (Kap. 2, Abschn. „Solwasser") ist ein Quellwasser mit einem hohen Gehalt an Mineralsalzen, insbesondere an Steinsalz (Natriumchlorid, NaCl). Schon in frühgeschichtlicher Zeit sind diese hoch mineralisierten Quellen zur Steinsalzgewinnung genutzt worden. Belegt ist, dass während der Bronze- und Eisenzeit (1800–500 v. Chr.) die Menschen das Salz durch Eindampfen der Sole in Tontiegeln über offenem Feuer gewannen [14].

Tab. 12.29 Der Mineralwassermarkt in Deutschland in 2010. [E. the market of mineral water in Germany 2010]

Anzahl der Unternehmen	203
Umsatz in Euro [in Mio.]	3276,0
Absatz der Gesamtbranche [in Mio. Liter]	13.185,0
Absatz von Mineral- und Heilwasser [in Mio. Liter]	9702,5
Mineralwasser	9611,0
Mit CO_2	4264,8
Wenig CO_2	4175,2
Ohne CO_2	998,7
Mit Aroma	172,3
Heilwasser	91,6
Absatz von Mineralwasser-Erfrischungsgetränken [in Mio. Liter]	2840,0
Davon Mineralwasser + Frucht/Schorle	500,0
Verbrauch pro Person im Jahr [Liter]	143,8
Davon Mineral- und Heilwasser	129,8
Und Mineralbrunnen-Erfrischungsgetränke	42,6
Import an Mineralwasser [in Mio. Liter]	1119,9
Export an Mineralwasser [in Mio. Liter]	213,8

Das erste große Mineralwasserunternehmen in Deutschland war die *Apollinaris Kommanditgesellschaft Kreuzberg & Co.* Es wurde 1857 in Bad Neuenahr gegründet und entwickelte sich bis zum Beginn des 1. Weltkrieges (1914–1918) zu einem international bekannten Unternehmen [52].

Der Markt für Mineralwasser und Mineralwassererfrischungsgetränke in Deutschland wird durch nachstehende Daten in der Tab. 12.29 veranschaulicht (Stand 2010): *Quelle*: http://www.gdb.de

Der Mineralwassermarkt ist ein Wachstumsmarkt. In 2010 wurden weltweit 140 Mrd. L Mineralwassererfrischungsgetränke in Flaschen abgefüllt und getrunken. Auf eine Bevölkerung von zurzeit 7,2 Mrd. Menschen bezogen, entspricht das einem Wassergetränkekonsum von ca. 19,4 L pro Person und Jahr. Es wird geschätzt, dass dieser Konsum sich in den folgenden Jahren kräftig steigern wird. Eine der Gründe ist, dass in vielen Ländern die öffentliche Versorgung mit einwandfreiem Trinkwasser über die Leitungen nicht garantiert werden kann. Die Menschen greifen aus Gesundheitsgründen zu den teuren Mineralwässern in Flaschen.

In Westeuropa beträgt der pro Kopf-Konsum an Mineralwassererfrischungsgetränken 110 L/Jahr, in Asien zurzeit nur 8 L. Folgende Daten demonstrieren die Ungleichverteilung noch deutlicher. Europa und Nordamerika konsumieren 60 % der in Flaschen angebotenen Mineralwassererfrischungsgetränke.

Die *Nestle Waters* [142] ist zurzeit in 130 Ländern mit Niederlassungen etabliert und bietet 77 Marken als Mineralwasser, Quellwasser und Tafelwasser an. Dafür unterhält dieses in der Welt größte Mineralwasserunternehmen 107 Abfüllstationen bzw. Produktionsanlagen.

In Europa und in den USA ist *Nestle Waters* die Nummer 1 unter den Mineralwasserunternehmen, ebenso in den Ländern des Nahen Ostens wie Bahrain, Ägypten, Jordan, Libanon, Saudi-Arabien und Usbekistan. Auch in Pakistan, Vietnam und Kuba nimmt *Nestle Waters* die 1. Stelle ein.

Die Nummer 2 ist *Nestle Waters* in Thailand, Südafrika und in Argentinien.

Im Jahr 2011 betrug der Umsatz der *Nestle Waters* 6,5 Mrd. Schweizer Franken.

Zusammenfassung [E. summary] 13

Die Wassermenge in der Welt ist konstant. Wasser im Allgemeinen ist nicht knapp. Aber es ist auf die einzelnen Erdregionen klimabedingt unterschiedlich verteilt (Abb. 1.2a, b, 2.8a, b).

In der Natur befinden sich die Gewässer der Festlandmassen, der Ozeane, Binnenseen, Flüsse und der Atmosphäre in einem ständigen austauschenden Kreislauf. Die durch die Sonneneinstrahlung auf die Erdoberfläche bedingten Temperaturunterschiede liefern über Verdunstung, Kondensation, Gefrieren und Schmelzen die treibenden Energien für diesen allumfassenden Wasserkreislauf (Abb. 2.9a, b, 3.21).

Mit zunehmender Weltbevölkerung steigt auch der Bedarf der pflanzlichen und tierischen Nahrungsmittel; den zu decken, ist unmittelbar von einem ausreichenden Süßwasserdargebot abhängig. 7,2 Mrd. Menschen bevölkern zurzeit die Erdoberfläche (Abb. 5.53, 5.54). Nach UN-Schätzungen wird sich in Afrika und Asien die Zahl der Menschen in der Zeit von 2000 bis 2030 verdoppeln. 95 % dieser Zunahme entfallen auf die Städte in den sogenannten Schwellen- und Entwicklungsländern (Abb. 5.55, 5.56). Die Bereitstellung von Süßwasser sowie technischer und physiologischer (d. h. Nahrung) Nutzenergie sind unmittelbar miteinander verknüpft und werden in gesteigertem Maße zu den akuten politischen Probleme zählen. Ohne Süßwasser lassen sich kaum technische Nutzenergie und Nahrungsmittel erzeugen (Tab. 3.6, 13.31). Ohne technische Nutzenergie gibt es keine Wasseraufbereitung, keine Entsalzung, keine Abwasserreinigung und vor allem kein Wasserverteilungsnetz. Ohne Süßwasser und technische Nutzenergie sind weder Pflanzenanbau noch Viehzucht möglich. Werden diese Probleme nicht gelöst, werden Bürgerkriege und zwischenstaatliche Kriege die Geschichte der Menschen bestimmen.

Süßwasser wird knapp, weil durch eine zunehmende Bevölkerungsverdichtung (Verstädterung) und einhergehende Industrialisierung der natürliche Austausch und Reinigungszyklus des Wassers regional nachhaltig gestört wird (Abb. 5.53, 5.54, 5.55).

© Springer-Verlag Berlin Heidelberg 2016

V. Hopp, *Wasser und Energie,* DOI 10.1007/978-3-662-48089-2_13

Die Forderung nach einem sorgsamen Umgang mit Niederschlägen, Regen und Schnee [E. rainwater and snow-management]

Die Niederschläge in Form von Regen und Schnee sind entscheidend wichtig, um den Kreislauf des Wassers in der Natur aufrechtzuerhalten (Abb. 2.9, 2.10, 2.11, 3.21). Der größte Teil fällt in die Ozeane, auf dem Festland versickern sie in den Böden und füllen die Seen und Flüsse. Davon profitiert die Landwirtschaft (Abb. 6.70). Niederschläge halten die Bodenfeuchte aufrecht. Einen großen Beitrag leisten die Pflanzen, sie speichern Wasser und verzögern damit eine Versickerung in tiefere Bodenschichten sowie eine schnelle Verdunstung in die Atmosphäre.

Dieser Wasserkreislauf wird zunehmend gestört durch die großflächige Versiegelung von Landflächen in den dichtbesiedelten Gebieten, wie z. B. durch den Bau von Wohnhäusern, Straßen, Parkplätzen und Industrieanlagen. In diesen modernen Wohn- und Industriegebieten ist ein weitverzweigtes Wasserleitungsnetz entstanden, das Haushalte, Industrie und Landwirtschaft mit ausreichendem Süßwasser versorgt. Ergänzt wird dieses Netz durch entsprechende Abwasserleitungen bzw. -kanäle, die wieder zu reinigen sind. Monokulturen in der Landwirtschaft sowie die Massentierhaltung auf engstem Raum vor allem in der Rinderzucht tragen zur Störung des natürlichen Wasserkreislaufes erheblich bei.

Regen und Schnee sind wertvolle Niederschläge, sie müssen nicht kostspielig entsalzt werden und vermindern die Versalzung von Ackerflächen. In Landstrichen, wo die erdnahe Atmosphäre noch nicht luftverschmutzt ist, kann Niederschlagswasser unmittelbar als Gebrauchswasser verwendet werden. Wie sorgsam mit den Niederschlägen umzugehen ist, beweisen die zahlreichen durch Staudämme erhaltenen Stauseen. Sie liefern über die Wasserkraftwerke die elektrische Energie, ohne die Haushalte, Landwirtschaft und Industrie nicht auskommen. Geringe Niederschläge führen mit Verzögerung zu einem geringeren Angebot an elektrischem Strom.

Es ist höchste Zeit, dass die Sparten Wasser- und Energieversorgung sowie Landwirtschaft sich zu einem Regenwassermanagement zusammenfinden.

Die Aufbereitung von Süßwasser zu Trinkwasser bzw. die Entsalzung von Meerwasser zu Süß- und Trinkwasser einerseits und die Reinigung und Klärung von Abwässern bzw. gebrauchtem Wasser andererseits sind die beiden bedeutenden sich ergänzenden Wassertechnologien unserer industrialisierten und urbanisierten Welt. Beide Technologien halten den technischen Zyklus des begehrten Süßwassers aufrecht. Allerdings sind beide Technologien sehr energieaufwendig.

Es gilt der unmittelbare Zusammenhang, dass ohne eine ausreichende Energieversorgung in unserer von Bevölkerung übersiedelten Welt mit zurzeit 7,2 Mrd. Menschen keine Wasserversorgung möglich ist; umgekehrt gilt dasselbe: Ohne Wasser gibt es keine Bereitstellung an Nutzenergie (s. Tab. 13.30).

Von ausreichender Versorgung der Weltbevölkerung mit einwandfreiem Trinkwasser hängen auch die hygienische Lebensweise und die Pflege von Sanitäranlagen ab. Laut Weltwasserbericht aus dem Jahr 2012 haben ca. 2,8 Mrd. Menschen keinen Zugang zu geeigneten Sanitär-, d. h. Wasch-, Koch- und Toiletteneinrichtungen. Jährlich sterben

Kraftwerkstyp	Energiequellen	Energieumwand-Lungsreaktor	Potentialunterschiede (treibende Faktoren)	Umwandlungs- und -transportmedium	Umwandlungsort	Nutzenergie
Fotosynthetisierende Zellen	elektromagnetische Energie, Sonnen-strahlen	Chlorplaste biologischer Zellen: Chemische Energie	Wellenlängenunter-schiede (Frequenz)	Wasser	Bakterien, Algen, Pflanzen	chemische Energie (Nahrung)
Photovoltaik	elektromagnetische Strahlung der Sonne	Halleiter-Solarzellen	Elektrische Spannungs-Diffrenzen	*Elektronen-verschiebung*	Silizium-Einkristall-Scheiben	elektrische Energie
Thermisches Solarkraftwerke	Solarenergie	Parabolspiegel	Temperatur- und Druckunterschiede	*Syntheseöl und Wasserdampf*	Parabolspiegelrinne mit Öl-Absorptionsrohr	elektrische Energie, Fernwärme
Fossile Kraftwerke	Chemische Energie, Kohle, Erdöl, Erdgas	Verbrennungskessel/ Dampferzeuger: Wärmeenergie	Temperatur- und Druckunterschiede	*Wasser/ Wasserdampf*	Turbine/ Generator	elektrische Energie Heizenergie, Fernwärme
Kernkraftwerke Uranmineralien	Kernenergie Brennelemente	Kernreaktor; Dampferzeuger: Wärmeenergie	Temperatur- und Druckunterschiede	*Wasserdampf*	Turbine/ Generator	elektrische Energie
Geothermische Kraftwerke	Erdwärme der Erd-kruste und Geysire	Erdschächte: Wärmeenergie	Temperatur- und Druckunterschiede	*Wasser/ Wasserdampf*	Turbine/ Generator	elektrische Energie, Prozess- und Heiz-Wärme
Wasserkraftwerke	potentielle Energie, Bewegungsenergie	Flüsse, Wasserfälle, Staudämme, Bewegungsenergie	Höhenunterschiede	*Wasser*	Turbine/ Generator	elektrische Energie
Gezeitenkraftwerke	Gravitationsenergie Bewegungsenergie Mond-Erde Sonne - Erde	Meeresküsten der Erdoberfläche: Bewegungsenergie	Gravitationsunterschiede, Gezeitenwechsel, Ebbe-Flut	*Wasser*	Turbine/ Generator	elektrische Energie
Wellenkraftwerke	Bewegungsenergie der Meereswellen	Meer und Küsten-nähe: Bewegungsenergie	Amplitudenunterschiede der Wellenbewegungen	Wasser	Turbine/ Generator	elektrische Energie
Windkraftwerke	Bewegungsenergie des Windes	Atmosphärische Luft	Druck- und Temperatur-unterschiede in der Atmosphäre	*Wind*	Windrotoren, Generator	elektrische Energie
A ufwindkraftwerke	Solarenergie	Kollektorräume unter Flachglasdach	Höhenunterschiede im Aufwindrohr	*strömende heiße Luft*	Windturbine, Generator	elektrische Energie

Tab. 13.30 Wasser, ein Energieumwandlungs- und Transportmedium [E. water, a medium of energy conversion and transport]

weltweit 3,4 Mio. Menschen durch den Genuss von hygienisch nicht reinem Trinkwasser (*Literaturquelle:* Deutsche Vereinigung für Wasserwirtschaft, Abwasser und Abfall e. V., Im Klartext, Heft 2014; 53773 Hennef).

Damit hat sich mit dem Wasser noch eine dritte Technologiekomponente entwickelt. Nämlich die Ausnutzung des Wassers als Wärmespeicher und -transporteur bzw. als Wärmeenergieumwandler zur Erzeugung von elektrischem Strom in Wärmekraftwerken. Als Energiequelle dienen die fossilen Rohstoffe bzw. kernenergetische Quellen, wie z. B. Uransalze, und die Sonnenenergie in den solarthermischen Kraftwerken.

In der Tab. 13.30 sind die unterschiedlichen in der Welt gängigen Kraftwerke zusammengestellt und in Bezug auf ihre Energiequellen und Energieumwandlungen miteinander verglichen (s. Abb. 7.89, 7.90a, b).

Aus der Tab. 13.30 wird ersichtlich, dass für die riesigen Mengen elektrischer Nutzenergie, die 2013 weltweit ca. 26.161 TWh jährlich betrugen, zu ihrer Erzeugung Wasser bzw. Wasserdampf als Umwandlungs- und Transportmedium erforderlich sind (s. Abb. 7.89, 7.90a). Ausnahmen sind die *Windkraftwerke* (Abb. 11.142b), *Aufwindkraftwerke* (s. auch Kap. 8, Abschn. „Aufwindkraftwerk – Strom von der Sonne in Australien") und die *Fotovoltaik* (s. Abb. 11.139). Die Windkraftwerke werden immer nur eine regional begrenzte Bedeutung haben. Dasselbe wird auch für die Aufwindkraftwerke und die Fotovoltaik gelten. Luftbewegung und Sonneneinstrahlung sind in vielen Regionen zu unregelmäßig. Außerdem werden sie niemals den hohen Bedarf an elektrischer Energiegrundlast decken können, wie sie von der Industrie und verstädterten Lebensbezirken der Menschen benötigt werden.

Die aufgenommenen Wassermengen setzen sich zusammen aus der Aufnahme durch Trinken, dem Feuchtigkeitsgehalt im Futter und aus dem Oxidationswasser des Katabolismus, z. B. für eine Kuh betragen diese Anteile 50 %, 38 bzw. 12 %. Wasser wird über den Urin (ca. 15 bis 20 L), die Faeces (30 bis zu 40 kg mit einem Wassergehalt von ca. 75 %) ausgeschieden und über das Maul, teilweise als Wasserdampf vermischt mit Gasen, deren Anteil bis zu 600 L täglich beträgt. Sie setzen sich aus 70 % Kohlenstoffdioxid, 20 bis 30 % Methan sowie geringen Mengen Stickstoff, Wasserstoff und Ammoniak zusammen. Bei einer Milchkuh werden bis zu 30 L Wasser als Milch ausgeschieden (Abb. 13.143).

Ausgehend von den heranwachsenden Pflanzen bis zum Nahrungsmittelendprodukt müssen an Wasser aufgewendet werden [97, 224]:

Für 1 kg Palmöl	2000 L
Für 1 kg Brot	1000 L
Für 1 L Orangensaft	1000 L
Für 1 kg Zitrusfrüchte	1000 L
Für 1 kg Tomaten	80 L und
Für 1 kg Rindfleisch	13.000 L (vom Kleintier bis zum speisefertigen Fleisch)
Für 1 kg Geflügel	6000 L

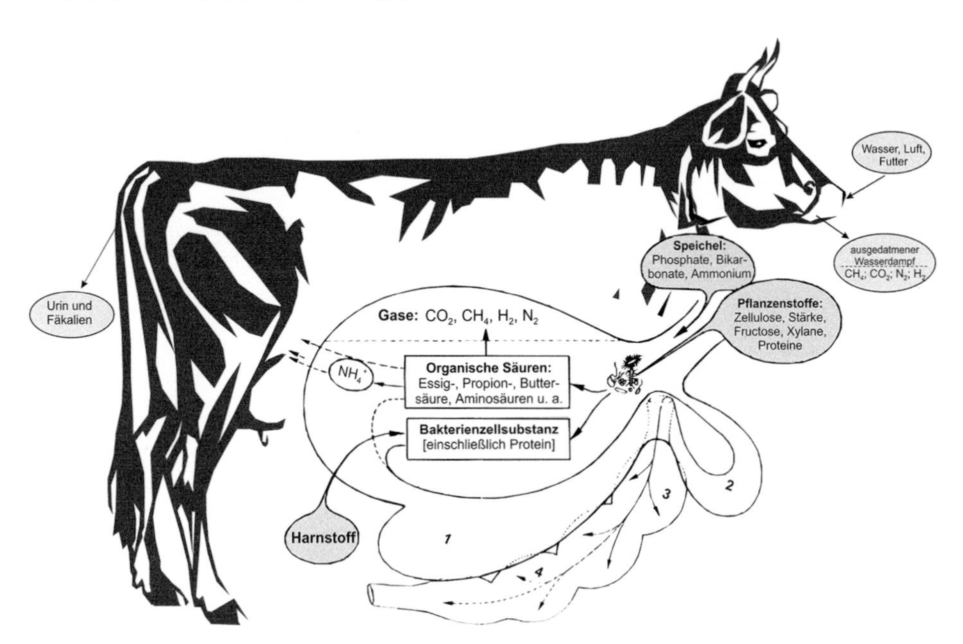

Abb. 13.143 Verdauung in einem Wiederkäuermagen, ein Beispiel für einen lebenden Fermenter [E. digestion in rumen – an example for living fermenter]. *1* Pansen [E. rumen], *2* Netzmagen [E. second stomach of ruminants], *3* Blättermagen [E. third stomach of ruminants], *4* Labmagen [E. rennet stomach]

Der Wasserbedarf der Tiere hängt wie beim Menschen vom Klima, d. h. den Umgebungstemperaturen ab. Die in der Tabelle angegebenen Werte sind deshalb Richtwerte und können von Landschaft zu Landschaft unterschiedlich sein.

Die tägliche Wassereinnahme des Menschen durch Trinken sollte 1,5 L nicht unterschreiten (s. Kap. 2, Abschn. „Wasserkreislauf im menschlichen Körper"). In trockenen Gegenden, wie z. B. in Wüsten oder Kälteregionen der Eislandschaften kann der Wasserbedarf auf 8 L täglich ansteigen.

Landflächen, Rohstoffe und Wasserdargebote als politische Machtfaktoren [E. areas, raw materials and water resources as political power] [71]

Die berühmte indische Schriftstellerin *Arundhati Roy* sagte: Im 20. Jahrhundert ging es um den Besitz der Erdöl- und Erdgasquellen in der Welt. Die Versionen des Großen Machtspiels im 21. Jahrhundert sind Elektrizität und Wasserreformen in den Entwicklungsländern. Denn mit Wassermanagement und Strom lasse sich heutzutage sehr viel Geld verdienen.

Eine gesicherte und nachhaltige Wasserversorgung ist die unabänderliche Bedingung, um die Menschen mit ausreichender technischer und physiologischer Nutzenergie (Nah-

Tab. 13.31 Der Wasserbedarf von landwirtschaftlichen Nutztieren, Pflanzen und Nahrungsmitteln [E. water demand for farm animals, useful plants and food]. (Quelle: Landesforschungsanstalt für Landwirtschaft und Fischerei Mecklenburg-Vorpommern, 18276 Gülzow)

Landwirtschaftliche Nutztiere	Wasserbedarf [Liter/Tag] Normal / maximal
Milchkuh	80 bis 150 *davon 50 % Trinkwasser, 38 % Futterfeuchtigkeit und 12 % Oxidationswasser*
Kalb (bis 6 Mon. alt)	13 bis 20
Pferd (ausgewachsen)	45 bis 80
laktierende Sauen (Ferkel säugend)	ca. 30
tragende Sauen	15 bis 30
Mastschweine	5 bis 15
Schafe	5 bis 15
Geflügel	0,5 bis 0,8
Kamele	jeden 3. bis 7. Tag 135 bis 200 L
Landwirtschaftliche Nutzpflanzen 1 kg Trockenmasse	Wasserbedarf [Liter/kg]
Winterweizen	500 bis 1000
Gerste	450
Mais	300
Reis	bis 2000 und mehr
Zucker	120
Hülsen-, Wurzel-, Knollenfrüchte	1000

rungsmitteln) zu beliefern. Weltweit werden fast 70 % des gesamten nutzbaren Süßwasseraufkommens von der Landwirtschaft für Viehzucht und zur Bewässerung der Ackerflächen verwendet. 22 % benötigt die Industrie und 8 % fließen in die Privathaushalte. Doch ist diese prozentuale Gesamtverteilung in den einzelnen Ländern und Zonen sehr unterschiedlich. In Asien werden sogar 80 % des Süßwassers von der Landwirtschaft in Anspruch genommen, in Europa knapp 50 % (s. Abb. 13.146).

Tabelle 13.31 gibt Auskunft über den Wasserbedarf von Tieren und Pflanzen in der Landwirtschaft.

Gegenwärtig gibt es weltweit ca. 1,35 Mrd. Rinder. Jedes Rind benötigt täglich 100 L Wasser. Auf die Gesamtheit der Rinder bezogen entspricht dies einer Wassermenge von 49 Mrd. m^3 jährlich. Die von einem Rind täglich aufgenommenen Wassermengen setzen sich zusammen aus ca. 50 % Tränkewasser, ca. 38 % aus dem Feuchtigkeitsgehalt im Futter und aus ca. 12 % Oxidationswasser, das während des Futtermittelabbaus (Katabolismus) entsteht. Bei einer Milchkuh werden bis zu 30 L Wasser als Milch ausgeschieden. Das Wasser wird ausgeschieden als Urin (ca. 15 bis 20 L täglich), über die Faeces und über das Maul teilweise als Wasserdampf vermischt mit Gasen, deren Anteil beträgt bis zu 600 L pro Tag. Die Gase bestehen zu 70 % aus Kohlenstoffdioxid, CO_2, diese Menge entspricht 825 g, 20 bis 30 % Methan, CH_4, sowie aus geringen Mengen Stickstoff, N_2, Wasserstoff, H_2, und Ammoniak, NH_3. Die ausgeatmeten CH_4-Mengen entsprechen ca. 85 bis 130 g täglich. Bei Milchkühen liegen sie wesentlich höher, nämlich zwischen 200 und 400 g täglich.

Ökonomie des Wassers [E. water economics]

In der Tab. 13.32 sind Länder aufgeführt worden,

1. die welt- und machtpolitisch eine dominierende Rolle spielen, wie z. B. USA, Russland und China;
2. die in Zukunft sich zu Weltmächten entwickeln werden, z. B. Indien, Mexiko, Brasilien;
3. die heute aufgrund langer Tradition industriell hoch entwickelt sind. Das sind Länder Europas wie z. B. England, Frankreich, Italien, Spanien und Deutschland und nicht zuletzt Kanada;
4. die über relativ geringes Süßwasseraufkommen verfügen, diese Lücke aber durch Meerwasserentsalzungsanlagen oder durch Erschließung der tief liegenden Untergrund-Wasserreserven auffüllen. Diese Techniken sind allerdings mit großem Energieeinsatz verbunden. Entsprechende Technologien haben Saudi-Arabien, Libyen, auch Marokko und Algerien eingeführt.
5. die in politischen Krisengebieten der Welt liegen. Diese sind unter anderem Israel, Palästina, Ägypten und Saudi-Arabien (Abb. 13.149).

Dieser Tabelle ist weiter zu entnehmen, dass Kanada, Brasilien, Russland und Australien zu den wasserreichsten Regionen der Erde zählen. Obwohl das Innenland von Wüsten überzogen ist, zählt Australien in Bezug auf seine niedrige Zahl der Bewohner, die vorwiegend die Küstenstreifen besiedeln, zu den wasserreichen Nationen. Sie zeigt weiterhin, dass Länder mit einem hohen Süßwasserangebot trotzdem Probleme mit einer geregelten Wasserversorgung haben. Die Gründe sind die ungleiche Verteilung der Süßwasserreserven in dem jeweiligen Land. Beispiele sind die USA, Mexiko, China, Spanien und Australien. Ein anderer Grund sind defekte Wasserverteilungsleitungen wie in Russland, China, aber auch in England. Auch eine sinnlose Verschwendung von Süßwasser ist oft die Ursache für eine Wasserknappheit. Trotz geringeren Süßwasserangebots hat Israel eine äußerst wirkungsvolle Bewässerungstechnik für Landwirtschaft und Gärtnereien entwickelt.

Mit zunehmender Weltbevölkerung und ihrer Industrialisierung ist Süßwasser zu einem der wichtigsten Rohstoffe auf der Erde geworden. Ohne Wasser lassen sich alle übrigen Rohstoffe nicht gewinnen und nutzen. Der Rohstoff Wasser hat eine machtpolitische Dimension erhalten (s. Tab. 5.12).

Nach Schätzungen der UNESCO könnten im Jahre 2025 zwei Drittel der Weltbevölkerung unter Trinkwasserknappheit leiden. Davon betroffen sind insbesondere die Menschen in den Megacities (s. Abb. 5.55), deren Einwohnerzahl jährlich um bis zu 300.000 Menschen zunimmt [210].

Lit.: VDI Nachrichten Nr. 27/28 vom 03.07.2015, S. 11

*Formeln zur Macht*lautet der Titel eines Buches, das der Physikochemiker und Professor an der RWTH Aachen Wilhelm Fucks 1965 herausgebracht hat [71]. Die vor fast 50 Jahren formulierten Aussagen treffen heute noch zu. Die Macht einer Nation wird bestimmt durch

Tab. 13.32 Vergleich von Landflächen, Bevölkerung, Süßwasseraufkommen und Bodenschätzen ausgewählter Länder [E. comparison of areas, population, fresh water resources and treasures of the soil of some selected countries] [51]

Land [E. country]	Landfläche (Mio. km^2) [E. area (m. km^2)]	Bevölkerung (Mio.) [E. population (m.)]	Verfügbarkeit von Süßwasser pro Kopf und Jahr (m^3) [E. total renewable fresh water per capita year (m^3)]	Bodenschätze [E. treasures of the soil)
Russland, GUS	16,89	142,8	30.980	Zählt zu den rohstoffreichsten Ländern, sowohl in Bezug auf Energiereserven: Kohle, Erdöl, Erdgas als auch Metallerze und Mineralsalze (s. Abb. 13.145)
China	9,33	1347,0	2215	Außer Erdöl und Erdgas sind alle Rohstoffe reichlich vorhanden (s. Abb. 13.144)
Canada	9,22	33,477	94.353	Energiereiches Land, elektr. Strom durch Wasserkraft, Ölsande, Erdgas, Uran, sehr rohstoffreich: Eisenerz, Bauxit, Metallerze wie Nickel, Zink, Blei, Kobalt, Molybdän, Schwefel, Steinsalz, Silber, Gold, Platin
USA	9,16	311,592	8902	Rohstoffreiches Land; *Landwirtschaft:* Getreide, Zucker, Sojabohnen, Baumwolle *Energie:* Steinkohle, Erdöl, Erdgas *Rohstoffe:* Eisenerz, Bauxit, Kupfer-, Wolfram-, Vanaliumerze, Phosphate u. a.
Brasilien	8,46	192,379	48.314	Zählt zu den rohstoffreichsten Ländern *Landwirtschaft:* Getreide, Zuckerrohr, Baumwolle, Viehzucht *Energie:* Wasserkraft, Steinkohle, Erdöl *Rohstoffe:* Holz, Eisenerz, Bauxit, Erze des Mangans, Chroms, Thoriums, Magnesit, Gold, Diamanten
Australien	7,68	21,505	25.705	*Landwirtschaft:* Weizen, Zuckerrohr, Schafzucht, Schafwolle *Rohstoffe:* riesige Vorkommen an Steinkohle, Eisenerze, Bauxit, Blei-, Zink-, Nickel- und Kupfererze, Silber und Gold, Mineralsalze
Indien	2,973	1210,193	1882	Intensive Land- und Viehwirtschaft, Weizen, Zuckerrohr, Baumwolle *Rohstoffe.* Steinkohle, Uran, Thorium, Eisenerze, Bauxit und vieles andere
Algerien	2,4	36,717	434	*Energie:* Erdöl, Erdgas *Rohstoffe:* hochwertige Eisenerze, Metallerze wie Blei, Kupfer, Zinn, Zink, Nickel, Wolfram, Uran, Phosphate und Steinsalz

Tab. 13.32 (Fortsetzung, E. continuation)

Land [E. country]	Landfläche (Mio. km²) [E. area (m. km²)]	Bevölkerung (Mio.) [E. population (m.)]	Verfügbarkeit von Süßwasser pro Kopf und Jahr (m³) [E. total renewable fresh water per capita year (m³)]	Bodenschätze [E. treasures of the soil)
Saudi-Arabien	2,15	28,376	111	Erdölreichstes Land der Welt, Erdgas, Eisenerze, Bauxit, Metallerze des Kupfers, Bleis, Zinns und Zinks, Silber und Gold; Kieselgur (SiO_2); Bentonite (Tonmineralien), Fluoride, Pottasche.
Mexico	1,9	114,793	3614	*Landwirtschaft:* Getreide, Mais, Zuckerrohr, Baumwolle *Energie:* Erdöl, Erdgas, Steinkohle *Rohstoffe:* Eisenerz, Metallerze des Kupfers, Bleis, Zinks, Antimons, Silber und Gold
Libyen	1,76	6,423	107	*Landwirtschaft* durch intensive Bewässerung: Datteln, Oliven, Zitrusfrüchte, Getreide *Energie:* reichhaltige Erdölvorkommen, Erdgas *Rohstoffe:* Eisenerz
Tschad	1,26	11,525	5620	Landwirtschaft und Viehzucht, Soda aus dem Chadsee
Ägypten	0,955	81,395	851	*Intensive Landwirtschaft* einschl. Früchte, Zucker, Baumwolle *Energie:* elektrischen Strom durch Wasserkraft, Steinkohle *Rohstoffe:* Eisen- und Manganerze und viele andere Erze auf Sinai, Phosphat
Namibia	0,833	2,195	10.211	*Landwirtschaft:* Getreide, Schaf- und Rinderhaltung, Wolle, Fleisch *Rohstoffe:* Diamanten, Metallerze wie Kupfer, Blei, Zink, Zinn, Vanadium, Wolfram, Beryll, kaum Energiequellen
Frankreich	0,55	65,800	3351	*Energie:* Steinkohle, geringe Erdöl- und Erdgasvorkommen *Rohstoffe:* Eisenerz, Bauxit, Zink-, Blei- und Wolframerze, Phosphat
Spanien	0,499	47,030	2808	*Landwirtschaft:* Getreide, Kartoffeln, Zucker, Obst, Weintrauben, Oliven, Baumwolle *Energie:* Stein- und Braunkohle *Rohstoffe:* Eisenerz, Metallerze z. B. Kupfer, Blei, Zink, Quecksilber, Steinsalz, Pottasche, Schwefelkies

Tab. 13.32 (Fortsetzung, E. continuation)

Land [E. country]	Landfläche (Mio. km^2) [E. area (m. km^2)]	Bevölkerung (Mio.) [E. population (m.)]	Verfügbarkeit von Süßwasser pro Kopf und Jahr (m^3) [E. total renewable fresh water per capita year (m^3)]	Bodenschätze [E. treasures of the soil)
Marokko	0,446	32,27	1058	*Landwirtschaft:* Getreide, Kartoffeln, Tomaten, Baumwolle *Energie:* Steinkohle, geringe Erdölreserven; *Rohstoffe:* eines der größten Phosphatlager in der Welt, Eisenerz, Mangan- und Bleierze
Japan	0,3645	127,799	3393	*Landwirtschaft:* Reisanbau durch intensive Bewässerung *Energie:* Steinkohle; *Rohstoffe:* Eisenerze, reichhaltige Metallerze wie Kupfer, Zink, Quecksilber, Pyrit, Gold
Deutschland	0,357	80,524	2080	*Energie:* Stein- und Braunkohle, geringe Erdöl- und Erdgasvorkommen, Steinsalz und Kalisalz
Italien	0,294	59,465	2915	*Land- und Viehwirtschaft* sehr intensiv, Schafwolle *Energie:* Steinkohle, Wasserkraftwerke; *Rohstoffe:* Eisenerz, Quecksilber und Schwefel
England	0,241	62,417	1207	*intensive Landwirtschaft* begünstigt durch mildfeuchtes Klima, Getreideanbau, Rinder- und Schafzucht *Energie:* Steinkohle, Erdöl aus der Nordsee; *Rohstoffe:* Eisenerz
Israel	0,02062	7,870	346	*intensive Landwirtschaft* durch leistungsfähige Bewässerungssysteme, Obstanbau *Rohstoffe:* Kalisalze, Rohphosphate, Brom
Palästina, davon:	0,006242	4,333	52	–
Westjordaland	–	2,623		
Gazastreifen	0,000360	1,710		

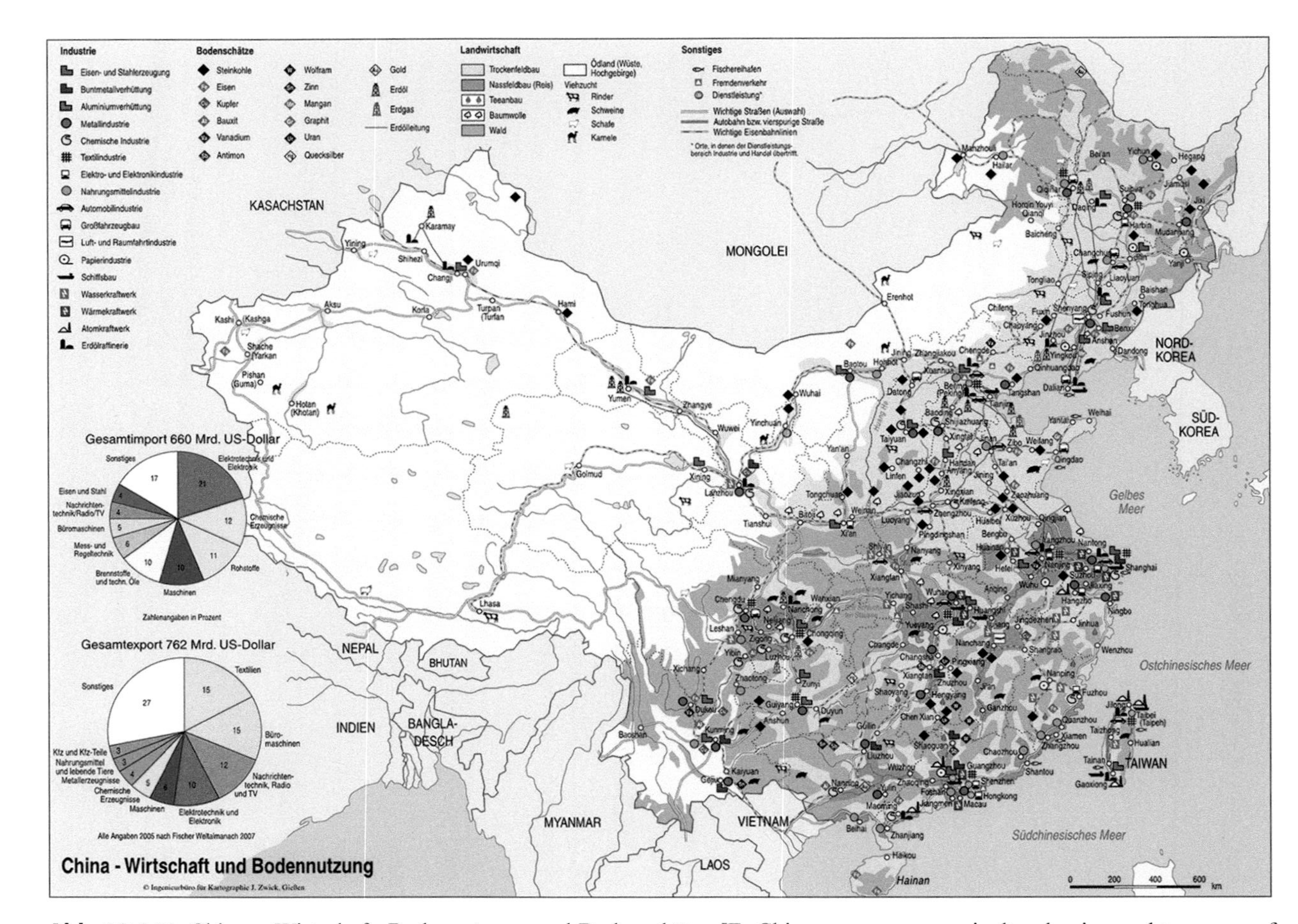

Abb. 13.144 China – Wirtschaft, Bodennutzung und Bodenschätze [E. China – economy, agricultural using and treasures of soil] [31]

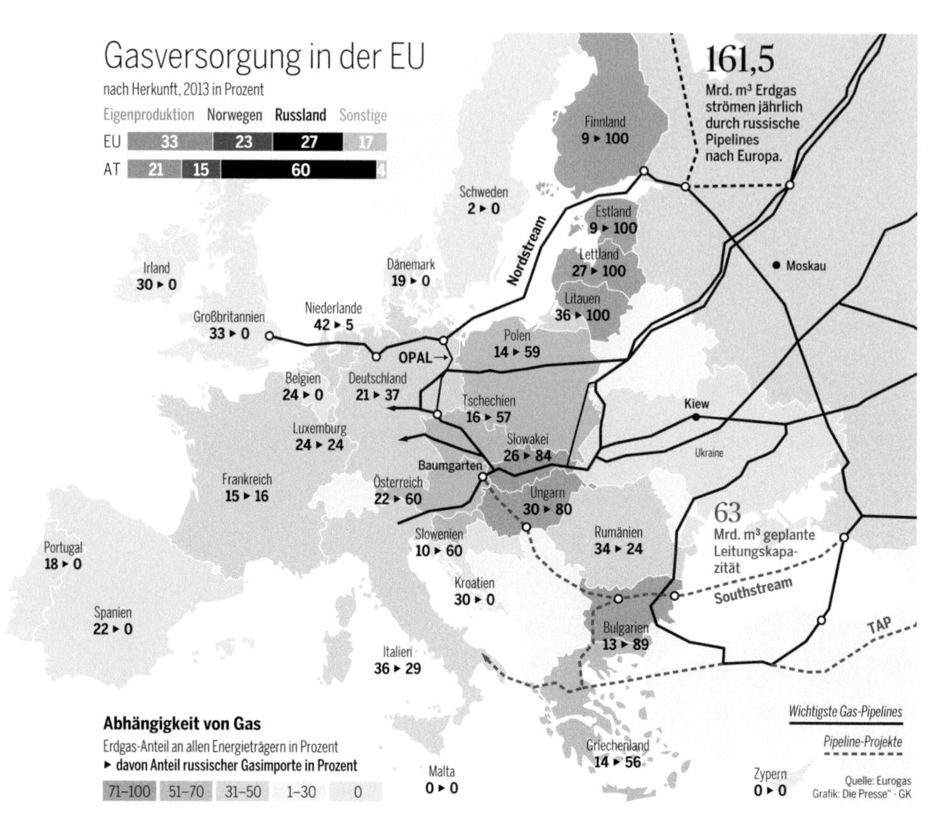

Abb. 13.145 Die Abhängigkeit der Erdgasversorgung der europäischen Union von Russland [E. the dependence of the European Union on the natural gas supply of Russia]

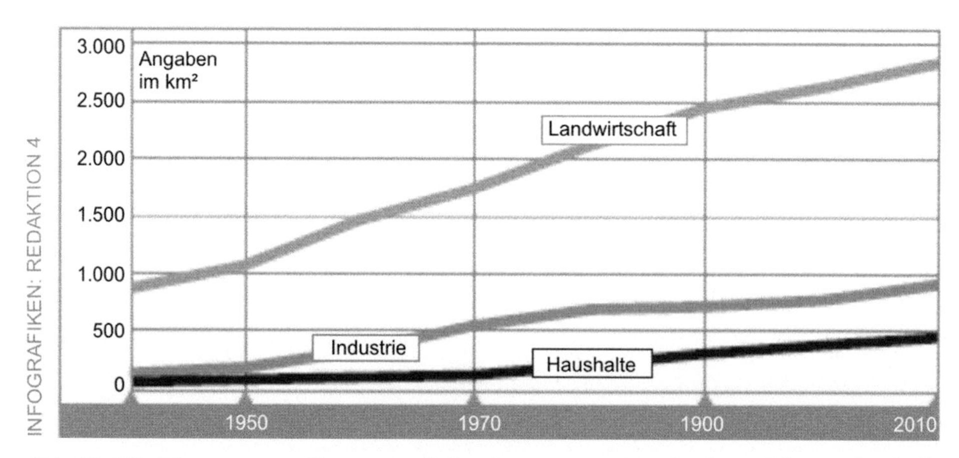

Abb. 13.146 Wassernutzung [E. water use]. Bewässerung von Agrarland verschlingt weltweit die Ressourcen [E. agricultural irrigation is swallowing the world's resources]. (Quelle: JPMORGAN 2008)

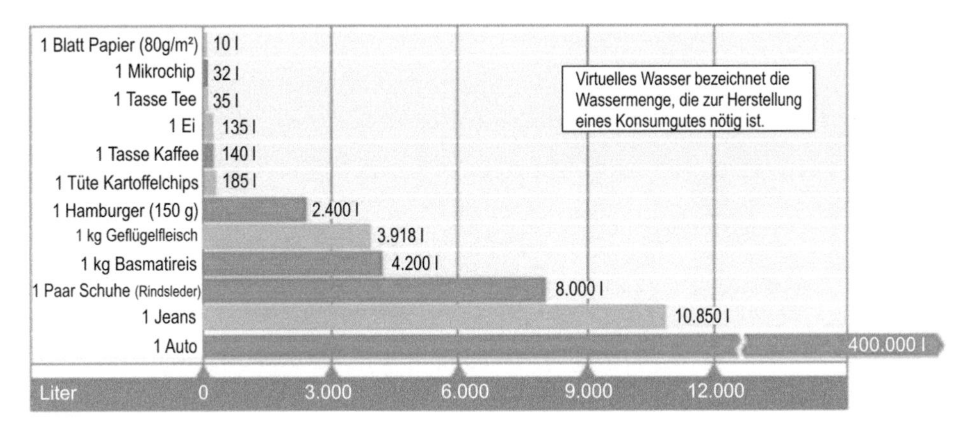

Abb. 13.147 Virtuelles Wasser [E. virtual water] 4000 L benutzt jeder Deutsche jährlich, die Hälfte mit Importware [E. Germans use an average of 4000 L per year, half of it in imported goods]. (Quelle: RECHERCHE, Evonik Magazin 2008, Heft 4)

- die Größe der Landfläche und der vorhandenen Rohstoffvorräte, in die aus heutiger Sicht das Wasser mit einbezogen werden muss;
- die Zahl seiner Bewohner und deren Bildungsniveau als Voraussetzung einer Innovationsfähigkeit;
- ein geeignetes Gesellschaftssystem, in dem die freie Entfaltung der Begabungen des Einzelnen mit Disziplin und Ordnung sich fruchtbar ergänzen.

Die Tab. 13.32 zeigt, dass die USA (Abb. 14.152), Russland (Abb. 13.145), China (Abb. 13.144) und Indien vor Rohstoffreichtum strotzen. Obwohl alle vier Länder ihre hausgemachten Wasserprobleme haben, sind sie doch in der Lage, diese zu lösen.

Abb. 13.145 verdeutlicht die Abhängigkeit der Europäischen Union und insbesondere Deutschland von den riesigen Erdgasvorkommen in Russland.

Vergleicht man mit diesen Weltmächten die Ressourcen in Deutschland, dann hat es außer einer günstigen Wasserversorgung nicht viel zu bieten. Aufgrund seines Wasserreichtums könnte allerdings eine florierende Land- und Gartenwirtschaft betrieben werden. Um mit den genannten Ländern langfristig im Wettbewerb des Überlebens mitzuhalten, muss Deutschland sich wieder auf sein noch hoch entwickeltes Innovationspotenzial besinnen. Dazu gehört als erste Voraussetzung ein intaktes und erfrischendes Bildungssystem, und zwar auf allen Ebenen der Schulen, Berufs- und Fachschulen, Hochschulen und Universitäten.

Nur 1 % des verfügbaren Wassers auf der Erde würde ausreichen, um die Welt zu versorgen. Der natürliche Wasserkreislauf – Regen, den die Flüsse ins Meer leiten, aus dem es wieder zu Wolken verdunstet – garantiert den Nachschub. Dennoch ist Süßwasser knapp. Mehr als 1 Mrd. Menschen haben keinen Zugang zu sauberem Trinkwasser, für über 2,8 Mrd. Menschen fehlen Sanitäreinrichtungen. Die USA sind Großnutzer, allerdings nicht ihre Landwirte, sondern Haushalte und Industrie.

Jährlich müssten 500 Mrd. € investiert werden, um weltweit die Wasserversorgung zu sichern. Es fehlen Rohrleitungen, Speicher, Filter. In reichen Ländern wird zu wenig repariert, in armen fehlen Basiseinrichtungen (Abb. 6.81a, b, 13.148).

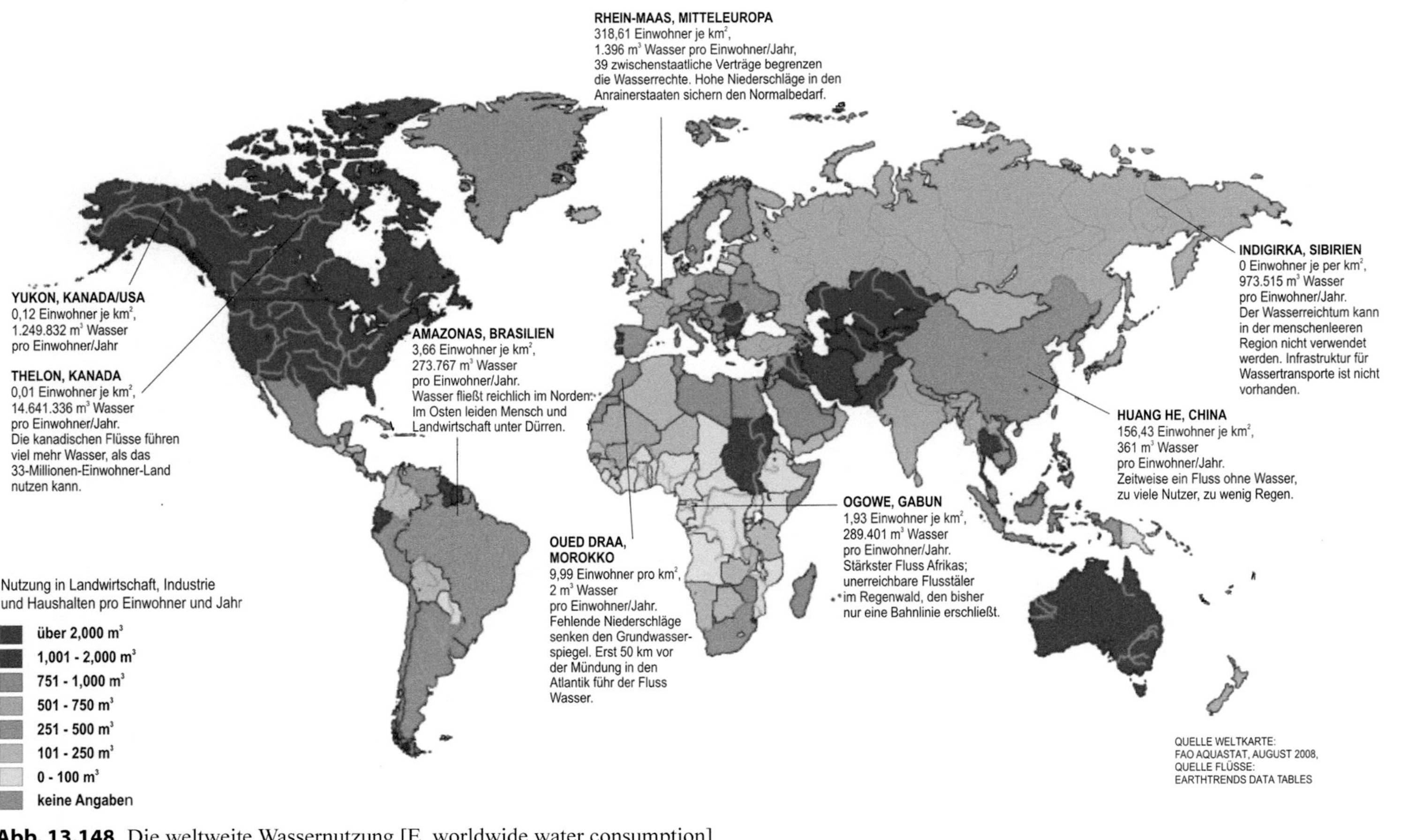

Abb. 13.148 Die weltweite Wassernutzung [E. worldwide water consumption]

Verteilung der chemischen Elemente in der Erdrinde einschließlich Hydrosphäre und Atmosphäre [E. distribution of the elements in the lithosphere including hydrosphere and atmosphere] (Tab. 13.33, 13.34)

Tab. 13.33 Zusammensetzung der Erdrinde (16 km Schichtdicke) einschließlich Hydrosphäre und Atmosphäre [E. composition of the lithosphere (16 km thickness) including hydrosphere and atmosphere]

Lfd. Nr.		Symbol	Masse-%	
1	Sauerstoff	O	49,5	97,94 (Nr. 1–9)
2	Silicium	Si	25,8	
3	Aluminium	Al	7,57	
4	Eisen	Fe	4,7	
5	Calcium	Ca	3,38	
6	Natrium	Na	2,63	
7	Kalium	K	2,41	
8	Magnesium	Mg	1,95	
9	Wasserstoff	H	0,88	
10	Titan	Ti	0,41	1,94 % (Nr. 10–21)
11	Chlor	Cl	0,19	
12	Phosphor	P	0,09	
13	Kohlenstoff	C	0,087	
14	Mangan	Mn	0,085	
15	Schwefel	S	0,048	
16	Stickstoff	N	0,03	
17	Rubidium	Rb	0,029	
18	Fluor	F	0,028	
19	Barium	Ba	0,026	
20	Zirkonium	Zr	0,021	
21	Chrom	Cr	0,019	

Tab. 13.34 Häufigkeitsverteilung der in der Erdrinde (16 km Schichtdicke), Hydrosphäre und Atmosphäre, meistverbreiteten Elemente [E. distribution of most frequent elements of the lithosphere (16 km thickness) including hydrosphere and atmosphere]

Lfd. Nr.		Symbol	Häufigkeit der Elemente in [%] [Atom-%]
1	Sauerstoff	O	55,00
2	Silicium	Si	16,33
3	Wasserstoff	H	15,52
4	Aluminium	Al	4,99
5	Natrium	Na	2,03
6	Calcium	Ca	1,50
7	Eisen	Fe	1,496
8	Magnesium	Mg	1,126
9	Kalium	K	1,096
10	Titan	Ti	0,192
11	Kohlenstoff	C	0,152

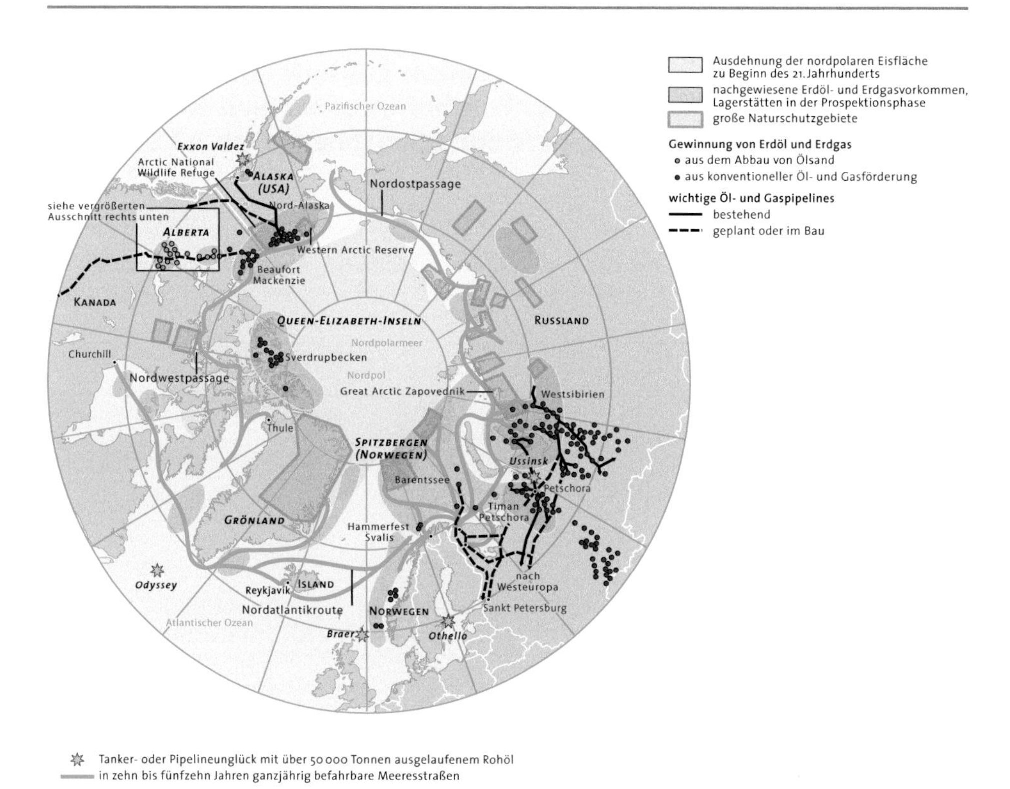

Abb. 13.149 Das Nordpolarmeer - eine politische Konfliktregion [E. the Artic Ocean - a region of political conflicts] *Literaturquelle:* aus Le Monde diplomatique (Hg), Atlas der Globalisierung, Sehen und verstehen, was die Welt bewegt, Berlin (taz Verlag) 2009.

Die geologische Zeitskala [E. the geological time scale]

beschreibt das Alter der Erdgeschichte und die einzelnen Phasen der Zeitabschnitte. Radiometrische Messungen lassen auf ein Alter der Erde von ca. 4,57 Mrd. Jahren schließen. Die einzelnen geologischen Formationen wurden anhand von einschneidenden Ereignissen festgelegt. Das erklärt deren unterschiedliche Dauer der Formationen. Beispielsweise wurde der Übergang von der Kreide- zur Tertiärzeit mit dem Aussterben der Dinosaurier definiert Tab. 13.35.

Tab. 13.35 Überblick über die Erdzeitalter [E. a survey of the geologic time scale]

Zeitalter	Z = Jahre vor der Jetztzeit (etwa) D = Zeitdauer (etwa) [Jahre]	Zeitabschnitte (Formationen)	Abteilungen und Stufen	Geschichte der Erde und des Lebens: Wichtige erdgeschichtliche Vorgänge	Geschichte der Erde und des Lebens: Tierwelt- und Menschheitsentwicklung	Entwicklung der Pflanzenwelt	
Neuzeit (Neozoikum)	Z = 8000	**Quartär**	*Holozän* (Alluvium)	Letzte Ausgestaltung der Erdoberfläche. Bildung von Gesteinsablagerungen in Flusstälern und Meeren. Vulkanismus	Herrschaft des *Kulturmenschen*. Heutige Tierwelt (Haustiere)	Heutige Pflanzenwelt, Kulturpflanzen.	Zeitalter der *"Bedecktsamer"* (Angiospermen)
	Z = 1 Mio.		*Pleistozän* (Diluvium)	Vereisung Norddeutschlands in mehreren Vorstößen mit Zwischeneiszeiten. Eiszeitliche Ablagerungen. Lößbildungen. Schwacher Vulkanismus	*Reste des Menschen* (Vormensch, Neandertaler), große Säuger (Mammut, Nashorn, Riesenhirsch, Moschusochse, Rentier, Raubtiere)	Kältesteppe im Wechsel mit üppigem Pflanzenwuchs.	
	Z = 25 Mio.	**Tertiär**	*Jungtertiär* { Pliozän, Miozän }	Vor- und Zurückweichen des Meeres. Bildung von Braunkohlenflözen. Starker Vulkanismus. Diabas. Tropisches, später kälter werdendes Klima. Herausbildung der heutigen Kontinente, Klimazonen, -floren und -faunen. } *Alpidische Faltung*	*Erscheinen des primitiven Menschen. Herrschaft der Säuger* (große Rüsseltiere und Raubtiere) und *echter Vögel*, Insekten, *Uraffen*. Überwiegen von Muscheln, Schnecken, Foraminiferen. Aussterben von Ammoniten und Belemniten.	Starke Entwicklung der *diktotylen Laubbäume.*	
	D = 35 Mio. Z = 60 Mio.		*Alltertiär* { Oligozän, Eozän, Pläozän }				
Mittelzeit (Mesozoikum)	D = 40 Mio.	**Kreide**	*Obere Kreide* { Dan, Senon, Emscher, Turon, Cenoman }	Weltweite Meeresrückzüge und Überflutungen. Bildung der Schreibkreide.	*Erstes Auftreten der höheren Säugetiere* (ursprünglichste Raub- und Huftiere). Zahlreiche Knochenfische. Aussterben der riesigen Reptilien (Dinosaurier), zahntragender Vögel, Ammoniten und Belemiten. Viele Schwämme, Echiniden und Muscheln (Inocceamen).	Rückgang der Nacktsamer	
	D = 30 Mio. Z = 130 Mio.		*Untere Kreide* { Gault, Neokom, Wealden }	Beginn von Meerestransgressionen. Bildung von Steinkohlenflözen (Deister).		*Erscheinen der Bedecktsamer*	Zeitalter der *"Nacktsamer"* (Gymnospermen)
	D = 55 Mio. Z = 155 Mio.	**Jura**	*Oberer Jura* { weißer Jura oder Malm } *Mittlerer Jura* { brauner Jura oder Dogger } *Unterer Jura* { schwarzer Jura oder Lias }	Vorwiegend Ablagerungen des Meeres. Schwacher Vulkanismus	Blütezeit der Ammoniten, Belemniten. Kriechtiere auf dem Land (Saurier), Dinosaurier im Wasser. *Erste Vögel* und Flugsaurier.	Blütezeit der Zykadeen, Ginkgo- und Nadelbäume (Nacktsamer)	
	D = 50 Mio. Z = 200 Mio.	**Trias**	*Oberer Trias* Keuper *Mittlerer Trias* Muschelkalk *Unterer Trias* Buntsandstein	Wechsel von Festland- und Meeresablagerungen bei meist warmen Klima.	*Erste primitive Säuger* (Beuteltiere). Knochenfische und Dinosaurier.	Verschwinden der baumförmigen Sporenpflanzen.	

Tab. 13.35 (Fortsetzung, E. continuation)

Zeitalter	Z = Jahre vor der Jetztzeit (etwa) / D = Zeitdauer (etwa) [Jahre]	Zeitabschnitte (Formationen)	Abteilungen und Stufen	Geschichte der Erde und des Lebens: Wichtige erdgeschichtliche Vorgänge	Geschichte der Erde und des Lebens: Tierwelt- und Menschheitsentwicklung	Entwicklung der Pflanzenwelt	
Altzeit (Palaeozoikum)	D = 35 Mio. Z = 220 Mio.	**Perm** (Dyas)	*Zechstein* *Rotliegendes*	Binnenmeerbildungen mit mächtigen Salzlagern in trockenem Klima. Bildung von Wüstenklima. Starker Vulkanismus.	Brachiopoden, ganoide Fische und Reptilien. Blütezeit d. Amphibiengruppe durch Panzerlurche (Stegozephalen). Aussterben der Trilobiten.	*Erstes Erscheinen der Samenpflanzen und Blütenpflanzen.* (Ginkgo)	Zeitalter der *"Sporenpflanzen"* (Pteridophyten)
	D = 70 Mio. Z = 290 Mio.	**Karbon**	*Oberkarbon* { Stefan, Westfal, Namur *Unterkarbon* Diamant	Bildung von Steinkohlenflöten auf dem Festland. Meeresüberflütungen und -absätze. *Variszische Faltung in Mitteleuropa*	*Erste Reptilien und geflügelte Insekten* (Urlibellten). Hauptentwicklung der Crinoiden. Reichtum an Brachiopoden und Goniatiten, Foraminiferen, Muscheln (auch nichtmarine Muscheln).	Kräftige Entwicklung der Pteridophyten (Farne, Bärlapp-, Schachtelhalmgewächse und Gymnospermen)	
	D = 50 Mio. Z = 340 Mio.	**Devon**	*Oberdevon* { Famenne, Frasue *Mitteldevon* { Givet, Eifel *Unterdevon* { Ems, Siegen, Gedinne	Meeres - und Festlandbildungen. Vulkanische Tätigkeit.	Reiche Meeresfauna. Blütezeit der Goniatiten. Formenreiche Knorpelfische (Panzerfische, Schmelzschupper u. a.). Aussterben der Graphtolithen	Erste Landpflanzen (erst blattlose Sporenpflanzen, dann spärliche Belaubung)	Zeitalter der *"Nacktgewächse"* (Psilophyten)
	D = 20 Mio. Z = 360 Mio.	**Silur**	*Obersilur* (Gotlandium)	Meeresablagerungen	Erste Wirbeltiere (Panzerfische). Hauptentwicklung der Trilobiten, Nautileen und *Graptolithen*, Riesenkrebse, Korallen, Muscheln.	*Erste Gefäßpflanzen* (Psilophyten) *Erste Pflanzenreste* in Form von Meeresalgen	Zeitalter der *"Algen"*
	D = 80 Mio. Z = 440 Mio.	**Ordovicium**	*Untersilur*	Kräftiger Vulkanismus			
	D = 50 Mio. Z = 520 Mio.	**Kambrium**	*Oberkambrium*, *Mittelkambrium*, *Unterkambrium* } Grönlandium	Meeresablagerungen	Herrschaft wirbelloser mariner Tiere, insbesondere der Dreilapper (*Trilobiten*). Brachiopoden, Mollusken, und Würmer. Weitere Entwicklung der Lebewelt.		
Urzeit (Praekambrium)	D = 580 Mio. Z = 1000 Mio.	**Algonkium**	*Oberes Algonkium* Jotnium *Unteres Algonkium* Karelium	Ablagerungen in warmen Meeren, aber auch Vereisungsvorgänge	*Entstehung der Lebewesen* in Form von einfachen *wirbellosen Meerestieren* (Einzeller).	*Pflanzenspuren* (Kalkalgen)	
	D = 5000 Mio	**Archaikum**	*Kristalline Schiefer* } Huronium, Laurentium	Entstehung der *Urkontinente* und *Urozeane.* Bildung der Erdkruste als Erstarrungskruste. Entwicklung der Erde aus dem Sternstadium.	Organische Reste nicht nachweisbar.		

14 Schlussbemerkung – Wasser und die Entwicklung von Hochkulturen [E. final remarks – water and the development of the earliest great civilizations]

Die Entfaltung von Hochkulturen ist an ausreichende Süßwasserquellen gebunden. Unmittelbar nutzbares Süßwasser liefern die Flüsse, Flusstäler und Flussmündungen. Sie versorgen nicht nur die Menschen mit Trinkwasser, sondern bewässern genügend Ackerland, das früher wie heute die Grundlage einer ausreichenden Ernährung ist. Außerdem konnten die Flüsse als bequeme Transportwege genutzt werden (Tab. 8.21).

Die Bevölkerungszunahme einzelner Volksstämme und der damit einhergehende Zwang für ausreichende Nahrung und Futtermittel zu sorgen, veranlassten die Volksgruppen, sesshaft zu werden, d. h. Siedlungen und Dörfer zu bauen, den Boden zu bearbeiten, Getreide, Hackfrüchte, Obst und Gemüse anzubauen. Dazu waren Süßwasserquellen notwendig. Fluss- und Feuchtgebiete boten sich für Ansiedlungen und Ackerbewirtschaftung an. Dieses alles musste organisiert, reguliert und die Güter transportiert, verteilt und auch verteidigt werden. Es bildeten sich Zentralverwaltungen. Parallel dazu verlief die Entwicklung des Handwerks und Handels. Aufgrund gut funktionierender Bewässerungsanlagen, Transportsysteme und Speichermöglichkeiten wurde eine ausreichende regelmäßige Ernährung gesichert. Die Bevölkerung nahm weiter zu. Es entstanden Städte und Stadtstaaten. Der Weg zu den bekannten Hochkulturen war frei. Unabhängig voneinander entstanden so auf den einzelnen Kontinenten der Erde verschiedene Kulturzentren (Abb. 14.150).

Die ersten historisch nachweisbaren Hochkulturen entstanden an Flussläufen bzw. in Flusstälern. Bekannt sind die Kulturen der *Alten Ägypter* am Nil, die Kulturen *Mesopotamiens*, des *Zweistromlandes Euphrats* und *Tigris*, die nacheinander von den *Sumerern, Babyloniern* und *Assyrern* geprägt wurden. Sowohl im Niltal als auch in Mesopotamien basierten die Hochkulturen auf einem ausgeklügelten Bewässerungssystem, unterstützt von einem dichten künstlichen Kanalnetz. So konnten Getreideüberschüsse erwirtschaftet werden, die für Notzeiten in großen Speichern gelagert wurden [133].

© Springer-Verlag Berlin Heidelberg 2016

V. Hopp, *Wasser und Energie,* DOI 10.1007/978-3-662-48089-2_14

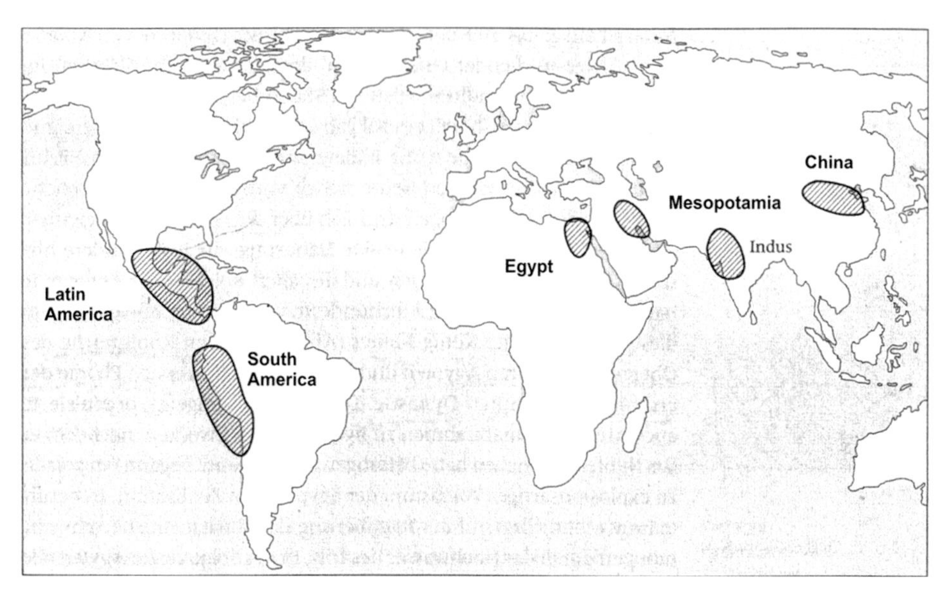

Abb. 14.150 Die Regionen mit den ältesten Hochkulturen in der Welt. Ihre Abhängigkeit von den Wasserquellen [133]. [E. the regions of the world with the earliest great civilizations, their dependence on the resources of fresh water]

Eine fast ähnliche Entwicklung nahm die Besiedlung im Tal des *Indus in Indien*. Ihren ersten kulturellen Höhepunkt erreichte sie um 2300 v. Chr. Der Schwemmlandboden des Flussbeckens und des Deltagebietes war fruchtbares Ackerland und konnte für damalige Zeiten große Ansiedlungen und Städte bis zu 50.000 und mehr Einwohnern ernähren (Abb. 14.150) [133].

Die ersten großen Königreiche in China entstanden entlang des *Huangho*, des *Gelben Flusses*. Hier wurden die ersten Bewässerungstechniken entwickelt, um genügend Ackerland zum Anbau von Getreide, insbesondere Reis, zu erwirtschaften. Die Technologie der Flussregulierung und des Dammbaus fand etwas später ihre Anwendung am südlich gelegenen *Yangtse*. Um 221 v. Chr. wurde China schon von 60 Mio. Menschen bewohnt, die alle ernährt werden mussten [133].

Um 2500 v. Chr. entstanden die ersten chinesischen Königsreiche. Ganz China wurde von Deichen, Dämmen, Kanälen und künstlichen Seen überzogen, nur um fruchtbares Ackerland zu gewinnen und zu erhalten.

Obwohl alle diese flussorientierten Hochkulturen unabhängig voneinander entstanden, ähnelten sich ihre Strategien und Methoden. Sie dienten der Erschließung von Süßwasser und der Sicherung der Ernährung.

Ein entsprechendes Entwicklungsmuster bieten auch die Überlieferungen von den ersten Hochkulturen in Mittel und Südamerika [177].

Schon um 2500 v. Chr. gelang es den Bewohnern *Mexikos* und *Perus*, die Erträge im Pflanzenanbau durch Selektion und Kreuzung bei Mais erheblich zu steigern. Das führte zu einer kräftigen Bevölkerungsvermehrung und der Entstehung von Dauersiedlungen. Der auf dem heutigen Gebiet Perus und Boliviens liegende Titicacasee (Kap. 8, Abschn. „Titicacasee“) bot mit seinen riesigen Süßwasserreserven die Grundlage für ein einflussreiches Kultur- und religiöses Pilgerzentrum zwischen 600 und 1000 n. Chr. Die höchstgelegene Andenstadt *Tiahuanaco* mit 30.000 bis 40.000 Einwohnern war das Zentrum. Sie lag 3660 m über dem Meeresspiegel. Die Herrscher dieser Stadt unternahmen im großen Stil Kampagnen zur Kultivierung von Ackerland. In *Pampa Koani* wurde der Fluss *Rio Catari* kanalisiert. Ein riesiges Drainagesystem verwandelte das Land in fruchtbare Felder. Die Bauern lebten in kleinen auf Hügeln liegenden Weilern.

In den *Anden* fließt von den Höhen in zahlreichen kleineren und größeren Flüssen Wasser in die Täler und in den Pazifik. Im Norden Perus breiteten sich große Kulturreiche aus. Um 1 bis 600 n. Chr. herrschte an der nördlichen Küste die *Moche-Kultur*. Ausgehend vom Moche- und Chicama-Tal erstreckte sie sich vom Pacasmayo-Tal bis zum Santa- und Nepeña-Tal. Eindrucksvolle Städte und religiöse Zentren wurden errichtet. Zu diesen zählte die mächtige Sonnenpyramide aus Lehmziegeln mit einer Länge von 350 m und einer Höhe von 40 m. Bewässerungsanlagen ermöglichten es den Bauern, in der Wüste Mais, Erdnüsse, Chili und süße Kartoffeln anzubauen [133, 177].

Regierungsbeamte überwachten die umfangreichen öffentlichen Bauunternehmungen, zu denen die Bevölkerung mit Fronarbeiten und Tributabgaben herangezogen wurde. Keiner entkam den Steuerabgaben.

Die klassische Periode der *Maya-Kultur* mit ihrem Zentrum im heutigen Guatemala setzte um 300 n. Chr. ein und dauerte bis 900 n. Chr. Das Fundament der Maya-Zivilisation waren gigantische Baukomplexe [148]. Das Konzept dieser Zeremonialzentren ging bereits auf die *Maya-Präklassik* um 2000 v. Chr. zurück. Stadtstaaten gingen aus ihnen hervor. Die Maya-Stadt *Tikal* zählte im 8. Jahrhundert 50.000 Einwohner.

Entsprechend der unterschiedlichen geologischen und ökologischen Beschaffenheit der Küsten mit ihren jahreszeitlichen Überschwemmungen der tropischen Regenwälder, der 4000 m hohen Berge und jener Gebiete, die einen jährlichen Niederschlag zwischen 570 und 3000 mm/m^2 aufwiesen, war das Pflanzenwachstum ungewöhnlich vielfältig und das Nahrungsangebot reichhaltig. Auf sogenannten *schwimmenden Feldern* (Abb. 14.151) wurden Mais, Bohnen, Kürbis, Chilipfeffer, Wurzelpflanzen u. a. angebaut. Das Ende der Maya-Kultur bahnte sich im 9. Jahrhundert an. Die Städte entvölkerten sich. Die Ursachen sollen häufige Missernten gewesen sein, in deren Folge innere Unruhen unter der Bevölkerung auftraten.

Teotihuacán war um 500 n. Chr. mit ca. 200.000 Einwohnern die sechsgrößte Stadt der Erde überhaupt. Sie war das Zentrum des Teotihuacáns-Reiches, das sich mit 25.000 km^2 über das mittlere Hochland Mexikos erstreckte und sogar über Kolonien im Maya-Gebiet verfügte. Der Fluss *San Juan* wurde kanalisiert, um ihn in die Stadt mit einzubeziehen. Die für damalige Verhältnisse sehr große Stadt bezog die landwirtschaftlichen Produkte für die Bevölkerung von den bewässerten Feldern im Tal von Teotihuacán. Die fruchtbaren Schwemmböden der sumpfigen Ufer des benachbarten *Texcoco-Sees* im Hochtal

Abb. 14.151 Schwimmende Gärten in Mexiko [E. floating gardens in Mexico]. (http://www.fascinating-land-travels.com/images/big-inle2.jpg)

hat man vermutlich trockengelegt und für den Maisanbau genutzt. Salz gewann man aus Salzwasserseen.

Die *Mexica-Azteken* waren ein kriegerisches Volk. Sie ließen sich auf einer kleinen Insel im Texcocosee nieder und gründeten dort 1345 ihre Hauptstadt *Tenochtitlán*. In relativ kurzer Zeit brachten sie viele Städte unter ihre Tributherrschaft. Ihr Reich dehnten sie bis zu den Küsten des Pazifiks, des Golfs von Mexiko und bis nach Guatemala aus.

Nachdem sie sesshaft geworden waren und genügend Territorium erobert hatten, war ihr Schlüssel zum Aufstieg unter anderem ihre Leistung in Landwirtschaft und Wasserwirtschaft. Sie erweiterten und verbesserten schon existierendes urbar gemachtes Land. Teile des Süßwassersees verwandelten sie in ein ertragreiches Agrargebiet [177]. Mais, Bohnen, Kürbis, Chilipfeffer und andere Hauptnahrungsmittel wurden mehrmals im Jahr geerntet. Vom Nahrungsmittelüberschuss lebten die Stadtbewohner und die Armee.

Christoph Columbus (1451–1506) fielen beim Betreten des heutigen Kuba die speziellen Anbaumethoden von Mais, Kürbis und Stangenbohnen auf. Sie wurden gemeinsam auf kleinen Erdhügeln gepflanzt.

Mais ist eine schnell und hochwachsende Getreidepflanze. Sie ist stabil genug, um einer hochrankenden Stangenbohne Halt zu bieten. Die Bohne zählt zu den Leguminosen, die mit ihren Knöllchenbakterien an den Wurzeln den Luftstickstoff unmittelbar in Ammoniumverbindungen umwandeln können. Die Bohne ist somit auch der Stickstoffdüngerversorger der Maispflanze und des Kürbis. Die Kürbispflanzen wachsen an der nahen Oberfläche des Ackerbodens und schützen mit ihren breitflächigen Blättern den Boden vor zu starkem Austrocknen. Sie sorgen für eine konstante Bodenfeuchte und halten außerdem Unkräuter fern.

Der Deich von *Netzahualcoyoti* im Texcocosee trennte die *schwimmenden Gärten* vom Salzwasserteil des Sees, an dem viele Salinen lagen (Abb. 14.151).

Die *schwimmenden Gärten*, auch *Chinampas* genannt, waren Gemüsebeete, die durch Gräben voneinander getrennt waren. Das ringsum sichtbare Wasser vermittelte die Vorstellung schwimmender Gärten. Diese *Chinampas* wurden von den Azteken angelegt.

An den Rändern von Süßwasserseen findet man noch heute südlich der Hauptstadt Mexiko City solche Chinampas mit Pappelwäldern, Gemüse- und Blumenkulturen.

Diese Kulturen waren die Vorläufer des späteren autoritären Inkastaates, des größten Imperiums auf dem amerikanischen Doppelkontinent. Um 1300 n. Chr. ließ sich ein Stamm der Inkas in einem Tal der peruanischen Anden nieder. Dort gründeten sie ihre Hauptstadt Cuzso. Von hier aus wurden weite Territorien erobert. Die Inkas übernahmen viel von den früheren Kulturen. Den Straßenbau, Bewässerungsanlagen, Terrassenfelder erweiterten sie rigoros. Auf den Straßen wurden riesige Lasten zu den regionalen Lebensmitteldepots transportiert, z. B. fassten die Speicher von *Huanuco Pampa* 36.000 m^3 Mais.

Die ersten Städte *Nordamerikas* entstanden um 700 n. Chr. im mittleren Mississippital. Ihr Lebensstil erreichte teilweise großstädtisches Format. Die Stadt *Cahokia* hatte mindestens 10.000 Einwohner. Sie lag in einem weiten Tal mit fruchtbarem Schwemmlandboden südlich des Zusammenflusses von *Mississippi, Missouri* und *Illinois*. Der leichte Boden war für den Anbau von Hackfrüchten ideal.

Die Städte waren von fruchtbaren Flusstälern umgeben. Es gab Dauersiedlungen mit einer Bevölkerungsdichte von 200 Menschen pro km^2. Das war nur durch revolutionäre Anbaumethoden der Landwirtschaft möglich [177].

700 n. Chr. war der Maisanbau nur auf den Süden dieser Region beschränkt, da er 200 frostfreie Tage zum Reifen benötigte. Es wurden robustere Sorten eingeführt, vermutlich aus den Höhenlagen Mittelamerikas. Sie brauchten nur 120 Tage zum Reifen. Für geschützte Plätze bedeutete das zwei Ernten im Jahr. Dieser intensiven Feldwirtschaft boten sich die fruchtbaren periodisch überfluteten Talböden von Mississippi, Ohio, Tennessee, Arkansas, Red River und größerer Nebenflüsse an.

Vom Süßwasser und der Bereitstellung nutzbarer Energie hängt alles ab. Ohne diese beiden gibt es kein Leben auf dieser Erde und keine Entwicklung zu Hochkulturen der Menschheit.

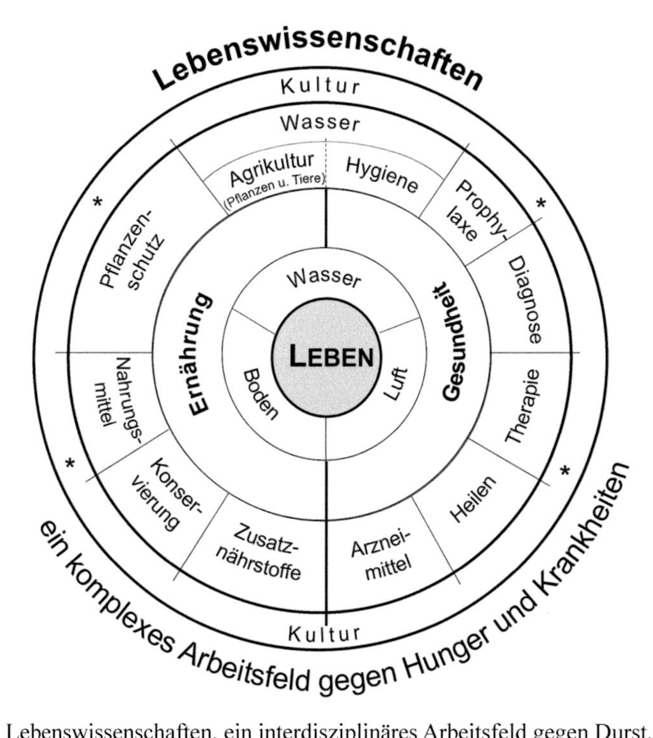

Abb. 14.152 Lebenswissenschaften, ein interdisziplinäres Arbeitsfeld gegen Durst, Hunger und Krankheiten [E. life sciences, an interdisciplinary working field for thirst, hunger and disease] [95, 98]

Sie entfalteten sich in den fruchtbaren Flusstälern. Große Reiche sind zugrunde gegangen, weil die Wasserquellen versiegten. Diese Vergangenheit müsste nicht wieder in Erinnerung zurückgerufen werden, wenn unsere technisch zivilisierte Welt nicht ständig gegen solche Einsichten verstoßen würde [133]. Ein großer Teil der Menschen in unserer Welt durstet. Entweder ist das Wasserdargebot nicht ausreichend, oder es ist hygienisch nicht einwandfrei. Dem Wassermangel folgen sogleich der Hunger und die Infektion von Krankheiten auf dem Fuße. Die zentrale Herausforderung für ein zukünftiges menschliches Zusammenleben muss die Versorgung mit genügendem Wasser sein. d. h. Erschließen von Süßwasserquellen, Errichten von Verteilungsnetzen mit einer einhergehenden Abwasserreinigung. Der *Wassermarkt* ist im übertragenen Sinne ein globaler *Life Science Markt (Lebenswissenschaften)* [98] (Abb. 14.152).

Doch von diesen Einsichten sind die Länder und deren Persönlichkeiten aus Politik, Wirtschaft und Wissenschaft in verantwortlichen Positionen, die die Mittel hätten, hier wirksam zu helfen, noch weit entfernt. Sie vertrauen auf ihre technische und militärische Macht, um sich selbst zu helfen und zu schützen. Süßwasser ist die Grundlage für Nahrung,

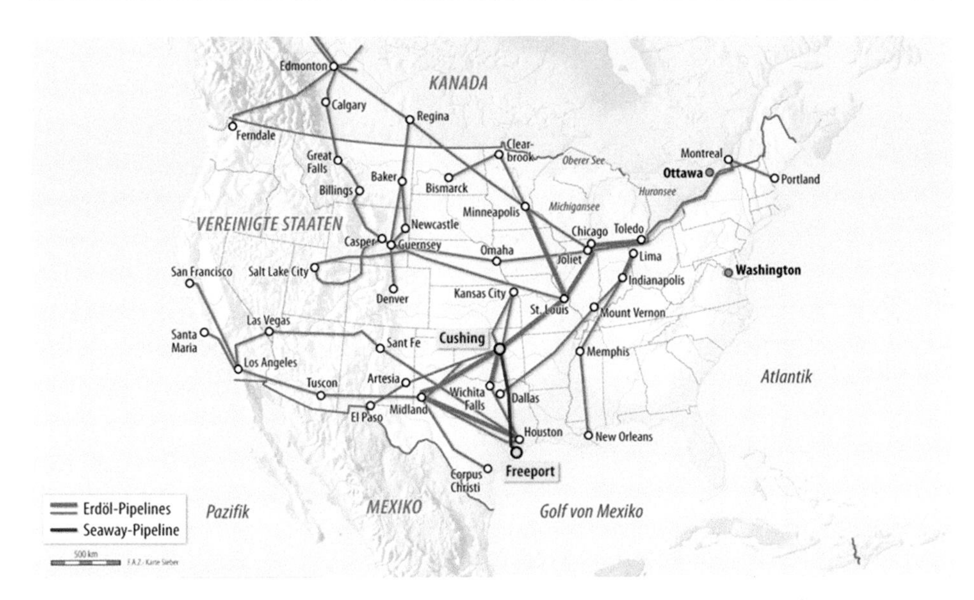

Abb. 14.153 USA – Erdölleitungen [E. US-Pipelines for crude oil]. (*Quelle*: Frankfurter Allgemeine Zeitung, Nr. 16, 19.01.13)

Gesundheit, Kultur und Freiheit. Wer die Menschen dursten und hungern lässt, beschwört Revolutionen, Terrorismus und Kriege herauf. Das sind Binsenweisheiten, die Geschichte lehrt sie uns! (Abb. 14.153).

Anhang [E. appendix]

15

SI-Einheiten (Système Internationale d'unités) [49]

1. Basiseinheiten [E. base units]

Länge	Meter	m
Masse	Kilogramm	kg
Zeit	Sekunde	s
Elektrische Stromstärke	Ampere	A
Temperatur	Kelvin	K
Lichtstärke	Candela	cd
Stoffmenge	Mol	mol

2. Abgeleitete Einheiten mit besonderen Namen [E. derived units with special names] [187]

Kraft	Newton	1 N	= 1 kg · m/s²
Druck (s. a. DIN 1314, neueste Ausgabe)	Pascal	1 Pa	= 1 N/m²
	Bar	1 bar	= 10^5 Pa
			= 0,1 N/mm²
Energie	Joule	1 J	= 1 N ·m
Arbeit		1 J	= 1 W ·s
Wärmemenge		1 J	= 1 kg ·m²/s²
Steinkohleneinheit (SKE)		1 SKE	= 29.308 kJ = 8,141 kWh
Leistung	Watt	1 W	= 1 J/s
			= 1 N ·m/s
			= 1 kg ·m²/s³

© Springer-Verlag Berlin Heidelberg 2016
V. Hopp, *Wasser und Energie,* DOI 10.1007/978-3-662-48089-2_15

3. **Konstanten** [E. constants]

Absoluter Nullpunkt der Temperatur	T	= 0 K = –273,15 °C
Avogadrokonstante	N_A	= $6{,}022169 \cdot 10^{23}\ mol^{-1}$
Universelle Gaskonstante	R	= $k \cdot N_A$ = $8{,}31434\ J \cdot mol^{-1} \cdot K^{-1}$
Boltzmann'sche Entropiekonstante	k	= $1{,}3806505 \cdot 10^{-23}\ J \cdot K^{-1}$
Stefan-Boltzmann-Konstante	σ	= $5{,}669\ 10^{-12}\ [\frac{J}{cm^2 \cdot s \cdot K^4}]$
Planck'sches Wirkungsquantum	h	= $6{,}626196 \cdot 10^{-34}\ J \cdot s$
1 atomare Masseneinheit (unified mass unit)	1 u	= $1/12\ m\ (^{12}C)$
Ruhemasse des Elektrons	m_c	= $0{,}000548593\ u \triangleq 9{,}109550 \cdot 10^{-31}\ kg$
Ruhemasse des Protons	m_p	= $1{,}0072766\ u \triangleq 1{,}67492 \cdot 10^{-27}\ kg$
Ruhemasse des Neutrons	m_n	= $1{,}0086652\ u \triangleq 1{,}67492 \cdot 10^{-27}\ kg$
Elektrische Elementarladung	e	= $1{,}6021917 \cdot 10^{-19}\ C$
Faradayäquivalent	F	= $e \cdot N_A = 96486{,}70\ C \cdot mol^{-1}$
Gravitationsfeldstärke (abhängig von der geografischen Breite)	g	= $9{,}83\ N \cdot kg^{-1} = 9{,}83\ m \cdot s^{-2}$
Lichtgeschwindigkeit im materiefreien Raum	c	= $2{,}997925 \cdot 10^{8}\ m \cdot s^{-1}$
Solarkonstante bzw.	S	= $8{,}15\ [J \cdot cm^{-2} \cdot min^{-1}]$ $1{,}40 \cdot 10^{3}\ [W \cdot m^{-2}]$

4. **Physikalische Begriffe** [E. physical terms]

mechanische Spannung	N/mm^2
E-Modul	N/m^2
Gleitmodul, Härte	$Pa = \frac{N}{m^2}$
Kerbschlagzähigkeit	kJ/m^2 J/cm^2
Wärmeleitfähigkeit	$W/(m \cdot K)$ $W/(cm \cdot K)$
Wärmedurchgangskoeffizient	$W/(m^2 \cdot K)$ $W/(cm^2 \cdot K)$
Dynamische Viskosität	$N \cdot s/m^2$ $kg/(m \cdot s)$ $Pa \cdot s$
Kinematische Viskosität	m^2/s
Temperatur	K (Kelvin) °C (Grad Celsius)
Energiedosis	J/kg
Einheit der Brechkraft optische Systeme	1 Dioptrie, 1 dpt = $\frac{1}{f}[m^{-1}]$, es ist der Kehrwert der in Meter gemessenen Brennweite f.

5. Stoffmenge [E. amount of substance]

parts per million
wird häufig benutzt zur Angabe
von geringsten Konzentrationen

ppm, eine Beimengung auf
1 Mio. Teile bezogen.
1 ppm = 10^{-4} %
1 ppm = 1 mg/kg
1 ppm = 1 g/t

6. **Wirkungsgrad** [E. efficiency]

ist das Verhältnis der erhaltenen nutzbaren Energie (z. B. elektrische Energie) zu der einem technischen oder biologischen System zugeführten Gesamtenergie

$$\eta = \frac{\text{nutzbare Energie}}{\text{zugeführteGesamtenergie}}$$

Abkürzungen für Zehnerexponenten [E. abbreviations for exponents to the power 10]

10^{12}	=	T	(Tera)
10^{9}	=	G	(Giga)
10^{6}	=	M	(Mega)
10^{3}	=	k	(Kilo)
10^{2}	=	h	(Hekto)
10	=	da	(Deka)
10^{-1}	=	d	(Dezi)
10^{-2}	=	c	(Zenti)
10^{-3}	=	m	(Milli)
10^{-6}	=	μ	(Mikro)
10^{-9}	=	n	(Nano)
10^{-12}	=	p	(Piko)
10^{-15}	=	f	(Femto)
10^{-18}	=	a	(Atto)

Griechisches Alphabet [E. Greek alphabet]

Α	α	Alpha	Ν	ν	Ny
Β	β	Beta	Ξ	ξ	Xi
Γ	γ	Gamma	Ο	ο	Omikron
Δ	δ	Delta	Π	π	Pi
Ε	ε	Epsilon	Ρ	ρ	Rho
Ζ	ζ	Zeta	Σ	σ	Sigma
Η	η	Eta	Τ	τ	Tau
Θ	ϑ θ	Theta	Υ	υ	Ypsilon
Ι	ι	Jota	Φ	φ	Phi
Κ	κ	Kappa	Χ	χ	Chi
Λ	λ	Lambda	Ψ	ψ	Psi
Μ	μ	My	Ω	ω	Omega

Glossar

A

Absorption, die,	Verschlucken von Stoffen durch andere
absorbere (lat.)	verschlucken
accelerare (lat.)	beschleunigen
accumulare (lat.)	anhäufen
Acceptio (lat.)	Annahme
acidus (lat.)	sauer
Adamos (grch.)	der Unbezwingliche (s. Diamant)
Adaption, die	Anpassung
adaptare (lat.)	anpassen an
Adhäsion, die	ist das Haften verschiedener Stoffe aneinander
adhaerere (lat.)	anhaften
Adiabate, die	Kurve in einem Diagramm, die Zustände gleicher Entropie anzeigt. Bei diesen Zustandsänderungen wird keine Wärmeenergie mit der Umgebung ausgetauscht.
adiabainein (grch.)	nicht hindurchgehen
Adsorption, die	die Aufnahme von Stoffen durch die innere und äußere Oberfläche anderer Feststoffteilchen
adsorbere (lat.)	bei sich aufnehmen
aer (grch.)	Luft
aerob	aerobe Vorgänge sind abhängig von Luftsauerstoffzufuhr, anaerobe Vorgänge vollziehen sich unter Luftsauerstoffausschluss.
Aerosol, das	ein Mehrstoffsystem, bei dem ein fester oder flüssiger Stoff in einem Gas feinst verteilt ist (s. a. aer)
solutus (lat.)	aufgelöst
Aggregatzustände, die	Erscheinungsform der Stoffe, z. B. gasf., flüssig, fest
aggregare (lat.)	beigesellen
Akkumulator, der	Speicher für elektrische Energie
accumulare (lat.)	anhäufen

© Springer-Verlag Berlin Heidelberg 2016

V. Hopp, *Wasser und Energie*, DOI 10.1007/978-3-662-48089-2

Akne (grch.)	Hautkrankheit
Aliphate, die	kettenförmig aufgebaute Kohlenwasserstoffe
aleiphar (grch.)	Fett
algos (grch.)	Schmerz
al – quali (arab.)	salzhaltige Asche
alumen (lat.)	Alaun, $AlK(SO_4)_2$, daraus wurde der Begriff Aluminium hergeleitet
ambivalent	entgegengesetzte Eigenschaften besitzen
ambo (lat.)	beide;
valere (lat.)	stark sein
Amphibie	im Wasser und auf dem Land lebendes Tier, z. B. Lurche
amphi (grch.)	doppel--- beid---, bie = bio (grch.) – Leben
amphoter	beides, sowohl
amphoteros (grch.)	beides, sowohl die eine als auch die andere entgegengesetzte Eigenschaft besitzen
amorphe (grch.)	ohne Gestalt
an (grch.)	als Vorsilbe „nicht, ohne“
Analgetikum, das	schmerzstillendes Mittel
Anatomie, die	Lehre vom Aufbau der Lebewesen
anatemnein (grch.)	zerschneiden
Anode, die	elektrisch positiver Pol (siehe Ion)
hodos (grch.)	weg
Anomalie	ist eine qualitative oder quantitative Abweichung vom gesetzmäßigen Verhalten, z. B. die Temperaturabhängigkeit der Dichte des Wassers. Die größte Dichte liegt bei 4 °C.
anomales (grch.)	uneben, regelwidrig
anthropos (grch.)	Mensch
Apatit, der	ist ein Calciumphosphat, $Ca_5(PO_4)_3F$, das früher oft mit anderen Mineralien, insbesondere mit Beryll wegen täuschender Ähnlichkeit, verwechselt wurde.
apatein (grch.)	täuschen
aphotisch	ist der Anteil des Tiefen-Meerwassers oder Seen, in den kein oder wenig Sonnenlicht vordingt.
apo (grch.)	eine Vorsilbe vor Vokalen, die „zurück, fern, weg“ andeuten soll
Applikation, die	Anwendung
applicare (lat.)	nahebringen
aptare (lat.)	anpassen
Aquifere	Wasser führende Gesteinsschichten
aqua (lat.)	Wasser; ferre (lat) – führen, tragen

Aquadukte	sind hochgelegte bzw. ebenerdig verlegte Wasserleitungen
ducere (lat.)	führen
Aquavit	heute gebräuchliche Bezeichnung für wasserhelle oder gebliche vorwiegend mit Kümmel oder anderen Gewürzen aromatisierte Branntweine
aqua (lat.)	Wasser
vita (lat.)	Leben
aqua vitae (lat.)	Wasser des Lebens, Quellwasser
aquatisch	dem Wasser angehörend, im Wasser entstanden
Archaeen	Urbakterien
argentum (lat.)	Silber
argyros (grch.)	Silber
aridus (lat.)	trocken
Artois	franz. Landschaft; artesischer Brunnen, wird Wasser durch natürlichen Überdruck aus unteren Erdschichten zutage gefördert; benannt nach Artois
Asthenosphäre	ist eine Schicht des Erdmantels, die etwa 100 km bis 600 km unter der Lithosphäre (s. dort) liegt und durch Kräfte deformiert wird.
sphaira (grch.)	Himmelskörper, Wirkungskreis, Kugel
Asymptote (grch.)	Gerade, der sich eine ins Unendliche verlaufende Kurve beliebig nähert, ohne sie zu berühren.
a (grch.)	nicht
syn (grch.)	zusammen
piptein (grch.)	fallen
Atmosphäre, die	Lufthülle um die Erde
atmos (grch.)	Dunst
sphaira (grch.)	Kugel
Atom, das	der kleinste Teil eines chemischen Elements
atomos (grch.)	unteilbar
autotroph	Ernährungsweise von Organismen, die nur anorganische Stoffe benötigen, z. B. grüne Pflanzen oder spezielle Bakterien
autos (grch.)	selbst
trophe (grch.)	Nahrung
azein (grch.)	nicht sieden
azeotrope Gemische	Flüssigkeitsgemische bestimmter Zusammensetzung, die einen konstanten Siedepunkt aufweisen und deshalb destillativ nicht zu trennen sind
a (grch.)	nicht
zeo (grch.)	ich siede
tropos (grch.)	Richtung

B

Bacillus (lat.)	Stäbchen
Bakterion (grch.)	Stab
Bakterien	sind kleinste einzellige Lebewesen
Bar, das	Maßeinheit des Druckes; 1 bar = 100.000 Pa (Pascal); 1 atm = 1,01325 bar
baro (grch.)	Schwere: isobar = gleicher Druck
Beton	ein in frischem Zustand mit Wasser angeteigtes Gemenge von Zement als Bindemittel mit feineren und gröberen Zuschlagstoffen, z. B. Ziegelsplitt, Schlacke oder mit Stahleinlagen u. a.
Bitumen (lat.)	Erdpech
Bilanz, die	Kontenabschluss, vergleichen
bilancia (lat.)	Waage
binär	aus zwei Zeichen bestehend
bini (lat.)	je zwei
Binärcode, der	Verschlüsselung durch zwei Zeichen (siehe Code)
Biomonomere	sind Bausteine des Lebens, wie z. B. Aminosäuren für die Eiweiße, Zucker für die Kohlenhydrate, Fettsäuren für Fette, Aminobasen für Nukleinsäuren
Biozide	sind im weitesten Sinne Stoffe, die pflanzliches und tierisches Leben zerstören
bios (grch.)	Leben
Boltzmann'sche Entropiekonstante, die	gibt die mittlere kinetische Energie eines einzelnen Gasmoleküls an: $k = 1{,}380622 \cdot 10^{-23}$ Joule/Kelvin.
Bous (grch.)	Kuh
Brachiopode, der	Armfüßer, ein festsitzendes muschelähnliches Meerestierchen. Der Körper ist von einer Rücken- und stärker gewölbten Bauchschale aus Calcit und Hydroxylapatit umgeben.
brachium (lat.)	Arm
… pode [pous (grch.) – Fuß]	… füßer
bromos (grch.)	Gestank
buccal (lat.)	Backe

C

capsa (lat.)	Kästchen
carbo (lat.)	Kohle
carboneum (lat.)	der Kohlenstoff
caroto (lat.)	Karotte
cella (lat.)	Kammer, Keller, Zelle
Zelle, die	ist die kleinste Einheit von Lebewesen

Celluloid, das	thermoplastischer Kunststoff auf Zellulosebasis
Cellulose, die	ein Polymer aus Glucose
Cellophan, das	durchsichtige Folie auf Zellulosebasis
diaphanes (grch.)	durchsichtig
cerevisia (lat.)	Bier
Chalkos (grch.)	Kupfer, später auch Erz
… gen (grch.)	aus Erz entstanden
Chiralität	spiegelbildlicher Unterschied
cheir (grch.)	Hand
Chlor, das	ein chemisches Element der Halogengruppe
chloros (grch.)	gelbgrün
Chlorophyll, das	Blattgrün
phyllum (lat)	Blatt
chole (grch.)	Galle
choros (grch.)	Volumen
Chromatograhie, die	Trennverfahren
chroma (grch.)	Farbe
graphein (grch.)	schreiben
Chromosomen, die	Träger der Erbanlagen
soma (grch.)	Körper
clatratus (lat.)	Käfig
coagulare (lat.)	gerinnen
co (lat.)	Vorsilbe für „zusammen“
coat (engl.)	Überzug, Mantel
Code, der	Verschlüsselung von Schriften, Nachrichten
codex (lat.)	Buch
colligere (lat.)	sammeln
Coquille (frz.)	Muschel
comprimere (lat.)	zusammendrücken
Konformation	ist diejenige räumliche Anordnung eines Moleküls, die sich nicht zur Deckung bringen lässt
conformis (lat)	übereinstimmende gleichförmige Gestalt
contaminare (lat.)	berühren
contrahere (lat.)	zusammenziehen
convectio (lat.)	Zusammenbringen durch Strömung
Corioliskraft, die	ist ein Trägheitwiderstand, der auf Körper in rotierenden Bezugssystemen wirkt und diese Körper von ihrer ursprünglichen Bahn ablenkt, z. B. Wind- und Meeresströmungen werden durch die Erdrotation auf der nördlichen Halbkugel nach rechts (nach Osten) und auf der südlichen nach links (nach Westen) abgelenkt.
Coriolis de, C. G.	(1792–1843), frz. Physiker

corpus (lat.)	Körper (s. a. incorpus)
cracken (engl.)	spalten
Crustacea, die	Krebstiere, Krustentiere, Wasserflöhe sind ein Unterstamm der Gliederfüßer und vorwiegend Meeresbewohner, aber auch im Süßwasser anzutreffen. Einige sind auch zum Landleben übergewechselt, Der Hautpanzer enthält Calciumcarbonat
crusta (lat.)	Rinde, Kruste
cutis (lat.)	Haut
perkutan	Aufnahme durch die Haut
Cytoplasma	Zellsaft, der unstruktuierte Teil einer Zelle (siehe Kytos und plassein)

D

decanter (frz.)	abgießen
de (lat.)	weg, von
DDT	1,1-p,p'-Dichlordiphenyl-2,2,2-trichorethan
Definition, die	Begriffsbestimmung
definire (lat.)	abgrenzen
Deponie, die	eine speziell für Abfallstoffe hergerichtete Lagerstätte
deponere (lat.)	niederlegen
derivare (lat.)	ableiten
Desinfektion	ist die Entseuchung und Entkeimung von totem Material oder lebenden Organismen mittels chemischer oder physikalischer Verfahren, so dass es seine Umgebung nicht mehr infizieren (anstecken) kann.
Desinfizieren	entseuchen, unschädlich machen von Krankheitserregern
inficere (lat.)	anstecken
des … (lat. de)	als Vorsilbe vor Wörtern im Sinne „fort, weg, ent …"
Desorption, die	Abtrennung von adsorbierten Teilchen (s. Adsorption)
desorbere (lat.)	wegnehmen
Destillation, die	Trennung von Stoffen durch Verdampfen und anschließende Verflüssigung aufgrund unterschiedlicher Siedepunkte
destillare (lat.)	herabtropfen
detritis (lat.)	abgerieben, abgechliffen
Deuterium	schwerer Wasserstoff, ein Isotop des Wasserstoffs, das im Atomkern ein zusätzliches Neutron besitzt
deuteros (grch.)	der Zweite
dia (grch.)	als Vorsilbe: durch-, ent-, über-
Dialyse, die	Trennung von gelösten oder dispergierten Stoffen mittels Diffusion durch halbdurchlässige Membranen
Dialysis (grch.)	Auflösung
Diamant, der	der härteste Edelstein, H = 10, s. Adamas

Diaphragma, das	poröse Scheidewand, z. B. zwischen Körperhöhlen
dia (grch.)	durch, hindurch
phragma (grch.)	Umzäumung
Diatomeen, die	Kieselalgen, einzellige freilebende oder auf Gallertstielen festsitzende Algen, die von einem Kieselpanzer umgeben sind
diatome (grch.)	Trennung
dictyon (grch.)	Netz
Dielektrika	sind Stoffe mit sehr geringer elektrischer Leitfähigkeit
Diffusion, die	selbsttätige Vermischung von verschiedenen miteinander in Berührung befindlichen gasförmigen, flüssigen oder festen Stoffen durch ihre Eigenbewegung
diffundere (lat.)	ausbreiten
Dilivium (lat.)	Überschwemmung; ältere Bezeichnung für das Zeitalter der geologischen Erdformation Pleistozan, das quartäre Eiszeitalter vor ca. 1 Mio. Jahren
Dispersion, die	ein System aus mindestens zwei Komponenten, von denen die eine Komponente in der anderen fein verteilt ist
dispersio (lat.)	Verteilung
Dissoziation, die	Trennung, Spaltung bzw. Zerfall von Molekülen
dissociare (lat.)	trennen
Dotieren	ist das Zusetzen von Fremdatomen in ein reinstes Halbleitermaterial
dotare (lat.)	ausstatten
Duktilität	Dehnbarkeit, Streckbarkeit besonders von Metallen
ductus (lat.)	Zug
durus (lat.)	hart

E

Elektrodialyse, die	ist ein Trennverfahren nach dem Prinzip der Dialyse (s. dort), bei dem die Ionenwanderung durch die permselektiven Membranen (s. dort) durch Anlegen einer elektrischen Spannung beschleunigt wird
Elektrolyse, die	chemische Spaltung oder Zersetzung durch elektrischen Strom (siehe Elektron und lysis)
Elektrolyte, die	elektrisch geladene Teilchen in wässrigen Lösungen oder Schmelzen (s. Elektrolyse)
Elektromotor	Vorrichtung, die elektrische Energie in mechanische Energie umwandelt
Elektron, das	negativ geladenes Elementarteilchen
elektron (grch.)	Bernstein
elektro (grch.)	strahlend
elementum (lat.)	Grundstoff, Element

Elevator, der	Becherwerk
elevare (lat.)	emporheben
Eloxal, das	elektrisch oxidiertes Aluminium
Emission, die	hinaussenden von Stoffen
emittere (lat.)	aussenden
Emulsion, die	ein System aus zwei nicht oder nur teilweise miteinander mischbaren Flüssigkeiten, von denen die eine in der anderen fein verteilt vorliegt
emulgare (lat.)	ausmelken
enantion (grch.)	Gegenteil, Gegenbild (Spiegelbild)
endotherm	ein Vorgang, bei dem Wärmeenergie und andere Energien aufgenommen werden
endon (grch.)	innen, innerhalb, hinein
therme (grch.)	Wärme
Energie, die	gespeicherte Arbeit, Fähigkeit, Arbeit zu verrichten;
energeia (grch.)	Tatkraft, Schwung
Enthalpie, die	Bildungs- und Reaktionswärmen bei chemischen und physikalischen Vorgängen
enthalpein (grch.)	erwärmen
Entropie, die	ist der Anteil der inneren Energie eines physikalisch-chemischen Systems, der sich nicht in Arbeit umsetzen lässt.
Entropie	zusammengesetzter Begriff aus Energie und tropos (grch.) – umwandeln
epidemios (grch.)	im Volk verbreitet
Enzym, das	biologischer Katalysator (s. Katalysator)
zyme (grch.)	Sauerteig
Erosion	ist das Abtragen von Oberflächen-Erdschichten durch Wasser und Wind
erosio (lat.)	Zernagung
Eruption	Ausbruch eines Vulkans
eruptio (lat.)	Ausbruch
Etalon (frz.)	Urmaß, Normalmaß für Masse
eutektos (grch.)	leicht schmelzbar
Eukaryonten	Organismen, die in ihren Zellen einen echten in sich abgeschlossenen Kern mit Chromosomen enthalten
eu (grch.)	als Vorsilbe; echt, gut
karyon (grch.)	Nuss, Kern
Eutrophierung, die	übermäßige Nährstoffzunahme in Gewässern
eutroph (grch.)	nährstoffreich
Evolution, die	allmähliche Entwicklung des einen aus dem anderen,
evolutio (lat.)	allmähliche Entwicklung

Exhalation	Ausströmen von Dämpfen und Gasen aus Vulkanen
exhalare (lat.)	aushauchen
exotherm	Vorgang, bei dem Wärme oder andere Energie freigesetzt wird
exo (grch.)	außerhalb, heraus
therme (grch.)	Wärme
expandere (lat.)	ausspannen, ausdehnen
expositio (lat.)	Auseinandersetzung
Exposition, die	der Einfluß der Umwelt auf Menschen und andere lebende Systeme, der krankmachende oder beeinträchtigende Wirkung auslösen kann
extrahere (lat.)	herausziehen

F

Facultas (lat.)	Möglichkeit, Fähigkeit
fakultativ	wahlfrei, nach eigenem Ermessen
Ferment, das	Biokatalysator
fermentum (lat.)	Sauerteig (s. a. Enzym und Katalysator)
filtrum (lat.)	Durchseihgerät
Flotation, die	Trennverfahren zur Aufbereitung von Metallen, Erzen, Kohle u. a. aufgrund ihrer unterschiedlichen Benetzbarkeit gegenüber wässrigen Suspensionen, die mit grenzflächenaktiven Substanzen versetzt sind
flot (frz.)	Flut
fluctuare (lat.)	fließen, wogen, daraus abgeleitet
Flux, der	Durchfluss
fluere (lat.)	fließen
fluid	flüssig, fließend
fluidus (lat.)	fließend
Foraminifere, die	meeresbewohnender einzelliger Würzelfüßer mit meist kalkigem, aber auch chitinartigen oder aus Sandkörnchen aufgbauten Gehäuse
foramen (lat.)	Loch, Öffnung
ferre (lat.)	tragen
Fraktionierung, die	stufenweise Trennung von Stoffgemischen
fraction (frz.)	Bruchteil
Frequenz, die	Anzahl der Schwingungen pro Zeiteinheit; sie wird gemessen in Hertz 1 Hz = s^{-1} oder in Wellenzahl cm^{-1}
frequentare (lat.)	häufig besuchen;
fuga (lat.)	Flucht, Flüchtigkeit

G

Galaxie, die	Milchstraßensystem, Sternsysteme
galaktos (grch.)	milchig
gal (grch.)	Milch
Galaktose	Milchzucker
Generator, der	Stromerzeuger, d. h. eine Vorrichtung, die mechanische Energie in elektrische Energie umwandelt.
generatio (lat.)	Zeugung
Geologie, die	Wissenschaft vom Aufbau und der Geschichte der Erde
ge (grch.)	Erde
logos (grch.)	Wort, Rede
glacialis (lat.)	eisig, eiszeitlich
glykis (grch.)	süß
Glykosylation	ist die Reaktion von reduzierenden Zuckern wie Glucose und Fructose mit Proteinen und Nukleinsäuren zu quervernetzten hochpolymerisierten Verbindungen ohne Beteiligung von Enzymen
Granulat, das	Körnchen
granula (lat.)	Teilchen, Körnchen
graphein (grch.)	schreiben

H

haima (grch.)	Blut
Halogene, die	Salzbildner, Elemente der 7. Hauptgruppe des Periodensystems der Elemente
hals (grch.)	Salz
… gen	aus … entstanden
heat content (engl.)	Wärmeinhalt
hedra (grch.)	Fläche
Helium, das	ein Edelgas
helios (grch.)	die Sonne
helix (grch.)	Windung, Spirale
Hertz, Heinrich Rudolf	dtsch. Physiker (1857–1897); Hz Maßeinheit der Frequenz (s. dort)
heteros (grch.)	verschieden, anders
heterogenis (grch.)	verschiedenartig
hex (grch.)	sechs
hexagonal (grch.)	sechseckig
gonia (grch.)	Winkel
homolog	gleichliegend, entsprechend
homos (grch.)	gleich
logos (grch.)	Bedeutung

homöopolare Bindung	Elektronenbindung
homoios (grch.)	gleich, gleichartig
Hopfen	humulus lupulus (lat.) gehört zur Familie der Hanfgewächse und ist eine 6 m–8 m hohe Schlingpflanze. Als wesentliche Bestandteile enthalten die Fruchtstände der weiblichen Pflanzen Deckblätter, die reich an bitterstoffführenden Drüsen sind. Sie enthalten als wesentliche Bestandteile Hopfenöl und Hopfenmehl (Lupulin S. 417).
humidus (lat.)	feucht
hybrida (lat.)	Mischling, zwittrig
Hydraulik, die	Lehre und technische Anwendung von Strömungen nicht zusammendrückbarer Flüssigkeiten
hydror (grch.)	Wasser, Flüssigkeit
aulos (grch.)	Rohr
Hydrargyrum (lat.)	Quecksilber
argyros (grch.)	Silber
hydr… [von grch. hydror – Wasser]	Flüssigkeit
Hydrogenium (lat.)	Wasserstoff
hydor (grch.)	Wasser
gennan (grch.)	erzeugen
… gen (grch.)	aus … entstanden
Hydrophilie, die	wasserfreundliches Verhalten von Substanzen, sie fördern die Benetzbarkeit.
hydor (grch.)	Wasser
philos (grch.)	Freund
Hydrophobie, die	wasserabweisendes Verhalten von Substanzen. Sie vermindern die Benetzbarkeit.
phobos (grch.)	Furcht, Flucht (s. a. Hydrophilie)
Hydrostatik, die	Lehre von den Gleichgewichtszuständen der Flüssigkeiten unter der Einwirkung äußerer Kräfte (s. statik und hydro)
hydrothermale Quellen	sind in der Tiefsee befindende heiße Quellen, in denen sich spezifische anaerobe Lebensformen entwickelt haben.
therme (grch.)	Wärme
Hydrozoen, die	Hohltiere, die Einzeltierchen organisieren sich zu Polypen um einen gemeinsamen Hohlraum und leben im Meer- und Süßwasser. Zur Vermehrung bilden sie geschlechtliche und ungeschlechtliche Generationen
hydor (grch.)	Wasser
Zoon (grch.)	Lebewesen
hygroskopisch	wasseranziehend
hygros (grch.)	feucht, flüssig

skopein (grch.)	sehen, betrachten
hyper (grch.)	als Vorsilbe: „über, übermäßig, zuviel, über …, hinaus"
hypsos (grch.)	Höhe

I

Iatrochemie (grch.)	ärztliche Chemie
Ikosaeder	Zwanzigflächner
eikosi (grch.)	zwanzig
hedra (grch.)	Fläche
Immission, die	Einwirken von Stoffen auf Mensch, Tier und Umwelt
immussio (lat.)	Einführung
immobilis (lat.)	unbeweglich
implantare (lat.)	einpflanzen
Implosion, die	ist das knallartige in sich Zusammenfallen eines Vakuums
in (lat.)	innerhalb
plaudere (lat.)	klatschend schlagen
incubare (lat.)	brüten
Indikator, der	Anzeigegerät bzw. -substanz
indicare (lat.)	anzeigen
Induktion	Erzeugung elektrischer Spannung in einem elektrischen Leiter bei Änderung des magnetischen Flusses
inducere (lat.)	hineinführen, hineinleiten
inerte	Stoffe wie z. B. Stickstoff, Edelgase sind sehr reaktionsträge
iners (lat.)	untätig, unbeteiligt
infinitus (lat.)	unbegrenzt, unendlich
informare (lat.)	darstellen, formen
inhalare (lat.)	anhauchen, einatmen
Inhibitoren, die	Stoffe, die Reaktionen verhindern oder verzögern
inhibere (lat.)	einhalten, hemmen
inkorporierend	aufnehmend
incorpus (lat.)	einverleiben
interstitium (lat.)	Zwischenraum; Raum zwischen den Geweben
Ion, das	elektrisch geladenes Teilchen
ienai (grch.)	gehen
Anion	elektrisch negativ geladenes Teilchen
anienai (grch.)	hinaufgehen
Kation	elektrisch positiv geladenes Teilchen
kata (grch.)	hinab
irreversibel	nicht umkehrbar (s. auch reversibel)
Isomere, die	Stoffe gleicher chemischer Zusammensetzung mit unterschiedlichen physikalischen und chemischen Eigenschaften
isos (grch.)	gleich
meros (grch.)	Teil

Isotop, das	ein chemisches Element mit gleicher Protonenzahl, aber unterschiedlicher Masse, d. h. unterschiedlicher Neutronenzahl
isos (grch.)	gleich
topos (grch.)	Ort
Isotropie, die	geometrische Richtungsunabhängigkeit des physikalischen und chemischen Verhaltens eines Stoffes gleich Drehung
isos (grch.)	gleich
tropos (grch.)	Drehung

K

karkinos (grch.)	Krebs
cancer (lat.)	Krebs
carcinogen	krebserregend
Karst	abgeleitet vom Karstgebirge nördlich von Triest
Katalysator, der	Stoffe, die die Aktivierungsenergie senken und damit die Reaktionsfähigkeit steigern
katalysis (grch.)	Auflösung
Kathode, die	elektrisch negativer Pol (siehe Ion)
hodos (grch.)	Weg
Kinetik, die	Lehre von den Reaktionsgeschwindigkeiten und Reaktionsordnungen
Kavitation, die	ist die Hohlraumbildung in schnell strömenden Flüssigkeiten
cavus (lat.)	hohl
kinetische Energie	ist die Energie der Bewegung
kinein (grch.)	bewegen
Koagulation, die	Ausflockung, Gerinnung
coagulare (lat.)	gerinnen
Koerzitivfeldstärke	das ist diejenige magnetische Feldstärke, die zur Aufhebung des Restmagnetismus (Remanenz) erforderlich ist.
coercere (lat.)	bändigen
Kokken, die	Gattung von Bakterien
kokkos (grch.)	Kern, Korn
Kollagen	Gerüsteiweiß (Skleroprotein) des faserigen Bindegewebes, Knorpel- und Knochengewebes, aufgebaut aus drei Eiweißketten mit linksläufiger Helixstruktur. Hydrolyse führt zur Gelatine.
kolla (grch.)	Leim
Kollektor, der	Sammler, Lichtbündeler
colligere (lat.)	sammeln
Kolloid, das	fein verteilte Stoffe mit Teilchengrößen zwischen tausendstel und millionstel Millimeter Durchmesser
Komplementär, der	Ergänzungsteil
complementum (lat.)	Ergänzung

komplex	verknüpft, vielschichtig zusammengesetzt
complexus (lat.)	umfassend
Kondensation, die	Verdichtung, Verflüssigung
condensare (lat.)	verdichten
Kondensator	1. technische Vorrichtung, die Abdampf zu Wasser niederschlägt, 2. Gerät zur Speicherung elektrischer Ladung
Konduktometrie, die	Methode zur Verfolgung von Reaktionsabläufen in Lösungen durch Messen der elektrischen Leitfähigkeit
conducere (lat.)	zusammenführen
kontinuierlich	stetig, ununterbrochen
continuare (lat.)	fortsetzen
kontrazeptiv	empfängnisverhütend
contra (lat.)	gegen
concipere (lat.)	aufnehmen
Korrosion, die	chemische, elektrochemische und mikrobiologische qualitätsmindernde Veränderung von Werkstoffen
corrodere (lat.)	zernagen
kosmetikos (grch.)	schmücken
Kristall, der	ein nach geometrischen Gesetzen aufgebauter Körper
krystallos (grch.)	Eis
Kyros (grch.)	Frost
kubus (grch.)	Würfel
Kytos (grch.)	Höhlung, Zelle
Zytologie	Lehre von den Zellen

L

lac (lat.)	Milch
LASER, der	Abk. für Light Amplification by Stimulated Emission of Radiation
leaching (engl.)	auslaugen
Legierung, die	Gemische aus mindestens zwei Feststoff-Komponenten, von denen eine ein Metall sein muss, feste Lösungen
letale Dosis, die	tödliche Dosis
letalis (lat.)	tödlich
ligare (lat.)	vereinigen, verbinden
limnische Stoffe bzw. Lebewesen	sind in Süßwasserschichten lebende Organismen bzw. sich bildende Stoffe
limne (grch.)	Teich
liquid (engl.)	flüssig
liquidus (lat.)	flüssig
Lithosphäre, die	Gesteinskruste der Erde
Lithos (grch.)	Stein (siehe Atmosphäre)

Lösungstension	Verdünnungsbestreben (s. Tension)
Lupulin	Hopfenmehl, das ist ein aromatisch riechendes und bitter schmeckendes Pulver aus den Zapfenblättern des Hopfens. Es dient als Beruhigungs-, Schlaf- und Bittermittel.
Lyophilie, die	die Verwandtschaft zwischen den dispergierten Teilchen und dem Dispersionsmittel ist größer als zwischen den dispergierten Teilchen selbst
philos (grch.)	Freundschaft
Lyophobie, die	die Verwandtschaft zwischen den dispergierten Teilchen untereinander ist größer als die zwischen den dispergierten Teilchen und dem Dispersionsmittel
lysis (grch.)	Auflösung
phobos (grch.)	Furcht, Flucht
Lysosomen, die	membranumhüllte Bläschen in den Zellen, die Enzyme enthalten
lyein (grch.)	lösen

M

Maghreb, der (arab.)	der Westen, darunter versteht man den westlichen Teil der arabisch-muslimischen Welt, z. B. Marokko, Algerien, Tunesien, Libyen.
Magma, das	Gesteinsschmelze
massein (grch.)	kneten
makros (grch.)	groß, lang, grob
materia (lat.)	Stoff
Mechanik, die	Lehre von den Bewegungen und den sie bewirkenden Kräften
mechanike techne (grch.)	Maschinenkunst
Meditation (lat.)	Nachdenken, Betrachtung
mel (lat.)	Honig
mellith	Honigstein, Aluminiumsalz der Mellithsäure
Membran, die	sehr dünne Trennwand
membrum (lat.)	Körperglied; biologisch: dünnes Häutchen
meniskos (grch.)	Möndchen
men (grch.)	Mond
meros (grch.)	Teil
meso (grch.)	dazwischen
meta (grch.)	jenseits, darüber hinaus
Metabolismus, der	Stoffwechselprozess
metabole (grch.)	Veränderung
metallon (grch.)	Bergwerk
mikros (grch.)	klein, gering, fein

Mitochondrien	Energiespeicherstationen in Zellen, körnchenartige enzymhaltige Zellbestandteile
mitos (grch.)	Faden, Schlinge
chondrien (grch.)	Körnchen
moderari (lat.)	mäßigen, lenken
modificare	gehörig abmessen, abändern
Molekül, das	kleinster Teil einer chemischen Verbindung
molecula (lat.)	kleine Masse
Mollusken	Weichtiere, wie z. B. Schnecken, Muscheln, Grabfüßer, Kopffüßer; ein Tierstamm der wirbellosen Tiere
mollis (lat.)	weich
monomer	ein Teil, ein Baustein
monos (grch.)	einzig, allein, einzeln, ein (siehe polymer)
Monsun, der	ist ein halbjährlich die Richtung wechselnder Wind
mausim (arab.)	Jahreszeit
morphe (grch.)	Gestalt, Form
morphologie	Lehre von der Gestalt und Form
mortalitas (lat.)	Sterblichkeit
mutagenität, die	vererbbare Anpassungsfähigkeit
mutare (lat.)	wechseln, verändern
Mykorrhiza	mit Pflanzenwurzeln in Symbiose lebende Bodenpilze
mykorrhiza (grch.)	Bodenpilz
mykes (grch.)	Pilz
mythos (grch.)	Wort, Rede, Fabel

N

nanos (grch.)	Zwerg, Vorsilbe zur Kennzeichnung des milliardsten Teils, des 10^{-9} fachen, einer Maßeinheit
Naphtha	Bezeichnung für bestimmte Erdölfraktionen, häufig auch Rohbenzin genannt
Naptu (babylonisch)	Erdöl
Neolithikum	Jungsteinzeit, je nach der Region in der Welt begann sie zwischen dem 9. und 6. Jahrtausend v. Chr.
neo (grch.)	neu
lithos (grch.)	Stein
Neutralisation, die	chemischer Vorgang, bei dem sich die positiven Wasserstoffionen mit den negativen Hydroxidionen zu undissoziiertem Wasser vereinigen (s. a. Neutron)
Neutron, das	ungeladene Elementarteilchen
neuter (lat.)	keiner von beiden, d. h. neutral
Nippflut, die	flache Flut
abgeleitet von nippen	

Nitrogenium (lat.)	Stickstoff
nitron, natron (grch.)	das Salz (siehe Hydrogenium)
Nucleotid, das	Baustein der Nukleinsäuren
Nucleus (lat.)	Kern, Zellkern

O

obligare (lat.)	binden, verpflichten
obligare (lat.) obligat	unerlässlich, unbedingt erforderlich
odorare (lat.)	riechend machen
Öko von oikos (grch.)	Haus, Siedlung, Wirtschaft
Ökologisches System Ökosystem	räumlich begrenztes Milieu, das durch wechselseitige Beziehung seiner Organismen, z. B. Kreislauf von Energieträgern, die Leben ermöglichen
Ölschiefer	sind karbonathaltige Quarz-Ton-Gesteine mit einem Anteil von bis 30 % organischer Substanz, wie z. B. langkettigen Kohlenwasserstoffen. Beim Erhitzen zersetzen sich diese zu Öl, auch Kerogen genennt (Kerogen, grch. – Ölerzeuger). Entstehungszeit von Kambrium bis Tertiär (s. Tab. 13.34).
Ölsande,	auch Teersande genannt, sind weiche Quarz- und Tonsande oder dunkle Sandsteine, die zähes Öl enthalten. Entstehungszeit Mesozoikum (s. Tab. 13.34).
Oleum (lat.)	ölbildend; hochkonzentrierte Schwefelsäure
orbis (lat)	Kreis, Erdkreis
Orbital, das	ist eine gedachte kugelförmige oder elliptische Schale, in deren Bereich sich die den Atomkern umkreisenden Elektronen am wahrscheinlichsten aufhalten
Organon (lat.)	Werkzeug
Orthopyroxen	Gruppe gesteinsbildender Mineralien auf Basis einer silicatischen, $[Si_2O_6]^{4-}$, Kettenstruktur. Der größte Teil des Mondgesteins besteht aus Pyroxen.
orthos (grch.)	gerade, richtig
pyr (grch.)	Feuer
xenos (grch.)	fremd
orthos (grch.)	recht, rechts
os (lat.)	Mund, per os = Einnahme durch den Mund
Osmose, die,	einsinnige Ausbreitung von gasförmigen, flüssigen oder festen Stoffen durch eine halbdurchlässige Trennwand
osmos (grch.)	Stoß
Ossein	Gerüsteiweiß (Skleroprotein) der Knochen, zählt zur Gruppe der Kollagene
ossa (lat.)	die Knochen
Östrogen, das	weibliches Geschlechtshormon
oistros (grch.)	Stachel, Leidenschaft

Oxygenium (lat.)	Sauerstoff
oxys (grch.)	scharf, sauer (siehe Hydrogenium)
Ozon, das	triatomarer Sauerstoff
Ozonolyse, die	Spaltung von Stoffen durch Ozoneinwirkung
ozein (grch.)	nach etwas riechen

P

Pankreatin	Enzym der Bauchspeicheldrüse zur Stärkespaltung
pan (grch.)	ganz, all
kreas (grch.)	Fleisch
Paraffine, die	gesättigte Kohlenwasserstoffe
parum affinis (lat.)	wenig verwandt (gegenüber Wasser)
parentarale Ernährung	ist die Zufuhr von Nahrungsstoffen unter Umgehung des Verdauungstraktes, z. B. durch intravenöse Injektion
para (grch.)	neben
enteron (grch.)	Darm
Pascal, Blaise	franz. Physiker (1623–1662), 1 Pa ist die SI-Einheit des Druckes, $1\ Pa = 1\ kg \cdot m^{-1} \cdot s^{-2} = 1\ N \cdot m^{-2}$
Passat, der	ist ein in weiten Teilen der Tropen regelmäßig vorherrschender Ostwind
pasar (span.)	vorbeigehen
Passivierung, die	elektrochemische Bildung einer korrosionsfesten Metalloberfläche
passiv	untätig, willensträge
passivus (lat.)	duldend
pathos (grch.)	krankheitserregend
PCB	polychlorierte Biphenyle
pedo (grch.)	Boden
pellet (engl.)	Kügelchen, Pille, Tablette
penetrare (lat.)	durchdringen
Peptisation, die	Wiederauflösung eines ausgeflockten Kolloids
pepsis (grch.)	Verdauung
Peristaltik, die	Darmbewegung
peristaltikos (grch.)	zusammendrückend, wellenförmige Zusammenziehung von Muskeln bei Hohlorganen
prennierend	dauernd, das ganze Jahr hindurch
perennis (lat.)	andauernd
per (lat.)	zu; annus (lat.) – Jahr
permanere (lat.)	verbleiben, ständig fortdauernd
Permeat, das	Hindurchgehende
permeare (lat.)	hindurchgehen

pestis (lat.)	Seuche, Unheil
phagein (grch.)	fressen
Phlobaphene	Bezeichnung für wasserunlösliche rotbraune Kondensationsprodukte, die aus wasserlöslichen Gerbstoffen bei Enzymeinwirkung entstehen
phloios (grch.)	innere Rinde
baphe (grch.)	Farbstoff
phlox (grch.)	Flamme, Feuer
phlogistos (grch.)	brennbar
Phosgen, das	Kohlenstoffoxiddichlorid, $COCl_2$
phos (grch.)	Licht
…gen (grch.)	aus … entstanden
Phosphor, der	chemisches Element
Phosphoros (grch.)	lichttragend
Photosynthese, die	eine durch Einwirkung von Licht ablaufende chemische Reaktion
phos (grch.)	Licht
syn (grch.)	mit … zusammen
thesis (grch.)	Behauptung
Photovoltaik, die	ist die Direktumwanldung von Lichtenergie in elektrische Energie ohne Zwischenstufen mit Hilfe von Halbleitern (s. Volt)
phyllon (grch.)	Blatt
Physiologie, die	Wissenschaft von den Funktionen und Reaktionen der Zellen, Gewebe und Organen der Lebewesen
physis (grch.)	Natur
logos (grch.)	das Wort, die Rede
Phytoplankton, das	Algen
phytos (grch.)	Pflanze
planktos (grch.)	Umhergetriebenes
Pille, die	Dosierungsform von Feststoffen
pilula (lat.)	Kügelchen
plantare (lat.)	pflanzen
Plasma, das	gerinnbare Flüssigkeiten; physikalisch auch als Begriff für 4. Aggregatzustand verwendet, als ein Gemisch aus freien Elektronen, positiven Ionen und Neutralteilchen eines Gases, die sich durch die ständige Wechselwirkung untereinander und mit Photonen in verschiedenen Energie- und Anregungszuständen befinden.
plassein (grch.)	bilden, formen
pneumatische Förderung, die	Druckförderung mittels Luft bzw. Gas
pneuma (grch.)	Hauch, Atem

point (engl.)	Punkt
Polyeder, der	Körper, dessen Oberfläche aus vielen Flächen besteht
hedra (grch.)	Fläche, Sitz
Polymer, das	Makromolekül das aus einem oder mehreren gleichen Bausteinen aufgebaut ist
polys (grch.)	viel
pour, to (engl.)	fließen
Praekambrium	Bezeichnung für eine geologische Formation des Erdzeitalters vor ca. 600 Mio. Jahren und mehr
prae (lat.)	vor, voraus, voraus
Cambria (keltisch)	Bezeichnung vor Nord-Wales
precursor (engl.)	Vorläufer, spezielle Nährstoffe bei mikrobiologischen Anzüchtungen
primordial (lat.)	uranfänglich, ursprünglich
Prokaryonten, die	Mikroorganismen ohne geschlossenen Zellkern
karyon (grch.)	Nuss, Kern
pro (lat)	vor, vorher
producere (lat.)	hervorbringen
Promotoren	sind Substanzen, die die Wirkung von Katalysatoren verstärken
promovere (lat.)	vergrößern, erweitern, fördern
prophylassein (grch.)	verhüten, vorbeugen
Proton, das	Elementarteilchen
protos (grch.)	zuerst, früher, vorher
Pyknometer, das	Gerät zur Dichtebestimmung von Flüssigkeiten
pyknos (grch.)	dicht, fest
metron (grch.)	Maß
Pyrolyse, die	chemische Zersetzung durch Hitze in Abwesenheit von Sauerstoff
pyr (grch.)	Feuer
lysis (grch.)	Auflösung
Pyroxene	sind gesteinsbildende Mineralien mit einer $[Si_2O]^{4-}$-Kettenstruktur und hohen Al_2O_3- und Fe_2O_3-Bestandteilchen. Pyroxene sind typische Mineralbestandteile der Tiefengesteine (Plutonite) und Vulkanite. Sie treten mit Olivin vergesellschaftet auf und sind auf dem Mond das am häufigsten vorkommende Gestein.

R

Radiolarien, die	Strahlentierchen, im Meer lebende Wurzelfüßer mit fadenförmigen Scheinfüßchen und innerem Kieselskelett
radius (lat.)	Strahl
raffiner (frz.)	läutern, verfeinern

Reaktion, die	Gegenwirkung, stofflicher Umwandlungsvorgang
agere (lat.)	handeln
re (lat)	zurück, entgegen, wieder
Rechenanlagen	dienen zum Trennen von Feststoffen aus Flüssigkeiten. Sie bestehen aus Gitterwerken/metallisch oder Kunststoffen) unterschiedlicher Durchgangsgröße, 10 mm bis 50 mm. Sie dienen zum Zurückhalten grober und sperriger Feststoffe vor Wassereinläufen jeglicher Art. Das Rechengut wird maschinell automatisch geräumt.
Recycling, das	Kreislauf Rückführung von nicht mehr genützten Gebrauchsgütern in die Wiederaufarbeitung.
re (lat.)	als Vorsilbe „zurück" oder „wieder"
cycle (engl.)	Kreislauf
Reduktion, die	Entzug von Sauerstoff, Zuführung von Wasserstoff
reductio, reducere (lat.)	zurückführen
reformare (lat.)	umgestalten, verbessern
Refraktometrie, die	Methode zur Bestimmung der Lichtbrechung
refringere (lat.)	zerbrechen, aufbrechen.Refraktion (Lichtbrechung) ist die Richtungsänderung eines Lichtstrahls, die er erfährt, wenn er im Winkel in ein optisch andersartiges Medium übertritt, in dem seine Fortpflanzungsgeschwindigkeit sich ändert.
Regression	Rückbewegung
regressus (lat.)	Rückgang
Rektifikation, die	Gegenstromdestillation, Flüssigkeit und Dampf werden in Kolonnen im Gegenstrom zueinander geführt
recte (lat.)	richtig
facere (lat.)	machen
Remanenz	bleibende Magnetisierung, Restmagnetismus
remanere (lat.)	zurückbleiben
Reproduktion, die (biolog.)	Fortpflanzung
reproducere (lat.)	nachbilden
Reptil	Kriechtier
repere (lat.)	kriechen
Resina (lat.)	Harz
Resistenz, die	Widerstand
resistere (lat.)	Widerstand leisten, widersetzen
Resorption, die	aufnehmen
resorbere (lat.)	einsaugen
Retardation, die	Verzögerung
retardare (lat.)	zurückhalten

Retentat, das	Zurückgehaltene
retinere (lat.)	zurückhalten
reticulum (lat.)	Netz
reversibel	umkehrbar
reversibel reversio (lat.)	Umkehrung
reversus (lat.)	umgekehrt
rhombos (grch.)	Umdrehung, Raute
Rheologie, die	Lehre und Wissenschaft von den Fließeigenschaften
rheos (grch.)	Fluss
Rotation, die	ist die Umdrehung eines Körpers um eine feste Achse, die Rotationsachse
rotare (lat.)	sich im Kreise drehen
rota (lat.)	das Rad

S

Saccharomyces	Pilze (Hefen) zur Spaltung von Zuckern
sakcharon (grch.)	Zucker
myko (grch.)	Pilz
cerevisia (lat.)	Bier
Sanitisierung	ist eine gezielte Entkeimung die eine möglichst starke Verminderung der lebenden und teilweise (fakultativ) krankmachenden (pathogenen) Keime anstrebt.
sanare (lat.)	heilen, gesund machen
Saprobel	Faulschlamm, der während des anaeroben Abbaus von organischen Stoffen in Meeren und Seen sich bildet.
sapros (grch.)	faul
pelein (grch.)	sich bewegen
Screening, das	Begriff, der in der pharmazeutischen Industrie und Biotechnik im Sinne von Projektierung, Durchleuchtung, Klassierung, Siebung, Prüfung und Reihenuntersuchungen verwendet wird
screen (engl.)	Schirm, Sieb, Filter
Schelf, shelf (engl.)	ist der vom Meerwasser überspülte flachauslaufende Festlandsockel der Kontinente.
Sediment, das	Abgesetztes
sedimentum (lat.)	sich gesetzt
Seggen (niederdeutsch) (abgel. von Säge, Sichel)	Riedgras, Sauergras
Seismograph	Gerät zur Messung und Aufzeichnung von Erderschütterungen und Erdbeben
seismos (grch.)	Erderschütterung
Selection, die	Auswahl
seligere (lat.)	auswählen

selektiv	trennscharf auswählen
semi (lat.)	halb z. B. semikontinuierlich, semipermeabel (halbdurchlässig), semiessentiell
semiaridus	halbtrocken
aridus (lat.)	trocken
Silo, der	Großspeicher zum Aufbewahren von Getreide u. a. landwirtschaftlichen Produkten
silos (lat.)	Grube zum Aufbewahren von Getreide
Silicium, das	Halbmetall, chemisches Element
Silex (lat.)	Kieselstein
Solarenergie, die	Lichtenergie
sol (lat.)	Sonne
Solarkonstante	gibt den Sonnenenergiebetrag an, der pro Minute auf 1 cm^2 Erdoberfläche einwirkt; S =8,15 $[J \cdot cm^{-2} \cdot min^{-1}]$ bzw. $1{,}4 \cdot 10^3$ $Watt \cdot m^{-2}$, ohne Berücksichtigung der Absorption durch die Atmosphäre.
solid (engl.)	fest
solidus (lat.)	dicht, stark, echt
solutus (lat.)	aufgelöst
Solvatation, die	Anlagerung von Lösemittelmolekülen an gelöste Teilchen
solvere (lat.)	lösen
sphaira (grch.)	Kugel
Spektrum, das	Vielfalt
spectrum (lat.)	Erscheinung
Statik, die	Lehre vom Gleichgewicht der Kräfte
statikos (grch.)	stellend, wägend,
statike (grch.)	Kunst des Wägens
Stator, der	Ständer einer elektrischen Maschine
stare (lat.)	stehen
Steinkohleneinheit	SKE, 1 SKE entspricht dem mittleren Energieinhalt von 1 kg Steinkohle. 1 SKE ≙29300 kJ ≙ 8,114 kWh
Stereochemie, die	Lehre von der räumlichen Anordnung der Atome oder Atomgruppen im Molekül
stereos (grch.)	fest, starr, räumlich Sterilisation. dieist die Beseitigung ler pathogenen und apothogenen Mikroorganismen einschließlich deren Sporen mit physikalischen Methoden, z. B. Erhitzen im strömenden Dampf, in Heißluft, durch Bestrahlung und Sterilfiltration
sterilis (lat.)	unfruchtbar, keimfrei
Stöchiometrie, die	Lehre von der quantitativen Zusammensetzung der chemischen Verbindungen und deren Mengenverhältnissen bei chemischen Umsetzungen

stoicheion (grch.)	Element
metron (grch.)	Maß
Stratosphäre, die	ist die obere Schicht der Atmosphäre (s. dort)
stratum (lat.)	Schicht
strip, to (engl.)	abstreifen, in der Technik eine fachsprachlich entlehnte Bezeichnung für wegnehmen, Entkleiden
Subduktion, die	ist das Untertauchen von starren Lithosphärenplatten unter den Festlandsockeln an deren Rändern.
sub (lat.)	als Vorsilbe unter, niedriger
ductile (franz.)	streckbar, verformbar
subglacialis	siehe glacialis
Sublimieren, das	direktes Übergehen der Stoffe vom festen in den gasförmigen Zustand
sublimare (lat.)	emporheben
sublimis (lat.)	hoch in der Luft befindlich
sublingual (lat.)	unter der Zunge
submersus (lat.)	untergetaucht
substitutio (lat.)	Ersetzen, Unterschiebung
Substrat, das	Trägermaterial, Keimboden
substernere (lat.)	unterlegen, unterstreuen
Sulfur (lat.)	Schwefel, chemisches Element
Suppositorien, die	Zäpfchen
supponere (lat.)	darunterlegen
Suspension, die	Mischsystem von Feststoffteilchen in Flüssigkeiten oberhalb kolloider Teilchengröße, größer als eintausendstel Millimeter
suspendere (lat.)	Millimeter aufhängen, schwebend halten
Symbiose, die	Zusammenleben zweier verschiedenartiger Lebewesen in gegenseitigem Nutzen
symbiosein (grch.)	zusammenleben
syn (grch.)	als Vorsilbe „mit, zusammen“
synchronisieren	ist z. B. das Aufeinander Abstimmen der Drehzahlen eines Getriebes
syn (grch.)	mit ---- zusammen
chronos (grch.)	Zeit
synchron	gleichzeitig, zeitlich gleichgerichtet, in der Elektrizität phasengekoppelt, z. B. Angleichung der Spannung eines Wechsel- oder Drehstromsynchrongenerators in Frequenz, Amplitude und Phasenlage an die Spannung des Netzes oder eines anderen Generators.
Synergismus	ist das Zusammenwirken verschiedener Stoffe oder Faktoren in der Weise, dass die Gesamtwirkung größer ist als die Summer der Wirkungen der Einzelkomponenten.

synergein (grch.)	zusammenarbeiten
synovia (lat.)	Gelenk, Gelenkschmiere
systema (grch.)	zusammengefasstes Ganzes
System	ist eine abgegrenzte und gegliederte Anordnung von Bau- und/ oder Funktionselementen sowie Gedanken, die alle durch Wechselwirkungen miteinander im Zusammenhang stehen und voneinander abhängig sind.

T

Tabago (mittelamerik.)	zum Rauchen verwendete Pflanzenrohre
tabuletta (lat.)	Täfelchen
Tektonik	ist die Lehre von der Erdrinde, die Plattenektonik beschreibt Vorgänge, die das Gefüge der Erdrinde umformen.
tektonike, techne (grech.)	Baukunst
telos (grch.)	Ziel, Zweck
tendere (lat.)	nach etwas streben
Tenside, die	grenzflächenaktive Substanzen, die die Benetzbarkeit von Festkörpern oder die Vermischbarkeit von Flüssigkeiten fördern
tensio (lat.)	Spannung
teras (grch.)	Missbildung
terra (lat.)	Erde, Land
terrestrisch	die Erde betreffend
Tertiär	eine geologische Formation des Erdzeitalters vor ca. 60 Mio. Jahren
tertiarius (lat.)	an dritter Stelle stehend
Tetanos (grch.)	Starrkrampf
tetraedrisch	Vierflächner
tetragon (grch.)	Viereck
tettares (grch.)	vier
hedra (grch.)	Fläche
gonia (grch.)	Winkel
Therme (grch.), die	Wärme, z. B. Thermosflasche, Thermometer
dynamis (grch.)	Kraft
thermophil	wärmeliebend
Thermik, die	durch Sonnenscheinstrahlung hervorgerufene Aufwärtsbewegung der Luft
Thermodynamik, die	Lehre von den Energieumwandlungen, insbesondere die der Wärmeenergien
thermohaline Zirkulation	Wärme-Salz-Kreislauf
topos (grch.)	Ort
torus (lat.)	wulstartiger Teil, z. B. einer Säulenbasis

Transformator (Trafo)	Gerät zur Umwandlung einer elektrischen Wechselspannung in eine andere Wechselspannung gleicher Frequenz.
transformare (lat.)	umwandeln
Transgression	Vordringen eines Meeres über das Festland
transgressio (lat.)	vordringen
translatio (lat.)	fortschreitende gradlinige Bewegung von Körpern
trans (lat.)	jenseits, über
transcribere (lat.)	lautgetreue Übertragung in eine andere Schrift
tribein (grch.)	reiben
Tribologie	Lehre und Wissenschaft von der Reibung und Verschleiß von Werkstoffen
Trift, die	Viehtreiben, Flößerei, Meeresströmung
triften (mhd.)	treiben
trigon (grch.)	Dreieck
Trilobit, der	krebsähnliches Wassertierchen mit dreigelapptem Rückenpanzer aus Hydroxyapatit und Calciumcarbonat
tri, tres, tria (lat.)	drei
lobos (grch.)	Lappen
Triplettcode, der	Verschlüsselung aus drei Zeichen (siehe Code)
triplex (lat.)	dreifach, Zusammenfassung dreier Ringe
Tritium, T	radioaktiver Wasserstoff mit 1 Proton und 2 Neutronen
tritos (grch.)	der Dritte
trivialis (lat.)	gewöhnlich
Tsunami	eine durch Seebeben und Vulkanausbrüche ausgelöste Flutwelle
tsu (jap.)	Hafen
nami (jap.)	lange Welle
Turbine	Maschine zur Übertragung von Strömungs(Bewegungs)energie auf ein Laufrad
turbo (lat.)	Kreisel, Wirbel

U, V, W, X

überkritischer Zustand	dieser ist bei einer Flüssigkeit oder einem Gas gegeben, wenn ihre Zustandstemperatur und ihr Zustandsdruck sich oberhalb des kritischen Punktes (s. Abb. 3.25) befinden. Im kritischen Punkt sind die Dichten der flüssigen und gasförmigen Phase gleich. Oberhalb des kritischen Punktes gibt es nur noch eine Phase, die überkritische Phase.
ubiquitär	überall vorkommend
ubique (lat.)	überall
Umkehrosmose, die	ist eine Umkehrung der Osmose, die indem die Lösemittelmoleküle von einer Lösung höherer Konzentration durch eine

	semipermeable Scheidewand in die Lösung mit niederer Konzentration bzw. in das reine Lösemittel wandern
universell	allgemein, allumfassend, gesamt
universalis (lat.)	allgemein
vacare (lat.)	leer sein
vagari (lat.)	umherschweifen
varia (lat.)	verschieden
nonvariant	nicht verschieden
variabilis (lat.)	sich verändern
vegetus (lat.)	belebt
vegere (lat.)	erregen
vector (lat.)	Träger
Vektor	1. eine die Richtung bestimmende physikalische Größe 2. biologisches (genetisches) Transportsystem
Ventilator	ist ein Luft-(Gas)verdichter zur Erzeugung eines Luft-(Gas) stroms
Ventilator ventus (lat.)	Wind
vesicula (lat.)	kleine Blase
virus (lat.)	Gift
Viskosität, die	Fließfähigkeit bzw. Zähigkeit von Flüssigkeiten und Gasen
viscum (lat.)	Vogelleim, Mistel
vita (lat.)	Leben
Volt, das	ist das Zeichen für die Maßeinheit der elektrischen Spannung nach Graf Volta (1745–1827), ital. Physiker
Vulcanus (lat.)	italienischer Feuergott
wadi (arab.)	Bach, Trockental, wasserloses Flussbett der Wüste
Wafer (amerik.)	aus dem amerikan. übernommene Bezeichnung für dünne Scheibchen, die aus dotiertem Silizium u. a. Halbleitermaterialien geschnitten werden; deutsche Bedeutung: Scheibchen, Oblate.
Wellenzahl $\tilde{\nu}$	gibt die Anzahl der Schwingungen an, die ein Licht einer bestimmten Wellenlänge λ entlang einer Strecke von 1 an vollführt, $\tilde{\nu} = \nu \cdot c^{-1}$; ν = Frequenz [$s^{-1}$]; c = Lichtgeschwindigkeit [$m \cdot s^{-1}$].
Wirkungsgrad	ist das Verhältnis der Nutzleistung einer Maschine bzw. Apparatur zur aufgewendeten, d. h. zugeführten Leistung. Sein Wert ist immer kleiner als 1 bzw. liegt unter 100 %
xeros (grch.)	trocken

Z

Zelle, die	ist die kleinste Einheit von Lebewesen
cella (lat.)	Zelle

Zement, der	feingemahlener Baustoff als hydraulisches Bindemittel aus Mörtel und Beton
Zementation, die	in der Metallurgie das Abscheiden von Metallen durch ein anderes Metall, das eine größere Affinität zum Sauerstoff aufweist
caementum (lat.)	Bruchstein
Zentrifugieren, das	trennen von fest-flüssig und flüssig-flüssig Gemischen durch die Zentrifugalkraft
centrum (lat.), das	Mittelpunkt
fugare (lat.)	fliehen
Zeolith	ein Silikatmineral mit bestimmten Kristallstrukturen
zein (grch.)	sieden
zeo (grch.)	ich siede
Lithos (grch.)	Stein
zoon (grch.)	Lebewesen, Tier
Zyklotron	Anlage zur Beschleunigung elektrisch geladener Teilchen
kyklos (grch.)	Kreis, Rad
Zyklone	Geräte zur Abscheidung von Staub oder Flüssigkeitströpfchen
Zytologie	Lehre von den Zellen
Kytos (grch.)	Höhlung

Literatur

1. 2006/2007 South Africa Yearbook: 23 – Water affairs and forestry. www.gcis.gov.za/docs/publications/yearbook/chapter23.pdf
2. Aaron W (1996) Middle East water conflicts and directions for resolution, food, agriculture and the environment discussion, Paper 12, Washington D.C., International Food Policy Research Institute
3. Allouche J (2004) Water nationalism – an explanation of the past and present conflicts in Central Asia, the Middle East and the Indian Subcontinent, Doktorarbeit, 400 S, 51 MB, Universität Genf
4. Atlas der Globalisierung (2006) Le Monde diplomatique/taz. Verlags und Vertriebs GmbH, Berlin
5. Auer J (2009, Nov. 5) Geotherme. Deutsche Bank Research, Frankfurt a. M.
6. Auer J (2010, Sept. 14) Wasserkraft in Europa. Deutsche Bank Research, Frankfurt a. M.
7. Auswärtiges Amt. http://www.auswaertiges-amt.de/diplo/de/Laender/VereinigteArabischeEmirate.html
8. Ball P (2002) H_2O; Biographie des Wassers, 2. Aufl. Piper Verlag GmbH, München. (Originalausgabe engl. (1999), H_2O; Biography of water. Weidenfeld and Nicolson, London)
9. Ballabrera-Poy J, Murtugudde R, Busalacchi AJ (2002) On the potential impact of sea surface salinity observations on ENSO predictions. J Geophys Res 107(C12):8007
10. BASF Ludwigshafen, Henkel KGaA Düsseldorf, Germany, Wagner D (2010) Waschmittel, Chemie, Umwelt, Nachhaltigkeit. Wiley, Weinheim. (Deutsche Vereinigung für Wasserwirtschaft, Abfall e. V. (2014) 53773 Hennef)
11. Bayer report a) (2007) Heft 1; b) 2003, Heft 2; c) Bayer research 2007, Heft 14
12. BAYER-report Nr. 2/2003; Bayer research Nr. 14/Okt. 2002
13. Behrens D, DECHEMA, Gesellschaft für Chemisches Apparatewesen (Hrsg) (1986) Wasserstofftechnologie, Perspektiven für Forschung und Entwicklung. Chemische Technik und Biotechnologie, Frankfurt a. M.
14. Bergier J-F (1982) Une histoire du sel. Office du Livre, Fribourg
15. Bergier J-F (1989) Die Geschichte vom Salz. Campus Verlag GmbH, Frankfurt a. M.
16. Berlinwasser International-Company Profile (2008) 10119 Berlin. www.berlinwasser.com. Berlinwasser International AG, Jahresabschluss zum 31.12.2010 und Lagebericht, 10119 Berlin
17. Bloom AL (1973) The surface of the Earth. Prentice-Hall, London. (dt. Übersetzug: Die Oberfläche der Erde (1976) 1. Aufl. Ferdinand Enke Verlag, Stuttgart)
18. Bockhorst M (2002) www.energieinfo.de
19. BP Statistical Review of World Energy (2011, Juni) http://www.bp.com/statisticalreview
20. Brauneis E (2008) Hanauer Landstraße 24 c., 63517 Rodenbach, Germany

© Springer-Verlag Berlin Heidelberg 2016

V. Hopp, *Wasser und Energie,* DOI 10.1007/978-3-662-48089-2

21. Breidenich M (2002) Warum ist Meerwasser salzig? Frankfurter Allgemeine Zeitung Nr. 143, vom 13.06.2002
22. British Geological Survey (2013) Keyworth Nothinham, World Mineral Production 2007–2011
23. Broschüre von European Geothermal Energy Council-EGEC, Brüssel s1, rue de Hirondelles, ISBN 3-932570-29-4
24. Broßmann E, Storch B-R (2003) Wärme und Strom aus der Erde. Broschüre der Erdwärme Neustadt-Glewe GmbH
25. Bryden H, Longworth H, Cummingham SA (2005) Slowing of the Atlantic meridional overturning circulation at 25° N. Nature 438:655–657
26. Buros OK (2000) The ABC's of desalting. International Desalination Association Topsfield, Massachusetts
27. Bundesanstalt für Geowissenschaften und Rohstoffe, Jahresbericht 2007. www.bgr.bund.de
28. Bundesanstalt für Geowissenschaften und Rohstoffe, Hannover 2013a, Energiestudie
29. Bundesanstalt für Geowissenschaften und Rohstoffe. Jahresbericht 2013b, www.bgr.bund.de
30. Bundesanstalt für Geowissenschaften und Rohstoffe (BGR), Fachbereich B1.3, Geologie der Energierohstoffe, Polargeologie; Autoren: Franke D, Bahr P, 7 weitere (2013) Energiestudie (Reserven, Ressourcen und Verfügbarkeit von Energiestoffen; 30655 Hannover
31. Bundeszentrale für politische Bildung (Hrsg) (2005) Volksrepublik China. Informationen zur Politischen Bildung, Nr. 289, 53113 Bonn
32. Chemie-plus (2007) Strom statt Gefahr aus der Tiefe des Sees 11:44
33. Chemie report (2002) Mit Chemie die Zukunft gestalten, Heft 5/6. Verband der Chemischen Industrie. Frankfurt a. M.
34. Chlorine Industry Review (2005–2006). Euro-Chlor, B-1100 Brussels, Belgium
35. Cosgrove WJ, Rijsberman FR (2000) World water vision: making water everybody's business. Earthscan Publication Ltd., UK, ISBN 185383730X
36. Dams and Development (2000) A New framework for decision making. WCD
37. Deutscher Bauernverband (Hrsg) (2007/2008) Situationsbericht. Trends und Fakten zur Landwirtschaft. 10117, Berlin
38. Deutscher Bauernverband. Situationsbericht 2012/2013, Trends und Faktoren zur Landwirtschaft. Berlin
39. Deutsche Bunsen-Gesellschaft für physikalische Chemie (Ausfelder, F.), Theodor-Heuss-Allee 25, 60486 Frankfurt (2013), Von Kohlehalden und Wasserstoff, Energiespeicher – zentrale Elemente der Energieversorgung
40. Deutsche Gesellschaft für die Vereinten Nationen e. V. (2006) Bericht über die menschliche Entwicklung 2006. Uno Verlag, Vertriebs- und Verlags GmbH, Bonn (English Edition: Human Development Report 2006. United Nations Development Programme (UNDP))
41. Deutsche Lebensrettungsgesellschaft (DLRG), Gliederung Mecklenburg-Vorpommern. www.dlrg.de/Gliederung/Mecklenburg-Vorpommern/Prora/natur/ostseeee.htm
42. Deutsche Stiftung Weltbevölkerung (2001) Bevölkerung und Umwelt, Geschäftsstelle, 30459 Hannover
43. Deutsche Vereinigung für Wasserwirtschaft, Abwasser und Abfall e. V., Im Klartext (Heft 2012 und 2014) 53773 Hennef
44. Die Wasserkraft der Erde. http://strombasiswissen.beit-online.de/SB107-01.htm
45. Ditfurth von M (2007) Am Anfang war der Wasserstoff, 18. Aufl. Deutscher Taschenbuch-Verlag, München
46. Donner S (2003) Zu viel Schwermetalle im Glas. VDI-Nachrichten, Nr. 49, vom 05.12.2003
47. Drissner D, Kunze G, Calewaert N, Gehrig P, Tamasloukht M'B, Boller T, Felix G, Amrhein N, Bucher M (2007) Lyso-Phosphatidylcholin is a signal in the arbuscular mycorrhizal symbiosis. Science 318:265–268

48. DSW-Datenreport (2006) Soziale und demographische Daten zur Weltbevölkerung. Deutsche Stiftung Weltbevölkerung (DSW), Hannover
49. Dubbel (1983) Taschenbuch für den Maschinenbau, 15. korr. und erg. Aufl. Springer Verlag, Berlin
50. Eales K, Forster S, Du Mhango L (1996) Strain, water demand and supply direction in the most stressed water systems of Lesotho, Namibia, South Africa and Swasiland. In: Rached E, Rathgeber E, Brooks D (Hrsg) Water management in Africa and the Middle East: challeges and opportunities. IRDC Books, Ottawa
51. Eisbacher GH, Kley J (2001) Grundlagen der Umwelt- und Rohstoffgeologie. Enke im Georg Thieme Verlag, Stuttgart
52. Eisenbach U (2004) Mineralwasser, Vom Ursprung rein bis heute. Verband Deutscher Mineralbrunnen e. V., Bonn
53. Eisenbeiß G (2005) Energieversorgung – ist Wasserstoff die Zukunft? Wie realistisch ist die Perspektive, Materie in Raum und Zeit. In: Fritsch H (Hrsg) Verhandlungen der Gesellschaft Deutscher Naturforscher und Ärzte. S. Hirzel Verlag, Stuttgart
54. Elements, degussa Science Newsletter 12, 2005. www.antarktis.ch/21a.hm
55. Emmermann R (2002) An den Fronten der Forschung: Kosmos – Erde – Leben, Verhandlungen der GDNÄ in Halle. S. Hirzel Verlag, Stuttgart
56. Engelmann R, Cincotta R (2001) Mensch, Natur! Report über die Entwicklung der Weltbevölkerung und die Zukunft der Artenvielfalt. In: Deutsche Stiftung der Weltbevölkerung (Hrsg) Balance Verlag, Stuttgart
57. Engelmann R, Dye B, LeRoy P (2000) Mensch, Wasser!, Report über die Entwicklung der Weltbevölkerung und die Zukunft der Wasservorräte. In: Deutsche Stiftung der Weltbevölkerung (Hrsg) Balance Verlag, Stuttgart
58. Evonik Magazine (2008) Treasure from the deep, manganese and other ores can meet to morrow's need for raw materials, 1/2008. Evonik Industries AG, 45128, Essen
59. Falbe J, Regitz M (Hrsg) (1999) Römpps Chemie Lexikon, Bd 4, 10. Aufl. Georg Thieme Verlag, Stuttgart
60. Falkenmark M, Widstrand C (1992) Population and water resources: a delicate balance. Population Reference Bureau, Washington, DC (Population Bulletin)
61. FAO Crop Prospects and Food Situation. FAO Food Outlook, Stand 11/10
62. Faust M (1979) Process result from SCP pilot plant based on methanol, Uhde Dortmund. Dechema Monogr 83:1704–1723 (Verlag Chemie, Weinheim)
63. Fearnside PM (1995) Hydro-electric dams in the Brazilian Amazonas sources of ‚greenhouse gases'. Environ Conser 22(1):7–19
64. Fischer HJ (2002) Süditalien geht das Wasser aus. Frankfurter Allgemeine Zeitung, Nr. 160, vom 13.07.2002
65. Fonds der Chemischen Industrie (Hsrg) (1994) Chemie – Grundlage der Mikroelektronik. Folienserie des Fonds der Chemischen Industrie, Nr. 18. Fonds der Chemischen Industrie, Frankfurt a. M.
66. Frankfurter Allgemeine Zeitung, Nr. 16, S 9, vom 30.01.2004
67. Frede W (1991) Taschenbuch für Lebensmitteltechniker und -technologen, Bd 1. Springer Verlag, Berlin, S 504
68. Freund A, Rößler H-C (2001) Dem Nahen Osten geht das Wasser aus. Frankfurter Allgemeine Zeitung, Nr. 204, S 11, vom 03.09.2001
69. Fricke J, Borst W (1981) Energie. R. Oldenbourg Verlag, München
70. Friedrich TA (2006) Afrika im Wassernotstand. VDI-Nachrichten, Nr. 50, vom 15.12.2006
71. Fucks W (1965) Formeln zur Macht. Deutsche Verlagsanstalt GmbH, Stuttgart
72. Gardi R (1975) Sahara, Monographie einer großen Wüste, 4. Aufl. Kümmerly und Frey Geographischer Verlag, Bern

73. Gärtner M (2006) GE baut auf Wasser. VDI-Nachrichten, Nr. 12, vom 24.03.2006
74. Gates DM (1974/1975) Der Energiefluß in der Biosphäre, Mannheimer Forum 74/75. In: von Ditfurth H (Hrsg) Boehringer Mannheim GmbH, Mannheim
75. Geinitz C (2002) Kein Tropfen für Amerika. Frankfurter Allgemeine Zeitung, Nr. 137, vom 17.06.2002
76. Gelsenwasser-Konzern (2005) Geschäftsbericht. Germany
77. Gerstein M, Levitt M (1999) Die Simulation von Biomolekülen in Wasser, Spektrum der Wissenschaft, Heft 2. Spektrum der Wissenschaft Verlagsgesellschaft mbH, Heidelberg
78. Geschäftsbericht (2013) RWE AG, Opernplatz 1, 45128 Essen
79. Geus T (2006) Nach Yokohama ist es noch ein gutes Stück. Frankfurter Allgemeine Zeitung, Nr. 154, vom 06.07.2006
80. Gienapp C (2002) Primäres Ziel: Verbesserung der Wasserqualität, GIT, Labor-Fachzeitschrift, Nr. 7
81. Gigantischer Dammbau für 600 km langen Stausee – China staut den Jangtze Fluss, Rhein Zeitung. de/on/97/10/31/topnews/dammbau.html
82. Gleich N, Maxeiner D, Miersch M, Nicolay F (2000) Life counts. Berlin Verlag, Berlin. (American ed. (2002). Life counts. Atlantic Monthly Press, 841 Broadway 10003)
83. Gleick PH (1998) The World's Water 1998–1999: The Biennial report on fresh water resources. Pacific Institute for Studies in Development, Environment and Security, Oakland
84. Global Biodiversity (2000) Hoechst foundation. World Conservation Press, 219 Huntingdon Road, Cambridge 11, IBSN 1899628 150
85. Göttsching L, Katz C (Hrsg) (1999) Papierlexikon, Bd 3. Deutscher Betriebswirte Verlag GmbH, Gernsbach
86. Gräf R (1998) Taschenbuch der Abwassertechnik. Carl Hanser Verlag, München
87. Haar L, Gallagher JS, Kell GS (1984) NBS/NRC steam tables. Hemisphere, Washington, DC
88. Haas H, Strobl T (1998) Wasserkraft. Informationsschrift des VDI-GET, Düsseldorf
89. Hakkinen S (2002) Freshening of the Labrador Sea surface waters in the 1990s: another great salinity anomaly. Geophys Res Lett 29(24):2232
90. Handelsblatt (2002) Nr. 180, S B2 und B3
91. Henglein E (1988) Lexikon chemische Technik. VCH Verlagsgesellschaft, Weinheim
92. Hessenwasser GmbH & Co. KG, Unternehmenskommunikation (2011)
93. Heymann E, Deidre L, Siehlow M (2010, Juni 1) World water markets. Deutsche Bank Research, Frankfurt a. M.
94. Heymann E, Lizio D, Siehlow M (2010) Weltwassermärkte. Deutsche Bank Research, Frankfurt a. M. (Aktuelle Themen 23.02.2010)
95. Hopp V (2000) Grundlagen der Life Sciences – Chemie, Biologie, Energetik. Wiley-VCH Verlag, Weinheim
96. Hopp V (2001a) Stallmist, Jauche und Gülle, Chemie Ingenieur Technik, CIT-plus, Heft 3
97. Hopp V (2001b) Grundlagen der Chemischen Technologie. Wiley-VCH Verlag, Weinheim
98. Hopp V (2002) Life Science and Globalization – two modern marketing slogans or a challenge for the future? Chem Eng Technol 25(2):45–52
99. Hopp V (2002) Wasser und Energie – sie gehören unmittelbar zusammen. GIT, Labor-Fachzeitschrift, Nr. 8
100. Hopp V (2003) Wasser. Sonderheft Mai des GIT Verlages, Darmstadt
101. Hopp V (2009) Von der Fotosynthese über die alkoholische Gärung zum Mißbrauch des Bio-Ethanols. Chemie und Schule, Teil I, Heft 2/2009; Teil II, Heft 3/2009. In: Verband der Chemielehrer Österreichs (Hrsg) Seeham, Österreich
102. Horn R (2003) Institut für Pflanzenernährung und Bodenkunde der Universität Kiel und Frankfurter Allgemeine Zeitung, Nr. 291, vom 15.12.2003
103. http://de.wikipedia.org/wiki/Nicaragua-Kanal

104. http://uk.reuters.com/article/idUKL1351839120070913?sptrue
105. http://www.fascinating-land-travels.com/images/big-inle2.jpg
106. http://www.futuroreto.icf-xchange.org/desalination/006
107. http://www.ga.gov.au/education/facts/landforms/larglake.htm
108. http://www.wineta.de/seegeschichte.htm
109. Hug H (2000) Zweifel am anthropogenen Treibhauseffekt. CHEMIKON 7(1):6–14
110. Hug H (2002) Der CO_2-Effekt oder die Spur einer Spur. Chem Rundsch 15:14–15
111. Hug H (2006) Die Angsttrompeter. Signum Verlag in der Herbig Verlagsbuchhandlung, München
112. Inagaki F, Kuypers MM, Tsunogai U et al (2006) Microbial community in a sediment-hosted CO_2-lake of the southern Okinawa Trough hydrothermal system, Proceedings of the National Academy of Science (PNAS)
113. Just T (2008) Megacities growth? Current Issues, March 12; Deutsche Bank, Frankfurt a. M. (Germany and Chemie Plus (2011), Nr. 6, Chancen für Landwirte und Agrochemie-Konzerne)
114. Koffer G, Rodat T (2005) Wasser aus der Wüste: Pipeline-Projekt in Libyen. etz Elektrotechnik + Automation, Heft 4. VDE Verlag GmbH, Offenbach
115. Küffner G (2003) Volle Leistung nach drei Minuten. Frankfurter Allgemeine Zeitung, Nr. 128, vom 01.10.2003
116. Küffner G (2006) Der lange Weg des Gletscherwassers. Frankfurter Allgemeine Zeitung, Nr. 164, vom 18.07.2006
117. Kuhlbrodt T, Griesel A, Montoya M, Levermann A, Hofmann M, Rahmstorf S (2006) On the driving processes of the Atlantic meridional circulation. Rev Geophys (in press)
118. Lange E (2005) Ackerflächen mausern sich zu Sonnentankstellen. VDI-Nachrichten, Nr. 41, vom 16.10.2005
119. Lange M, Olbers D (1990) Global Change – Unsere Erde im Wandel. Bundesministerium für Forschung und Technologie, Bonn
120. Latusseck RH (2004) Super-C geht in die Tiefe. Welt am Sonntag, Nr. 28, vom 11.07.2004
121. Levermann A, Montaya M, Murakami S, Nawrath S, Oka A, Peitier WR, Robitaille PY, Sokolow AP, Vettoretti G, Weber N (2006) Investigating the causes of the response of the thermohaline circulation to past and future climate changes. J Clim 19(8):1365–1387
122. Libbrecht K, Rasmussen P (2003) The snowflake: winters's secret beauty. Voyageur Press, Stillwater
123. Lire sichern das Pariser Wasser. VDI-Nachrichten, Nr. 36, S 21, vom 07.09.2001
124. Löhe T (2004) Pharmazeutische Wasseraufbereitungsanlagen. Elga Process Water
125. Lohmann D (2000a) Staudämme – Billige Energie oder Vernichtung von Natur und Existenzen? g-o.de-geoscience online. http://www.g-o.de
126. Lohmann D (2000b) Land unter – vernichtende Fluten auf dem Vormarsch? g-o.de-geoscience online. http://www.g-o.de
127. Lozán JL, Graßl H, Hupfer P, Menzel L, Schönwiese C-D (2004) Warnsignal Klima: Genug Wasser für alle? Wissenschaftliche Auswertungen, Hamburg, ISBN 3-9809688-0-1
128. Lucius von R (2001) Dies- und Jenseits der Wasserkrise. Frankfurter Allgemeine Zeitung, Nr. 188, S 9, vom 01.08.2001
129. Luschkow JM (2008) Wasser und die Welt, Moskauer Lehrbücher und Kartolithographie, Moskau, ISBN 978-5-78-7853-0969-2
130. Mack G (2003) Der kosmische Glücksfall Wasser, Aufsatz. In: Yang Arthus-Bertrand (Hrsg) Die Erde von oben. GEO im Verlag Gruner + Jahr AG & Co KG, Hamburg, S 129
131. Martin E et al (2008) The genome of Laccaria bicolor provides insights into mykorrhizal symbiosis. Nature 452:88–92
132. Mätthaus W, Nausch G (2001) Synergie-Effekte im Institut für Ostseeforschung Warnemünde. Traditio et Ennovatio 6(2):22–26. (Das Forschungsmagazin der Universität Rostock)

133. McClellan JE, Dorn H (2001) Werkzeuge und Wissen – Naturwissenschaft und Technik in der Weltgeschichte. Rogner und Bernhard bei Zweitausendeins, GmbH und Co. Verlags KG, Hamburg (engl. ed. Science and technology in world history. The John Hopkins University Press, Balitmore)
134. McKinsey und Company (Hrsg) (2005) McK Wissen 12 – Energie, Bd 4. brand eins, Verlag GmbH und Co. OHG, Hamburg, S 98 ff.
135. Meharg AA, Rahman M (2003) Arsenic contamination of Bangladesh paddy field soils: implications for rice contribution to arsenic consumption. Environ Sci Technol 37:229–234
136. van der Meijde M, Marone F, Giardini D, van der Lee S (2003) Seismic evidence for water deep in Earth's upper mantle. Science 300:1556
137. Meister M (2003) a) Die Epoche des großen Durstes. S 169 und b) Die Verlockung des schwarzen Goldes S 329, in Die Erde von oben. Yang Arthus-Bertrand (Hrsg) GEO im Verlag Gruner + Jahr AG & Co KG, Hamburg
138. Mierdel K, Keppler H, Smyth JR, Langenhorst F (2007) Water solubility in aluminous orthopyroxene and the origin of Earth's asthenosphere. Science 315:364–368
139. Mutschler E, Schäfer-Korting M (1997) Arzneimittelwirkungen. Wissenschaftliche Verlagsgesellschaft mbH, Stuttgart
140. Neidlein HC (2006) Ärmste zahlen das meiste für Wasser, VDI-Nachrichten vom 10.11.2006
141. Neidlein HC (2007) Spiegelkabinett neben Dornbüschen. VDI-Nachrichten, Nr. 37, vom 14.09.2007
142. Nestle Waters March 2002, Mainz. Brands from pto; Bericht zur Corporate Governance 2011, Finanzielle Berichterstattung 2011
143. Neumüller O-A (1985) Römpps Chemie- Lexikon, Bd 3, Franckh'sche Verlagshandlung, Stuttgart, S 1941
144. Odrich P (2006) In England wird das Wasser knapp. VDI-Nachrichten Nr. 12, vom 24.03.2006
145. Omar FM, Pines D, Dreyer J, Pines E, Nibbering TJ (2005) Sequential Proton transfer through water bridges in acid-base reactions. Science 310:83–86
146. Orr JC et al (2005) Anthropogenic ocean acidification over the twenty-first century and its impact on calcifying organisms. Nature 437:681–686
147. Osmotic Power, a huge renewable energy resource (2005) www.statkraft.com
148. Owens D (2001) The Wall Street Journal, The Week, 15 Sept. 2001
149. Pasche E (2008) In China schießen Kraftwerke aus dem Boden. VDI-Nachrichten, Nr. 32, vom 08.08.2008
150. Pauls M (2002) Meeresströmungen. Stiftung Alfred-Wegener-Institut für Polar- und Meeresforschung in der Helmholtz-Gemeinschaft. http://www.awi-bremerhaven.de/ClickLearn/Buch/stroemung-d.html
151. Pearce F (2007) Wenn die Flüsse versiegen. Verlag Antje Kunstmann, München
152. Prante G (1997) Gentechnik in der Landwirtschaft, Chancen für die Pflanzenproduktion, Spektrum der Wissenschaft Dossier, Heft 2. Spektrum der Wissenschaft Verlagsgesellschaft mbH, Heidelberg
153. Präve P, Faust M, Sittig W, Sukatsch DA (1987) Handbuch der Biotechnologie. R. Oldenbourg Verlag, München
154. Präve P et al (Hrsg) (1988/1989) Jahrbuch der Biotechnologie, Bd 2. Carl Hanser Verlag, München
155. Pressemitteilung der Fibagroup Europe, 52457 Aldenhoven, vom 16.05.2003, E-Mail: info@fibagroup.com
156. Profil, Magazin der Pflanzenschutz- und Düngemittelindustrie (2001) Heft 1, Karlstraße 21, 60329 Frankfurt a. M.

157. Pro Futura GmbH, Waldbröl, WWF World Wide Fund for Nature (2010) Alles ist im Fluß, Lebenselement Wasser
158. Quadfasel D (2005) The Atlantic heat conveyor slows. Nature 438:565
159. Rademacher H (2001) Alte Sedimente am Boden des Wostock-Sees. Frankfurter Allgemeine Zeitung, Nr. 289, vom 12.12.2001
160. Rademacher H (2006) Moderne Wünschelrutengänger. Frankfurter Allgemeine Zeitung, Nr. 201, vom 30.08.2006
161. Rauchhaupt von U (2004) Schneeflöckchen, Weißröckchen. Frankfurter Allgemeine Zeitung, Nr. 1, vom 04.01.2004
162. Rehm H (1980) Industrielle Biotechnologie, 2. Aufl. Springer Verlag, Berlin
163. Richards FM (1991) Die Faltung von Proteinmolekülen. Spektrum Wiss 3:72
164. Rietschel ET, Rietschel M, Woluwe SS, Ehlers S (2002) Der ewige Kampf gegen Infektionskrankheiten – Sind Wissenschaft und Medizin machtlos? Verhandlungen der Gesellschaft Deutscher Naturforscher und Ärzte 122. Versammlung in Halle 2002
165. Rifkin J (2001) Das Imperium der Rinder. Campus Verlag, Frankfurt a. M.
166. Rifkin J (2002) Auf zur Spitze der Proteinleiter. Frankfurter Allgemeine Zeitung, Nr. 132, vom 11.06.2002
167. Rifkin J (2002) Die H_2-Revolution. Campus Verlag, Frankfurt a. M. (americ. ed. (2002) The hydrogen economy. Penguin Putnam Inc., USA)
168. Rinaldo A, Rodriguez-Iturbe I (1998) Channel networks? Annu Rev Earth Planet Sci 26:289–327
169. Ritterskamp P, Kuklya A, Wustenkamp M-A, Kerpen K, Weidenthaler Cl, Demuth M (2007) Ein auf Titandisilicid basierender halbleitender Katalysator zur Wasserspaltung mit Sonnenlicht – reversible Speicherung von Sauerstoff und Wasserstoff. Angew Chem 119:7917–7921
170. RMD Spezial (1996) Jubiläumsausgabe. Hrsg. Rhein-Main-Donau AG, Münchner Str. 12, 85774 Unterföhring
171. Rodriguez-Iturbe I (2000) Ecohydrology: a hydrologic perspective of climate-soil-vegetation dynamics? Water Resour Res 23:349–357
172. Rohrmoser W (2002) In 15 Jahren zum guten Zustand. Umweltmagazin Heft 7/8
173. RWE (2002) Geschäftsbericht und RWE (2005) Geschäftsbericht, Germany
174. RWE Power (2006) Das Projekt BOA 2/3. In: RWE Power AG (Hrsg) Essen/Köln und VDI-Nachrichten, Nr. 29, vom 21.07.2006
175. Sauer HD (2002) Große Staudämme belasten die Umwelt weniger als kleine. VDI-Nachrichten Nr. 28, vom 12.07.2002; und (2006) Mehr Trinkwasser für Thüringen. VDI-Nachrichten, Nr. 23, vom 09.06.2006
176. Sauer HW (2003) Wenn Flüsse über die Berge fließen. VDI-Nachrichten, Nr 1/2, vom 10.01.2003
177. Scarre C (Hrsg) (1990) Weltatlas der Archäologie. Südwest Verlag GmbH & Co. KG, München (engl. ed. Past worlds, the times atlas of archaeology. Times Books Limited Copyright ©, 1988)
178. Schilling J (2001) Markt der Tierimpfstoffe. Chem Rundsch 54(7)
179. Schlaich J (1994) Das Aufwindkraftwerk – Strom aus der Sonne. Deutsche Verlagsanstalt, Stuttgart
180. Schlaich J (1995) The solar chimney, electricity from the sun. Edition Axel Menges, Stuttgart
181. Schliephake K (2003) Weltenergieszenarien und der Orient. Orient (Opladen) 44(2):321–327
182. Schliephake K, Pinkwart W (Hrsg) (1999) Würzburger Geographische Manuskripte, Heft 51. Geographisches Institut der Universität Würzburg, Würzburg
183. Schmidt K-H, Romey I (1981) Kohle-Erdöl-Erdgas. Vogel-Verlag, Würzburg
184. Schroeter S (2005) Super C wirft Fragen auf. VDI-Nachrichten, Nr. 46, vom 18.11.2005
185. Schuh H (2008) Die eiskalte Lust am Untergang. Die Zeit, Nr. 5, 3. April 2008

186. Schultes S (2002) Irgendwann ist alles nur noch rot. Frankfurter Allgemeine Zeitung, Nr. 38, S R6, vom 14.02.2002
187. Schwenk E (1992) My name is Becquerel, Wer den Maßeinheiten den Namen gab. Hoechst AG, Frankfurt a. M. [The stories of the scientists whose names were given to the international units of measure]
188. Schwister K (2003) Taschenbuch der Umwelttechnik. Fachbuchverlag Leipzig, München
189. Seifert F (2001) Bayerisches Geoinstitut Bayreuth. VDI-Nachrichten Nr. 40, S 27, vom 05.10.2001
190. Seitz HU (2012) Sahara, Leben unter extremen Bedingungen. Verlag Dr. Friedrich Pfeil, München
191. Seynsche M (2005) Europas Fernwärmepumpe schwächelt. Frankfurter Allgemeine Sonntagszeitung, Nr. 48, vom 11.12.2005
192. Siddal M, Rohling EJ, Almogi-Labin Hemleben Ch, Meischner D, Schmelzer I, Smeed DA (2003) Sea-level fluctuations during the last glacial cycle. Nature 423:853–858
193. Solarthermische Kraftwerke (2006) Von der Vision zur Realisierung. Hrsg. Solar Millenium AG, D-91052 Erlangen/Germany
194. Statistisches Bundesamt (2001) Fachserie 19, Reihe 21, Öffentliche Wasserversorgung und Abwasserbeseitigung
195. Stommel H (1969) The gulf stream. University of California Press, Berkely
196. Süditalien geht das Wasser aus (2002) Frankfurter Allgemeine Zeitung, Nr. 158, S 7, vom 11.07.2002 und Nr. 160, S 7, vom 13.07.2002
197. Swiss Re Focus Report (2006) Staudämme
198. Szysyszka A (1999) Schritte zu einer (Solar-) Wasserstoff-Energiewirtschaft. 13 erfolgreiche Jahre Solar-Wasserstoff-Demonstrationsprojekt der SWB in Neunburg vorm Wald, Oberpfalz, Schriftenreihe Solarer Wasserstoff, Nr. 26, Solar-Wasserstoff-Bayern GmbH, 80335 München, Tel.: 089-1254-4081
199. Technik und Mensch, Heft II (2007) VDI-Bezirksverein Frankfurt-Darmstadt
200. Tenckhoff E (1998) Mensch, Technik, Verantwortung, Siemens Energieerzeugung. Siemens AG, Bereich Energieerzeugung (KWh). Erlangen
201. The Gorges Project in the People's Republic of China. Report by the National Security Council, May 12, 1995
202. The 2nd United Nations World Water Development Report: Water a staved responsibility
203. Tödheide K, Frank F (1972) Water-a comprehensive treatise. Plenum, Now York
204. Trechow P (2002) Die Geldhähne sind aufgedreht. VDI-Nachrichten, Nr. 39, vom 27.09.2002
205. Trechow P (2006) Der Friedens-Kanal soll das Tote Meer retten. VDI-Nachrichten, Nr. 40, vom 6. Oktober 2006
206. Umwelt-Magazin (2013) Solargetriebene Meerwasserentsalzung, Heft 1, 2. drfatabo@yahoo.de
207. Umwelt-Magazin (2015) Heft 3. Springer, VDI Verlag GmbH & Co. KG, Düsseldorf, S 9
208. Unger H (2001) Wasser = Krieg? agrarische Rundschau, Heft 7. UN World water development report (2003), Water for people, water for life. UNO Verlag GmbH, Bonn
209. VDI-Nachrichten (2002) Nr. 37, S 20, vom 13.09.2002 und VDI-Nachrichten (2003), Nr. 18, S 1, vom 02.05.2003
210. VDI-Nachrichten Nr. 27/28, S 11, vom 03.07.2015
211. Vattenfall Europe (2003) Pumpspeicherwerk Goldisthal 1060-MW Kavernenkraftwerk. Vattenfall Europe Generation AG & Co. KG, Berlin
212. Vergnes JA (2002) Origines d'une crise planetaire de l'eau annoncée, Docteur d'Etat Es-Sciences, Consultant à l'Unesco et au Ministère des Affaires étrangères, Vice-President de l'Institut Mediterraréen de la Communication, Administrateur d'Eau Sans Frontière Membre de l'Academie de l'Eau, France

213. Verissimo S, Peinemann K-V, Bordado J (2005) Thin-film composite hollow fiber membranes: an optimized manufacturing method. J Membr Sci 264:45–55
214. Vesilind PJ (1993) Middle east water – critical resource. Natl Graph 183(5):38–71
215. Villiers de M (2000) Wasser – die weltweite Krise um das blaue Gold. Econ Ullstein List Verlag GmbH und Co. KG, München (English edition (1999) Water. Stoddard Publishing Co. Limited, Toronto)
216. Vogel GH (2002) Verfahrensentwicklung. Wiley-VCH Verlag GmbH, Weinheim
217. Vogelpohl S (2002) Advanced oxidation technologies for industrial water reuse. In: Lens P, Pol LH, Wilderer P, Asano T (Hrsg) Recycling and resource recovery in industry. VDI-Nachrichten, Nr. 25, S 11, vom 20.06.2003. IWA Publishing, Londo, S 452–471
218. Vogelpohl A (2003) Institut für Thermische Verfahrenstechnik der Universität Clausthal. VDI-Nachrichten, Nr. 25, S. 11, vom 20.06.2003
219. Völker D (2003) VDI-Nachrichten, Nr. 3, S 13, v. 17.01.2003
220. WABAG (2000) Handbuch Wasser, 9. Aufl. Vulkan Verlag, Essen
221. Wallerang E (2003) Schiffe überqueren jetzt im Trog die Elbe. VDI-Nachrichten, vom 17.10.2003
222. Walter N (2002) Falsche Politik ist schuld an der Wasserknappheit der Armen. VDI-Nachrichten Nr. 8, S 2, vom 22.02.2002 und Sonderbericht 08.01.2002, Umweltschutz und Wirtschaftswachstum – ein Konfliktfall, und Aktuelle Themen 02.12.2002; My home is my power plant, sowie Nr. 287, 14.01.2004, Grüne Biotechnologie, Deutsche Bank Research Marketing, 60272 Frankfurt am Main
223. Wangnick/GWI (2005) 2004 Worldwide desalting plants inventory. Globale Water Intelligence, Oxford
224. Wasserwissen (2002, März) Geberit International. www.geberit.com
225. Water: Back to Earth (2003) Credit Agricole Indosuez Cheuvreux, Frankfurt a. M.
226. Weber R (1995) Webers Taschenlexikon, Erneuerbare Energie: Energieformen, Nutzungstechniken, Umwelteinflüsse. Olynthus Verlagsanstalt, Vaduz
227. von der Weiden S (2006) Indien will moderne Kraftwerke mit Milliardenbeträgen bauen. VDI-Nachrichten, Nr. 46, vom 17.11.2006
228. Weiss H (2007) Ein neuer Megatunnel für New Yorks Trinkwasser. VDI-Nachrichten, Nr. 11, vom 16.03.2007
229. Weizen ernährt die Welt (2002) Profil Heft 2, Hrsg. Industrieverband Agrar e. V., Frankfurt a. M.
230. Wieland L (2006) Schattenseiten des Sommers. Frankfurter Allgemeine Zeitung, vom 09.09.2006
231. Wissenschaftliche Tabellen Geigy (1981) Teilband Körperflüssigkeiten. Ciby-Geigy AG, Basel
232. World Commission on Water for the 21st Century
233. World Energy Outlook (2006) OECD/IEA; Die Energie von Morgen, Exxon Mobil, April 2006. http://eu.wikipedia.org/wiki/Solar_power_by_country
234. World Ocean Review (2010) Living with the oceans. maribus GmbH, 20457 Hamburg, Germany in Cooperation with future ocean
235. World Population Data Street (2002) Copyright 2002, Population Reference Bureau
236. World Resources Institute (1993) World Resources 1992–1993. Washington, DC
237. Worldwatch Institute Report (2001) Zur Lage der Welt 2001. Fischer Taschenbuch Verlag GmbH, Frankfurt a. M. (americ. ed. (2001) State of the World 2001, Worldwatch Institute, Washington DC, W.W. Norton Company, New York)
238. World Water Development Report (2003) Water for People, Water for Life, Unesco WWAP 2003. Unesco Publishing Berghahn Books
239. Wrage W (1981) Ins Herz der Sahara. Neumann Verlag, Leipzig

240. Wüstenfeld H (2001) Wasserspeicher im Erdmantel. VDI-Nachrichten, Nr. 40, S 27, vom 05.10.2001
241. WWF (World Wide Fund for Nature) Pro Futura Verlag, 51545 Waldbröl, Alles ist im Fluss, Lebenselement Wasser
242. www.dlrg.de/Gliederung/Mecklenburg-Vorpommern/Prora/natur/ostsee.htm
243. www.fortunecity.de/kunterbunt/saarland/23/aralsee.html; www.sandundseide.de/Aralsee.html
244. www.vdi.de/get, VDI-Nachrichten Nr. 47 v. 25.11.2005
245. Zehnder AJB (2002) Wasserressourcen und Bevölkerungsentwicklung. Deutsche Akademie der Naturforscher Leopoldina, Halle
246. Zehnder AJB, Schertenleib R, Jaeger CC (1997) Herausforderung Wasser. Jahresbericht 1997 der EAWAG. Eidgenössische Anstalt für Wasserversorgung, Abwasserreinigung und Gewässerschutz, Dübendorf
247. Zimmerle B (2000) Vom Nutzen und Schaden der Staudämme. Entwickl Zusammenarbeit 41(7–8):215–217
248. Zinnecker J (2007) Marode Kanalanschlüsse zu betreiben, ist kein Kavaliersdelikt. VDI-Nachrichten, Nr. 16, vom 20.04.2007 und Information aus der Forschung des BBSR, Bundesinstitut für Bau-, Stadt- und Raumforschung im Bundesamt für Bauwesen und Raumordnung (2012), Nr. 5, Oktober
249. Zwick G (2011) Ansyco, Analytische Systeme und Componenten GmbH, Ostring 4, 76131 Karlsruhe

Sachverzeichnis

© Springer-Verlag Berlin Heidelberg 2016

V. Hopp, *Wasser und Energie,* DOI 10.1007/978-3-662-48089-2

Y

Z

springer.com

Willkommen zu den Springer Alerts

Jetzt anmelden!

- Unser Neuerscheinungs-Service für Sie:
  aktuell *** kostenlos *** passgenau *** flexibel

Springer veröffentlicht mehr als 5.500 wissenschaftliche Bücher jährlich in gedruckter Form. Mehr als 2.200 englischsprachige Zeitschriften und mehr als 120.000 eBooks und Referenzwerke sind auf unserer Online Plattform SpringerLink verfügbar. Seit seiner Gründung 1842 arbeitet Springer weltweit mit den hervorragendsten und anerkanntesten Wissenschaftlern zusammen, eine Partnerschaft, die auf Offenheit und gegenseitigem Vertrauen beruht.

Die SpringerAlerts sind der beste Weg, um über Neuentwicklungen im eigenen Fachgebiet auf dem Laufenden zu sein. Sie sind der/die Erste, der/die über neu erschienene Bücher informiert ist oder das Inhaltsverzeichnis des neuesten Zeitschriftenheftes erhält. Unser Service ist kostenlos, schnell und vor allem flexibel. Passen Sie die SpringerAlerts genau an Ihre Interessen und Ihren Bedarf an, um nur diejenigen Information zu erhalten, die Sie wirklich benötigen.

Mehr Infos unter: springer.com/alert

Printed in the United States
By Bookmasters